Adobe Premiere Pro 2022 经典教程 彩色版

[英] 马克西姆 · 亚戈（Maxim Jago）◎ 著

武传海 ◎ 译

人 民 邮 电 出 版 社

北 京

图书在版编目（CIP）数据

Adobe Premiere Pro 2022经典教程 : 彩色版 / (英) 马克西姆·亚戈 (Maxim Jago) 著 ; 武传海译. -- 北京 : 人民邮电出版社, 2023.9
ISBN 978-7-115-61617-3

Ⅰ. ①A… Ⅱ. ①马… ②武… Ⅲ. ①视频编辑软件 Ⅳ. ①TP317.53

中国国家版本馆CIP数据核字(2023)第063714号

版权声明

◆ 著　　[英] 马克西姆·亚戈（Maxim Jago）
　译　　武传海
　责任编辑　王　冉
　责任印制　马振武

◆ 人民邮电出版社出版发行　　北京市丰台区成寿寺路 11 号
　邮编　100164　　电子邮件　315@ptpress.com.cn
　网址　https://www.ptpress.com.cn
　涿州市般润文化传播有限公司印刷

◆ 开本：775×1092　1/16
　印张：25.75　　　　2023 年 9 月第 1 版
　字数：700 千字　　　2025 年 1 月河北第 2 次印刷

著作权合同登记号　图字：01-2022 -6374 号

定价：149.90 元

读者服务热线：(010)81055410　印装质量热线：(010)81055316

反盗版热线：(010)81055315

广告经营许可证：京东市监广登字 20170147 号

内容提要

本书由 Adobe 公司组织编写，是 Premiere Pro 2022 的官方培训手册。

本书共 16 课，每课围绕具体的示例进行讲解，步骤详细，重点明确，逐步指导读者进行实际操作。本书全面地介绍了 Premiere Pro 2022 的操作流程及其新功能，并提供了大量提示和操作技巧，帮助读者更高效地使用 Premiere Pro。

如果读者对 Premiere Pro 比较陌生，可以先了解 Premiere Pro 的基本概念和特性；如果读者是使用 Premiere Pro 的老手，则可以将主要精力放在新版本操作技巧和技术的应用上。

本书适合 Premiere Pro 相关培训机构的学员及广大自学人员学习。

前　言

Adobe Premiere Pro 是一款视频编辑爱好者和专业人士必备的视频编辑软件，它提供的视频编辑功能极具扩展性，高效又灵活，支持多种视频、音频和图像格式。使用 Premiere Pro 能够创作出富有创意的作品，同时又无须转换媒体格式。它提供了一整套功能强大的专用工具，让你能够顺利应对编辑、制作以及工作流程中遇到的挑战，最终得到满足要求的高质量作品。

Adobe 公司高度重视用户使用体验，为旗下多款软件设计了一套统一的界面元素，这些界面元素直观、灵活又高效，为用户探索和使用这些软件提供了极大的便利。

关于本书

本书是 Adobe 图形图像、排版、创意视频制作软件的官方系列培训教程之一。本书做了精心的设计，可以灵活地使用本书进行自学。如果你是初次接触 Premiere Pro，那么你将会在本书中学到各种基础知识、概念，为掌握 Premiere Pro 打下坚实的基础。当然，在本书中，你也会学到这款软件的许多高级功能。

讲解相关知识的同时，本书也为读者提供了动手实践的机会，让读者亲自体验软件的抠像、动态修剪、颜色校正、媒体管理、音频和视频效果制作、音频混合等功能。此外，还将学习如何使用 Media Encoder 为 Web 和移动设备创建文件。Premiere Pro 能够运行在 Windows 和 macOS 两种平台上，而且使用同样的项目文件，读者的设备只要是这两种平台之一，就可以顺利使用本书来学习。

学前准备

学习本书内容之前，请确保所用的系统能够正常运转，并且安装了所需的软件和硬件。

另外，读者应该对自己的计算机和操作系统有一定的了解。例如，会用鼠标、触控板、标准菜单与命令，知道如何打开、保存、关闭文件。如果不懂这些操作，请阅读 Windows 或 macOS 帮助文档。

学习本书不要求读者必须了解视频相关概念和术语。学习过程中，如果遇到陌生的术语，可以查看本书最后的术语表，那里有对相关术语的解释。

安装 Premiere Pro

本书不单独提供 Premiere Pro，它是 Adobe Creative Cloud 的一部分，读者必须另行购买，或者使用 Adobe 官方提供的试用版。有关安装 Premiere Pro 的系统需求与说明，请访问 Adobe 官网。读者可以通过访问 Adobe 官网来购买 Adobe Creative Cloud 套装，然后根据提示安装。除了 Premiere Pro 之外，可能还需要安装 Photoshop、After Effects、Audition 等软件。安装 Premiere Pro 时，Media Encoder 会被一同安装到计算机中。这些软件都包含在完整的 Adobe Creatvie Cloud 中。

选择音频硬件

在 Premiere Pro 的【首选项】对话框中，可以自由选择用来播放与录制声音的音频硬件。这非常有用，因为有时我们希望编辑项目中的音频通过专业的演播室设备播放，而其他系统声音则通过较小的设备或内置的声卡播放。

首次打开 Premiere Pro 时，必须先选择音频硬件，才能正常播放声音。可以依次选择【Premiere Pro】>【首选项】>【音频硬件】（macOS）或【编辑】>【首选项】>【音频硬件】（Windows）打开音频硬件配置界面。

虽然音频硬件有一些高级配置选项，但一般只需要配置好【默认输入】和【默认输出】即可。选择好系统默认选项后，当出现变动（比如插入头戴式耳机）时，Premiere Pro 会自动切换到你选择的系统设备。

优化性能

视频编辑对计算机处理器和内存的要求很高。

计算机性能越强，视频编辑工作就越高效，同时也会带来更流畅和更愉悦的创作体验，创作者更容易进入创作状态。

Premiere Pro 能够充分地利用多核处理器和多处理器系统。处理器速度越快，CPU 核数越多，Premiere Pro 表现出的性能就越好。

运行 Premiere Pro 的最低内存要求为 8GB。如果要处理高清（HD）视频素材，建议内存不低于 16GB；如果要处理超高清（UHD 或 4K）视频素材，建议内存不低于 32GB。

另外，用来播放视频的存储器速度也会对性能产生影响。建议使用专用的高速存储器来存放素材。强烈建议使用独立冗余磁盘阵列或快速固态硬盘，尤其是处理高分辨率或 RAW 格式的视频素材时。注意，把媒体文件和程序文件保存到同一个磁盘上可能会影响性能。建议将素材文件保存在与程序文件不同的磁盘上，这样做不但能够提高软件的运行速度，还有助于管理素材。

Premiere Pro 能够充分利用计算机图形处理器（GPU）的能力来提高播放性能。GPU 加速会对软件运行性能有明显的提升作用，大多数带有 2GB 以上专用视频显存（VRAM）的显卡都可以，但建议选用不低于 4GB 的 VRAM。更多关于 Premiere Pro 对软硬件要求的信息，请访问 Adobe 官网进行了解。

使用课程文件

本书有配套的资源文件，包括视频文件、音频文件、图像文件（使用 Photoshop 和 Illustrator 制作的）。学习本书课程之前，必须先把这些资源文件全部复制到计算机磁盘上。学习某些课程时，还会用到其他课程中的文件，所以，请你务必把所有资源文件复制到磁盘中。保存这些课程文件大约需要 6.3GB 的存储空间。

重新链接课程文件

课程文件中的 Premiere Pro 项目文件含有指向特定素材文件的链接。当把这些文件复制到一个新位置后，第一次打开项目时，需要更新那些链接。

打开一个项目时，如果 Premiere Pro 找不到链接的媒体文件，它就会弹出【链接媒体】对话框，要求重新链接脱机文件。此时，从下拉列表中选择一个脱机剪辑，单击【查找】按钮，弹出一个查找文件对话框，在其中查找目标文件。

在查找文件对话框中，使用左侧导航器找到 Lessons 文件夹，单击【搜索】按钮，Premiere Pro 会查找 Lessons 文件夹中的素材文件。单击【搜索】按钮前，选择【仅显示精确名称匹配】，可以隐藏其他所有文件，便于精确查找目标文件。

查找到目标文件后，Premiere Pro 会在查找文件对话框顶部显示目标文件的最终路径、文件名及当前所在的路径和文件名。选择查找到的目标文件，单击【确定】按钮。

默认情况下，重新链接其他文件的选项是开启的，一旦重新链接了一个文件，其他文件也会自动重新链接。

提示 如果素材文件存储在多个位置，可能需要多次搜索才能为项目重新链接所有素材文件。

如何使用本书

本书课程采用的是步骤式讲解方式。有些课程内容相对独立，但是许多课程是建立在前面课程基础之上的。因此，学习本书最好的方式是按照顺序从头到尾一课一课地学习。

本书按照实际使用顺序介绍各种技能和技术，从导入素材文件（如视频、音频、图像）开始，然后创建序列、添加效果、美化音频，最后导出项目。

本书还包含许多【注意】和【提示】内容，这部分内容通常用来解释某种技术或提供其他操作方法。虽然你不一定要阅读这些内容，或按照里面的方法去做，但是这些内容不但能加深你对正文内容的理解，还能让你学到更多扩展知识。

学完本书全部课程后，你会对视频后期制作流程有清晰的了解，并且能够掌握视频编辑所需的各种技能。

在本书的学习过程中，你会发现前面学过的课程和基本编辑技术对于学习当前课程非常有帮助，这是因为高级工作流程都建立在前面介绍过的知识的基础之上。

本书重点讲解常用的视频制作技术，视频制作者一直使用这些技术制作电影、电视及社交媒体视频。学习过程中，花一些时间，多尝试不同的方法来实现同一个效果，可以帮助你拓展自身的技能。在学习新的技术和技能时，尝试用批判的眼光看待那些由有经验的人制作的视频，看看是否能发现他们在制作流程中使用了哪些技术。一旦你掌握了工作流程，就会发现那些最简单的技术是最有效的。

熟能生巧，仅此而已。

资源与支持

本书由“数艺设”出品，“数艺设”社区平台（www.shuyishe.com）为您提供后续服务。

配套资源

示例项目的素材文件和源文件

资源获取请扫码

（提示：微信扫描二维码关注公众号后，输入 51 页左下角的 5 位数字，获得资源获取帮助。）

“数艺设”社区平台，为艺术设计从业者提供专业的教育产品。

与我们联系

我们的联系邮箱是 szys@ptpress.com.cn。如果您对本书有任何疑问或建议，请您发邮件给我们，并请在邮件标题中注明本书书名及 ISBN，以便我们更高效地做出反馈。

如果您有兴趣出版图书、录制教学课程，或者参与技术审校等工作，可以发邮件给我们。如果学校、培训机构或企业想批量购买本书或“数艺设”出版的其他图书，也可以发邮件联系我们。

关于“数艺设”

人民邮电出版社有限公司旗下品牌“数艺设”，专注于专业艺术设计类图书出版，为艺术设计从业者提供专业的图书、视频电子书、课程等教育产品。出版领域涉及平面、三维、影视、摄影与后期等数字艺术门类，字体设计、品牌设计、色彩设计等设计理论与应用门类，UI 设计、电商设计、新媒体设计、游戏设计、交互设计、原型设计等互联网设计门类，环艺设计手绘、插画设计手绘、工业设计手绘等设计手绘门类。更多服务请访问“数艺设”社区平台 www.shuyishe.com。我们将提供及时、准确、专业的学习服务。

目 录

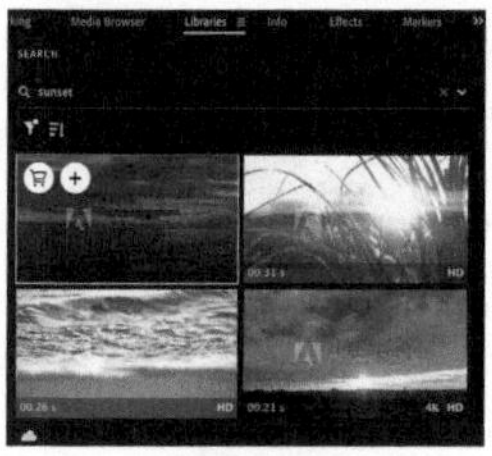

第 1 课

了解 Premiere Pro

课程概览

本课学习如下内容：

- 非线性编辑
- 高级功能
- 定制工作区
- 标准数字视频工作流程
- 工作界面
- 设置键盘快捷键

学完本课大约需要 75 分钟

请先准备好本课要用到的课程文件，并把它们存放到本地计算机中方便取用的位置。

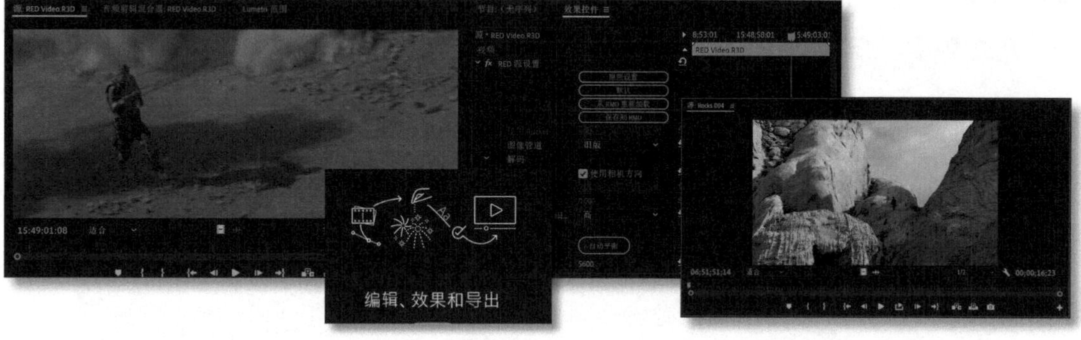

Premiere Pro 是一个视频编辑软件，拥有各种易用且功能强大的工具。借助这些工具，Premiere Pro 几乎可以集成所有视频采集源，轻松制作出符合各种交付标准的作品。

1.1 课程准备

现在人们对高质量视频的需求很强烈，视频制作和编辑人员处在一个技术快速变化的环境中。

摄像机系统日新月异，发布方式层出不穷，社交媒体的影响力不断扩大，营销手段越来越多样，但是视频编辑的目标始终未变：获取源素材，然后根据自己的设想进行编辑，最终实现与观众的有效交流。

Premiere Pro 为我们提供了一套功能强大且使用简便的视频编辑系统，它支持最新技术和摄像机，拥有大量灵活且易于使用的工具，借助这些工具可以集成各种类型的素材。Premiere Pro 还支持大量第三方插件和其他后期制作工具。

在本课中，先讲解常用的基本后期制作流程，然后介绍 Premiere Pro 的界面，最后介绍定制工作区的方法。

1.2 使用 Premiere Pro 做非线性编辑

Premiere Pro 是一款非线性视频编辑软件。类似于文字处理软件，Premiere Pro 允许在视频编辑项目中任意放置、替换和移动视频、音频、图像，调整时无须按照特定顺序进行，并且允许随意调整项目的任意一部分，这些都是非线性编辑的优势。

在 Premiere Pro 中，可以把多个视频片段（称为“剪辑”）组合起来，创建一个序列。而且可以按照任意顺序编辑序列的任意部分，然后更改内容或移动视频剪辑，控制这些剪辑的播放顺序。还可以把多个视频图层混合在一起，更改图像大小、调整颜色、添加特殊效果、做混音等。

在 Premiere Pro 中，可以把多个序列组合在一起，跳转到视频剪辑或序列的任意一个时间点，而无须做快进或倒带操作。在 Premiere Pro 中组织视频剪辑就像组织计算机中的文件一样简单。

Premiere Pro 支持多种媒体文件格式，包括 XDCAM EX、XDCAMHD 422、XAVC、DPX、DVCProHD、QuickTime、AVCHD（包括 AVCCAM 与 NXCAM）、AVC-Intra、DNxHR、ProRes、DSLR 视频、Canon XF。此外，Premiere Pro 还对 RAW 视频格式提供原生支持，包括使用 RED、ARRI、Sony、Canon、Blackmagic 摄像机拍摄的视频（见图 1-1），并且对 ProRes RAW 和多种 360° 视频与手机视频格式提供了支持。

图 1-1

1.2.1 使用标准数字视频工作流

在获取了一些编辑经验之后，对于编辑项目不同部分的先后顺序，你会形成自己特有的习惯。在一个项目的编辑过程中，每个阶段需要花费的时间不同，使用的工具可能也不同。

在处理一个项目时，对于某些阶段，不论是快速完成，还是花几小时（或者几天）精雕某个细节，遵循的步骤大致都是相同的，具体如下。

❶ 获取素材：包括为项目录制原始素材、新建动态内容、从素材网站中选择素材、收集各种素材。

❷ 把视频收录到计算机的存储器：Premiere Pro 可以直接读取素材文件（如相机中的视频文件），而且在这一过程中通常不需要做转换。一定要对素材文件进行备份，防止因磁盘意外故障而丢失素材文件。在视频编辑过程中，若想保证视频流畅播放，建议使用读写速度快的存储器。

❸ 组织剪辑：一个项目涉及的视频素材可能有很多，需要从众多素材中选出项目真正需要的。为了方便选择，最好先花时间认真组织视频素材，把它们放入项目的不同文件夹中。此外，还可以向不同视频素材中添加不同颜色的标签和其他信息作为元数据，以便更好地对它们进行分类。

❹ 创建序列：在【时间轴】面板中，有选择性地把想用的视频和音频片段组合成一个序列。

❺ 添加过渡效果：在序列剪辑之间添加特定的过渡效果，将剪辑放在多个图层（对应【时间轴】面板中的轨道）上创建合成视觉效果。

❻ 创建或导入标题、图形、字幕：把标题、图形与字幕一起添加到序列中，帮助叙事。

❼ 调整混音：调整音频剪辑的音量，使混音效果恰到好处，并在音频剪辑中应用过渡和效果来改善声音。

❽ 输出：把处理完的项目导出。

对于上面每一个步骤，Premiere Pro 都提供了支持工具。此外，Premiere Pro 还拥有一个由创意人士、技术专家组成的庞大社区，该社区中包含大量分享 Premiere Pro 使用经验的文章，能够为用户在视频编辑行业中的成长提供帮助和支持。

1.2.2 使用 Premiere Pro 增强工作流

Premiere Pro 不仅提供了易于使用的视频编辑工具，还提供了许多高级工具，借助这些工具能够更好地管理、调整项目。

由于篇幅限制，本书不可能详细介绍 Premiere Pro 的所有创意工具和功能。尽管如此，本书还是会尽量把 Premiere Pro 的一些高级功能介绍给大家，以便大家进一步学习，提高自身技术水平。

本书将会讲解如下主题。

- 高级音频编辑：学习使用 Premiere Pro 提供的各种音频效果和音频编辑工具。在 Premiere Pro 中，你不仅可以做音轨混合，还可以消除噪声、减少混响、编辑取样电平、向音频剪辑或整个音轨应用多种音频效果、使用先进的 VST（虚拟演播室技术）插件。
- 颜色校正与分级：在 Premiere Pro 中，可以使用专业的颜色校正和颜色分级面板来校正和调整视频素材的颜色和外观；还可以做二次颜色校正，调整分离颜色，调整图像的所选区域，以及自动在两个图像之间匹配颜色。
- 关键帧控制：在 Premiere Pro 中，即使不用专门的合成和运动图形插件，也可以精确控制视觉效果和运动效果的显示时机。关键帧使用了统一的界面设计，如果你学会了如何在 Premiere Pro 中使用它们，那么所有 Adobe Creative Cloud 产品中的关键帧你就都会用了。

- 广泛的硬件支持：Premiere Pro 支持大量专用输入和输出硬件，你可以根据自身需求和预算，选择需要的硬件组建系统。无论是台式计算机、笔记本电脑，还是高性能工作站，都可以使用 Premiere Pro 系统轻松编辑高清（HD）、4K、8K、3D 立体、360° 视频。

- GPU 加速：水银回放引擎（Mercury Playback Engine）有两种工作模式，即 Mercury Playback Engine 软件和 Mercury Playback Engine GPU 加速（用来增强回放性能）。GPU 加速模式需要工作站的显示硬件满足一些条件，大部分专用显存不低于 2GB 的显卡都可以胜任。

- 多摄像机编辑：你可以快速、轻松地编辑使用多摄像机拍摄的素材。Premiere Pro 在分屏视图中显示多个摄像机源，你可以单击相应屏幕或使用键盘快捷键来选择一个摄像机视图，或者根据音频剪辑或时间码自动同步多台摄像机的角度。

- 项目管理：查看、删除、移动、搜索、重组剪辑和素材箱，通过把序列中用到的素材复制到同一个位置来合并项目，删除未使用的素材文件，节省存储空间。

- 元数据：Premiere Pro 支持 Adobe XMP 文件，这种文件存储着素材文件的元数据，许多应用程序都可以访问这些元数据，用来查找剪辑或获取评级、版权信息等。

- 制作字幕和图形：使用【基本图形】面板制作字幕和图形。在 Premiere Pro 中，可以使用其他图形图像软件创建的图形。例如，可以把 Photoshop 图像拼合后整体导入，也可以分别导入各个图层，然后根据需要进行组合或制作动画；还可以使用 After Effects 中的动态图形模板。

- 高级修剪：在 Premiere Pro 中，使用专门的修剪工具可以精确调整序列中剪辑的起始点和结束点。Premiere Pro 不但提供了快捷、方便的修剪快捷键，还提供了可视化的修剪界面，以便对多个剪辑做复杂的时序调整。

- 重新组织视觉元素：在视频编辑项目中，有时需要为同一个视频作品制作宽屏、竖屏、方屏版本。在 Premiere Pro 中，你可以轻松地采用手动或自动方式调整与完善每个输出版本的视觉元素。

- 媒体编码：在 Premiere Pro 中，可以使用简单的导出预设或详细设置导出序列，以创建符合要求的视频和音频文件。借助 Media Encoder 的高级功能，可使用预设或首选项设置把最终序列以多种格式导出。文件导出期间，可以进行颜色调整、时间调整和信息叠加。最终媒体文件通过简单的步骤就可以上传到社交媒体平台。

- 360° VR 视频：编辑、制作 360° 视频素材时会用到一种特殊的 VR 视频显示模式，这种模式能够展示图像的特定区域。借助 VR 头盔，可以同时看到视频素材和编辑后的剪辑，从而获得更自然、直观的编辑体验。此外，Premiere Pro 还提供了多种专用于 360° 视频的视觉特效。

1.3 扩展工作流

Premiere Pro 可以作为独立的软件使用，也可以和其他软件一起使用。Premiere Pro 是 Adobe Creative Cloud 的一部分，因此可以访问许多其他专业软件。

了解这些软件间的协同工作方式，不仅可以提高工作效率，还可以为创作带来更大的空间。

1.3.1 把其他软件纳入编辑工作流

Adobe Creative Cloud 包含 Adobe 公司推出的一整套用于支持打印、Web 和视频的软件，这些软件可以完成如下功能。

- 创建高级 3D 动态效果。
- 创建复杂文本动画。
- 制作带图层的图形。
- 创建矢量作品。
- 制作音频。
- 管理媒体。

为了在实际工作中使用上面这些功能，可能需要使用 Adobe Creative Cloud 中的其他软件。Adobe Creative Cloud 套装中包含制作高级、专业视频需要的多种工具。

Adobe Creative Cloud 套装中的其他软件如下。

Premiere Rush ：这是一款用于移动设备的轻量型视频编辑工具，由它创建的项目可以与高级视频编辑软件 Premiere Pro 兼容。

Adobe After Effects ：这是一款十分受动态图形设计师、动画师、视觉效果艺术家欢迎的工具。

Adobe Character Animator ：该工具使用网络摄像头跟踪人物面部和人体动作，可以为 2D 木偶制作自然、逼真的动画。

Adobe Photoshop ：这是一款专业的图形图像处理软件，可以使用它处理照片、视频、3D 对象，以便把它们应用到项目中。

Adobe Audition ：这款软件功能强大，可以用来进行音频编辑、音频降噪和美化、音乐创作和调整，以及多声道混合等工作。

Adobe Illustrator ：这是一款专业的矢量图形制作软件，广泛用于印刷、视频、Web 制作中。

Adobe Media Encoder ：这是一款视频和音频编码软件，用来以各种分发格式对由 Premiere Pro、After Effects、Audition 创建的项目文件进行编码输出。

Adobe Dynamic Link ：借助这款跨产品工具，可以即时使用 After Effects、Audition、Premiere Pro 之间共享的素材、合成、序列。

1.3.2 了解 Adobe Creative Cloud 视频工作流

每个项目的需求不一样，Premiere Pro 和 Adobe Creative Cloud 的工作流程也不一样。下面是一些常见场景。

- 先使用 Photoshop 对来自数码相机、扫描仪、视频剪辑的静态图像或包含图层的图像进行修饰并应用效果。然后，将它们作为素材应用于 Premiere Pro。在 Photoshop 中所做的调整会立即体现在 Premiere Pro 中。
- 直接把剪辑从 Premiere Pro 的时间轴发送到 Audition，做音频降噪和美化。在 Audition 中所做的调整会立即体现在 Premiere Pro 中。
- 将整个 Premiere Pro 序列发送到 Audition，完成专业音频混合，包括兼容效果和电平调节。Premiere Pro 可基于编辑的序列创建一个 Audition 会话，其中包含视频，因此可以在 Audition 中根据行为组织和调整电平。
- 使用 Dynamic Link，把使用 After Effects 制作的视频合成添加到 Premiere Pro 中。在 After Effects 中应用特效、添加动画和视觉元素。在 After Effects 中所做的调整会立即体现在 Premiere Pro 中。

- 使用 After Effects 创建动态图形模板，这些动态图形模板可以在 Premiere Pro 中直接编辑。借助专用控件，可以对模板做特定类型的修改，同时保持模板原有的外观和感觉。
- 使用 Media Encoder 以多种分辨率和编码器导出视频项目，以便在网站、社交媒体上展示或存档。借助内置的预设、效果及集成的社交媒体支持，可以直接把视频从 Premiere Pro 上传至社交媒体平台。

本书主要讲解 Premiere Pro 工作流，也会介绍一些在工作流中使用其他 Adobe Creative Cloud 软件的方法，以帮助读者创建出更好的效果和作品。

1.4 Premiere Pro 界面概览

下面一起了解 Premiere Pro 的界面，这样就可以在后续课程的学习中快速找到需要使用的工具。为方便定制软件界面，Premiere Pro 提供了多种工作区。借助工作区，我们可以快速在屏幕上配置各种面板和工具，以满足特定任务的处理要求，比如编辑、应用特效或音频混合等。

> **注意** 本书假定 Premiere Pro 使用的是默认设置。若想把程序首选项重置成默认设置，请先退出 Premiere Pro，然后按住【Option】键（macOS）或【Alt】键（Windows），重新启动程序。出现确认对话框时，松开按键，单击【确定】按钮。

图 1-2

启动 Premiere Pro，首先显示的是【主页】界面，如图 1-2 所示。最初几次启动 Premiere Pro 时，【主页】界面中显示的是在线培训视频的链接，用来帮助用户入门。

如果曾经打开过一些项目，那么【主页】界面中间会显示一个列表，展示最近使用的项目，如图 1-3 所示。可以把鼠标指针放到一个最近项目上，此时会弹出屏幕提示显示项目文件的位置。

图 1-3

Premiere Pro 项目文件中包含对项目的所有编辑、指向所选媒体文件的链接（也称为“剪辑”）、由剪辑组合而成的序列、特效设置等。Premiere Pro 项目文件的扩展名为 .prproj，如图 1-4 所示。

图 1-4

所谓在 Premiere Pro 中处理项目，就是对某个项目文件做调整。需要新建一个项目文件，或者打开一个已有的项目文件，才能使用 Premiere Pro 提供的各种功能和工具。

【主页】界面中有几个重要按钮，其中有些按钮看起来像文本，但是它们是可以进行单击的，如图 1-5 所示。

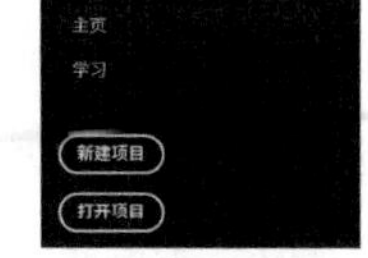

图 1-5

主页：用于返回【主页】界面。

学习：单击该按钮，将显示大量网络教程，帮助用户快速熟悉 Premiere Pro。

新建项目：用于新建一个项目文件。你可以任意指定项目文件的名称，但最好选择那些方便识别的名称（换言之，不要使用“未命名项目”这样的名称）。

打开项目：单击该按钮，弹出【打开项目】对话框，在其中可浏览磁盘上的项目文件，打开一个已有的项目。你还可以在 macOS 的访达或 Windows 的文件浏览器中双击一个已有的项目文件，将其在 Premiere Pro 中打开。

新建团队项目：使用 Adobe 团队项目服务新建一个合作项目。本书不讨论团队项目，但团队项目中使用的编辑工具和技术与本书讲解的是一样的，只不过它是一个多人合作项目而已。

打开团队项目：单击该按钮，打开【管理团队项目】对话框，从中选择一个已有的团队项目打开。

打开 Premiere Rush 项目：用于在 Premiere Pro 中打开一个已有的 Premiere Rush 项目。任何使用 Premiere Rush 创建的项目都可以在这里打开，只要使用相同的 Adobe ID 登录到 Premiere Pro。

注意 如果你使用的 Premiere Pro 版本高于本书所使用的版本，当你尝试打开 Lesson01.prproj 文件时，就会弹出【转换项目】对话框，要求你转换原始项目文件。该操作不会修改原始项目文件，也不会影响到本书内容的学习，单击【确定】按钮同意转换即可。

下面尝试打开一个已有项目。

❶ 单击【打开项目】按钮。

❷ 在【打开项目】对话框中，导航至 Lessons 文件夹中（见图 1-6），然后双击 Lesson01.prproj 项目文件，将其打开。保持打开状态，接下来会用到它。

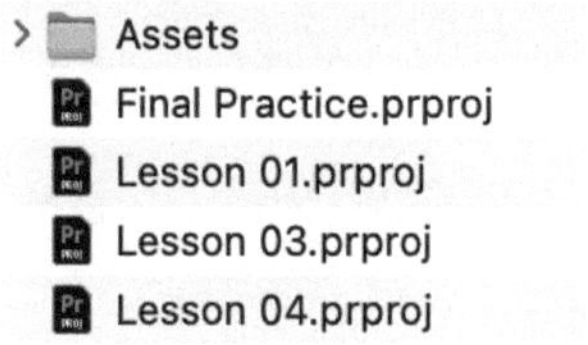

> Assets
Final Practice.prproj
Lesson 01.prproj
Lesson 03.prproj
Lesson 04.prproj

图 1-6

当打开一个已有的项目文件时，可能会弹出【链接媒体】对话框，询问某个素材文件的位置。当原始素材文件的存储位置和当前项目文件中保存的位置不一致时，就会弹出【链接媒体】对话框。此时，你需要告诉 Premiere Pro 原始素材文件在哪里。

【链接媒体】对话框中有一个包含缺失文件的列表，并且第一个文件处于高亮显示状态。单击对话框右下角的【查找】按钮。在【查找文件】对话框的顶部，你会看到文件的【最后路径】（文件最后已知位置）和【路径】（当前浏览的位置）。在左侧文件夹下，导航至 Lessons\Assets 文件夹中，单击右下角的【搜索】按钮。Premiere Pro 会搜索缺失文件，并在右侧将其高亮显示出来。选择查找到的目标文件，单击【确定】按钮。Premiere Pro 会为其他缺失文件记录这个位置，并自动重新链接，不需要一个个地链接它们。

1.5 自己动手：编辑第一个视频

下面编辑一个简单的视频，亲手使用 Premiere Pro 的主要功能。

在这个例子中，会对项目文件做一些修改。所以，动手之前，需要先把项目文件另存为一个新文件。然后，将 Premiere Pro 的界面重置为默认状态，以确保书中展示的界面与你在计算机屏幕上看到的界面相同。

> **注意** 最好把所有课程资源文件复制到你的计算机磁盘上，并一直保留到学完本书为止。有些课程还会用到前面课程的资源文件。

❶ 使 Lesson01.prproj 处于打开的状态，从菜单栏中依次选择【文件】>【另存为】，在【保存项目】对话框中，输入名称 Lesson 01 Working.prproj，单击【保存】按钮。

❷ 默认设置下，Premiere Pro 会打开【学习】工作区。要进入【编辑】工作区，从菜单栏中依次选择【窗口】>【工作区】>【编辑】，进入【编辑】工作区（有关工作区的更多内容，请阅读本课“了解工作区”内容）。

❸ 从菜单栏中依次选择【窗口】>【工作区】>【重置为保存的工作区】，把工作区重置为默认状态。

该项目中包含大量视频剪辑，其中有些视频剪辑已经添加到了一个序列中，这在【时间轴】面板中可以看到，如图 1-7 所示（有关面板的更多内容，请阅读本课“了解工作区”内容）。

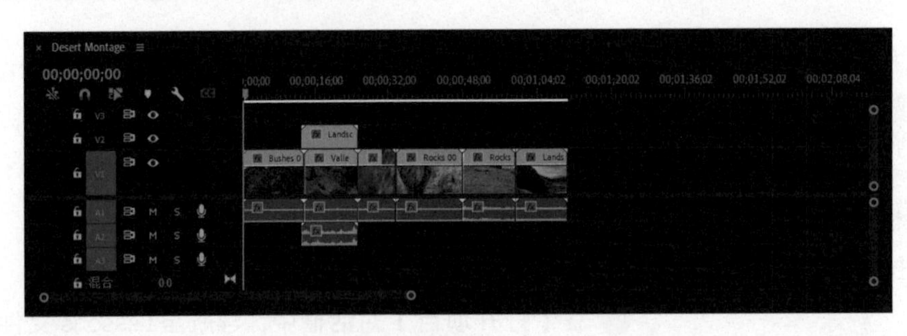

图 1-7

> **注意** 与大多数面板不一样，【时间轴】面板不会在标题栏中显示自身名称，它在标题栏中显示的是当前序列的名称，这里是 Desert Montage。

下面往序列中添加一些剪辑。

❹ 在【时间轴】面板顶部，显示当前序列的名称 Desert Montage，还有一个带有一系列数字的水平条——时间标尺。时间标尺上有一个蓝色的播放滑块，它与其他视频播放器中的播放滑块是一样的。单击时间标尺，播放滑块会立即跳到单击的时间点上。

❺ 把播放滑块拖曳到时间标尺的左端，如图 1-8 所示。

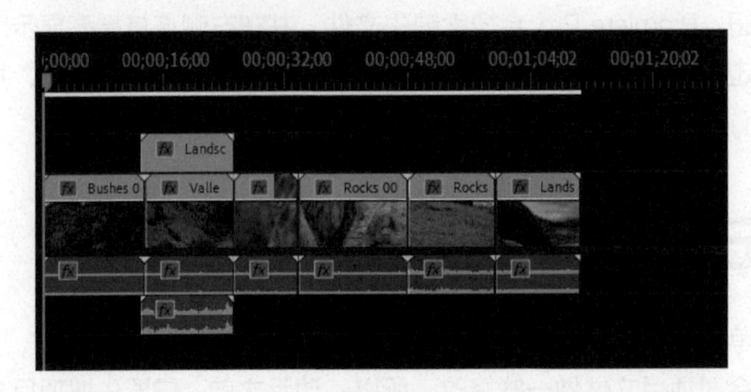

图 1-8

❻ 按空格键，播放当前序列。【节目监视器】(位于界面的右上角)中会显示当前播放的序列内容。

Premiere Pro 界面的左下角有一个【项目】面板，其中包含当前项目中用到的所有剪辑和其他资源。【项目】面板名称中包含当前项目的名称，这里是“项目: Lesson 01 Working”，如图 1-9 所示。

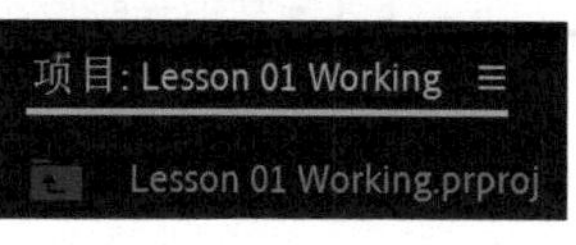

图 1-9

【项目】面板的左下角提供了多个按钮，用来切换不同视图，让你能够以不同方式查看面板内容。

❼ 单击【图标视图】按钮（▣）。

在【图标视图】下，视频剪辑以缩览图的形式呈现，方便识别不同剪辑，如图 1-10 所示。

❽ 把名为 Bushes 001 的剪辑从【项目】面板拖曳至当前序列（位于【时间轴】面板中）末尾。拖曳时，请确保拖曳的是剪辑的缩览图，而非剪辑名称。

当拖曳新剪辑靠近序列中某个剪辑的尾部时，新剪辑会被自动对接到该剪辑的尾部。若不是这样，则表示当前【对齐】按钮（▣）处于关闭状态。在【时间轴】面板的左上角单击【对齐】按钮，即可将其打开。

❾ 向下滚动【项目】面板，再找几个剪辑，将它们逐个拖入序列中。

可以随时在【时间轴】面板中把播放滑块拖曳到序列的起始位置（序列的左端），然后按空格键播放或停止播放序列。

❿ 向序列中添加几个剪辑之后，播放序列，查看结果。

在【时间轴】面板中，可以把播放滑块拖曳到时间标尺的任意位置，然后从该位置开始播放。

在【项目】面板中，除视频剪辑外，还有一个名为 Desert Montage 的序列，它是【时间轴】面板中当前显示的序列，如图 1-11 所示。我们无法把它从【项目】面板拖曳到【时间轴】面板的 Desert Montage 序列中。

图 1-10

图 1-11

【项目】面板中既有剪辑又有序列。在一个项目中，可以创建任意多个序列，每个序列缩览图的右下角有一个专门用来标识序列的图标，在【图标视图】下图标为▣，在【列表视图】下图标为▣。

到这里，你的第一个序列就编辑好了。

1.6 了解工作区

Premiere Pro 界面由多个面板组成，每个面板都有其特定用途。例如，【效果】面板列出了所有可以应用到剪辑的效果，而【效果控件】面板用来更改这些效果的具体设置。

工作区包含一系列预先排列好的面板，借助这些面板，我们可以更快、更轻松地完成指定任务。不同工作区适合用来完成不同的任务，比如【编辑】工作区适合做编辑任务，【音频】工作区适合处理音频，【颜色】工作区适合调整颜色等。

虽然你可以通过 Premiere Pro 的【窗口】菜单访问各个面板，但是通过工作区，你可以更快地访问多个面板，并且各个面板都是按照需求排列的。

从菜单栏中，依次选择【窗口】>【工作区】>【编辑】，进入【编辑】工作区。然后，依次选择【窗口】>【工作区】>【编辑】>【重置为保存的布局】，重置【编辑】工作区。此时，当前项目名称显示在界面顶部。

提示 在【窗口】>【工作区】菜单中，【重置为保存的布局】命令右侧显示了对应的键盘快捷键。在 Premiere Pro 中，许多任务都可以使用键盘快捷键执行，包括选择工作区。如果你使用的是非美式键盘，那你可以使用的快捷键可能与本书中介绍的不太一样。更多内容，请阅读本课“使用和设置键盘快捷键”中的内容。

在界面左上角单击【主页】按钮（），打开【主页】界面，在其中可以快速打开一个最近的项目或者新建一个项目。

【主页】按钮（）右侧有 3 个文本，分别是【导入】【编辑】【导出】，其实它们都是按钮，可以像单击普通按钮一样单击它们，如图 1-12 所示。这种优雅的设计在 Premiere Pro 的许多地方都可以看到。这 3 个按钮对应 3 种重要模式，单击它们，可分别切换到相应模式。当前处在【编辑】模式下，后面会陆续介绍其他两个模式。

界面右上角有一个【工作区】按钮（），单击它会显示出一系列工作区，可以根据需要快速选择一个工作区使用。后续课程中会陆续用到其中一些工作区。当前，请确保处在【编辑】工作区。

如果你不熟悉非线性编辑，看到编辑工作区中的各种按钮和菜单可能会产生困惑。不用担心，当了解这些按钮的功能之后，你就会发现它们其实很简单。这样的界面设计旨在简化视频编辑，方便用户随时、快速找到常用的工具。

工作区由一些特定的面板组成，为了方便使用，这些面板的大小和位置都事先设定好了，可以把多个面板放入一个面板组，这样可以大大节省屏幕空间。面板组中所有面板的名称都显示在面板顶部。单击某个面板名称，即可打开相应面板，如图 1-13 所示。

图 1-12　　图 1-13

提示 在界面右上角单击【工作区】按钮，从弹出的菜单中选择【显示工作区标签】或【显示工作区选项卡】，有关当前工作区的更多信息将显示在菜单左侧。

当面板组中包含多个面板时，有些面板的名称可能无法在面板顶部显示出来，此时面板右上角会出现一个双箭头按钮（）（溢出菜单），单击该按钮，将弹出一个菜单，其中列出了该面板组中的所有面板，如图 1-14 所示，选择某个面板，即可将其打开。

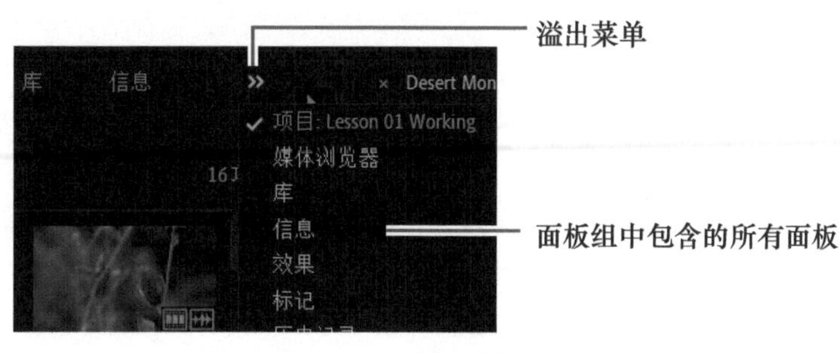

图 1-14

Premiere Pro 的主要界面元素如图 1-15 所示。

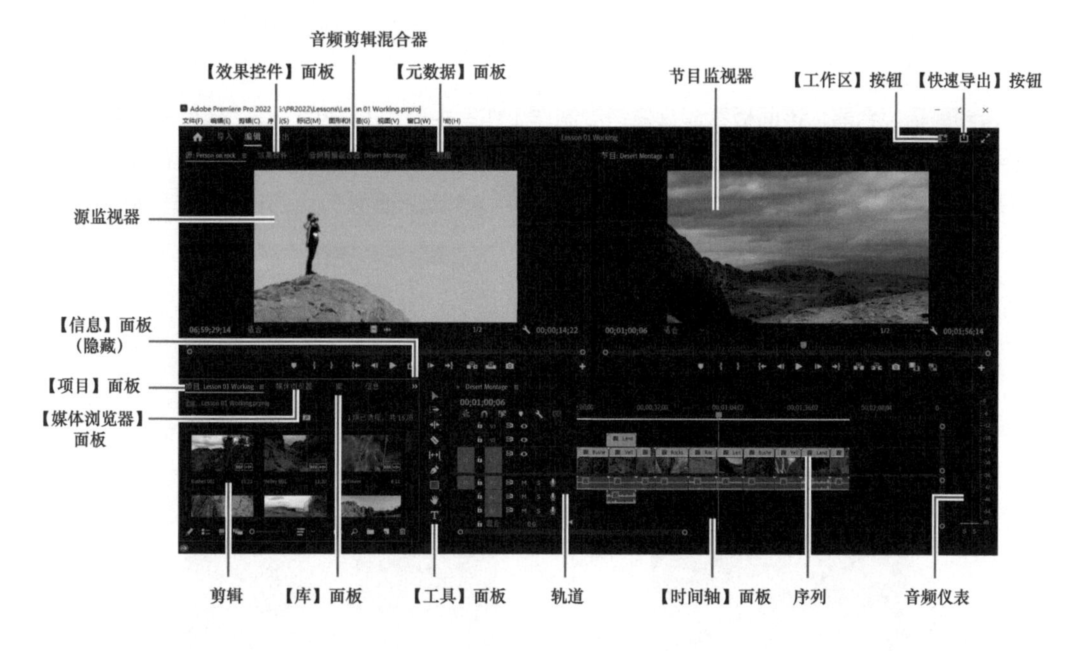

图 1-15

其中几种重要的界面元素如下所示。

- 【项目】面板：可以在该面板中用素材箱组织剪辑、序列、图形等资源。素材箱类似于文件夹，可以把一个素材箱放入另一个素材箱中，以便更好地组织项目。
- 【时间轴】面板：大部分编辑工作都在这里完成。可以在【时间轴】面板中查看和处理序列（序列由多个编辑在一起的视频剪辑组成）。序列可以嵌套，即可以把一个序列放入另一个序列中。借助序列，可以把一个制作项目拆分成多个部分，分别处理。
- 轨道：可以把视频剪辑、图像、图形、字幕分层堆放或组合到多个轨道（不限数量）中。上层视频轨道中的视频和图形剪辑会覆盖下层轨道中的内容，因此，如果想把下层轨道的剪辑显示出来，就需要调整上层轨道中剪辑的透明度，或减小其尺寸。
- 监视器面板：【源监视器】（位于左侧）用来查看和选择剪辑（原始素材）的一部分，在【项目】面板中，双击某个剪辑，或者将其拖入【源监视器】中，即可在【源监视器】中查看该剪辑。【节目监视器】（位于右侧）可用来查看【时间轴】面板中显示的当前序列。
- 【媒体浏览器】面板：在这个面板中，可以搜索存储设备，从中查找指定的媒体文件，以便将其导入项目中。【媒体浏览器】面板特别适合用来查找摄像机中的素材文件和 RAW 文件，因为它允许在导入前先预览它们。

- 【库】面板：借助该面板，可以访问要在项目间共享的资源，比如自定义的 Lumetri 颜色外观、动态图形模板、图形，以及协作共享库，还可以浏览与购买 Adobe Stock 网站中的素材。更多相关信息，请访问 Adobe 帮助页面。
- 【效果】面板：该面板中包含可应用到序列上的大部分效果，包括视频效果、音频效果、过渡效果，如图 1-16 所示。这些效果都是按类型分组的，方便查找。面板顶部有一个搜索框，输入搜索关键字即可快速查找到所需要的效果；效果一旦被应用，其控件就会在【效果控件】面板中显示出来。
- 【效果控件】面板：从序列中选择一个剪辑，或者在【源监视器】中打开一个剪辑，然后把一个效果应用到所选剪辑上，此时该效果的控件就会在【效果控件】面板中显示出来。当在【时间轴】面板中选择一个视频剪辑时，【运动】【不透明度】【时间重映射】这 3 种效果默认都是可用的。大多数效果都支持制作动画。
- 音频剪辑混合器：该面板看起来像音频制作工作室中使用的硬件设备，带有音量滑块和左右声道控件，如图 1-17 所示。时间轴上的每个声道都有一套控件。你在此面板中做出的调整会应用到音频剪辑上。另外，还有一个【音频轨道混合器】，它用来把音频调整应用到轨道而非剪辑上。

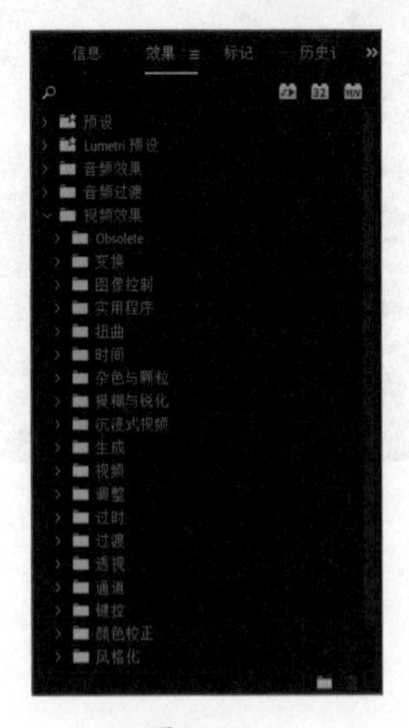

图 1-16

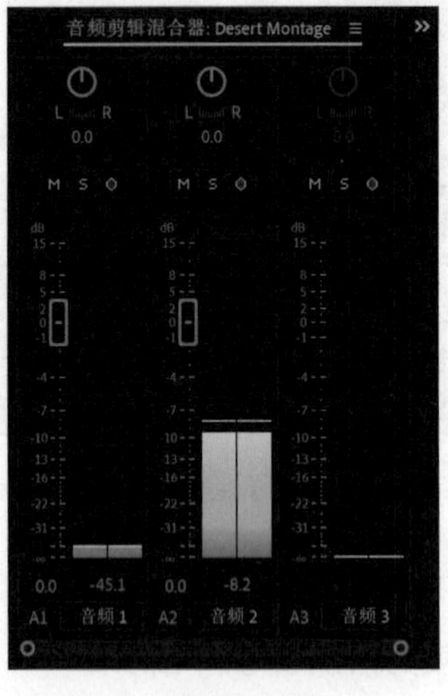

图 1-17

图 1-18

- 【工具】面板：该面板中的每个按钮都对应一个工具，用来在时间轴中执行特定功能，如图 1-18 所示。选择工具与上下文相关，单击不同位置，其功能会随之发生变化。如果发现鼠标工作不正常，很可能选错了工具，请认真检查一下。仔细观察，你会发现有些工具图标的右下角有一个三角形标志，这表明其下包含多个工具。此时，把鼠标指针移动到图标上，按住鼠标左键不放，就会弹出多个工具，如图 1-19 所示。

图 1-19

- 【信息】面板：当从【项目】面板中选择一个素材，或者从序列中选择一个剪辑或过渡时，相关信息就会在【信息】面板中显示出来。
- 【历史】面板：图 1-15 中未显示该面板。这个面板会跟踪记录你所做的操作，方便撤销之前的操作。当你从【历史】面板中选择一个步骤时，该步骤之后的所有操作都会被撤销。
- 【快速导出】按钮：该按钮位于界面的右上角，单击它可打开【快速导出】面板，其中包含常用的媒体文件导出选项，方便快速导出自己制作的作品，与他人分享。

单击面板名称，可以将其激活，此时面板名称下出现下划线，而且在当前激活的面板外围还会出现蓝色线框。大多数面板名称右侧有一个三道杠按钮（☰），它其实是面板菜单，其中包含与所选面板相关的各种选项，比如【项目】面板菜单中包含的就是与【项目】面板相关的选项。

1.6.1 使用【学习】工作区

Premiere Pro 提供了多种工作区，每种工作区都是针对特定的处理任务，但【学习】工作区例外。该工作区包含【学习】面板，其中含有一系列 Premiere Pro 教程，可帮助用户快速熟悉 Premiere Pro 的界面和一些常用的技巧。

这些教程是对本书练习很好的补充。建议先学习本书内容，并做相关练习，然后学习【学习】面板中的相关教程，借此进一步巩固所学的知识。

1.6.2 自定义工作区

除 Premiere Pro 自身提供的工作区外，还可以手动调整各个面板的位置，创建满足自己工作需求的工作区。在 Premiere Pro 中，可以针对不同任务创建不同的工作区。

> **注意** 虽然【源监视器】和【节目监视器】这两个名称中不包含“面板”二字，但是它们的行为和面板是一样的。

- 调整一个面板或面板组的尺寸时，其他面板的尺寸也会随之改变。
- 面板组中的每个面板都可以通过单击其名称来访问。
- 所有面板都是可移动的，可以把一个面板从一个组拖曳到另一组。
- 可以把一个面板从面板组中拖离，使其成为单独的浮动面板。
- 双击某个面板的名称，面板尺寸可以在全屏与原始尺寸之间切换。

下面尝试调整几个面板，自定义一个工作区，并将其保存下来。

❶ 在【项目】面板中，双击 Valley 001，将其在【源监视器】中打开。

❷【源监视器】和【节目监视器】之间有一个垂直分隔栏，把鼠标指针置于该分隔栏上，鼠标指针会变成双箭头（⇹）。按住鼠标左键向左或右拖曳可以改变监视器的大小。在后期制作的不同阶段，可以根据视频显示的需要随时调整监视器的大小，如图 1-20 所示。

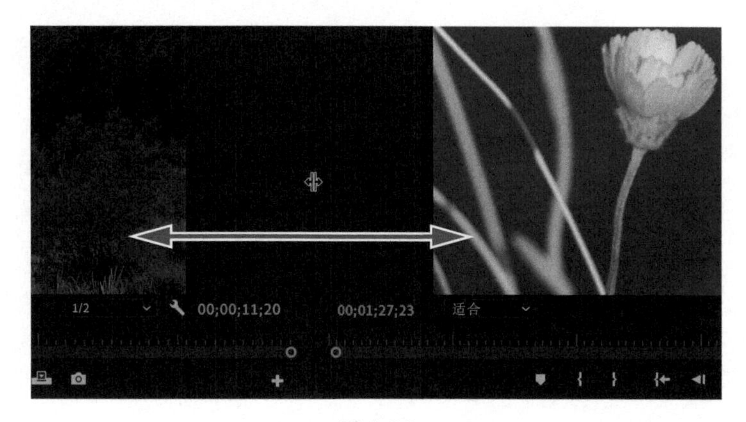

图 1-20

❸【节目监视器】和【时间轴】面板之间有一个水平分隔栏，把鼠标指针置于水平分隔栏上，鼠标指针会变成双箭头。按住鼠标左键上下拖曳可改变面板的大小。

❹ 单击【媒体浏览器】面板名称，并按住鼠标左键，将其拖曳到【源监视器】的中央区域，此时，【源监视器】的中央区域出现蓝色矩形（投放区域）。释放鼠标，【媒体浏览器】面板会加入面板组中，如图 1-21 所示。

图 1-21

❺ 默认设置下，【效果】面板和【项目】面板在同一个面板组中。把鼠标指针放到【效果】面板名称上，按住鼠标左键，将其拖曳至所在面板组的右侧区域中，此时面板右侧出现一个蓝色梯形区域，如图 1-22 所示。

❻ 释放鼠标，此时【效果】面板显示在一个独立的面板组中。若【效果】面板未显示，通过【窗口】菜单可将其打开。

当通过面板名称拖曳面板时，Premiere Pro 会显示投放区域。若高亮显示的投放区域为矩形，则释放鼠标后，被拖曳的面板会添加到目标面板组中。若投放区域是梯形，则 Premiere Pro 会新建一个面板组，用来存放被拖曳的面板。

❼ 按住【Command】键（macOS）或【Ctrl】键（Windows），将【源监视器】拖离其所在的面板组。

❽ 把【源监视器】拖曳到任意位置，创建一个浮动面板。拖曳浮动面板的边缘或角，调整面板大小，如图 1-23 所示。

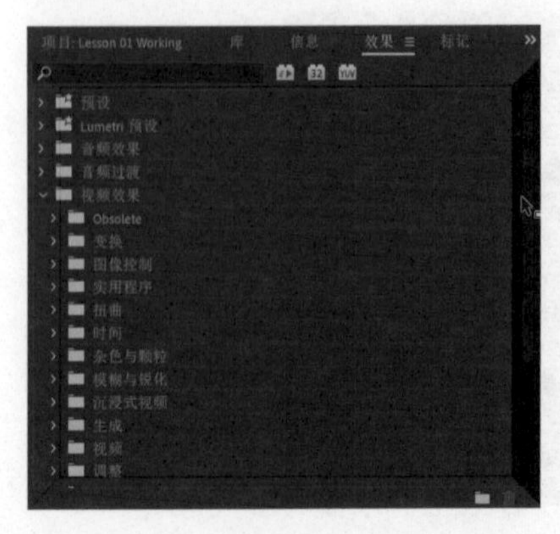

图 1-22

图 1-23

💡 **提示** 你可能需要调整一下某些面板的尺寸，才能看到其中包含的所有控件。

随着经验的增加，你可能想自己定制工作区，然后将其保存起来，以便日后使用。要保存工作区，首先从菜单栏中依次选择【窗口】>【工作区】>【另存为新工作区】，然后在【新建工作区】对话框中，输入工作区名称，单击【确定】按钮即可。

⑨ 从菜单栏中依次选择【窗口】>【工作区】>【编辑】，返回到起点。然后，依次选择【窗口】>【工作区】>【编辑】>【重置为保存的布局】，重置【编辑】工作区。

💡 **注意** 你可以把对工作区的更改保存到自己创建的新工作区中。这样，在执行重置操作时将恢复到最近保存的工作区。

1.7 首选项

编辑的视频越多，根据自身需求定制 Premiere Pro 的愿望就越强烈。Premiere Pro 提供了几种类型的设置。例如，对于面板菜单——单击面板名称右侧的三道杠按钮（☰）即可打开面板菜单——不同面板菜单所包含的选项各不相同，序列中各个剪辑的设置需要使用鼠标右键单击访问。

💡 **注意**【项目】面板的面板菜单下有【字体大小】菜单项，其中包含小、中等（默认）、大、特大几个选项，选择相应选项，可以改变字体大小。

显示在每个面板顶部的面板名称通常也叫作“面板选项卡”。面板名称就像是一个手柄，你可以通过这个手柄来移动面板。

此外，Premiere Pro 有首选项，这些选项都被组织到一个单独的对话框中，访问起来十分方便，而且不会因项目的不同而改变。本书会深入讲解首选项，因为它们与本书的内容密切相关。下面来看一个例子。

💡 **注意** 在打开【首选项】对话框时，选择从哪个面板启动无关紧要，因为借助对话框左侧列表中的菜单，我们可以快速切换到其他任意面板中。

① 在 macOS 系统中，依次选择【Premiere Pro】>【首选项】>【外观】；在 Windows 系统中，依次选择【编辑】>【首选项】>【外观】，部分选项如图 1-24 所示。

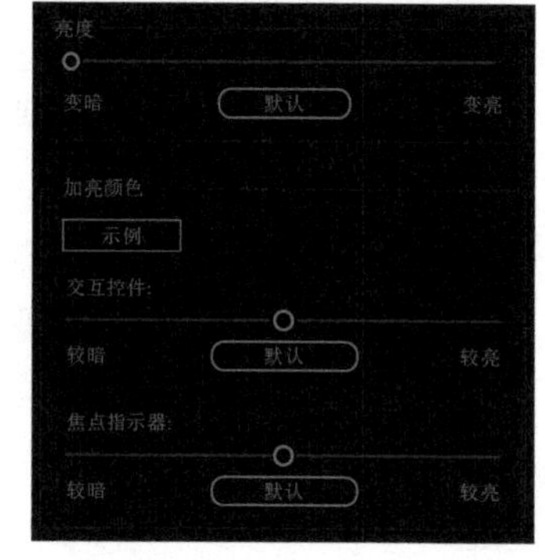

图 1-24

② 向右拖曳【亮度】滑块，提高界面的亮度。

默认设置下，界面是深灰色，这种颜色有利于用户分辨颜色（人类对色彩的感知很容易受到周围颜色的影响）。

除了该滑块外，还有用来控制界面亮度的其他选项。

③ 调整【交互控件】和【焦点指示器】滑块。

调整时，注意观察【示例】中颜色亮度的细微变化。调整这两个滑块可以给用户带来不同的编辑体验。

④ 单击各滑块下面的【默认】按钮，可恢复默认设置。

❺ 单击【自动保存】选项卡，部分选项如图 1-25 所示。

如果有一个项目你编辑了好几个小时，然后突然停电了，停电之前没有保存，那么你会丢失大部分处理工作。为了防止出现这种情况，Premiere Pro 提供了【自动保存】首选项。通过这个首选项，可以设置自动保存项目的间隔时间，以及要保存的版本数。自动保存时，Premiere Pro 会将备份文件的创建日期和时间一起添加到文件名中。

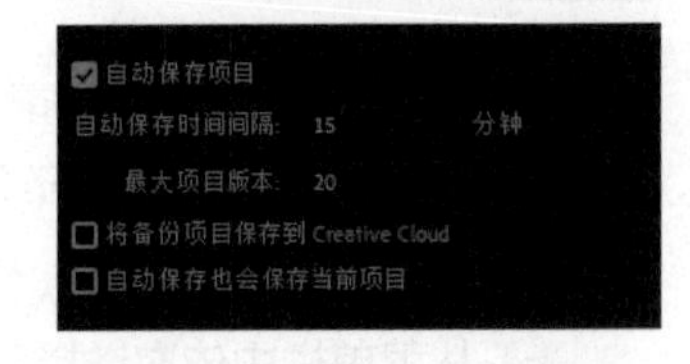

图 1-25

注意 Premiere Pro 允许同时打开多个项目。

相比于素材文件，项目文件很小，所以增加项目的版本数量不会影响系统性能，可以根据实际需要，适当增加项目的版本数量。

在【自动保存】选项卡中，还有一个【将备份项目保存到 Creative Cloud】复选框。

勾选该复选框，Premiere Pro 将会自动在 Creative Cloud Files 文件夹中为项目文件创建一个副本。在工作期间，若遇到系统故障，可以使用自己的 Adobe ID 登录到其他任意一个 Premiere Pro 编辑系统，访问项目备份文件，并迅速恢复工作。为了使其发挥作用，需要确保所有素材文件都有备份，而且最好有多个备份。

此外，还可以在【自动保存】选项卡中勾选【自动保存也会保存当前项目】复选框，多加一层保险。勾选该复选框后，在执行保存操作时，Premiere Pro 还会创建一个紧急项目备份文件，这一项目文件是项目当前版本的一个副本，它们拥有相同的名称。当系统突然发生故障时（比如断电），可以打开该文件，继续进行处理。

❻ 单击【取消】按钮，关闭【首选项】对话框，不做任何修改。

1.8 使用和设置键盘快捷键

使用 Premiere Pro 时，可以大量使用键盘快捷键。相比于鼠标操作，使用键盘快捷键执行操作更快捷、更方便。有些键盘快捷键在各种非线性编辑软件中是通用的，比如空格键用来播放和停止播放，甚至有些网站也支持使用空格键来播放或停止播放其中的视频内容。

有些标准的键盘快捷键来自传统的胶片电影编辑工作。例如，【I】键和【O】键用来为素材和序列设置入点与出点。这些特殊的标记表示一个片段的起点和终点，最初是直接画在电影胶片上的。

此外，还有许多其他键盘快捷键可以使用，但是默认情况下并没有配置。

❶ 在 macOS 系统中，依次选择【Premiere Pro】>【键盘快捷键】；在 Windows 系统中，依次选择【编辑】>【快捷键】，打开【键盘快捷键】对话框，如图 1-26 所示。

初次见到这么多的键盘快捷键，你可能会不知所措。但不要担心，相信学完本书全部内容后，你可以记住其中大部分键盘快捷键。有些键盘快捷键是针对特定面板的。

❷ 打开对话框顶部的【命令】下拉列表，从中选择一个面板名称，以便为其创建或编辑键盘快捷键。

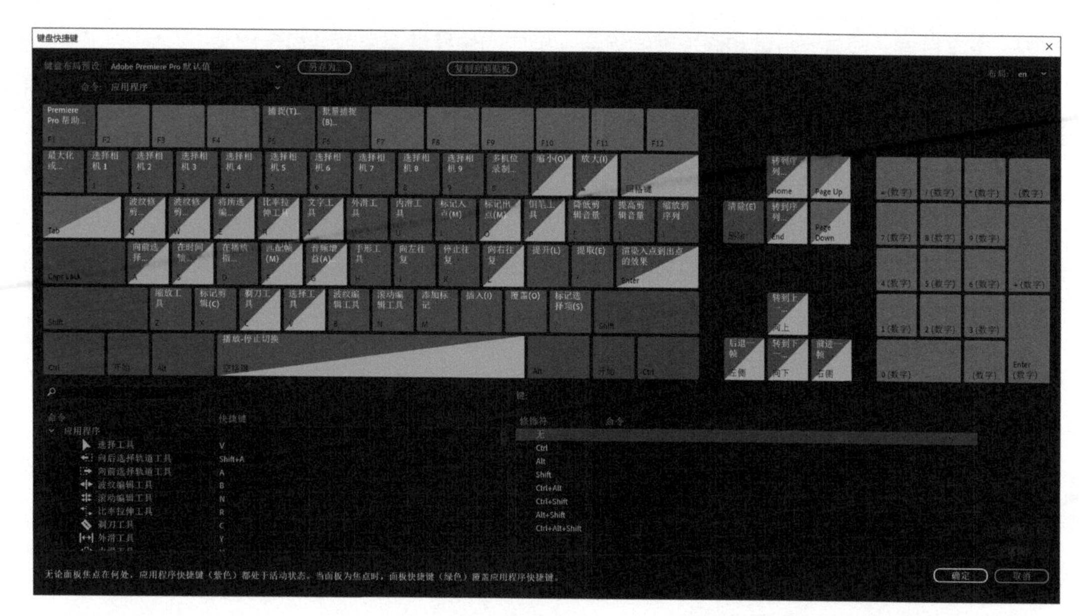

图 1-26

有些专用键盘的各个键上印有快捷键标记，并且有彩色编码，方便用户记忆常用的快捷键。

③ 打开【键盘快捷键】对话框后，其中的搜索框会自动激活，方便查找特定快捷键。在搜索框外部单击，取消选择搜索框，尝试按【Command】键（macOS）或【Ctrl】键（Windows），出现图 1-27 所示的界面。

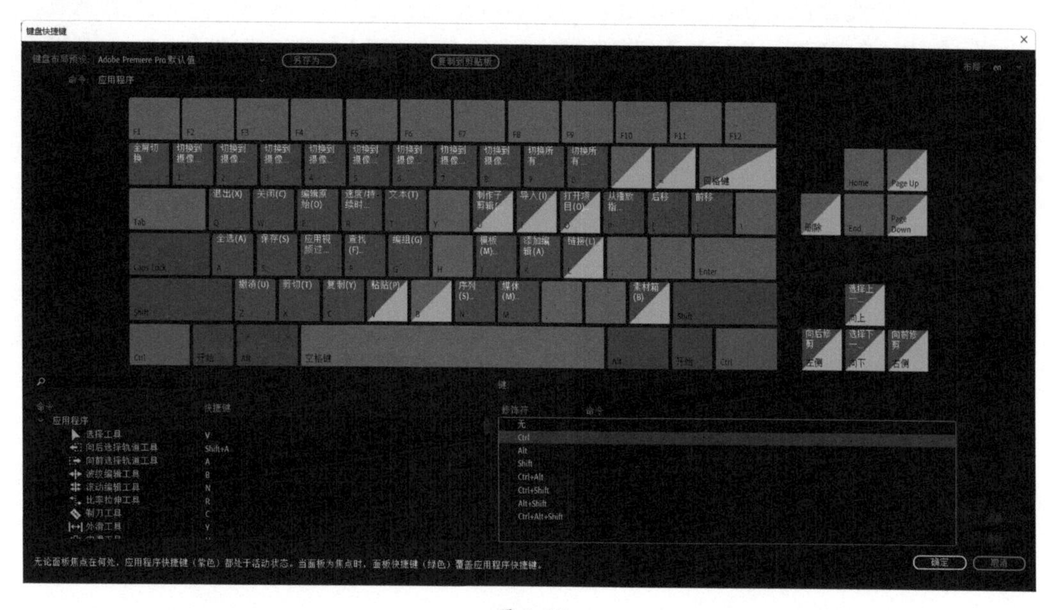

图 1-27

此时，界面中显示的键盘快捷键发生了变化，只显示与所按修饰键（这里是【Ctrl】键）搭配的快捷键。注意，在使用某一修饰键时，可以看到很多键并没有分配快捷键，你可以根据自己的需要进行指定。

④ 建议尝试不同的修饰键组合，包括【Shift】+【Option】（macOS）或【Shift】+【Alt】（Windows）组合键。可以使用任意修饰键的组合来设置键盘快捷键。

按一个字符键，或者字符键和修饰键的组合，相应的快捷键信息就会显示出来。

对话框左下角的列表中包含所有可以指定的快捷键的命令。这个列表很长，可以使用面板顶部的搜索框找到指定的命令。

❺ 执行下述操作之一，更改键盘快捷键。

- 在查找到想指定的快捷键的命令后，将其从列表中拖曳到键盘的某个键上，即可完成快捷键的指定。在该过程中，如果同时按住修饰键，则修饰键也会包含到快捷键中。还可以从虚拟键盘上把一个键拖曳到一个命令上。
- 如果要清除某一快捷键，只需在键盘上单击相应键，然后单击右下角的【清除】按钮即可。

❻ 单击【取消】按钮，关闭【键盘快捷键】对话框。

1.9 移动、备份、同步用户设置

Premiere Pro 首选项包含大量重要的设置选项。大多数情况下，保持默认设置就可以了，但有时可能需要做一些调整，比如把界面调亮一些。

Premiere Pro 提供了相关选项，用来实现在多台计算机之间共享首选项的设置。在安装 Premiere Pro 时，安装程序会要求输入 Adobe ID 来确认软件许可证。可以使用相同的 ID 将首选项存储到 Adobe Creative Cloud，这样每次安装 Premiere Pro 时，都可以同步和更新首选项。

从 Premiere Pro 菜单栏中，依次选择【Premiere Pro】>【同步设置】>【立即同步设置】（macOS）或【文件】>【同步设置】>【立即同步设置】（Windows），可在使用 Premiere Pro 时同步首选项。

此时，弹出一个对话框，询问是否保存所做的更改，单击【否】按钮，直接退出 Premiere Pro。

1.10 复习题

1. 为什么 Premiere Pro 是一款非线性编辑软件？
2. 请描述最基本的视频编辑工作流。
3. 【媒体浏览器】有何用途？
4. 可以保存自定义的工作区吗？
5. 【源监视器】和【节目监视器】有什么作用？
6. 如何让一个面板成为浮动面板？

1.11 答案

1. Premiere Pro 允许将视频剪辑、音频剪辑、图形放到序列的任意位置；允许重排序列中的已有项目、添加过渡、应用效果；允许按照希望的顺序进行视频编辑。使用 Premiere Pro 时，不必按照固定顺序操作。
2. 把视频素材上传到你的计算机；在时间轴上组合视频、音频、静态图像剪辑以创建序列；做色彩校正；添加效果和过渡；添加文本和图形；混合音频；导出最终作品。
3. 【媒体浏览器】允许在不打开外部文件浏览器的情况下浏览和导入媒体文件。当使用的是摄像机中的视频素材时，【媒体浏览器】特别有用，因为你可以在其中轻松地预览素材。
4. 是的。从菜单栏中，依次选择【窗口】>【工作区】>【另存为新工作区】，即可将自定义的工作区保存下来。
5. 可以在【源监视器】中查看和选择原始素材的一部分，可以在【节目监视器】中查看当前显示在【时间轴】面板中的序列内容。
6. 按住【Command】键（macOS）或【Ctrl】键（Windows），拖曳面板名称，即可使一个面板成为浮动面板。

第 2 课

创建与设置项目

课程概览

本课学习如下内容：

- 项目设置
- 视频和音频显示设置
- 使用序列预设
- 视频渲染和播放设置
- 创建暂存盘
- 自定义序列设置

学完本课大约需要  60分钟

学习本课不需要使用任何课程文件。

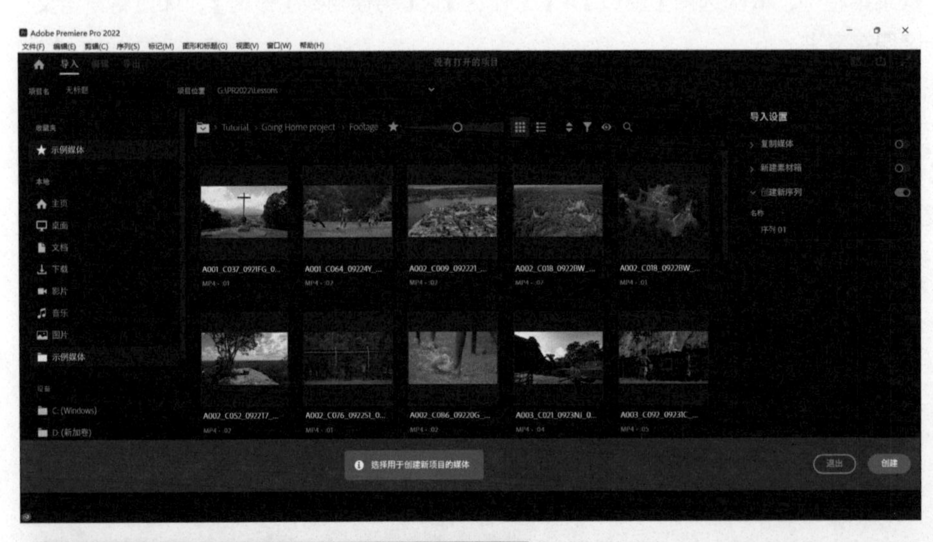

Lesson 01.prproj

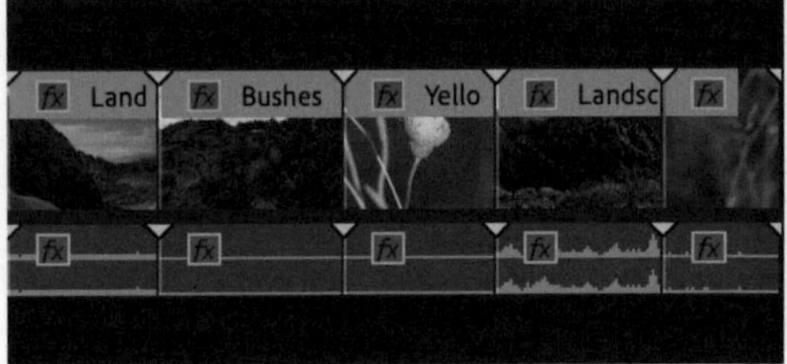

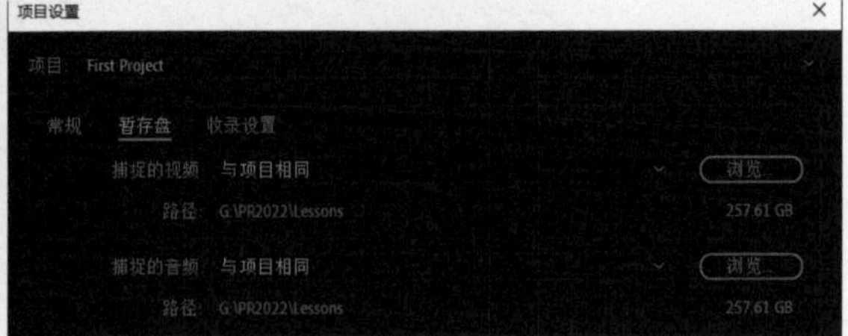

2.1 课程准备

如果不熟悉视频和音频编辑技术，面对 Premiere Pro 中这么多陌生的设置选项，很有可能会手足无措。不过，幸运的是，Premiere Pro 提供了许多方便易用的快捷方法。而且，制作视频和音频的原则都是一样的。

本课会讲解很多有关文件格式和视频技术的内容。随着对 Premiere Pro 和非线性视频编辑越来越熟悉，你可能会重新翻看本课内容，所以初次学习本课时不必强求自己一下就掌握有关视频编辑的所有概念与技术。

新建项目时一般不会更改默认设置，尽管如此，了解各个设置选项的含义还是非常有必要的，因为总有一天会用到它们。

Premiere Pro 项目文件中保存导入的视频、图形、音频文件的链接。每个素材都以剪辑的形式显示在【项目】面板中。“剪辑”（clip）这个词最初用来指一段电影胶片（以前编辑电影时，会将成段的胶片从胶卷上剪下来），现在用来指项目中的各种素材，与素材类型无关。例如，项目中可能包含音频剪辑或图像序列剪辑。

显示在【项目】面板中的剪辑看上去像是真实的素材文件，但其实它们只是指向真实素材文件的链接。需要把【项目】面板中的剪辑和它所链接的素材文件区分开，它们是两种不同的事物，这点非常重要。它可以让你轻松删除一个剪辑，同时不影响其他剪辑。

> **注意** 在 macOS 与 Windows 两个操作系统下，Premiere Pro 的项目文件是一样的。除了菜单布局上有少许差异之外，其他的使用体验完全一样。

在编辑项目时，首先至少创建一个序列（由一系列可播放的剪辑组成，这些剪辑前后相接，有时有重叠，并带有特效、标题、声音等）来构成作品。编辑时，要选择使用哪些剪辑，并指定剪辑按照什么顺序播放。

使用 Premiere Pro进行非线性编辑，一大优点就是当对剪辑不满意时，可以随时修改任意一部分。

Premiere Pro 项目文件的扩展名为 .prproj，如图 2-1 所示。

在 Premiere Pro 中，新建一个项目非常简单。首先新建一个项目文件，然后导入素材，再选择序列预设，这 3 个步骤可以同时完成，如图 2-2 所示。

图 2-1

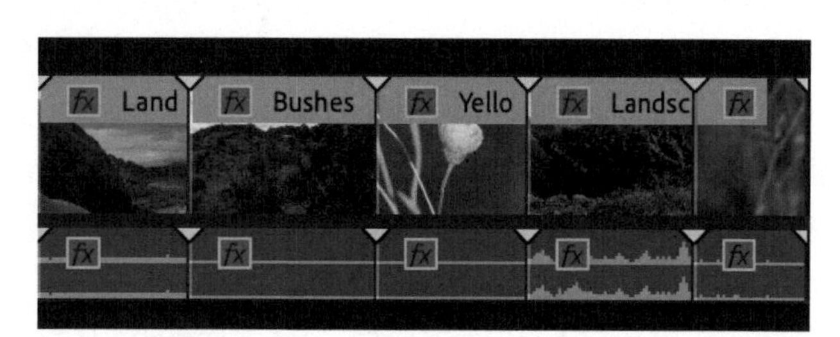

图 2-2

新建项目时，可以选择让 Premiere Pro 根据素材设置自动创建一个序列，也可以选择自己手动创建一个或多个序列。无论选择哪种方法，创建的序列都会拥有帧速率、帧大小等播放设置。

下面要重点理解序列设置是如何影响 Premiere Pro 播放视频和音频剪辑的方式的（Premiere Pro 会根据序列设置自动调整所有剪辑）。当你决定手动配置序列设置时，为了加快这个过程，可以选用某个预设，快速应用某些设置，然后根据具体项目的要求做一些必要的调整。

即便序列是由 Premiere Pro 根据素材自动创建的，了解序列各个设置选项的含义也是有好处的，因为有时需要根据具体项目的要求调整一个或多个设置选项。

你需要了解摄像机录制的视频和音频的类型，因为序列设置一般都是基于源素材的，这样可以大大减少播放期间需要做的转换。事实上，大部分 Premiere Pro 序列预设都是根据摄像机命名的，这样有助于用户选择正确的预设。如果你知道素材拍摄时使用的摄像机和视频格式，你就会知道该选择哪种序列预设，如图 2-3 所示。

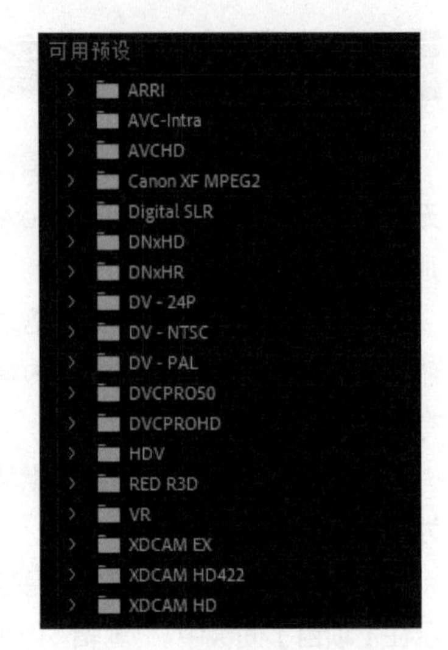

图 2-3

本课将介绍如何在 Premiere Pro 中新建项目、选择序列设置。同时，还会介绍不同类型的音轨，以及什么是预览文件。

关于秒和帧

摄像机拍摄视频时，它捕获的是一系列组成动作的静态图像。如果每秒捕获的静态图像足够多，那么播放时看起来就像是动态视频。其中每一张静态图像称为视频的一个“帧”，每秒的帧数通常称为帧 / 秒，又叫录制帧率或播放帧率。

在不同摄像机、视频格式和设置下，帧 / 秒有很大不同，它可以是任意数字，如 23.976、24、25、29.97、30、50、59.94 等。大多数摄像机都支持多种帧率和帧尺寸，你可以选择使用。重要的是要知道录制视频时的设置，这样才能在 Premiere Pro 中正确选择播放选项。

2.2 创建项目

下面新建一个项目。

① 启动 Premiere Pro，出现【主页】界面。【主页】界面右上角有一个放大镜按钮（![]），单击它，可以进入多功能搜索界面，其中包含一个搜索框。在搜索框中输入搜索文本，Premiere Pro 会显示名称中包含搜索文本的以前打开过的项目文件，以及 Adobe Premiere Pro Learn&Support 中的教程。访问这些教程需要连接互联网。

【主页】界面中还有以下两个按钮。

- 新增功能：【主页】界面左下角有一个【新增功能】按钮，单击它，弹出一个新界面，里面列出了当前版本的 Premiere Pro 中的主要新增功能。
- 用户按钮：放大镜按钮（![]）右侧有一个用户按钮，该按钮上是 Adobe ID 用户头像的缩览图。如果是新注册用户，该按钮上可能是网站提供的通用图片。单击用户按钮，可在线管理 Adobe Creative Cloud 账户。

② 单击【新建项目】按钮，打开【导入】模式窗口，其中显示许多项目创建选项，如图 2-4 所示。

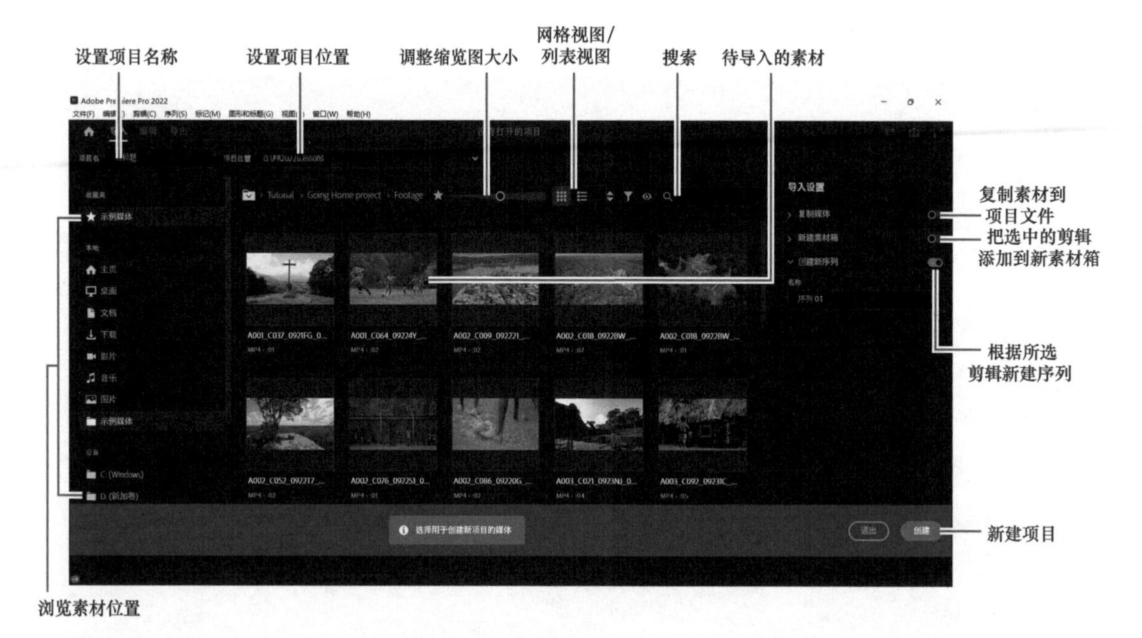

图 2-4

当处理现有项目时，可以使用这个窗口浏览和导入素材。也可以在这个窗口中新建项目和序列。

在该窗口的左侧，可以浏览计算机中的各个存储位置。选择一个存储位置后，其中保存的素材文件会在中间区域显示出来。默认情况下，中间区域显示的是示例素材。

中间区域上方有一个滑块，用来调整缩览图的大小，其右侧有两个图标，分别用来切换到【网格视图】和【列表视图】，如图 2-5 所示。

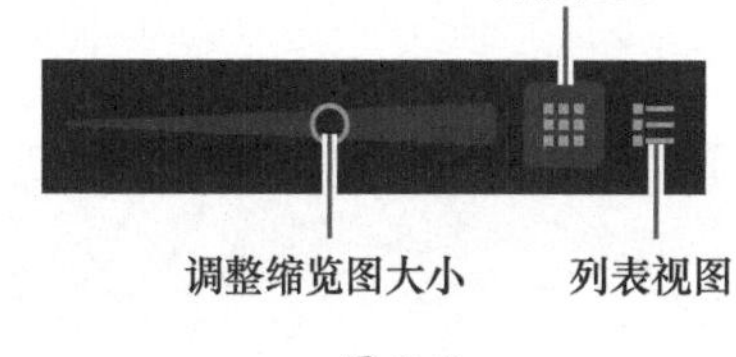

图 2-5

该窗口右侧有 3 个选项，可用来加快项目的创建速度。

- 复制媒体：复制所选素材文件至指定位置。处理时，Premiere Pro 会使用副本文件，而不会改动原始文件。若你从外部存储器向项目中添加素材后又要移除外部存储器，建议使用该选项。
- 新建素材箱：在一个项目中组织剪辑时，可以把它们放入一个个类似文件夹的容器中，这个容器就叫“素材箱”。使用该选项，Premiere Pro 会自动在项目中添加一个素材箱，并把所选剪辑放入其中。
- 创建新序列：基于选择的第一个剪辑的设置，自动新建一个序列（有关序列设置的更多内容，请阅读本章“创建序列”一节）。

下面新建一个项目与序列（仅包含一个剪辑），了解与项目、序列相关的一些重要设置。

3 在界面左上角，单击【项目名】文本框，输入项目名称 First Project。

4 从【项目位置】下拉列表中选择【选择位置】，打开【项目位置】对话框。转到 Lessons 文件夹，单击【选择文件夹】按钮，把新项目保存到该文件夹中。

> 注意 在为项目文件选择保存位置时，从【项目位置】下拉列表中，可选择最近使用过的位置。

5 在界面左侧的存储位置列表中，选择 Lessons 文件夹所在的存储器，然后在中间区域，转到 Lessons\Assets\Video And Audio Files\Theft Unexpected 文件夹。确保当前处在【网格视图】下，以便浏览剪辑缩览图，如图 2-6 所示。

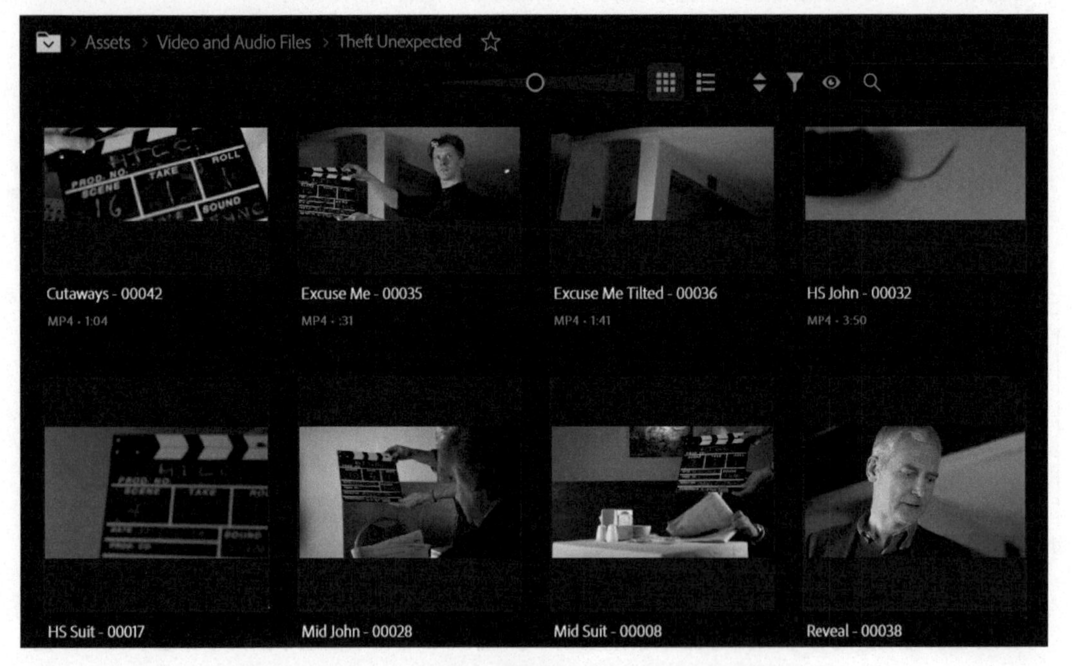

图 2-6

❻ 单击 Excuse Me - 00035 剪辑，将其选中。在【网格视图】下，把鼠标指针移动到某个剪辑缩览图上，左右移动可预览剪辑内容。

选中某个剪辑后，Premiere Pro 会以蓝色高亮显示它，并将其添加到窗口底部的收藏夹中，如图 2-7 所示。

（a）（b）

图 2-7

❼ 同时选择剪辑 HS John - 00032 和 Mid Suit - 00008。此时，3 个剪辑都以蓝色高亮显示，同时出现在窗口底部的收藏夹中，如图 2-8 所示。

现在，已经选好了 3 个要添加到新项目中的剪辑。其实，在新建项目的过程中，不必同时选择要在项目中使用的素材，但这样做可以提高工作效率，尤其是当你处理只包含几个剪辑的简单项目时，强烈建议你这样做。

❽ 在右侧的【导入设置】区域，确保【复制媒体】和【新建素材箱】处于关闭状态，开启【创建新序列】，如图 2-9 所示。

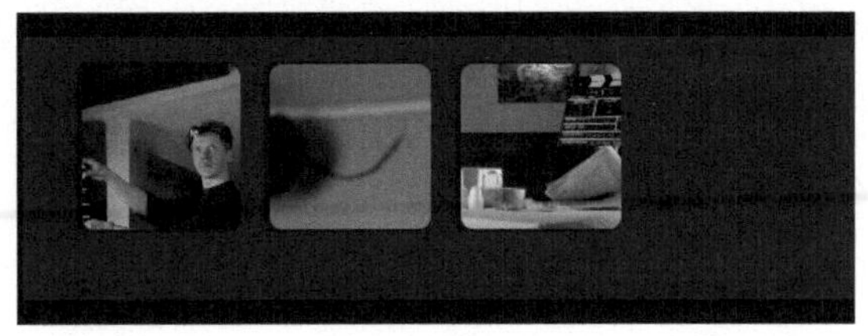

图 2-8

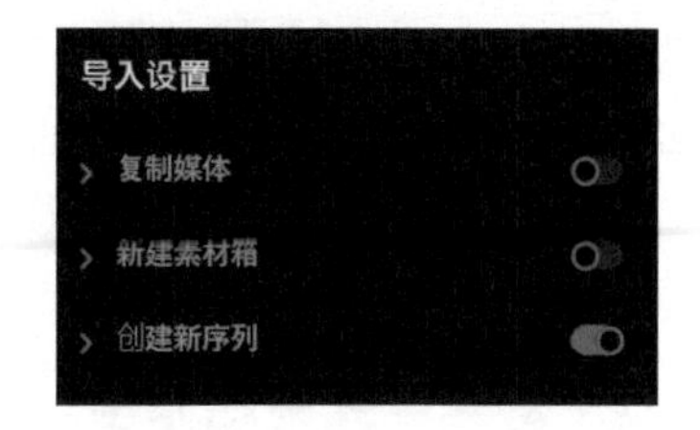

图 2-9

⑨ 单击【创建】按钮，新建项目。

至此，我们就创建好了一个项目，其中包含 3 个剪辑与一个序列。

⑩ 到目前为止，一直在使用【窗口】菜单来选择和重置工作区，但其实有一种更加快捷的方式：在软件界面右上角单击【工作区】按钮，然后从下拉列表中选择【编辑】。这样便进入【编辑】工作区，其中包含编辑项目时常用的各种面板和工具。

⑪ 选择【工作区】>【重置为已保存的布局】，把【编辑】工作区恢复成默认状态。

⑫ 保存当前项目。在菜单栏中，依次选择【文件】>【保存】即可。

2.3 创建序列

创建好项目之后，接下来要创建一个或多个序列，用来放置视频剪辑、音频剪辑和图形等。序列是项目的组成部分，它有点像一个空桶，我们会使用各种剪辑填充它。与素材文件类似，序列也有帧速率、帧大小两个属性。若剪辑的帧速率和帧大小与序列不一样，播放期间 Premiere Pro 会把剪辑的帧速率和帧大小转换成序列设置。这个根据序列设置自动调整序列中所有剪辑的过程称为“一致化”（conforming）处理。

项目中每个序列的设置可以是不同的，而且应该尽量选择与原始素材匹配的设置，这样可以尽可能地减少播放过程中的“一致化”处理操作，有助于减小系统播放剪辑时的工作量，提升系统的播放性能，并最大限度地提高画面质量。

如果编辑的项目中要用到多种格式的素材，那么必须告诉 Premiere Pro 要根据哪个素材来确定序列设置。虽然可以在项目中混用多种格式的素材，但是只有当剪辑与序列设置匹配时，播放性能才会得到显著提升，所以应该选择与大部分素材文件匹配的序列设置。

图 2-10

如果添加到序列中的第一个剪辑和序列设置不匹配，Premiere Pro 就会弹出警告对话框，询问是否让软件自动更改序列设置以匹配剪辑的设置，如图 2-10 所示。

在 Premiere Pro 中编辑视频时，允许使用的文件类型、解码器和格式非常多。Premiere Pro 不仅可以兼容大多数音视频格式和各类编解码器，还可以流畅地播放一些不匹配格式的视频。

不过，在播放与序列设置不匹配的视频时，Premiere Pro 必须先对视频做一定的调整，而这会大大增加编辑系统的负担，还会影响编辑系统的实时性能（丢帧现象严重，造成播放卡顿）。因此，在动手编辑之前，有必要花一些时间来确保序列设置与原始素材文件保持一致。

视频格式的基本参数都是一样的，如帧速率、帧大小（画面的水平像素数与垂直像素数）、音频格式（立体声、单声道、5.1 环绕立体声）。如果想把序列变成一个素材文件，同时又不想做转换处理，那么新文件的帧速率、音频格式、帧大小等必须与创建序列时的设置保持一致。

在将序列输出成文件时，可以选择一种自己喜欢的格式（更多相关内容请参阅第 16 课“导出帧、剪辑和序列”）。

2.3.1 创建自动匹配源素材的序列

创建序列时，即使不知道该进行什么样的设置，也不必担心。Premiere Pro 可以基于所选剪辑自动创建序列。前面创建项目时，已经用这种方式创建了一个序列。

此外，还可以在【项目】面板中使用匹配设置新建一个序列。【项目】面板底部有一个【新建项】按钮。可能需要调整一下面板尺寸，才能看到该按钮。可以使用它为项目创建新项，包括序列、字幕、颜色蒙版。

在【项目】面板中把某一个剪辑（或多个剪辑，或整个素材箱）拖曳到面板底部的【新建项】按钮上，然后释放鼠标，Premiere Pro 会自动根据素材的格式设置创建一个序列。新创建的序列和选择的第一个剪辑有相同的名称、帧大小和帧速率。

此外，还可以选择一个或多个剪辑，使用鼠标右键单击剪辑，从弹出的菜单中，选择【从剪辑新建序列】。使用这种方法可以确保新建序列的设置和素材匹配。如果【时间轴】面板是空的，还可以通过把一个或多个剪辑拖入其中来创建序列，这时新建序列的设置和所选剪辑是一样的。

2.3.2 正确选择预设

如果明确知道应该如何设置新序列，那么，新建序列时，可以自己动手设置序列。如果不知道，可以使用 Premiere Pro 提供的预设。

① 在【项目】面板右下角单击【新建项】按钮，从弹出的下拉列表中选择【序列】。

【新建序列】对话框中有 4 个选项卡，分别是【序列预设】【设置】【轨道】【VR 视频】，如图 2-11 所示。

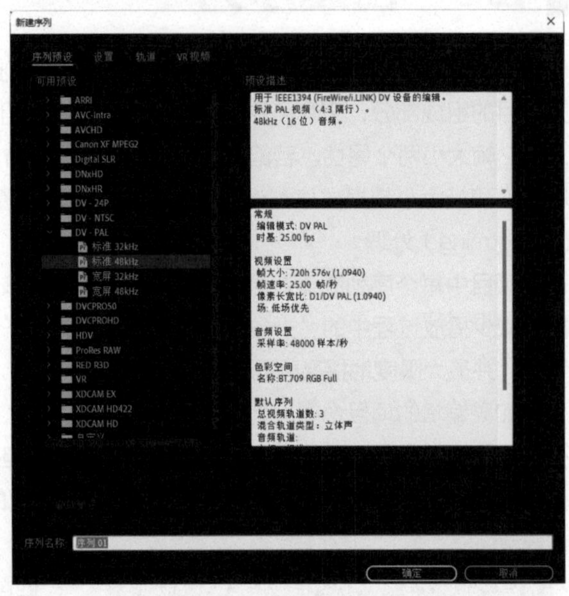

图 2-11

> **提示** 按【Command】+【N】（macOS）或【Ctrl】+【N】（Windows）组合键，也可以打开【新建序列】对话框。

> **注意** 在【序列预设】选项卡的【预设描述】区域，一般都会显示拍摄该素材时所使用的摄像机类型。

当选择一个预设之后，Premiere Pro 会把相应设置应用到新序列以匹配特定的视频和音频格式。如果所选预设不完全符合要求，还可以在【设置】选项卡中做一些修改和调整。

针对常用的媒体类型，Premiere Pro 提供了大量预设。这些预设是根据摄像机格式进行组织的

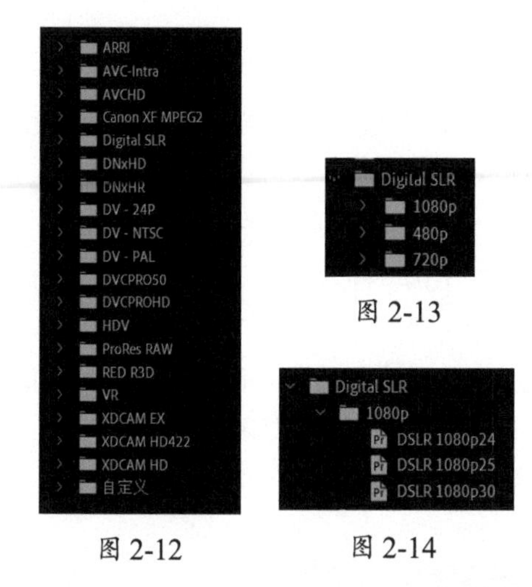

图 2-12

图 2-13

图 2-14

（具体设置存放在一个用录制格式命名的文件夹中），如图 2-12 所示。

单击各个文件夹左侧的箭头按钮（>），展开相应文件夹，即可看到存放在其中的具体格式设置。这些格式设置通常都是围绕帧速率、帧尺寸设计的。下面来看一个例子。

❷ 单击 Digital SLR 文件夹左侧的箭头按钮（>），将其展开，如图 2-13 所示。

Digital SLR 文件夹中有 3 个子文件夹，分别对应不同的帧尺寸。注意，摄像机可以使用不同的帧尺寸、帧速率和编解码器拍摄视频。

❸ 单击 1080p 子文件夹左侧的箭头按钮（>），将其展开，如图 2-14 所示。

❹ 单击 DSLR 1080p30，将其选中。

这里使用默认设置。选择一个预设之后，对话框右侧会显示该预设的描述信息，建议花点时间读一下，了解所选预设的设置细节。

注意 使用【导入】模式时，Premiere Pro 会给创建的序列指定一个默认名称——序列 01。展开【创建新序列】设置，在【名称】文本框中输入新名称，即可修改序列名称。

❺ 单击【序列名称】文本框，输入 First Sequence。

❻ 单击【确定】按钮，创建序列。

此时，【项目】面板中有两个序列：序列 01 和 First Sequence。即使是这么简单的项目，也要保持条理性，这点很重要。

❼ 在菜单栏中，依次选择【文件】>【保存】，保存当前项目。

至此，已经在 Premiere Pro 中新建好了一个项目和序列。

编解码器与格式

编解码器（Codec）由编码器（coder）和解码器（decoder）合成，用来存储和回放视频和音频信息。音视频信息的存储和回放都是通过编解码器实现的。

Apple QuickTime MOV、MP4、MXF 等格式文件用来存储视频与音频，它们都是一种容器，其中包含某种视频、音频解码器的配置。

媒体文件又称为“包装器”（wrapper），文件中的视频和音频（使用某种编解码器存储）有时也称为“实体”（essence）。

在把制作好的序列输出至文件时，需要选择正确的输出格式、文件类型和编解码器。在不同的上下文环境中，“格式”一词有不同含义。

格式既可以指帧速率、帧大小、音频采样率等，也可以指一系列设置，其中包含视频设置、音频设置、编解码器类型及其配置等。当然，格式也可以用来指媒体文件的类型。

本书中凡是用到“格式”这个词的地方，其含义都是指帧速率、帧大小、音频采样率等。

2.3.3 自定义序列预设

根据原始视频，选择了与之匹配的序列预设之后，你可能还想对预设做一些调整，以符合交付要求或内部工作流程。下面学习如何调整预设设置。

❶ 从菜单栏中，依次选择【文件】>【新建】>【序列】，打开【新建序列】对话框。

❷ 在【可用预设】中，单击 DSLR 1080p30。此时，右侧的【预设描述】中显示出所选预设的具体设置。

向时间轴中添加素材时，Premiere Pro 会根据序列的设置自动调整素材的帧速率、帧大小，使两者匹配，而不需要考虑剪辑原来的格式是什么。这使得序列设置成为项目配置的关键。

❸ 在【新建序列】对话框中，单击【设置】选项卡，如图 2-15 所示。

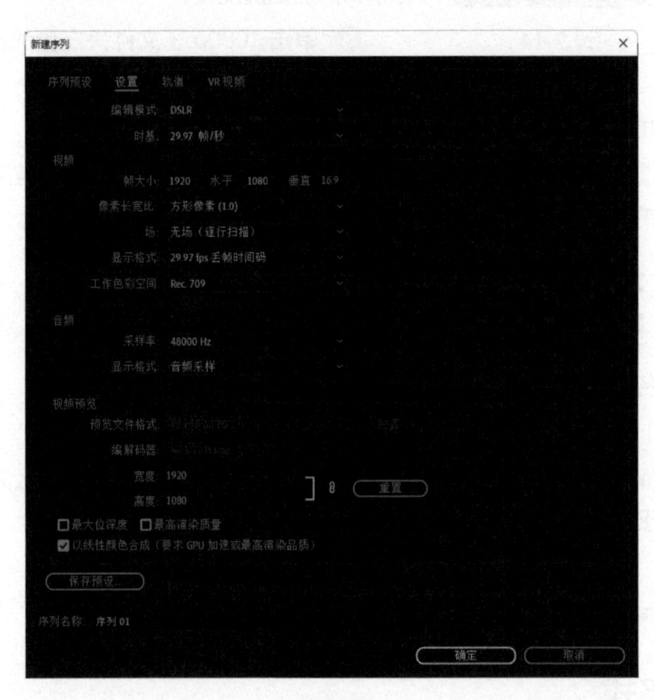

图 2-15

细心观察会发现，虽然前面选的是 30 帧 / 秒，但是【时基】默认显示的是 29.97 帧 / 秒，该帧速率是传统广播电视播放 NTSC 视频时使用的帧速率。

创建序列预设

尽管标准预设用起来很方便，但有时还是需要我们自定义预设。为此，你可以先选择一个与素材最接近的序列预设，然后在【新建序列】对话框的【设置】和【轨道】面板中做相应的修改。做好调整之后，可以单击【设置】选项卡底部的【保存预设】按钮，保存经过修改的预设，方便将来使用。

单击【保存预设】按钮后，弹出【保存序列预设】对话框，分别在【名称】和【描述】文本框中输入新预设的名称和描述，然后单击【确定】按钮。在【序列预设】的自定义文件夹中，可以看到自定义的预设。

提示 如果你要制作一个发布在社交平台上的方形视频，请把帧大小修改为 1080×1080（或者其他方形尺寸）。在【编辑模式】菜单下，选择【自定义】，即可更改【帧大小】的值。

④ 如果能在【可用预设】中找到与素材匹配的预设，通常就不用再修改它了。请花点时间了解【新建序列】对话框中的各个设置，熟悉设置序列时都需要修改哪些设置。

如果创建的新序列只用来在网络上播放，则可以把帧速率修改为 30 帧/秒，以精确估算播放速度。

在使用某些预设时，其中有些设置无法修改。这是因为它们针对在【序列预设】选项卡中选择的媒体类型做了优化。为了解决这个问题，可以在【设置】选项卡中，把【编辑模式】更改为【自定义】。

提示 这次，我们使用【文件】菜单创建新序列。在 Premiere Pro 中，实现同一个目标往往有多种方法。

2.3.4 了解音频轨道类型

在向【时间轴】面板中的一个序列添加视频或音频剪辑时，一定要把它放在一个轨道中。在【时间轴】面板中，轨道表现为多个水平条，用来在特定的时间点上放置剪辑，如图 2-16 所示。

若同时存在多个视频轨道，则上方轨道的视频剪辑会覆盖下方轨道的视频剪辑。如果第二个视频轨道中有图形，而第一个视频轨道中有视频剪辑（第一个视频轨道位于第二个视频轨道之下），那么你会看到图形出现在视频上方。

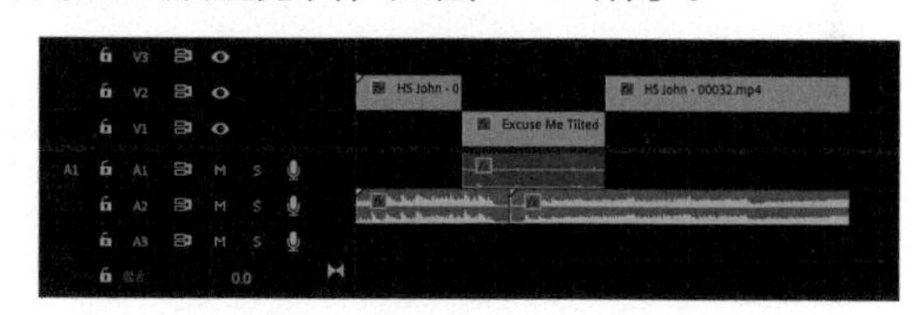

图 2-16

最大位深和最高渲染质量设置

在视频编辑过程中开启 GPU 加速（即使用专用的图形硬件渲染和播放一些视觉效果）后，Premiere Pro 会启用一些高级算法，并使用 32 位色彩深度渲染受支持的视觉效果（质量非常高）。

不启用 GPU 加速时，可以启用【最大位深】选项，此时，Premiere Pro 会尽可能使用最高质量渲染效果。对许多效果而言，这意味着要使用 32 位的浮点颜色，它支持数万亿的颜色组合。这样，可以获得最佳效果，但是需要计算机做更多工作，所以实时性可能会下降（在播放期间不想要的视频处于冻结状态）。

如果启用【最大渲染质量】选项，或者在项目设置中开启 GPU 加速，Premiere Pro 会使用更高级的算法来做变换（如缩放、旋转、移动等视觉调整）。若关闭该选项，做变换时，则会有一些明显的人工处理痕迹或噪点。

你可以随时启用或关闭这两个选项，比如在编辑视频时关闭它们以获得最佳性能，在输出最终作品时再把它们打开。即使这两个选项都处于开启状态，你也可以使用实时效果并能获得良好的性能。

【新建序列】对话框中有一个【轨道】选项卡，可以在其中为新序列预选轨道类型，如图 2-17 所示。在视频编辑过程中，可以随时添加或删除轨道，这在创建一个名称已经指派给音频轨道的自定义序列预设时特别有用。

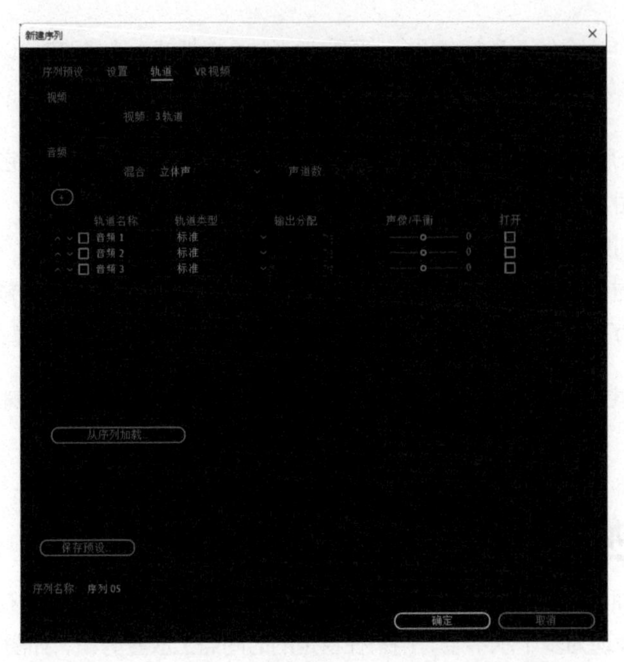

图 2-17

所有音频轨道会同时播放，形成音频混音。创建音频混音时，只需把音频剪辑放到不同的轨道中，并按照时间顺序排列即可。在组织解说、原声、音效、音乐时，可以将它们放入不同轨道。还可以给轨道起一个容易辨别的名字，这样在处理复杂的序列时，就不至于被各种轨道搞得晕头转向了。

在 Premiere Pro 中新建序列时，可以指定其中要包含多少个视频轨道和音频轨道。在【音频】>【混合】下可设置序列的音频混合输出，可以选择立体声、5.1、多声道、单声道。一旦设置好，就无法再更改了，所以新建序列时必须小心设置它。这里选择【立体声】(默认选项)。

每种轨道类型都是针对特定类型的音频剪辑设计的。当从【轨道类型】下拉列表中选择某种类型的轨道时，Premiere Pro 会根据轨道中声道的数量显示相应的控件来调整声音。例如，立体声剪辑的控件和 5.1 环绕立体声剪辑的控件就不一样。

✓ 标准
5.1
自适应
单声道
立体声子混合
5.1子混合
自适应子混合
单声道子混合

图 2-18

音频轨道的常用类型如图 2-18 所示。

- 标准：用于单声道和立体声音频剪辑。
- 5.1：用于带有 5.1 环绕立体声的音频剪辑。
- 自适应：用于单声道、立体声或多通道音频，可以精确控制每个声道的输出路径。例如，你能决定是否把声道 3 输出到声道 5 的混音中。在多语种广播电视中常使用这种轨道，用来精确控制传输中使用的声道。
- 单声道：这类轨道仅适用于单声道音频剪辑。

在高级混音工作流程中，可以使用【轨道类型】下拉列表中的子混合选项，但这些内容超出了本书的讨论范围，这里不再介绍。

注意，千万不要把音频剪辑放到错误的轨道中。同时，Premiere Pro 也会确保剪辑放到正确的轨道中，例如向一个序列添加剪辑时，若找不到合适的轨道，Premiere Pro 会自动为其创建一个合适的轨道。

有关音频的更多内容，请参阅第 10 课“编辑和混合音频”。这里，单击【取消】按钮，关闭【新建序列】对话框。

2.4　了解【项目设置】对话框

前面创建好了一个项目，并添加了序列和剪辑。下面了解项目设置中有哪些重要选项。

从菜单栏中依次选择【文件】>【项目设置】>【常规】，打开当前项目的【项目设置】对话框，如图 2-19 所示。这些设置可以随时修改，所以不用担心设置错了。

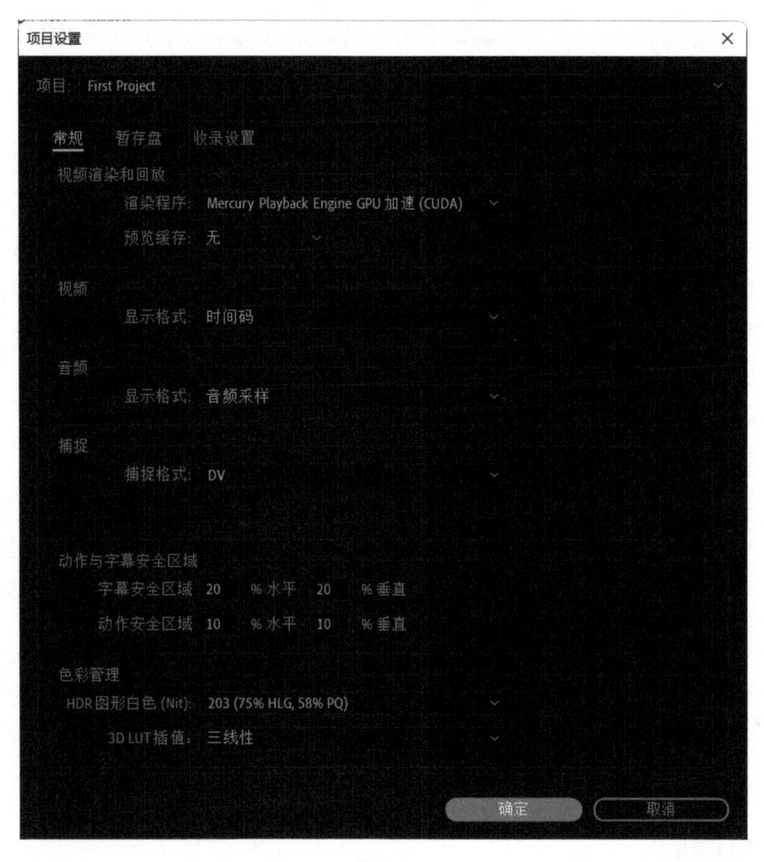

图 2-19

2.4.1　选择视频渲染和播放设置

处理序列中的视频剪辑时，可能会应用一些视觉效果来改变素材外观。其中，有些效果可以立即显示出来。当单击【播放】按钮（▶）时，Premiere Pro 会将原始视频和效果组合在一起，呈现最终结果，这种播放称为实时播放。

实时播放很受欢迎，因为它允许即时查看处理结果，不会因为等待而丢失创意思路。

如果剪辑上应用了很多效果，或者选用的效果不适合实时播放，那么计算机很可能无法以全帧率显示最终结果。

在这种情况下，Premiere Pro 做实时播放时会尽力显示视频剪辑和特效，但是无法保证把每一帧都显示出来，这就是所谓的“丢帧”现象。

【时间轴】面板顶部有一些彩色线条（在有序列的地方），这些线条用来指示播放视频时是否需要做额外的处理。如果没有线条，或者线条为绿色、黄色，表示 Premiere Pro 能够在不丢帧的情况下播放序列。红色线条表示 Premiere Pro 在播放该段序列时可能会丢帧，如图 2-20 所示。

图 2-20

注意【时间轴】面板顶部的红色线条并不代表一定会丢帧。它只表示相应视觉效果未经加速，在配置较低的计算机上播放时很可能会出现丢帧现象。

播放序列时，出现丢帧问题也没关系，这并不会影响最终输出结果。当完成编辑，输出最终序列时，得到的仍然是所有帧，而且是高质量的（更多相关内容请参考第 16 课“导出帧、剪辑和序列”）。

实时播放能够大大提升编辑体验，也能实时预览应用的效果。对于丢帧问题，Premiere Pro 提供了一个简单的解决方案：预览渲染。

渲染时，Premiere Pro 会先创建新的媒体文件，这些文件已经应用了指定的效果，然后播放新媒体文件而非原始素材。

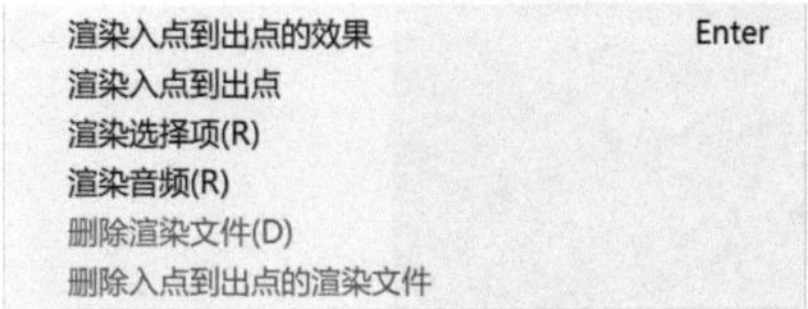

渲染好的预览文件就是普通的视频文件，因此可以以合适的质量全帧率播放，并且不需要计算机额外做其他工作。

从【序列】菜单中选择一个渲染命令，如图 2-21 所示，即可渲染序列的效果。

渲染入点到出点的效果 Enter
渲染入点到出点
渲染选择项(R)
渲染音频(R)
删除渲染文件(D)
删除入点到出点的渲染文件

图 2-21

提示 许多菜单命令右侧都显示了键盘快捷键，比如【渲染入点到出点的效果】对应的快捷键是【Return】键（macOS）或【Enter】键（Windows）。

渲染与实时播放

渲染视觉效果有点类似画家拿着画笔画画。画画要耗费纸张和时间，而纸张与时间这两种资源都是有限的。

在渲染一段序列时，Premiere Pro 需要花一些时间，而且会生成一个新的媒体文件。

假设有一段视频画面很暗，你为它添加了一个视觉效果，想让画面变亮一些，但是你使用的视频编辑系统无法在播放原始视频的同时把画面调亮。这种情况下，你可以先让系统渲染添加的视觉效果，新建一个临时视频文件，该临时视频的画面更亮，看起来就像是原始视频和视觉效果融合的产物。

播放编辑好的序列时，渲染的部分会显示渲染好的视频文件，而非原始剪辑（一个或多个）。这一过程是不可见的，也是无缝的。在这个例子中，渲染好的文件看起来和原始视频文件是一样的，只是画面要亮一些。

假设序列中包含一段需要提亮的片段，在播放这个序列时，当需要提亮的部分播放完之后，系统会悄无声息地从预览文件切换回序列中的其他原始视频文件，继续往下播放。

渲染不仅耗费时间，还会额外占用大量磁盘存储空间。另外，由于你看到的是一个新的视频文件（对原始素材的复制），所以可能会有一些画质损失。渲染好一段序列后，即使把【回放分辨率】设置为【完整】，你仍然能流畅地预览最终效果。

相比之下，实时播放是即时的。应用了某种实时效果后，你的系统能立即播放融入了该效果的视频剪辑，并不需要等待效果渲染完成。实时播放的唯一缺点是对系统配置要求较高，系统配置决定了在不做渲染的情形下你可以做多少事。添加的效果越多，实时播放时系统需要做的工作就越多。选用高性能显卡可以显著提升实时播放性能（参见有关介绍水银回放引擎的部分）。另外，你选用的效果也要支持 GPU 加速，并非所有效果都支持 GPU 加速。

返回【项目设置】对话框，在【常规】选项卡下的【视频渲染和回放】区域，若【渲染程序】下拉列表可用，则表明计算机显卡满足 GPU 加速的最低要求，而且安装正确。

【渲染程序】下拉列表中包含以下两个选项。

- Mercury Playback Engine GPU 加速：选择该选项，Premiere Pro 会把许多回放任务发送给计算机的显卡，并支持大量实时效果和序列中混合格式文件的流畅播放。使用不同的显卡和操作系统，可能会看到 CUDA、OpenCL、Metal 等 GPU 加速选项。

不同显卡拥有不同的加速性能，有些显卡还支持多种加速性能，所以可能需要反复尝试才能找到最佳选项。在 macOS 中，请选择 Metal GPU 加速。有些高级 GPU 还支持预览缓存，用以提升播放性能。可以反复尝试这些选项，直到获得最佳播放性能。

- 仅 Mercury Playback Engine 软件：选择该选项仍然能够获得不错的性能。如果计算机显卡不支持 GPU 加速，则只有该选项可用，并且无法打开下拉列表。

只要你使用的计算机系统支持 GPU 加速，就请选择 GPU 加速选项，这有益于性能的提升。在使用 GPU 加速的过程中，若出现性能降低或不稳定等问题，请尝试选择仅软件相关选项。可以在任何时候更改这些选项，包括在项目处理过程中。

Mercury Playback Engine（水银回放引擎）

Premiere Pro 的 Mercury Playback Engine 用来解码和播放视频文件，它有如下三大特征。

- 播放性能：Premiere Pro 拥有极高的视频播放效率，即便在处理一些难以播放的视频类型（如 H.264、H.265、AVCHD）时也是如此。如果使用 DSLR 摄像机或手机拍摄，那录制的视频很可能就是 H.264 编码的。得益于 Mercury Playback Engine，我们可以流畅地播放这些文件。如果你的 GPU 支持硬件加速，你可以在【媒体】首选项中开启硬件加速编码，这样可以提升播放性能。
- 64 位和多线程：Premiere Pro 可以使用你的计算机中的所有随机存取存储器（RAM）。这在处理高清或超高清视频（如 4K 以上视频）时特别有用。Mercury Playback Engine 支持多线程，它可以使用计算机中的所有 CPU 核心。计算机的配置越高，Premiere Pro 的性能就越好。
- CUDA、OpenCL、Apple Metal、Intel 显卡支持：如果你的显卡功能十分强大，Premiere Pro 会把一部分视频播放任务委托给显卡，而不会全部推给 CPU。这样，在处理序列时能够获得更好的性能和响应能力，并且许多效果可以实时播放，而且不会出现丢帧问题。有关显卡支持的更多内容，请访问 Adobe 帮助页面。

2.4.2 选择视频和音频显示格式

在【新建项目】对话框的【常规】选项卡中，有两个选项用来指示 Premiere Pro 应该如何为视频和音频剪辑显示时间。

大多数情况下使用默认设置，即从【视频显示格式】下拉列表中选择【时间码】，从【音频显示格式】下拉列表中选择【音频采样】。这些设置都不会改变 Premiere Pro 播放视频或音频剪辑的方式，只会改变时间度量的显示方式，而且可以随时修改。

1. 视频显示格式

【视频显示格式】下拉列表中提供了 4 个选项供用户选择，如图 2-22 所示。对于一个给定的项目，要根据源素材是视频还是胶片来进行选择。现在用胶片制作的影片已经很少了，如果不确定源素材的类型，可以直接选择【时间码】。

【视频显示格式】下拉列表包括如下几个选项。

- 时间码：这是默认选项，是摄像机在记录图像信号时为每幅图像记录的唯一时间编码。时间码系统是一个全球通用系统，用来为视频中的每帧分配一个数字，以表示小时、分钟、秒和帧。全世界的摄像机、专业视频录像机和非线性编辑软件都使用该系统。
- 英尺 + 帧 16mm 和英尺 + 帧 35mm：如果源文件来自胶片，并由显影室的工作人员按照编辑要求将原始负片修剪成完整电影，那么可能需要使用这两个选项来计算时间。与使用秒和帧测量时间的方法不同，这两个选项会统计英尺数和最后一英尺后的帧数。
- 画框：该选项只用于统计视频帧数。做动画项目时会用到这个选项。

这里把【视频显示格式】设置为【时间码】。

2. 音频显示格式

对于音频文件，时间可以用音频采样或毫秒来表示，如图 2-23 所示。【音频显示格式】下拉列表中包括两个选项。

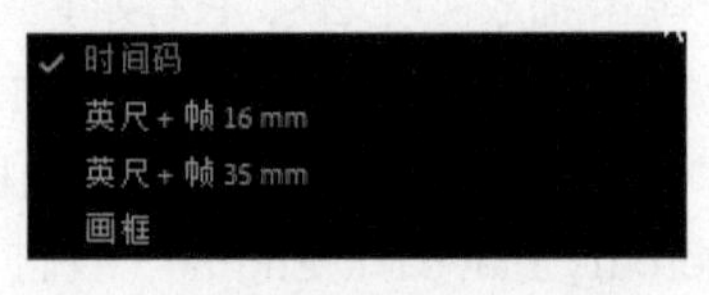

图 2-22

图 2-23

- 音频采样：录制数字音频时，会使用麦克风采集声级样本（又称为“气压水平”），每秒采集几千次。在大多数专业摄像机中，每秒大约采集 48000 次。播放剪辑和序列时，Premiere Pro 允许选择或编辑音频时间的显示方式，如时、分、秒、帧或者时、分、秒、采样。
- 毫秒：选择该选项后，Premiere Pro 会使用时、分、秒、毫秒显示序列中的时间。

默认情况下，Premiere Pro 允许放大【时间轴】面板，以方便查看各个剪辑片段的帧。不过，可以轻松地切换到音频显示格式。这个强大的功能可用于对音频做精细的调整。

这里设置【音频显示格式】为【音频采样】。

2.4.3 动作和字幕安全区

在为传统广播电视制作项目时，可能需要针对电视裁切画面边缘进行补偿，以便产生一个干净的边缘。这会涉及以下两个区域。

- 动作安全区：该图像区域在大多数电视上都会被保留，需要把重要的图像内容放到这一区域内。
- 字幕安全区：该图像区域只有在校准很差的电视上才会被裁切掉。大多数情况下，把字幕放在这一区域内，可防止字幕被屏幕边缘裁切掉，确保字幕总是可见的。

Premiere Pro 会在【源监视器】和【节目监视器】中显示安全边距框线，把动作安全区和字幕安全区明确标识出来。在使用安全边距框线之前，先要搞清楚作品要在什么类型的屏幕上播放。技术越先进的电视屏幕，安全边距越小，显示的图像越大。要想了解更多相关内容，请阅读第 4 课“组织素材”。

2.4.4 颜色管理设置

Premiere Pro 支持高动态范围（HDR）视频，允许录制与处理具有高动态范围（指画面中最亮区域与最暗区域之间的跨度范围）和高饱和度的视频。本书不会详细讲解有关 HDR 的内容，但它值得花些时间好好了解一下，相信很快它就会成为广播电视和在线视频的行业标准。

要想制作 HDR 视频内容，首先得有一台能够录制 HDR 视频的摄像机和支持 HDR 视频的编辑软件（Premiere Pro），当然还要有能够显示 HDR 视频内容的显示器。

下面单击【暂存盘】选项卡，了解其中的各个选项。

2.4.5 设置暂存盘

当从磁带捕捉（录制）视频、渲染效果、保存项目文件副本、从 Adobe Stock 中下载素材，或者导入动态图形模板、录制画外音时，Premiere Pro 都会在硬盘上新建文件。暂存盘就是 Premiere Pro 存储这些文件的地方。虽然“暂存盘”名称中包含一个“盘”字，但它其实只是一些文件夹。存储在暂存盘中的文件，有些是临时的，有些则是 Premiere Pro 新创建或导入的。

暂存盘可以是一个单独的物理磁盘，也可以是现有存储器上的一个子文件夹。可以把暂存盘设置在当前项目文件夹中，也可以设置在其他地方，这取决于计算机的磁盘状况和工作流程，如图 2-24 所示。如果使用的媒体文件尺寸非常大，可以把各个暂存盘设置在不同的物理磁盘上，这样可以大大提升系统性能。

图 2-24

编辑视频时，常用的两种存储设置方法如下。

- 基于项目设置：所有相关媒体文件和项目文件存储在同一个文件夹下。这是【暂存盘】选项卡的默认设置。

- 基于系统设置：不同项目的素材文件集中存放在一个地方（通常是高速网盘），项目文件存放在另外一个地方。在这个过程中，可以把不同类型的素材文件存放在不同的位置。

如果想更改存放某类数据的暂存盘的位置，请从该数据类型对应的下拉列表中选择一个存储设置。下拉列表中可供选择的存储设置如下。

- 文档：使用 Premiere Pro 的子文件夹，把暂存盘设置在系统用户的 Documents 文件夹中。
- 与项目相同：把暂存盘设置在项目文件所在的文件夹中，这是默认设置。
- [自定义]：选择该选项，允许自己指定暂存盘位置。单击【浏览】按钮，在【选择文件夹】对话框中选择一个文件夹，Premiere Pro 会自动选择该选项，并把暂存盘设置在所选文件夹中。

每个暂存盘的位置下方都有一个路径，用来指示当前暂存盘所在的位置，还有可用磁盘空间的大小。

你可以把暂存盘设置在本地硬盘上，也可以设置在远程网络存储系统上。只要确保你的计算机能够访问就行。不过，有一点需要注意，那就是暂存盘的读写速度和响应能力会对视频的播放和渲染性能产生很大影响，所以建议尽量选择读写速度快的存储设备和存储位置。

1. 使用基于项目的设置

默认情况下，Premiere Pro 会把新建的媒体文件和项目文件存放在一起，即在暂存盘下拉列表中选择【与项目相同】选项。像这样把所有相关文件放在一起，有助于查找文件。

向项目中导入素材文件之前，把它们放入同一个文件夹中，会使文件组织得更有条理。而且在项目制作完成后，可以直接删除存储项目文件的文件夹，从而把所有相关文件一起从系统中删除。

可以使用多个子文件夹组织项目素材、笔记、脚本，以及相关资源。

使用基于项目的设置也有不利的一面：把所有素材文件和项目文件存放在一起，编辑时会大大增加硬盘负担，最终影响视频播放性能，尤其是在处理慢速影片时，影响更明显。

2. 使用基于系统的设置

有些编辑人员喜欢将所有项目的素材文件保存在一起，而另外一些编辑人员喜欢把捕捉文件夹和预览文件夹存放在与项目不同的位置。当编辑人员使用多个编辑软件，并且连接到同一个网络存储位置时，通常都会选择使用基于系统的设置。此外，有些编辑人员习惯使用高速硬盘存储视频素材，用低速硬盘存储其他内容，这时他们也会选用基于系统的设置。

基于系统的设置也有缺点：一旦项目编辑完成后，你可能想把所有文件收集存档，此时，素材文件会分散在不同的存储位置，收集起来更费劲、更麻烦。

硬盘存储和网络存储

虽然所有类型的文件都可以放在同一个硬盘中，但是标准的编辑系统往往有两个硬盘：硬盘 1 用来存放操作系统和程序，硬盘 2（通常读写速度更快）用来存储素材文件，包括录制的音视频、音视频预览文件、静态图像和导出后的文件。为了获得更好的性能，你最好再准备一个存储器（推荐 SSD）专门用来保存临时的媒体缓存文件。

NVMe 固态硬盘的速度非常快，即使把所有东西都存储在一个硬盘上，你可能也不会感觉到对播放性能有任何影响。但是，在使用 8K RAW 这类特大尺寸的素材文件时，影响就会比较明显，而且为了简化项目的组织，还是建议大家把素材单独存放在一个硬盘上。

有些存储系统使用本地计算机网络在多个系统之间共享存储器。如果是这种情况，请联系系统管理员，确保配置正确，并测试一下访问速度是否符合要求。

3. 设置项目自动保存的位置

除了指定新媒体文件的创建位置之外，还可以指定存放项目自动备份文件的位置。处理项目的过程中，Premiere Pro 会自动生成项目文件的副本。在【暂存盘】选项卡的【项目自动保存】下拉列表中选择一个存储位置，用来保存项目文件副本，如图 2-25 所示。

图 2-25

计算机中的存储驱动器有时会出现故障，导致存储在其中的文件丢失，而且不会有任何警告。一般情况下，如果一个文件只有一个副本，那就别指望丢失后再把它找回来。为了防止出现这种情况，最好的办法是把【项目自动保存】设置成另外一个物理上独立的存储位置。

如果选用 Dropbox、OneDrive、Google Drive 等文件同步共享服务来存储自动保存的文件，那就可以做到随时随地访问所有自动保存的项目文件。

除了把自动保存的项目文件存放到你选择的位置之外，Premiere Pro 还支持把最近项目文件的副本存储到 Creative Cloud Files 文件夹中。安装 Adobe Creative Cloud 时，Creative Cloud Files 文件夹会自动生成。只要安装了 Adobe Creative Cloud，登录之后，就可以访问其中的各种文件。

依次选择【Premiere Pro】>【首选项】>【自动保存】(macOS)，或【编辑】>【首选项】>【自动保存】(Windows)，勾选【将备份项目保存到 Creative Cloud】复选框，即可启用自动保存到 Adobe Creative Cloud 的功能，多一层安全保障。

在把媒体文件保存到 Creative Cloud Files 文件夹后，就可以从任意系统访问它们了。同一个项目的多个参与人员可以使用 Creative Cloud Files 文件夹来存储和共享图标、图形等资源。

存储好之后，可以在 Premiere Pro 中使用【库】面板来访问这些资源。当向当前项目中添加素材时，Premiere Pro 会在指定的暂存盘中创建该素材的副本。

4. 动态图形模板素材

Premiere Pro 可以导入和显示由 Adobe After Effects 或 Premiere Pro 创建的动态图形模板和字幕。在向当前项目导入一个动态图形模板时，Premiere Pro 会把该模板的一个副本存储到指定的位置。

注意 这里不修改暂存盘，保持默认设置，即每一项都选择【与项目相同】。

2.4.6 选择【收录设置】

专业编辑人员把向项目添加素材文件的行为称为“导入”或“收录”。这两个术语经常混用，但其实它们有着不同的含义。

当向一个项目导入一个素材文件时，Premiere Pro 会创建一个链接到该素材文件的剪辑，素材文件仍保存在原来的位置。有了剪辑，就可以在序列中使用它了。

当在【项目设置】对话框中勾选了【收录】复选框（见图 2-26），或者在【导入】模式下启用了【复制媒体】选项后，情况就变得有点不一样了。勾选【收录】复选框后，Premiere Pro 会把原始素材文件复制到一个新位置（这有助于组织素材文件），并且在导入项目之前把它转换成新格式。

在【收录设置】选项卡中，勾选【收录】复选框，可选择导入之前要对素材文件进行的操作，具体如下。

图 2-26

- 复制：用于把素材文件复制到一个新的存储位置。如果希望把所有素材文件都放入同一个文件夹中，请选择该选项。
- 转码：用于把素材文件转换成一种新格式。在一个大型企业级的工作流程中，需要对用到的素材文件做标准化处理，此时，请选择该选项。
- 创建代理：选择该选项，Premiere Pro 会为素材文件创建低分辨率副本，以便在配置较低的计算机上实现流畅播放，以及减少占用的存储空间。当然，此时原始素材文件仍然可用，可以根据需要在两种不同品质（高品质和代理品质）的文件之间自由切换。
- 复制并创建代理：用于把原始素材文件复制到新位置，并为它们创建代理。

有关这些设置的更多内容，将在第 3 课“导入媒体素材”中讲解。在实际工作中，可以根据需要随时修改这些设置。这里不勾选【收录】复选框。

检查项目所有设置，确保正确无误之后，单击【确定】按钮，使修改生效。保存当前项目，然后从菜单栏中，依次选择【文件】>【关闭项目】。

注意 在 Premiere Pro 中，向一个项目导入剪辑的方法有多种。启用【收录】选项后，无论选用什么导入方法，Premiere Pro 都会应用【收录】下指定的设置。但是，那些已经导入项目中的剪辑则不会受到任何影响，也就是说，Premiere Pro 不再向它们应用【收录】下的设置。

VR 视频

Premiere Pro 对 360° 和 180° 视频提供了很好的支持。这两类视频使用多台摄像机或超广角镜头拍摄而成，通常称为 VR 视频或沉浸式视频，我们可以使用 VR 头盔观看，能够获得身临其境的体验。

在【新建序列】对话框的【VR 视频】选项卡中，你可以手动指定捕捉视图的角度，以便 Premiere Pro 准确显示图像。

有关 VR 视频的内容超出了本书的讨论范围，建议你在掌握了基本的视频编辑知识之后再学习相关内容。

2.5 复习题

1. 在【新建序列】对话框中,【设置】选项卡的用途是什么?
2. 如何选择序列预设?
3. 什么是时间码?
4. 如何自定义序列预设?
5. 如何为编辑过程中自动产生的临时文件指定存储位置?

2.6 答案

1. 【设置】选项卡用来修改已有预设，或新建预设。
2. 最好选择与原始素材匹配的预设，尽量减少播放期间的转换工作。Premiere Pro 从摄像机系统角度对每个预设进行了描述，可以根据这些描述轻松找到要使用的预设。
3. 时间码是一个使用时、分、秒、帧测量时间的通用系统。在不同录制格式下，每秒的帧数不同。
4. 首先，在【新建序列】对话框的【设置】选项卡中设置各个选项，然后单击【保存预设】按钮，在【保存序列预设】对话框中输入名称和描述，单击【确定】按钮。
5. 在【项目设置】对话框的【暂存盘】选项卡下，可以为编辑过程中软件自动产生的临时文件指定存储位置。

第 3 课

导入媒体素材

课程概览

本课学习如下内容：

- 使用【媒体浏览器】面板与【导入】模式添加视频文件
- 使用【导入】菜单命令加载图形图像
- 使用媒体代理
- 选择缓存文件的存放位置
- 使用 Adobe Stock
- 录制画外音

学完本课大约需要 75 分钟

请先准备好本课要用到的课程文件，并把它们存放到本地计算机中方便取用的位置。

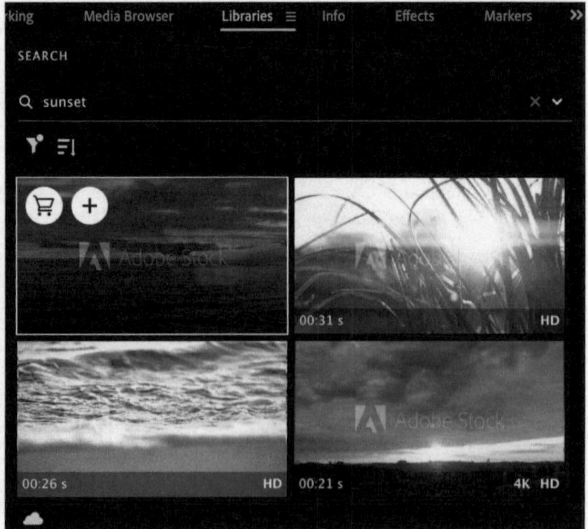

无论使用哪种方法编辑序列，第一步要做的都是把素材文件导入【项目】面板，然后进行组织。本课将学习查找、导入媒体素材的多种方法。

3.1 课程准备

创建序列前，需要先把素材导入项目中，包括视频素材、动画文件、解说、音乐、声音、图形图像、照片等。简而言之，必须先把要添加到序列中的所有素材导入项目中。

在 Premiere Pro 中，除了图形、字幕、标题外，序列中用到的所有东西也都会显示在【项目】面板中。例如，当你把一个视频剪辑直接导入某个序列时，Premiere Pro 会自动把它显示在【项目】面板中；当你在【项目】面板中删除一个剪辑时，Premiere Pro 也会把该剪辑从使用它的序列中删除（执行该操作时，你会看到一条警告和一个撤销选项）。

本课介绍如何把媒体素材导入 Premiere Pro 中。导入大多数素材文件时会用到【媒体浏览器】面板，它是一个非常棒的资源浏览器，你可以使用它浏览要导入 Premiere Pro 中的各种素材。此外，还要学习一些特殊情况的应对方法，例如导入包含单个图层或多个图层的图形图像的方法。

本课继续使用第 2 课中创建的项目文件。如果学习第 2 课时没有实际动手创建项目，可以直接使用 Lesson 03 文件夹中的 Lesson 03.prproj 文件。

注意 当打开一个在其他计算机上创建的项目时，你可能会看到一条“渲染器丢失”的警告信息，这表示最近一次保存项目时所使用的项目设置针对的是另外一个 GPU。此时，单击【确定】按钮即可。

1. 继续使用上一课中创建的项目文件。
2. 从菜单栏中，依次选择【文件】>【另存为】。
3. 在【保存项目】对话框中，转到 Lessons 文件夹，输入 My Lesson 03.prproj，单击【保存】按钮，保存当前项目。
4. 单击【工作区】按钮（），从弹出的下拉列表中选择【编辑】，然后再次单击该按钮，选择【重置为已保存的布局】。

3.2 导入素材

在向一个项目中导入素材时，Premiere Pro 不是真地把素材文件复制到项目中，而是使用项目中的一个“指针”来创建一个指向素材文件的链接。这个“指针”又叫“剪辑”。可以把“剪辑”看作一种特殊的别名（macOS）或快捷方式（Windows）。

在 Premiere Pro 中使用剪辑时，并不是在复制或修改原始文件，而是用一种非破坏性的方式有选择地选取原始素材的一部分或全部。

例如，当你选取剪辑的一部分放入序列中时，剪辑中那些未被选取的部分并不会被裁掉。Premiere Pro 会把剪辑的一个副本添加到序列中，其中包含内置指令，只允许 Premiere Pro 播放选择的那部分内容。这么做只是改变了剪辑在序列中的持续时间，实际上素材文件原来的持续时间并没有发生改变，而且仍然可用。

另外，当你向一个剪辑添加画面变亮效果时，该效果只会应用到你选择的剪辑上，而不会应用到剪辑链接的素材文件上。从某种意义上说，原始素材文件是通过“剪辑”这个“替身”参与到项目中的，所有设置和效果都应用在“剪辑”上。

在 Premiere Pro 中，导入素材的方法主要有如下 4 种。

- 使用【文件】>【导入】命令。
- 把素材文件直接从访达（macOS）或文件资源管理器（Windows）拖入【项目】面板或【时间轴】面板中。
- 使用【导入】模式。
- 使用【媒体浏览器】面板。

提示 打开【导入】对话框的另一种方法是在【项目】面板中双击空白区域。

提示 勾选【收录】复选框后，不管选用哪种导入方法，Premiere Pro 都会把收录设置应用到所有新导入的素材上。

下面分别了解每种方法的优缺点。

3.2.1 浏览与导入素材

当不知道该选哪种导入方法时，可使用【导入】模式。【导入】模式提供了一个功能强大且易于使用的界面，它可以自动管理媒体素材，也可以帮助你轻松地把素材导入 Premiere Pro 中。例如，当你用摄像机拍摄的素材包含多个视频片段时，在【导入】模式下，Premiere Pro 会自动把各段视频拼接成完整的剪辑呈现出来。无论原始录制格式是什么，都可以把每个录制文件看作一个包含音视频的素材。

这样一来，你就不必再去理会摄像机那些复杂的文件夹结构，只使用方便浏览的缩览图就行了。

在【编辑】模式下，【媒体浏览器】面板提供了更高级的媒体浏览工具。【媒体浏览器】面板中提供了与【导入】模式相同的媒体浏览和导航选项，还提供了导入前在【源监视器】中预览剪辑的附加选项，以及访问剪辑元数据的方法。只要能够看到元数据（包含剪辑持续时间、录制日期、文件类型等重要信息），就能轻松地从一大堆剪辑中选出需要使用的剪辑。

进入【导入】模式很简单，只需单击界面左上角的【导入】按钮即可，如图 3-1 所示。

在【导入】模式下浏览素材文件时，先在左侧区域中选择素材文件所在的位置，然后在中间区域双击文件夹，即可显示文件夹下的所有内容。当进入多层文件夹时，完整的文件夹路径会显示在上方，如图 3-2 所示，单击某个文件夹名称，可直接进入相应文件夹中。

导入 编辑 导出

图 3-1

> Assets > Video and Audio Files > Theft Unexpected

图 3-2

如果你希望经常访问某个文件夹，请单击文件夹路径右侧的五角星（☆），这会将该文件夹添加到屏幕左侧的【收藏夹】中，如图 3-3 所示。

进入【编辑】模式，在【编辑】工作区的默认布局下，【媒体浏览器】面板显示在界面左下角。默认状态下，【媒体浏览器】面板与【项目】面板在同一个面板组中。按【Shift】+【8】组合键（请使用键盘顶部的数字键【8】，不要用数字小键盘上的数字键【8】)，也可以快速打开【媒体浏览器】面板，如图 3-4 所示。

图 3-3　　图 3-4

与其他面板类似，拖曳【媒体浏览器】面板选项卡（用面板名称区分），可以把它放入其他面板组中。

单击面板名称右侧的三道杠按钮（☰），从面板菜单中选择【浮动面板】，可以使【媒体浏览器】面板成为浮动面板。

在媒体浏览器中浏览文件与在访达（macOS）或文件资源管理器（Windows）中浏览文件类似。【媒体浏览器】面板左侧为导航文件夹，显示的是计算机磁盘中的内容，【媒体浏览器】面板顶部有向前与向后的导航按钮。

在媒体浏览器中选择了某个文件夹或素材文件后，可以使用键盘上的方向键来选择其中的各个素材。

任何时候，你都可以交替使用【导入】模式和【媒体浏览器】面板这两种方式导入素材。随着你对 Premiere Pro 越来越熟悉，最终你会找到自己最喜欢的方式。

使用【导入】模式或【媒体浏览器】面板有如下几个好处。

- 浏览文件夹时，可启用过滤功能，仅显示指定类型的文件，比如 JPEG、PSD、XML、ARRIRAW 文件。单击【媒体浏览器】面板顶部的【文件类型已显示】按钮（▼），从弹出的下拉列表中，选择希望显示的文件类型即可。
- 自动侦测摄像机数据——AVCHD、Canon XF、P2、RED、Cinema DNG、Sony HDV、XDCAM（EX 与 Hd），确保正确显示剪辑内容。
- 正确显示存放在多个摄像机存储卡中跨多个剪辑的视频素材。即使视频文件很长，存储在两个存储卡中，Premiere Pro 也会自动把它们作为一个剪辑导入。
- 在【媒体浏览器】面板中，可浏览和自定义要显示的元数据种类。
- 在【导入】模式下，导入新剪辑时，Premiere Pro 会自动创建素材箱或序列。

打开或浏览项目

在 Premiere Pro 中，可以同时打开多个项目文件，这使得在不同项目之间复制剪辑变得很轻松。

请注意，所有打开的项目都是可编辑的。打开一个项目复制其中的剪辑时，需要特别小心，以防意外对项目做了修改。

在 Premiere Pro 中同时打开多个项目后，这些项目名称会出现在【窗口】>【项目】菜单下，单击相应项目名称，即可切换到相应项目下。

此外，还可以使用【媒体浏览器】面板浏览其他项目文件。在【媒体浏览器】面板中找到要浏览的项目文件，双击浏览其内容，然后从中选择你想用的剪辑、序列，把它们导入当前项目的【项目】面板中。

在【媒体浏览器】面板中浏览一个项目时，该项目处于锁定状态，你无法直接编辑它，这样可以防止意外修改项目。

在从一个项目向另外一个项目复制剪辑或序列时，复制的不是原始素材文件，而是链接到原始素材文件的剪辑。

3.2.2 使用【导入】命令

与其他软件类似，在 Premiere Pro 中，也可以使用【导入】命令来导入一个文件。【导入】命令用起来简单、直接，只要从菜单栏中选择【文件】>【导入】，即可打开【导入】对话框，如图 3-5 所示。

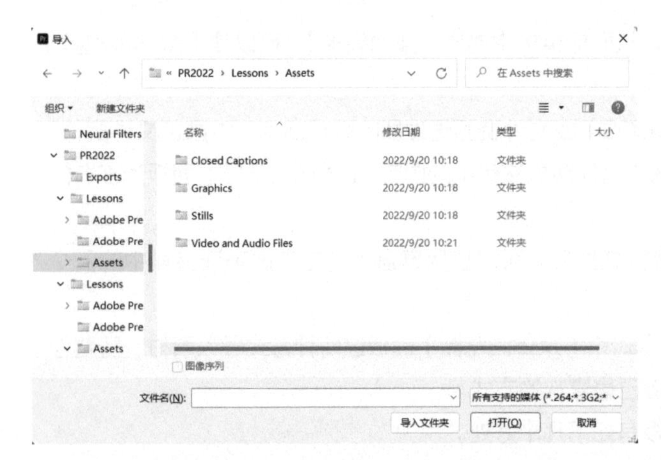

图 3-5

此外，还可以使用【Command】+【I】(macOS)或【Ctrl】+【I】(Windows)组合键来打开【导入】对话框。

【导入】命令特别适合用来导入独立素材，比如图形、音频、视频[MOV(QuickTime)、MP4(H.264)]等。尤其是当你确切知道素材放在什么地方，而且能够快速找到它们时，建议使用这种导入方法。

请注意，【导入】命令不适合用来导入基于文件的摄像机素材（这类素材通常都有复杂的文件夹结构，而且有独立的音视频文件，以及描述素材的重要数据——元数据），也不适合用来导入 RAW 素材。对于大多数摄像机产生的媒体素材，使用【导入】模式或【媒体浏览器】面板进行导入即可。

3.2.3 在【时间轴】面板中显示源剪辑名称和标签

在【项目】面板中，可以修改剪辑名称或标签颜色来组织剪辑。在把剪辑添加到序列中后，剪辑的新名称和标签颜色会在【时间轴】面板中显示出来。不过，在默认设置下，该剪辑的原有实例仍会显示原来的名称和标签颜色。

在【时间轴】面板中，可以自己指定是显示源剪辑名称和标签颜色，还是显示更改后的剪辑名称和标签颜色。在【项目】面板中，双击 First Sequence 序列，激活【时间轴显示设置】按钮（🔧）。单击该按钮，从弹出的下拉列表中，选择【显示源剪辑名称和标签】，如图 3-6 所示。

是显示源剪辑名称和标签颜色（启用【显示源剪辑名称和标签】），还是显示更改后的剪辑名称和标签颜色（关闭【显示源剪辑名称和标签】）取决于具体项目的制作流程，而且你可以根据需要随时在两者之间切换。

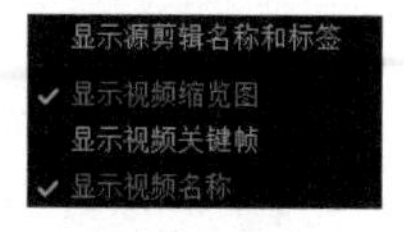

图 3-6

3.3 使用收录选项和媒体代理

在播放媒体素材和向素材应用效果方面，Premiere Pro 有很好的性能表现，而且支持大量媒体格式和编解码器。但是，有时在播放某些素材，特别是高分辨率的 RAW 素材时，系统硬件会显得“力不从心”。

针对这个问题，一个有效的解决办法是：编辑时使用分辨率较低的副本，等编辑完成后，再切换回全分辨率版本，最后检查效果并输出。这就是所谓的“代理工作流”（proxy workflow），即创建低分辨率的代理文件，然后使用它临时代替原始文件。你可以随意在两种文件之间来回切换。

导入文件时，Premiere Pro 会自动创建代理文件。如果计算机系统性能相当强劲，完全可以用来处理原始素材，那大可不用该功能。不过，Premiere Pro 的代理功能对于改善系统性能、提升协作效率有明显的效果，尤其是在低配计算机上处理高分辨率的素材文件时，使用代理的优势更明显。

从菜单栏中，依次选择【文件】>【项目设置】>【收录设置】，进入【项目设置】对话框的【收录设置】选项卡，可以设置素材收录选项，以及指定是否要为素材创建代理。

- 复制：导入素材文件时，Premiere Pro 会把原始素材文件复制到【主要目标】中指定的位置下，原始文件仍保留在原来的位置上。当从摄像机存储卡直接导入素材文件时，应该选择该选项，这样可以确保把存储卡从计算机上拔下时，Premiere Pro 仍然可以访问素材文件。

提示 复制素材文件时，可以选择让 Premiere Pro 做 MD5 校验。这样可以确保复制准确无误，但会增加文件的复制时间。

- 转码：导入素材文件时，Premiere Pro 会根据你选择的预设将它们转换成新的格式，并把新文件保存到指定的目标位置。

如果你在一家后期制作机构工作，并且所有项目使用的都是标准文件格式和编解码器，请选择【转码】选项。

- 创建代理：导入素材文件时，Premiere Pro 会创建尺寸更小的低分辨率副本，以确保它们能够流畅地在计算机中播放，同时 Premiere Pro 还会把它们保存到在【代理目标】中指定的位置。如果你使用的计算机性能不高，或者希望节省外带素材时的存储空间，请选择【创建代理】选项。这些低分辨率的素材质量较低，一般不会在最终作品中使用它们，但在多软件协同工作流程中，使用它们可以大大提升工作效率，加快视觉效果的应用速度。

- 复制并创建代理：导入素材文件时，Premiere Pro 会把原始文件复制到【主要目标】中指定的位置，并创建代理，将其保存到【代理目标】指定的位置。

在为项目中的剪辑创建好代理之后，可以轻松地在原始文件（全分辨率）和代理文件（低分辨率）之间来回切换。为此，请选择【Premiere Pro】>【首选项】>【媒体】（macOS）或【编辑】>【首选项】>【媒体】（Windows），勾选【启用代理】复选框。

提示 可以在源监视器或节目监视器下方添加一个【切换代理】按钮（![]），方便在代理和原始素材之间快速切换。关于如何在监视器下方添加按钮，将在第 4 课讲解。

下面具体讲解如何设置。

❶ 从菜单栏中，依次选择【文件】>【项目设置】>【收录设置】，进入【项目设置】对话框的【收录设置】选项卡。

提示 在【媒体浏览器】面板中，勾选【收录】复选框，或单击【打开收录设置】按钮，也可以进入【项目设置】对话框的【收录设置】选项卡。

默认设置下，所有收录选项都处于未选择状态。值得注意的是，不论选择哪个收录选项，所选项只对即将导入的素材文件起作用，而对之前导入的文件没有影响。

注意 Media Encoder 会在后台为文件转码并创建代理，在此期间，可以继续使用原始素材文件。当新代理文件创建好之后，Premiere Pro 会自动使用代理文件替换原始素材文件。

❷ 勾选【收录】复选框，启用它，如图 3-7 所示，单击右侧下拉列表，会看到里面有多个选项。

❸ 在下拉列表中选择【创建代理】，然后打开【预设】下拉列表，如图 3-8 所示，依次选择各个选项，在对话框底部的【小结】中查看每个选项的说明。

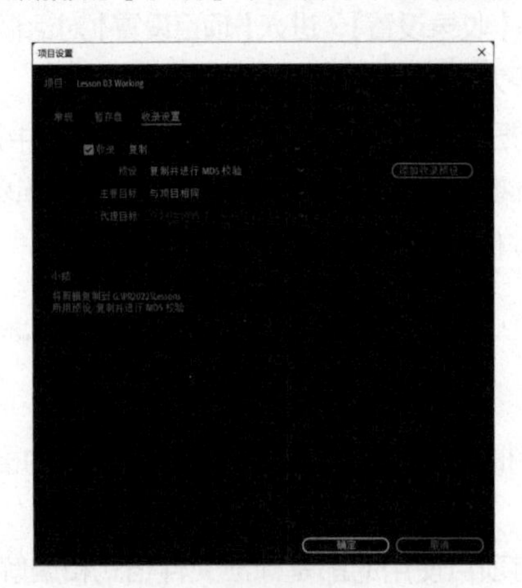

图 3-7

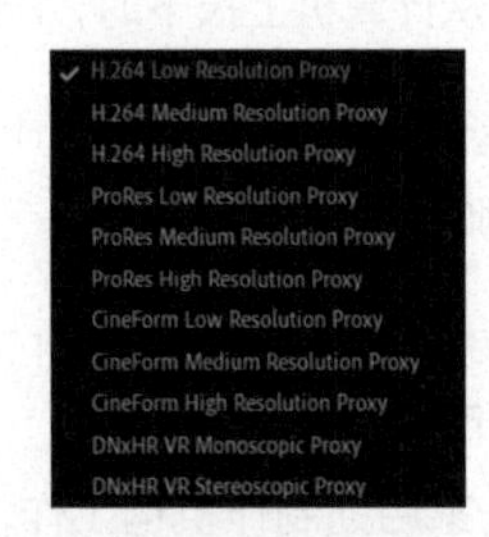

图 3-8

❹ 看完各个选项之后，单击【取消】按钮，退出【项目设置】对话框，不做任何修改。

注意 虽然编辑序列时使用的是代理文件，但是输出序列时，Premiere Pro 会自动使用原始素材文件（全分辨率）替换代理文件（低分辨率）进行导出。

上面简单介绍了使用素材代理的工作流程。有关管理、浏览、链接代理文件，以及新建代理文件预设的更多内容，请阅读 Premiere Pro 帮助文档。

3.4 使用【导入】模式与【媒体浏览器】面板

你可以随时切换到【导入】模式，浏览可用的素材文件，并将剪辑添加到当前项目中。或者，你可以在【编辑】模式下打开【媒体浏览器】面板，该面板可作为【编辑】工作区的一个组成部分保持打开状态。借助它，可以快速访问磁盘中的素材文件，并将其与项目中已有的剪辑做比较。

注意 在本课的学习过程中，需要把素材文件从计算机磁盘导入项目中。请确保你已经把本书所有课程文件复制到了你的计算机磁盘中。

3.4.1 使用素材文件

Premiere Pro 在使用基于文件的摄像机素材时并不需要进行转换，包括由 P2、XDCAM、AVCHD 等摄像机系统生成的经过压缩的原生素材，由 Canon、Sony、RED、ARRI 生成的 RAW 素材，以及由 Avid DNxHD、Apple ProRes、GoPro Cineform 等编解码器生成的，有利于后期制作的素材。

为了获得最佳结果，请遵循如下原则（当前学习中不需要这样做）。

- 为每个项目单独创建一个素材文件夹。这有助于在清理存储器时区分不同的项目。
- 在把摄像机中的素材复制到目标存储器时，尽量不要破坏原有文件夹结构。比如，直接把存储卡根目录下的整个数据文件夹复制到目标存储器中。为了获得最理想的结果，可以考虑使用摄像机制造商提供的专用程序来传送视频素材文件。复制完成后，检查原始存储卡和复制得到的文件夹大小是否相同，确保所有素材文件都被复制了。
- 为复制好的素材文件夹起一个合适的名字，名称中最好包含摄像机信息、存储卡编号、拍摄日期等。
- 为素材文件再创建一个备份，将其存放在另外一个物理上独立的磁盘中，防止第一个硬盘出现故障。
- 一定要再为素材文件创建一个备份，并把备份存放在另外一个独立的物理磁盘上，防止磁盘意外出现故障。
- 最好使用一种不同的备份方法来为那些需要长期保存的素材创建备份，比如 LTO 磁带（一种广受欢迎的长期存储系统）、外置存储器，或者云存储器。

3.4.2 Premiere Pro 支持的视频文件类型

在编辑项目的过程中，常见的一种情况是：项目中用到的视频剪辑往往来自多台摄像机，而且它们的文件类型、媒体格式和编解码器各不相同。这对 Premiere Pro 来说完全不是问题，因为它允许在同一个序列中混合使用不同类型的素材文件。此外，使用【导入】模式和【媒体浏览器】几乎可以显示、导入所有类型的素材文件，如图 3-9 所示。

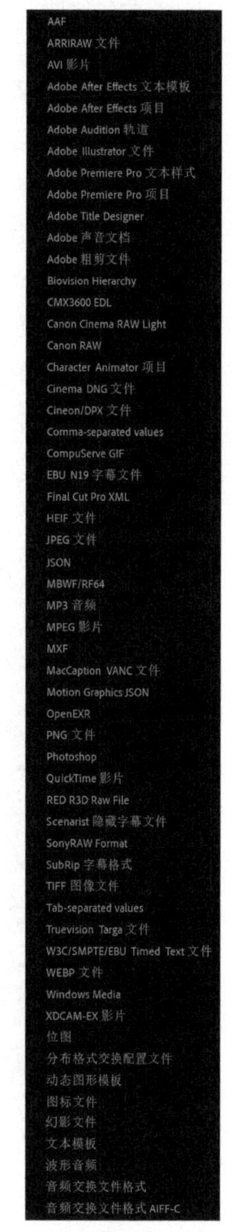

图 3-9

Premiere Pro 支持下面多种摄像机拍摄的视频素材。

- 大多数 DSLR 相机。
- 松下。
- RED。
- ARRI。
- Canon。

- Sony。
- Blackmagic Design。

Premiere Pro 还支持许多标准媒体类型，比如 QuickTime、MXF、DPX、OMF。关于 Premiere Pro 所支持的摄像机类型与媒体类型，请查看 Premiere Pro 帮助文档。

3.4.3 使用【导入】模式添加剪辑

【导入】模式提供了一种简单方便的方法来帮助我们查找和导入素材。在【导入】模式下，存储位置和收藏夹显示在界面左侧，其内容显示在界面中间区域，界面右侧提供了一些导入选项。

注意 导入素材文件时，请务必把文件复制到本地存储器中，或者使用【项目收集】选项在移除外部存储卡或存储器之前创建好副本。

下面分别使用【导入】模式和【媒体浏览器】面板向项目中添加一些剪辑，比较两种方式的使用体验。

❶ 单击界面左上角的【导入】按钮，如图 3-10 所示，进入【导入】模式。

图 3-10

请注意，当前是在向现有项目中导入素材，并非新建项目，所以创建项目的按钮不显示。

❷ 在左侧列出的存储位置中，单击 Lessons 文件夹所在的磁盘，然后在中间区域连续双击子文件夹，最终进入 Lessons\Assets\Video And Audio Files\Theft Unexpected 文件夹。

请注意，不要单击某个文件夹，否则会选中该文件夹中的所有内容进行导入。若已经单击了某个文件夹，请再次单击该文件夹，以取消选择，然后双击文件夹，进入浏览。

❸ 单击顶部的【网格视图】按钮（▦），然后向右拖曳左侧的缩览图大小控制滑块，把剪辑缩览图放大一些。根据自身需要，把缩览图放大到相应大小，如图 3-11 所示。

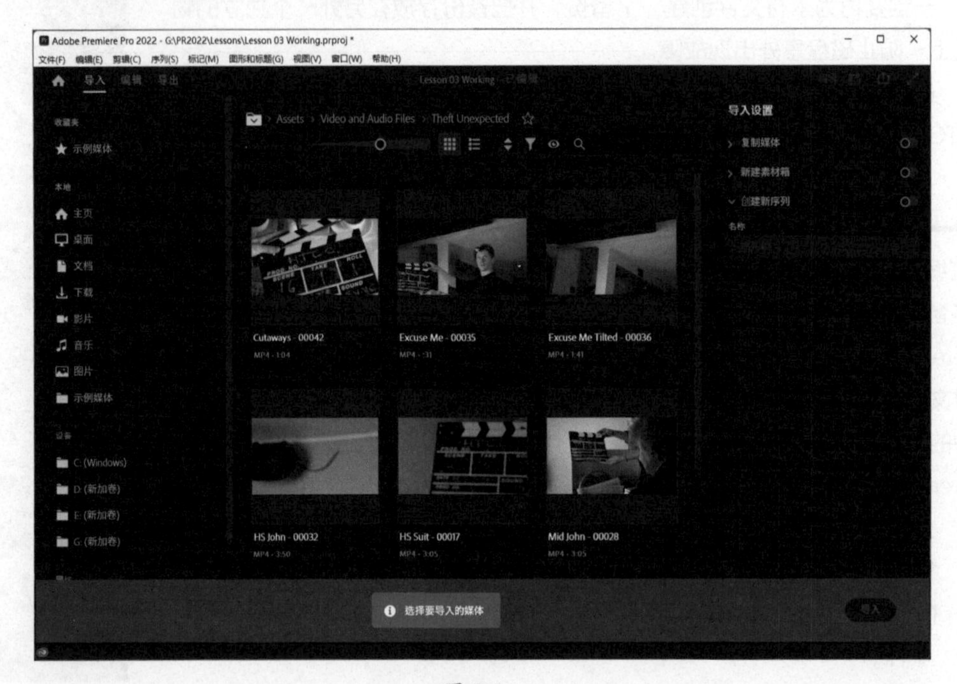

图 3-11

把鼠标指针移动到某个剪辑缩览图上，不要按下鼠标左键或右键，左右移动鼠标，可快速浏览剪辑内容。把鼠标指针放到剪辑缩览图的左边缘，可显示剪辑第一帧，放在右边缘，可显示剪辑的最后一帧。

❹ 单击如下剪辑，把它们选中：Excuse Me Tilted – 00036、HS Suit – 00017、Mid John – 00028。

❺ 检查右侧区域中的各个导入设置，确保它们都处于非开启状态。然后，单击【导入】按钮。

现在，我们已经导入了一些剪辑。Premiere Pro 进入【编辑】模式，同时把新导入的剪辑添加到【项目】面板中，如图 3-12 所示。

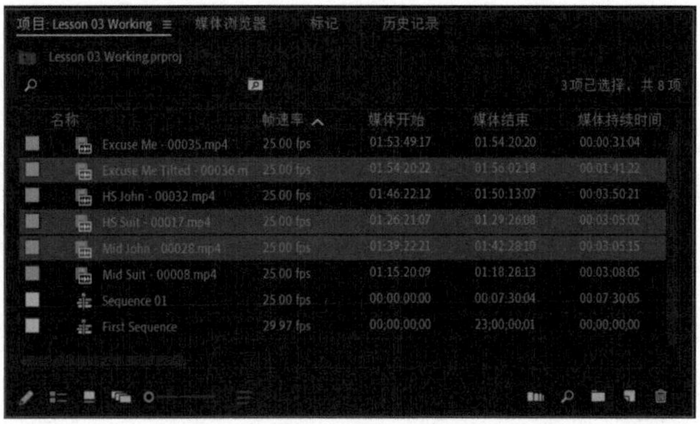

图 3-12

在处理项目的过程中，可以随时在【导入】和【编辑】两种模式之间轻松切换，这样当有新素材时，我们可以将其快速添加到项目中。下面介绍另一种导入方法，即使用【媒体浏览器】面板导入剪辑。

3.4.4 使用【媒体浏览器】面板添加剪辑

【媒体浏览器】面板和访达（macOS）或文件资源管理器（Windows）很相似，都提供了【前进】和【后退】按钮，方便查看最近浏览的内容。在左侧区域中选择一个存储位置，其内容会在右侧区域中显示出来。

❶ 首先把工作区重置为默认状态。选择【工作区】>【编辑】，然后选择【工作区】>【重置为已保存的布局】。

❷ 单击【媒体浏览器】面板名称，将其打开。默认设置下，【媒体浏览器】面板和【项目】面板在同一个面板组中，如图 3-13 所示。

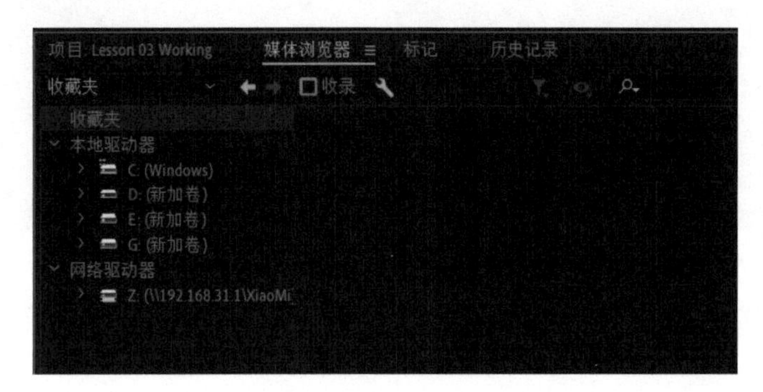

图 3-13

提示 在有些键盘上，可能很难找到【`】键。当找不到这个键时，可以双击某个面板名称把面板最大化。

③ 把鼠标指针放到【媒体浏览器】面板中，然后按【`】键，或者直接双击面板名称，即可把面板最大化。

此时，【媒体浏览器】面板最大化，占据屏幕的大部分区域。

注意 【媒体浏览器】会自动过滤掉那些不是素材的文件和不受支持的文件，这更方便我们浏览视频和音频素材。

提示 使用【媒体浏览器】浏览存储器中的文件时，左侧是导航区域，里面列出了存储器中的各种文件夹，右侧是文件夹内容显示区域，两个区域之间有一条垂直分隔线，左右拖曳分隔线可以调整左右两个区域的大小。此外，导航区域右侧有一个滚动条，拖曳滚动条，可显示你要找的文件夹。

④ 在导航区域中，转到 Lessons\Assets\Video and Audio Files\Theft Unexpected 文件夹。

⑤ 在【媒体浏览器】面板左下角，单击【缩览图视图】按钮（），向右拖曳缩览图大小控制滑块，把剪辑缩览图放大一些。根据自身需要，把缩览图放大到相应大小，如图 3-14 所示。

图 3-14

与【导入】模式一样，把鼠标指针放到某个未选择的剪辑缩览图上，不要按下鼠标左键或右键，只要左右移动鼠标，即可浏览剪辑内容。把鼠标指针放到剪辑缩览图的左边缘，可显示剪辑第一帧，放在右边缘，可显示剪辑的最后一帧。

⑥ 单击任意一个剪辑，将其选中。

然后，可以使用键盘快捷键来预览所选剪辑。在缩览图视图下，当选中某个剪辑时，其下方会显示一个预览时间条，如图 3-15 所示。

图 3-15

⑦ 按【L】键或空格键，播放所选剪辑。

⑧ 按【K】键或者空格键，停止播放。

⑨ 按【J】键，倒放剪辑。

⑩ 尝试播放其他剪辑。播放期间，你应该能够听到剪辑中的声音。

可以多次按【J】键或【L】键，加快预览播放速度。按【K】键或空格键，暂停播放。

注意 听不见声音时，请检查【音频硬件】首选项，确保你选择的输出设备是对的。

⑪ 下面把剩余的两个剪辑导入项目中。单击剪辑 Cutaways-00042，将其选中。然后，按住【Command】键（macOS）或【Ctrl】键（Windows），单击剪辑 Reveal-00038，同时选中两个剪辑。

⑫ 在其中一个剪辑上单击鼠标右键，从弹出的菜单中，选择【导入】，如图 3-16 所示。

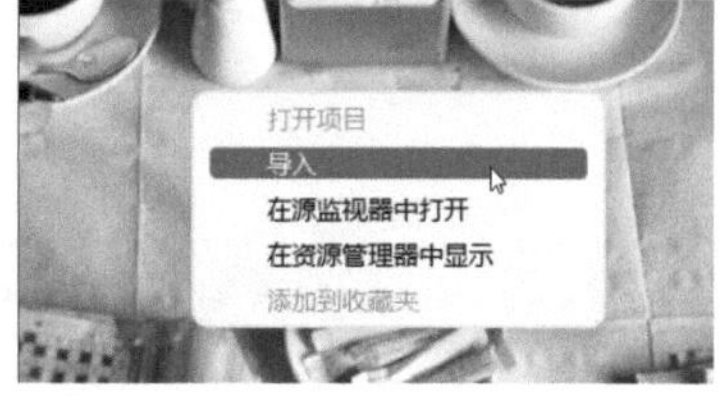

图 3-16

导入完成后，Premiere Pro 会自动打开【项目】面板，把刚刚导入的剪辑全部显示出来。

提示 此外，你还可以直接把所选剪辑拖入【项目】面板中，然后在【项目】面板的空白区域中释放鼠标左键来导入剪辑。

⑬ 把鼠标指针放到【项目】面板上，然后按【`】键，或者双击【项目】面板名称，把面板组恢复成原始大小。

类似于【导入】模式与【媒体浏览器】面板，在【项目】面板中，剪辑既可以以图标（缩览图）形式显示，也可以以列表形式显示（包含每个剪辑的详细信息）。除了这两种显示方式之外，还有一种更灵活的显示方式——自由变换视图。【项目】面板左下角有 3 个按钮，分别是【列表视图】按钮（ ）、【图标视图】按钮（ ）和【自由变换视图】按钮（ ），单击各个按钮，可以在不同的显示方式之间来回切换。

好好利用【导入】模式与【媒体浏览器】面板

【导入】模式和【媒体浏览器】专门提供了几个功能，帮助我们轻松浏览存储器中的文件。

- 左侧导航区域最上方有一个【收藏夹】，用来存放经常访问的文件夹。如果你需要经常从某个文件夹导入文件，你可以把该文件夹添加到收藏夹中。在【媒体浏览器】面板中，先用鼠标右键单击文件夹，然后从弹出的菜单中选择【添加到收藏夹】，即可把你选择的文件夹添加到收藏夹中。在【导入】模式下，单击【收藏位置】按钮（☆），可把当前文件夹添加到收藏夹中。
- 漏斗按钮右侧有一个眼睛按钮（◉），叫作【目录查看器】，单击它，从中选择一个摄像机系统，将只显示该摄像机系统拍摄的素材文件。
- 【媒体浏览器】面板中的前进、后退按钮（←→）与网页浏览器中的前进、后退按钮功能类似，允许你在浏览过的内容之间导航。
- 面板右上角有一个漏斗形按钮（▼），单击打开一个文件类型列表，从中选择需要显示的文件类型后，【媒体浏览器】将只显示所选类型的文件，更方便查找。
- 在【媒体浏览器】面板中，导航区域正上方有一个【最近目录】菜单，里面保存着最近访问的目录，选择相应目录，可立即跳转到该目录下。
- 你可以同时打开多个【媒体浏览器】面板，用来访问不同文件夹中的内容。单击面板菜单按钮（☰），从面板菜单中选择【新建媒体浏览器面板】，即可打开新的【媒体浏览器】面板。
- 默认设置下，在【媒体浏览器】面板中，【列表视图】下显示的剪辑信息很有限（这一点与【项目】面板不一样，【项目】面板在默认设置下会显示大量剪辑信息）。若想显示更多信息，请打开面板菜单，从中选择【编辑列】，再在【编辑列】对话框中勾选需要显示的元数据。

3.5 导入静态图像

图形图像是视频后期制作中必不可少的元素。合理地使用图形图像，不仅可以帮助我们更好地传递信息，还有助于增强画面的视觉效果。在 Premiere Pro 中，几乎可以导入任意类型的图形图像。而且，Premiere Pro 对使用 Adobe 图形图像软件（比如 Photoshop、Illustrator）制作的各类图形图像提供了完美支持。

从事过图片印刷或照片修饰的人可能都用过 Photoshop，它是一款功能强大的工具，不仅在图形图像处理领域中有着广泛的应用，在其他领域中应用得也越来越多，例如在视频制作领域中。下面一起学习如何把图像文件从 Photoshop 正确地导入 Premiere Pro 中。

下面先导入一张简单的图片。

3.5.1 导入单图层图像文件

我们要用的大多数图形图像（含照片）都只包含一个图层（由像素组成的平面网格），可以把图层当成一个简单的素材文件使用。下面实际动手导入一张单图层图片。

❶ 从菜单栏中，依次选择【文件】>【导入】，或者按【Command】+【I】(macOS)或【Ctrl】+【I】(Windows)组合键。

❷ 在【导入】对话框中，转到 Lessons \ Assets \ Graphics 文件夹。

❸ 选择 Theft_Unexpected.png 文件，单击【打开】按钮。

Theft_Unexpected.png 是一个简单的 Logo 图标，导入之后，它会出现在【项目】面板中，如图 3-17 所示。在【图标视图】模式下，【项目】面板会以缩览图的形式显示图片内容。

图 3-17

关于动态链接（Dynamic Link）

Premiere Pro 能够完美地与 Adobe Creative Cloud 中的其他工具协同工作。这要归功于 Creative Cloud 专门提供的一些辅助技术，借助这些技术，我们能够大大加快后期制作速度。

这其中，“动态链接”就是一种常用的技术。它允许我们将 After Effects 合成（类似于 Premiere Pro 中的序列）导入 Premiere Pro 中，同时在两个应用程序之间建立一个实时链接。使用这种技术导入 After Effects 合成之后，其外观与行为就与 Premiere Pro 项目中的其他剪辑一样了。

当在 After Effects 中修改合成后，Premiere Pro 中的合成也会随之更新，这样可以大大节省时间，提高工作效率。

动态链接会自动在 Premiere Pro 和 After Effects 之间，以及 Premiere Pro 与 Audition 之间创建链接，但要求这些程序的版本是一致的。

3.5.2 导入包含多个图层的 Photoshop 图像文件

使用 Photoshop 处理过的图像可能包含多个图层。图层类似于 Premiere Pro 序列中的轨道，用来把不同视觉元素分隔开，方便分别处理。可以把 Photoshop 文件中的图层分别导入 Premiere Pro 中，再针对特定图层做调整或制作动画。

与其他导入的素材一样，在 Photoshop 中修改了 PSD 文件并保存之后，这些更改也会自动更新到 Premiere Pro 中。也就是说，在 Premiere Pro 中把一幅 PSD 图像添加到序列之中后，可以继续在 Photoshop 中处理它，执行保存操作后，所有修改都会自动同步到 Premiere Pro 中。

导入一个包含图层的 PSD 图像文件时，Premiere Pro 会自动打开【导入分层文件】对话框，从【导入为】下拉列表中，可以指定导入 PSD 文件时对其图层的处理方式，如图 3-18 所示。

图 3-18

- 合并所有图层：选择该选项后，Premiere Pro 会把所有图层合并成一个图层，作为一个剪辑导入项目中。
- 合并的图层：选择该选项后，Premiere Pro 只合并选择的图层并将其作为一个剪辑导入。

- 各个图层：选择该选项后，Premiere Pro 只导入在对话框中勾选的图层，在【项目】面板中，每个图层都是素材箱中一个独立的剪辑。

- 序列：选择该选项后，Premiere Pro 只导入对话框中勾选的图层，每一个图层都是一个独立的剪辑。同时 Premiere Pro 还会自动新建一个序列（基于导入的 PSD 文件设置帧大小），其中每个剪辑都在一个单独的轨道上（保持原有的堆叠顺序）。

当选择了【序列】或【各个图层】后，位于【导入分层文件】对话框底部的【素材尺寸】下拉列表就变为可用状态，其中包含如下两个选项。

- 文档大小：选择该选项后，Premiere Pro 会根据原始 Photoshop 文档的尺寸导入所选图层。

- 图层大小：选择该选项后，Premiere Pro 会根据原始 Photoshop 文件中各个图层的大小设置新建剪辑的帧大小。对于那些无法填满整个画布的图层，其周围的透明区域（即包含图层像素的矩形之外的区域）会被自动剪裁掉，并且图层会被放置到帧的中央，同时失去它们原有的相对位置。

提示 若 PSD 文件中各个图层的尺寸不一样，导入时建议大家分别导入各个图层。有些平面设计师在使用 Photoshop 为视频项目制作素材时，习惯把创建好的多个图像分别放到同一个 PSD 文件的不同图层上，以方便视频编辑人员把它们应用到视频项目中。此时，PSD 文件就像是一个盛放不同图像的仓库。

下面把一个包含多个图层的 PSD 文件导入项目中。

❶ 在【项目】面板中双击空白区域，或者从菜单栏中依次选择【文件】>【导入】，打开【导入】对话框。

❷ 在【导入】对话框中，转到 Lessons\Assets\Graphics 文件夹。

❸ 选择 Theft_Unexpected_Layered.psd 文件，单击【打开】按钮，出现【导入分层文件】对话框，如图 3-19 所示。

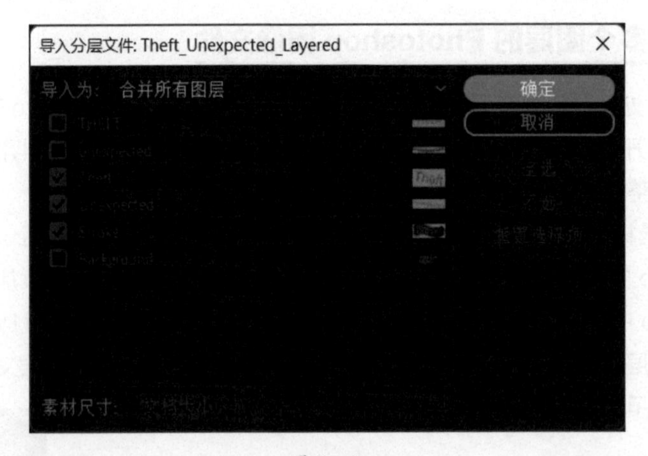

图 3-19

注意 在【导入分层文件】对话框的导入列表中，有些图层处于未勾选状态。这些图层在原来的 PSD 文件中处于不可见状态，设计者只是将它们隐藏了起来，实际并未删除。导入 PSD 文件时，Premiere Pro 默认不导入这些图层。

❹ 在【导入为】下拉列表中选择【序列】，在【素材尺寸】下拉列表中选择【文档大小】，然后单击【确定】按钮。

❺ 此时，Premiere Pro 在【项目】面板中新创建了一个名为 Theft_Unexpected_Layered 的素材箱。双击打开它。

注意【项目】面板中的素材箱和计算机文件系统中的文件夹在外观和行为上非常像，但素材箱只存在于项目文件中，它们是一种组织素材的好方式。

注意 在【项目】面板中，双击 Theft_Unexpected_Layered 素材箱时，Premiere Pro 会在当前面板组中打开【素材箱】面板。【素材箱】面板提供的选项与【项目】面板一样，而且我们可以同时打开多个素材箱，浏览其中的内容，查找要在项目中使用的素材。

❻ 在素材箱中，双击 Theft_Unexpected_Layered 序列，在【时间轴】面板中打开它，如图 3-20 所示。

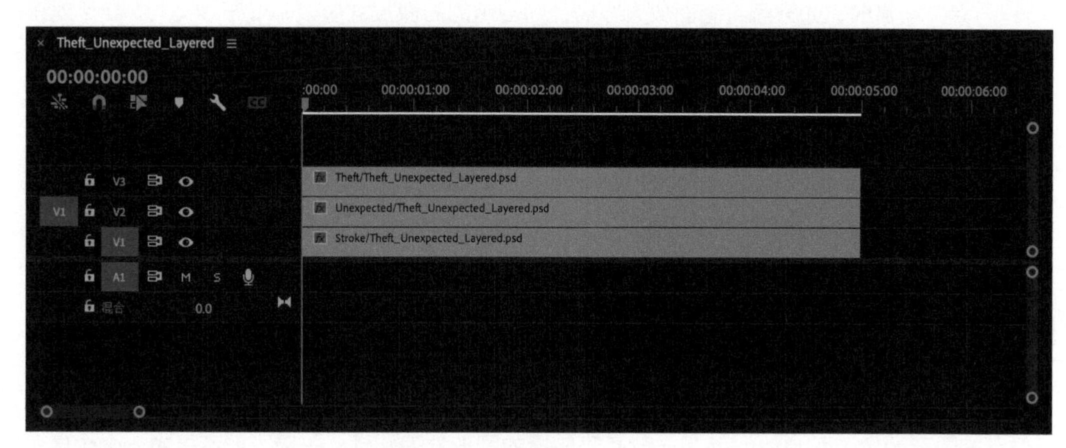

图 3-20

在【列表视图】下，序列图标（▦）显示在名称左侧；而在【图标视图】下，类似的序列图标（▦）显示在缩览图的右下角。

当无法分辨一个素材是剪辑还是序列时，可以把鼠标指针放到素材名称（非图标）上，稍等一会儿，就会出现提示信息，根据提示信息，就可以轻松地判断出它是剪辑还是序列，如图 3-21 所示。

当在【时间轴】面板中打开序列后，其内容也会同时显示在【节目监视器】中。

❼【时间轴】面板底部有一个导航器，如图 3-22 所示。

图 3-21

图 3-22

拖曳导航器的左端或右端，可放大或缩小时间轴，以便更清楚地查看序列中都包含哪些剪辑。

❽ 此时，在【时间轴】面板中可以看到导入的序列。同时，序列内容也在【节目监视器】中显示出来。在【时间轴】面板中，每个轨道的左侧有一个【切换轨道输出】按钮（👁），单击它，可隐藏或显示对应轨道的内容。

⑨ 单击【素材箱】面板菜单按钮（▤），从面板菜单中选择【关闭面板】，关闭 Theft_Unexpected_Layered 素材箱。

使用 Photoshop 图像文件的注意事项

在 Premiere Pro 中使用 Photoshop 图像文件有如下一些注意事项。

- 当把包含多个图层的 Photoshop 图像导入为序列，并且在【素材尺寸】中选择【文档大小】时，Premiere Pro 会根据 Photoshop 图像大小创建一个同等大小（帧大小）的序列。
- 即使你不打算放大或平移图像，选择要用的图像时，也请尽量保证所选图像的尺寸不小于序列的帧大小。不然，我们就得放大图像，这会导致图像丢失一些锐度。
- 如果你原本就有放大或平移图像的打算，那么创建素材图像时，一定要确保图像在放大或平移后画面尺寸不会小于序列的帧尺寸。例如，在编辑全高清（1920 像素 ×1080 像素）项目时，如果想将画面放大 2 倍，则使用的图像尺寸应该不低于 3840 像素 ×2160 像素，这样才能保证画面在放大后仍然有较好的清晰度。
- 导入大型图像文件会占用大量系统内存，而且会拖慢系统运行速度。如果要用的原始图片非常大，可以考虑在使用之前先把它们处理得小一点。
- 请尽量使用 16 位 RGB 颜色。CMYK 颜色模式只适用于打印工作（Premiere Pro 不支持该颜色模式），编辑视频时请使用 RGB 或 YUV 颜色模式。

3.5.3 导入 Illustrator 文件

Illustrator 也是 Adobe Creative Cloud 中的一个重要的图形处理软件。Photoshop 主要用来处理基于像素的图形图像，而 Illustrator 是一款基于矢量的图形处理软件。矢量图形不是由一个个像素组成，而是使用直线和曲线等通过数学计算得到的元素来描述图形。矢量图形最大的优点是无论如何放大、缩小或旋转都不会失真，并且能够保持原有的清晰度，非常适合用来在视频中制作字幕与图形元素。

在制作技术插图、艺术线条、复杂图形时，通常会使用矢量图形。

下面向 Premiere Pro 中导入一个矢量图形。

① 单击【项目】面板名称，打开【项目】面板。

② 在【项目】面板中，取消选择 Theft_Unexpected_Layered 素材箱，这样在导入素材时新素材才不会被放入该素材箱中。

③ 双击空白区域，或者按【Command】+【I】（macOS）或【Ctrl】+【I】（Windows）组合键，打开【导入】对话框。

④ 在【导入】对话框中，转到 Lessons\Assets\Graphics 文件夹。

⑤ 选择 Brightlove_film_logo.ai 文件，单击【打开】按钮，或者直接双击该文件。

⑥ 此时，【项目】面板中出现了一个新剪辑，它指向刚刚导入的 Illustrator 文件。双击剪辑图标，在【源监视器】面板中查看导入的图形（一个 Logo 图标）。

在【源监视器】面板的黑色背景下，看不见Logo图标中的黑色文本。这是因为Logo图标中包含透明区域，而【源监视器】的背景是黑色的。

图 3-23

❼【源监视器】中有一个【设置】按钮（🔧），其中包含的选项可以用来改变剪辑的呈现方式。选择【设置】>【透明网格】，效果如图3-23所示。

此时，可以非常清晰地看到Logo图标中的文本，因为【源监视器】中的黑色背景已经变成了透明网格。

❽ 选择【设置】>【透明网格】，将其关闭。有关图层和透明度的更多内容，将在第14课介绍。

> **注意** 在【项目】面板中，使用鼠标右键单击Brightlove_film_logo.ai，弹出的菜单中有一个【编辑原始】菜单。如果你的计算机中安装了Illustrator，选择【编辑原始】菜单后，将在Illustrator中打开Brightlove_film_logo.ai等待编辑。即使你在Premiere Pro中把图层合并了，你仍然可以返回Illustrator，编辑原始分层文件，然后将其保存。在Illustrator中做出的修改会立即呈现在Premiere Pro中。

Premiere Pro会对Illustrator文件做如下处理。

- 类似于前面导入的PSD文件，Brightlove_film_logo.ai也是一个包含多个图层的文件。但是，Premiere Pro不支持按图层导入Illustrator文件，它会在导入时把所有图层合并成一个图层。
- Premiere Pro通过栅格化（rasterization）处理把矢量图形转换成适合其使用的像素图像格式。该转换会在导入时自动进行，因此在向Premiere Pro导入矢量图形前，一定要在Illustrator中设置好矢量图形，确保其有足够高的分辨率。
- Premiere Pro会自动对使用Illustrator创建的矢量图形的边缘做抗锯齿或平滑处理。
- Premiere Pro会对Illustrator文件中的所有空白区域做透明处理，这样位于下层轨道的剪辑就会显露出来。
- 在【导入】模式下，无法导入Illustrator文件。要导入Illustrator文件，请使用【文件】>【导入】命令；或者双击【项目】面板空白处，打开【导入】对话框进行导入，当然也可以使用【媒体浏览器】面板进行导入。

3.5.4 导入文件夹

在Premiere Pro中，使用【文件】>【导入】命令导入多个素材时，除了逐个选择各个素材分别导入之外，还可以选择包含这些素材的整个文件夹，一次性全部导入。如果要导入的素材已经存放在了硬盘的某个文件夹中，当导入包含这些素材的文件夹时，Premiere Pro会在【项目】面板中创建一个同名素材箱。具体操作如下。

❶ 从菜单栏中，依次选择【文件】>【导入】，或者按【Command】+【I】(macOS)或【Ctrl】+【I】(Windows)组合键。

❷ 在【导入】对话框中，转到Lessons \ Assets文件夹，单击选择Stills文件夹。注意，请不要双击Stills文件夹，否则会展开Stills文件夹。

❸ 单击【导入】(macOS)或【导入文件夹】(Windows)按钮。此时，Premiere Pro会把整个

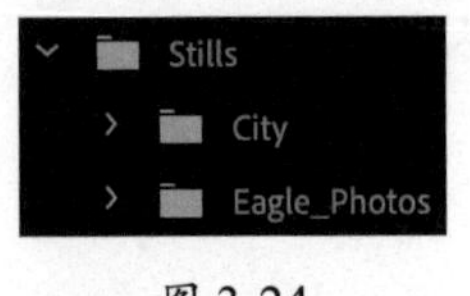

图 3-24

Stills 文件夹导入，其中有两个包含图片的子文件夹。在【项目】面板中，你会看到一个与所选文件夹同名的素材箱。在【列表视图】下，单击素材箱左侧的箭头按钮（ ），将其展开，可以看到其中有两个子文件夹，如图 3-24 所示。

注意 此外，还可以在【媒体浏览器】面板中使用如下方法导入文件夹（包括子文件夹）：在【媒体浏览器】右侧区域中，选择一个文件夹，然后导入即可。在【导入】模式下，用这种方式导入文件夹时，Premiere Pro 会把文件夹中的内容合并到【项目】面板中的一个单独的收藏夹中。

注意 导入整个文件夹时，如果其中包含一些 Premiere Pro 不支持的文件，Premiere Pro 会给出提示信息，告诉你这些文件无法导入。

导入 VR 视频

我们常说的 VR 视频其实是 360° 视频，它是使用拍摄设备拍摄周围一圈（360°）的景物得到的。观看这类视频时，使用专用的 VR 头盔才能获得最好的观看效果。戴着 VR 头盔观看这类视频时，我们可以转动头部变换方向进行观看。Premiere Pro 支持 360° 视频和 180° 视频，并为它们提供了专用的视觉效果，配备了一个专用的观看模式，对 VR 头盔提供了本地支持，还针对 360° 视频的特殊需求设计了一些特殊效果。

导入 360° 视频和普通视频没什么不同，既可以使用【导入】命令导入，也可以使用【媒体浏览器】面板导入。

Premiere Pro 支持预缝合的等距柱状投影格式素材，但在导入之前，你必须先用其他应用程序把 360° 视频准备好。

有关 Premiere Pro 中 360° 视频工作流程的内容已经超出了本书的讨论范围，若想了解更多内容，请阅读在线帮助文档。

3.6 使用 Adobe Stock

借助【库】面板，你可以轻松地在项目之间或用户之间共享设计资源。此外，还可以直接在【库】面板中搜索 Adobe Stock，从中选择需要的视频剪辑和图形，然后在项目中使用低分辨率版本预览效果，满意之后再付费购买高分辨率版本。

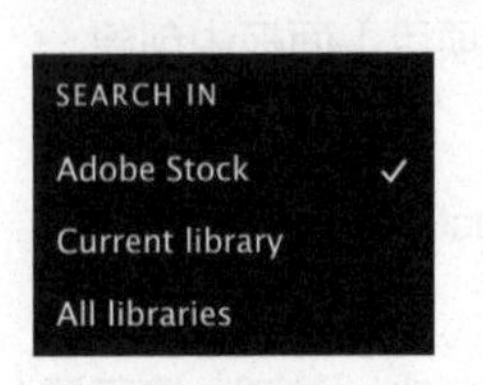

图 3-25

在【库】面板中查找 Adobe Stock 在线素材时，请先在【搜索】下拉列表中选择【Adobe Stock】，如图 3-25 所示，然后输入关键字进行搜索。

Adobe Stock 是一个在线图库，它提供了数百万个视频和图片，通过【库】面板，你可以轻松地把这些素材应用到自己的序列之中，如图 3-26 所示。

如果你看中了某个素材，并且希望购买其全分辨率版本，可以单击素材上的购物车按钮。付费之后，Premiere Pro 会把全分辨率素材下载下来，并使用它替换掉你的项目和序列中的低分辨率版本。

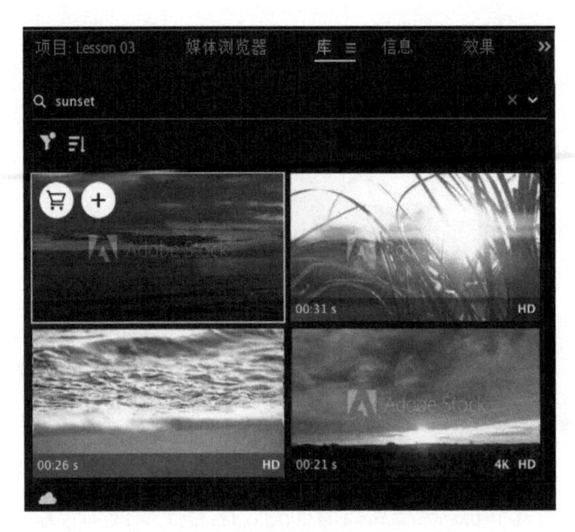

图 3-26

此外，Adobe Stock 还提供数千种免费素材让用户下载使用。有关 Adobe Stock 的更多内容，请访问其官方网站。

3.7 录制画外音

有时，你制作的视频项目中可能含有画外音轨道。这些画外音通常是由专业人员在录音棚（至少是在一个很安静的场合中）中使用专业设备录制的，但其实你可以自己使用音频输入设备直接把音频录制到 Premiere Pro 中。

Premiere Pro 提供的画外音录制功能非常有用，它可以用于确定音频在视频项目中的大致位置。在 Premiere Pro 录制画外音的具体步骤如下。

❶ 如果使用的不是计算机内置的麦克风，请确保外接麦克风或音频混合器正确地连接到计算机。为此，可能需要查阅计算机和声卡的相关文档。

❷ 在【时间轴】面板中，单击 Theft_Unexpected_Layered 序列名称，确保其当前处于活动状态。关闭了这个序列后，可以在【项目】面板中双击序列图标，将其重新打开。

❸ 在【时间轴】面板中，每个音轨的最左侧区域中有一排按钮和选项，如图 3-27 所示。该区域称为【音轨头】，其中包含一个【画外音录制】按钮（🎙）。

使用鼠标右键单击麦克风按钮，从弹出的菜单中选择【画外音录制设置】，然后在打开的【画外音录制设置】对话框中选择麦克风。在【源】下拉列表中，选择需使用的音频硬件，在【输入】下拉列表中，为音频硬件选择特定输入，如图 3-28 所示。

图 3-27

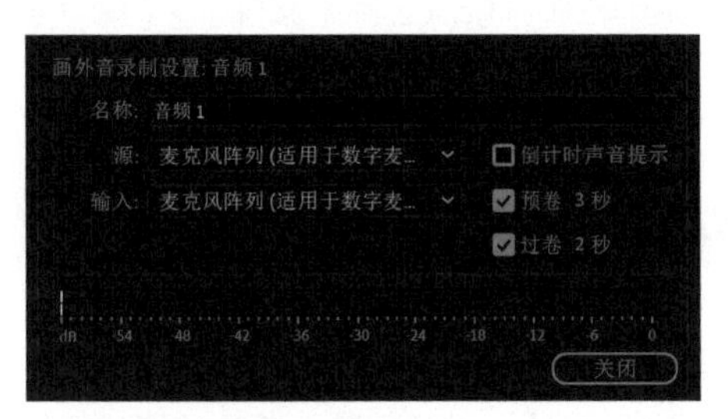

图 3-28

然后单击【关闭】按钮。

提示 使用鼠标右键单击【画外音录制】按钮，从弹出的菜单中选择【画外音录制设置】，在打开的【画外音录制设置】对话框中可以设置音频名称、输入源等。

④ 关掉计算机的扬声器，或者使用头戴式耳机，防止录音时出现回音。

⑤ 为了更清晰地看到结果，可增加音轨 A1 的高度。

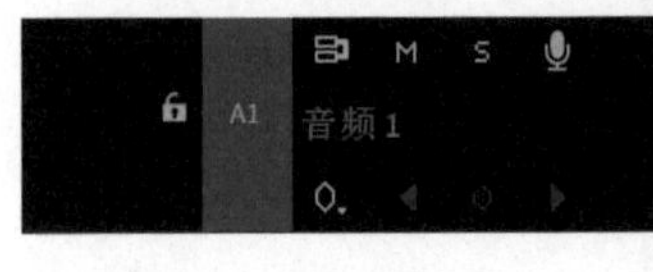

图 3-29

为增加音轨高度，可双击音轨头右侧的空白区域（位于【画外音录制】按钮旁边），向下拖曳两个音轨之间的水平分割线，或者把鼠标指针放到相应的音轨头之上，按住【Option】键（macOS）或【Alt】键（Windows），滚动鼠标滚轮，如图 3-29 所示。

⑥ 在【时间轴】面板中，时间是从左到右增加的，这与在线视频一致。【时间轴】面板顶部的时间标尺上有一个播放滑块（ ），用来指示【节目监视器】中显示的当前帧。可以在时间标尺的任意位置上单击，此时播放滑块会移动到单击的位置，并在【节目监视器】中显示该位置上的帧画面。此外，还可以在时间标尺上按住鼠标左键左右拖曳，以浏览当前序列的内容。

把播放滑块拖曳到时间标尺最左侧，即序列的开头位置，然后单击音轨 A1 的【画外音录制】按钮（ ），启动录音。

⑦ 此时，【节目监视器】中出现倒计时，倒数 3 个数之后，Premiere Pro 开始录音。说几句话，然后按空格键，停止录音。

此时，Premiere Pro 新建一个音频剪辑，如图 3-30（a）所示，并将其添加到【项目】面板和当前序列中，如图 3-30（b）所示。

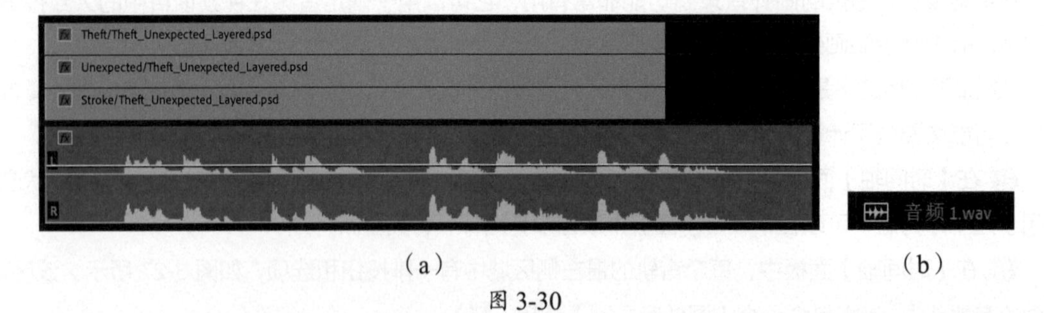

（a）（b）

图 3-30

新录制的音频会被保存到暂存盘设置中指定的位置，默认设置下，保存位置与项目相同。本例中，录制的音频文件被保存到了项目中一个名为 Adobe Premiere Pro Captured Audio 的子文件夹（该文件夹由 Premiere Pro 自动创建）中。

⑧ 从菜单栏中，依次选择【文件】>【保存】，保存当前项目。然后可以关闭项目，或者保持其打开状态，准备学习下一课内容。

3.8 自定义媒体缓存

导入某些特定格式的音视频文件时，Premiere Pro 可能需要处理并缓存（临时存储）这些文件的一个副本或附属文件，以便顺畅地播放剪辑或显示波形图。导入高度压缩的文件时，这种“一致性”

(conforming) 的处理过程更是必不可少的。

必要时，Premiere Pro 会自动根据新的 CFA 文件处理导入的音频文件 (一致性处理)。大多数 MPEG 文件都有索引 (类似于文件的一张“地图”)，它们保存在 MPGINDEX 文件中，用来帮助读取文件与播放文件。

导入素材时，如果屏幕右下角出现一个小小的进度条，表示 Premiere Pro 正在创建缓存。

注意 前面在讲根据序列设置调整剪辑播放设置时提到了“一致性”(conforming) 一词，这里讲把文件导入 Premiere Pro 并对文件格式进行处理时也用到了“一致性”(conforming) 这个词。这是因为这两个过程所遵循的原理是一样的，都是通过调整原始素材来提升性能。

在媒体缓存的协助下，编辑系统更容易解码和播放媒体素材，从而提高预览时的播放性能。你可以自定义缓存以进一步提升性能。媒体缓存数据库用来帮助 Premiere Pro 管理缓存文件，从而更好地在多个 Adobe Creative Cloud 应用程序之间进行共享。

下面一起了解这些选项。在菜单栏中，依次选择【Premiere Pro】>【首选项】>【媒体缓存】(macOS) 或【编辑】>【首选项】>【媒体缓存】(Windows)，可以打开媒体缓存设置界面，如图 3-31 所示。

图 3-31

以下是常用设置选项的使用说明。

- 要移动媒体缓存文件，或者把媒体缓存数据库移动到新位置，请单击【浏览】按钮，在【选择文件夹】对话框中，选择目标文件夹，然后单击【选择】(macOS) 或【选择文件夹】(Windows)。
- 勾选【如有可能，保存原始媒体文件旁边的 .cfa 和 .pek 媒体缓存文件】复选框，可以把媒体缓存文件保存到素材所在的硬盘中。当音频存放在一个外部存储器上时，如果打算在不同的编辑软件之间移动它，勾选该复选框后，就不需要再自动重建了，这大大节省了时间。如果想把所有内容集中保存到一个中央文件夹，请不要勾选该复选框。请记住一点，存放媒体缓存文件的硬盘速度越快，在 Premiere Pro 中的播放性能就越好。

- 应该定期清理媒体缓存数据库，删除那些不再需要的旧缓存文件和索引文件。为此，请单击【删除】按钮，然后在【删除媒体缓存文件】对话框中单击【确定】按钮。

建议在项目完成后执行该操作，删除那些不需要的预览渲染文件，节省大量存储空间。

- 在【媒体缓存管理】中，勾选相应复选框，可以在一定程度上实现缓存文件管理的自动化。需要时，Premiere Pro 会自动创建这些缓存文件，因此，你大可放心地勾选这些选项以节省空间。
- 要删除所有媒体缓存文件，包括当前正在使用中的媒体缓存文件，请重启 Premiere Pro，从【主页】界面中访问【媒体缓存】首选项（无须打开项目）。然后单击【删除】按钮，在【删除媒体缓存文件】对话框中，勾选【删除系统中的所有媒体缓存文件】复选框即可。在更新 Premiere Pro 版本之后，最好删除掉所有媒体缓存文件，这有助于保证缓存的条理性。

这里，单击【取消】按钮，关闭【首选项】对话框，不保存任何更改。

3.9 复习题

1. 导入 P2、XDCAM、R3D、ARRIRAW、AVCHD 素材时，Premiere Pro 需要做转换吗？
2. 导入多个素材文件（它们同属于一个剪辑）时，相比于【文件】>【导入】命令，使用【导入】模式或【媒体浏览器】的优点是什么？
3. 导入包含图层的 Photoshop 文件时，有哪 4 种不同的导入方法？
4. 媒体缓存文件保存在哪里？
5. 导入视频时，如何启用创建代理功能？

3.10 答案

1. 不需要。Premiere Pro 原生支持编辑 P2、XDCAM、R3D、ARRIRAW、AVCHD，以及其他多种格式文件。
2. 【导入】模式与【媒体浏览器】能够识别 P2、XDCAM 以及其他多种文件格式的复杂文件夹结构，并在需要时能自动把多个素材文件变成一个剪辑。
3. 在【导入分层文件】对话框中，从【导入为】菜单中选择【合并所有图层】，可以把 Photoshop 文件中的所有可见图层合并成一个剪辑；选择【合并的图层】，选择指定的图层导入。如果想把各个图层分别导入为独立的剪辑，可选择【各个图层】，并选择要导入的图层；选择【序列】，可以导入选定的图层，并使用它们新建一个序列。
4. 你可以把媒体缓存文件保存到任意指定的位置，或者存储在媒体素材所在的硬盘上（如果有可能的话）。用于存放媒体缓存的硬盘速度越快，Premiere Pro 表现出的播放性能越好。
5. 你可以在【项目设置】对话框的【收录设置】中开启【创建代理】功能。你可以通过勾选【媒体浏览器】顶部的【收录】复选框来打开【收录设置】选项卡，也可以单击扳手按钮（打开收录设置）来打开【收录设置】选项卡。

第 4 课

组织素材

课程概览

本课学习如下内容：

- 使用【项目】面板
- 添加剪辑元数据
- 解释素材
- 使用素材箱组织项目
- 使用基本播放控件
- 修改剪辑

请先准备好本课要用到的课程文件，并把它们存放到本地计算机中方便取用的位置。

当项目中用到一些音视频素材时，需要先浏览这些素材，然后把它们添加到序列中。但在此之前，还需要花些时间好好组织一下素材，这样当需要某个素材时，就不需要再花大量时间去查找了。

4.1 课程准备

当项目中包含大量剪辑，并且这些剪辑来自不同类型的素材时，要做到了然于胸，随时找到所需要的剪辑并非易事，此时组织和管理剪辑就显得尤为重要。

本课将学习如何使用【项目】面板来组织剪辑。具体做法就是创建一些特殊的文件夹（叫“素材箱”），然后把剪辑分门别类地放入这些素材箱中。本课还要学习如何向剪辑添加重要的元数据和标签。

下面介绍如何使用【项目】面板来组织剪辑。

1. 从 Lessons 文件夹中打开 Lesson 04.prproj 项目文件。
2. 开始前先把工作区恢复到默认状态。从菜单栏中，依次选择【窗口】>【工作区】>【编辑】，然后依次选择【窗口】>【工作区】>【重置为保存的布局】，重置【编辑】工作区。
3. 在菜单栏中，依次选择【文件】>【另存为】。
4. 在【保存项目】对话框中，输入文件名 Lesson 04 Working.prproj。
5. 转到 Lessons 文件夹，单击【保存】按钮，保存当前项目。

像这样，先把项目文件另存为一个副本，然后在副本上做修改，当出现问题时就可以随时恢复到修改前的状态。

> **提示** 【文件】菜单中有【另存为】和【保存副本】两个菜单项。选择【另存为】菜单时，Premiere Pro 会使用一个新名称保存当前项目文件，同时保留以前的版本不变。选择【保存副本】菜单时，Premiere Pro 会新创建一个独立的项目文件，同时继续在当前项目文件上做处理。

4.2 使用【项目】面板

导入 Premiere Pro 项目中的所有内容都会在【项目】面板中显示出来，如图 4-1 所示。除了提供用于浏览剪辑和处理元数据的工具外,【项目】面板还提供了一种类似文件夹的容器——素材箱（bins），用来组织项目中的各种素材。

除了用来存放剪辑外,【项目】面板还提供了一些用于解释素材的重要选项。例如，所有素材都有帧速率（每秒帧数）、像素长宽比（像素形状）、颜色空间（一般由摄像机设置）。出于创作需要或技术原因，你可能需要修改这些设置。

例如，如果一个视频文件的帧速率不对，可以修改剪辑解释来纠正它；当拿到一段像素长宽比设置错误的视频时，也可以修正它。

Premiere Pro 通过素材的元数据来了解如何播放素材，可以在【项目】面板或元数据面板中显示与编辑更多元数据（比如位置记录数据）。当需要修改剪辑元数据时，也可以在【项目】面板中进行修改。

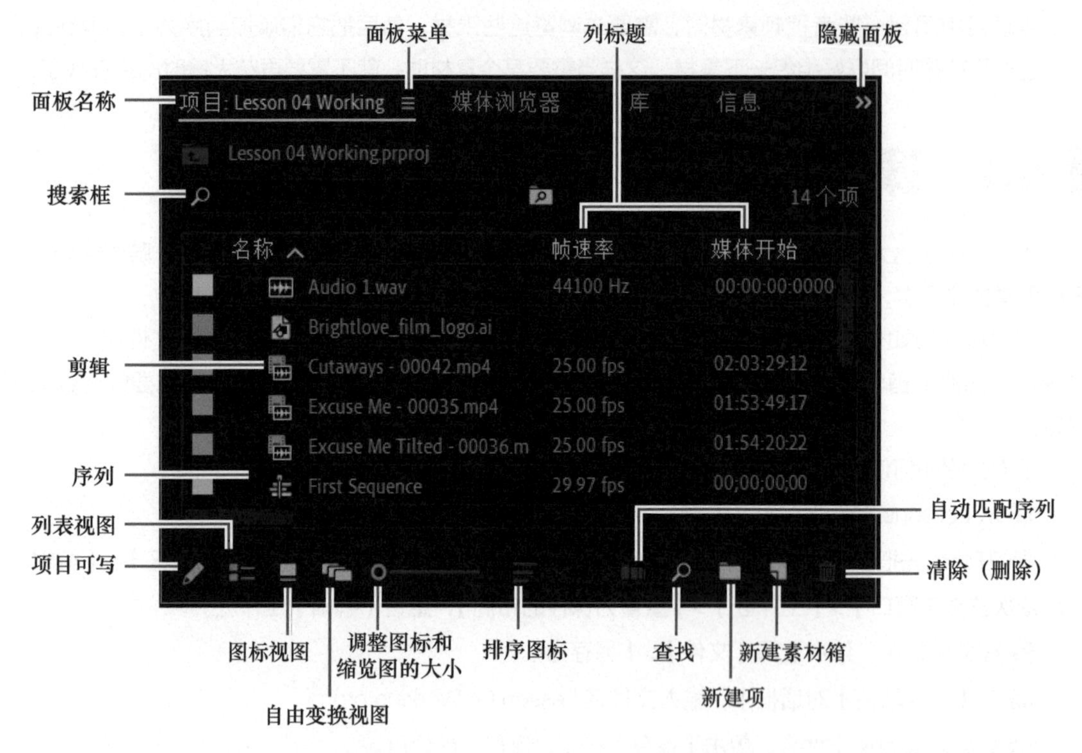

图 4-1

4.2.1　自定义【项目】面板

使用【项目】面板的过程中，你可能会时不时地想调整一下【项目】面板的大小。【项目】面板提供了两种剪辑呈现方式，一种是列表视图，另一种是图标视图，而且允许在这两种方式之间自由切换。就查看剪辑信息来说，有时调整【项目】面板尺寸要比拖曳面板右侧的滑块更高效，如图 4-2 所示。

名称	帧速率	媒体开始	媒体结束	媒体持续时间
Audio 1.wav	44100 Hz	00:00:00:00	00:00:04:22	00:00:04:23
Brightlove_film_logo.ai				
Cutaways - 00042.mp4	25.00 fps	02:03:29:12	02:04:34:10	00:01:04:24
Excuse Me - 00035.mp4	25.00 fps	01:53:49:17	01:54:20:20	00:00:31:04
Excuse Me Tilted - 00036.m	25.00 fps	01:54:20:22	01:56:02:18	00:01:41:22
First Sequence	29.97 fps	00;00;00;00	23;00;00;01	00;00;00;00

图 4-2

提示　通过滚动列表视图或者把鼠标指针放到某个剪辑名称上，我们可以访问到大量剪辑信息。

默认【编辑】工作区下，界面简洁、清爽，有助于集中精力进行创作。【预览区域】是【项目】面板的一部分，默认是隐藏的，可以通过它看到有关剪辑的更多信息。

下面一起了解一下。

❶ 在默认【编辑】工作区下，单击【项目】面板菜单按钮（☰）。

❷ 在面板菜单中选择【预览区域】，如图 4-3 所示。

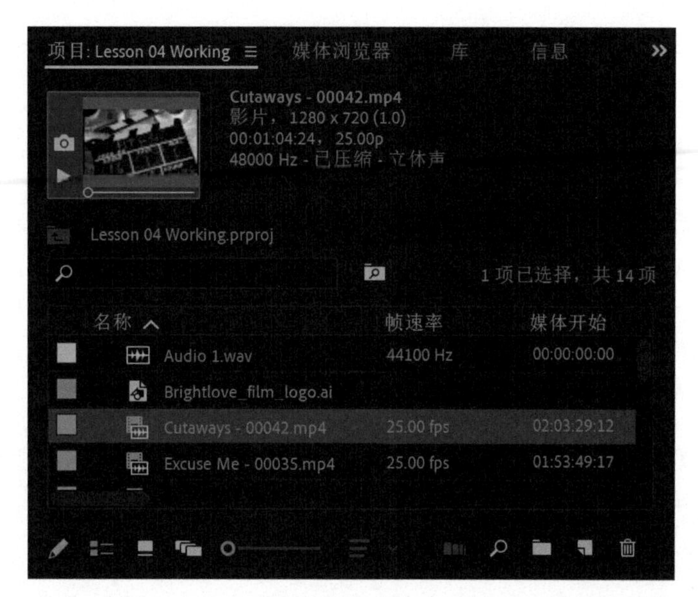

图 4-3

> **提示** 把鼠标指针放到【项目】面板上，按键盘上的【`】键，可以在【项目】面板的最大化和最小化之间快速切换。该方法也适用于其他面板。如果你的键盘上没有【`】键，通过双击面板名称，也可以实现相同效果。

当在【项目】面板中选择一个剪辑时，【预览区域】会显示该剪辑的一些有用信息，包括帧大小、持续时间等，如图 4-4 所示。

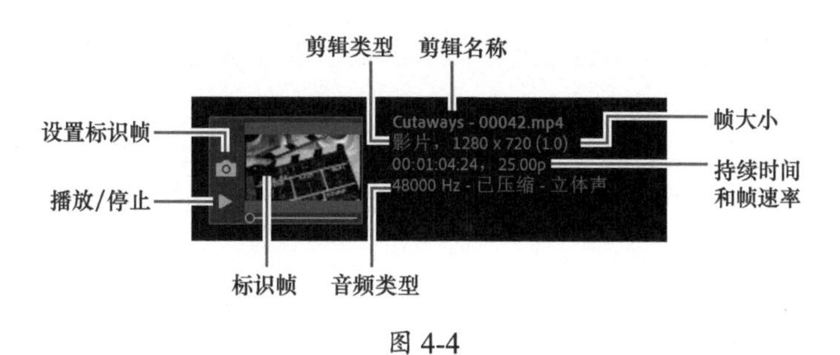

图 4-4

> **提示** 把鼠标指针放到某个剪辑图标上，可显示同样的剪辑附加信息。

> **提示** 单击【标识帧】按钮，可设置该剪辑在【项目】面板中显示的缩览图。

> **提示** 你可以通过滚动鼠标滚轮来上下滚动【项目】面板。当然，如果有触控板，你也可以使用手势来控制。

❸ 若【项目】面板左下角的【列表视图】按钮（ ）处于未开启状态，请单击它，将其开启。在【列表视图】下，【项目】面板会显示各个剪辑的大量信息，这些信息按列组织，有些列需要拖曳面板的水平滚动条才能看到。

❹ 在【项目】面板菜单中再次选择【预览区域】，将其隐藏起来。

【项目】面板中还有一个【自由变换视图】( )，可以使用它来组织剪辑，甚至构建序列（更多内容请参阅 4.5 节“自由变换视图”部分）。

4.2.2 在【项目】面板中查找资源

剪辑有点类似于纸张。如果只有一两个剪辑，通常无须组织。但是，当有 100 ~ 200 个剪辑时，需要把它们有条理地组织起来。

为保证编辑工作顺利进行，通常都会在使用剪辑之前先花点时间好好组织一下它们。在项目中导入剪辑后，要做的第一件事就是为它们重新命名，这不仅方便日后查找（参考本课 4.3.6 小节“更改剪辑名称”部分），而且有助于对各个素材进行分类。

注意 在【项目】面板中，向右拖曳水平滚动条时，Premiere Pro 总是在最左侧把剪辑名称和标签显示出来，这样你就可以知道当前查看的是哪个剪辑的信息。

❶ 单击【项目】面板顶部的【名称】列。每次单击【名称】列，Premiere Pro 就会在【项目】面板中按照字母表正序或逆序显示各个素材。【名称】右侧有一个箭头（ ），指示当前的排序方式，如图 4-5 所示。

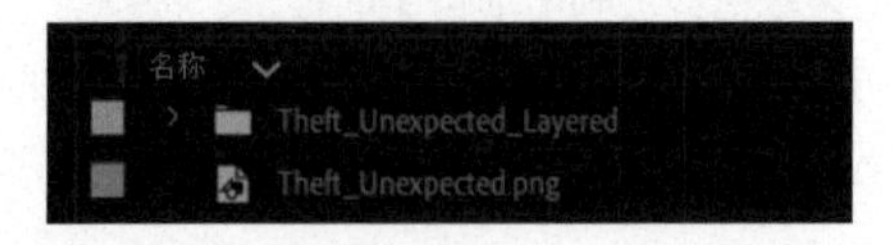

图 4-5

注意 你可能需要向右拖曳列间分隔符，增加列宽度，才能看见排序指示图标或完整的列信息。

当搜索具有特定特征（比如时长或帧大小）的剪辑时，调整相关列的显示顺序（从左到右）会很有帮助。

❷ 在【项目】面板中，向右拖曳水平滚动条，直到显示出【媒体持续时间】一列。该列显示的是各个剪辑的总持续时间（总时长）。调整【项目】面板尺寸，可显示出更多缩览图，有时这样做非常有用。

❸ 单击【媒体持续时间】列标题，Premiere Pro 会根据各个剪辑的持续时间升序或降序显示剪辑。请注意，此时在【媒体持续时间】列标题右侧也有一个方向箭头。

每次单击列标题，箭头的朝向就会发生改变，朝上表示按持续时间从短到长排列剪辑，朝下表示按持续时间从长到短排列剪辑。

提示 在 Premiere Pro 中，【项目】面板配置是随工作区一起保存的。如果你希望保留【项目】面板的当前配置，请将其所在的工作区作为自定义工作区保存起来。

❹ 向左拖曳【媒体持续时间】列标题，直到蓝色分隔符出现在【帧速率】和【名称】列之间，如图 4-6 所示。然后释放鼠标，此时【媒体持续时间】列就移动到了【名称】列和【帧速率】之间。

名称	帧速率	媒体开始	媒体结束	媒体持续时间	视频入点	视频出点
HS John - 00032.mp4	25.00 fps	01:46:22:12	01:50:13:07	00:03:50:21	01:46:22:12	01:50:13:07
Mid Suit - 00008.mp4	25.00 fps	01:15:20:09	01:18:28:13	00:03:08:05	01:15:20:09	01:18:28:13

图 4-6

> 💡 注意 导入PSD、JPEG、AI等图形图像文件时，默认的帧速率和持续时间是在【首选项】>【媒体】>【不确定的媒体时基】和【首选项】>【时间轴】>【静止图像默认持续时间】中设置的。

4.2.3 过滤素材箱内容

Premiere Pro 内置有搜索工具，用来帮助我们查找需要的素材。即使要用的素材名称由摄像机自行指定，对搜索不友好，也可以使用 Premiere Pro 内置的强大搜索工具借助某些特征（比如帧大小、文件类型）轻松查找到。

在【项目】面板顶部的【过滤素材箱内容】搜索框中输入文本，Premiere Pro 将只显示那些名称或元数据与搜索文本相匹配的剪辑。如果记得剪辑名称（或名称的一部分），可以直接在搜索框中输入剪辑名称，这样可以快速查找到需要的剪辑。

> 💡 注意 “素材箱”（bin）这个名称来自传统的胶片电影时代。实际上，【项目】面板也是一个素材箱，不仅能存放剪辑，还拥有普通素材箱的功能。

具体操作如下。

❶ 单击【过滤素材箱内容】按钮，输入jo，如图4-7所示。

Premiere Pro 只显示那些名称或元数据中包含“jo”字样的剪辑。同时，项目名称在搜索框上方显示出来，而且后面带有“已过滤”字样。这（连同输入的搜索文本）表明【项目】面板中有些剪辑可能处于隐藏状态。

❷ 单击搜索框右侧的【×】按钮，清空搜索框。

❸ 在搜索框中输入psd，如图4-8所示。

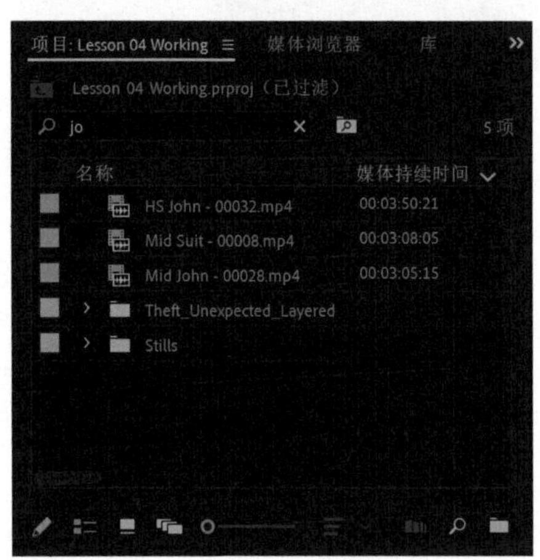

图 4-7

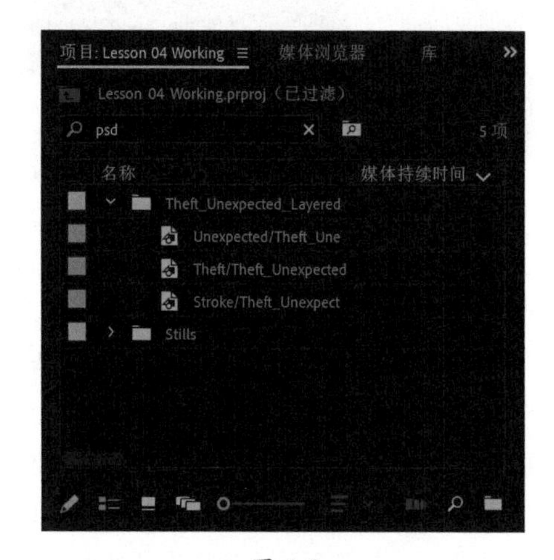

图 4-8

Premiere Pro 只显示那些名称或元数据中包含“psd”字样的剪辑。

借助【过滤素材箱内容】搜索框，可以搜索特定类型的文件。当目标剪辑位于某个折叠的素材箱中时，Premiere Pro 会自动展开该素材箱，并把符合搜索条件的剪辑显示出来。

有些元数据可以直接在【项目】面板中进行编辑。例如，可以在【说明】域中添加说明文本，而且这些说明文本也是可以直接参与搜索的。

找到自己需要的剪辑后，一定要单击搜索框右侧的【×】按钮，以便清空搜索框，退出搜索模式。

注意 在这里，“域”（又叫“字段”）指的是一个输入框，我们可以向其中输入文本或数字。对于【项目】面板中的剪辑来说，许多域都已经被占用了，但还是有些域可以供你用来自由组织项目。

4.2.4 使用高级查找

除了上面介绍的搜索功能外，Premiere Pro 还提供了一种更高级的查找功能。在学习高级查找功能之前，还是先导入一些剪辑。

使用第 3 课中介绍的方法，导入如下视频素材。

- Seattle_Skyline.mov，位于 Assets \ Video and Audio Files \ General Views 文件夹中。
- Under Basket.mov，位于 Assets \ Video and Audio Files \ Basketball 文件夹中。

在【项目】面板底部，单击【查找】按钮（），打开【查找】对话框，其中包含多个用来查找剪辑的高级选项。

借助高级【查找】对话框，可以同时执行两个查找。在【匹配】下拉列表中，可选择【全部】或【任意】。选择【全部】时，Premiere Pro 会查找同时满足两个条件的剪辑；选择【任意】时，Premiere Pro 会查找满足任意一个条件的剪辑。例如，根据在【匹配】下拉列表中的选择，Premiere Pro 执行如下操作之一。

- 搜索名称中包含“dog”与“boat”的剪辑，如图 4-9 所示。

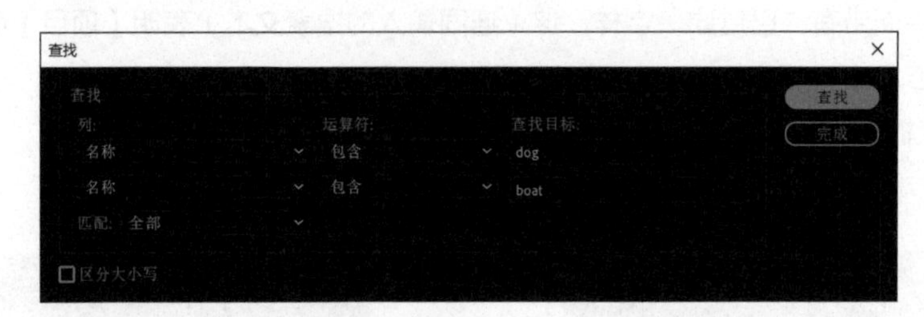

图 4-9

- 搜索名称中包含“dog”或“boat”的剪辑。

设置如下选项，可进一步改善搜索结果。

- 列：该下拉列表会列出【项目】面板中的列；单击【查找】按钮后，Premiere Pro 将只在选择的列中 进行搜索。
- 运算符：该下拉列表包含了一系列标准搜索选项；通过选择这些搜索选项，可以控制搜索行为，让其返回符合指定条件的剪辑，例如，只搜索包含目标搜索词、精确匹配目标搜索词、以目标搜索词打头、以目标搜索词结尾、不包含目标搜索词的剪辑。
- 匹配：该下拉列表中只有【全部】和【任意】两个选项。选择【全部】，Premiere Pro 将查找同时满足两个条件的剪辑；选择【任意】，Premiere Pro 将查找满足第一个条件或第二个条件的剪辑。

提示 此外，你还可以在序列中查找剪辑，具体做法是：先打开序列，然后从菜单栏中依次选择【编辑】>【查找】。

- 区分大小写：勾选该复选框后，Premiere Pro 将严格按照输入字母的大小写返回搜索结果。
- 查找目标：在此处输入搜索文本。

单击【查找】按钮，Premiere Pro 会突出显示第一个符合搜索条件的剪辑；再次单击【查找】按钮，

Premiere Pro 会突出显示下一个符合搜索条件的剪辑。

单击【完成】按钮，退出【查找】对话框。

4.3 使用素材箱

借助素材箱，可以把剪辑、序列、图形图像等放入不同的分组中，分别对它们进行组织和管理。

与硬盘中的文件夹类似，可以根据项目需要在一个素材箱中创建多个子素材箱，通过嵌套形成一种有组织的结构，如图 4-10 所示。

图 4-10

虽然素材箱和文件夹很相似，但是它们之间存在一个重要的差别，那就是素材箱只存在于 Premiere Pro 项目文件中。不可能在硬盘中找到一个脱离 Premiere Pro 项目文件独立存在的素材箱。

4.3.1 创建素材箱

下面创建一个素材箱。

❶ 单击【项目】面板底部的【新建素材箱】按钮（ ）。

此时，Premiere Pro 新建一个素材箱，并自动使其名称处于可编辑状态，等待用户修改素材箱名称，如图 4-11 所示。创建好素材箱后，最好立即给它起个好名字，这是一个好习惯。

图 4-11

提示 当你不小心在一个现有素材箱中新建了一个素材箱时，你可以把新建的素材箱拖出来，或者从菜单栏中依次选择【编辑】>【撤销】，删除新创建的素材箱，然后取消选择现有素材箱，再重新创建。

❷ 前面已经向项目中导入了一些剪辑（这些剪辑来自一个短片），接下来，将这些剪辑放入一个素材箱中。把新素材箱命名为 Theft Unexpected，按【Return】键（macOS）或【Enter】键（Windows）。

在【项目】面板中，若新素材箱是最后一项，按【Return】键或【Enter】键，新名称生效，同时高亮显示面板中的第一项。若新素材箱不在最后一个位置，按【Return】键或【Enter】键后，新名称生效，然后自动高亮显示下一项，方便对它进行重命名。

提示 如果你用的键盘上有【Fn】键，可以尝试按住它切换一下【Return】键或【Enter】键的工作方式。

当需要快速修改项目中多个素材项的名称时，这个功能非常方便。如果只想使当前的新名称生效，而不希望焦点跳到下一个素材上，只需要在空白区域中单击一下就可以了。当然，如果你用的键盘带数字小键盘，那你可以按数字小键盘上的【Enter】键，它只会使当前修改的名称生效，而不会让焦点跳到下一个素材上。

❸ 还可以使用【文件】菜单来创建素材箱。具体做法如下：确保【项目】面板处于活动状态，取消选择刚刚创建的素材箱（在某个素材箱处于选中状态时，新建素材箱，Premiere Pro 会把新创建的素材箱放入所选素材箱中），从菜单栏中，依次选择【文件】>【新建】>【素材箱】。

❹ 把新创建的素材箱命名为 Graphics。

❺ 此外，还有一种创建素材箱的方法：在【项目】面板中，使用鼠标右键单击空白区域，然后

从弹出的菜单中选择【新建素材箱】。

> **注意** 当【项目】面板中满是剪辑时，在里面找一块“空地”会比较难，此时可以在剪辑图标左侧的“空地”上单击，或者选择【编辑】>【取消全选】，取消选择。

⑥ 把新创建的素材箱命名为 Illustrator Files。

⑦ 在 Seattle_Skyline.mov 剪辑上按住鼠标左键，将其拖曳到【项目】面板底部的【新建素材箱】按钮（ ）上，然后释放鼠标。

此时，Premiere Pro 会把 Seattle_Skyline.mov 剪辑移动到一个新的素材箱中。对于那些已经导入项目中的剪辑，为它们创建素材箱最简便快捷的方法就是直接选中剪辑，然后把它们拖曳到【项目】面板底部的【新建素材箱】按钮（ ）上。

⑧ 把新创建的素材箱命名为 City Views。

⑨ 确保【项目】面板当前处于活动状态，并且无素材箱处于选中状态。按【Command】+【B】（macOS）或【Ctrl】+【B】（Windows）组合键，再创建一个素材箱。

⑩ 把新建素材箱的名称修改为 Sequences，如图 4-12 所示。

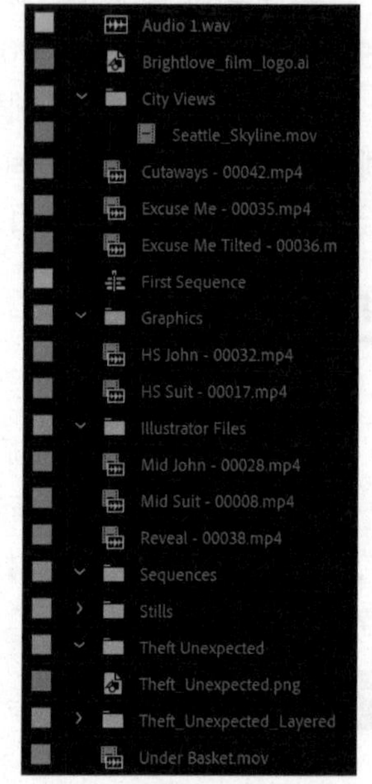

图 4-12

如果当前【项目】面板处在【列表视图】下，并且按照名称列排序，那么素材箱也会按照字母表顺序与剪辑一起排列显示。在【列表视图】下，新创建的素材箱会自动展开，其左侧箭头是朝向下的。新建素材箱后，可能还得单击【名称】列，重新排序。单击两次【名称】列，按升序排列【项目】面板中的内容。

> **注意** 若想重命名一个素材箱，请使用鼠标右键单击素材箱，在弹出的菜单中选择【重命名】，输入新名称，然后单击名称之外的地方，使修改生效即可。

4.3.2 管理素材箱中的素材

我们的示例项目体量比较小，但即便如此，目前【项目】面板中就已经有 20 多个素材（包括素材箱）了。如果制作的是一个大型项目，用到 200 甚至 2000 多个剪辑，素材箱的价值就凸显出来了。

前面创建好了几个素材箱，下面把它们用起来。在把剪辑移入素材箱之前，先单击素材箱左侧的箭头，把素材箱关闭。

① 把 Brightlove_film_logo.ai 剪辑拖曳到 Illustrator Files 素材箱图标上。Premiere Pro 会把 Brightlove_film_logo.ai 剪辑移动到素材箱中。

② 把 Theft_Unexpected.png 拖入 Graphics 素材箱中。

③ 把 Theft_Unexpected_Layered 素材箱（选择【各个图层】方式导入 PSD 分层文件时，Premiere Pro 自动创建它）整个拖入 Graphics 素材箱中。

> **注意** 导入包含多个图层的 PSD 文件且选择将其作为序列导入时，Premiere Pro 会自动为图层和序列创建一个包含它们的素材箱。

❹ 把 Under Basket.MOV 剪辑拖入 City Views 素材箱中。你可能需要重新调整【项目】面板尺寸，或者将其最大化，才能同时看到剪辑和素材箱。

❺ 把序列 First Sequence 拖入 Sequences 素材箱中。

❻ 把其他所有剪辑拖入 Theft Unexpected 素材箱中。

> 提示 与在硬盘中选择多个文件一样，在【项目】面板中，你可以按住【Shift】键或【Command】键（macOS）/【Ctrl】键（Windows），单击多个剪辑，把它们同时选中。

当前【项目】面板中的素材已经组织得很好了，每类剪辑都有单独的素材箱，如图 4-13 所示。

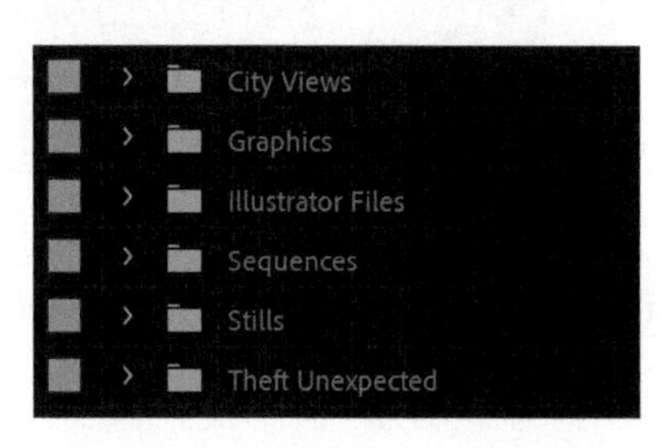

图 4-13

> 提示 按住【Option】键（macOS）或【Alt】键（Windows），同时单击某个素材箱左侧的箭头，可以一次性把所有素材箱展开或折叠起来。

❼ 单击 Graphics 素材箱左侧的箭头按钮（▶），将其展开，显示其内容。

你还可以通过复制粘贴创建更多剪辑副本，只要这样有助于更好地组织它们。Graphics 素材箱中有一个 PNG 文件，它可能对 Theft Unexpected 内容有用，下面为它创建一个副本。

❽ 使用鼠标右键单击 Theft_Unexpected.png 剪辑，在弹出的菜单中选择【复制】。

❾ 单击 Theft Unexpected 素材箱左侧的箭头按钮（▶），将其展开，显示出其内容。

❿ 使用鼠标右键单击 Theft Unexpected 素材箱，在弹出的菜单中选择【粘贴】，把剪辑副本添加到 Theft Unexpected 素材箱中。

在 Premiere Pro 中，复制剪辑并不会复制剪辑所指的原始素材。你可以根据需要复制任意多个剪辑，这些剪辑副本都链接至同一个原始素材文件。

4.3.3 查找素材文件

如果想知道某个剪辑对应的素材文件在硬盘中的位置，可以在【项目】面板中使用鼠标右键单击该剪辑，在弹出的菜单中，选择【在“访达”中显示】(macOS) 或【在资源管理器中显示】(Windows)。

Premiere Pro 会在文件资源管理器中打开包含该素材文件的文件夹。如果要用的素材文件分散在多个硬盘上，或者在 Premiere Pro 中对剪辑进行了重命名，就可以使用这种方法查找素材文件。

如果已经把其他所有剪辑都移动到了 Theft Unexpected 素材箱中，那么 Theft Unexpected 素材箱中应该有一个名为 Audio 1.wav 的剪辑，它是前面录制的画外音（可以在本书配套光盘中找到它）。多次录制画外音，会得到多个音频剪辑，它们各有不同的编号。下面尝试从序列中删除音频剪辑（但保留音频）。

❶ 使用鼠标右键单击 Audio 1.wav 剪辑，从弹出的菜单中选择【在“访达”中显示】(macOS)或者【在资源管理器中显示】(Windows)，如图 4-14 所示。

❷ 返回 Premiere Pro。单击 Audio 1.wav 剪辑图标，将其选中，然后按【Delete】键（macOS）或【Backspace】键（Windows）删除它。

此时，Premiere Pro 显示一条警告信息，提醒当前要删除的剪辑正处于使用中，如图 4-15 所示。

图 4-14　　图 4-15

单击【是】按钮，把剪辑从【项目】面板以及所有使用它的序列中删除。

单击【是】按钮，删除剪辑。

提示　在该对话框中，默认“否”按钮处于高亮显示状态（蓝色）。此时，按【Return】键（macOS）或【Enter】键（Windows），就相当于用鼠标单击“否”按钮。

❸ 回到 Audio 1.wav 所在的文件夹，你会发现，尽管上面执行了删除操作，但是 Audio 1.wav 仍然存在。

在 Premiere Pro 中删除一个剪辑并不会把剪辑所指向的原始素材文件从硬盘中删除。此外，在 Premiere Pro 中对某个剪辑做修改并不会改变它指向的源素材文件。

4.3.4　更改素材箱视图

【项目】面板和素材箱不一样，但都有相同的控件和视图选项。其实，可以把【项目】面板看成一个大素材箱。许多 Premiere Pro 用户都在混用“素材箱”和“【项目】面板”这两个术语。

素材箱有 3 种视图，它们都位于【项目】面板的左下角，需要使用某个视图时，只需单击相应的按钮即可。

- 列表视图（）：默认设置下，该视图以列表形式显示剪辑和素材箱，同时显示大量元数据。你可以拖曳滚动条查看这些元数据，单击列标题对剪辑进行排序显示。
- 图标视图（）：该视图以缩览图形式显示剪辑和素材箱，可以重排缩览图，并通过它们预览剪辑内容。
- 自由变换视图（）：该视图下，剪辑和素材箱都以缩览图形式显示，可以指定不同尺寸、分组，以及放置的位置。更多相关内容将在“自由变换视图”一节中讲解。

【项目】面板中有一个缩放控件，它位于【列表视图】、【图标视图】和【自由变换视图】的右侧，用来调整剪辑图标或缩览图的大小，如图 4-16 所示。

图 4-16

❶ 双击 Theft Unexpected 素材箱，Premiere Pro 会在同一个面板组中打开【素材箱】面板。可以根据需要打开多个素材箱，把它们放到界面指定的位置，以便更好地组织素材。

提示 在【首选项】的【常规】面板中，可以设置鼠标双击素材箱时触发的动作，包括打开新选项卡、在新窗口中打开、在当前处打开。

注意 在【项目】面板或【素材箱】面板中，单击面板菜单按钮，在面板菜单中选择【字体大小】，可以更改【列表视图】下显示的字体大小。在使用高分辨率屏幕时，可能会用到该功能。

❷ 单击 Theft Unexpected 素材箱底部的【图标视图】按钮，以缩览图形式显示剪辑。调整【项目】面板尺寸，可显示出更多缩览图，如图 4-17 所示。

图 4-17

❸ 拖曳缩放滑块，调整图标和缩览图的大小，如图 4-18 所示。

图 4-18

Premiere Pro 能够以较大尺寸缩览图显示剪辑内容，以方便浏览和选择剪辑。

在【图标视图】下，单击【排序图标】()，从弹出的下拉列表中，选择各种排序方式对剪辑缩览图进行排序。

❹ 切换到【列表视图】()。

在【列表视图】下，拖曳缩放滑块没有太大意义，除非你在该视图下开启了缩览图显示功能。

图 4-19

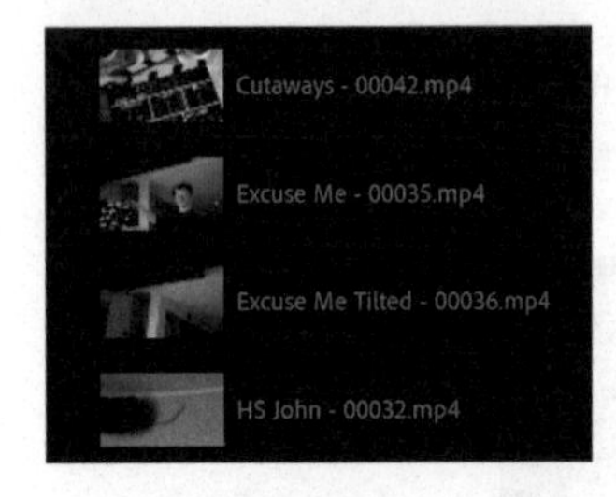

图 4-20

5 单击 Theft Unexcepted 素材箱名称右侧的三道杠按钮（ ），打开面板菜单，选择【缩览图】。

此时，Premiere Pro 会在【列表视图】下显示缩览图，与【图标视图】一样，如图 4-19 所示。

6 向右拖曳缩放滑块，增加缩览图尺寸，如图 4-20 所示。

请注意剪辑名称中的数字，这些数字是在添加描述性名称时所保留的原始素材文件名。本书课程中将只使用描述性剪辑名，而忽略来自原始素材名称的数字。

默认设置下，剪辑缩览图显示的是视频素材的第一帧。某些剪辑中，第一帧没什么用，例如在 Cutaways 剪辑中，第一帧显示的是场记板。让缩览图显示剪辑内容会更好。

7 切换到【图标视图】（ ）下。

在该视图下，可以把鼠标指针放到某个剪辑缩览图上预览该剪辑。

注意 在【图标视图】或【自由变换视图】下，单击剪辑缩览图将其选中时，Premiere Pro 会在缩览图底部显示一个小的时间条，拖曳该时间条可浏览剪辑内容。

8 把鼠标指针放到 Cutaways 剪辑上，拖曳鼠标（不要按下），直到找到一个能够充分代表该剪辑内容的帧。

9 当前显示出想用的帧之后，按【Command】+【P】（macOS）或【Shift】+【P】（Windows）组合键，把当前帧设置为剪辑的标识帧。

提示 此外，你还可以按【I】键来更改标识帧。【I】键是【入点标记】的键盘快捷键。在从一个剪辑中选择一个片段添加到序列时，按【I】键可设置片段的起点。

10 切换到【列表视图】。

可以看到，Premiere Pro 已经把选择的帧设置成了剪辑的缩览图，如图 4-21 所示。

11 从面板菜单中选择【缩览图】，关闭【列表视图】下的缩览图。

12 向左拖曳缩放控件，把剪辑图标恢复成默认大小。

图 4-21

创建搜索素材箱

使用搜索框（【过滤素材箱内容】）显示特定剪辑时，你可以选择创建一种包含搜索结果的虚拟素材箱——搜索素材箱。

在搜索框中输入搜索关键字后，单击【从查询创建新的搜索素材箱】按钮（ ）。

随后，Premiere Pro 会自动在【项目】面板中创建一个搜索素材箱，里面包含着搜索结果，如图 4-22 所示。你可以修改搜索素材箱的名称，也可以把它们放入其他素材箱中。

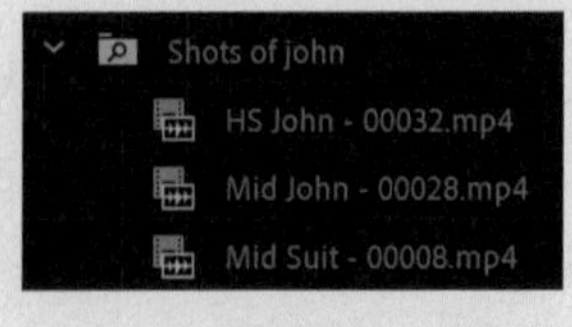

图 4-22

而且，搜索素材箱中的内容是可以动态改变的，当你在项目中添加符合搜索条件的新剪辑时，Premiere Pro 会自动把这些剪辑放入搜索素材箱中。当新素材不断增多，项目中用到的素材不断发生变化时，使用支持自动更新功能的搜索素材箱能够大大提高工作效率，节省大量时间。

4.3.5 更改标签颜色

【项目】面板中的每个素材都有一个颜色标签。在【列表视图】下，【标签】列中显示的是每个剪辑的标签颜色。向序列添加剪辑时，这些剪辑就会在【时间轴】面板中显示出来，并且带有相应的标签颜色。

下面为标题剪辑修改标签颜色。

提示 在为剪辑设置好合适的标签颜色后，你可以随时使用鼠标右键单击该剪辑，然后从弹出的菜单中选择【标签】>【选择标签组】，同时选出所有具有相同标签颜色的剪辑。

❶ 在 Theft Unexpected 素材箱中，使用鼠标右键单击 Theft_Unexpected.png，在弹出的菜单中选择【标签】>【森林绿色】，如图 4-23 所示。

图 4-23

可以一次性为多个剪辑修改标签颜色，具体做法是，先选择多个剪辑，然后单击鼠标右键，在弹出的菜单中选择另一种标签颜色。

❷ 按【Command】+【Z】(macOS) 或【Ctrl】+【Z】(Windows) 组合键，把 Theft_Unexpected.png 剪辑的标签颜色恢复成淡紫色。

在向某个序列添加一个剪辑时，Premiere Pro 会为该剪辑新建一个副本，在【项目】面板和序列中各有一个副本，它们全部链接到同一个素材文件。

在【项目】面板中更改某个剪辑的标签颜色或名称时，序列中该剪辑的副本可能会随之更新，也可能不会。

单击【时间轴显示设置】按钮（🔧），选择【显示源剪辑名称和标签】，可开启或关闭该设置。

更改标签颜色和默认值

在一个项目中，最多可指定 16 种标签颜色，其中有 8 种颜色是 Premiere Pro 根据素材类型（视频、音频、静态图像等）自动指定给各类素材的，另外 8 种颜色你可以自由使用。

在菜单栏中，依次选择【Premiere Pro】>【首选项】>【标签】(macOS) 或【编辑】>【首选项】>【标签】(Windows)，你会看到一个颜色列表，每一种颜色对应一个色板，如图 4-24 所示。在这里，你可以单击色板修改颜色，或者单击名称进行重命名。

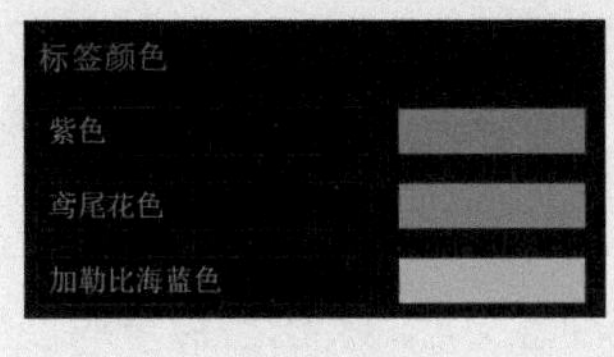

图 4-24

此外，你还可以使用【标签默认值】下的各个选项，改变项目中每种素材的默认标签颜色。

4.3.6 更改剪辑名称

在 Premiere Pro 项目中，剪辑和它们所链接的素材文件是彼此分离的，你可以在 Premiere Pro 中自由地修改剪辑名称，同时不影响硬盘中原始素材文件的名称。也就是说，修改剪辑名称是一种安全操作，在组织复杂项目时，这一点很有用。

双击打开 Theft Unexpected 素材箱时，Premiere Pro 会自动在【项目】面板组中新打开一个【素材箱】面板。接下来了解如何在不同素材箱之间切换，以及如何更改其中剪辑的名称。

在 Theft Unexpected 素材箱左上方，有一个【返回上一级】导航按钮（ ）。无论何时，只要进入一个素材箱查看其中的内容，该按钮就会呈现可用状态。类似于访达（macOS）或文件资源管理器（Windows）中的导航按钮，单击【返回上一级】按钮 ，可返回包含当前素材箱的上一级容器。本例中，单击【返回上一级】按钮 会返回【项目】面板，但当前素材箱嵌套在另一个素材箱中时，单击【返回上一级】按钮 会返回上一级素材箱。

❶ 单击【返回上一级】按钮 ，返回【项目】面板。

此时，【项目】面板高亮显示出来，成为当前活动面板，而且面板名称下方有下划线，如图 4-25 所示。Theft Unexpected 素材箱仍然是打开的。

在多个已打开的素材箱之间切换时，显示出来的总是那个已经打开的实例。这样就可以避免出现同一个素材箱的多个实例同时占据屏幕空间的情形。

❷ 打开 Graphics 素材箱。

❸ 使用鼠标右键单击 Theft_Unexpected.png 剪辑，从弹出的菜单中选择【重命名】。

❹ 把名称修改为 TU Title BW（即 Theft Unexpected Title Black and White）。输入新名称后，单击【项目】面板背景，使修改生效，如图 4-26 所示。

图 4-25

TU Title BW

图 4-26

> 提示 在【项目】面板中重命名一个剪辑时，还可以单击剪辑名称，稍等片刻后，输入新名称；或者先选择剪辑，再按【Return】键（macOS）或【Enter】键（Windows），然后输入新名称。请注意，这里说的【Return】键或【Enter】键是主键盘上的按键，而不是数字小键盘上的【Enter】键。

❺ 使用鼠标右键单击 TU Title BW 剪辑，从弹出的菜单中，选择【在“访达”中显示】（macOS）或【在资源管理器中显示】（Windows）。

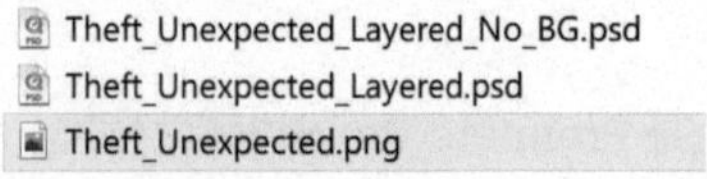

Theft_Unexpected_Layered_No_BG.psd
Theft_Unexpected_Layered.psd
Theft_Unexpected.png

图 4-27

此时，原始素材文件会在当前位置显示出来，如图 4-27 所示。请注意，此时剪辑对应的原始素材文件的名称并未发生改变。

> 注意 在 Premiere Pro 中更改剪辑名称时，新名称会存储在项目文件中。在不同的 Premiere Pro 项目文件中可能使用不同名称来表示同一个剪辑。事实上，在 Premiere Pro 中，同一个项目中的一个剪辑可以有两个副本，而且这两个副本可以使用不同名称。

前面从项目中删除了一个剪辑，这并没有影响原始素材文件，从某种意义上说，这类似于对项目中的剪辑进行重命名。在 Premiere Pro 中修改剪辑不会影响到其链接的原始素材文件。

搞清楚原始素材文件和 Premiere Pro 项目中剪辑之间的关系有助于理解 Premiere Pro 的主要工作方式。

4.4 播放与浏览剪辑

视频编辑过程中，大部分时间都在浏览剪辑，以及根据创意对剪辑做合理取舍。

Premiere Pro 提供了多种方式来执行播放视频剪辑这类常见任务，包括使用键盘快捷键、使用鼠标单击按钮，以及使用摇杆等外部控制设备。

❶ 打开 Theft Unexpected 素材箱。

❷ 单击【素材箱】面板左下角的【图标视图】按钮（▣），拖曳缩放滑块，把各个剪辑的缩览图调整到合适大小，如图 4-28 所示。

图 4-28

自定义素材箱

在【列表视图】中，【项目】面板显示了各个剪辑的大量信息，这些信息分布在不同列之中。根据所拥有的剪辑和所用的元数据类型，有时我们可能需要更改一下显示的列。

为此，我们可以打开【项目】面板菜单（☰），然后从中选择【元数据显示】，打开【元数据显示】对话框，如图 4-29 所示。

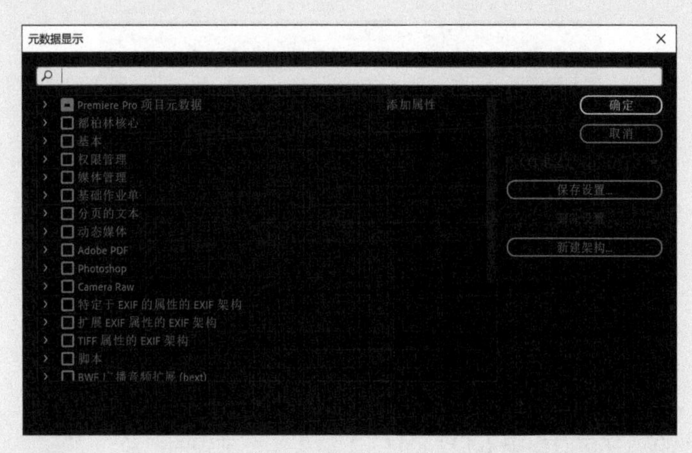

图 4-29

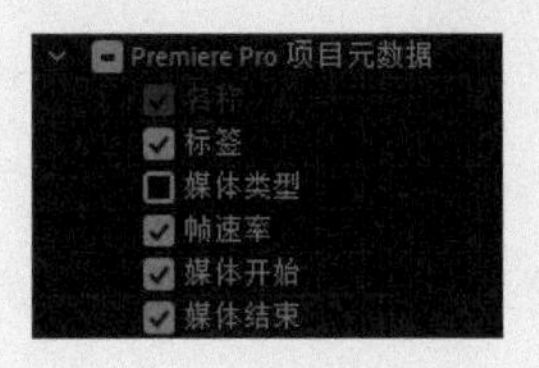

图 4-30

在【元数据显示】对话框中，我们可以选择要在【项目】面板（以及素材箱）的【列表视图】下显示的元数据。【元数据显示】对话框中列出了各类元数据，这些元数据是分组组织的，单击某一个分组左侧的箭头，即可显示分组中的各种属性，如图 4-30 所示。

选择某个属性，Premiere Pro 将其以列的形式显示在【项目】面板或素材箱中。若选择一个组，则该组中所有属性都会被添加进去。

请注意，各个素材箱中的【元数据显示】设置与项目文件保存在一起，而【项目】面板中的【元数据显示】设置则与工作区保存在一起。

所有尚未打开的素材箱都会继承【项目】面板中的设置。所以，当你希望把某些设置应用到每个素材箱时，只需要把它们应用到【项目】面板中即可。

注意 【元数据显示】对话框顶部有一个搜索框，如果你不知道要在哪个类别中查找，可以直接在搜索框中输入搜索项的名称进行查找。

注意 默认设置下，Premiere Pro 会显示几个有用的列，其中包括【良好】列，该列下的每个剪辑都有一个复选框。勾选你喜欢的剪辑，然后单击列标题，就可以把【喜欢】（勾选）和【不喜欢】（未勾选）的剪辑分开。

❸ 在素材箱中，把鼠标指针放到任意一个剪辑的缩览图上，注意不要按下鼠标按键。

在缩览图上左右移动鼠标时，Premiere Pro 会播放剪辑内容，这个过程叫"悬停拖拉"（hover scrubbing）。缩览图最左边代表剪辑开头，最右边代表剪辑末尾，缩览图宽度代表的是整个剪辑。当把鼠标指针放到某个剪辑的缩览图上时，缩览图底部会显示出一个小小的播放条。

❹ 单击选择一个剪辑，请不要双击剪辑，否则会在【源监视器】中打开它。此时，"悬停拖拉"模式关闭。

当选中某个剪辑并把鼠标指针置于其上时，剪辑缩览图底部的播放条会变大一些，同时出现一个小小的灰色播放滑块。拖曳播放滑块，Premiere Pro 会播放剪辑内容，包括剪辑的音频，如图 4-31 所示。

图 4-31

选中一个剪辑之后，还可以使用【J】【K】【L】键来控制剪辑的播放。

提示 按【J】或【L】键多次，Premiere Pro 会加速播放视频剪辑。按【Shift】+【J】或【Shift】+【L】组合键，可以把播放速度放慢或加快 10%。

❺ 选择一个剪辑，按【J】【K】【L】键在缩览图中播放视频。此外，还可以使用空格键来启动与停止播放。

双击一个剪辑时，Premiere Pro 不但会把该剪辑在【源监视器】中显示出来，还会把它添加到最近剪辑列表中。

使用触摸屏编辑

当你使用的计算机配备了触摸屏时，【项目】面板的缩览图中可能会显示出与触摸屏相关的控件，如图 4-32 所示。

此时，你可以直接通过触摸屏使用这些控件执行各种编辑任务，而无须使用鼠标或触控板。如果你希望在未配备触摸屏的计算机上显示这些控件，可以单击面板菜单按钮，从面板菜单中选择【所有定点设备的缩览图控件】。

图 4-32

⑥ 在 Theft Unexpected 素材箱中，双击 4 个或 5 个剪辑，在【源监视器】中打开它们。

提示 你可以选择关闭单个剪辑或所有剪辑，清空菜单和监视器。有些编辑人员喜欢先清空菜单，然后在素材箱中选择（同一个场景下）多个剪辑，把它们一起拖入【源监视器】并打开。你可以使用【最近项目】菜单浏览最近剪辑，在【源监视器】处于激活状态时，还可以按【Shift】+【2】组合键（【源监视器】面板的键盘快捷键），在打开的剪辑之间快速切换。

⑦ 打开【源监视器】的面板菜单，浏览最近剪辑，如图 4-33 所示。

⑧ 在【源监视器】面板的左下角有一个【选择缩放级别】下拉列表。

该下拉列表的默认设置为【适合】（见图 4-34），无论剪辑的原始尺寸是多少，Premiere Pro 都会把完整画面显示出来。通常，剪辑的分辨率会比【源监视器】的分辨率高。把【选择缩放级别】设置为 100%（见图 4-35）。

图 4-33

图 4-34

图 4-35

【源监视器】面板的底部与右侧都有滚动条，可以拖曳它们以查看画面的不同区域，如图 4-36 所示。如果你使用的显示器的分辨率很高，画面看上去可能会显得更小。

图 4-36

> 提示 Premiere Pro 提供了多种不同用途的实用工具。例如，在【源监视器】和【节目监视器】中，你可以使用【手形工具】(键盘快捷键为【H】) 随意拖曳视频画面，显示不同区域。用完某个工具后，请一定记得切换回【选择工具】。

把【缩放级别】设置成 100% 的好处是，你可以看到原始视频中的每个像素，这在检查视频质量时非常有用。

⑨ 把【选择缩放级别】设置为【适合】。

4.4.1 使用基本播放控件

下面一起了解【源监视器】中的基本播放控件。

① 在 Theft Unexpected 素材箱中，双击 Excuse Me（非 Excuse Me Tilted），在【源监视器】中打开它。

②【源监视器】底部有一个蓝色播放滑块，如图 4-37 所示。沿着面板底部的时间标尺左右拖曳播放滑块，可观看剪辑的不同内容。此外，还可以直接单击时间标尺，播放滑块会立即跳到单击的位置。

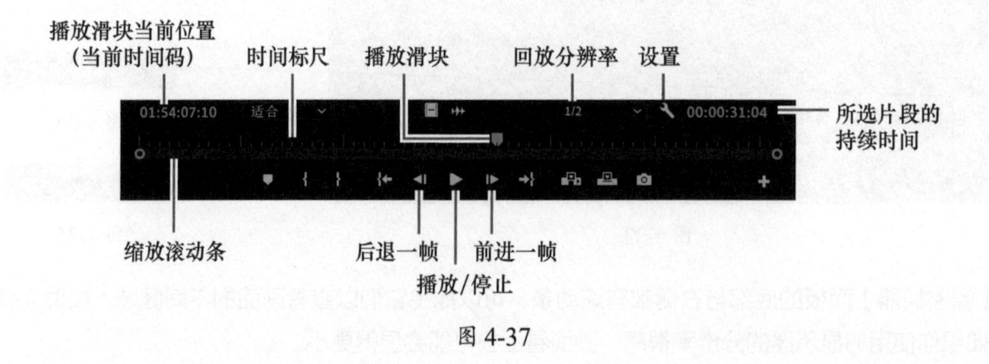

图 4-37

> **提示** 不知道某个按钮的用途时，你可以把鼠标指针移动到这个按钮上，此时 Premiere Pro 会把按钮名称及其对应的键盘快捷键（位于小括号中）显示出来。

❸ 时间标尺和播放滑块下方有一个滚动条，它是一个缩放控件，如图 4-38 所示。把滚动条的一端向另一端拖曳，可放大时间标尺。这在浏览时长很长的剪辑时很有用。

图 4-38

❹ 单击【播放 / 停止】按钮（▶），播放剪辑。再次单击该按钮，停止播放。此外，还可以按键盘上的空格键来播放或停止播放剪辑。

❺ 单击【后退一帧】（◀|）和【前进一帧】（|▶）按钮，可在视频剪辑中逐帧移动。另外，你还可以使用【←】键和【→】键执行后退一帧和前进一帧操作。

❻ 按【J】【K】【L】键播放剪辑。

❼ 按住【K】键，同时按【J】键或【L】键，播放滑块将移动一帧并播放相关音频，这非常适合用来查找对话中某个特定的时刻。

> **注意** 使用键盘快捷键和菜单时，一定要搞清楚当前选择的是哪个面板。当你发现【J】【K】【L】键无法正常工作时，请检查一下【源监视器】当前是否处于选中状态（处于选中状态时，其周围会有一圈蓝色边框）。

4.4.2 降低播放分辨率

如果计算机的处理器配置较低或者运行速度较慢，而且使用的是帧尺寸较大的 RAW 素材文件（比如超高清视频 UHD、4K、8K 或更高），播放这样的视频剪辑时，计算机可能会很吃力，也许总播放时长不变（播放 10 秒长的视频仍然需要 10 秒钟），但有些帧可能无法正常显示出来。

从强大的桌面型工作站到轻量级笔记本式计算机，不同计算机的硬件配置千差万别，对于配置较低的计算机，可以主动在 Premiere Pro 中降低播放分辨率，以保证视频播放的流畅性。

【源监视器】与【节目监视器】中都有专门用来设置播放分辨率的下拉列表。默认播放分辨率是 1/2，如图 4-39 所示。

图 4-39

在【源监视器】和【节目监视器】面板中有一个【选择回放分辨率】下拉列表，你可以通过该下拉列表随时修改播放分辨率，如图 4-40 所示。

图 4-40

某些较低的分辨率只有在处理特定类型的媒体素材时才可用。因为某些视频在转换成低分辨率版本时很费劲，与直接用全分辨率播放相比，这么做获得的播放优势不明显（不是所有编解码器都能高效地播放低分辨率视频）。在这种情况下，Premiere Pro 会自动把某些分辨率变成灰色，使其不可用。

> 提示　如果你用的计算机性能特别强劲，那可以在监视器的【设置】菜单中开启【高品质回放】，这样 Premiere Pro 会最大限度地提高预览播放质量，尤其是在播放 H.264 视频、图形、静态图像等这类压缩素材时，但这样会影响到播放性能。

4.4.3　获取时间码信息

【源监视器】左下角显示了蓝色时间码，指示的是播放滑块当前所在的位置，格式为时、分、秒、帧（00:00:00:00）。例如，01:54:08:05 表示 1 小时、54 分、8 秒、5 帧，如图 4-41 所示。

01:54:08:05

图 4-41

剪辑时间码很少从 00:00:00:00 开始，所以估计剪辑持续时间时不要指望有这样的数字。

【源监视器】的右下角也有一个时间码（浅灰色），用来显示当前剪辑的持续时间，如图 4-42 所示。

00:00:31:04

图 4-42

默认设置下，显示的是整个剪辑的持续时间。当在剪辑上添加了入点和出点后，其显示的是入点与出点之间的持续时间。而且，随着入点与出点的调整，其显示的时间值会发生相应变化。

入点和出点的用法很简单，单击【入点】按钮（ ），设置要用的片段的起点；单击【出点】按钮（ ），设置片段终点。更多相关内容将在第 5 课“视频编辑基础”中讲解。

4.4.4　显示安全边距

为了得到干净整洁的边缘，电视屏幕通常会裁剪画面边缘。单击【源监视器】底部的【设置】按钮（ ），从弹出的下拉列表中选择【安全边距】，此时视频画面上显示出两个白色边框，如图 4-43 所示。

图 4-43

外框是动作安全区，重要动作都应该放在这个方框内，这样当画面边缘有剪裁时也不会影响人们正常理解视频内容。

内框是字幕安全区，该区域中的字幕、图形都可以正常显示出来。即使是在一个调校得不好的屏幕上，观众也能正常看到这些内容。

现代电视机对画面一般都剪裁得很少，在线视频通常不做任何剪裁。在具体的视频制作项目中，请根据视频的目标播放媒介，相应地调整安全区域的大小。

此外，Premiere Pro 还提供了更高级的【叠加】选项，可以通过设置这些选项在【源监视器】和【节目监视器】中显示一些有用信息。单击【设置】按钮（ ），在弹出的下拉列表中选择【叠加】，可开启或关闭叠加功能。

单击【设置】按钮，在弹出的下拉列表中，选择【叠加设置】>【设置】，然后在打开的【叠加设置】对话框中，可以自行设置叠加和安全边距。

在【源监视器】和【节目监视器】的【设置】下拉列表中，再次选择【安全边距】或【叠加】，可禁用它们。这里，把它们关闭，这样可以更清晰地看到整个画面。

4.4.5 自定义监视器

在各个监视器面板的【设置】下拉列表中，可以自定义监视器显示视频的方式。

【源监视器】和【节目监视器】有相似的选项。在【源监视器】中，可以查看剪辑中的音频波形，它显示的是随时间变化的声音振幅（这在查找特定声音或一个单词的开头时很有用）。

> **提示** 如果你处理的是 360° 的 VR 视频，可以在【源监视器】和【节目监视器】的【设置】菜单中选择【VR 视频】，切换到 VR 视频查看模式。

在【源监视器】的【设置】下拉列表中，确保【合成视频】处于选中状态。

在视频画面正下方，单击【仅拖动视频】（ ）或【仅拖动音频】（ ）按钮，可在查看剪辑音频波形和视频之间快速切换。

这两个按钮除了用来在视频和音频波形之间快速切换外，还分别用来把剪辑的视频部分或音频部分拖入序列中。

另外，还可以调整显示在【源监视器】和【节目监视器】底部的按钮。请注意，针对某个监视器面板中按钮的修改只会对该面板起作用。

❶ 单击【源监视器】右下角的【按钮编辑器】按钮（ ）。此时，Premiere Pro 打开【按钮编辑器】浮动面板，其中显示了所有可用按钮，如图 4-44 所示。

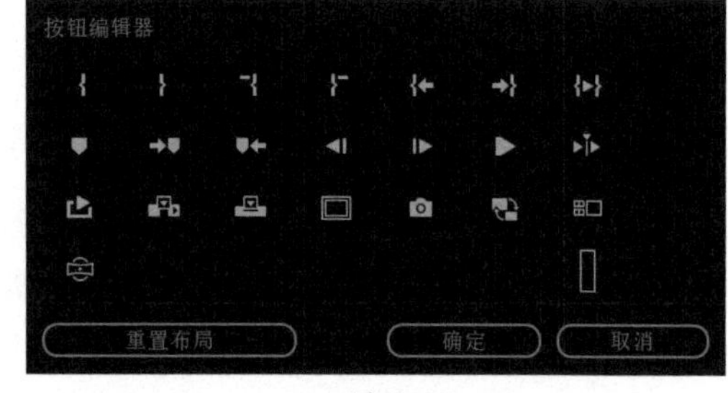

图 4-44

❷ 把【循环播放】按钮（ ）从浮动面板拖曳到【源监视器】的【播放】按钮（ ）的右侧（其他按钮会自动让出位置），单击【确定】按钮，关闭【按钮编辑器】，结果如图 4-45 所示。

图 4-45

❸ 在 Theft Unexpected 素材箱中，双击 Excuse Me 剪辑，在【源监视器】中打开它。

❹ 单击刚刚添加的【循环播放】按钮（![]），启用它。启用后，【循环播放】按钮变成蓝色。

❺ 单击【播放】按钮（![]），播放剪辑。在【源监视器】中使用空格键或【播放】按钮（![]）播放视频。当再次回到视频起点时，停止播放。

当【循环播放】按钮（![]）处于开启状态时，Premiere Pro 会不断重复播放一个剪辑或序列。如果设置了入点和出点，循环播放会在两者之间进行。这是一种反复查看某个视频片段的好方法。

4.5 自由变换视图

除了【列表视图】和【图标视图】外，【项目】面板还提供了另外一种重要的视图——【自由变换视图】。该视图看起来很像【图标视图】，在【自由变换视图】中，你可以把剪辑放到任意位置，包括面板边缘之外。在该视图下，你可以为不同剪辑设置不同的缩览图大小，也可以把剪辑堆叠起来或者放入某个分组之中。此外，你还可以将缩览图沿边缘对齐，对序列做预排。先把多个剪辑排列在一起，再把鼠标指针放到剪辑上，然后左右拖曳鼠标即可快速浏览它们。

下面我们一起试一下【自由变换视图】。

❶ 若当前正处在【项目】面板的某个素材箱中，或者某个素材箱处于选中状态，接下来的操作将会在该素材箱中添加一个新项。这不是我们希望的，为了避免出现这一问题，先在【项目】面板中使用【返回上一级】按钮（![]），或者取消选择所有素材箱。

❷ 单击【媒体浏览器】选项卡，将其打开。

❸ 使用左侧导航器，进入 Lessons\Assets\Video and Audio Files 文件夹。

> **注意** 若素材文件不包含额外的支持文件，则可以正常地导入文件夹。比如，大多数 DSLR 拍摄的素材都能正常导入。如果你使用的是高端摄像机拍摄的素材，那么我们应该在【媒体浏览器】中选择相应素材进行导入。

❹ 在右侧内容区域中，使用鼠标右键单击 Desert 文件夹，在弹出的菜单中选择【导入】。

Premiere Pro 会把 Desert 文件夹中的所有内容导入项目，并在【项目】面板中自动创建一个同名的素材箱来存放它们。

❺ 在【项目】面板中，双击新建的 Desert 素材箱，将其打开。

❻ 单击【自由变换视图】按钮（![]），切换到【自由变换视图】。双击 Desert 素材箱名称，把【素材箱】面板最大化，这样会有更多空间来排列剪辑。

❼ 使用鼠标右键单击【素材箱】面板中的空白区域，然后从弹出的菜单中，依次选择【重置为网格】>【名称】，这样可以有效地使用面板空间，并按名称顺序组织剪辑，如图 4-46 所示。

请注意，即使选择了一个选项来重排剪辑缩览图，并且把【素材箱】面板最大化，在剪辑缩览图周围留出更多空白区域，在面板的右侧与底部也会有滚动条。在【自由变换视图】下，Premiere Pro 提供了更大空间来排列剪辑。

素材箱是一种组织剪辑的简便方式，比如【列表视图】与【缩览图视图】，此外在【自由变换视图】下，还可以对素材箱中的剪辑进行分组。不仅如此，还可以为不同剪辑指定不同的缩览图大小。

图 4-46

【自由变换视图】就像是一个开放式的画布，你可以在其中把剪辑自由地编组，或者在把剪辑添加到序列之前尝试不同的组合，如图 4-47 所示。【自由变换视图】有如下一些特点。

图 4-47

- 剪辑缩览图不会对齐到网格，不过，可以使用鼠标右键单击空白区域，然后从弹出的菜单中选择【对齐网格】来整理视图。选择【重置为网格】，然后从子菜单中选择一个命令，可以在整理视图的同时对剪辑排序。
- 按住【Option】键（macOS）或【Alt】键（Windows），拖曳缩览图，可以对齐剪辑边缘。

- 使用鼠标右键单击面板中的空白区域，从弹出的菜单中选择【另存为新布局】，可保存多个自由变换视图布局。使用鼠标右键单击面板中的空白区域，然后从弹出的菜单中，选择【恢复布局】。选择【管理已保存的布局】，可以有选择地删除不再需要的布局。
- 可以选择一个或多个剪辑，为其指定缩览图大小。具体操作是，使用鼠标右键单击选中的剪辑，从弹出的菜单中选择【剪辑大小】，从中选择一种尺寸即可。
- 缩放控件（支持手势与触控板操作）可用来缩放整个视图。此外，还可以按住【Option】键（macOS）或【Alt】键（Windows），然后滚动鼠标滚轮来进行缩放。
- 打开面板菜单，选择【自由视图选项】，可开启或关闭两行元数据、标签颜色与徽章。

【自由变换视图】功能强大，它是传统剪辑、素材箱等组织方式的一种很好的替代方式。请多花一些时间了解一下【自由变换视图】。本书讲解的大部分工作流程同时适用于上面介绍的 3 种视图，而且在后面的学习中，会经常在这 3 种视图之间进行切换。

4.6 修改剪辑

Premiere Pro 使用素材文件的元数据来了解如何播放链接的剪辑。例如，有关播放帧率的信息就以元数据的形式保存在素材文件中。通常，元数据都是在拍摄素材时由摄像机添加的，但这些数据有时会丢失或出错，这个时候就需要告诉 Premiere Pro 如何解释剪辑。

提示 如果你不熟悉“元数据”等术语，请翻阅本书末尾的术语表，里面对视频后期制作中用到的许多专业术语做了详细的解释。

在 Premiere Pro 中，只需一步操作，就可以更改一个或多个剪辑的解释方式。而且在更改了解释方式之后，所选剪辑的所有实例（包括已经添加到序列中的副本）都会受到影响。

注意 更改剪辑的解释方式后，这些更改只会应用到剪辑上，而不会应用到剪辑所链接的原始素材文件。也就是说，两个（或以上）指向同一素材文件的剪辑可以设置不同的解释方式，而且它们都不会影响到原始素材文件。

4.6.1 选择音频声道

Premiere Pro 提供了高级音频管理功能。借助高级音频管理功能，可以创建复杂的混音，并且有选择地输出带有原声的声道。可以使用单声道、立体声、5.1、环境立体声，甚至 32 声道的序列和剪辑，并可以对音频声道线路进行精确控制。

如果你是个视频编辑新手，可能会选择使用单声道或立体声源剪辑来制作立体声序列。这种情况下，默认设置几乎就能满足所有需求。

使用专业摄像机录制音频时，常见的做法是使用两个麦克风，每个麦克风分别录制一个声道。虽然这些声道同样适用于普通的立体声音频，但此时它们包含两个完全独立的声音。

录制声音时，摄像机会向音频中添加相应的元数据，以告知 Premiere Pro 录制的声音是单通道（独立的音频通道）还是立体声（组合声道 1 和声道 2 中的音频形成完整的立体声混音）。

什么是声道?

录制音频时，系统会捕捉声音，并把它们存储到一个或多个声道中。我们可以把一个声道看成是一个单独的信号，并且该信号可以用一只耳朵听见。

每个人有两只耳朵，所以我们听到的是立体声，大脑会识别并比较声音到达每只耳朵的差别，从而判断一个声音的来源。这一过程是自动发生的，而且是预知的，也就是说，你的“显意识”不会做任何分析就能感知声音的来源。

捕捉立体声（两只耳朵侦测到的声音）时，需要两路信号，因此我们要使用两只麦克风来录制两个声道。

在声音录制中，一路信号（一个麦克风捕捉的声音）会变成一个声道。输出时，一个声道通过一个扬声器或头戴式耳机的一个听筒播放输出。录制的声道越多，你可以独立捕捉的源越多（想象一下，如果使用多个声道捕捉整个管弦乐队，那么在后期制作中我们就可以分别调整每个乐器的音量）。

在多个扬声器上播放不同音量级别的音频（例如环绕立体声），需要多个回放通道。有关音频的更多内容，我们将在第 10 课“编辑和混合音频”中讲解。

通过选择【Premiere Pro】>【首选项】>【时间轴】>【默认音频轨道】(macOS）或【编辑】>【首选项】>【时间轴】>【默认音频轨道】(Windows)，可告诉 Premiere Pro 在导入新素材文件时如何解释声道。

选择【使用文件】选项后，Premiere Pro 会使用剪辑创建时应用的音频轨道设置。可以根据需要为每一种素材选择合适的选项，如图 4-48 所示。

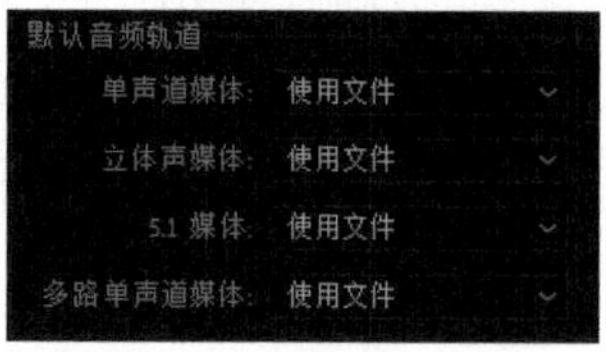

默认音频轨道
单声道媒体：使用文件
立体声媒体：使用文件
5.1 媒体：使用文件
多路单声道媒体：使用文件

图 4-48

导入剪辑时，若【默认音频轨道】的设置有误，可以在【项目】面板中重新设置声道的解释方式。

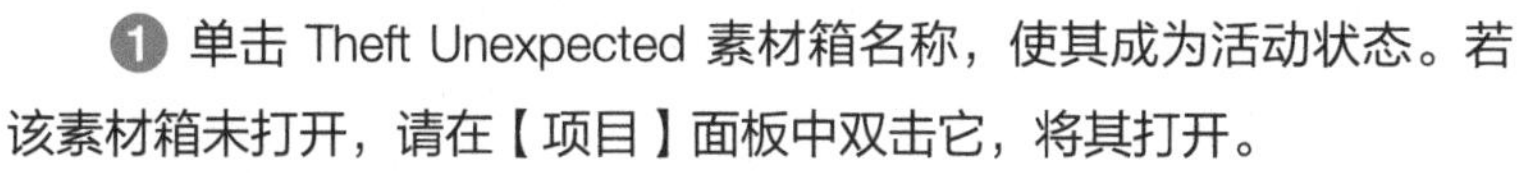

❶ 单击 Theft Unexpected 素材箱名称，使其成为活动状态。若该素材箱未打开，请在【项目】面板中双击它，将其打开。

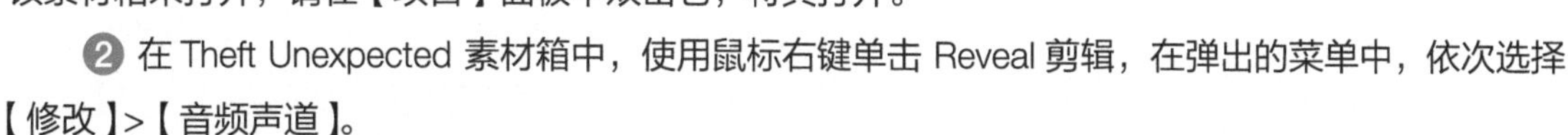

❷ 在 Theft Unexpected 素材箱中，使用鼠标右键单击 Reveal 剪辑，在弹出的菜单中，依次选择【修改】>【音频声道】。

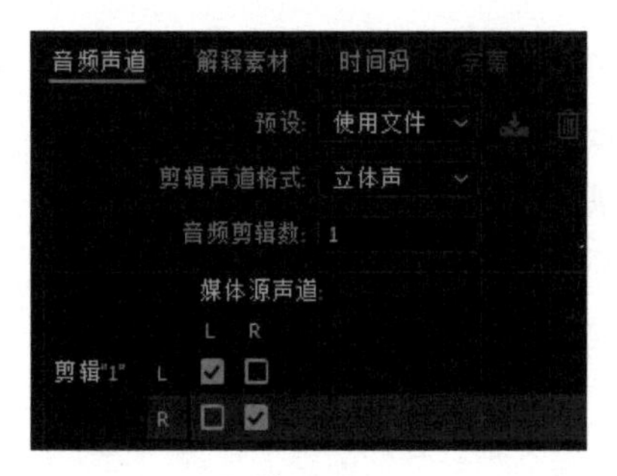

图 4-49

此时，Premiere Pro 会打开【修改剪辑】对话框，如图 4-49 所示，在【音频声道】选项卡中，默认的【预设】为【使用文件】，Premiere Pro 会使用文件的元数据为音频设置声道格式。

这里将【剪辑声道格式】设置为【立体声】,【音频剪辑数】设置为【1】。如果把当前剪辑放入一个序列中，则该数字指的是添加到序列中的音频剪辑数目。

这些选项之下是【媒体源声道】。源剪辑（媒体源声道）的左、右声道都被分配给了一个剪辑。

当把该剪辑添加到序列时，会显示一个视频剪辑和一个音频剪辑，而且同一个音频剪辑中有两个声道。

③ 打开【预设】下拉列表，选择【单声道】。请一定要使用【预设】下拉列表，不要使用【剪辑声道格式】下拉列表。

Premiere Pro 会自动把【剪辑声道格式】切换为【单声道】，L（左）和 R（右）源声道链接到两个独立的剪辑。

这样一来，当向一个序列添加剪辑时，每个声道都作为独立剪辑存在于独立的音轨上，可以分别进行处理。

④ 单击【确定】按钮。

关于音频剪辑声道解释的一些提示

解释音频剪辑声道时，要牢记如下几点。

- 【修改剪辑】对话框中列出了每个可用音频声道。如果源音频中包含你不想要的声道，可以把它们取消选择，这些空声道不会像剪辑那样占用序列空间。
- 如果你想覆盖源文件的音频声道解释（单声道、立体声等），则在把该剪辑添加到序列时，可能需要用到另一种音轨。
- 对话框左侧的剪辑列表（该列表可能只包含一个剪辑）显示了多少个音频剪辑会被添加到序列中。
- 使用复选框选择要把哪些源音频声道添加到每个序列的音频剪辑中。这样可以根据自己的项目采用合适的方式把多个源声道轻松地合并到一个序列剪辑中，或者把它们分入不同的剪辑中。
- 更改音频剪辑声道解释方式不会影响到已经添加到序列中的剪辑实例。当把一个解释方式经过修改的剪辑添加到序列时，新的解释方式才起作用。也就是说，序列中同一个剪辑的多个实例可以有不同的音频声道。

4.6.2 合并剪辑

使用摄像机通常可以录制出高质量的视频，但无法录制出高质量的音频。要录制高质量音频，必须使用单独的录音设备。采用这种方式分别采集好视频和音频后，使用它们时还需要在【项目】面板中把高质量音频和视频合并在一起。

合并视频和音频文件时最重要的是保持音频同步。为此，既可以手动定义同步点（类似于场记板标记），也可以让 Premiere Pro 根据原始时间码信息或匹配音频自动同步剪辑。

当选择使用音频同步剪辑时，Premiere Pro 会分析摄像机内录制的音频和由其他录音设备录制的音频，并将它们进行匹配。当选择使用两个剪辑中的音频做自动同步时，即使知道后期处理中不会使用摄像机录制的音频，还是建议给摄像机接一个麦克风，这么做是很值得的。以下步骤仅供参考，不要求严格遵循。

① 如果要合并的剪辑中没有与之相匹配的音频，可以手动向每个想合并的剪辑添加标记点，并且在添加标记点时，要把它放到一个明确的同步点上，比如场记板。添加标记点的键盘快捷键是【M】键。

❷ 选择视频剪辑和音频剪辑，使用鼠标右键单击其中一个，在弹出的菜单中选择【合并剪辑】，打开的对话框如图 4-50 所示。

【音频】中还提供了【使用剪辑的音频时间码】选项（该选项对于旧的磁带媒体有用）。

此外，还有一个【移除 AV 剪辑的音频】选项，用来自动从 AV 剪辑中删除不想要的音频。不过，还是建议把音频保留下来，以防使用外置麦克风录制的音频中出现问题，比如不小心碰到麦克风。

❸ 在【同步点】中，选择同步方法，单击【确定】按钮。Premiere Pro 会新建一个剪辑，其中包含了选择的视频和音频。

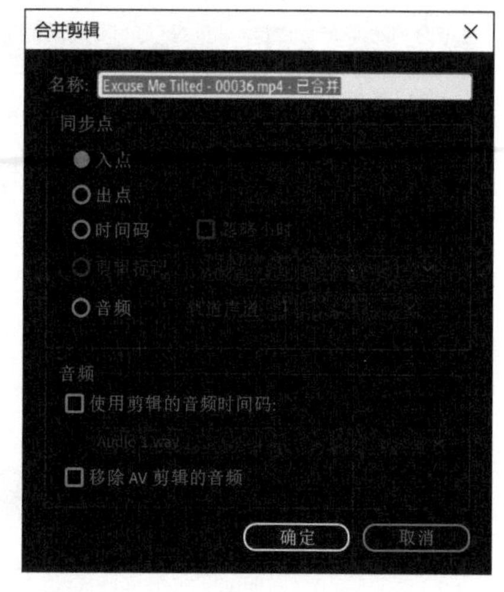

图 4-50

4.6.3 解释视频素材

为了正常播放剪辑，Premiere Pro 需要知道视频的帧速率、像素长宽比（像素形状）、颜色空间、场显示顺序（如果剪辑是隔行扫描的）。Premiere Pro 可以自动从文件的元数据中获取这些信息，你也可以主动修改素材的解释方式。下面一起试一下。

❶ 使用【媒体浏览器】从 Assets \ Video and Audio Files \ RED 文件夹中导入 RED Video.R3D。双击 RED Video.R3D 剪辑，在【源监视器】中将其打开。RED Video.R3D 剪辑是宽屏的，比标准的 16∶9 宽一些。这种更大的长宽比是通过使用更宽的像素实现的。

❷ 在【项目】面板中，使用鼠标右键单击 RED Video.R3D 剪辑，在弹出的菜单中，依次选择【修改】>【解释素材】。

此时，声道修改选项是不可用的，因为当前剪辑中不包含音频。

当前，在剪辑的【像素长宽比】中，默认选择的是【使用文件中的像素长宽比：变形 2 ∶ 1（2.0）】，表示宽度的像素是高度的两倍。

❸ 在【像素长宽比】中，选择【符合】，从下拉列表中选择【方形像素（1.0）】，单击【确定】按钮，如图 4-51 所示。

在【源监视器】中可以看到剪辑调整后的结果。【源监视器】中的剪辑看起来像个正方形。

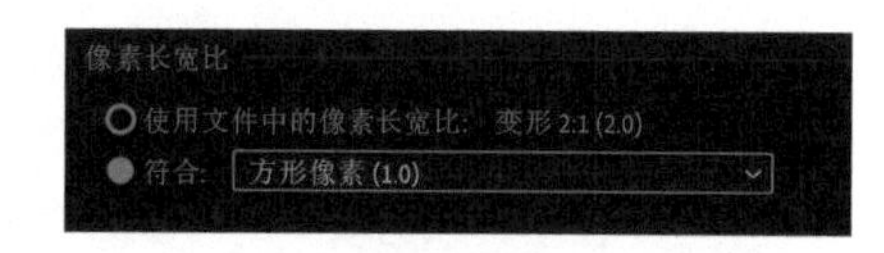

图 4-51

❹ 尝试选择其他像素长宽比。在【项目】面板中，使用鼠标右键单击【RED Video.R3D】剪辑，在弹出的菜单中，依次选择【修改】>【解释素材】。在【符合】下拉列表中，选择【DVCPRO HD（1.5）】，单击【确定】按钮。再次在【源监视器】中查看剪辑。

此时，Premiere Pro 使用 DVCPRO HD（1.5）（像素长宽比）来解释剪辑，即宽度的像素是高度的 1.5 倍。经过调整后，视频画面变成了标准的 16∶9 宽屏，可以在【源监视器】中看到调整后的结果。

做创意决策时，改变像素长宽比通常都不是一个明智的决定，因为这样做会加宽或压缩画面的水平空间，画面中所有的圆形都会变成椭圆形。不过，如果出于技术原因，导致画面中的圆形和正方形发生了非正常变形（比如圆形变成了椭圆形，正方形变成了长方形），就需要调整像素长宽比进行纠正了。

4.7 复习题

1. 在【项目】面板的【列表视图】中，如何添加要显示的列？
2. 在【项目】面板中，如何快速过滤要显示的剪辑以便轻松查找指定的剪辑？
3. 如何新建素材箱？
4. 在【项目】面板中修改剪辑名称，其链接的原始媒体文件名称是否也会发生变化？
5. 播放视频和音频剪辑有哪些键盘快捷键？
6. 如何更改解释剪辑声道的方式？

4.8 答案

1. 打开【项目】面板菜单，从中选择【元数据显示】，在【元数据显示】对话框中勾选要显示的列即可。你还可以使用鼠标右键单击列标题，然后选择【元数据显示】，打开【元数据显示】对话框。
2. 单击搜索框（过滤素材箱内容），输入要查找的剪辑名称。Premiere Pro 会隐藏那些与输入名称不匹配的剪辑，而只显示那些相匹配的剪辑，包括那些位于未打开的素材箱中的剪辑。
3. 新建素材箱的方法有多种：在【项目】面板底部，单击【新建素材箱】按钮；在菜单栏中，依次选择【文件】>【新建】>【素材箱】；在【项目】面板中，使用鼠标右键单击空白区域，在弹出的菜单中选择【新建素材箱】；按【Command】+【B】（macOS）或【Ctrl】+【B】组合键（Windows）。此外，你还可以把剪辑拖曳到【项目】面板底部的【新建素材箱】图标上来创建素材箱。
4. 不会。你可以在【项目】面板中复制、重命名、删除剪辑，这些操作都不会影响到原始媒体文件。
5. 按空格键播放与停止播放。按【J】【K】【L】键可以像控制台按钮一样控制向前或向后播放，箭头键可用于向前或向后移动一帧。如果使用的是触控板，你可以把鼠标指针放到监视器中的 视频或【时间轴】面板上，使用手势控制播放。
6. 在【项目】面板中使用鼠标右键剪辑，在弹出的菜单中，依次选择【修改】>【音频声道】，在【修改剪辑】的【音频声道】选项卡中选择正确选项（通常是选择一个预设），然后单击【确定】按钮。

第 5 课

视频编辑基础

课程概览

本课学习如下内容：

- 在【源监视器】中处理剪辑
- 使用基本编辑命令
- 轨道
- 创建序列
- 查看时间码

学完本课大约需要 75 分钟

请先准备好本课要用到的课程文件，并把它们存放到本地计算机中方便取用的位置。

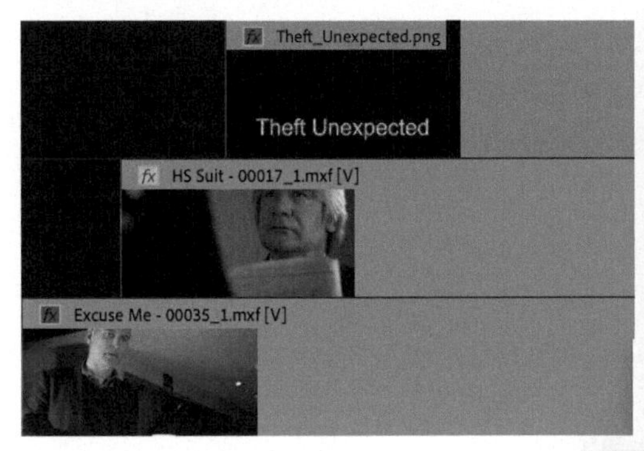

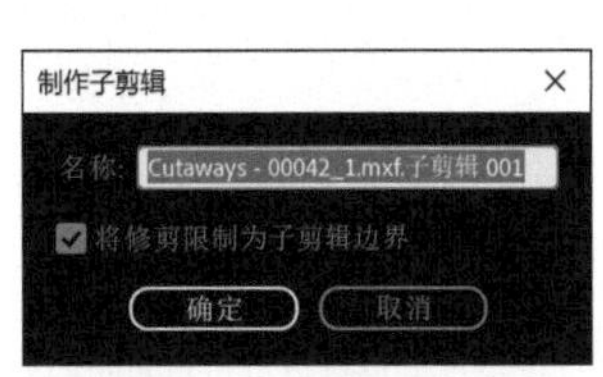

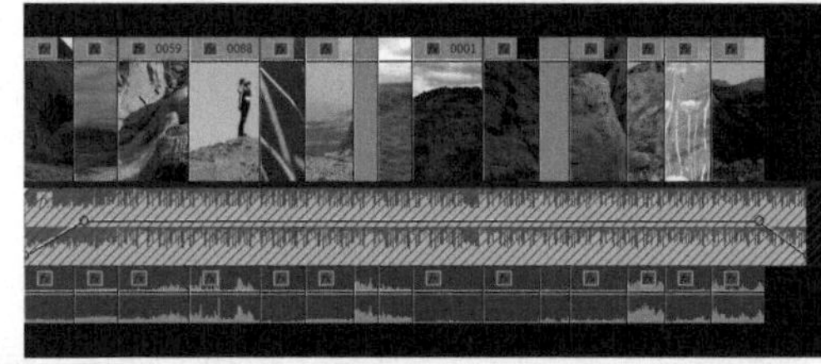

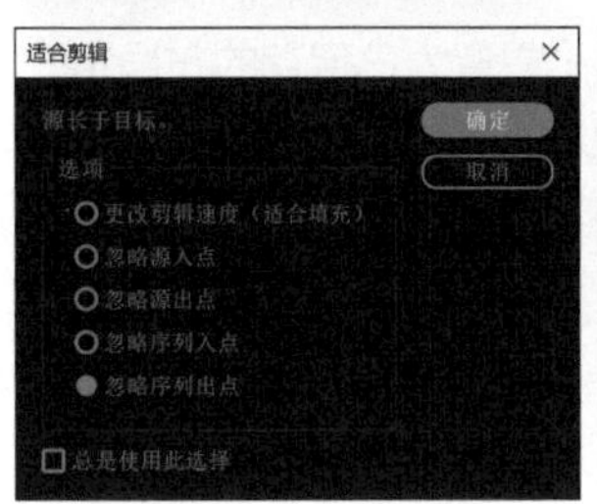

本课讲解 Premiere Pro 中的关键编辑技术。视频编辑不仅要选择素材，还要精确选择剪辑并把它们放到序列中正确的时间点和轨道上（用以创建分层视觉效果），向现有序列中添加新剪辑，以及删除不想要的内容（这些操作都可以撤销，这正是非线性编辑的魅力所在）。

5.1 课程准备

视频编辑不只是简单裁剪，它是一种通过视觉形式讲述故事的技术。本书中的许多练习会引导读者完成制作一个短视频的所有步骤，还会进行一些创意方面的指导，因此在学习本书的过程中，可以把主要精力放在视频编辑工具和技术的学习上。

下面例子中使用的素材是两个陌生人在一家咖啡馆相遇的视频。这段视频素材从不同角度拍摄，可选择故事的叙述方式，比如可以从参与者的角度叙述，也可以从非参与者（假想的观察者）的角度叙述。

视频编辑要有助于推动故事情节的发展，可通过变换视角等激发观众的观看兴趣。

视频编辑的第一步是观看所有素材，从中挑出需要的镜头。为了节省时间，这里已经挑选好素材了，下面会讲解如何使用这些镜头，以及编辑时如何安排这些镜头。

关于剪辑名称

剪辑名称很重要，如果剪辑名称起得好，容易辨识，就可以大大节省后期制作的时间。

项目中剪辑的名称与常见名称不一样，一般由两部分组成，一部分是常见名称（帮助区分剪辑内容），另一部分是原始素材文件的编号（帮助查找原始素材）。

当然，剪辑的命名与组织没有固定不变的规则，在学习本书课程过程中，你会见到各种剪辑命名习惯。在 5.2.3 小节中的“镜头类型与剪辑名称”中，还会介绍一些常见缩写词。

但在练习过程中，为简洁起见，本书故意把剪辑名称中的数字部分忽略了。

在视频编辑过程中，有一些简单的技术会反复用到。视频编辑的大部分工作是浏览并选择剪辑，把它们放入序列中。在 Premiere Pro 中有多种方法来完成以上操作。

请按照如下步骤，创建本课项目文件，并设置好工作区。

1. 从 Lessons 文件夹中打开 Lesson 05.prproj 项目文件。
2. 在菜单栏中，依次选择【文件】>【另存为】。
3. 在【保存项目】对话框中，输入文件名 Lesson 05 Working.prproj。
4. 选择文件的保存位置，单击【保存】按钮，保存当前项目文件。
5. 在界面右上角，选择【工作区】>【编辑】，然后选择【工作区】>【重置为已保存的布局】。

下面一起了解【源监视器】，学习向剪辑中添加入点和出点的方法，以选择剪辑的特定部分并将其添加到某个序列中；学习使用【时间轴】面板，了解如何在其中处理序列。

5.2 使用【源监视器】

在把素材添加到序列中前，一般会先在【源监视器】中检查素材，如图 5-1 所示。

图 5-1

在【源监视器】中浏览视频时，使用的是视频的原始格式，也就是使用视频录制时的帧速率、帧大小、场序、音频采样率、音频位深进行播放。当然，如果修改了视频的解释方式，那就另当别论了。更多相关内容请阅读第 4 课“组织素材”。

注意 在【项目】面板中，使用鼠标右键单击某个剪辑，然后从弹出的菜单中，依次选择【修改】>【解释素材】，可更改剪辑的解释方式。

在向序列中添加剪辑时，Premiere Pro 会匹配剪辑和序列。如果剪辑和序列不匹配，Premiere Pro 会调整剪辑的帧速率、音频采样率，使序列中的所有剪辑拥有一致的播放方式。

除了用来查看不同类型的素材外，【源监视器】还具有其他重要功能。例如，可以向剪辑中添加注释标记，以便在以后引用或使用该剪辑时能够了解相关的重要信息。可以在无权使用的视频部分添加注释标记，还可以使用两种特殊标记（入点和出点）来选取剪辑的一部分并添加到序列中。

5.2.1 在【源监视器】中打开剪辑

在【源监视器】中打开剪辑有点类似于在访达（macOS）或文件资源管理器（Windows）中打开文件。下面了解一下如何在【项目】面板中导航。

❶ 在【项目】面板中（假设默认首选项设置不变），找到 Theft Unexpected 素材箱，按住【Command】键（macOS）或【Ctrl】键（Windows），双击 Theft Unexpected 素材箱，将其打开。这与在访达（macOS）或文件资源管理器（Windows）中双击打开一个文件夹相同。

在当前打开的素材箱中完成相关工作之后，单击【素材箱】面板左上角的【向上导航】按钮（ ），返回【项目】面板。

提示 请注意，当前活动面板周围有一个蓝框。知道哪个面板是活动面板很重要，因为有时菜单和键盘快捷键会根据当前活动的面板产生不同的结果。

❷ 双击RED Video.R3D视频剪辑，或将其直接拖入【源监视器】中。你可能需要向下滚动【项目】面板才能看到剪辑。【源监视器】中会显示添加的剪辑。

❸ 把鼠标指针移至【源监视器】中，按键盘左上角的【`】键（重音符号），把【源监视器】最大化，这样可以在最大视图中观看视频。再次按键盘左上角的【`】键（重音符号），可以把【源监视器】恢复成原来的大小。

在第二个显示器上查看视频

如果你的计算机上连接了第二台显示器，Premiere Pro 可以使用它来全屏显示视频。

选择【Premiere Pro】>【首选项】>【回放】(macOS）或【编辑】>【首选项】>【回放】(Windows)，确保【启用 Mercury Transmit】复选框处于勾选状态，然后在【视频设备】中勾选用作全屏显示的显示器。

此外，如果你的计算机上安装了第三方硬件，还可以选择通过第三方硬件播放视频。第三方硬件常用来做不同的物理连接来监视视频内容。关于安装与设置第三方硬件的内容，请阅读相关用户手册。

5.2.2 使用【源监视器】中的控件

在【源监视器】中，除了播放控件外，还有一些其他的重要按钮，如图 5-2 所示。具体介绍如下。

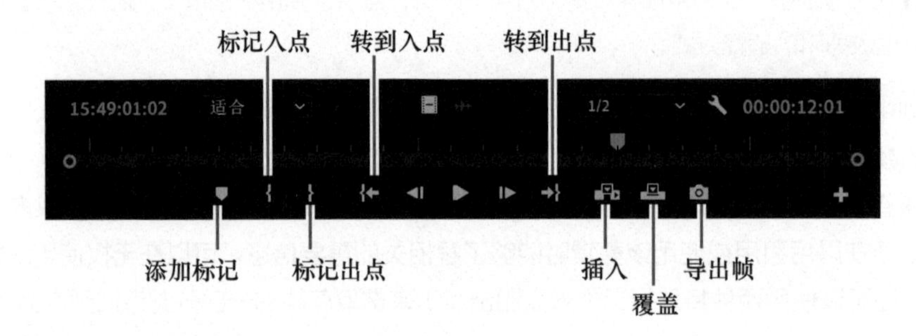

图 5-2

- 【添加标记】按钮（▪）：用于在剪辑中播放滑块的当前位置添加一个标记。标记用作简单的视觉参考，可以用不同颜色。
- 【标记入点】按钮（{）：用于在播放滑块的当前位置标记入点。入点是剪辑在序列中的起始位置。每个剪辑或序列只有一个入点，新入点会自动替换原来的入点。
- 【标记出点】按钮（}）：用于在播放滑块的当前位置标记出点。出点是剪辑在序列中的结束位置。每个剪辑或序列只有一个出点，新出点会自动替换原有的出点。
- 【转到入点】按钮（{←）：用于把播放滑块移动到入点处。
- 【转到出点】按钮（→}）：用于把播放滑块移动到出点处。
- 【插入】按钮（▪）：使用插入的编辑方法向【时间轴】面板中的活动序列添加剪辑（相关内容参见本课 5.4 节“使用基本编辑命令”）。

• 【覆盖】按钮（▣）：使用覆盖的编辑方法向【时间轴】面板中的活动序列添加剪辑（相关内容参见本课 5.4 节“使用基本编辑命令”）。

• 【导出帧】按钮（◙）：用于根据显示器中显示的内容创建一张静态图像。更多相关内容请参考第 16 课“导出帧、剪辑和序列”。

5.2.3 在剪辑中选择一个片段

在编辑视频的过程中，通常只需要使用序列中的某个特定部分。视频编辑人员不仅要选择使用哪些剪辑，还要选择使用剪辑的哪些部分，比如选出演员表演最好的镜头，排除有技术问题和演员说错台词的镜头。下面从剪辑中选取一些片段。

❶ 在 Theft Unexpected 素材箱中，双击 Excuse Me（非 Excuse Me Tilted）剪辑，将其在【源监视器】中打开。在这段视频剪辑中，John 紧张地询问另一个人自己是否可以坐下。

❷ 播放剪辑，了解人物行为。

John 走入镜头，当走到画面中间时，停下来说了一句话。

❸ 把播放滑块移动到 John 进入镜头之前或者开始说话之前，大约在 01:54:06:00 的位置。请注意，时间码基于原来录制的视频，并不是从 00:00:00:00 开始的。

提示 大多数摄像机记录时间码时都会尽量避免重复，但这可能会导致时间码产生很大的数字。如果你想让所有剪辑的时间码都从 00:00:00:00 开始显示，可以在【首选项】对话框的【媒体】选项中，把【时间码】设置为 00:00:00:00。

❹ 单击【标记入点】按钮（{），或者按【I】键。

Premiere Pro 突出显示剪辑中选中的部分。在这里，已经把剪辑的第一部分排除在外了。

❺ 把播放滑块移动到 John 即将坐下的位置，大约是在 01:54:14:00 处。

使用数字小键盘

如果你使用的键盘带有独立的数字小键盘，可以使用它直接输入时间码。例如，在【时间轴】面板处于激活状态时，输入 700 后，按【Enter】键，Premiere Pro 会把播放滑块移动到 00:00:07:00 处。而且输入时，不必输入前导零或数字分隔符。注意必须使用位于键盘右侧区域的数字小键盘输入数字，一定不要使用键盘顶部的数字键，那些数字键有其他用途。你可以在【节目监视器】和【时间轴】面板中这样操作。

❻ 单击【标记出点】按钮（}），或者按【O】键，添加一个出点，如图 5-3 所示。

注意 添加到剪辑中的入点和出点是永久性的。也就是说，当关闭并再次打开剪辑（或项目）时，它们仍然会存在。

提示 把鼠标指针放到某个按钮上时，Premiere Pro 会把按钮名称及其键盘快捷键（位于按钮名称后面的括号中）显示出来。

图 5-3

有些视频编辑人员喜欢先浏览所有可用剪辑，然后根据需要添加入点和出点，再创建序列。而有些视频编辑人员则喜欢在使用某个剪辑时才添加入点和出点。你可以根据自己的项目需求选用合适的方式。

提示 如果你已经在【源监视器】中添加了【循环播放】按钮（参见 4.4.5 节），而且其处于激活状态（蓝色显示），当你播放剪辑时，Premiere Pro 就会循环播放入点与出点之间的部分。

提示 为了帮助用户在素材中快速定位，Premiere Pro 提供了在【源监视器】和【节目监视器】的时间标尺上显示时间码的功能。单击【设置】按钮，在弹出的菜单中选择【时间标尺数字】，可以开关显示时间码的功能。

下面为另外两个剪辑添加入点和出点。在【项目】面板中，双击每个剪辑的图标，以便在【源监视器】中打开它们。

我们的目标是制作一个序列，实现从一个镜头自然地切换到下一个镜头的效果，同时确保对话的时间点准确。

视频编辑人员一般都会仔细观看素材内容，找到镜头切换的时机。为了节省时间，此处已经确定好了镜头切换的时间点。

首先给 Suit 几秒钟的镜头，用来交代他允许 John 坐在他对面。然后，使用另外一个剪辑，从另外一个视角展现 John 落座的过程。

在【项目】面板中编辑

项目中，入点和出点一直在起作用，除非你更改了它们。因此，除了【源监视器】外，还可以直接通过【项目】面板把剪辑添加到序列中。如果你已经浏览了所有剪辑，并选择了需要使用的部分，这就是一种快速创建序列粗略版本的方式。你可以在【项目】面板中直接添加入点和出点。

Premiere Pro 在【项目】面板中提供了与【源监视器】类似的剪辑编辑控件，两者的使用方法十分相似，只需几次简单的单击即可完成。

虽然使用【项目】面板编辑剪辑的速度会很快，但是在把它们添加到序列之前，还是有必要在【源监视器】中再查看一下剪辑。

7. 在 HS Suit 剪辑中，在 John 说话之后添加一个入点，大约在镜头的 1/4 处（01:27:00:16）。
8. 在 John 从摄像机前经过，遮挡住镜头时（01:27:02:14），添加一个出点。
9. 在 Mid John 剪辑中，当 John 开始就座时（01:39:52:00），添加一个入点。
10. 当他喝了一小口茶后（01:40:04:00），添加一个出点，如图 5-4 所示。

图 5-4

镜头类型与剪辑名称

对于不同类型的镜头，电影制片人经常会用一些通用名称。命名剪辑时，一般使用这些名称的缩写形式，以便更快、更轻松地识别各个素材。

例如，HS Suit 剪辑是运用长焦镜头对 Suit 的头部和肩部进行拍摄的，而 Mid John 剪辑则是运用中等焦距镜头对 John 拍摄得到的。

下面是一些常用的镜头类型及其缩略语。这些描述各不相同，而且不同摄影师之间也存在细微差别。下面的清单给出了各类镜头之间最明显的差别。

- ECU（Extreme Close-Up，大特写）：拍摄大特写时，镜头会拉近到人物面部，甚至连人物的头发或下巴也会被排除在镜头之外。
- CU（Close-Up，特写）：主要拍摄人物面部，通常涵盖人物头部。
- HS（Head and Shoulder，近景镜头）：主要拍摄人物的头部与肩部位置。
- Mid 或 MS（Mid/Medium，中景镜头）：这种镜头拍摄人物从头部到腰部的部分。
- MWS（Mid-Wide 或 Medium Wide，中远镜头）：拍摄人物从头部到膝盖之间的部分。
- WS（Wide，全景镜头）：拍摄人物的整个身体（从头到脚）。
- EWS（Extreme Wide，远景镜头）：拍摄人物的整个身体及其周围空间、环境。
- 2S（Two Shot，双人镜头）：在一个镜头中拍摄两个人物。
- GS（Group Shot，群体镜头）：在一个镜头中拍摄多个人物。
- GV（General View，全景镜头）：拍摄环境或外景，常用来指明故事发生的地点。
- 切出镜头 /B 卷：指在一个场景中编辑人员可以切换到的镜头，用来把镜头之间的剪辑隐藏起来。切出镜头可以为观众提供更多视觉线索，增添场景的张力。例如，当一个人物正在描绘所看到的物体时，我们可以把镜头切换到该物体的拍摄画面。

5.2.4 创建子剪辑

对于一段很长的剪辑，如果想在序列中使用它的不同部分，那么在创建序列之前，需要把剪辑分成若干片段，即子剪辑，以便在【项目】面板中更好地组织它们。

子剪辑是剪辑副本的一部分。在使用非常长的剪辑时通常会用到它们，尤其是当一个序列中可能会用到同一个剪辑的几个不同部分时。

子剪辑有如下几个显著特征。

- 在【项目】面板中，子剪辑显示为不同的图标（），但是它们和普通剪辑一样，可以重命名，也可以组织在不同素材箱中。
- 根据创建时的入点与出点，子剪辑的持续时间大多很短。这样，相比原始剪辑，你可以更快地查看它们。
- 子剪辑和原始剪辑链接到相同的媒体文件。如果媒体文件被删除或移到其他位置，原始剪辑和子剪辑都会处于“离线”状态——无媒体。
- 可以编辑子剪辑，修改其内容，甚至可以将其转换为原始剪辑的一个副本。

下面创建一个子剪辑。

❶ 在 Theft Unexpected 素材箱中，双击 Cutaways 剪辑，将其在【源监视器】中打开，如图 5-5 所示。

❷ 浏览 Theft Unexpected 素材箱中的内容，单击其底部的【新建素材箱】按钮（ ），新建一个素材箱。

❸ 把新建的素材箱名称修改为 Subclips，按住【Command】键（macOS）或【Ctrl】键（Windows），双击 Subclips 素材箱，将其在当前面板而非新面板中打开。

❹ 通过在剪辑上标记入点和出点，选择剪辑的一个片段来制作子剪辑。在大约 02:04:05:00 处，即点心包被拿走之前，添加一个入点；在大约 02:04:15:00 处，即点心包被放回桌上之后，添加一个出点，如图 5-5 所示。

图 5-5

与 Premiere Pro 中的许多其他流程一样，创建子剪辑的方法有多种。

❺ 尝试使用如下方法创建子剪辑。

- 在【源监视器】中显示的画面上，单击鼠标右键，在弹出的菜单中选择【制作子剪辑】，弹出【制作子剪辑】对话框，如图 5-6 所示。

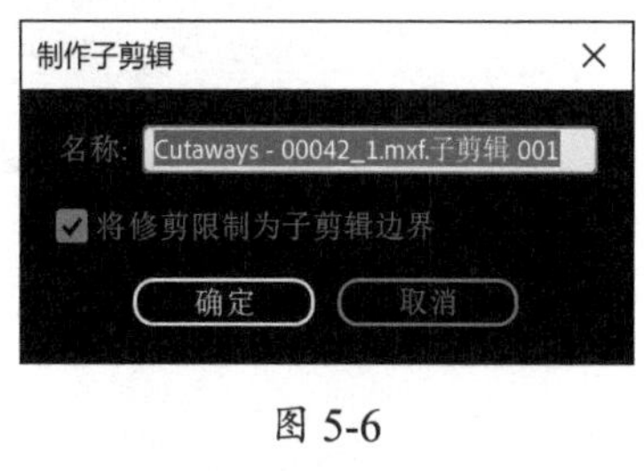

图 5-6

- 在【源监视器】处于活动状态时，从菜单栏中依次选择【剪辑】>【制作子剪辑】。
- 在【源监视器】处于活动状态时，按【Command】+【U】（macOS）或【Ctrl】+【U】（Windows）组合键。
- 按住【Command】键（macOS）或【Ctrl】键（Windows），把剪辑从【源监视器】拖入【项目】面板中。

❻ 在【制作子剪辑】对话框中，输入子剪辑名称 Packet Moved，单击【确定】按钮，结果如图 5-7 所示。

图 5-7

此时，Premiere Pro 会把新的子剪辑添加到 Subclips 素材箱中，其持续时间是由入点和出点指定的。

注意 如果在【制作子剪辑】对话框中勾选了【将修剪限制为子剪辑边界】复选框，那么在浏览子剪辑时，你将无法查看所选片段之外的部分。或许这正是你想要的效果，但你也可以使用鼠标右键单击素材箱中的子剪辑，在弹出的菜单中选择【编辑子剪辑】更改该设置。

场景编辑检测

如果原始素材中包含多个不同镜头，它们又是某个连续剪辑的一部分，那么把各个部分区分开是很有用的。比如，这种情况就常见于使用影像素材时。每当出现一个新镜头，就会认为是场景发生了变化。

在【时间轴】面板中，Premiere Pro 可以检测到剪辑中场景的变化，并自动把剪辑分成多个小剪辑。

若要这么做，请先选择一个剪辑，然后从菜单栏中，依次选择【剪辑】>【场景编辑检测】。选择你想要的结果（应用剪切、创建子剪辑、生成剪辑标记），然后单击【分析】按钮即可。

5.3 使用【时间轴】面板

【时间轴】面板是创作的“画布”，如图 5-8 所示。在该面板中，可以把剪辑添加到序列中，对它们进行编辑、添加视频和音频效果、混合音轨，以及添加字幕和图形等操作。

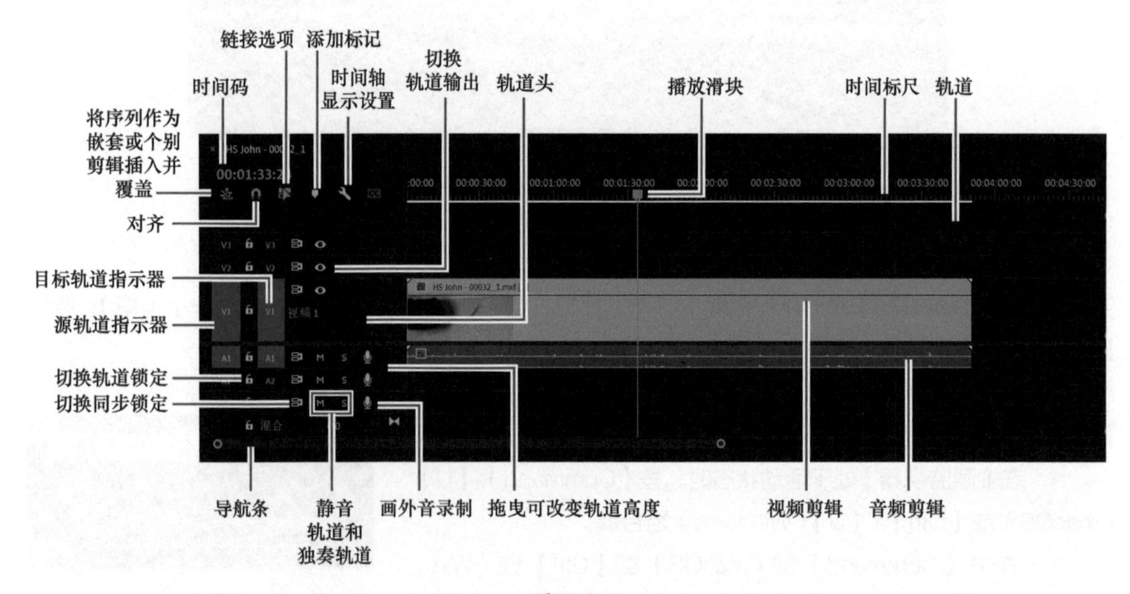

图 5-8

下面是有关【时间轴】面板的一些知识点，学习本书时会多次用到这些知识，请熟练掌握。

- 可以在【时间轴】面板中查看和编辑序列中的剪辑。
- 【节目监视器】中显示的是当前序列中的内容，即播放滑块所在位置的内容。
- 可以同时打开多个序列，每个序列均显示在自己的【时间轴】面板中。
- 术语“序列”和“时间轴”经常可以互换使用，比如“序列中的剪辑”或“时间轴中的剪辑”是一个意思。有时，“时间轴”指一系列抽象的剪辑，并非指【时间轴】面板。
- 在向空的【时间轴】面板中添加剪辑时，Premiere Pro 会使用你选择的第一个剪辑的设置自动新建一个序列。

- 可以添加任意数量的视频轨道，预览效果只受所用系统中硬件资源的限制。
- 播放视频时，上层视频轨道中的影像会覆盖下层视频轨道中的影像，所以应该把前景视频剪辑放到背景视频剪辑上面的轨道中。
- 可以添加任意数量的音频轨道，它们会同时播放。音频轨道可以是单声道（1 声道）、立体声（2 声道）、5.1（6 声道）或自适应，最多支持 32 个声道。
- 可以更改【时间轴】面板中轨道的高度，以便看到视频剪辑的更多控件和缩览图。
- 每个轨道都有一组控件，显示在轨道的最左侧，用来改变轨道的工作方式。
- 在【时间轴】面板中播放序列时，播放滑块会从左到右移动。
- 可以使用【=】键和【-】键（位于主键盘上方）来缩放序列。使用【\】键，可在当前缩放级别和显示整个序列的级别之间进行切换。此外，还可以双击【时间轴】面板底部的导航器来查看整个序列。

如果键盘上没有【=】键和【-】键，你可以自己指定相应的键盘快捷键。关于设置键盘快捷键的方法，请参考第 1 课“了解 Premiere Pro”。

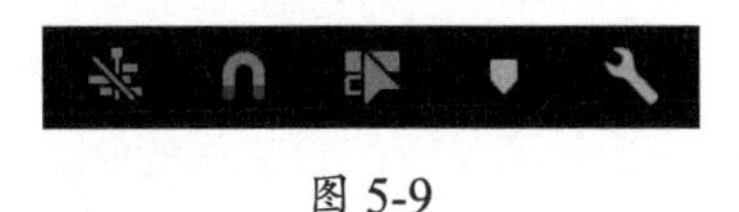

图 5-9

- 【时间轴】面板的左上方有一排按钮（见图 5-9），它们用来切换不同模式、添加标记等。有关这些按钮的更多内容将在后面讲解。

注意 只有打开一个序列后，【时间轴】面板左上角的模式、标记、设置按钮才可用。

5.3.1 选择一个工具

在 Premiere Pro 中，选择不同的工具，鼠标指针的形状不同，对应的功能也不同。

【时间轴】面板与【节目监视器】中的很多操作都可以使用【选择工具】（ ）进行，该工具位于【工具】面板的顶部，如图 5-10 所示。在【工具】面板中单击某个工具的图标，即可把相应工具激活，激活后，工具图标变成蓝色。

【工具】面板中还有多个用于执行不同任务的工具，并且每种工具都有对应的键盘快捷键，比如【V】键是【选择工具】（ ）的键盘快捷键。

图 5-10

5.3.2 什么是序列

序列包含一系列剪辑（还经常包含多个混合图层、特效、字幕等），这些剪辑按先后顺序依次播放，形成一个完整的视频。

图 5-11

一个项目可以包含多个序列，像剪辑一样，序列存储在【项目】面板中，并且有自己的专属图标（见图 5-11）。

下面为 Theft Unexpected 项目新建一个序列。

提示 与剪辑一样，你可以把一个序列添加到另外一个序列中，该过程称为【嵌套】。这会为高级编辑工作流创建一组动态链接的序列。

❶ 在【项目】面板中，如果当前仍然在子剪辑素材箱中，单击【向上导航】按钮（ ）才能看

到 Theft Unexpected 素材箱中的内容。

❷ 在 Theft Unexpected 素材箱中，把 Excuse Me（非 Excuse Me Tilted）剪辑拖曳到其底部的【新建项】按钮（ ）上。你可能需要重新调整【项目】面板的大小才能看到该按钮。

这是一种创建序列的快捷方式，创建出来的序列与拖曳剪辑的设置一致。

新建序列的名称与创建它时使用的剪辑名称一样。在新建序列时，如果当前已经有序列处于打开状态，那么新序列会在同一个面板组的一个新面板中打开。

❸ 新建序列会在素材箱中突出显示，此时最好对新建序列进行重命名。使用鼠标右键单击新创建的序列，在弹出的菜单中选择【重命名】，输入 Theft Unexpected，如图 5-12 所示。注意，无论是在【列表视图】还是在【图标视图】下，序列的图标和剪辑的图标都是不一样的。

图 5-12

序列自动在【时间轴】面板中打开，其中包含用于创建它的剪辑，可以按【Delete】键（macOS）或【Backspace】键（Windows）删除它。

你可以通过拖曳【时间轴】面板底部的导航器来放大或缩小序列。拖曳轨道 V1 和 V2 之间的分隔线（位于轨道头区域），增加轨道 V1 的高度，可以看到剪辑的缩览图，如图 5-13 所示。

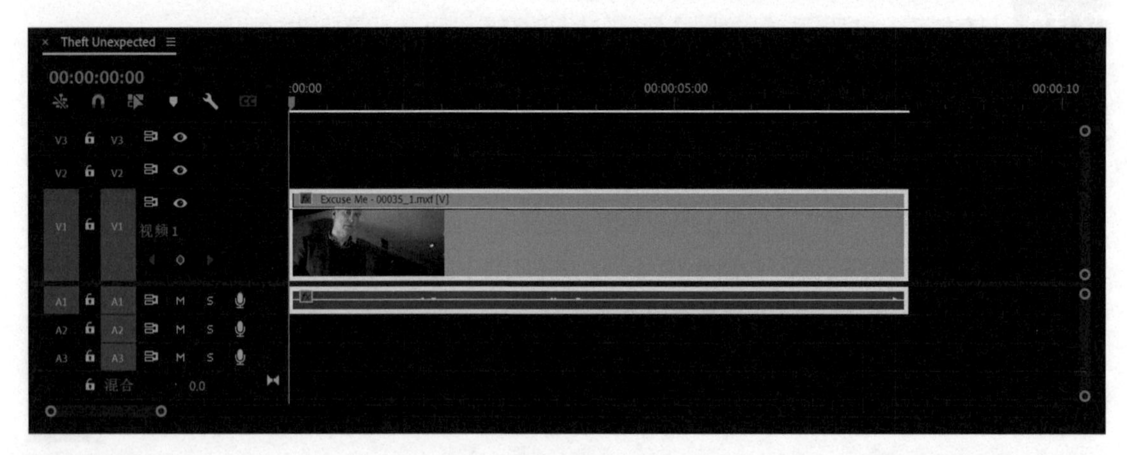

图 5-13

💡 提示 单击【时间轴】面板中的【时间轴显示设置】按钮（ ），从弹出的菜单中选择【最小化所有轨道】或【展开所有轨道】，可以一次性修改所有轨道的高度。

5.3.3 在【时间轴】面板中打开序列

执行如下操作之一，可以在【时间轴】面板中打开一个已有的序列。

- 在素材箱中，双击序列的图标。
- 使用鼠标右键单击素材箱中的序列，从弹出的菜单中选择【在时间轴内打开】。

可以像剪辑一样把序列拖入【源监视器】中以使用它。注意不要把序列拖入【时间轴】面板后打开它，因为这会把它添加到当前序列中，或者基于它新建一个序列。

匹配序列设置

序列拥有帧速率、帧大小、音频母带格式（比如单声道、立体声）等属性。在向一个序列添加剪辑时，Premiere Pro 会调整剪辑以匹配序列设置。

你可以选择是否缩放剪辑以匹配序列的帧大小。例如，序列的帧大小是 1920 像素 ×1080 像素（高清 HD），而视频剪辑的是 3840 像素 ×2160 像素（超高清 UHD），这时你可能需要缩小高分辨率的剪辑以匹配序列的分辨率，也可以保持不变，但这样就只能看到原始画面在序列【窗口】中显露的部分。

缩放剪辑时，会等比例缩放水平方向和垂直方向的尺寸，这样可以保持原来像素的长宽比不变。如果剪辑和序列的像素长宽比不同，对剪辑进行缩放时，剪辑可能无法完全填满序列帧。例如，如果剪辑的像素长宽比是 4∶3，把它添加到 16∶9 的序列中时，你会看到两侧有空白。

使用【效果控件】面板中的【运动】控件（请参考第 9 课“让剪辑动起来”），你可以控制要显示画面的哪一部分，甚至还可以创建动态摇摄效果。

5.3.4 了解轨道

序列中有视频轨道和音频轨道，这些轨道用来控制添加剪辑的位置。最简单的序列只有一个视频轨道，音频轨道可有可无。逐个把剪辑添加到轨道中，Premiere Pro 会按照剪辑的添加顺序播放它们。

序列中可以有多个视频和音频轨道，在完整混音中，它们会变成视频层和附加音频通道。高层视频轨道位于低层视频轨道之上，可以把不同轨道中的剪辑组合起来，得到分层的合成。

例如，可以使用高层视频轨道向序列中添加字幕，或者使用视觉效果和多个视频图层以创建复杂的合成，如图 5-14 所示。

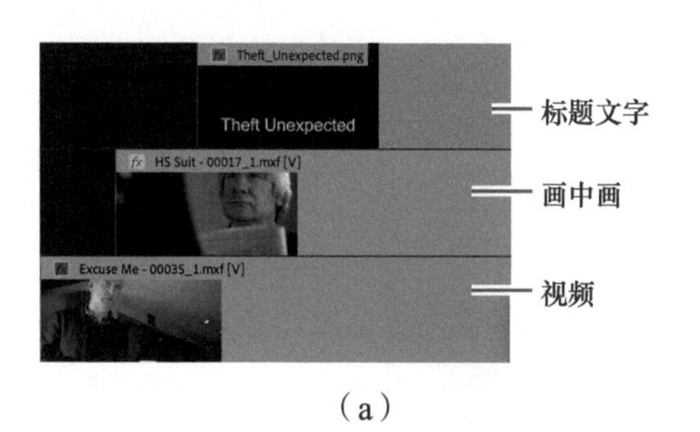

（a）　　（b）

图 5-14

可以使用多个音频轨道为序列创建一个完整的音频合成，其中包含原始对话、音乐，以及现场音效，比如放烟花的音效、大气音波和画外音等。

通过鼠标滚轮浏览剪辑与序列的方法有多种，使用哪种方法主要取决于鼠标指针的位置。

- 当鼠标指针在【源监视器】或【节目监视器】中时，可以使用鼠标滚轮向前或向后滚动浏览剪辑。
- 在【首选项】>【时间轴】选项卡中，设置【时间轴鼠标滚动】为【水平】，可以在【时间轴】面板中浏览序列。

- 按住【Option】键（macOS）或【Alt】键（Windows），滚动鼠标滚轮，时间轴视图会放大或缩小。
- 把鼠标指针移至轨道头中，并按住【Option】键（macOS）或【Alt】键（Windows），滚动鼠标滚轮，可以增加或减小轨道高度。
- 双击轨道头中的空白区域，可把轨道展开或折叠。
- 把鼠标指针移至视频或音频轨道头中，按住【Shift】键，滚动鼠标滚轮，可以增加或减小所有同类轨道（视频轨道或音频轨道）的高度。

提示 按住【Option】键（macOS）、【Alt】键（Windows）或【Shift】键（两种系统均可用），滚动滚轮改变轨道高度时，若同时按住【Command】键（macOS）或【Ctrl】键（Windows），可以进行更精确的控制。

5.3.5 使用轨道

在每个轨道头中，【切换轨道锁定】按钮（![]）右侧的部分可用来选择序列中的轨道。

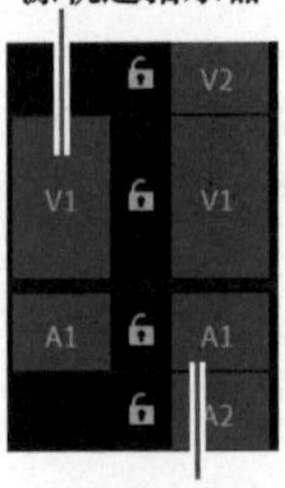

源轨道指示器

时间轴轨道

图 5-15

轨道头最左侧是源轨道指示器，表示当前在【源监视器】中显示或者在【项目】面板中所选剪辑中的可用轨道，如图 5-15 所示。它们和时间轴轨道一样具有编号，在做更高级的编辑时非常有用。

使用键盘快捷键或【源监视器】中的按钮向序列中添加剪辑时，源轨道指示器非常重要，其相对于时间轴轨道头的位置指定要把新剪辑添加到哪个轨道中。为了把轨道中的内容添加到序列中，需要启用源轨道指示器（启用后显示为蓝色）。

在图 5-16 中，源轨道指示器表示，当使用按钮或键盘快捷键添加剪辑到当前序列中时，Premiere Pro 会把带有一个视频轨道和一个音频轨道的剪辑添加到【时间轴】面板的 V1 和 A1 轨道中。

注意 在向序列添加剪辑时，开启或关闭时间轴轨道的选择按钮不会影响已经添加到序列中的视频或音频，只有源轨道指示器才会产生影响。

在图 5-17 中，源轨道指示器表示，在使用按钮或键盘快捷键向当前序列中添加剪辑时，Premiere Pro 会把剪辑添加到 V2 和 A2 轨道中。

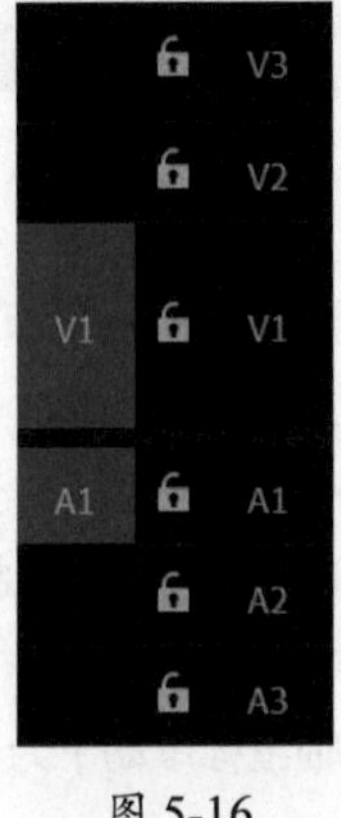

图 5-16

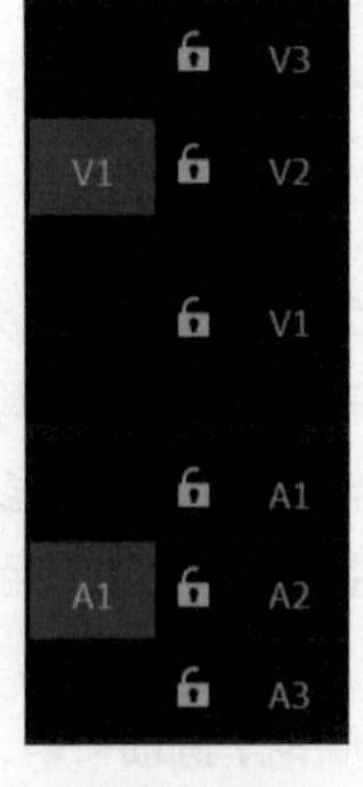

图 5-17

当采用上述方式进行编辑时，启用或禁用时间轴轨道不会对结果产生影响。虽然源轨道指示器和目标轨道指示器看起来类似，但是它们的功能不一样。

在把一个剪辑拖入一个序列中时，Premiere Pro 会忽略源轨道指示器的设置，只把内容添加到处于启用状态（蓝色高亮显示）的源轨道上。

注意 按住【Option】键（macOS）或【Alt】键（Windows）时，如果不小心单击了源轨道指示器，其周围就会出现一个黑框，表示执行编辑时会有空白区域被添加到序列中。我们可以使用该功能保持同步，或者为备选内容留空。再次单击源轨道指示器，可以取消黑色边框。

5.3.6 在【时间轴】面板中使用入点和出点

在【源监视器】中使用入点和出点可以指定把剪辑的哪一部分添加到序列中。

在序列中使用入点和出点有以下两个主要目的。

- 当向序列中添加新剪辑时，告知 Premiere Pro 应该把新剪辑放在哪里。
- 从序列中选择想要删除的部分。使用入点、出点，以及轨道选择相关按钮，可以准确指定从指定轨道上删除整个剪辑，还是只删除剪辑的一部分。

在【时间轴】面板的序列中，使用入点和出点选择的部分会高亮显示，未被选择的部分不会高亮显示。

在图 5-18 中，除了 V2 之外，其他所有的视频轨道都处于启用状态，入点与出点定义的部分高亮显示。注意，源轨道 V1 启用了，但不会影响序列轨道的选择。

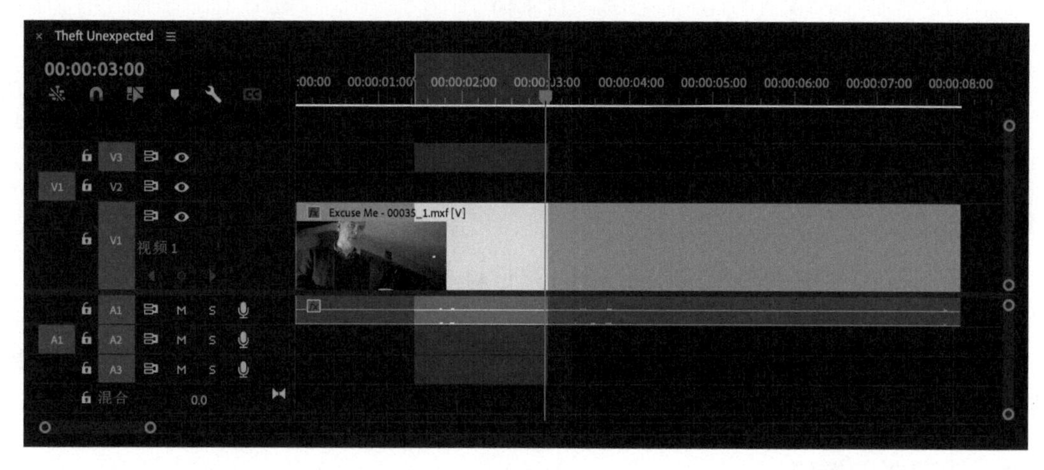

图 5-18

5.3.6.1 设置入点和出点

在【时间轴】面板中添加入点、出点的方法与在【源监视器】中几乎一样。两者的主要区别是，与【源监视器】中的按钮不同，【节目监视器】中的【标记入点】按钮（▮）与【标记出点】按钮（▮）还可以在当前显示的序列中应用更改。

在向【时间轴】面板中播放滑块的所在位置添加入点时，首先要确保【时间轴】面板或【节目监视器】处于活动状态，然后按【I】键，或单击【节目监视器】中的【标记入点】按钮（▮）。

在向【时间轴】面板中播放滑块的所在位置添加出点时，首先确保【时间轴】面板或【节目监视器】处于活动状态，然后按【O】键，或单击【节目监视器】中的【标记出点】按钮（▮）。

5.3.6.2　清除入点和出点

如果打开的剪辑中已经含有入点和出点，可以通过添加新的入点和出点来改变它们，新添加的入点和出点会替换掉已有的入点和出点。

此外，还可以轻松地删除剪辑或序列中已有的入点和出点。无论是在【时间轴】面板、【节目监视器】，还是在【源监视器】中，删除入点和出点的方法都是一样的。

❶ 在【时间轴】面板中，单击 Excuse Me 剪辑，将其选中。

❷ 按【X】键，在剪辑的起点和终点添加入点和出点。可以在【时间轴】面板顶部的时间标尺上看到它们，如图 5-19 所示。

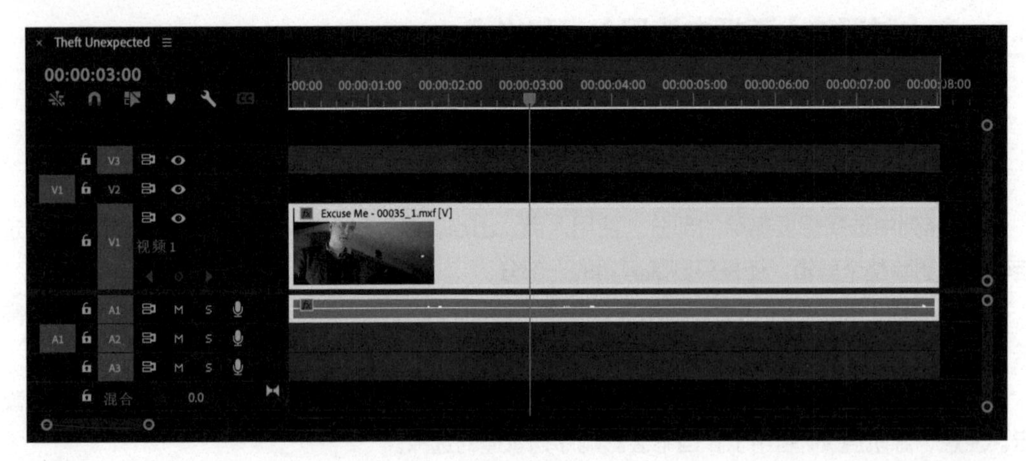

图 5-19

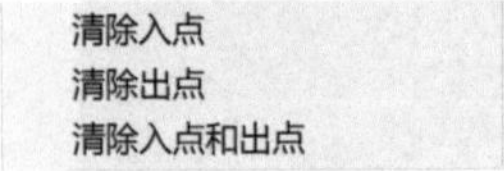

清除入点
清除出点
清除入点和出点

图 5-20

❸ 在【时间轴】面板顶部，使用鼠标右键单击时间标尺，弹出图 5-20 所示的菜单。

在弹出的菜单中，选择要使用的命令，或者使用如下键盘快捷键。

- 【Option】+【I】(macOS) 或【Ctrl】+【Shift】+【I】(Windows) 组合键：清除入点。
- 【Option】+【O】(macOS) 或【Ctrl】+【Shift】+【O】(Windows) 组合键：清除出点。
- 【Option】+【X】(macOS) 或【Ctrl】+【Shift】+【X】(Windows) 组合键：清除入点和出点。

❹ 其中最后一个快捷键特别有用。不但容易记忆，而且能够快速删除出点和入点。用该快捷键把前面添加的入点和出点删除。

5.3.7　使用时间标尺

【源监视器】【节目监视器】【时间轴】面板中的时间标尺用途都一样，都用来帮助我们按时间浏览剪辑或序列。

- 在【时间轴】面板的时间标尺上，按住鼠标左键并左右拖曳，播放滑块会随之移动。同时，【节目监视器】中显示剪辑的相应内容。这种浏览视频内容的方式叫滑动播放。

注意，【源监视器】【节目监视器】【时间轴】面板底部都有一个导航器，如图 5-21 所示。

图 5-21

- 把鼠标指针移至导航器上，滚动鼠标滚轮，可以缩放时间标尺。
- 可以左右拖曳导航器在时间标尺上移动。
- 拖曳导航器两侧的端点，可以调整时间标尺的缩放级别。

5.3.8 使用【时间码】面板

Premiere Pro 专门提供了一个【时间码】面板，与其他面板一样，它可以浮动，也可以添加到一个面板组中。在菜单栏中，依次选择【窗口】>【时间码】，即可打开该面板。

图 5-22

00:00:04:05

图 5-23

【时间码】面板中包含多行时间码信息，每一行显示一种特定的时间码信息，如图 5-22 所示。【时间码】面板的尺寸可以调整，可以把【时间码】面板调大，以便看清楚里面的数字。

在默认设置下，【时间码】面板中显示的是当前时间、总持续时间，以及在活动面板（【源监视器】【节目监视器】【时间轴】）中由入点和出点指定的持续时间。

当前时间与【源监视器】（左下）、【节目监视器】（左下）、【时间轴】（左上）面板中显示的时间码是一样的，如图 5-23 所示。

在【时间码】面板中单击鼠标右键，在弹出的菜单中选择【添加行】或【移除行】，可以轻松地向【时间码】面板中添加新的时间码信息或删除现有的时间码信息，以便监视剪辑和序列。

为了指定每行显示的信息类型，可以使用鼠标右键单击信息行，然后从弹出的菜单中选择【显示】的子菜单命令。

使用鼠标右键单击任一信息行，在弹出的菜单中选择【保存预设】，把当前设置保存下来，以便下次使用。此时，在【时间码】面板中单击鼠标右键，在弹出的菜单中可以看到保存的预设。

此外，还可以单击鼠标右键，从弹出的菜单中选择【管理预设】，在【管理预设】对话框中，为保存的预设指定键盘快捷键，或者删除预设。

【时间码】面板有两个模式：一个是精简模式，如图 5-24 所示；另一个是完整模式。两者显示的内容一样，但是显示方式有区别。使用鼠标右键单击【时间码】面板，从弹出的菜单中选择相应模式，即可切换【时间码】面板的模式。

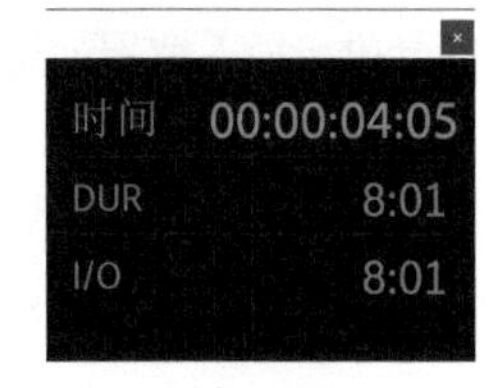

图 5-24

【时间码】面板中不包含活动控件，也就是说，无法使用它添加入点、出点，以及进行编辑。但是它提供的信息很有用，能够辅助我们做决策。例如，搞清楚总持续时间和选段持续时间，有助于在编辑过程中估算总共有多少剪辑可用。

单击【时间码】面板右上角的按钮可以关闭【时间码】面板。

> 提示 当某个面板处于激活或选中状态时，可以按【Command】+【W】（macOS）或【Ctrl】+【W】（Windows）组合键关闭它。

5.3.9 自定义轨道头

与【源监视器】【节目监视器】一样，你可以更改时间轴轨道头中的多个控件。

① 使用鼠标右键单击视频轨道头或音频轨道头，从弹出的菜单中选择【自定义】，或者单击【时

间轴显示设置】按钮（🔧），然后从弹出的菜单中选择【自定义视频头】或【自定义音频头】。

可以在打开的【按钮编辑器】中移动、删除、重置现有按钮，如图 5-25（a）所示。借助音频轨道头【按钮编辑器】，可以向音频轨道头中添加更多按钮，从而扩展轨道头的功能，如图 5-25（b）所示。

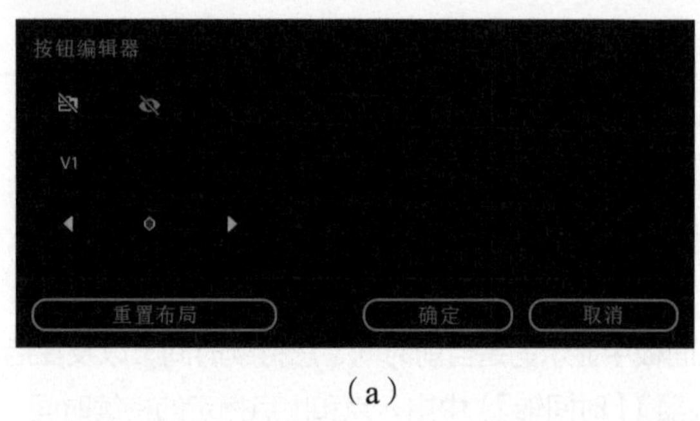

（a）

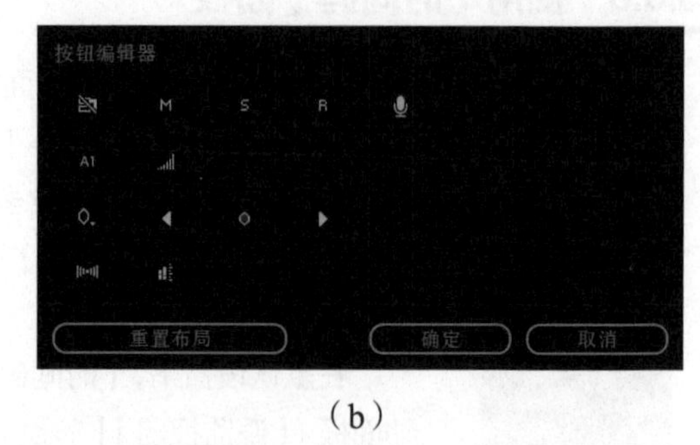

（b）

图 5-25

❷ 把鼠标指针移动到【按钮编辑器】中的按钮上，就会显示相应按钮的名称。

❸ 如果想把按钮添加到轨道头中，只需把它从【按钮编辑器】中拖曳到轨道头中即可。当【按钮编辑器】处于打开状态时，从中拖走某个按钮，即可把它从轨道头中删除。

注意，所有视频或音频轨道头都会根据调整进行更新。

❹ 单击【按钮编辑器】中的【重置布局】按钮，把轨道头恢复成默认状态。

❺ 操作完成后，单击【取消】按钮，关闭【按钮编辑器】。

5.4　使用基本编辑命令

无论采用何种方式（拖曳、单击【源监视器】中的按钮、使用键盘快捷键）把剪辑添加到序列中，都会执行插入编辑或覆盖编辑。

在把一个新剪辑添加到序列中时，如果目标位置上已经存在剪辑了，执行这两种编辑（插入编辑和覆盖编辑）会产生完全不同的结果。

这两类编辑是非线性编辑的核心。在本书讲解的所有技术中，这是最常用的编辑技术。

5.4.1　覆盖编辑

下面继续处理 Theft Unexpected 序列。到目前为止，序列中只有一个剪辑，在该剪辑中 John 向另一个人询问这个座位是否有人。

提示　专业编辑人员经常混用“镜头”（shot）和“剪辑”（clip）这两个术语。

使用覆盖编辑添加一个镜头以展示对 John 请求座位的回应。

❶ 在【源监视器】中，打开 HS Suit 剪辑。这个剪辑已经添加了入点与出点。

接下来要小心地设置【时间轴】面板。刚开始会有点慢，但熟练之后，你会发现这样编辑既快又轻松。而且，在操作过程中，通常都是先用相同的设置做几次编辑，然后根据需要修改设置。

提示 你可以复制时间码，并把它粘贴到当前时间指示器（位于【源监视器】或【节目监视器】的左下角）中。单击选择时间码，粘贴新时间码，然后按【Return】键（macOS）或【Enter】键（Windows），把播放滑块移动到那个时间点。在使用摄像机的记录信息时，这个功能很有用，它可以让你快速定位到剪辑的特定部分。

② 在【时间轴】面板中，把播放滑块拖曳到 John 提出请求之后，大约在 00:00:04:00 处。

在时间轴中没有添加入点和出点的情况下，播放滑块可用来指定新剪辑的位置（其当前位置会成为入点的位置）。在使用鼠标把一个剪辑拖入一个序列中时，播放滑块的位置和现有的入点、出点就会被忽略。

③ 新剪辑中包含音频轨道，但我们并不需要它，需要保留时间轴中已有的音频，如图 5-26 所示。单击源轨道指示器 A1，将其禁用。

④ 检查轨道头是否和图 5-27 所示的一样，注意只有 V1 的源轨道指示器被启用，且被放置在轨道 V1 旁边。

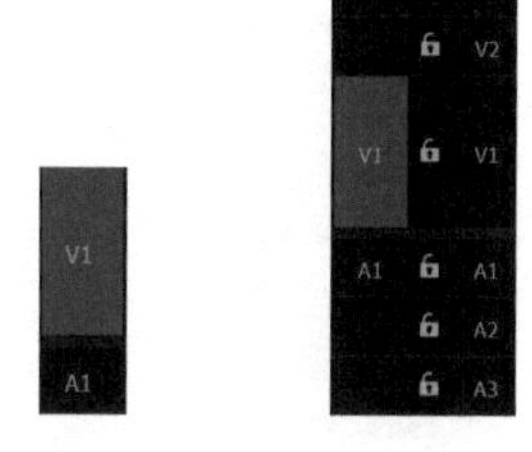

图 5-26　　图 5-27

注意 把剪辑添加到序列中时，目标轨道切换按钮不起作用。

⑤ 在【源监视器】中，单击【覆盖】按钮（）。

此时，Premiere Pro 把剪辑添加到 V1 轨道中，替换掉其中的原有内容，如图 5-28 所示。执行覆盖编辑时，序列中的原有剪辑不会移动来为新添加的剪辑留出空间。

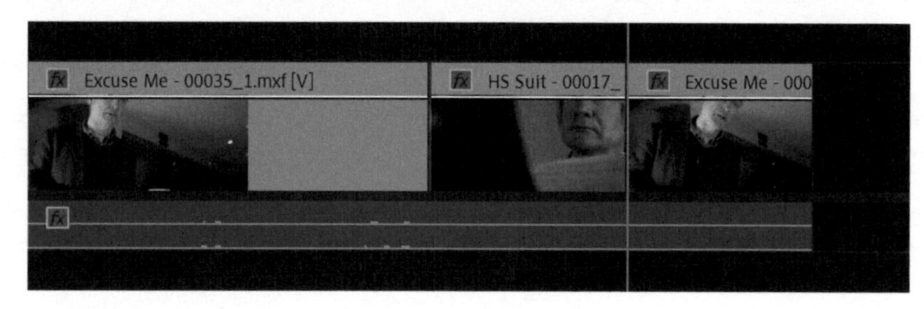

图 5-28

到这里就完成了一次覆盖编辑操作。

注意 编辑人员经常混用“序列”（sequence）和“编辑”（edit）这两个术语。但这里，“编辑”指的是对序列中的一个或多个剪辑所做的更改。

在默认设置下，当把一个剪辑拖入序列中时，执行的就是覆盖编辑。在拖曳剪辑时，如果同时按住【Command】键（macOS）或【Ctrl】键（Windows），则执行的是插入编辑。

⑥ 把播放滑块移至【时间轴】面板或【节目监视器】最左侧，单击【节目监视器】中的【播放】按钮（），或者按键盘上的空格键，可预览编辑效果。

5.4.2　插入编辑

下面尝试插入编辑。

① 在【时间轴】面板中，把播放滑块移动到 Excuse Me 剪辑上，使其位于 00:00:02:16 处，此时 John 刚刚说完“Excuse me”这句话，请确保序列中不存在入点和出点。

② 在 Theft Unexpected 素材箱中双击 Mid Suit 剪辑，将其在【源监视器】中打开，在 01:15:46:00 处添加入点，在 01:15:48:00 处添加出点。这其实是一个不同的镜头，但观众感觉不出来，这里把它用作反应镜头，稍后调整它的位置。

③ 在【时间轴】面板中，根据需要调整源轨道指示器，如图 5-29 所示。

④ 单击【源监视器】中的【插入】按钮（），V1 轨道如图 5-30 所示。

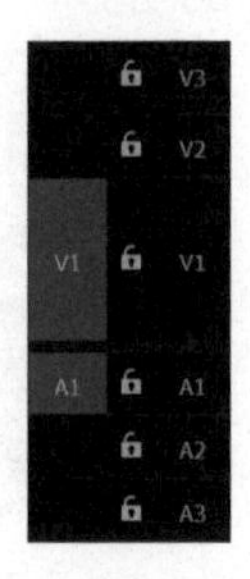

图 5-29

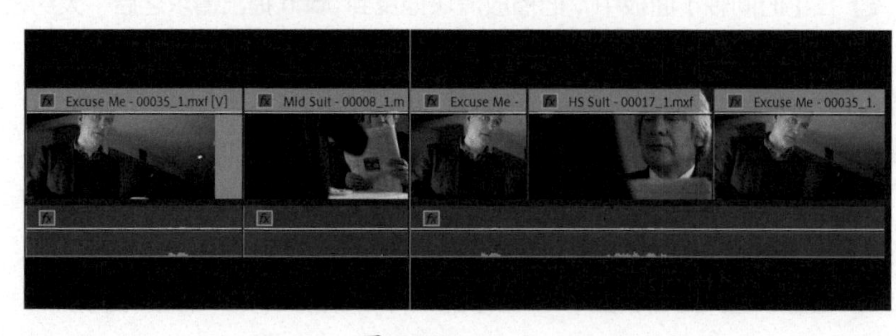

图 5-30

此时，序列中原有的 Excuse Me 剪辑被分割，并且播放滑块之后的部分向后移动，为新插入的剪辑留出位置。这就是插入编辑与覆盖编辑的主要区别：进行插入编辑会使序列变长，序列中所选轨道中的剪辑会向后移动（即向右移动），为新剪辑留出位置。

提示 随着序列越来越长，你可能需要不断进行缩放，才能更好地查看剪辑内容。此时，使用键盘快捷键效率会更高。按键盘顶部的【=】键可进行放大；按【–】键可进行缩小（这两个快捷键不是指数字小键盘上的那两个键）。

⑤ 把播放滑块移至序列开始的位置，浏览编辑结果。按【Home】键可以使播放滑块跳到序列的开头；也可以使用鼠标拖曳播放滑块向前移动，或者按【↑】键把播放滑块移动到上一个编辑位置（按【↓】键，可以把播放滑块移动到下一个编辑位置）。

还有很有工作要做，例如，当 John 把外套从一只手臂移到另一只手臂上时，出现衔接不连贯的问题。

提示 如果你的 Mac 键盘上没有【Home】键，请尝试按【Fn】键 +【←】键。

⑥ 在【源监视器】中打开 Mid John（非 Mid Suit）剪辑。这个剪辑已经添加了入点与出点。

⑦ 在【时间轴面板】中，把播放滑块移至序列末尾，即 Excuse Me 剪辑后面那帧。在拖曳播放滑块时，可以按住【Shift】键，让播放滑块对齐到剪辑末尾。

⑧ 在【源监视器】中，单击【插入】按钮（）或【覆盖】按钮（）。因为时间轴中的播放滑块当前处于序列末尾，后面没有其他剪辑，所以使用插入或覆盖编辑都可以。

接下来，让我们再插入一个剪辑。

⑨ 在时间轴中，把播放滑块移至 00:00:14:00 处，这时，John 正打算喝一口茶。

⑩ 在【源监视器】中，打开 Mid Suit 剪辑。使用入点和出点，从剪辑中选择一个片段，放入 John 落座和喝第一口茶的剪辑之间。大约把入点设置在 01:15:55:00 处，把出点设置在 01:16:00:00 处。

注意，添加新的入点和出点之后，剪辑中原来的入点和出点就被替换掉了。

⑪ 单击【插入】按钮（），把剪辑片段添加到序列中，如图 5-31 所示。

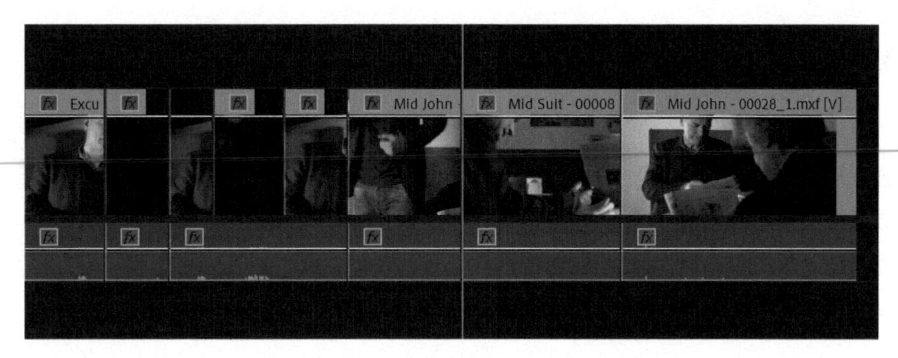

图 5-31

添加剪辑的时间点可能没那么合适，但可以随时进行修改，最重要的是保证剪辑顺序正确。

> 注意　直接把剪辑从【项目】面板或【源监视器】拖入【节目监视器】，也可以把剪辑添加到序列中。

5.4.3　三点编辑

在把一个剪辑或剪辑片段添加到序列中时，Premiere Pro 需要知道剪辑的持续时间，以及在序列中的位置。这需要用到两个入点和两个出点，具体如下。

- 剪辑入点。
- 剪辑出点。
- 序列入点：用来在添加剪辑后指定剪辑起点。
- 序列出点：用来在添加剪辑后指定剪辑终点。

事实上，只需要确定 3 个点，Premiere Pro 会根据所选剪辑片段的持续时间自动确定最后一个点。

例如，在【源监视器】的一个剪辑中选取一个时长为 4 秒的片段，那 Premiere Pro 可以确定它将占用序列的 4 秒时长。一旦指定了剪辑的位置，即可进行编辑。

这种只使用 3 个点的编辑称为三点编辑（three-point editing）。

在编辑的最后阶段，Premiere Pro 会把剪辑的入点（剪辑起点）和序列的入点（如果没有添加，则把播放滑块当前所在的位置当作序列的入点）对齐。

即使没有手动向序列中添加入点，执行的仍然是三点编辑，持续时间是 Premiere Pro 根据【源监视器】中选择的片段计算出来的。

如果序列中包含定时动作，比如某个剪辑末尾有关门动作，而且新剪辑又需要和该动作在时间上对齐，这时就可以使用三点编辑来实现。

使用 4 个点会怎样?

编辑时，你可以使用 4 个点：【源监视器】中的入点和出点、时间轴上的入点和出点。如果所选剪辑的持续时间与序列的持续时间一致，你可以像往常一样进行编辑。如果不一致，Premiere Pro 会要求你选择如何处理，如图 5-32 所示。

此时，你可以选择拉伸或压缩新剪辑的播放速度，以匹配时间轴上选定的持续时间，或者有选择性地忽略入点或出点。

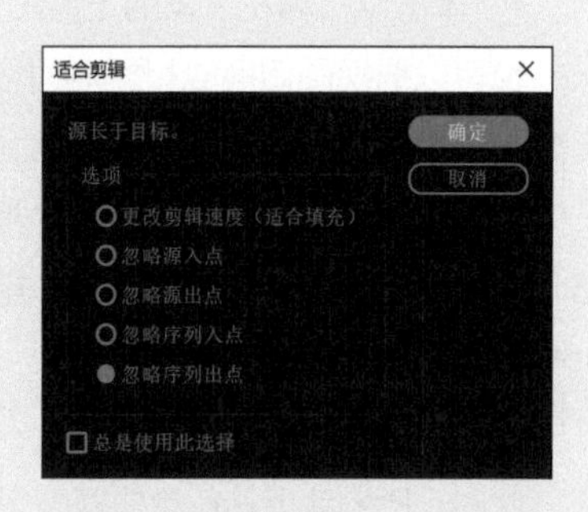

图 5-32

5.5 故事板式编辑

术语“故事板”(storyboard)指的是一系列可视化的草图，用来描述拍摄电影时摄像机的角度和动作等。故事板类似连环画，但包含的信息更多，比如摄像机的移动、台词和音效等。

在素材箱中，切换到【图标视图】或【自由变换视图】，可以把剪辑缩览图用作故事板。

拖曳剪辑的缩览图，按照剪辑在序列中的顺序从左到右、自上而下排列剪辑缩览图。选择它们，然后把它们全部拖曳到序列中。剪辑的选择顺序与它们在序列中的顺序是一致的。

5.5.1 使用故事板创建集合序列

在编辑过程中，通常会先创建集合序列，保证各个剪辑的顺序正确，然后调整各个剪辑的起止时间。

可以使用故事板式编辑方式让所有剪辑快速排好顺序，具体操作如下。

❶ 保存当前项目。当你在项目制作过程中做了一些比较重要的处理时，要记得随时保存。

❷ 打开 Lessons 文件夹中的 Lesson 05 Desert Sequence.prproj 文件。

❸ 确保【项目】面板当前处于活动状态，从菜单栏中依次选择【文件】>【另存为】，在【保存项目】对话框中把项目保存为 Lesson 05 Desert Sequence Working.prproj。

> 注意 当前同时打开了两个项目文件。从菜单栏中依次选择【窗口】>【项目】，可以在两个项目之间切换。从菜单栏中依次选择【文件】>【关闭所有项目】，可以关闭所有项目。

> 提示 项目文件名可以很长。虽然长文件名可以包含很多有用的信息，帮助识别各个项目，但是名称也不要起得太长了，不然会影响到文件的管理工作。

❹ 双击 Desert Montage 序列，在【时间轴】面板中将其打开。

Desert Montage 序列中包含音乐，但是没有视频画面。下面向其中添加一些视频镜头。

当前轨道 A1 处于锁定状态，调整序列时不会影响到音频轨道。

5.5.2 安排故事板

在把剪辑添加到序列之前，将其在【项目】面板中进行预排，有助于快速了解序列的结构。

❶ 双击 Desert Footage 素材箱，在新面板中将其打开。

❷ 单击素材箱左下角的【自由变换视图】按钮( )，以缩览图的方式显示各个剪辑。

也可以把视图切换成【图标视图】，然后像故事板一样排列各个剪辑，但是在【自由变换视图】下，能够以更灵活的方式显示剪辑缩览图。

❸ 双击 Desert Footage 素材箱的名称，将其最大化。然后，使用鼠标右键单击素材箱中的空白部分，从弹出的菜单中依次选择【重置为网格】>【名称】。

> 提示 你可以使用素材箱底部的缩放控件，调整剪辑缩览图的大小。

此时，Premiere Pro 会根据剪辑名称排列剪辑，如图 5-33 所示。

图 5-33

④ 拖曳各个剪辑的缩览图，按照剪辑在序列中的顺序从左到右、自上而下地排列它们，使其看起来就像连环画或故事板一样。在【自由变换视图】下，剪辑的缩览图可以重叠在一起，也可以松散地排列，如图 5-34 所示。

图 5-34

⑤ 按照你希望的顺序拖选剪辑，或者按住【Command】键（macOS）或【Ctrl】键（Windows），以正确的顺序选择它们。

⑥ 双击 Desert Footage 素材箱名称，将其恢复到原来的大小。把剪辑拖入序列中，并放到 V1 轨道中（位于音乐剪辑之上），使其紧贴时间轴的最左侧。

此时，Premiere Pro 会按照你在【项目】面板中选择的顺序把剪辑添加到序列中，如图 5-35 所示。

图 5-35

在【自由变换视图】下，浏览与安排剪辑有很强的灵活性，也方便把剪辑添加到序列中。但在【图标视图】下，工作效率会更高。

❶ 按【Command】+【Z】(macOS)或【Ctrl】+【Z】(Windows)组合键，撤销上一步操作。

❷ 双击 Desert Footage 素材箱名称，将其最大化。然后，单击【图标视图】按钮（▣），切换至【图标视图】。

❸ 根据剪辑在序列中的顺序，把各个剪辑缩览图拖曳到相应位置上。在【图标视图】下，缩览图始终显示在一个有序的网格中。

❹ 双击 Desert Footage 素材箱名称，将其恢复到原来的大小。

❺ 确保 Desert Footage 素材箱处于选中状态。单击素材箱的空白区域，取消选择全部剪辑。按【Command】+【A】(macOS)或【Ctrl】+【A】(Windows)组合键，按照在素材箱中的位置选中所有剪辑。

❻ 把剪辑拖曳至序列中，放到 V1 轨道中使其紧贴时间轴的最左侧。

此时，Premiere Pro 会按照你在【项目】面板中选择的顺序把剪辑添加到序列中。

提示 在把【素材箱】面板恢复成原来的大小之后，可能需要拖曳滚动条才能看到其中的剪辑。

❼ 在【时间轴】面板中，把播放滑块拖曳到序列开头。播放序列，查看结果。

虽然在素材箱中事先为序列中的剪辑定好了顺序，但是仍然可以随时修改这些剪辑的先后顺序和播放时间点。

目前有两个项目同时处于打开状态，如果不清楚当前正在处理哪个项目，可以看一下显示在界面顶部的项目文件的位置，如图 5-36 所示。项目名称之后的星号“*”表示对当前项目做了改动但还没有保存。

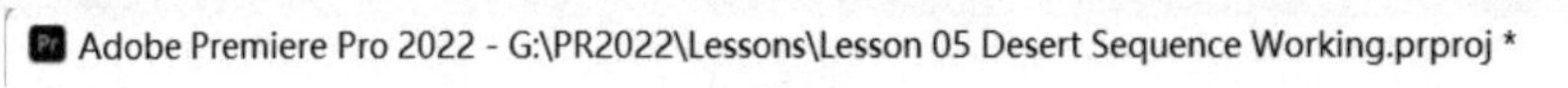

Adobe Premiere Pro 2022 - G:\PR2022\Lessons\Lesson 05 Desert Sequence Working.prproj *

图 5-36

❽ 选择两次【文件】>【关闭项目】，或者选择【文件】>【关闭所有项目】，关闭所有项目。若 Premiere Pro 询问是否保存项目，单击【是】按钮。

设置静止图像的持续时间

如果视频剪辑中已经有入点和出点了，那么当你把静止图像的剪辑添加到序列时，Premiere Pro 会自动使用入点和出点。

在序列中，图形和图像的持续时间可以是任意长的。但是当你把它们导入项目时，它们其实是有默认入点和出点的。

要更改默认持续时间，请依次选择【Premiere Pro】>【首选项】>【时间轴】(macOS)或【编辑】>【首选项】>【时间轴】(Windows)，然后在【静止图像默认持续时间】中修改持续时间。该设置只在把静止图像导入项目时起作用，而对于那些已经导入项目中的静止图像不起作用。

静止图像和静止图像序列（像动画一样顺序播放的一系列图像）没有时基（帧速率，即每秒播放的帧数）。你可以为静止图像设置默认时基，具体操作为：选择【Premiere Pro】>【首选项】>【媒体】(macOS)或【编辑】>【首选项】>【媒体】(Windows)，为【不确定的媒体时基】选择一个时基。

5.6 复习题

1. 入点和出点的作用是什么？
2. 轨道 V2 在轨道 V1 前面还是后面？
3. 子剪辑如何组织素材？
4. 如何在【时间轴】面板中从一个序列上选取要用的片段？
5. 覆盖编辑和插入编辑有何不同？
6. 如果源剪辑和序列中都没有入点和出点，源剪辑中会有多少被添加到序列中？

5.7 答案

1. 在【源监视器】和【项目】面板中，入点和出点用来指定序列要使用剪辑的哪一部分。在时间轴上，入点和出点用来指定想删除、编辑、渲染、导出序列的哪一部分。
2. 高层视频轨道总是位于低层视频轨道之前，所以轨道 V2 位于轨道 V1 前方。
3. 在 Premiere Pro 中，就播放方式来说，子剪辑和其他剪辑（视频、音频）没有差别。但你可以通过使用子剪辑把素材轻松地分到不同的素材箱中。对于包含大量长剪辑的大项目来说，使用子剪辑划分内容会有很多好处。
4. 你可以使用入点和出点指定要处理序列的哪一部分，例如，你可以指定单独渲染序列中应用了效果的部分，或者把序列的某个部分单独导出为一个文件。
5. 使用覆盖方式把剪辑添加到序列时，剪辑会替换掉序列中相同位置上的内容。而使用插入方式把剪辑添加到序列时，剪辑不会替换原有剪辑，而是把原有剪辑往后推（向右移动），这会增加序列的长度。
6. 如果不在源剪辑添加入点或出点，则整个剪辑都会被添加到序列中。在源剪辑添加入点、出点可以明确指定要在序列中使用剪辑的哪一部分。

第 6 课

使用剪辑与标记

课程概览

本课学习如下内容：

- 【节目监视器】和【源监视器】的不同
- 使用标记
- 选择序列中的项目
- 移动序列中的剪辑
- 为 VR 头盔播放 360° 视频
- 应用【切换同步锁定】按钮和【切换轨道锁定】按钮
- 从序列中删除剪辑

学完本课大约需要 90 分钟

请先准备好本课要用到的课程文件，并把它们存放到本地计算机中方便取用的位置。

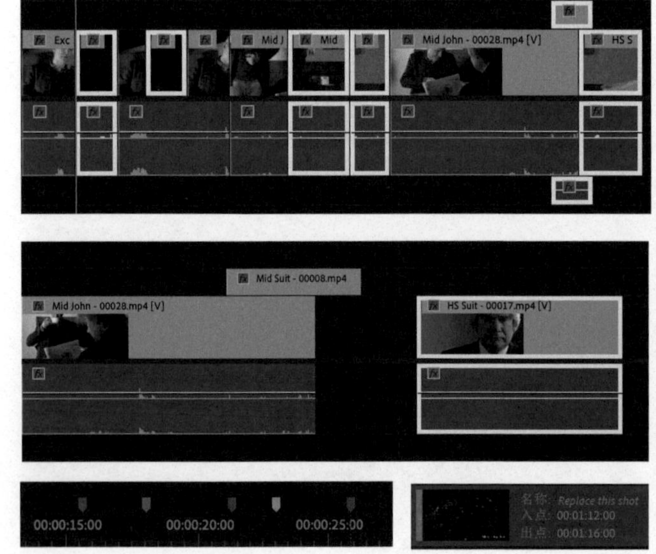

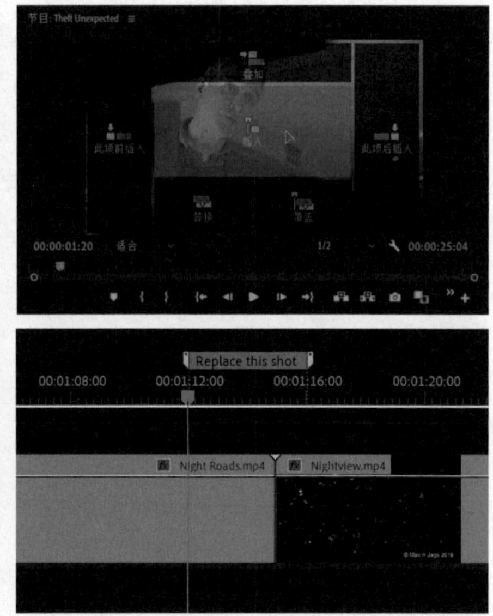

Premiere Pro 提供了用来精确调整序列的标记工具，以及同步和锁定轨道的高级工具。借助这些工具，可以轻松地编辑序列中的剪辑。

6.1 课程准备

在选好了要用的剪辑，并把它们按照正确的顺序放入序列中后，就可以精细调整各个剪辑在序列中的时间点。

下面按顺序移动序列中的剪辑，同时删除不需要的部分，并添加注释标记，保存有关剪辑和序列的信息。这些信息在将来编辑时或把序列发送到其他 Adobe Creative Cloud 应用程序时会非常有用。

本课将学习【节目监视器】中的更多控件，了解如何使用标记来帮助组织素材。另外，还要学习如何修改时间轴上已有的剪辑。

在进行以下操作前，确认当前处在【编辑】工作区。

1. 打开 Lessons 文件夹中的 Lesson 06.prproj 文件。
2. 在菜单栏中，依次选择【文件】>【另存为】。
3. 在【保存项目】对话框中，输入文件名 Lesson 06 Working.prproj。
4. 选择文件的保存位置，单击【保存】按钮，保存当前项目文件。
5. 单击【工作区】按钮（▣），从弹出的下拉列表中选择【编辑】，然后再次单击【工作区】按钮（▣），选择【重置为已保存的布局】。

输入时间码

你可以直接单击面板中显示的时间码，输入目标时间码，告诉 Premiere Pro 播放滑块的目标位置（输入时不需要使用标点符号），然后按【Return】键（macOS）或【Enter】键（Windows）把播放滑块移动到该时间。

例如，你想把播放滑块移动到 00:00:27:15，可以输入 2715，不需要输入前导零。

输入时间码时，你可以使用两个点号代替两个零，或者跳到下一个数字。

比如，如果你想把播放滑块移动到 01:29:00:15，你可以输入 1.29..15。

此外，你还可以在时间码显示框中输入增量值。例如，输入 +200，表示把播放滑块从当前位置向后移动 2 秒。若播放滑块的起始位置为 00:00:00:00，则输入 +200 之后，变为 00:00:02:00，Premiere Pro 会自动计算，并添加分隔符。

6.2 使用【节目监视器】

乍一看，【节目监视器】和【源监视器】几乎一模一样，但两者之间是有一些重要区别的。

6.2.1 什么是【节目监视器】

如图 6-1 所示，【节目监视器】中显示的是播放滑块所在位置的序列帧，或当前正在播放的帧。在【时间轴】面板中，序列以剪辑片段和轨道的形式呈现，而【节目监视器】中显示的是最终输出的视频。相比于【时间轴】面板中的时间标尺，【节目监视器】中的时间标尺要小得多，但两者是同步的。

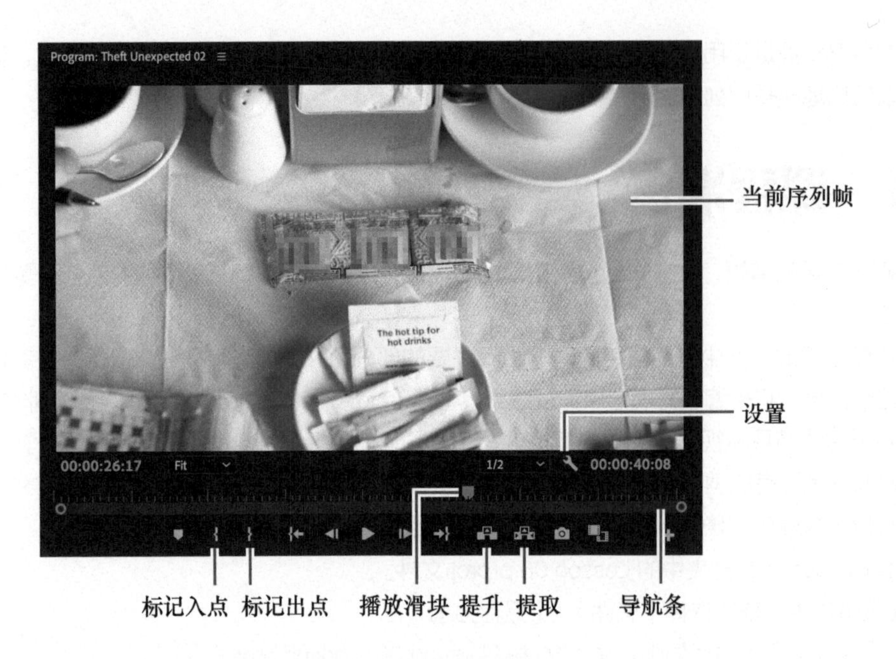

图 6-1

在编辑的早期阶段，大部分时间都在使用【源监视器】。一旦序列组织完成，大部分时间都在使用【节目监视器】和【时间轴】面板。

6.2.2 使用【节目监视器】把剪辑添加到序列

前面学习了如何在【源监视器】中选取剪辑的一部分，如何使用按键、单击按钮或拖曳把剪辑添加到序列中。除此之外，还可以直接把一个剪辑从【源监视器】或【项目】面板中拖曳至【节目监视器】中，以此将其添加至序列中。

执行该操作时，【节目监视器】中会显示几个投放区域，每个投放区域代表一种操作。需要根据要执行的操作，把剪辑拖曳到相应投放区域中。

比较【节目监视器】和【源监视器】

【节目监视器】和【源监视器】的主要区别如下。

- 【源监视器】中显示的是剪辑内容，而【节目监视器】中显示的是【时间轴】面板中当前序列的内容。尤其需要注意的是，【节目监视器】会显示【时间轴】面板中播放滑块所在位置的所有轨道中的内容。
- 添加剪辑（或剪辑的一部分）到序列时，【源监视器】提供了【插入】和【覆盖】按钮。而【节目监视器】提供了【提取】和【提升】按钮，用来把剪辑（或剪辑的一部分）从序列中删除（有关【提取】和【提升】的更多内容稍后讲解）。
- 两个监视器都有时间标尺。【节目监视器】上的播放滑块和【时间轴】面板中当前序列的播放滑块是一致的（当前序列名称显示在【节目监视器】的左上角）。当移动其中一个播放滑块时，另一个播放滑块也会随之移动，所以可以通过任意一个面板（【节目监视器】或时间轴）来更改当前显示的帧。

- 在 Premiere Pro 中应用效果后，只能在【节目监视器】中看到应用之后的结果。但源剪辑效果例外，在【源监视器】和【节目监视器】中都能查看它（关于效果的更多内容，请参考第 12 课“添加视频效果”）。
- 【节目监视器】和【源监视器】中都有【标记入点】和【标记出点】按钮，而且使用方式相同。在【节目监视器】中添加入点和出点时，它们会被添加到当前显示的序列上，并且和剪辑中的入点、出点一样，它们会一直存在于序列中。

下面了解一下各个投放区域。

❶ 在 Sequences 素材箱中，打开 Theft Unexpected 序列。

❷ 在 Theft Unexpected 素材箱中，把剪辑 HS Suit 拖曳到【节目监视器】中（请拖曳剪辑图标而非剪辑名称），但不要释放鼠标，此时，【节目监视器】中会显示几个投放区域，如图 6-2 所示。

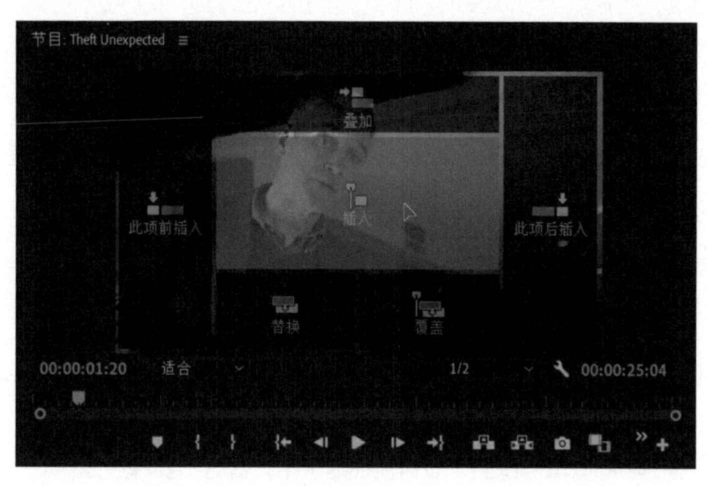

图 6-2

❸ 移动鼠标指针到各个投放区域中，Premiere Pro 会高亮显示相应投放区域，每个区域代表一种编辑操作。在相应区域中释放鼠标，相应操作就会执行。

❹ 把剪辑 HS Suit 拖曳至【源监视器】中并释放鼠标。也可以双击某个剪辑，将其在【源监视器】中打开。

你可以把剪辑从【项目】面板或【源监视器】中拖曳至【节目监视器】中。【节目监视器】中各个投放区域的介绍如下。

- 插入：执行插入编辑，使用源轨道指示器来选择剪辑要放置的轨道。
- 覆盖：执行覆盖编辑，使用源轨道指示器来选择剪辑要放置的轨道。
- 叠加：如果当前序列的播放滑块的所在位置已经存在一个剪辑，新剪辑会被添加到其上方的第一个可用轨道中；如果上面第一个可用轨道中已经存在剪辑，则添加到第二个可用轨道中，以此类推。
- 替换：新剪辑会替换播放滑块当前所在位置的剪辑（将在第 8 课“高级视频编辑技术”中讲解相关内容），无法替换在【时间轴】面板中创建的图形与文本，但可用来替换导入的照片与图形。
- 此项后插入：新剪辑会被插入至播放滑块当前所在位置的剪辑的后面。
- 此项前插入：新剪辑会被插入至播放滑块当前所在位置的剪辑的前面。

💡注意 仅当把剪辑拖入【节目监视器】中的合适投放区域时，【叠加】【此项前插入】【此项后插入】才可用。

如果计算机配有触摸屏，Premiere Pro 也支持触摸操作，可直接把剪辑拖曳到【节目监视器】中，该方式有很强的灵活性。

💡注意 当把剪辑直接拖曳到序列中时，Premiere Pro 也会使用【时间轴】面板的源轨道指示器来控制使用剪辑的哪个通道（视频与音频通道）。

下面把 HS Suit 剪辑添加到 Theft Unexpected 序列中。

❶ 在【时间轴】面板中，把播放滑块拖曳到序列的最后一个剪辑 Mid John 上，大约在 00:00:20:00 处。

💡提示 按【End】键，把播放滑块移动到序列末尾；按【Home】键，把播放滑块移动到序列起始位置。如果你的 macOS 键盘上没有这两个键，可以使用【Fn】+【→】组合键代替【End】键，用【Fn】+【←】组合键代替【Home】键。

❷ 在【源监视器】中打开 Theft Unexpected 素材箱中的 HS Suit 剪辑。该剪辑已经在序列中用过，这里要从中选取另外一个片段。

💡提示 在【项目】面板的【列表视图】下，我们可以使用【←】键或【→】键来展开或折叠【项目】面板中所选的素材箱，或者在不同素材之间移动。

❸ 在 01:26:49:00 处设置一个入点。此处的镜头中没有太多变化，很适合用作切换镜头。在 01:26:52:00 处添加一个出点，这样穿西装的男人就可以出镜几秒。

❹ 将【源监视器】中的剪辑拖曳到【节目监视器】中，暂时不要释放鼠标。

当鼠标指针位于【此项后插入】投放区域中时释放鼠标。Premiere Pro 把剪辑放入序列中的 Mid John 剪辑，如图 6-3 所示。

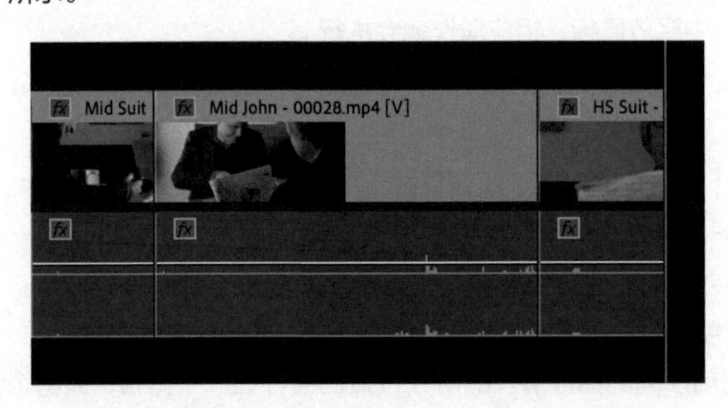

图 6-3

借助【此项后插入】和【此项前插入】投放区域，能够轻松、准确地把新剪辑放入序列中，而且不会替换或拆分已有剪辑。

使用【节目监视器】进行插入编辑

下面使用同样的方法把一个剪辑插到当前序列中间。

❶ 在【时间轴】面板中，把播放滑块拖曳到 00:00:13:00 处，即 Mid Suit 剪辑的开头位置，然后

播放至下一个编辑点，其位于当前镜头与下一个镜头之间。

这两个剪辑之间的连续性不是很好，为解决此问题，在它们之间插入一个衔接镜头（该镜头是HS Suit 剪辑的一部分）。

❷ 在【时间轴】面板中把播放滑块拖曳到 Mid John 剪辑上，即大约 00:00:20:00 处。

❸ 在【源监视器】中为 HS Suit 剪辑添加新的入点与出点，选择一个片段，确保其时长大约为 2 秒。在【源监视器】的右下角可以看到所选片段的持续时间，如图 6-4 所示。

1/2 00:00:02:00

图 6-4

❹ 从【源监视器】中把剪辑拖入【节目监视器】的【此项之前】投放区域中，然后释放鼠标，此时，剪辑被插入序列中，且位于 Mid John 剪辑之前，如图 6-5 所示。

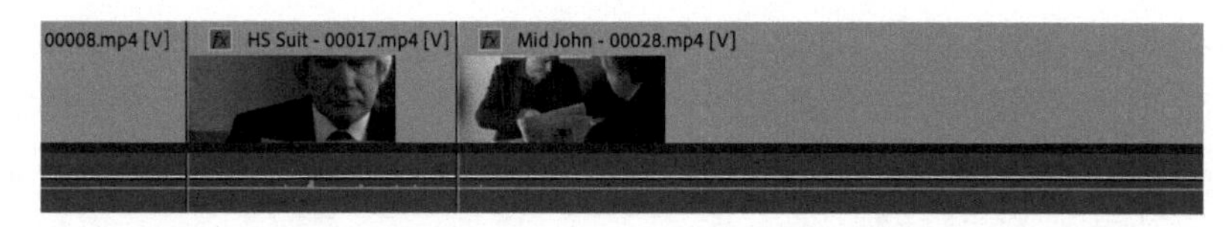

图 6-5

6.2.3 仅把视频或音频拖入序列中

在把剪辑拖入【时间轴】面板中时，可以只把剪辑的视频或音频部分添加到序列中。

注意 在把剪辑添加到序列时，只有源轨道指示器起作用，时间轴中的轨道指示器不起作用。

下面试一试叠加编辑。

❶ 在【时间轴】面板中，把播放滑块拖曳到 00:00:25:20 处，即 John 掏出笔之前。

❷ 在【源监视器】中，打开 Mid Suit 剪辑。在 01:15:54:00 处（此时，John 正挥动着笔）添加一个入点。

❸ 在 01:15:56:00 处添加一个出点。

❹【源监视器】底部有【仅拖曳视频】（ ）和【仅拖曳音频】（ ）两个按钮。

这两个按钮有如下 3 个用途。

- 指示剪辑中是否包含视频、音频，或者两者兼有。若剪辑中不包含视频，则第一个按钮呈现灰色，处于不可用状态；若剪辑中不包含音频，则第二个按钮呈现灰色，处于不可用状态。
- 单击其中一个按钮，可以把显示画面切换到视频或音频视图下。
- 使用鼠标拖曳它们，可以把剪辑的视频或音频拖入序列中。

把第一个按钮从【源监视器】底部拖入【节目监视器】的【覆盖】投放区域，释放鼠标，此时只有剪辑的视频部分添加到了时间轴的 V2 轨道中，如图 6-6 所示。

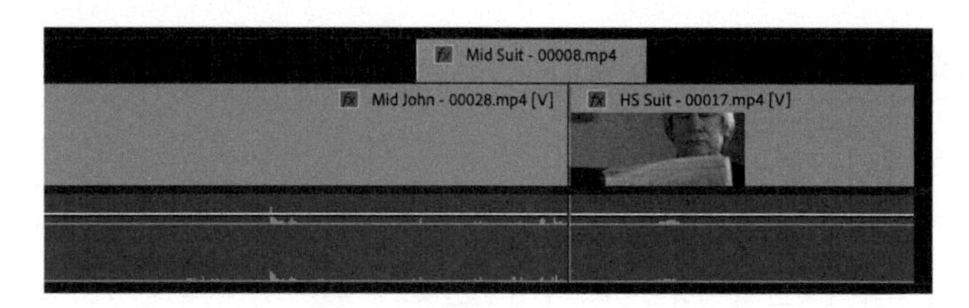

图 6-6

即使同时启用了【源视频】和【源音频】选择按钮，也可以使用上述方法，它是一种从剪辑中快速选择所需部分的方式。当然，在【时间轴】面板中有选择性地禁用源轨道指示器，也可以实现同样的效果，但需要多次单击。

⑤ 从头播放序列。

虽然时间安排得不是十分准确，但序列的整体效果还不错。刚添加的剪辑在 Mid John 剪辑之后和 HS Suit 剪辑之前播放，这更改了时序关系。Premiere Pro 是一个非线性编辑软件，编辑时可以随时调整剪辑的顺序，更多内容将在第 8 课“高级视频编辑技术”中讲解。

为什么把剪辑添加到序列中的方法这么多?

随着编辑技术和经验的增长，你会发现某个特定情况下有些添加方法用起来会更方便。有时你希望添加的时间点十分精确，这时就需要在【源监视器】和【时间轴】面板中仔细选择和调整。有时你只是希望把各个剪辑快速拼接在一起，打算以后再做精细调整，此时你可以从【项目】面板中把剪辑直接拖曳至【时间轴】面板中。

此外，你会发现自己会自然而然地喜欢上某种编辑风格。为了确保编辑人员可以按照自己的风格和习惯进行编辑，Premiere Pro 提供了多个工作流程来实现同样的结果。

6.3 设置播放分辨率

在水银回放引擎的强力支持下，Premiere Pro 可以实时播放多种类型的媒体、特效等（无须预渲染）。水银回放引擎借助计算机硬件来增强播放性能。也就是说，CPU 的速度（以及核心数、型号）、RAM（Random Access Memory，随机存取存储器）大小、GPU（raphics rocessing unit，图形处理器）的能力，以及存储器的速度都会影响播放性能。

如果你的计算机配置较低，播放序列（在【节目监视器】中）或剪辑（在【源监视器】中）的视频时可能出现卡顿现象，这时可以降低播放分辨率让播放更流畅。播放视频时，如果出现卡顿、暂停等问题，表明计算机的硬件配置较差，无法顺畅播放视频。

总之，流畅地播放高分辨率视频并非易事。对于未经压缩的全高清视频，一帧相当于大约 800 万个文本字符大小，并且这些视频的帧速率最少是 24 帧 / 秒，所以播放 HD 视频时，相当于每秒显示 1 亿 9200 万个字符。而一个 UHD 视频（常称为 4K 视频）帧的字符数是 HD 视频的 4 倍。

降低播放分辨率后，你无法看到图像中的每个像素，但是能显著地提升播放性能，使得创作更轻松。此外，一个常见的现象是，视频拥有的分辨率比可显示的分辨率高得多，这是因为【源监视器】和【节目监视器】往往比原始媒体尺寸小。也就是说，降低播放分辨率，显示效果可能不会有明显差别。

6.3.1 更改播放分辨率

下面更改播放分辨率。

① 在 Boston Snow 素材箱中双击 Snow_3 剪辑，将其在【源监视器】中打开。【源监视器】和【节目监视器】的右下角有一个【选择回放分辨率】下拉列表。其默认设置是 1/2。若不是，请将其修改为 1/2，如图 6-7 所示。实际上，分辨率在水平方向上是一半，在垂

1/2

图 6-7

直方向上也是一半，所以严格来说，分辨率应该是 1/4。

② 当【选择回放分辨率】为【1/2】时，播放剪辑，观察画面质量。

③ 把【选择回放分辨率】修改为【完整】，再次播放剪辑，画面如图 6-8 所示。将画面质量与回放分辨率为 1/2 时的做比较，两者看起来差不多。

图 6-8

④ 把【选择回放分辨率】修改为【1/8】，再次播放剪辑，这时可以看到画面质量有了明显的变化，如图 6-9 所示。暂停播放时，画面更清晰。这是因为暂停时的分辨率和播放时的分辨率是相互独立的（参见下一小节）。

图 6-9

降低回放分辨率，画面会丢失很多细节。例如，可以比较一下回放分辨率降低前后树枝、文本的细节变化。

注意 【源监视器】和【节目监视器】中的播放分辨率选择菜单完全一样，但其实它们是相互独立的，改变其中一个不会影响到另外一个。

⑤ 把【选择回放分辨率】修改为【1/16】，播放剪辑，画面如图 6-10 所示。Premiere Pro 会对使用的每种素材进行评估，如果降低回放分辨率带来的好处少于付出的成本，那么某些回放分辨率选项将无法使用。这里使用的素材是真 4K（4096 像素 ×2160 像素）的，所以【1/16】这个选项是可用的。

图 6-10

在性能不强的计算机上使用高分辨率素材时，选择不同分辨率会产生巨大的差异。

❻ 把【选择回放分辨率】重新改为【1/2】，为项目中的其他剪辑操作做好准备。

如果计算机性能很强，那么预览素材时可以使用【完整】分辨率，这样可以获得最佳播放质量。为此，Premiere Pro 专门提供了一个选项。你可以在【源监视器】和【节目监视器】中单击【设置】按钮（🔧），从弹出的下拉列表中选择【高品质回放】，Premiere Pro 会以素材导入时的质量播放。若不选择该选项，Premiere Pro 播放素材时会牺牲画面的质量，以换取更好的播放性能。

6.3.2 更改播放暂停时的分辨率

【源监视器】和【节目监视器】的【设置】下拉列表中有【回放分辨率】选项。除此之外，【设置】下拉列表中还有【暂停分辨率】选项，它用来设置播放暂停时画面的分辨率，如图 6-11 所示。

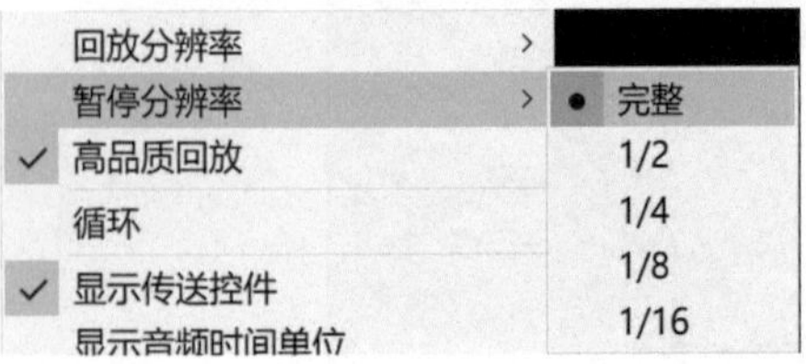

图 6-11

【暂停分辨率】选项与【回放分辨率】选项的工作原理相同，但是它控制的是视频暂停播放时画面的分辨率。

大多数视频编辑人员会选择【暂停分辨率】>【完整】。这样，播放视频时，显示的就是低分辨率画面，以确保播放的流畅性，但是当暂停播放时，Premiere Pro 会使用完整分辨率显示视频画面。调整效果时，是在回放分辨率下观看视频。一旦停止调整设置，暂停分辨率就会发挥作用。

有些第三方特效可能无法像 Premiere Pro 那样有效地利用计算机硬件。因此，在更改了效果设置之后，可能需要花很长时间才能更新画面。在这种情况下，可以通过降低暂停分辨率来加快画面更新速度。

需要说明的是，回放分辨率和暂停分辨率的设置对视频的输出质量没有影响。

6.4 播放 VR 视频

现在，家用 VR 头盔已经较为普及。Premiere Pro 为使用 VR 头盔观看 360° 与 180° 视频提供了支持，包括剪辑解释选项、专用的沉浸式视频效果、桌面播放控件、集成的 VR 头盔播放和环境立体声等。

有关 Premiere Pro 对 VR 视频的支持情况，请前往“Adobe Premiere Pro 学习和支持”页面搜索“VR 视频”进行了解。

360° 视频和虚拟现实有何不同?

360° 视频的拍摄方式有点类似于拍全景照片。360° 视频是从多个方向录制的，把不同角度拍摄的影像合成一个完整的球体（这个过程叫“缝合”），再使用“球面投影”（equirectangular）技术把该球体展开成 2D 视频影像。把地球展平成世界地图使用的就是“球面投影”技术。

360° 视频看上去是扭曲的，难以观看。这种视频人眼看起来有点怪，但它仍然是一个普通的视频文件，Premiere Pro 能够轻松地处理它。

观看 360° 视频一般需要佩戴专门的 VR 头盔。戴上头盔后，你可以通过转动头部来观看画面的不同部分。由于观看 360° 视频必须佩戴 VR 头盔，所以 360° 视频也叫作 VR 视频。

其实，真正的 VR 不是视频，而是一个完整的 3D 环境，你可以在其中走动，并且从不同方向观看景物，就像 360° 视频一样，而且还可以在虚拟现实空间中站在不同位置观察景物。从某种意义上说，VR 体验有点类似于 3D 游戏。

360° 视频和 VR 最重要的区别是，在 360° 视频中，你可以站在原地从不同角度观看景物，而在 VR 中，你可以在虚拟场景中自由走动从不同位置观看景物。

6.5 使用标记

有时很难记住要用镜头的哪一部分以及用它做什么。为解决这个问题，Premiere Pro 提供了标记功能。借助标记功能，可以在剪辑中添加注释，标记感兴趣的片段。

6.5.1 什么是标记

通过标记功能可以标识剪辑和序列的特定时间点，并添加注释，如图 6-12 所示。这些临时（基于时间）的标记有助于组织剪辑，以及与其他视频编辑人员进行良好的沟通。

图 6-12

标记作为一种参考，可以给自己看，也可以在与其他人合作时留给别人看。在 Premiere Pro 中，无论是剪辑还是序列都可以添加标记。

6.5.2 标记类型

标记有多种类型，可以为每种标记赋予不同的颜色。双击标记，可以更改标记的类型和颜色。

注意 添加标记时，如果【时间轴】面板中某个序列的某个剪辑处于选中状态，Premiere Pro 会把标记添加到处于选中状态的剪辑上，而非序列上。有关选择序列剪辑的更多内容，请参考本课“选择剪辑”一节。

标记的类型如下。

- 注释标记：这是一种通用标记，可以指定名称、持续时间和注释。
- 章节标记：DVD 和蓝光光盘设计程序可以把这种标记转换成普通的章节标记。
- 分段标记：视频分发服务器可以使用这种标记分割视频内容。
- Web 链接：某些格式的视频可以使用这种标记在视频播放期间自动打开指定的 Web 页面；当把序列导出为某种支持该标记的格式文件时，Premiere Pro 会把 Web 链接标记添加到导出文件中。
- Flash 提示点：供 Adobe Animate 使用；在 Premiere Pro 中编辑序列时，可以在时间轴上添加 Flash 提示点，为后面的 Animate 项目做准备。

6.5.2.1 序列标记

下面向序列中添加一些标记。

1. 在 Sequences 素材箱中，双击 City Views 序列，将其打开。

该序列中简单组合了一档旅行节目的几个镜头。

2. 在【时间轴】面板中，把播放滑块拖曳到 00:01:12:00 处，确保没有剪辑处于选中状态（单击【时间轴】面板中的空白区域或者按【Esc】键，可取消选择剪辑）。

3. 使用以下方式之一，向序列中添加标记。

- 单击【时间轴】面板左上角或【节目监视器】左侧的【添加标记】按钮（■）。
- 使用鼠标右键单击时间轴中的时间标尺，从弹出的菜单中选择【添加标记】。
- 按【M】键。

使用以上的一种方式可以向时间轴中添加一个绿色标记，它就在播放滑块上方，如图 6-13 所示。此时，【节目监视器】底部的时间轴上也会出现同样的标记，如图 6-14 所示。

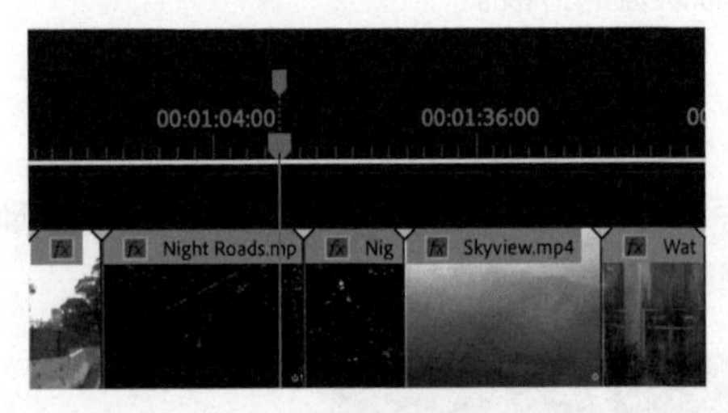

图 6-13

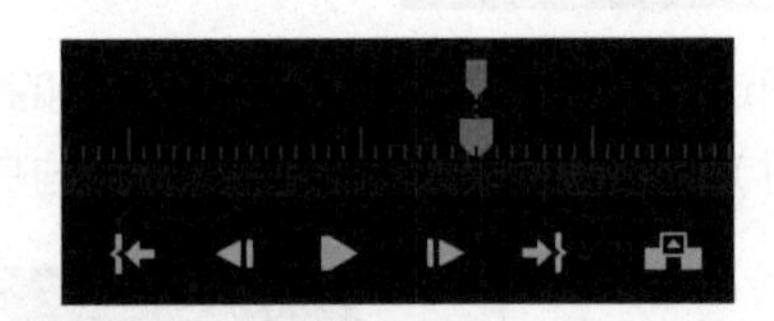

图 6-14

可以把该标记用作一个重要时间点的提醒标志，或者将其修改成另外一种类型的标记。稍后我们会这样做，这里先在【标记】面板中查看这个标记。

4. 打开【标记】面板。从菜单栏中依次选择【窗口】>【标记】，即可打开【标记】面板。

【标记】面板中按时间顺序显示一系列标记。【标记】面板中还可以显示序列或剪辑中的标记，这取决于当前处于活动状态的是时间轴、序列剪辑，还是【源监视器】。

提示【标记】面板顶部有一个搜索框，与【项目】面板中的搜索框是一样的，如图 6-15 所示。搜索框旁边是标记颜色过滤器。单击其中一个或多个颜色，【标记】面板将只显示该颜色的标记。

❺ 在【标记】面板中，双击标记缩览图，打开【标记】对话框，如图 6-16 所示。

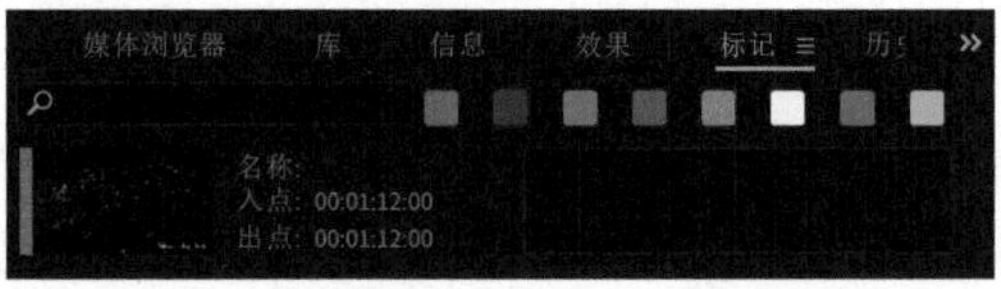

图 6-15

图 6-16

提示 打开【标记】对话框的方法有两种：一是双击【标记】面板中的一个标记，二是双击【时间轴】面板或监视器中的标记图标。

提示 连续按两次【M】键，可在添加标记的同时打开【标记】对话框。

❻ 此时，光标在【名称】文本框中闪动，输入名称 Replace this shot，该名称用作注释。

❼ 单击【持续时间】右侧的蓝色数字，输入 400。请注意，此时不要按【Enter】键（Windows）或【Return】键（macOS），否则会关闭对话框。单击对话框的其他地方，或者按【Tab】键把光标移动到下一个位置，Premiere Pro 会自动添加时间码分隔符，把 400 转换成 00:00:04:00（4 秒），如图 6-17 所示。

图 6-17

提示 每种不同类型的标记（包括不同颜色）都有相应的键盘快捷键。使用键盘快捷键操纵标记一般要比使用鼠标或触控板快得多。

❽ 单击【确定】按钮，或者按【Return】键（macOS）或【Enter】键（Windows）。

此时，在【时间轴】面板和【节目监视器】中，标记有了持续时间。把时间轴放大一些，可看到标记的名称，如图 6-18 所示。

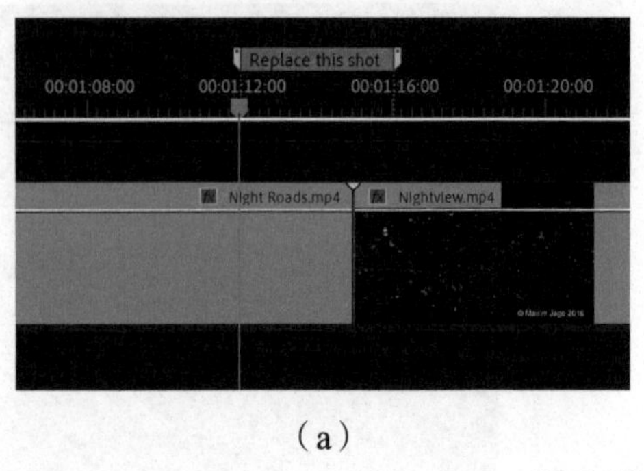

（a）

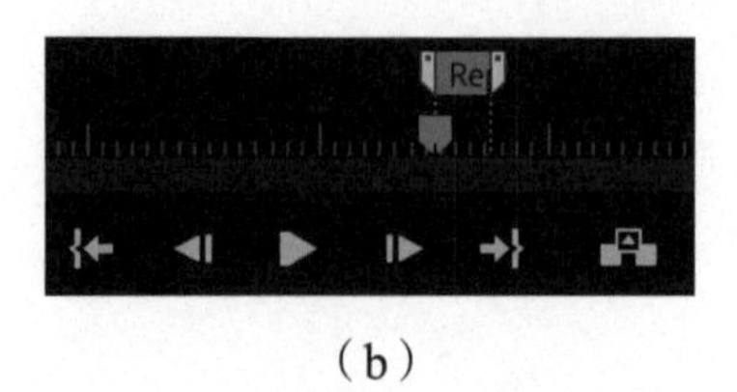

（b）

图 6-18

标记名称同时显示在【标记】面板中，如图 6-19 所示。

图 6-19

❾ 在菜单栏中，选择【标记】菜单，可看到【波纹序列标记】命令，如图 6-20 所示。在选择该命令后，在执行能够改变序列持续时间和时间点的编辑操作时（比如插入编辑与提取编辑），序列中的标记会随着剪辑一起移动；否则，当剪辑移动时，标记保持不动。

【标记】菜单底部是【复制粘贴包括序列标记】命令，如图 6-21 所示。在选择该命令后，当复制序列中的一部分（该部分借助入点和出点选取）并将其粘贴到其他位置时，其中的标记也会被一起复制粘贴。

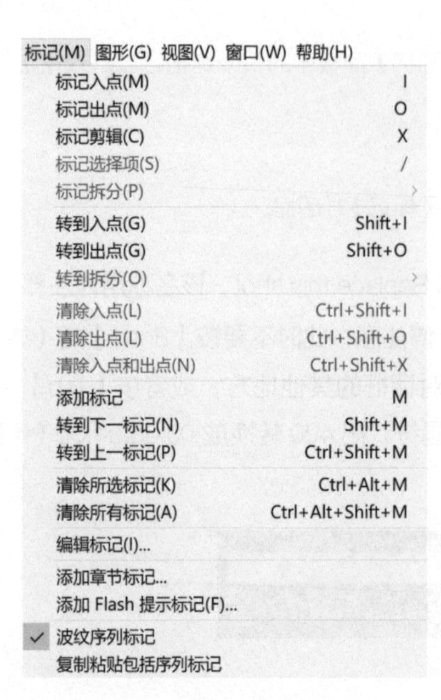

图 6-20

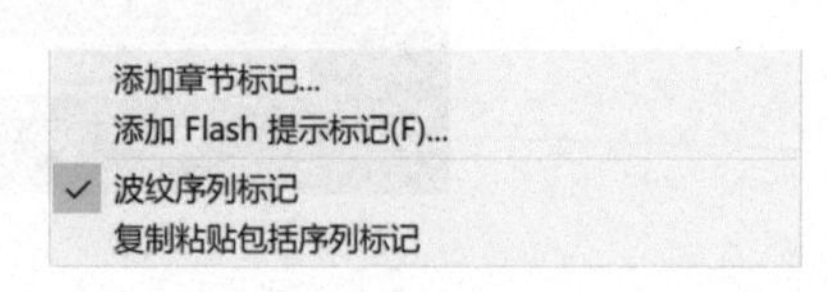

图 6-21

6.5.2.2 剪辑标记

下面向剪辑中添加标记。

❶ 在 Further Media 素材箱中，双击 Seattle_Skyline.mov 剪辑，将其在【源监视器】中打开。

❷ 播放剪辑的同时按【M】键，添加几个标记，如图 6-22 所示。

图 6-22

💡 提示 添加标记时，可以用按钮也可以用键盘快捷键。使用键盘快捷键（【M】键）添加标记时，你可以轻松使其与音乐节奏保持合拍，因为你可以边播放音乐边添加标记。

💡 提示 默认设置下，【标记】面板与【项目】面板在同一个面板组中。若找不到【标记】面板，请从菜单栏的【窗口】菜单中选择【标记】，将其打开。

💡 提示 你可以使用标记在剪辑和序列中实现快速导航。单击某个标记图标或者在【标记】面板中选择一个标记，播放滑块会立即跳转到那个标记处，实现快速导航。在【标记】面板中双击某个标记，Premiere Pro 将打开标记设置对话框。

❸ 打开【标记】面板，若当前【源监视器】处于活动状态，可以在【标记】面板中看到添加的各个标记，如图 6-23 所示。在【标记】面板中，你可能需要向下拖曳右侧的滚动条才能看到所有标记。

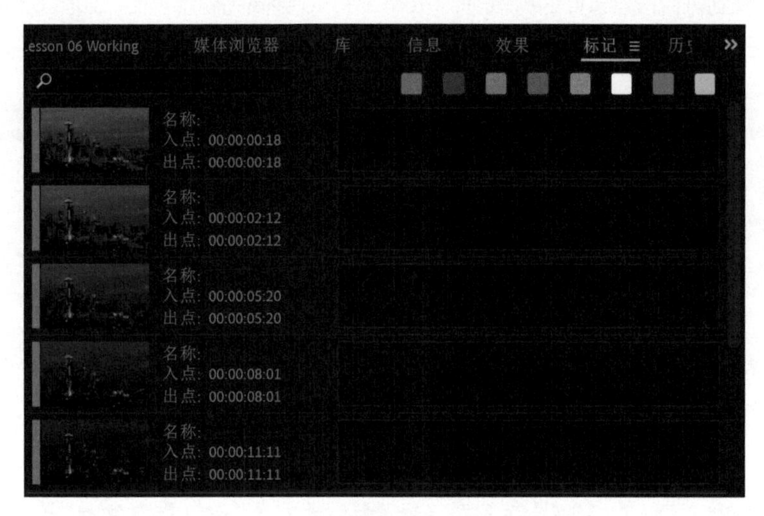

图 6-23

把带有标记的剪辑添加到序列中时，其标记也会一起保留下来。

❹ 单击【源监视器】，使其处于活动状态。从菜单栏中，依次选择【标记】>【清除所有标记】，删除剪辑中的所有标记。

💡 提示 此外，你还可以在【源监视器】【节目监视器】【时间轴】面板的时间标尺上单击鼠标右键，然后从弹出的菜单中选择【清除所有标记】，删除剪辑中的所有标记（或当前标记）。

6.5.2.3 导出标记

为了方便多人协作，以及添加参考信息，可以把剪辑或序列中的标记导出为 TXT 文件、HTML 文件（包含缩览图）、CSV 文件（逗号分隔值，可由电子表格编辑程序读取）。

选择含标记的一个序列或剪辑，从菜单栏中，依次选择【文件】>【导出】>【标记】，可将标记导出。

6.5.3 在【时间轴】面板中查找剪辑

除了在【项目】面板中查找剪辑外，还可以在序列中搜索剪辑。确保当前活动面板是【时间轴】面板，从菜单栏中选择【编辑】>【查找】或按【Command】+【F】(macOS）或【Ctrl】+【F】(Windows）组合键，可打开相应的搜索对话框，如图 6-24 所示。

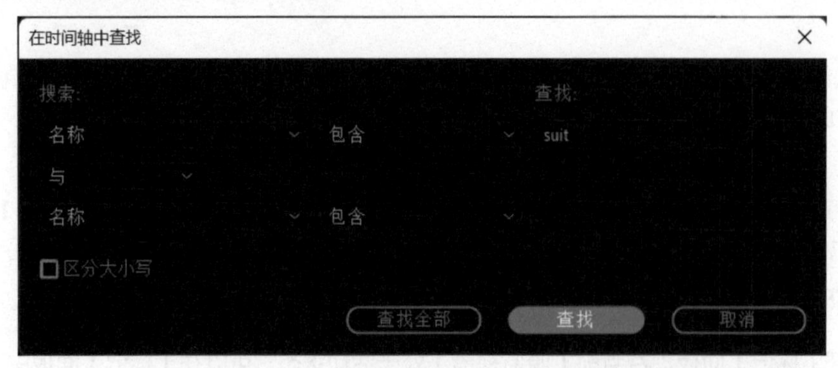

图 6-24

当在序列中找到符合搜索条件的剪辑时，Premiere Pro 会高亮显示它们，如图 6-25 所示。若单击【查找全部】按钮，Premiere Pro 将高亮显示所有符合搜索条件的剪辑。

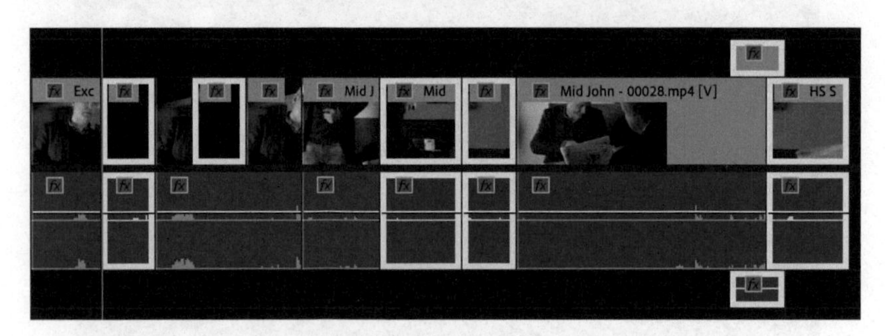

图 6-25

6.6 使用【切换同步锁定】按钮和【切换轨道锁定】按钮

【时间轴】面板中有两个用于锁定轨道中剪辑的按钮，如图 6-26 所示。

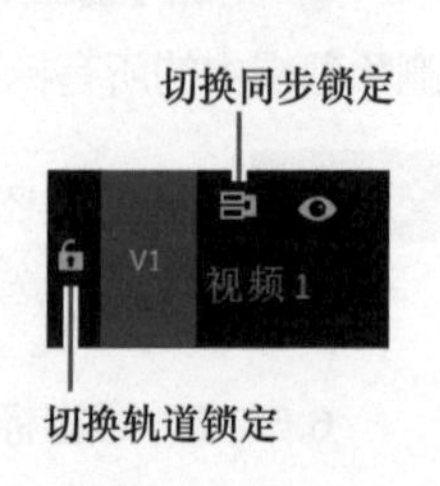

图 6-26

- 使用【切换同步锁定】按钮（），执行插入编辑或提取编辑操作时，其他轨道中的剪辑会保持同步。
- 使用【切换轨道锁定】按钮（）可以锁定某个轨道，避免对锁定的轨道做任何修改。

6.6.1 使用【切换同步锁定】按钮

可以把同步理解成协调两件事情，使得它们同时发生。例如，当出现某个精彩动作时会有音乐响起；当某个人开始发言时在屏幕底部出现介绍发言人的字幕等。如果两件事情同时发生，我们就说它们是同步的。

❶ 打开 Sequences 素材箱中的 Theft Unexpected 02 序列。

这个序列中有两个 John 来到桌边说“Excuse Me”的镜头，稍后会解决这个问题。

在序列开头，当 John 出现时，观众并不知道他在看什么。下面添加另外一个演员的开场镜头来设置场景。

❷ 在 Theft Unexpected 素材箱中双击 Mid Suit 剪辑，将其在【源监视器】中打开。在 01:15:35:18 处添加一个入点；在 01:15:39:00 处添加一个出点。

图 6-27

❸ 在【时间轴】面板中把播放滑块拖曳到序列开头，确保时间轴上没有入点和出点。

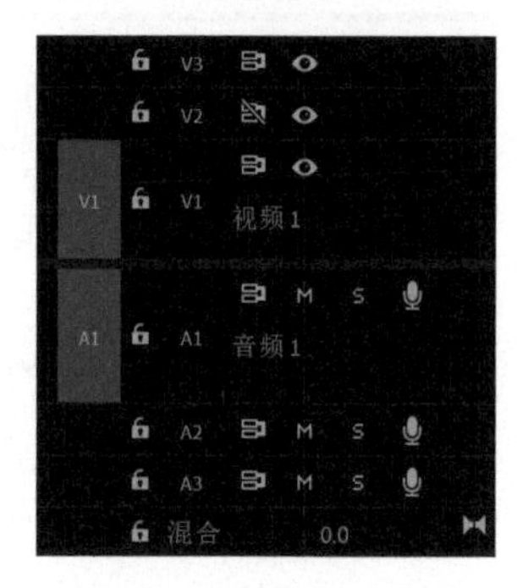

图 6-28

❹ 单击 V2 轨道的【切换同步锁定】按钮（![]），将其关闭，如图 6-27 所示。

❺ 参考图 6-28，在【时间轴】面板中，把源轨道指示器 V1 与 V1 轨道对应起来（将源轨道指示器 V1 拖曳到相应位置上，或者单击新位置）。当前，对于要执行的操作来说，目标轨道指示器的状态如何不重要，重要的是要启用正确的源轨道指示器。

在做其他处理之前，查看 Mid Suit 剪辑在 V2 轨道中的位置，确保其位置靠近序列末尾，如图 6-29 所示。

图 6-29

Mid Suit 剪辑位于 V1 轨道中 Mid John 和 HS Suit 两个剪辑接合处的上方，覆盖了编辑点。

> **注意** 你可能需要先执行缩小操作才能看到序列中的其他剪辑。

❻ 使用插入编辑方式，把源剪辑（Mid Suit 剪辑）添加到序列开头。可以单击【源监视器】中的【插入】编辑按钮（![]）。

再次查看 Mid Suit 剪辑的位置，如图 6-30 所示。

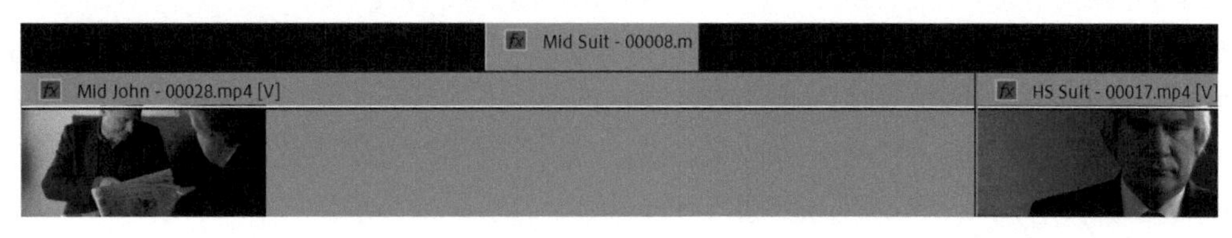

图 6-30

在插入新剪辑的时候，V2 轨道中的 Mid Suit 剪辑的位置不变，这是因为 V2 轨道的【切换同步锁定】按钮（）是关闭的，而 V1 轨道中的其他剪辑全部向右移动，给新插入的剪辑腾出了位置。但 Mid Suit 和其他剪辑的相对位置发生了变化，使其无法覆盖相应部分。

注意 覆盖编辑不会改变序列的持续时间，所以不受同步锁定影响。

7 按【Command】+【Z】(macOS）或【Ctrl】+【Z】(Windows）组合键，撤销操作。

8 单击 V2 轨道的【切换同步锁定】按钮（），再次执行插入编辑。

这里，Mid Suit 剪辑和时间轴上的其他剪辑一起移动，但是并没有对 V2 轨道做任何编辑。

有时会关闭【切换同步锁定】按钮（），比如项目中添加了一些音乐剪辑，当添加视频时，我们不希望这些音乐剪辑发生移动，即可关闭该按钮。

6.6.2 使用【切换轨道锁定】按钮

轨道锁定功能可防止轨道被修改。使用轨道锁定功能，不仅可以很好地避免对序列的意外修改，还可以把特定轨道的剪辑固定以方便处理。

例如，可以在插入不同视频剪辑时，把音乐轨道锁定。这样，在编辑期间就无法对音乐轨道做任何修改。

锁定轨道之后，其中的内容仍然在序列中可见，只是无法修改它。

单击【切换轨道锁定】按钮（），可以锁定或解锁轨道。锁定轨道的剪辑上会出现斜线，如图 6-31 所示。

图 6-31

轨道锁定会覆盖同步锁定，本例中启用了【切换同步锁定】按钮（），如果打算更改音频剪辑的位置，最好断开其与视频剪辑的同步。

6.7 查找序列中的间隙

到现在为止，我们一直在向序列中添加剪辑，非线性编辑的强大之处在于，可以自由地移动序列中的剪辑，以及删除不想要的部分。在删除剪辑或剪辑的一部分时，执行提升操作会留下间隙，而执行提取操作不会留下间隙。后文会进一步讲解有关这两种编辑的内容。

提取编辑类似于反向的插入编辑。提取编辑不是把序列中的其他剪辑移走来为新剪辑腾出空间，而是把其他剪辑移过来以填充删除某个剪辑后留下的间隙。

缩小一个复杂的序列后，其中的小间隙很难发现。在菜单栏中，依次选择【序列】>【转到间隔】>【序列中下一段】，Premiere Pro 会自动查找下一个间隙，如图 6-32 所示。

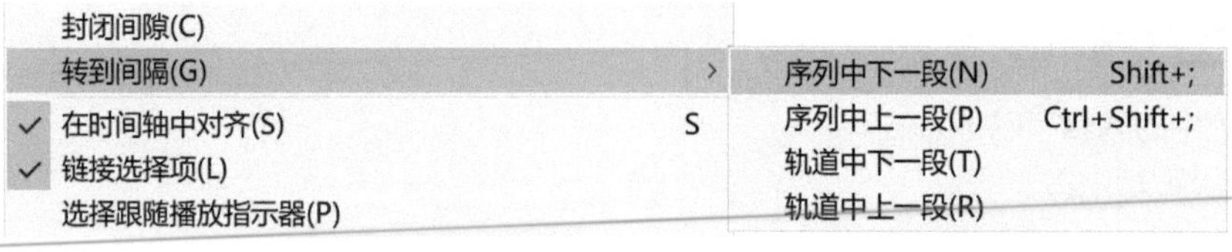

封闭间隙(C)
转到间隔(G)
在时间轴中对齐(S) S
链接选择项(L)
选择跟随播放指示器(P)
序列中下一段(N) Shift+;
序列中上一段(P) Ctrl+Shift+;
轨道中下一段(T)
轨道中上一段(R)

图 6-32

找到间隙后，选择它（单击间隙），然后按【Delete】键（macOS）或【Backspace】键（Windows），可将其删除。Premiere Pro 会移动间隙之后的剪辑来填充间隙。

如果序列中有入点和出点，请使用目标轨道指示器。在菜单栏中，依次选择【序列】>【封闭间隙】，如图 6-33 所示，可以删除多个间隙。只有标记之间的间隙才会被删除。

封闭间隙(C)
转到间隔(G)

图 6-33

下面深入讲解如何处理序列中的剪辑，还是以 Theft Unexpected 02 序列为例。

6.8 选择和拆分剪辑

使用 Premiere Pro 时，“选择”是一切工作的前提，必须先选择序列中的目标剪辑，然后再做调整。

在同时包含音频、视频的序列中，每个剪辑都包含两个或多个片段：一个视频片段、一个或多个音频片段。

当视频和音频剪辑片段来自同一个素材文件时，在将其添加到序列中后，Premiere Pro 会把它们自动链接起来。选择其中一个，另一个也会被选中，如图 6-34 所示。

fx
Excuse Me - 00035.mp4 [V]
fx

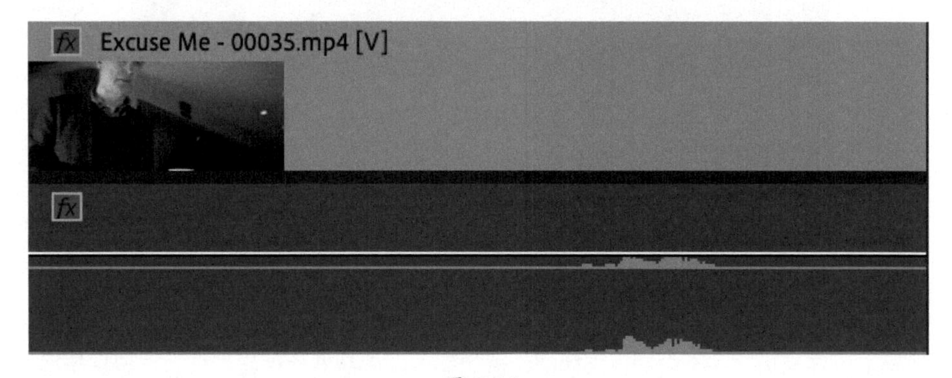

图 6-34

【时间轴】面板的左上角有一个【链接选择项】按钮（ ），该按钮默认处于开启状态。在【时间轴】面板左上角，关闭【链接选择项】按钮，可忽略所有剪辑间的链接。此时，如果有多个视频和音频剪辑，只有单击的剪辑才会被选中。

要实现相同功能，还有一个更快捷的方法，即按住【Option】键（macOS）或【Alt】键（Windows），然后选择序列中的剪辑片段。

这里，【链接选择项】按钮应处于开启状态。

6.8.1 选择剪辑

选择序列中的剪辑有以下方法。

- 使用入点和出点。
- 选择剪辑片段。

要选择序列中的剪辑，最简单的方法是单击它，注意不要双击，否则会在【源监视器】中打开它。

在选择时，可以使用【选择工具】( )，该工具位于【工具】面板中，默认处于选中状态，其键盘快捷键为【V】键。

按住【Shift】键，选择序列中的剪辑，可以把某个剪辑添加到选区或者从选区中移除，而且所选的剪辑不必连续，如图 6-35 所示。

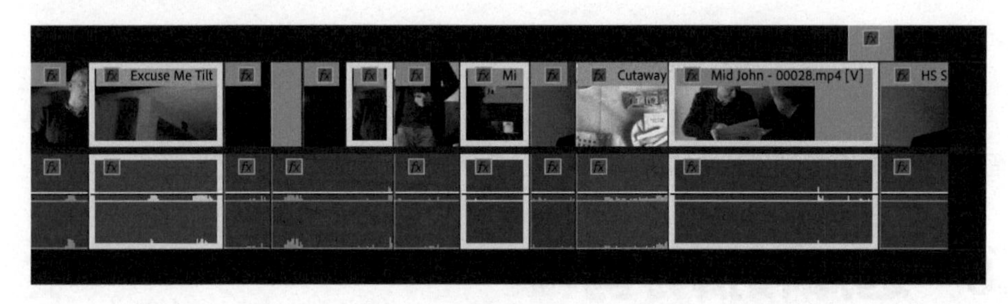

图 6-35

此外，还可以使用【选择工具】( )框选多个剪辑。先在【时间轴】面板中找到一块空白区域，按住鼠标左键，然后拖曳产生一个选择框，该选择框“触碰”到的所有剪辑都会被选中，如图 6-36 所示。

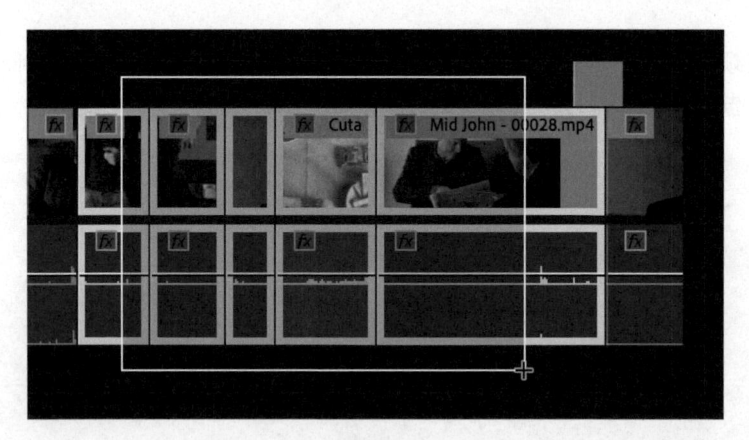

图 6-36

Premiere Pro 还提供了一个自动选择功能，该功能借助播放滑块选择剪辑，在目标轨道中，所有播放滑块经过的剪辑都会被自动选中。在进行基于键盘的编辑流程和效果设置时，该功能十分有用。从菜单栏中，依次选择【序列】>【选择跟随播放指示器】，可启用该功能。

启用该功能后，剪辑在播放期间不会被自动选中。

另外，还可以按【D】键，选择当前播放滑块所在位置的剪辑。此时，所有目标轨道中的剪辑都会被选中。

注意 若无轨道处于启用状态，按【D】键，将选中播放滑块下的所有剪辑。

6.8.2 选择轨道中的所有剪辑

首先确保【时间轴】面板处于激活状态，然后按【Command】+【A】(macOS)或【Ctrl】+【A】(Windows)组合键，可选中所有轨道的所有剪辑。

此外，还有两个方便的工具可以用来选择序列中一个特定方向上的所有剪辑：【向前选择轨道工具】(，键盘快捷键【A】)、【向后选择轨道工具】(，键盘快捷键【Shift】+【A】)。可以按住【向前选择轨道工具】()的图标来选择【向后选择轨道工具】()，如图 6-37 所示。

图 6-37

下面选择【向前选择轨道工具】()，在 V1 轨道上单击任意一个剪辑，如图 6-38 所示。

图 6-38

从单击的剪辑到序列末尾，每个轨道上的每个剪辑都会被选中。如果想向序列中添加间隙为其他剪辑留出空间，可以使用【向前选择轨道工具】()，先选中要移动的剪辑，然后把它们向右拖曳。

使用【向后选择轨道工具】()单击一个剪辑时，该剪辑之前的所有剪辑(包括单击的那个)都会被选中。

使用【向前选择轨道工具】()或【向后选择轨道工具】()时，同时按住【Shift】键，则只有一个轨道上的剪辑会被选中。

操作完成后，选择【工具】面板中的【选择工具】()，或按【V】键，即可切换到【选择工具】()。

提示 【V】键是个很有用的快捷键。如果你觉得【时间轴】面板的行为有点异常，请尝试按一下【V】键，切换为【选择工具】。

6.8.3 拆分剪辑

在视频编辑过程中，经常需要拆分剪辑，比如先把某个剪辑添加到序列中，然后把它拆分成两部分。

拆分剪辑的方法有如下多种。

- 使用【剃刀工具】()。按住【Shift】键，使用【剃刀工具】()单击，每个轨道上的剪辑都会被拆分开。

提示 【剃刀工具】的键盘快捷键为【C】。

- 在【时间轴】面板处于激活的状态时，从菜单栏中依次选择【序列】>【添加编辑】，Premiere Pro 会拆分目标轨道（目标轨道指示器处于启用状态）的剪辑，拆分位置是播放滑块所在的位置。如果选择了序列中的一个或多个剪辑，则 Premiere Pro 只拆分选择的剪辑，而忽略目标轨道指示器的设置。
- 在菜单栏中依次选择【序列】>【添加编辑到所有轨道】，Premiere Pro 会拆分所有轨道的剪辑，不管它们是不是位于目标轨道中。
- 使用【添加编辑】键盘快捷键。按【Command】+【K】(macOS)或【Ctrl】+【K】(Windows)组合键，拆分播放滑块所在位置的目标轨道中的剪辑或所选剪辑；按【Shift】+【Command】+【K】(macOS)或【Shift】+【Ctrl】+【K】(Windows)组合键，拆分播放滑块所在位置的所有轨道中的剪辑。

拆分后，这些剪辑播放时仍然是连续的，除非对它们单独进行了调整。

在【时间轴】面板中，单击【时间轴显示设置】按钮（ ），在弹出的下拉列表中选择【显示直通编辑点】，原本连续的两段剪辑之间会显示一个特殊图标，如图 6-39 所示。

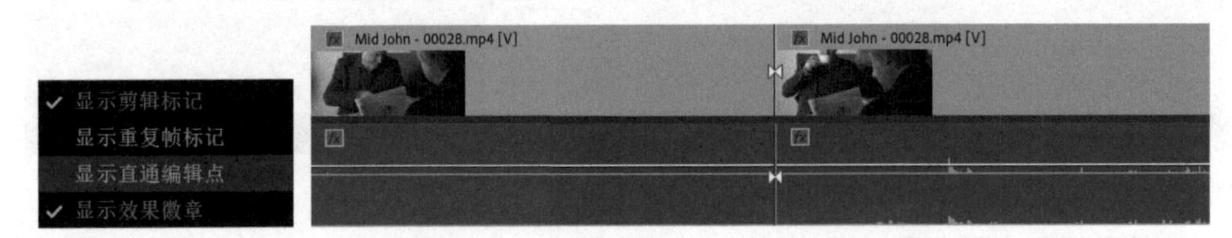

图 6-39

使用【选择工具】（ ），单击直通编辑点图标，按【Delete】或【Backspace】键，可把一个剪辑的两部分重新连接成一个整体。

可以尝试使用这些方法拆分当前序列中的一些剪辑，然后把它们重新连接起来。尝试完毕后，不断执行撤销操作，直至恢复拆分前的状态。

6.8.4 剪辑编组

如果一个序列中包含好几个剪辑，你希望一次性完成选择、移动、应用效果等操作，那在执行这些操作之前最好先对它们进行编组。

选择要编组的多个剪辑，单击鼠标右键，在弹出的菜单中选择【编组】，即可把选择的多个剪辑编组在一起。选择其中的任何一个剪辑，编组中的其他剪辑也会被同时选中。

若想取消编组，只需使用鼠标右键单击编组中的任意一个剪辑，然后从弹出的菜单中选择【取消编组】即可。

6.8.5 链接和取消链接剪辑

在 Premiere Pro 中，你可以轻松地链接或取消链接视频和音频片段。只需选择要处理的剪辑，单击鼠标右键，然后从弹出的菜单中选择【取消链接】即可，如图 6-40 所示。

✓ 启用
取消链接
编组
取消编组
同步

图 6-40

当然，还可以从【剪辑】菜单中选择【取消链接】命令。取消链接后，可以再次把剪辑的视频部分和音频部分链接起来，具体操作如下：首先同时选择剪辑的视频和音频部分，使用鼠标右键单击其中某一部分，从弹出的菜单中选择【链接】。链接和取消链接都不会改变 Premiere Pro 播放序列的方式。借助链接与取消链接操作，你可以按照自己的想法灵活地处理剪辑。

即便剪辑的视频和音频部分是链接在一起的，你还得确保【时间轴】面板中的【链接选择项】按钮（）处于开启状态，这样才能把两部分同时选中。

6.9 移动剪辑

使用插入编辑和覆盖编辑向序列中添加新剪辑的方式完全不同。执行插入编辑时，序列中已有的剪辑会向后移动；而执行覆盖编辑时，新的剪辑会替换现有剪辑。这两种处理剪辑的方法和在序列中移动剪辑、从序列中删除剪辑使用的方法是相通的。

在使用插入编辑移动剪辑时，请确保所有轨道的【切换同步锁定】按钮（）处于开启状态，这样可以避免出现不同步的问题。

下面进行具体操作。

6.9.1 拖曳剪辑

【时间轴】面板左上角有一个【对齐】按钮（），其默认处于开启状态。启用该按钮时，剪辑片段会彼此自动对齐，能够帮助我们准确设置剪辑片段的位置，精确到帧。

该按钮对应的键盘快捷键是【S】键。在编辑过程中，可以按【S】键来开启或关闭该按钮。

❶ 在【时间轴】面板中，选择最后一个剪辑——HS Suit，将其略微向右移动，如图 6-41 所示。

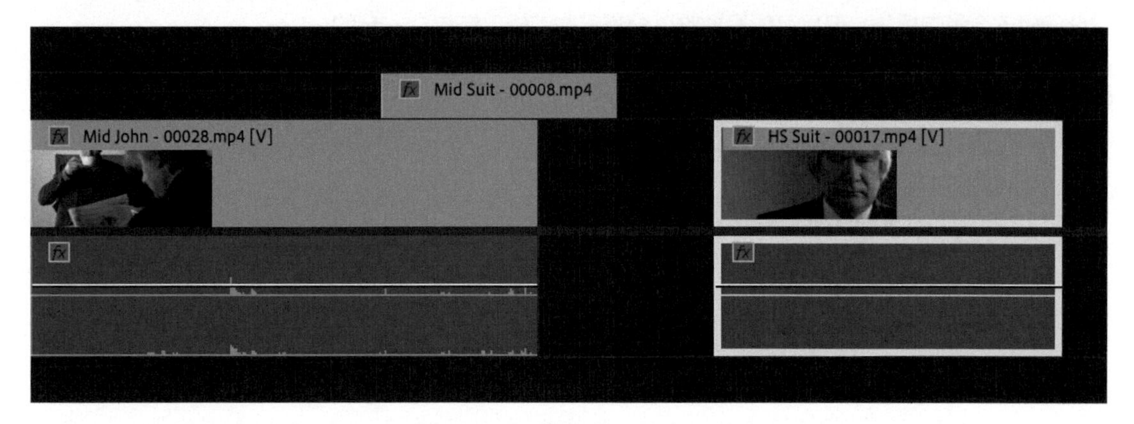

图 6-41

由于 HS Suit 剪辑之后没有其他剪辑了，因此 Premiere Pro 会在这个剪辑之前添加一个间隙，但这不会影响其他剪辑。

❷ 确保【对齐】按钮（）处于启用状态，然后把剪辑拖曳到原来的位置上。慢慢拖曳鼠标，HS Suit 剪辑会自动跳至原来的位置上。此时，HS Suit 剪辑已经放好了。请注意，此时 HS Suit 剪辑也会对齐到 V2 轨道中切换镜头的末尾。

❸ 向左拖曳剪辑，使 HS Suit 剪辑的尾部和前一个剪辑的尾部对齐，即两个剪辑的尾部重叠在一起。释放鼠标后，HS Suit 剪辑会替换掉上一个剪辑的末端部分，如图 6-42 所示。

在拖曳剪辑时，默认编辑模式为覆盖编辑。

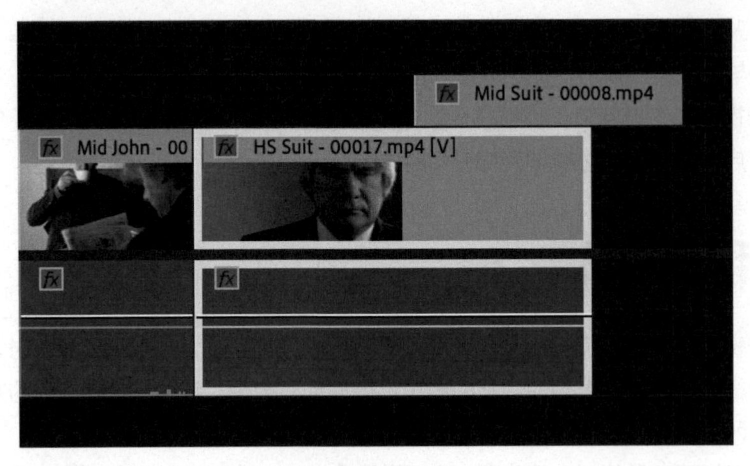

图 6-42

④ 不断执行撤销操作，直到 HS Suit 剪辑回到初始位置。

6.9.2 微移剪辑

相比于鼠标、触控板，许多视频编辑人员更喜欢使用键盘操作，因为使用键盘操作的速度更快。

在视频编辑中，一种常见的操作方式是使用键盘上的箭头键配合修饰键移动序列中的剪辑片段，即把所选剪辑片段沿着轨道左右移动或在轨道间上下移动。

在【时间轴】面板中，视频轨道和音频轨道之间存在分隔线，当向上或向下移动链接在一起的视频和音频剪辑时，其中一个剪辑会因为无法越过分隔线而保持不动，这样它们之间就会出现间隔。虽然此间隔不会影响播放，但是可能导致难以分辨哪些剪辑是链接在一起的。

注意 微移剪辑时，Premiere Pro 会执行覆盖编辑，把与所移动剪辑重叠的整个剪辑或部分剪辑删除。当你把剪辑移回到原来的位置时，将会留下一个间隙。

默认的微移快捷键

Premiere Pro 为我们提供了许多键盘快捷键，有些快捷键已经被占用，有些尚未被指定，你可以根据自己的操作习惯在【键盘快捷键】窗口中设置这些快捷键。

微移剪辑的默认快捷键如下。

- 左移 1 帧（若同时按住【Shift】键，每次向左移动 5 帧）：【Command】+【←】（macOS）或【Alt】+【←】（Windows）。
- 右移 1 帧（若同时按住【Shift】键，每次向右移动 5 帧）：【Command】+【→】（macOS）或【Alt】+【→】（Windows）。
- 上移：【Option】+【↑】（macOS）或【Alt】+【↑】（Windows）。
- 下移：【Option】+【↓】（macOS）或【Alt】+【↓】（Windows）。

6.9.3 重排序列中的剪辑

在【时间轴】面板中拖曳剪辑片段时，按住【Command】键（macOS）或【Ctrl】键（Windows），当释放剪辑时，Premiere Pro 会使用插入编辑模式来放置剪辑。

下面重排序列中的剪辑。

❶ 单击 Theft Unexpected 序列名称，将其激活（或者从 Sequences 素材箱中打开它）。

在 HS Suit 剪辑中，把大约从 00:00:16:00 开始的镜头放到前一个镜头之前会比较好，这有助于解决 John 在两个镜头之间动作不连续的问题。

> 提示 你可能需要放大时间轴才能看清剪辑并轻松移动它们。

❷ 确保【时间轴】面板左上方的【对齐】按钮（ ）处于启用状态。

❸ 把 HS Suit 剪辑向左拖曳到它前一个剪辑的左边，如图 6-43 所示。拖曳剪辑时，要同时按住【Command】键（macOS）或【Ctrl】键（Windows）。

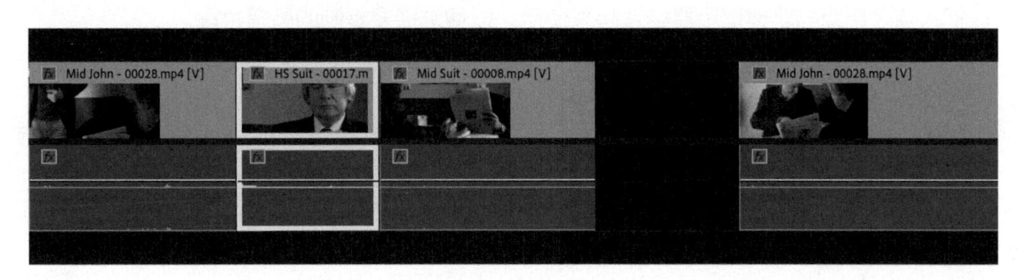

图 6-43

❹ 当 HS Suit 剪辑的左边缘与 Mid Suit 剪辑的左边缘对齐时，释放鼠标，然后释放修饰键。

> 提示 请一定要注意剪辑放置的位置，与开头一样，剪辑的末端也要与边缘对齐。

❺ 按空格键播放剪辑，可以看到在 HS Suit 剪辑原来的位置上出现了间隙。

接下来尝试使用另外一个修饰键。

❻ 撤销操作，让 HS Suit 剪辑回到原来的位置上。

❼ 按住【Command】+【Option】（macOS）或【Ctrl】+【Alt】（Windows）组合键，把 HS Suit 剪辑拖曳到前一个剪辑的左边，如图 6-44 所示。

图 6-44

此时，序列中不再出现间隙。

❽ 按空格键播放剪辑，观看结果。

6.9.4 使用剪贴板

在文字处理程序中，我们经常复制粘贴文本。类似地，我们也可以复制粘贴时间轴中的剪辑片段。

❶ 从序列中选择想复制的剪辑片段，然后按【Command】+【C】(macOS) 或【Ctrl】+【C】(Windows) 组合键，把它们添加到剪贴板。

❷ 把播放滑块拖曳到指定位置，按【Command】+【V】(macOS) 或【Ctrl】+【V】(Windows) 组合键即可把复制的剪辑片段粘贴到播放滑块所在的位置上。

Premiere Pro 会根据启用的轨道把剪辑副本添加到序列中，并且添加到最下方的轨道上。如果没有指定目标轨道，Premiere Pro 会把剪辑添加到它们原来所在的轨道上，这在重排序列内容时非常重要。

借助覆盖编辑，按住【Command】+【V】(macOS) 或【Ctrl】+【V】(Windows) 组合键添加剪辑副本。要插入复制的剪辑，可使用【Shift】+【Command】+【V】(macOS) 或【Shift】+【Ctrl】+【V】(Windows) 组合键。

可以把入点、出点与轨道指示器结合起来使用，以便选择要复制的剪辑片段。

6.10 删除剪辑片段

前面学习了如何把剪辑添加到序列中，以及如何在序列中移动剪辑。下面学习如何从序列中删除剪辑。注意，下面的操作是在插入或覆盖编辑模式下进行的。

Premiere Pro 提供了两种方法从序列中选择想要删除的部分：一种方法是使用入点、出点配合轨道指示器；另一种方法是直接选择剪辑片段。

6.10.1 提升编辑

提升编辑用来删除序列中所选的部分，删除后会留下空白。提升编辑类似于覆盖编辑，但是操作方向相反。

❶ 若当前【选择跟随播放指示器】处于开启状态，从菜单栏中依次选择【序列】>【选择跟随播放指示器】，将其关闭。

❷ 在【时间轴】面板中，单击 Theft Unexpected 02 序列名称，将其激活。这个序列中包含两段不需要的剪辑，它们用不同颜色的标签进行了标记，因此很容易辨别，如图 6-45 所示。

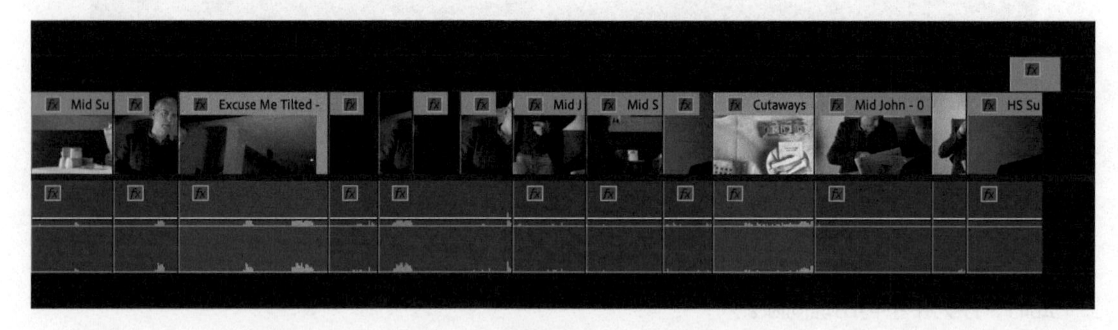

图 6-45

在时间轴中设置入点和出点，选出要删除的部分。设置入点和出点时，先把播放滑块拖曳到指定位置，然后按【I】键或【O】键即可。下面介绍一种更便捷的方式。

❸ 拖曳播放滑块，使其位于第一个不需要的剪辑 Excuse Me Tilted 上。

❹ 确保 V1 与 A1 轨道处于选中状态，然后按【X】键，不需要先选中剪辑。

Premiere Pro 会根据 Excuse Me Tilted 剪辑的起点和终点自动添加入点和出点，并高亮显示序列中被选中的部分，如图 6-46 所示。

❺ 单击【节目监视器】底部的【提升】按钮（），也可以按【；】键来执行提升编辑。

此时，Premiere Pro 会从序列中删除选择的片段，同时留下间隙。可以手动删除这个间隙，也可以使用提取编辑在删除所选片段的同时删除间隙。

图 6-46

提示 执行提升编辑或提取编辑时，删除的内容会被添加到剪贴板，就跟复制差不多，然后你可以把剪贴板中的内容粘贴到序列中的其他地方。

添加入点和出点的快捷方式

按斜杠键【/】(正斜杠)，可在所选剪辑（一个或多个）的开头和结尾处添加入点和出点。这与使用【X】键有点不一样：使用【X】键时，需要先把播放滑块放到目标剪辑上（不要选择它），确保轨道选择正确，然后再按【X】键。

上面这两种添加入点和出点的方法差别并不大，不过当轨道已经选择好时，使用【X】键比【/】键速度更快。

6.10.2 提取编辑

提取编辑用来删除在序列中选择的片段，并且删除之后不会留下间隙。提取编辑类似于插入编辑，但是方向相反。

❶ 撤销上一次的操作。

❷ 单击【节目监视器】底部的【提取】按钮（），也可以按【'】键来执行提取编辑。

此时，Premiere Pro 会删除序列中选中的部分，并且向左移动序列中的其他剪辑来删除间隙。

注意 非英文键盘上可能没有【'】键。如果你的键盘上没有【'】键，可以在【键盘快捷键】窗口中为【提取】功能指定一个快捷键。

6.10.3 删除编辑和波纹删除编辑

通过选择剪辑片段删除剪辑的方法有两种：删除编辑和波纹删除编辑。

单击第二个不需要的剪辑——Cutaways，将其选中，使用以下两种方法之一删除它。

- 按【Delete】键或【Backspace】键删除所选剪辑，删除后留下间隙。这类似于提升编辑。
- 按【Shift】+【Forward Delete】(macOS）或【Shift】+【Delete】(Windows）组合键删除所选剪

辑，删除后不会留下间隙。这类似于提取编辑。

如果键盘上没有【Forward Delete】键，可以按【Fn】+【Delete】组合键，其作用等同于【Forward Delete】键。

把入点、出点与目标轨道指示器结合起来使用，甚至可以有选择性地对剪辑的某一个部分做删除或波纹删除操作。

不过，在通过提取或提升编辑删除内容时，被删除的内容会添加到剪贴板中，你可以把它们粘贴到序列的其他位置上，而普通的删除操作只是把内容简单地删除。

6.10.4 禁用剪辑

你可以启用或禁用整个轨道，也可以启用或禁用单个剪辑。禁用的剪辑仍然留在序列中，但是播放时（或拖曳播放滑块浏览时）无法看到或听到它们。

对于复杂的序列来说，有选择地隐藏某些剪辑是很有用的。例如，借助这个功能，可以只查看背景图层，或者比较序列的不同版本，以及测试把剪辑放到不同轨道中的性能差异。

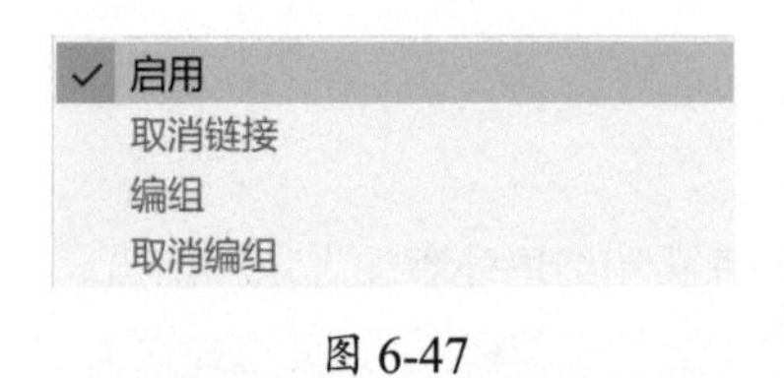

图 6-47

下面以 V2 轨道中的 Mid Suit 剪辑为例介绍如何启用或禁用剪辑。

❶ 使用鼠标右键单击 V2 轨道上的 Mid Suit 剪辑，在弹出的菜单中取消选择【启用】，如图 6-47 所示。

播放序列，可以发现虽然 Mid Suit 剪辑仍然在序列之中，但是 Premiere Pro 不会播放其中的内容。

注意 使用鼠标右键单击序列中的剪辑时，注意不要单击到 fx 标记（fx），否则会弹出与该效果有关的上下文菜单，而非普通的剪辑上下文菜单。

❷ 再次使用鼠标右键单击 Mid Suit 剪辑，选择【启用】，剪辑会再次显示出来。

❸ 在菜单栏中依次选择【文件】>【关闭】，关闭当前项目。若弹出询问对话框，单击【是】按钮。

6.11 复习题

1. 在把剪辑拖曳至【时间轴】面板时，同时按住哪些修饰键执行的是插入编辑而非覆盖编辑？
2. 如何把剪辑的视频或音频部分从【源监视器】拖入序列中？
3. 如何在【源监视器】或【节目监视器】中降低播放分辨率？
4. 如何向剪辑或序列添加标记？
5. 提取编辑与提升编辑有何不同？
6. 删除和波纹删除有何不同？

6.12 答案

1. 把剪辑拖入【时间轴】面板时，同时按住【Command】键（macOS）或【Ctrl】键（Windows），可执行插入编辑（非覆盖编辑）。
2. 直接把【源监视器】中的画面拖入序列时，素材中包含的视频与音频都会添加到序列中。当把监视器底部的【仅拖曳视频】或【仅拖曳音频】图标选中时，则只把剪辑中的视频或音频拖入序列中。此外，你还可以使用【时间轴】面板中的源修补按钮对你想排除的部分取消选择。
3. 使用【选择回放分辨率】更改播放分辨率。
4. 添加标记有以下几种方法。
   - 单击监视器或【时间轴】面板中的【添加标记】按钮。
   - 按【M】键。
   - 使用【标记】菜单。
5. 使用入点和出点标记提取序列的一个片段时不会留下空隙，而执行提升编辑则会留下空隙。
6. 从序列中删除一个或多个剪辑片段时会留下空隙，但是在使用波纹删除时不会留下空隙。

第 7 课

添加过渡

课程概览

本课学习如下内容：

- 编辑点和手柄
- 过渡的基本概念
- 添加视频过渡
- 修改过渡
- 微调过渡
- 把过渡应用到多个剪辑
- 使用音频过渡

学完本课大约需要 75 分钟

请先准备好本课要用到的课程文件，并把它们存放到本地计算机中方便取用的位置。

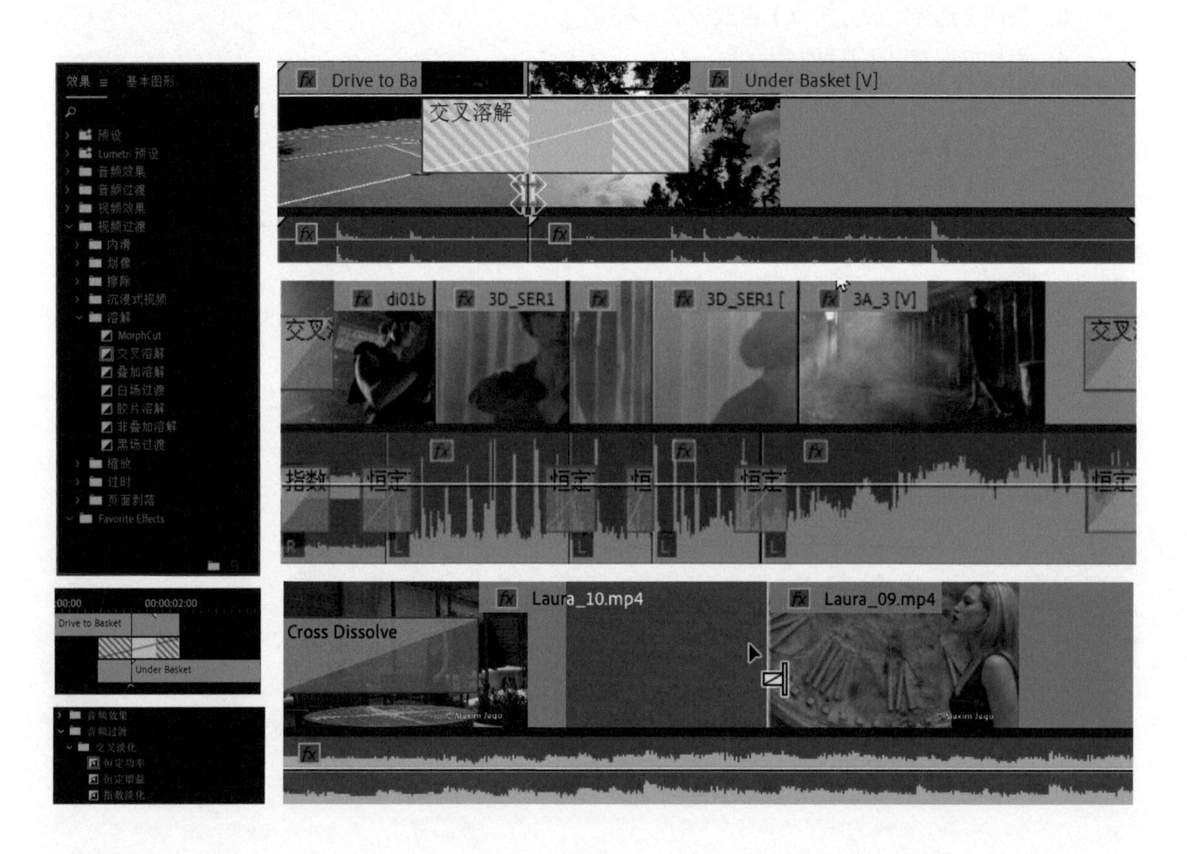

过渡可以用来把两个视频或音频剪辑自然、流畅地衔接在一起，也可以用来告知观众场景开始发生变化。视频过渡常用来提示时间或地点的变化。音频过渡经常用来防止影片中的声音突然出现或消失，从而避免给观众带来不适的感觉。

7.1 课程准备

常见的视频过渡是镜头切换，即一个剪辑的播放停止，另一个剪辑开始播放。使用带动画的切换效果，能够为视频添加很多创意，大大拓展创作空间。

本课学习如何在视频和音频剪辑之间使用过渡，让剪辑更加流畅、自然。

在本课的学习中会使用一个新项目，相关准备操作如下。

❶ 启动 Premiere Pro，打开 Lessons 文件夹中的 Lesson 07.prproj 项目文件。

❷ 把项目文件另存为 Lesson 07 Working.prproj，存放在 Lessons 文件夹中。

❸ 选择【工作区】>【效果】，进入【效果】工作区，然后把工作区重置为已保存的布局。

在【效果】工作区中，使用过渡非常方便，各个面板堆叠放置，这样可以在程序界面中尽可能多地显示面板，如图 7-1 所示。

对于任意一个面板组，若想启用堆叠面板，首先打开面板菜单（☰），然后从中选择【面板组设置】>【堆叠的面板组】。若想关闭堆叠面板，只需再次选择【堆叠的面板组】。

这里让面板堆叠放置。

在堆叠状态下单击任意一个面板名称，可将其展开并查看其中的内容。在【效果】面板中单击效果文件夹左侧的箭头按钮（›），可将其展开，显示其中的内容，【效果】面板会根据包含的内容自动调整高度，如图 7-2 所示。

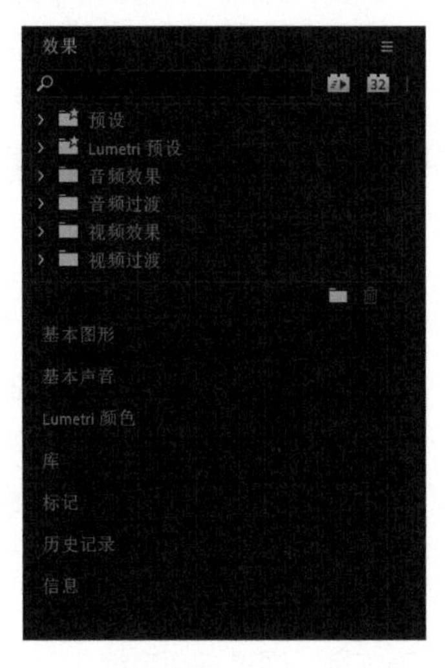

图 7-1

图 7-2

7.2 什么是过渡效果

Premiere Pro 提供了若干特效和预设动画，它们用来衔接序列中相邻的剪辑，实现平滑过渡。使用过渡效果（如溶解、翻页、颜色过渡等）是将一个场景轻松过渡到另外一个场景的常用方式。除了用来实现剪辑之间的平滑衔接外，过渡还可以用来把观众的注意力集中到故事的重大转折上。

在项目中应用过渡效果的操作十分简单，只要把想用的过渡效果从【效果】面板拖曳到序列的两个剪辑之间即可。在这个过程中，要确定过渡效果的位置、长度等，比如方向、运动、开始位置和结束位置。

添加好过渡效果后，在【时间轴】面板中可以调整过渡效果的某些设置，在【效果控件】面板中可以做更精细的调整。在序列中选择过渡效果后，可以在【效果控件】面板中看到具体设置。

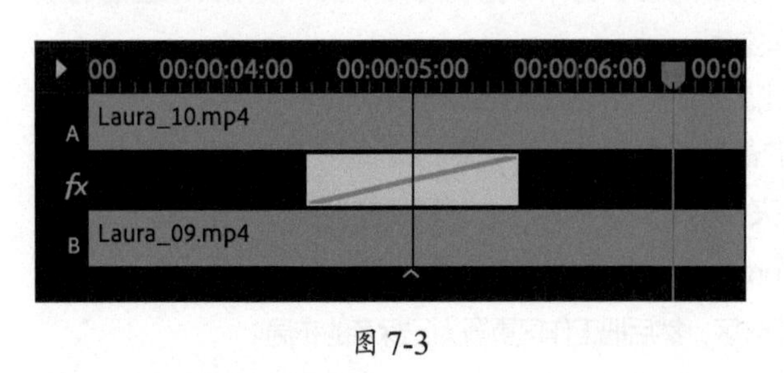

图 7-3

除每个过渡效果的设置项之外，【效果控件】面板中还有一个非常有用的 A/B 时间轴，如图 7-3 所示（详细讲解见 7.3 节）。借助它，可以更方便地更改过渡效果相对于编辑点的切换时间点、切换持续时间，以及把过渡应用到没有足够头帧或尾帧（即用来在剪辑的头部或尾部形成覆盖的内容）的剪辑上。

7.2.1 何时使用过渡

在视频编辑中，过渡是一个常用的故事讲述工具，恰当地使用过渡能够帮助观众更好地理解故事。

例如，在一段视频中，你可能希望把场景从室内切换到室外，或者往前跨越一些时间。动画过渡、黑场过渡或溶解等效果能使观众意识到地点的变化、时间的流逝，以及人物视角的变化。

例如，在一个场景末尾添加黑场过渡效果，表明当前场景结束。虽然过渡效果的作用不少，但也不可随意使用，要确保所有过渡效果的使用都有明确目的。只有通过大量练习积累经验，才能知道什么时候该用过渡效果、什么时候不该用。

有些常见的视觉语言观众已经非常熟悉了，他们能够理解并做出一些回应。例如，视频中有一个人睡着了，画面变成了柔焦，画面中的一切朦朦胧胧的，观众就知道当前展现的是他的梦境。恰当使用视觉语言有助于做出一些富有创意的画面。

7.2.2 使用过渡的实践

大多数电视节目和剧情片都只做剪接编辑，很少使用视觉过渡效果。原因何在？有时使用过渡效果会分散观众的注意力，让他们无法把精力集中到影片本身并沉浸其中，很难在情感上产生共鸣。

在新闻类视频中，使用过渡效果可以把原本让人感觉突兀、生硬的内容变得轻松、自然，更容易让人接受。

在跳切（jump cut）中，过渡效果很有用。跳切发生在两个相似的镜头之间，前后两个镜头之间有突兀、不自然甚至不正常的视觉跳跃感，导致故事不连续。通过在两个镜头之间添加过渡效果，可以让观众知道这是一个有意为之的“跳切”，不至于分散注意力。

戏剧性的过渡效果在故事讲述中很有用。电影《星球大战》中就运用了一些极具特色的过渡效果，比如醒目又缓慢的擦除效果。在这部电影中还运用了一种类似旧电影连载和电视节目的过渡效果，明确向观众传达一个信息：“请注意，我们正在转换时间和空间。”

7.3 使用编辑点和手柄

要理解过渡效果，需要先理解编辑点和手柄。编辑点是序列中的一个点，在这个点的位置，前一个剪辑结束，下一个剪辑开始，这通常叫场景切换。序列中的编辑点很容易找到，Premiere Pro 会在编辑点处显示一条竖线，两个剪辑看上去就像两块挨在一起的砖块，如图 7-4 所示。

图 7-4

把一个剪辑添加到序列中时，需要先在剪辑上设置入点和出点，将要用的部分选出来。在把选择的剪辑片段添加到序列中时，位于剪辑开头和结尾处未使用的部分仍然可用，只是在【时间轴】面板中被隐藏了起来。这些未使用的部分称为“剪辑手柄”（clip handle），简称“手柄”（handle）。

剪辑的原始起点和入点之间的部分是一个手柄，剪辑的原始终点和出点之间的部分也是一个手柄，如图 7-5 所示。【源监视器】中的时间标尺会显示手柄中有多少可用的素材。

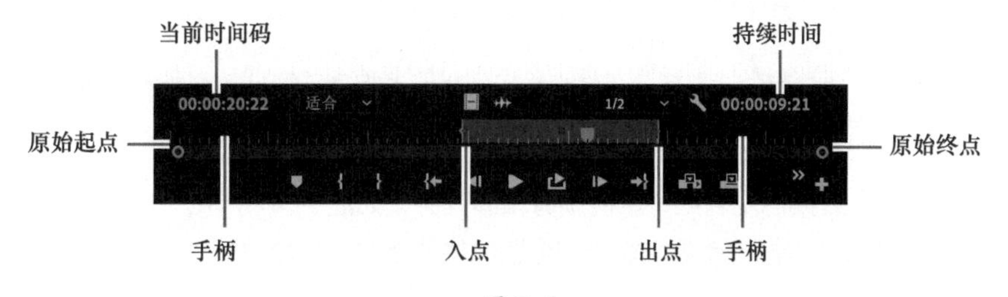

图 7-5

当剪辑中没有添加入点或出点，或者只在剪辑的开头或结尾添加一个入点或出点时，剪辑中要么不存在未使用的部分，要么只在剪辑的一端存在未使用的部分。

在【时间轴】面板中，序列中有的剪辑的右上角或左上角有一个小三角形，这表示已经到了原始剪辑的末端，再无其他帧可用了，如图 7-6 所示。

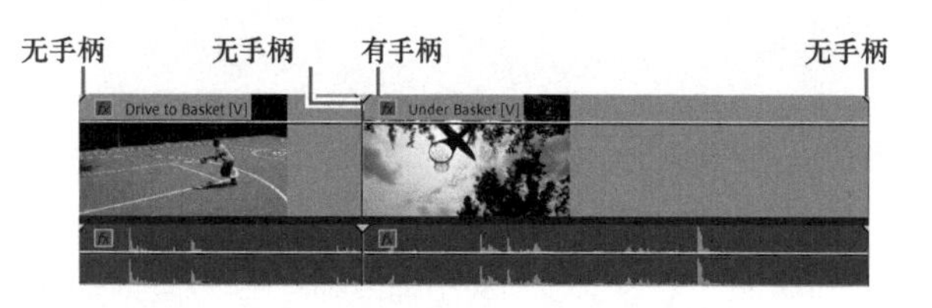

图 7-6

为了让过渡效果起作用，需要用到手柄，因为效果会在转出剪辑和转入剪辑之间产生重叠。

例如，想在两个视频剪辑中间添加一个 2 秒的【交叉溶解】过渡效果，则每个剪辑至少分别留出一个 1 秒的手柄才行（每个剪辑的 1 秒在序列中一般是不可见的）。在【时间轴】面板中，借助过渡效果图标，我们可以知道过渡效果的持续时间，以及在剪辑上的重叠情况，如图 7-7 所示。

图 7-7

7.4 添加视频过渡效果

图 7-8

Premiere Pro 提供了多种视频过渡效果，可以在【效果】面板的【视频过渡】文件夹中找到它们，如图 7-8 所示。

【视频过渡】文件夹中包含 8 个子文件夹中，还有一些视频过渡效果存在于【效果】面板的【视频效果】>【过渡】文件夹中。这些效果应用于剪辑，可显示剪辑开始帧和结束帧之间的视觉内容。第二类过渡效果适用于叠加文本或图形。

7.4.1 应用单侧过渡效果

比较容易理解的过渡是仅应用于剪辑一端的过渡，比如，应用于序列中第一个剪辑的淡入过渡或者转为动画图形的溶解过渡等。下面应用【交叉溶解】效果。

❶ 确保 Transitions 序列已经打开，如图 7-9 所示。

该序列包含 4 个视频剪辑和一段背景音乐。这些剪辑都有足够长的手柄，因此可以在它们之间应用过渡效果。

❷ 在【效果】面板中打开【视频过渡】>【溶解】文件夹，从中找到【交叉溶解】效果。

注意 【效果】面板顶部有一个搜索框，在其中输入效果的名称或关键词，即可查找相应效果。当然，也可以浏览各个效果文件夹进行查找。

❸ 把【交叉溶解】效果拖曳到第一个视频剪辑的开头，如图 7-10 所示。Premiere Pro 会高亮显示要添加过渡效果的位置。当把过渡效果拖曳到合适的位置上时，释放鼠标。

图 7-9

图 7-10

❹ 把【交叉溶解】效果拖曳到最后一个视频剪辑的尾部，如图 7-11 所示。

【交叉溶解】效果的图标上显示了效果的起止时间。例如，添加到序列中最后一个剪辑上的【交叉溶解】效果从剪辑结束之前的某个时间点开始，持续到剪辑末尾结束。

这类过渡效果不会增加剪辑的长度，因为它们都没有超过剪辑的末尾。

上面的两个【交叉溶解】效果都应用在了剪辑的某一端，在它们的前面或后面都没有接续剪辑，最终效果类似于【黑场过渡】效果。

实际上，应用【交叉溶解】效果，剪辑会逐渐变透明，最终显示黑色背景。当使用的剪辑中包含多个不同颜色的背景图层时，以上两种效果的差别更加明显。

❺ 播放序列，查看结果，如图 7-12 所示。开始时画面从黑色慢慢淡入，到序列末尾时画面又淡出，变为黑色。

图 7-11

图 7-12

7.4.2 在两个剪辑之间应用过渡效果

下面将在几个剪辑之间应用过渡效果。在执行这些步骤的过程中，你可以不断播放序列，随时查看结果。

❶ 继续使用 Transitions 序列。

❷ 在【时间轴】面板中，把播放滑块拖曳到剪辑 1 和剪辑 2 之间的编辑点处，然后按【=】键两次或三次，以放大查看剪辑。如果键盘上没有【=】键，可以使用【时间轴】面板底部的导航器进行放大。此外，你还可以自己定义放大操作的键盘快捷键，相关内容请参考第 1 课“了解 Premiere Pro”。

提示 在英文键盘中，我们可以很容易记住【=】键执行的是放大操作，因为【=】键上还有一个“+”，看到它，很自然地就会想到放大操作。

❸ 从【效果】面板的【溶解】文件夹中，把【白场过渡】效果拖曳到剪辑 1 和剪辑 2 之间的编辑点上。拖曳效果时，效果会自动对齐到以下 3 个位置之一：第一个剪辑的末尾、第二个剪辑的开头、第一个和第二个剪辑之间，同时鼠标指针会发生变化，指示过渡效果的位置，如图 7-13 所示。

确保把【白场过渡】效果拖曳到两个剪辑之间，不要放到第一个剪辑末尾或第二个剪辑开头。

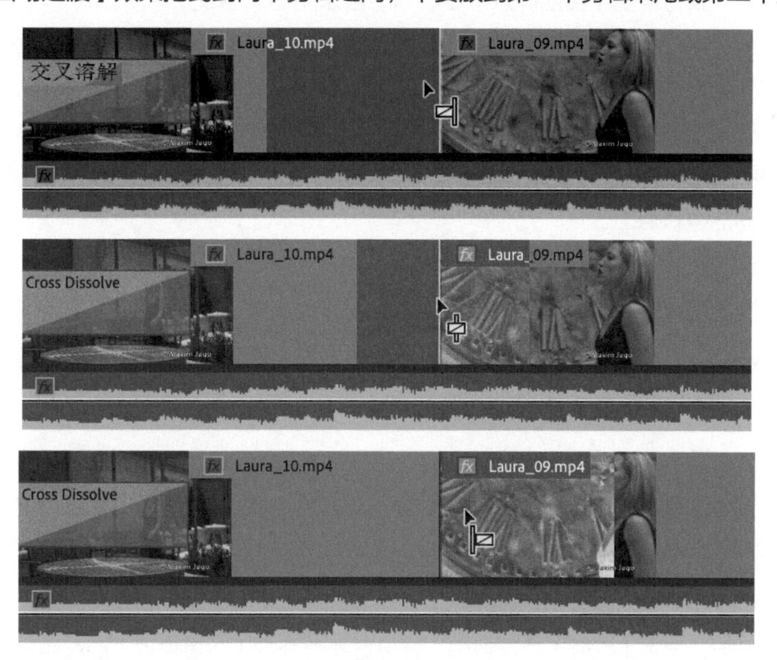

图 7-13

使用【白场过渡】效果会逐渐形成一个全白的画面，把第一个剪辑和第二个剪辑之间的转换处遮盖起来，如图 7-14 所示。

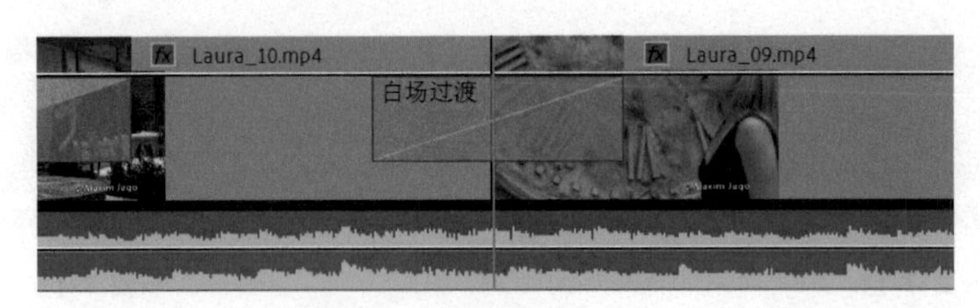

图 7-14

❹ 在【效果】面板中，展开【视频过渡】>【内滑】文件夹，找到【推】效果，并将其拖曳到剪辑 2 和剪辑 3 之间的编辑点上，如图 7-15 所示。

图 7-15

❺ 播放序列，查看过渡效果，然后按【↑】键，把播放滑块移动到剪辑 2 和剪辑 3 之间的编辑点上。按【↑】或【↓】键，可以快速地把播放滑块移动到目标轨道中的上一个或下一个编辑点。

❻ 在【时间轴】面板中，单击【推】过渡效果图标将其选中，然后打开【效果控件】面板。

> 提示　打开【效果控件】面板时，若里面是空的，请再次单击【推】过渡效果，重新将其选中。

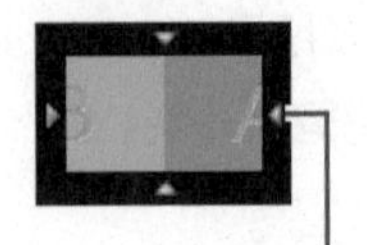

图 7-16

❼ 在【效果控件】面板的左上角，单击 A/B 缩览图右侧的方向控件，把剪辑方向从【自西向东】更改为【自东向西】，如图 7-16 所示。

缩览图四周各有几个三角形控件，它们用来控制【推】过渡效果的方向。把鼠标指针移至三角形控件上，可以看到相应的提示信息。

在【时间轴】面板中播放序列，查看过渡结果。

❽ 在【效果】面板中，展开【视频过渡】>【页面剥落】文件夹，把【翻页】过渡效果拖曳到剪辑 3 和剪辑 4 之间的编辑点上。

❾ 播放序列，查看所有过渡效果。

下面尝试替换现有效果。

❿ 从【滑动】文件夹中把【拆分】过渡效果拖曳到现有的【推】过渡效果图标（位于剪辑 2 和剪辑 3 之间）上。此时，【拆分】过渡效果会替换【推】过渡效果，保持原过渡效果的起点和持续时间。

> 注意　当从【效果】面板拖曳一个新的视频或音频过渡效果到已有的过渡效果上时，新过渡效果会取代已有的过渡效果，并且会保留原有过渡效果的对齐时间点和持续时间。这也是一种更换过渡效果的快捷方式。

⓫ 在时间轴上，单击【拆分】过渡效果，其设置参数会在【效果控件】面板中显示出来。在【效果控件】面板中设置【边框宽度】为 7，设置【消除锯齿品质】为【中】，创建一个黑边框，如图 7-17 所示。

> 注意　你可能需要向下滚动【效果控件】面板，才能看到更多控制选项。

图 7-17

当效果中包含线条动画时，启用消除锯齿功能，可以减少闪烁的发生。

⑫ 播放序列，查看过渡效果。播放之前，最好把播放滑块拖曳到靠近过渡效果开始的位置。

若播放过渡效果时卡顿，可以先按【Return】键（macOS）或【Enter】键（Windows），对效果进行渲染，等待渲染完成后再尝试播放。有关渲染的更多内容，请阅读 7.4.4 小节的“红色、黄色、绿色渲染条”。

视频过渡效果有默认的持续时间，可以按秒或帧设置（默认是帧）。若默认持续时间是按帧设置的，效果的有效持续时间会随着序列的帧速率发生变化。在【首选项】对话框的【时间轴】选项卡中，可以修改视频过渡的默认持续时间。

⑬ 在菜单栏中，依次选择【Premiere Pro】>【首选项】>【时间轴】(macOS）或【编辑】>【首选项】>【时间轴】(Windows)。在不同地理区域，视频过渡的默认持续时间可能不一样，有可能是 30 帧，也有可能是 25 帧，如图 7-18 所示。

⑭ 当前序列的帧速率为 25 帧 / 秒，但可以把【视频过渡默认持续时间】修改为 1 秒，这不会对序列产生什么影响。修改完成后，单击【确定】按钮，如图 7-19 所示。

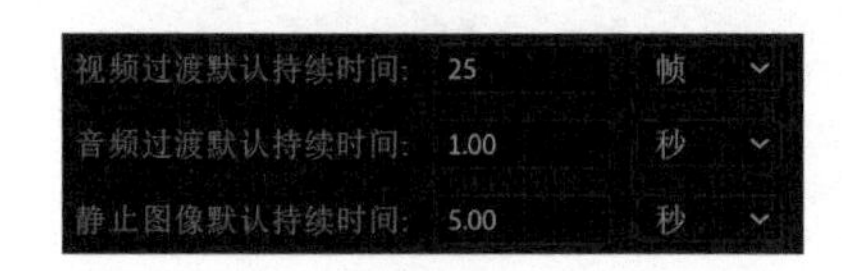

图 7-18

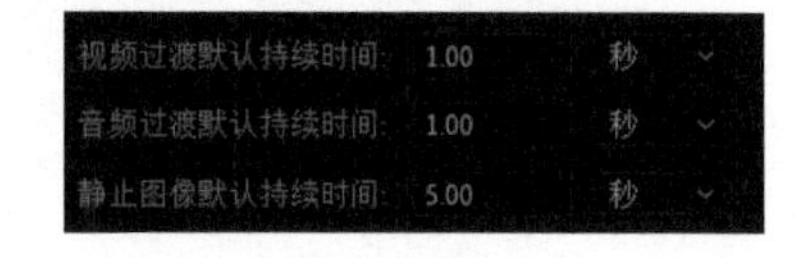

图 7-19

更改首选项设置后，现有过渡效果会保持原有设置不变，但之后添加的过渡效果会采用修改后的默认持续时间。

效果的持续时间与其影响程度密切相关，本课后面将讲解过渡时间调整相关的内容。

7.4.3 向多个剪辑应用默认过渡效果

前面讲了如何向视频剪辑应用过渡效果。其实，除了视频剪辑外，还可以向静止图像、图形、颜色蒙版甚至音频应用过渡效果，相关内容将在后面讲解。

在视频编辑过程中，编辑人员经常会创建照片蒙太奇，在照片之间添加过渡效果能够形成不错的视觉效果。为两张或三张照片应用过渡效果很快，但是一次为 100 张照片应用过渡效果则会花很长时间。Premiere Pro 大大简化了该过程，它允许设置默认的过渡效果。

① 在【项目】面板中，打开 Slideshow 序列。

这个序列中按照特定顺序放置了一些图像。注意，在音乐剪辑的开头和结尾部分已经应用了【恒定功率】音频过渡效果，创建了音频淡入和淡出效果。

② 在【时间轴】面板处于活动状态时，按空格键，播放序列。

每两个视频剪辑之间都需要添加视频过渡效果。

③ 按【\】键缩小时间轴，以便能够看到完整的序列，如图 7-20 所示。也可以拖曳【时间轴】面板导航器的右端进行时间轴的缩放。

图 7-20

提示 执行某个操作时，若你想使用其键盘快捷键，但是所用键盘上又恰巧没有该键，那你可以打开【键盘快捷键】对话框，为其重新指定其他快捷键。

④ 在轨道头区域向上拖曳 V1 和 V2 轨道之间的分隔线，增加 V1 轨道的高度，使剪辑缩览图显示出来。

⑤ 使用【选择工具】( ) 框选所有剪辑。在远离剪辑的空白区域中拖曳，否则会移动所单击的第一个剪辑。

⑥ 在菜单栏中，依次选择【序列】>【应用默认过渡到选择项】，Premiere Pro 会把默认过渡效果应用到当前所有选中的剪辑之间，如图 7-21 所示。

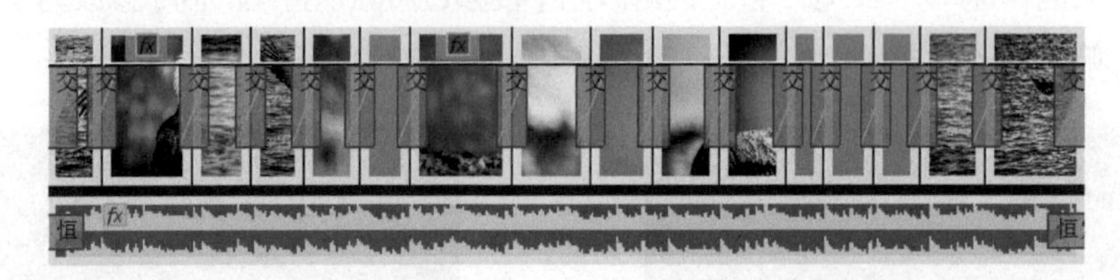

图 7-21

可以发现音乐剪辑的开头和结束部分的音频过渡效果的时间变短了，因为此时默认音频过渡持续时间发挥了作用。

默认视频过渡效果是 30 帧或 25 帧的【交叉溶解】过渡效果，默认音频过渡效果是 1 秒的【恒定功率交叉淡化】效果。

提示【序列】菜单中有【应用视频过渡】和【应用音频过渡】两个命令。

在【效果】面板中使用鼠标右键单击一个过渡效果，在弹出的菜单中选择【将所选过渡设置为默认过渡】，即可更改默认过渡效果。选择的默认过渡效果的图标有蓝色框线。

⑦ 播放序列，观察【交叉溶解】过渡效果在照片蒙太奇中表现出的效果。

注意 如果使用的是包含链接视频和音频的剪辑，而且【时间轴】面板中的【链接选择项】处于开启状态，那么在使用【选择工具】时，按住【Option】键（macOS）或【Alt】键（Windows）拖曳，可只选择视频或音频部分，然后在菜单栏中依次选择【序列】>【应用默认过渡到选择项】。

7.4.4 把一个过渡效果复制到多个编辑点

在 Premiere Pro 中，可以使用键盘把一个已有的过渡效果应用到多个编辑点。

下面进行具体操作。

❶ 按【Command】+【Z】(macOS)或【Ctrl】+【Z】(Windows)组合键，撤销最后一步的操作，然后按【Esc】键，取消选择剪辑。

❷ 在【效果】面板中任选一个过渡效果，将其拖曳到 Slideshow 序列中前两个视频剪辑之间。

❸ 在时间轴上单击刚添加的过渡效果，将其选中。

❹ 按【Command】+【C】(macOS)或【Ctrl】+【C】(Windows)组合键复制效果。然后按住【Command】键(macOS)或【Ctrl】键(Windows)，使用【选择工具】(▶)框选其他编辑点，把它们全部选中，如图 7-22 所示。

❺ 按【Command】+【V】(macOS)或【Ctrl】+【V】(Windows)组合键，把过渡效果粘贴到所有选中的编辑点上，如图 7-23 所示。

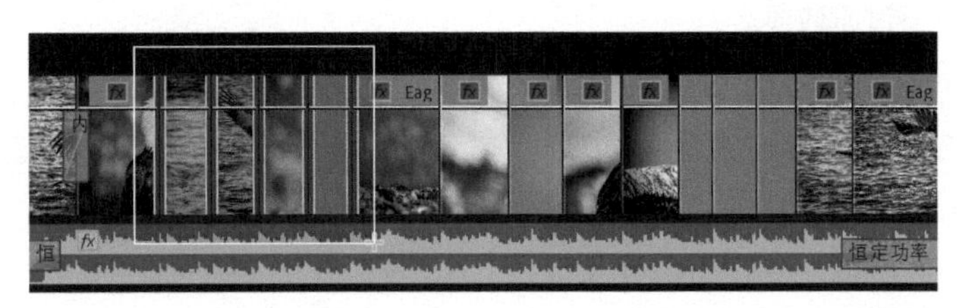

图 7-22

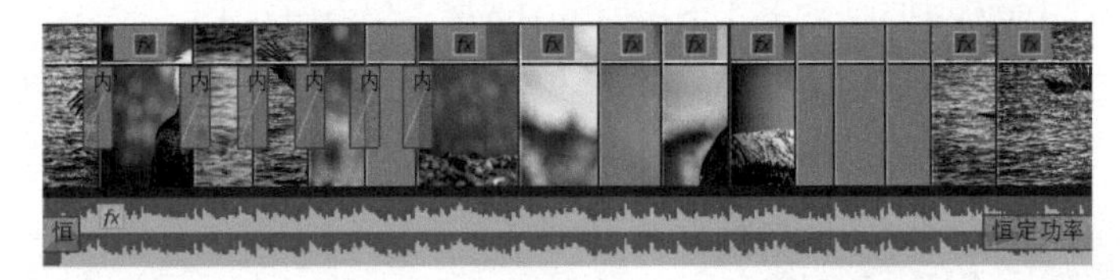

图 7-23

这种方式适合用来把拥有相同设置的过渡效果添加到多个编辑点上，尤其是你定制的过渡效果。

红色、黄色、绿色渲染条

向序列添加过渡效果时，【时间轴】面板的序列上方会出现红色或黄色水平线(又叫渲染条)，如图 7-24 所示。黄线表示 Premiere Pro 希望能够平滑播放效果。红线表示需要先渲染序列的这一部分才能实现无丢帧预览播放。

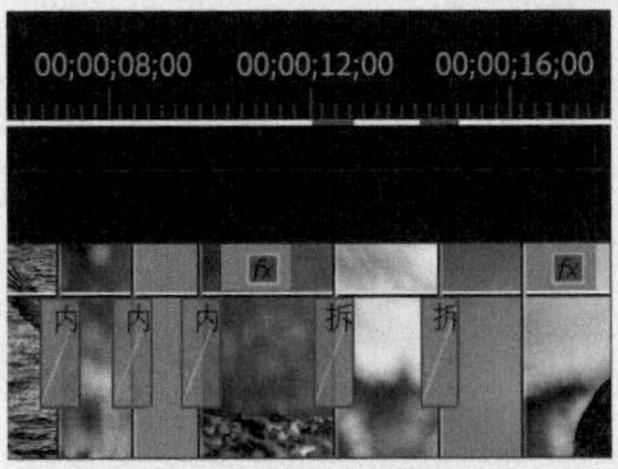

图 7-24

你可以选择在任何时间进行渲染，以便在性能较差的计算机上平滑地预览相关片段。

启动渲染最简单的方法是按【Return】键(macOS)或【Enter】键(Windows)。你还可以在序列上添加入点和出点，选择指定部分进行渲染。此时，序列中只有被选中的部分才能进行渲染。当你有许多效果等待渲染，而当前只想渲染其中一部分时，部分渲染会非常有用。

当序列中的片段渲染完成后，其上方的红线或黄线会变成绿线，Premiere Pro 会为每个带绿线的片段创建一个视频文件，并保存到“预览文件”文件夹(与项目的暂存盘设置一样)中。只要剪辑片段上方显示有绿线，Premiere Pro 就能平滑地播放它。

7.5 使用 A/B 模式细调过渡效果

在【效果控件】面板中查看过渡效果的设置时，可以看到一个 A/B 时间轴，它把单个视频轨道一分为二。原来单个轨道上两个相邻且连续的剪辑现在变成两个独立的剪辑，并且分别位于两个独立轨道上，过渡效果就在它们之间。在这种模式下，过渡效果的组成元素相互分离，让你可以更方便地处理头帧和尾帧，以及更改其他设置。

7.5.1 在【效果控件】面板中修改参数

在 Premiere Pro 中，所有过渡效果都是可设置的。使用【效果控件】面板的好处在于，除了可以调整过渡效果的相关参数外，还可以看到转出和转入剪辑手柄，从而可以轻松调整过渡效果的位置。

下面我们修改一下过渡效果。

❶ 在【时间轴】面板中打开 Transitions 序列。

❷ 把播放滑块拖曳到剪辑 2 和剪辑 3 之间的【拆分】过渡效果上，单击此过渡效果图标，将其选中。

❸ 在【效果控件】面板中勾选【显示实际源】复选框，显示实际剪辑中的帧，如图 7-25 所示。这样，可以更方便地查看所做的修改。

❹ 在【效果控件】面板中的【对齐】下拉列表中选择【起点切入】。

在【对齐】下拉列表中选择不同的选项，过渡位置会发生不同的变化，你可以在【效果控件】面板和【时间轴】面板中看到相关变化，如图 7-26 所示。

图 7-25

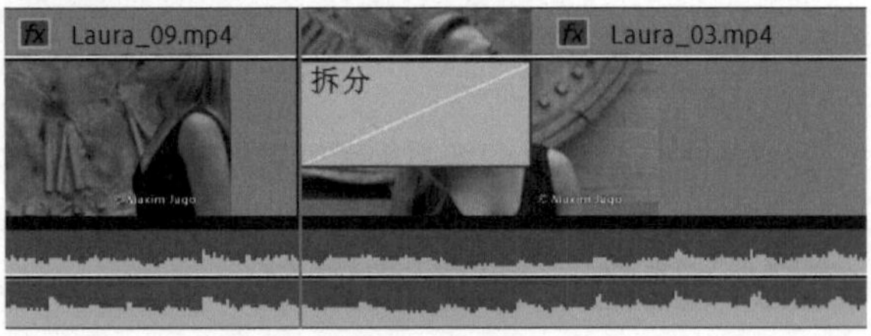

图 7-26

❺ 单击【效果控件】面板左上角的【播放过渡】按钮（▶），预览过渡效果。

❻ 修改过渡效果的持续时间。在【效果控件】面板中单击【持续时间】右侧的蓝色数字，输入 300，然后单击其他位置，或者按【Tab】键使修改生效，Premiere Pro 会自动把 300 变成 00:00:03:00（3 秒）。

此时，【对齐】自动变成【自定义起点】，原因在于【拆分】过渡效果已经进入下一个过渡效果的开头。为了适应新的过渡效果的持续时间，Premiere Pro 会自动把起点提前两帧。

注意 若【效果控件】面板中当前没有显示时间轴，可以单击面板右上角的【显示 / 隐藏时间轴视图】按钮将其打开。你可能需要重新调整【效果控件】面板的尺寸，才能看见【显示 / 隐藏时间轴视图】按钮。

提示 【效果控件】面板的时间轴底部有一个缩放导航条，它和监视器、【时间轴】面板中的导航条功能是相同的。你可能需要进行缩小才能看到剪辑末尾。

在【效果控件】面板的右侧区域，检查 A/B 时间轴的设置，如图 7-27 所示。

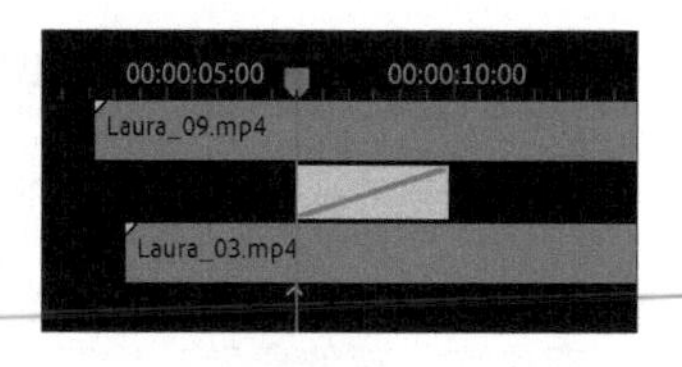

图 7-27

当播放滑块位于过渡区段上时，可以看到效果的时间是如何进行自动调整的。

❼ 在【时间轴】面板中，播放过渡效果，查看变化。自动调整可能很微小，所以需要不断播放效果，反复查看新设置的结果，以保证剪辑手柄显露的部分符合预期。这一露出的部分原本不可见，直到添加了过渡效果，它才显露出来。必要时，Premiere Pro 会自动调整效果的起止时间点。

下面继续调整过渡效果。

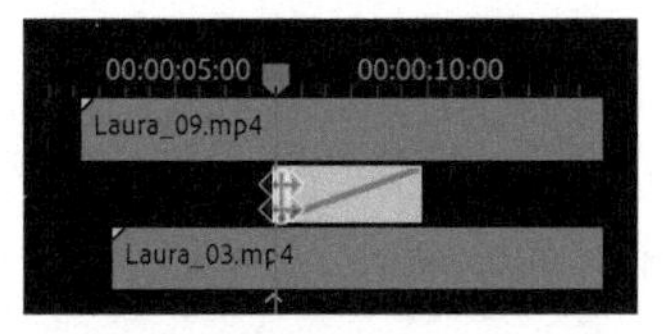

图 7-28

❽【效果控件】面板右侧区域顶部有一个时间轴，把鼠标指针移至中间的竖直黑线上，这条黑线跨越 3 个层（两个视频剪辑以及它们之间的过渡效果），是两个剪辑之间的编辑点。如果鼠标指针移至相应位置，它会变成红色的【滚动编辑工具】（ ）的形状，如图 7-28 所示。

当黑线靠近效果左边缘时，可以把【效果控件】面板中的时间轴放大，以便进行调整。

在【效果控件】面板中，使用【滚动编辑工具】（ ）拖曳编辑线可以调整编辑点的位置。

提示 在【效果控件】面板的时间轴上，你可能需要往前或往后移动播放滑块，才能看到位于两个剪辑之间的编辑点。

注意 修剪时，过渡效果的持续时间有可能缩短到一个帧。这增加了选取和放置过渡效果图标的难度，此时可以尝试使用【持续时间】和【对齐】控件。如果想删除过渡效果，请先在【时间轴】面板的序列中选中它，然后按【Delete】键（macOS）或【Backspace】键（Windows）。

提示 你可以使用鼠标拖曳来更改溶解效果的起始时间。也就是说，不必设置【中心切入】、【起点切入】和【终点切入】选项。你还可以直接拖曳时间轴上过渡效果的位置，而不必使用【效果控件】面板。

❾ 在【效果控件】面板中使用【滚动编辑工具】（ ）向左或右拖曳，更改切入时间点。释放鼠标后，在时间轴上，编辑点左侧剪辑的出点和编辑点右侧剪辑的入点会发生相应变化。这一操作称为“修剪”（trimming）。

关于修剪的更多内容，将在第 8 课“高级视频编辑技术”中介绍。

❿ 在【效果控件】面板中，把鼠标指针移动到编辑线的左侧或右侧，此时鼠标指针变为【滑动工具】的形状，如图 7-29 所示，蓝线是播放滑块的位置。

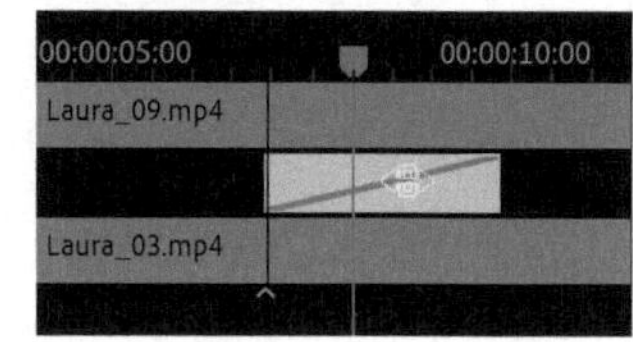

图 7-29

使用【滑动工具】可以更改过渡效果的起点和终点，同时无须修改其持续时间。不同于【滚动编辑工具】（ ），使用【滑动工具】移动过渡效果时不会改变两个剪辑之间的编辑点，只会修改过渡效果的起止时间点。

⓫ 使用【滑动工具】左右拖曳过渡效果，比较一下结果有什么不同。

7.5.2 使用 Morph Cut 效果

Morph Cut 是一种特殊的过渡效果，用来隐藏删除的部分。该效果专门用于处理包含演说者头部特写的镜头。在这种镜头中，演说者会看向摄像机的方向，如果演说者停顿很长时间或者视频中包含不妥内容，可能需要从视频中删除这些片段。删除这些片段之后，通常会产生画面跳帧问题（画面突然从一个内容切换到另外一个内容）。为此，Premiere Pro 专门提供了用于解决跳帧问题的效果——Morph Cut。下面动手试一试。

❶ 打开 Morph Cut 序列。播放序列的开头部分，如图 7-30 所示。

该序列其实是一个镜头，但开头部分有跳帧问题。这一跳帧时间很短，但观众仍然能够明显地感觉出来。

❷ 在【效果】面板的【视频过渡】>【溶解】文件夹下找到 Morph Cut 效果，将其拖曳到两个剪辑之间。

此时，Morph Cut 过渡效果开始分析序列中的两个剪辑，如图 7-31 所示。分析期间，你可以继续对序列做其他处理。

图 7-30

图 7-31

添加 Morph Cut 过渡效果后，你可以在【效果控件】面板中多次修改【持续时间】，不断尝试，直至获得最好的过渡效果。

❸ 双击 Morph Cut 过渡效果，弹出【设置过渡持续时间】对话框，把【持续时间】修改为 16 帧（无论是哪种过渡效果，都可以双击它打开【设置过渡持续时间】对话框，修改持续时间）。

❹ 分析完成后，按【Return】键（macOS）或【Enter】键（Windows）渲染效果（如果需要的话），然后播放预览。

虽然结果并不完美，但已经相当自然了，观众几乎感觉不到有跳帧问题。

7.5.3 处理长度不足（或不存在）的头手柄和尾手柄

在为一个手柄帧数不够的剪辑添加过渡效果时，虽然过渡效果能够添加上，但是在过渡条上会出现一个斜线警示标记，这表示 Premiere Pro 将使用冻结帧（静态帧）来增加剪辑的持续时间，最后一帧会被保留在屏幕上用以完成过渡效果。

这个问题可以通过调整过渡效果的持续时间和位置来解决。

❶ 打开 Handles 序列。

❷ 找到两个剪辑之间的编辑点。

这两个剪辑没有头部和尾部，因为剪辑的左或右上角出现了三角形标记，如图 7-32 所示。

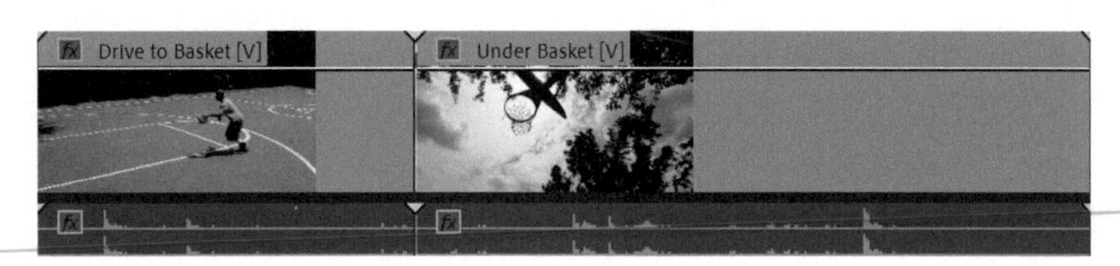

图 7-32

③ 在【工具】面板中选择【波纹编辑工具】( ), 使用它把第一个剪辑的右边缘向左拖曳。拖曳时，Premiere Pro 会显示提示信息，同时第一个剪辑的持续时间会缩短，到大约 1:10 时，释放鼠标，如图 7-33 所示。

图 7-33

编辑点右侧的剪辑会随着拖曳移动，确保两个剪辑之间不会出现间隙。注意，修剪后的剪辑的右上角不再显示小三角形。

④ 从【效果】面板中把【交叉溶解】过渡效果拖曳到两个剪辑之间的编辑点上，如图 7-34 所示。

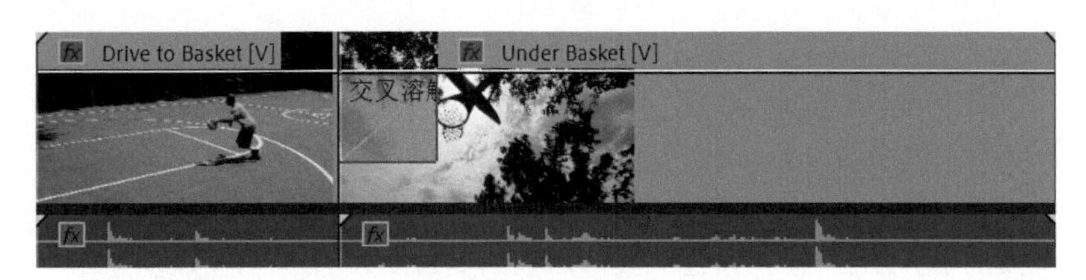

图 7-34

你会发现，你能把过渡效果拖曳到编辑点右侧，但不能拖曳到左侧。这是因为如果不使用冻结帧，那么第二个剪辑的开头部分将没有可用的手柄与第一个剪辑的末端重叠来创建溶解效果。

⑤ 按【V】键，选择【选择工具】( )，或者在【工具】面板中选择【选择工具】。在【时间轴】面板中，单击【交叉溶解】过渡效果，将其选中。你可能需要放大时间轴才能轻松地选中过渡效果。

⑥ 在【效果控件】面板中，设置过渡效果的【持续时间】为【1:12】，结果如图 7-35 所示。

因为没有足够长的剪辑手柄来创建这个效果，所以在【效果控件】面板和【时间轴】面板中，过渡效果上都显示有斜线标记，Premiere Pro 会自动添加冻结帧来填充设置的持续时间。

⑦ 播放过渡效果，查看结果。

⑧ 在【效果控件】面板中，把【对齐】更改为【中点切入】，如图 7-36 所示。

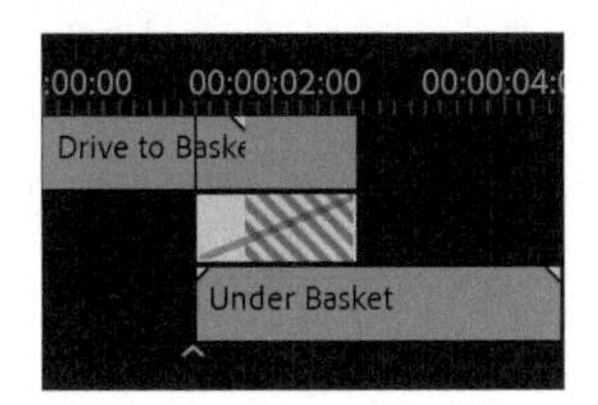

图 7-35

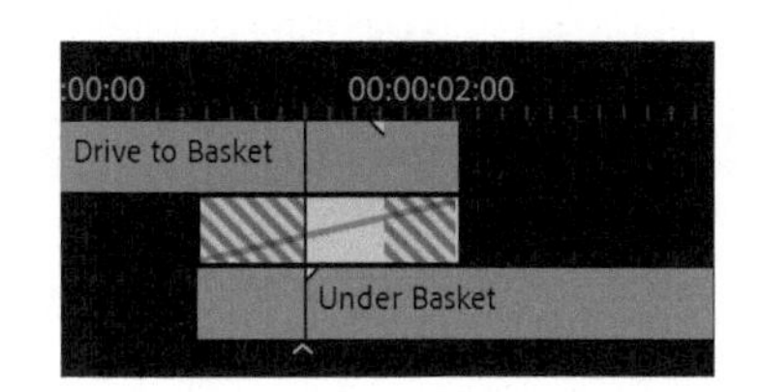

图 7-36

⑨ 在【时间轴】面板中，慢慢拖曳播放滑块，查看过渡效果。

- 对于过渡效果的前半部分（到编辑点为止），剪辑 B（Under Basket）是一个冻结帧，而剪辑 A（Drive to Basket）则继续播放。
- 在编辑点，剪辑 A 和剪辑 B 开始播放。
- 在编辑点后使用了一个简短的冻结帧。

解决上述问题有以下几种方法。

- 可以更改过渡效果的持续时间或时间点。
- 在【工具】面板的【波纹编辑工具】（ ）上按住鼠标左键，从弹出的菜单中选择【滚动编辑工具】（ ），然后在【时间轴】面板中，拖曳编辑点修改过渡效果的时间点，如图 7-37 所示。确保拖曳的是两个剪辑之间的编辑点，而非过渡效果图标。该操作不一定会删除所有冻结帧，但可能会改善整体结果。

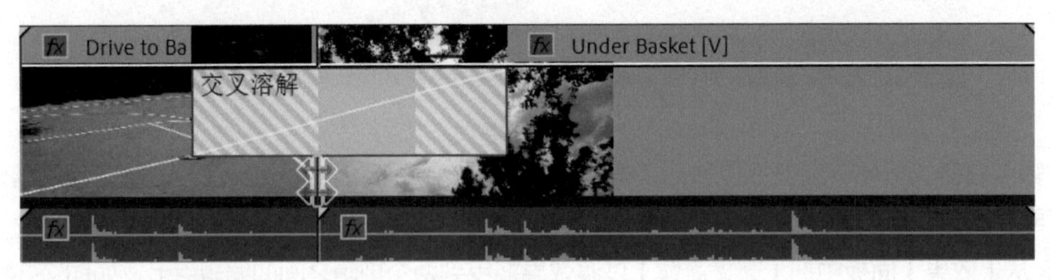

图 7-37

> **注意** 使用【滚动编辑工具】可以向前或向后移动过渡效果，但不会改变序列的总长度。因为在缩短一个剪辑的同时，它会延长另外一个剪辑。

- 在【时间轴】面板中，可以使用【波纹编辑工具】（ ）拖曳编辑点来缩短剪辑长度，增加手柄的长度，如图 7-38 所示。再次强调，请确保拖曳的是两个剪辑之间的编辑点，而非过渡效果图标。

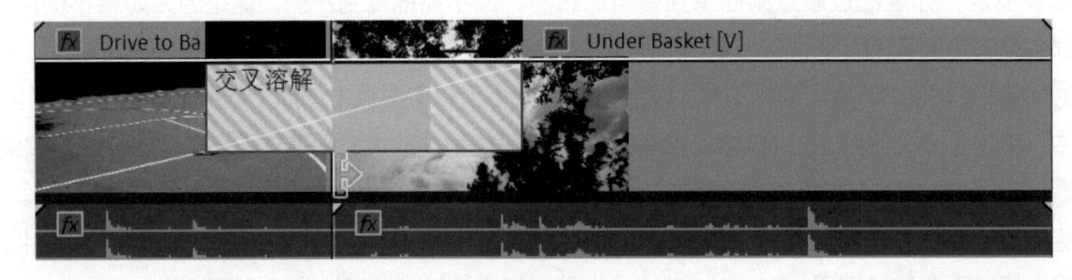

图 7-38

第 8 课将详细讲解【滚动编辑工具】（ ）和【波纹编辑工具】（ ）。当前选择【选择工具】（ ）。

7.6 添加音频过渡效果

使用音频过渡效果可以有效地改善序列的音频，其中交叉淡化过渡效果对于平滑音频有很好的效果。

7.6.1 交叉淡化效果

Premiere Pro 提供了 3 种风格的交叉淡化效果（见图 7-39）。

- 恒定增益：在剪辑之间使用恒定音频增益（音量）来过渡音频。当你不希望两个剪辑混合太多，只想在两个剪辑之间应用淡入淡出效果时，使用【恒定增益】效果最为合适。

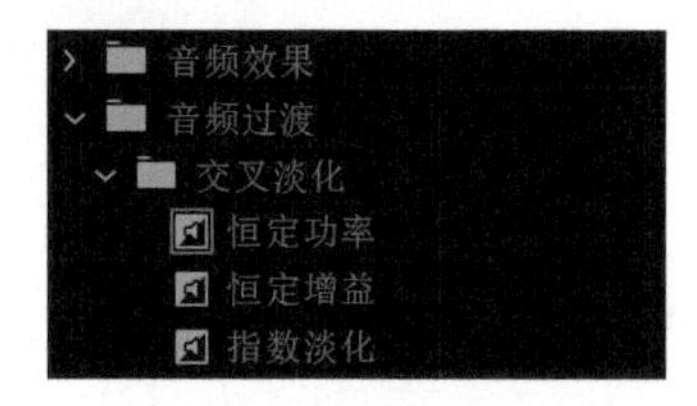

图 7-39

- 恒定功率：这是 Premiere Pro 的默认音频过渡方式，通过它可以在两个音频剪辑之间创建一种平滑的渐变过渡。恒定功率交叉淡化效果类似于视频过渡中的溶解效果，先是转出剪辑慢慢淡出，然后快速靠近剪辑末尾；对于转入剪辑，正好相反，先是音频电平快速增高，然后慢慢地逼近过渡末尾；当你想混合两个剪辑之间的音频，而又不想音频中间部分的电平出现明显下降时，使用恒定功率效果非常合适。
- 指数淡化：用来在两个剪辑之间创建平滑的淡化效果；该效果使用对数曲线对声音进行淡入淡出。在做单侧过渡（比如在节目的开头和结尾处，从静默到淡入）时，有些视频编辑人员非常喜欢使用这种过渡效果。

7.6.2 添加音频过渡效果

向序列中添加音频交叉淡化效果的方法有多种。可以像添加视频过渡效果一样通过拖放方式来添加音频过渡效果，此外，还有快捷方式来执行这一操作。

音频过渡效果有默认的持续时间，单位是秒或帧。在菜单栏中依次选择【Premiere Pro】>【首选项】>【时间轴】(macOS）或【编辑】>【首选项】>【时间轴】(Windows)，可以更改音频过渡效果默认的持续时间。

下面学习添加音频过渡效果的方法。

❶ 打开 Audio 序列，切换成【选择工具】。该序列中的几个剪辑都带有音频，如图 7-40 所示。

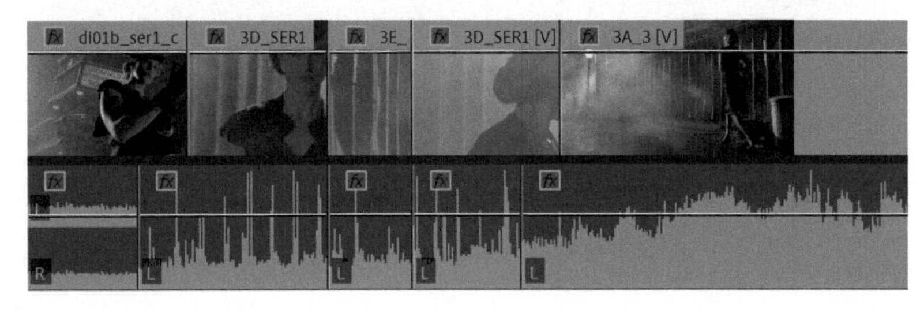

图 7-40

❷ 播放序列，查看序列内容。

❸ 在【效果】面板中，展开【音频过渡】>【交叉淡化】文件夹。

❹ 把【指数淡化】过渡效果拖曳到第一个音频剪辑的开头。

❺ 在【时间轴】面板中，使用鼠标右键单击序列中最后一个剪辑的右端，从弹出的菜单中选择【应用默认过渡】，如图 7-41 所示。

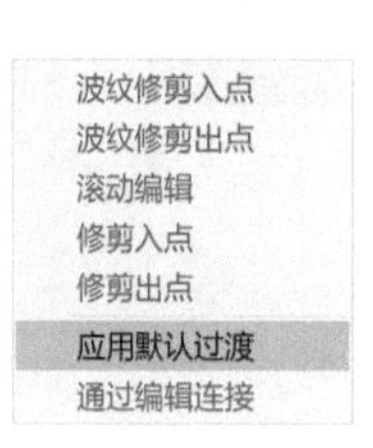

图 7-41

此时，Premiere Pro 在最后一个剪辑末尾的视频部分和音频部分分别添加默认过渡效果，如图 7-42 所示。

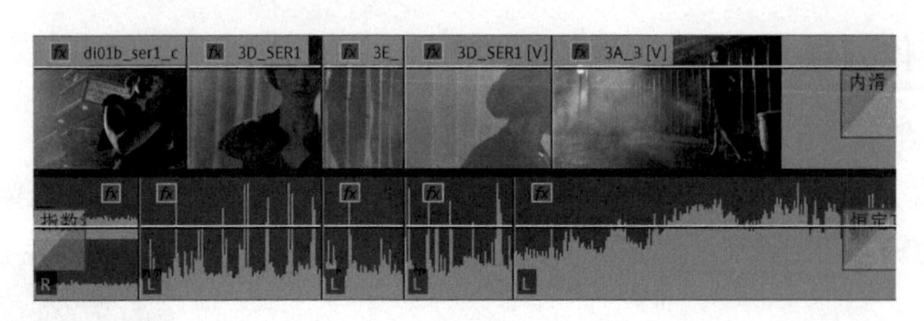

图 7-42

> **注意** 按住【Option】键（macOS）或【Alt】键（Windows），使用鼠标右键单击选择音频剪辑，可以只向音频部分添加过渡效果。

⑥ 在时间轴中拖曳过渡效果的边缘，可以改变过渡效果的长度。拖曳音频过渡效果的边缘，增加其长度并试听。

下面进一步润色，在序列开头添加【交叉溶解】过渡效果。按【Esc】键，取消选择刚刚调整的过渡效果。

⑦ 把播放滑块拖曳到序列开头，按【Command】+【D】(macOS)或【Ctrl】+【D】(Windows)组合键，添加默认视频过渡效果。

此时，序列开始时有一个从黑色淡入的过渡效果，末尾有一个淡出到黑色的过渡效果。下面添加一些简短的音频溶解效果，对混音做平滑处理。

⑧ 通常在【时间轴】面板中框选会选中剪辑，可以按住修饰键来避免。

按住【Command】+【Option】(macOS)或【Ctrl】+【Alt】(Windows)组合键，使用【选择工具】(▶)框选 A1 轨道上所有剪辑之间的音频编辑点，如图 7-43 所示。注意，在音频轨道上框选音频剪辑时，避免选中视频轨道上的视频剪辑。

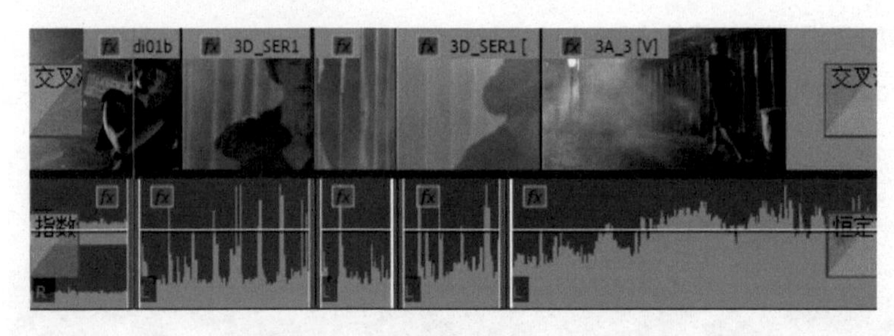

图 7-43

按【Option】键（macOS）或【Alt】键（Windows），可以暂时把音频剪辑和视频剪辑之间的链接断开，以分离过渡效果。

> **注意** 在【时间轴】面板中，选择剪辑时，剪辑可以不是连续的。按住【Shift】键，并单击序列中的各个剪辑，即可同时选中它们。

⑨ 按【Shift】+【D】组合键可以把默认过渡效果应用到所有选中的剪辑上。因为只选择了音频剪辑，所以 Premiere Pro 只添加音频过渡效果，如图 7-44 所示。

也可以按【Shift】+【Command】+【D】(macOS)或【Shift】+【Ctrl】+【D】(Windows)组合键，这是添加音频过渡效果的快捷键。当同时选中视频和音频剪辑但只想为音频应用过渡效果时，可以使用这种方法。

按【Command】+【D】(macOS)或【Ctrl】+【D】(Windows)组合键，将只应用默认视频过渡效果。

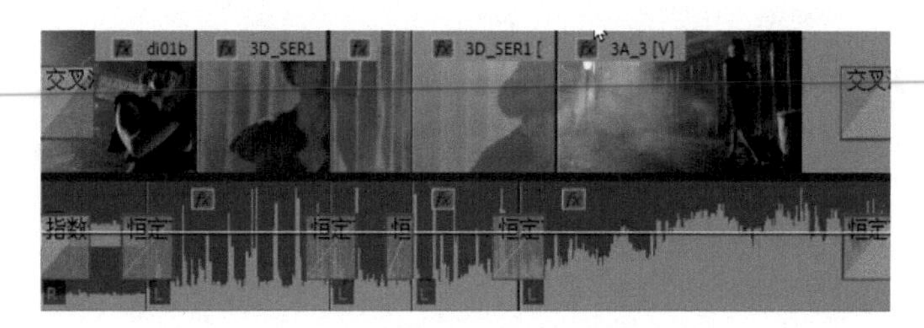

图 7-44

提示 从【序列】菜单中选择【应用音频过渡】，将仅向音频剪辑应用过渡效果。如果你只选择了音频剪辑，除使用【应用音频过渡】命令外，你还可以使用【应用默认过渡到选择项】命令，它们的效果相同。

⑩ 播放序列，检查所做的修改。

⑪ 在菜单栏中依次选择【文件】>【关闭】，关闭当前项目文件。若弹出询问对话框，单击【是】按钮。

提示 当使用键盘快捷键应用过渡效果时，Premiere Pro 会使用目标轨道(或所选剪辑)算出应用效果的准确位置。

音频编辑人员经常会在序列的各个转场处添加一帧或两帧音频过渡效果，以避免在音频剪辑开始或结束时出现刺耳的声音。如果把音频过渡效果的默认持续时间设置为两帧，可以选择多个剪辑，然后选择【序列】>【应用音频过渡】对音频混合做平滑处理。

注意 如果你想了解更多有关过渡效果的内容，请前往 Adobe 帮助页面，在那里你会看到大量第三方效果。

7.7 复习题

1. 如何把默认过渡效果应用到序列的多个剪辑上？
2. 在【效果】面板中，如何使用名称查找过渡效果？
3. 如何把一个过渡效果替换为另一个？
4. 请指出更改过渡效果持续时间的方法。
5. 如何在剪辑开头添加音频淡入效果？

7.8 答案

1. 先选择剪辑，再从菜单栏中依次选择【序列】>【应用默认过渡到选择项】。
2. 在【效果】面板的搜索框中输入过渡效果名称。输入时，Premiere Pro 会显示所有名称中包含所输字符的效果和过渡效果（音频和视频）。你输入的字符越多，所显示的搜索结果越少，匹配得也越准确。
3. 把要替换为的过渡效果拖曳到现有过渡效果上，这样新效果会自动替换掉旧效果，同时保持原效果的时间点。
4. 在时间轴中拖曳过渡效果图标边缘，或者在【效果控件】面板的 A/B 时间轴中拖曳效果图标边缘，或者在【效果】面板中修改持续时间。此外，你还可以在【时间轴】面板中双击过渡效果图标，在弹出的对话框中修改持续时间。
5. 把音频交叉淡化过渡效果应用到剪辑开头。

第 8 课

高级视频编辑技术

课程概览

本课学习如下内容：

- 执行四点编辑
- 替换序列中的剪辑
- 创建嵌套序列
- 应用滑移和滑动编辑优化剪辑
- 修改序列中剪辑的速度或持续时间
- 替换项目中的素材
- 对剪辑做基本修剪，优化剪辑
- 动态修剪剪辑

学完本课大约需要 120 分钟

请先准备好本课要用到的课程文件，并把它们存放到本地计算机中方便取用的位置。

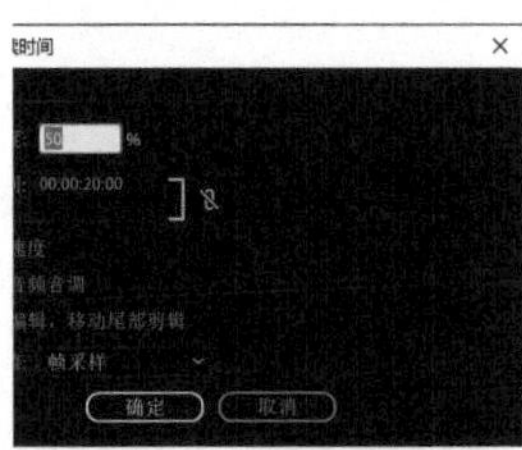

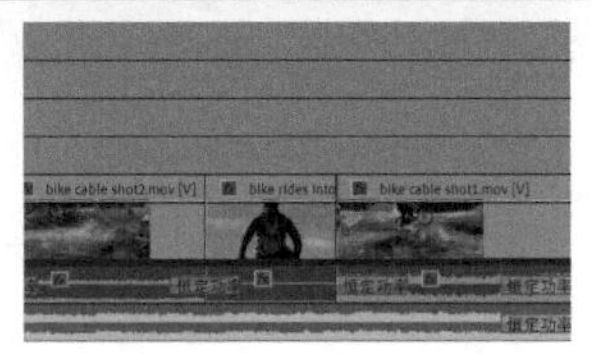

在 Premiere Pro 中，基本的编辑命令很容易掌握，但是高级编辑技术需要花一些时间才能掌握。这些高级技术不但有助于加快编辑速度，而且可以创建高水准的效果。

8.1 课程准备

本课将通过几个简短的序列学习 Premiere Pro 的一些高级编辑技术。

❶ 打开 Lessons 文件夹中的 Lesson 08.prproj 项目文件。

❷ 把项目文件另存为 Lesson 08 Working.prproj，保存在 Lessons 文件夹中。

❸ 选择【工作区】>【编辑】，或从菜单栏中依次选择【窗口】>【工作区】>【编辑】。

❹ 选择【工作区】>【重置为已保存的布局】，或者从菜单栏中依次选择【窗口】>【工作区】>【重置为已保存的布局】，重置工作区。

8.2 执行四点编辑

在上一课中，我们学习并使用了标准的三点编辑技术，即使用 3 个入点和出点（在【源监视器】、【节目监视器】或【时间轴】面板中）设置剪辑的源、持续时间和位置。

如果设置了 4 个点会怎样呢?

在这种情况下，在【源监视器】中标记的持续时间很有可能与在【节目监视器】或【时间轴】面板中标记的持续时间不同。当你试图使用键盘快捷键或界面中的按钮进行编辑时，Premiere Pro 会弹出一个对话框，提示持续时间不匹配，并询问如何处理。遇到这种情况时，大多数时候只要丢弃其中一个点即可。

8.2.1 为四点编辑设置编辑选项

执行四点编辑时，若剪辑的持续时间与序列不匹配，Premiere Pro 会弹出【适合剪辑】对话框，如图 8-1 所示。此时，从 5 个选项中选择一个即可。

图 8-1

- 更改剪辑速度（适合填充）：该选项假定设置了 4 个点，并且标记的持续时间不一样，Premiere Pro 会保留源剪辑的入点和出点，并根据【时间轴】面板或【节目监视器】中设置的持续时间调整播放速度。如果想精确调整剪辑的播放速度以填补间隙，可选择该选项。

- 忽略源入点：选择该选项后，Premiere Pro 会忽略源剪辑的入点，把四点编辑转换成三点编辑。当在【源监视器】中添加了出点但未添加入点时，Premiere Pro 会根据【时间轴】面板或【节目监视器】中设置的持续时间自动确定入点的位置。只有当源剪辑比序列的持续时间长时，该选项才可用。

- 忽略源出点：选择该选项后，Premiere Pro 会忽略源剪辑的出点，把四点编辑转换成三点编辑。当在【源监视器】中添加了入点但未添加出点时，Premiere Pro 会根据【时间轴】面板或【节目监视器】中设置的持续时间自动确定出点的位置。只有当源剪辑比目标持续时间长时，该选项才可用。

- 忽略序列入点：选择该选项后，Premiere Pro 会忽略在序列中设置的入点，使用序列的出点执行三点编辑。
- 忽略序列出点：选择该选项后，Premiere Pro 会忽略在序列中设置的出点，使用序列的入点执行三点编辑。

在【适合剪辑】对话框中选择一个选项，并勾选底部的【总是使用此选择】复选框，这样再次执行四点编辑时，【适合剪辑】对话框将不再弹出，Premiere Pro 会自动应用之前设置的选项。如果不想用默认选项，可依次选择【编辑】>【首选项】>【时间轴】，勾选【“适合剪辑”对话框打开，以编辑范围不匹配项】复选框。这样，当持续时间不匹配时，【适合剪辑】对话框就会自动弹出。

8.2.2 执行四点编辑

下面尝试执行四点编辑。在这个过程中，根据序列的持续时间更改剪辑的播放速度。

❶ 在【时间轴】面板中，打开【01 Four Point】序列，如图 8-2 所示。播放序列，查看内容。

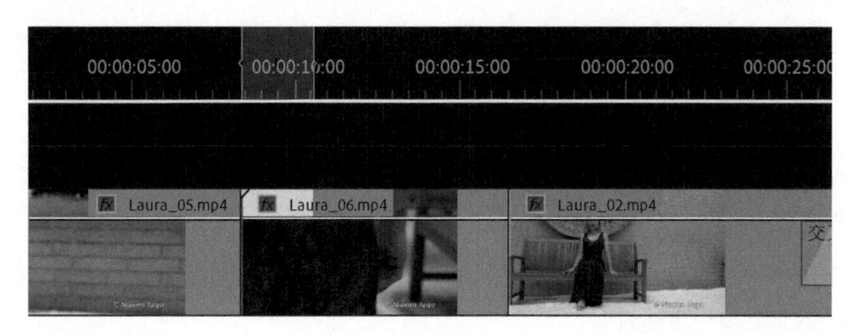

图 8-2

❷ 在【时间轴】面板中，找到设置了入点和出点的片段。在时间标尺上，你会看到由入点和出点标记出的一个区域。

❸ 进入 Clips To Load 素材箱，双击 Laura_04 剪辑，将其在【源监视器】中打开。

【源监视器】底部的时间标尺上显示出已经设置好的入点和出点标记。

❹【源监视器】右下角显示所选剪辑片段的持续时间为 8 秒 4 帧，而在【节目监视器】右下角显示从序列中所选剪辑片段的持续时间为 2 秒 5 帧。

执行四点编辑时，这种持续时间的差异非常重要，因为使用的解决差异的方式会对最终结果产生巨大影响。

❺ 在【时间轴】面板中检查源轨道指示器是否开启，以及源 V1 是否与时间轴中的【视频 1】对齐，如图 8-3 所示。由于源剪辑中没有声音，因此只需要检查源 V1（目标轨道按钮不会影响把剪辑添加到序列中的操作）。

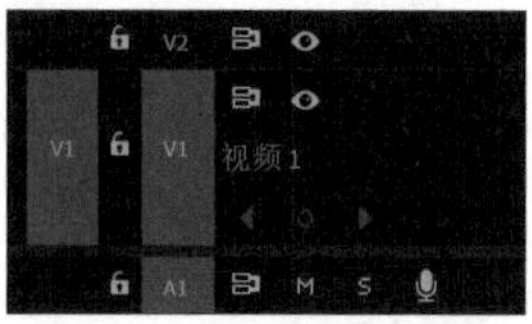

❻ 在【源监视器】中，单击【覆盖】按钮，执行覆盖编辑。

❼ 在弹出的【适合剪辑】对话框中，选择【更改剪辑速度（适合填充）】选项，单击【确定】按钮。

图 8-3

Premiere Pro 会用源剪辑中的所选片段替换序列剪辑中的所选片段，并根据新的持续时间调整剪辑的播放速度。

注意 更改剪辑的播放速度也是一种视觉效果。请注意，剪辑上 fx 图标的颜色已经发生了变化，表示此处应用了一个效果。

⑧ 覆盖编辑执行完成后，使用【时间轴】面板底部的导航器，把时间标尺放大，直到能看到刚刚添加到序列中的 Laura_04 剪辑的名称和播放速度，如图 8-4 所示。

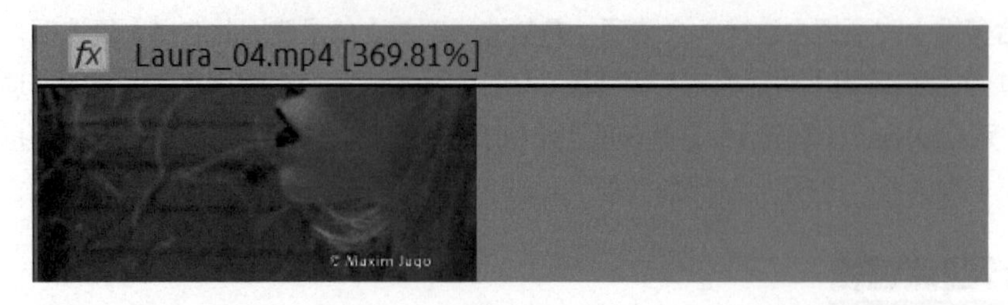

图 8-4

在图8-4中，中括号中的百分比表示剪辑的播放速度。Premiere Pro对剪辑的播放速度进行了调整，以匹配新的持续时间。

⑨ 播放序列，查看编辑结果。最终播放结果不是很流畅，接下来调整剪辑的播放速度，做进一步改善。

8.3 更改剪辑的播放速度

在视频后期制作中，慢动作是常用的效果。慢动作是增添影片戏剧化效果的有效手段，能够让观众有足够的时间来体会某个重要时刻。

使用【更改剪辑速度（适合填充）】选项是更改剪辑播放速度的一种方法，如果源剪辑流畅、平滑，那么最终得到的结果可能很好。由于使用【更改剪辑速度（适合填充）】选项经常会产生带小数的帧速率，因此可能出现运动不一致的问题。

更改剪辑的播放速度时，如果新的播放速度是原剪辑播放速度的偶数倍或几分之一，通常剪辑播放起来很平滑。例如，把一个 24 帧 / 秒的剪辑以 25% 的速度播放，也就是以 6 帧 / 秒的速度播放，比以非整数的播放速度（比如 27.45%）播放更平滑。有时，把剪辑播放速度更改为偶数帧率，然后修剪获得一个精确的持续时间，可以产生最好的播放效果。

若想得到高质量的慢动作效果，可使用比播放帧速率更高的帧速率来录制视频。如果视频播放时的帧速率低于录制时的帧速率，只要新的帧速率不低于序列帧速率，就能得到慢动作效果。

例如，有一段 10 秒长的视频剪辑，其录制时的帧速率为 48 帧 / 秒，序列的帧速率为 24 帧 / 秒。可以根据序列设置素材，使其以 24 帧 / 秒进行播放。把该剪辑添加到序列中并进行播放，播放效果会非常平滑，并且也不需要进行帧速率转换。但是，如果以原帧速率的一半来播放剪辑，会得到 50% 的慢动作，因此播放整个剪辑要比原来多花一倍的时间，即剪辑的当前持续时间变成了 20 秒。

增格拍摄

以高于播放帧率的帧率录制视频的技术称为“增格拍摄”（overcranking），该词来源于早期的胶片照相机，它们都带有手摇柄，拍摄者通过转动手摇柄来进行拍摄。

使用手摇相机时，手摇柄转动得越快，每秒捕捉到的帧数就越多。相反，手摇柄转动得越慢，相机每秒捕捉到的帧数就越少。当影片以正常速度播放时，就表现出快动作或慢动作效果。

现代摄像机大多支持用户以高帧率录制视频，以便在后期制作中获得高质量的慢动作效果。摄像机可以向剪辑元数据指定一个帧速率，而它有可能与录制时的帧速率（摄像机系统的帧速率是针对播放的）不同。

当把这样的视频素材导入 Premiere Pro 时，剪辑会自动以慢动作方式播放。你可以通过【解释素材】选项卡指定 Premiere Pro 如何播放剪辑。

下面更改剪辑的播放速度。

❶ 打开【02 Laura In The Snow】序列并播放。

剪辑中人物的动作是慢动作，产生慢动作的原因如下。

- 录制视频时使用的帧速率为 96 帧 / 秒。
- 剪辑播放时的帧速率为 24 帧 / 秒（通过摄像机进行设置，并存储在视频文件的元数据中），序列的播放速率为 24 帧 / 秒，两者匹配，不需要做一致性处理。

❷ 在【时间轴】面板中，使用鼠标右键单击剪辑，从弹出的菜单中选择【在项目中显示】，此时剪辑在【项目】面板中高亮显示。

❸ 在【项目】面板中，使用鼠标右键单击剪辑（Laura_01.mp4），从弹出的菜单中选择【修改】>【解释素材】。然后，通过【解释素材】选项卡指定 Premiere Pro 如何播放此剪辑，如图 8-5 所示。

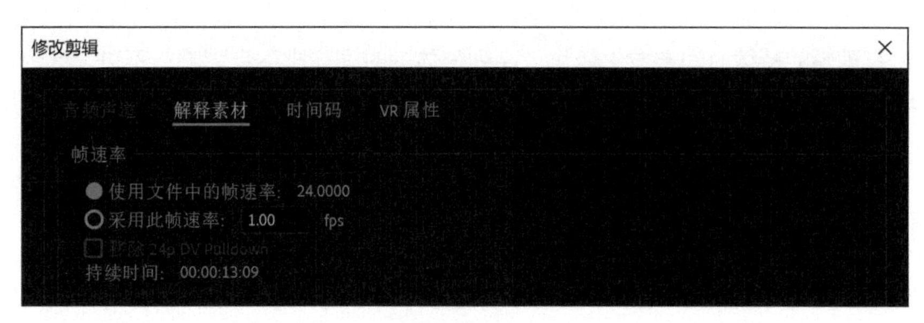

图 8-5

❹ 在【帧速率】区域中，选择【采用此帧速率】选项，输入 96，让 Premiere Pro 以 96 帧 / 秒（视频拍摄时使用的帧速率）播放剪辑，单击【确定】按钮。

在【时间轴】面板中，可以看到剪辑的外观已经发生了变化，如图 8-6 所示。

图 8-6

经过修改，剪辑的帧速率更高，剪辑的持续时间变短了。这里没有更改序列剪辑的持续时间，这有可能会影响剪辑在时间轴上的时间安排。斜线表示剪辑的相应部分没有素材。

⑤ 播放序列。

注意 在计算机系统中，如果硬盘速度较慢，可能需要在【节目监视器】中降低播放分辨率，才能以较快的帧速率播放剪辑，并且保证不丢帧。

此时，剪辑以正常速度播放，但播放效果不太平滑，这并不是因为剪辑自身有问题，而是因为摄像机在录制视频时有抖动。

⑥ 把 Laura_01.mp4 剪辑的一个新副本从 Clips To Load 素材箱拖入 V2 轨道中，使其位于序列开头，这样可以同时看到剪辑的两个副本，如图 8-7 所示。

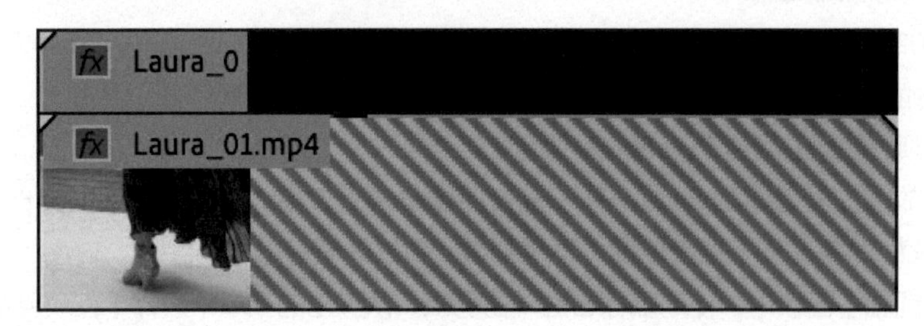

图 8-7

新添加的剪辑副本的时长更短，并且使用新的帧速率来匹配播放时间。Premiere Pro 会调整剪辑的帧速率，使其与序列的帧速率保持一致，这样 4 个帧中只有一个帧会被播放。

如果把序列中剪辑的播放速度降低为当前播放速度的 25%，丢失的帧会恢复，并产生慢动作效果。

序列中已有剪辑的持续时间未发生变化，序列整体的时间安排不受影响。不过，因为原始剪辑应用了更快的播放解释设置，所以剪辑片段中出现了一个空白区域。

在修改了剪辑解释设置后，一定要重新检查序列。

8.3.1 更改序列中剪辑的播放速度和持续时间

加快剪辑播放速度也能产生很有用的效果。【速度 / 持续时间】命令能够以两种不同的方式更改剪辑的播放速度：可以为剪辑设定一个指定的持续时间，也可以采用百分比的形式设置剪辑的播放速度。

例如，把剪辑的播放速度设置为 50%，那么剪辑将以原播放速度的一半进行播放；若设置播放速度为 25%，则以原播放速度的 1/4 进行播放。在 Premiere Pro 中设置播放速度时，最多可以使用两位小数，比如 27.13%。

下面更改剪辑的播放速度和持续时间。

① 打开 03 Speed/Duration 序列，其时长为 20 秒。播放序列，了解其以正常速度播放的效果。这是一段使用无人机拍摄的内华达沙漠视频。

② 使用鼠标右键单击序列中的剪辑，在弹出的菜单中选择【速度 / 持续时间】。此外，还可以先选中序列中的剪辑，然后从菜单栏中依次选择【剪辑】>【速度 / 持续时间】。

【剪辑速度 / 持续时间】对话框中包含一些用来控制剪辑播放速度的选项，如图 8-8 所示。

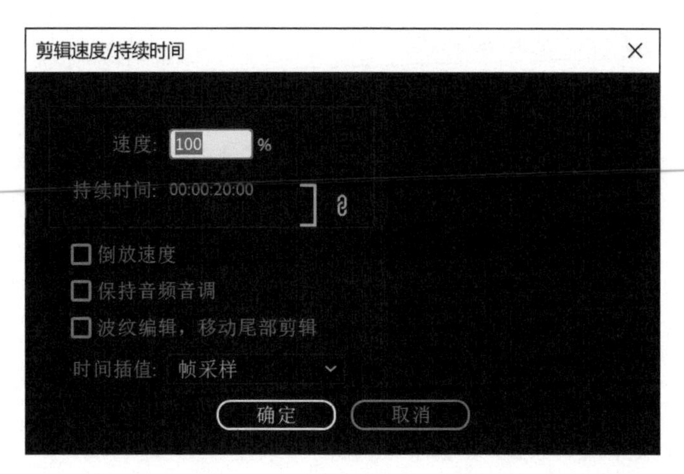

图 8-8

相关选项介绍如下。

- 单击锁链按钮（），可以实现或取消序列中剪辑的持续时间和播放速度之间的链接。当该按钮变为 时，可以分别更改剪辑的播放速度或持续时间，改变其中一个不会对另外一个产生影响。当启用该按钮时，剪辑的播放速度与持续时间处于链接状态；当禁用该按钮时，剪辑的播放速度与持续时间处于非链接状态。
- 默认情况下，若序列中当前剪辑之后还有其他剪辑，则缩短当前剪辑会在时间轴上产生间隙。如果剪辑长于该剪辑与下一个剪辑之间的间隙，那么 Premiere Pro 会修剪剪辑，确保剪辑在新的播放速度下保持相同的持续时间。这是因为在修改持续时间和播放速度时，无法移动下一个剪辑来保持相同的持续时间。不过，如果勾选【波纹编辑，移动尾部剪辑】复选框，可以把序列中的其他剪辑往后移动。
- 如果想倒放剪辑，可勾选【倒放速度】复选框。

注意 根据你设置的播放速度百分比，如果剪辑的持续时间长于可用素材，则【确定】按钮会变成灰色，你无法单击它。

- 在更改包含音频的剪辑的播放速度时，勾选【保持音频音调】复选框，便于在新播放速度下保持剪辑的原有音调。若取消勾选该复选框，音调会随着播放速度的变化而上升或下降。

提示 对于微小速度的变化，【保持音频单调】选项相当有效。过多重采样会产生不自然的结果。如果想大幅更改播放速度，建议使用 Audition 来调整音频。

❸ 确保【速度】与【持续时间】处于链接状态，把【速度】修改为 200%，单击【确定】按钮。

在【时间轴】面板中播放剪辑。注意，当前剪辑的长度为 10 秒，因为它的速度变成了 200%：播放速度加倍，时长变为原来的一半，如图 8-9 所示。

图 8-9

❹ 在菜单栏中，依次选择【编辑】>【撤销】，或者按【Command】+【Z】（macOS）或【Ctrl】+【Z】（Windows）组合键。

❺ 在【时间轴】面板中选择剪辑，按【Command】+【R】（macOS）或【Ctrl】+【R】（Windows）

组合键，打开【剪辑速度 / 持续时间】对话框。

提示 你可以同时更改多个剪辑的速度。为此，先选择多个剪辑，然后从菜单栏中依次选择【剪辑】>【速度 / 持续时间】。在更改多个剪辑的速度时，一定要注意【波纹编辑，移动尾部编辑】选项。改变速度之后，该选项会自动为所有选择的剪辑闭合或扩大间隙。

注意 速度变化必定会对剪辑的持续时间产生影响。Premiere Pro 会自动调整速度，新速度会显示在剪辑上。

注意 使用代理时，使用【调整剪辑】对话框改变播放的帧速率会产生不一致的结果。在这种情况下，使用【剪辑速度 / 持续时间】对话框，在【时间轴】面板中调整播放速度即可。

⑥ 单击锁链按钮（ ），断开【速度】与【持续时间】之间的链接，把【速度】修改为 50%，如图 8-10 所示。

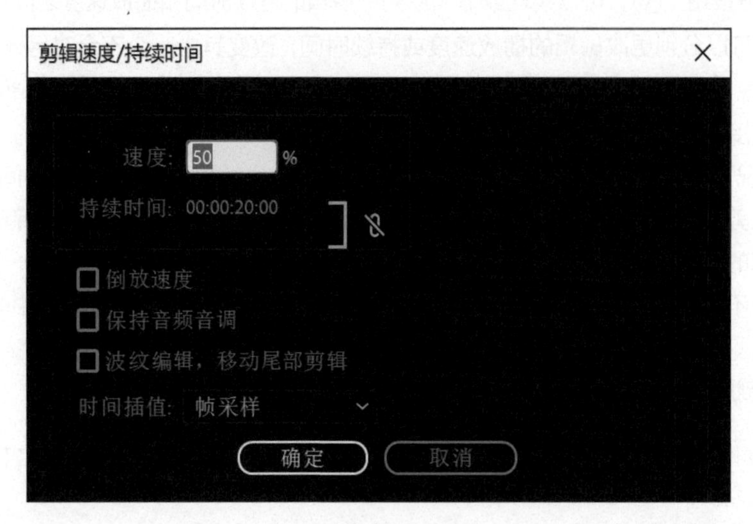

图 8-10

⑦ 单击【确定】按钮，播放剪辑。此时，剪辑以 50% 的速度播放，持续时间变为原来的 2 倍，如图 8-11 所示。但是，因为断开了【速度】与【持续时间】之间的链接，所以 Premiere Pro 把剪辑的另一半修剪掉，使其持续时间仍然保持为 20 秒。

图 8-11

注意，剪辑的新播放速度以百分比形式显示在序列中的剪辑上。

当想要实现慢动作视觉效果，同时不想更改编辑点时，需要断开【速度】与【持续时间】之间的链接。例如，想给海浪拍打沙滩的镜头增加一点梦幻的效果，可以降低播放速度，使海浪的运动看起来很缓慢，同时不更改下一个编辑点。

下面尝试倒放剪辑。

8 选择剪辑，打开【剪辑速度 / 持续时间】对话框。

9 把【速度】修改为 50%，勾选【倒放速度】复选框，单击【确定】按钮。

10 播放剪辑。此时，剪辑以 50% 的速度倒放，并呈现慢动作视觉效果。在序列中剪辑上方的播放速度前有一个负号，如图 8-12 所示。

图 8-12

8.3.2 使用【比率拉伸工具】修改序列中剪辑的速度和持续时间

在视频编辑过程中，有时你为序列找到了一个合适的剪辑，但是却发现剪辑的长度不太合适，或长或短。这时，【比率拉伸工具】就派上用场了。

1 打开 04 Rate Stretch 序列。

该序列包含同步音频，而且剪辑中包含需要的内容，不过第一个剪辑太短了，第一个剪辑与第二个剪辑之间存在很大的空隙，需要解决此问题。

你可以自行调整速度和持续时间。但是，Premiere Pro 提供了一个更简单、更快捷的方法，即使用【比率拉伸工具】( ) 直接拖曳剪辑末端以填充间隙。

2 在【工具】面板中，按住【波纹编辑工具】( )，然后选择【比率拉伸工具】( )。

3 使用【比率拉伸工具】( )，向右拖曳第一个剪辑的右边缘，如图 8-13 所示，使其到达第二个剪辑的左边缘。

图 8-13

提示 如果想撤销使用【比率拉伸工具】( ) 做出的改动，可以使用【比率拉伸工具】( ) 对剪辑进行恢复，或者使用撤销命令。当然，你也可以在【剪辑速度 / 持续时间】对话框中直接把【速度】修改为 100%，把剪辑恢复到默认速度。

第一个剪辑的速度会自动发生变化，以填充间隙，如图 8-14 所示。剪辑的内容不会发生变化，只是播放速度变慢。

图 8-14

❹ 使用【比率拉伸工具】（ ）向右拖曳第二个剪辑的右边缘，如图 8-15 所示，使其到达第三个剪辑的左边缘。

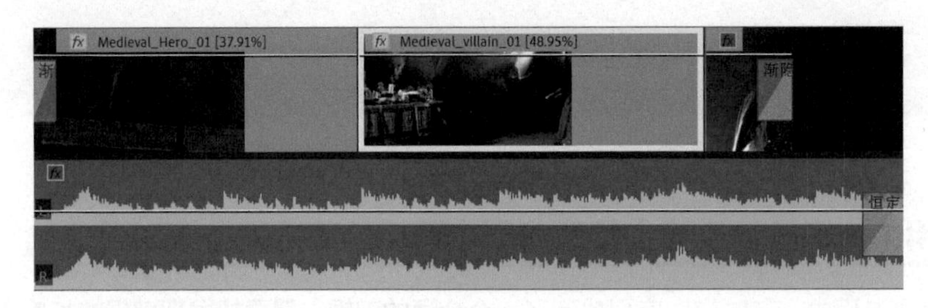

图 8-15

❺ 启用【对齐】按钮（ ）。使用【比率拉伸工具】（ ）向右拖曳第三个剪辑的右边缘，使其与音频末端对齐，如图 8-16 所示。

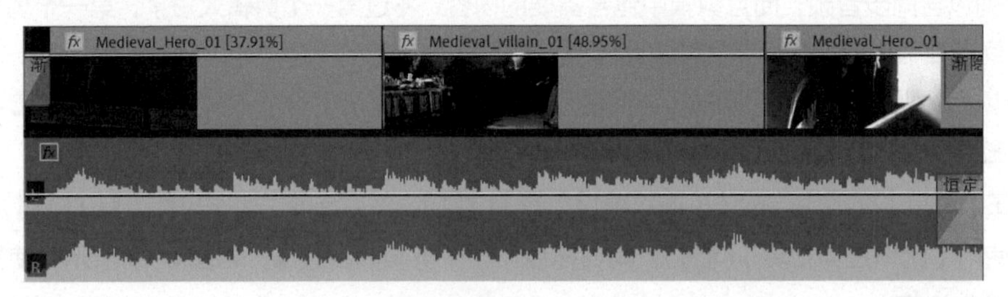

图 8-16

此时，视频的持续时间与音乐的持续时间一致。你可能需要放大时间标尺，才能看到剪辑的新播放速度。

❻ 播放序列，可发现有些动作有明显的跳跃。下面解决此问题。

❼ 按【V】键，或者选择【工具】面板中的【选择工具】（ ）。

❽ 在【时间轴】面板处于活动状态时，按【Command】+【A】（macOS）或【Ctrl】+【A】（Windows）组合键选择所有剪辑。

❾ 使用鼠标右键单击任意一个剪辑，在弹出的菜单中依次选择【时间插值】>【光流法】。修改剪辑速度，可以让剪辑平滑地播放。光流法是一种用于改变播放速度的高级方法，使用该方法时，Premiere Pro 需要先渲染效果，才能提供预览结果。

❿ 按【Return】键（macOS）或【Enter】键（Windows），渲染并播放序列，可以看到改善效果十分明显。

调整剪辑的播放速度时，最好使用光流法。具体操作方法：先使用默认的“帧采样”渲染器调整和预览播放速度变化的时间点，当时间点没问题后，再选择光流法，然后预览。

在【剪辑速度 / 持续时间】对话框中设置新播放速度时，也可以选用光流法。

注意 修改素材的播放速度后，使用光流法渲染时可能会产生视觉伪影，尤其是使用慢门拍摄的带有运动模糊的视频素材。例如，看一看当前序列中 00:00:11:00 之后的部分，注意要检查结果。

调整剪辑播放速度

对于一个包含多个剪辑的序列，如果修改了第一个剪辑的速度，则有可能会对其后的其他剪辑造成下述影响。

- 播放速度变快，剪辑变得更短了，由此会产生间隙。
- 【剪辑速度 / 持续时间】对话框中的【波纹编辑】会导致整个序列的持续时间发生改变。
- 改变速度有可能会带来音频问题，比如音调变化。

在更改剪辑的速度或持续时间时，一定要随时检查它对整个序列造成的影响。

8.4 替换剪辑和素材

在视频编辑过程中，经常需要把序列中的某个剪辑替换成另外一个剪辑，以尝试呈现不同的视觉效果。Premiere Pro 提供了多种替换方法，根据具体情况的不同，选用的方法也不同。

8.4.1 拖曳替换

你可以直接把一个剪辑拖曳到序列中的某个现有剪辑上，此时，Premiere Pro 会使用新剪辑替换旧剪辑。这一过程称为替换编辑。下面动手试一试。

❶ 打开 05 Replace Clip 序列，如图 8-17 所示。

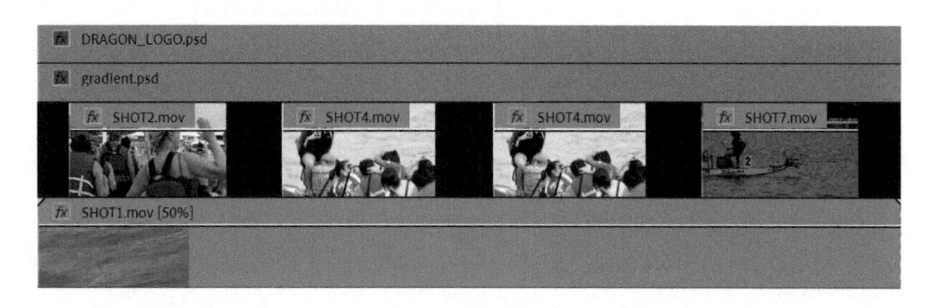

图 8-17

❷ 播放序列。

在 V2 轨道上，剪辑 2 和 3 的内容是相同的，它们对应的都是 SHOT4 剪辑。剪辑应用了运动关键帧，它们旋转着出现在屏幕上，然后又旋转着消失。有关创建这种动画效果的内容，将在第 9 课“让剪辑动起来”中讲解。

下面使用一个新剪辑（Boat Replacement）替换掉 SHOT4 剪辑的第一个副本（即序列中的第二

个剪辑）。这个剪辑已经应用了【黑白】和【裁剪】效果，并且在【运动】效果的【缩放】和【旋转】属性上添加了关键帧。

❸ 进入 Clips To Load 素材箱，把 Boat Replacement 剪辑直接从【项目】面板中拖曳到序列中的第二个剪辑（SHOT4 剪辑的第一个副本）上，但是不要释放鼠标。拖曳时，鼠标指针的位置不需要太精确，只要保证在要被替换的剪辑上即可，如图 8-18 所示。

图 8-18

尽管新剪辑上已经添加了入点与出点，但这一部分比要替换掉的剪辑长得多。

❹ 当按住【Option】键（macOS）或【Alt】键（Windows）时，替换剪辑会变得和被替换的剪辑一样长，释放剪辑，替换现有剪辑。

Premiere Pro 会将替换剪辑的第一个帧（或入点）与序列中现有剪辑的第一个可见帧同步，使用相同长度的新剪辑来替换序列中的现有剪辑，如图 8-19 所示。

图 8-19

❺ 播放序列。所有画中画剪辑虽然对应不同素材，但都应用了相同效果。新剪辑继承了被替换剪辑的设置和效果。使用这种方法替换序列中的剪辑既快捷又简单。

8.4.2 执行同步替换编辑

如果想同步剪辑中的某个特定时刻，比如拍手或关门，该如何操作呢?

可以使用一种替换编辑，即使用被替换剪辑的一个特定帧来同步替换剪辑的特定帧。

❶ 打开 06 Replace Edit 序列。

该序列和前面使用的序列相同，但这次要精确指定替换剪辑的位置。

❷ 把序列中的播放滑块拖曳到大约 00:00:06:00 处。播放滑块所在的位置就是要执行的编辑的同步点。

❸ 单击序列中 SHOT4 剪辑的第一个副本，如图 8-20 所示。

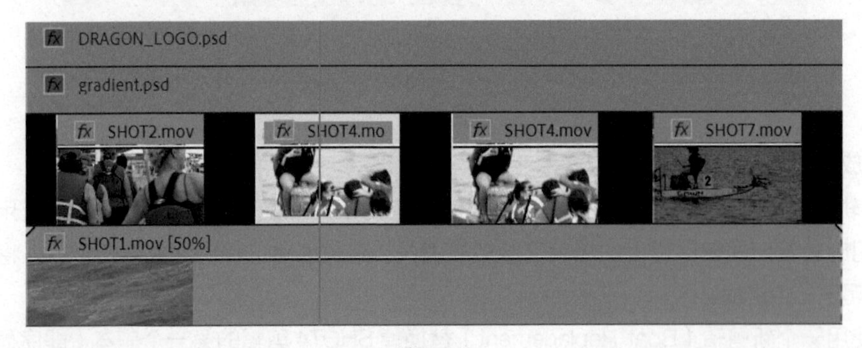

图 8-20

❹ 进入 Sources 素材箱，双击 SHOT5.mov 剪辑，将其在【源监视器】中打开。

❺ 在【源监视器】中，将播放滑块拖曳到剪辑一半的地方。剪辑上有一个参考标记，单击该标记，播放滑块会自动与它对齐，如图 8-21 所示。

图 8-21

❻ 确保【时间轴】面板处于活动状态，选中 SHOT4.mov 的第一个副本，从菜单栏中依次选择【剪辑】>【替换为剪辑】>【从源监视器匹配帧】，此时，SHOT5 剪辑替换了 SHOT4 剪辑。

❼ 播放序列，查看结果。

【源监视器】和【节目监视器】中播放滑块的位置是同步的。序列中剪辑的持续时间、效果、设置都应用到了替换剪辑上。当需要精确匹配动作的时间，以及把效果应用到现有序列中的剪辑上时，上述方法非常有用，而且十分节省时间。

提示 由于剪辑标记显示在【时间轴】面板中，你可以借助它们检查帧的对齐是否满足要求。

8.4.3 使用素材替换功能

替换编辑功能用来替换序列中剪辑片段的内容，而素材替换功能则用来替换【项目】面板中的素材，以便使剪辑链接到不同的素材文件。当需要替换一个在一个或多个序列中被多次使用的剪辑时，素材替换功能非常有用。例如，可以使用素材替换功能更新一个动态图标或一段音乐。

在【项目】面板中替换素材剪辑后，该剪辑的所有副本都会发生改变。

❶ 打开 07 Replace Footage 序列，如图 8-22 所示。

下面把 V4 轨道中的图像替换成有趣的图像。

❷ 在 Clips To Load 素材箱中，使用鼠标右键单击 DRAGON_LOGO.psd 文件，从弹出的菜单中选择【替换素材】。

❸ 在替换素材对话框中导航至 Lessons\Assets\Graphics 文件夹，打开 DRAGON_LOGO_FIX.psd 文件。

❹ 播放序列，如图 8-23 所示。

图 8-22

图 8-23

此时，在素材箱和序列中，剪辑名称都变成了新文件的名称，如图 8-24 所示。

图 8-24

> **注意** 【替换素材】命令是无法撤销的。如果要重新链接原来的素材，只能再次选择【剪辑】>【替换素材】，然后找到原有素材，重新进行链接。当然，还可以从菜单栏中依次选择【文件】>【还原】，把当前项目恢复成最后一个保存版本，但这样做会丢失自上一次保存以来所做的改变。

8.5 嵌套序列

嵌套序列指的是包含在另外一个序列中的序列。可以把项目的每个部分创建成单独的序列，从而把一个大项目划分成若干个易于管理的单元，然后把每个序列（包含剪辑、图形、图层、多个音频或视频轨道、效果等）拖曳至一个主序列中。

嵌套序列与单个音频或视频剪辑类似，但是你可以在嵌套序列的【时间轴】面板中单独编辑每个序列的内容，并在主序列的【时间轴】面板中查看更新后的效果。

嵌套序列有以下用途。

- 借助嵌套序列，可以创建出复杂的序列，简化编辑工作，并且可以避免误移剪辑，防止破坏编辑。
- 通过嵌套序列，可以很容易地把一个效果应用到一组剪辑上。
- 允许在多个序列中把嵌套的序列作为源使用。例如，可以为多部分序列创建一个介绍序列，并把它添加到每个部分中。如果更改介绍序列的内容，那么在每个嵌套序列中都能看到更新后的结果。
- 允许使用类似于在【项目】面板中创建素材箱的方式来组织源素材。
- 允许向一组剪辑（这一组剪辑被视为一项）应用过渡效果。

对嵌套序列来说，【时间轴】面板的左上角有一个重要按钮，它是【将序列作为嵌套或个别剪辑插入并覆盖】。

启用此按钮后，当把一个序列（源序列）添加到另外一个序列（主序列）中时，源序列将被作为一个单独的嵌套序列添加到主序列中。它是以源序列命名的，并包含其所有的剪辑。可以对嵌套序列的内容进行修改，无论把序列嵌套在什么地方，这些修改都会动态更新。

在【将序列作为嵌套或个别剪辑插入并覆盖】按钮（）处于关闭状态时，如果把一个序列添加到另外一个序列中，Premiere Pro 将把结果作为独立剪辑。新剪辑副本不再直接与源序列链接在一起。

提示 通过制作工作流程（把多个项目链接在一起），Premiere Pro 还支持高级项目管理选项。有关制作工作流程的内容已经超出本书的讨论范围，感兴趣的朋友可阅读 Premiere Pro 帮助文档。

添加嵌套序列

使用嵌套序列的一个好处是可以对一个已经编辑好的序列进行多次重用。下面把一个已经编辑好的开场片段添加到序列中。

❶ 打开 08 Bike Race 序列，确保【将序列作为嵌套或个别剪辑插入并覆盖】按钮处于开启状态，如图 8-25 所示。

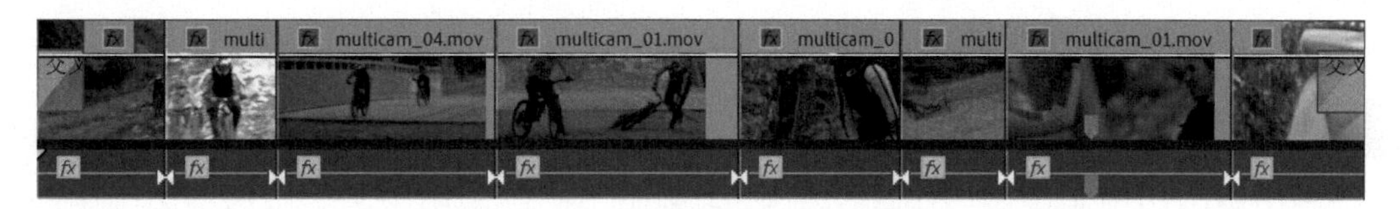

图 8-25

提示 创建嵌套序列的一个快捷方法是直接把序列从【项目】面板拖到当前活动序列相应的轨道上。此外，还可以把序列拖入【源监视器】，添加入点和出点，执行插入和覆盖编辑，把所选片段添加到另外一个序列中，就跟编辑剪辑一样。

❷ 在序列开头设置一个入点。

❸ 在【项目】面板中，双击 09 Race Open 序列，在【时间轴】面板中查看其内容，如图 8-26 所示。

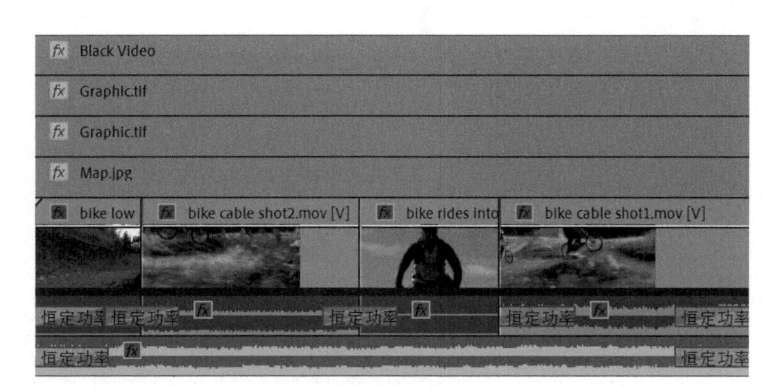

图 8-26

该序列包含 5 个视频轨道（含图片轨道）和两个音频轨道。播放序列，熟悉序列内容。

❹ 当在【项目】面板中选择一个剪辑或序列，或者在【源监视器】中打开一个剪辑时，源轨道

指示器就会出现在【时间轴】面板中，方便进行轨道修补。

在【项目】面板中，单击序列 09 Race Open，将其选中。回到【时间轴】面板中，单击 08 Bike Race 序列名称，将其激活。

确保源轨道指示器 V1 与序列的 V1 轨道对齐，源轨道指示器 A1 与 A1 轨道对齐。

把一个序列添加到另外一个序列中。嵌套序列时，序列与普通剪辑一样。

❺ 按【,】键，执行插入编辑。因为在序列中设置了入点，所以 Premiere Pro 会直接使用入点确定序列的时间点，如图 8-27 所示。

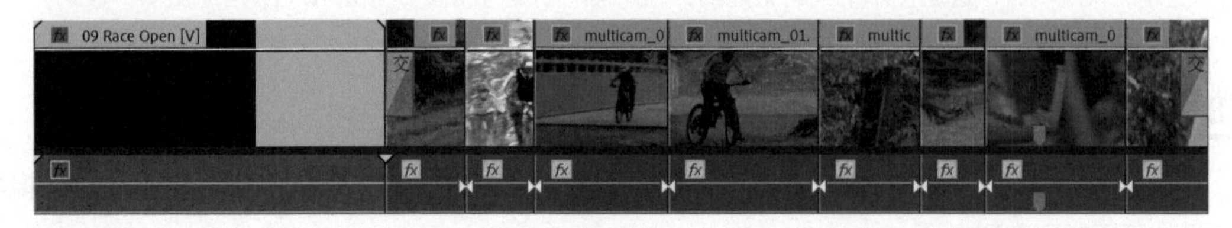

图 8-27

❻ 播放 08 Bike Race 序列，查看结果。

虽然 09 Race Open 序列中包含多个视频和音频剪辑，但是 Premiere Pro 仍将其作为一个剪辑进行添加。此时，该序列处于嵌套状态。

> 提示 如果你想修改嵌套序列的内容，在【项目】面板或【时间轴】面板中双击它，Premiere Pro 会在一个新的【时间轴】面板（与当前打开的序列在同一个面板组下）中打开它。

❼ 按【Command】+【Z】（macOS）或【Ctrl】+【Z】（Windows）组合键，撤销最后一次的编辑操作。下面在【时间轴】面板中使用鼠标右键单击时间标尺，从弹出的菜单中选择【清除入点和出点】。

❽ 禁用【将序列作为嵌套或个别剪辑插入并覆盖】按钮（ ）。

❾ 按住【Command】键（macOS）或【Ctrl】键（Windows），把 09 Race Open 序列从【项目】面板拖曳到【时间轴】面板中序列的开头（V1 轨道）。此时，执行的是插入编辑。

Premiere Pro 会把 09 Race Open 序列中的各个剪辑添加到当前序列中，如图 8-28 所示。这些剪辑的新副本不直接链接到 09 Race Open 序列。而且，序列的内容也未发生变化。

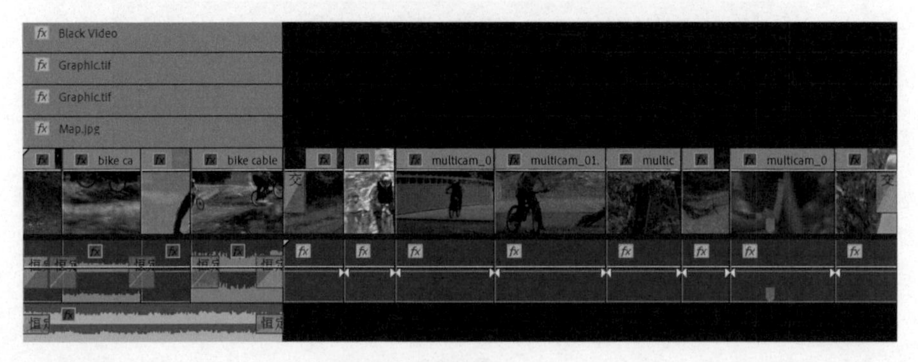

图 8-28

使用嵌套序列可以根据序列内容组织剪辑，并在将其添加到主序列之前，一起浏览检查它们。人们有时把这叫使用“片盒”（stringouts）。

8.6 执行常规修剪

你可以使用多种方法来调整在序列中使用的某个剪辑的某个部分。这个过程通常称为“修剪”(trimming)。修剪时，你可以通过恢复或移除内容把序列中源剪辑的某个部分加长或缩短。

有些修剪只影响单个剪辑，而有些修剪会影响两个相邻剪辑（或多个剪辑）之间的关系。

8.6.1 在【源监视器】中修剪

在从【项目】面板中把源剪辑添加到序列中后，序列中出现的剪辑就是源剪辑的一个独立副本。在【时间轴】面板中双击序列中的某个剪辑，即可在【源监视器】中将其打开，调整剪辑的入点和出点，Premiere Pro 会把修改更新到序列中。

默认设置下，当在【源监视器】中打开序列中的剪辑片段时，【源监视器】的导航器会自动放大，以便把选择的片段完整地显示出来，如图 8-29 所示。

调整导航器的缩放级别，以便看到剪辑中的所有可用内容。

在【源监视器】中调整现有入点和出点的基本方法有以下两种。

- 添加新入点和出点。在【源监视器】中设置新的入点和出点，以替换当前的选择。若序列中当前剪辑的前面或后面紧跟其他剪辑，则不能朝相应方向扩展入点或出点。
- 拖曳入点和出点。拖曳鼠标，使鼠标指针位于【源监视器】底部的时间轴上的入点或出点上，此时鼠标指针变成一个带有双向箭头的红黑图标，表示可执行修剪操作，如图 8-30 所示。按住鼠标左键并向左或向右拖曳，调整入点和出点的位置。

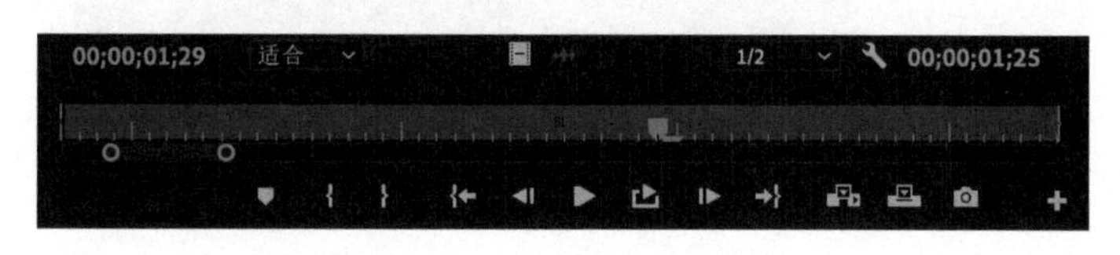

图 8-29

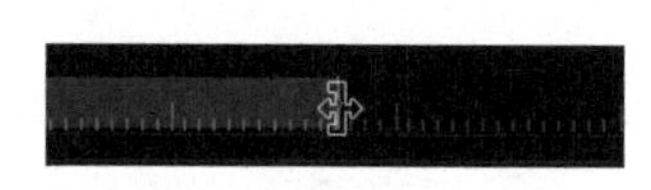
图 8-30

8.6.2 在序列中修剪

还可以直接在【时间轴】面板中修剪剪辑，这种方法更快捷。把一个剪辑延长或缩短称为“常规修剪”。

❶ 打开 10 Regular Trim 序列。

❷ 播放序列，查看序列内容。

需要把最后一段剪辑延长一点，使其与音乐一起结束。

❸ 确保【选择工具】(▶)处于选中状态。

> 提示 【选择工具】的键盘快捷键为【V】。

❹ 把鼠标指针移至序列中最后一个剪辑的右边缘。此时，鼠标指针变成红色的修剪图标，中间有一个方向箭头，如图 8-31 所示。

剪辑的末尾应用了过渡效果，需要把它放大，才能更方便地修剪，而且不用调整过渡效果的时间。

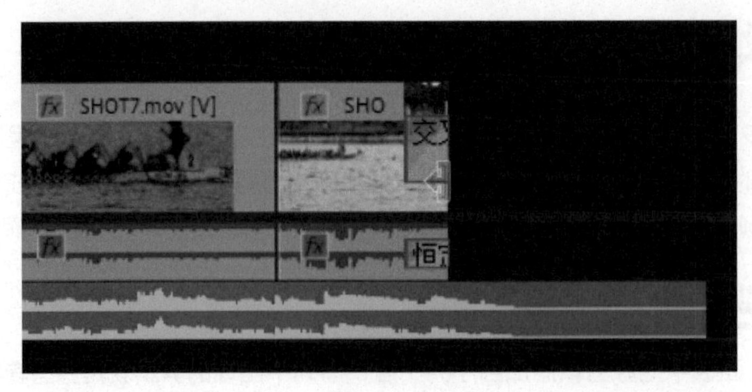

图 8-31

> 注意 修剪剪辑时，把剪辑缩短后，当前剪辑和其相邻剪辑之间会出现间隙。稍后我们会学习如何使用【波纹编辑工具】自动删除间隙或把剪辑向后拉长（就像插入编辑与提取编辑一样）。

⑤ 向右拖曳最后一个剪辑的右边缘，使其与音频剪辑等长。拖曳时，Premiere Pro 会显示提示信息，指出修剪长度，如图 8-32 所示。

图 8-32

图 8-32 中的提示信息表明修剪到了原始剪辑的末端。

⑥ 释放鼠标，使修剪生效。

8.7 执行高级修剪

到目前为止，我们学习的各种修剪方法都有局限性。使用这些方法缩短剪辑时，在序列中都会留下间隙。另外，当要修剪的剪辑前后紧跟其他剪辑时，无法使用这些方法增加剪辑的长度。

为了解决这些问题，Premiere Pro 提供了几种高级修剪方法，下面逐一介绍。

8.7.1 执行波纹编辑

> 提示 【波纹编辑工具】的键盘快捷键是【B】。

修剪剪辑时，使用【波纹编辑工具】( ) 可以避免留下间隙。使用该工具更改一个剪辑的持续时间，会影响整个序列。例如，当使用该工具向左拖曳某个剪辑的右边缘时，其后的所有剪辑会同时向左移动以填充间隙；当使用该工具向右拖曳某个剪辑的右边缘时，其后的所有剪辑会同时向右移动以留出空间。

注意 做波纹编辑时，可能会导致其他轨道上的素材不同步。为此，我们可以使用同步锁定使所有轨道上的素材保持同步。

下面动手试一试。

❶ 打开 11 Ripple Edit 序列。

❷【波纹编辑工具】( ) 与【比率拉伸工具】( ) 在一个工具组中。在【比率拉伸工具】( ) 的图标上按住鼠标左键不放，然后选择【波纹编辑工具】。

❸ 把鼠标指针移动到第 7 个剪辑（SHOT7）右边缘的内侧附近，此时鼠标指针如图 8-33 所示。

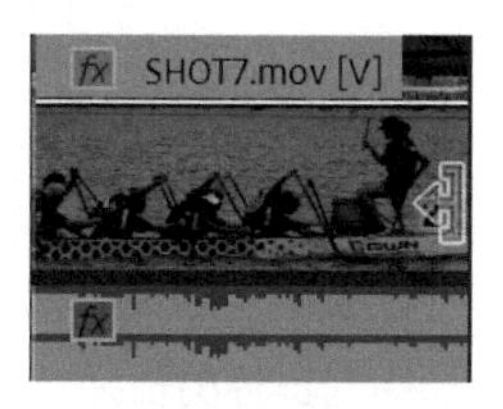

图 8-33

第 7 个剪辑太短了，下面把它延长一些。

❹ 按住鼠标左键并向右拖曳，直到提示信息中显示的时间码为 +00:00:01:10，如图 8-34 所示。

注意，在使用【波纹编辑工具】( ) 时，【节目监视器】左侧显示的是第一个剪辑的最后一帧，右侧显示的是第二个剪辑的第一帧。进行修剪时，画面会动态更新，如图 8-35 所示。

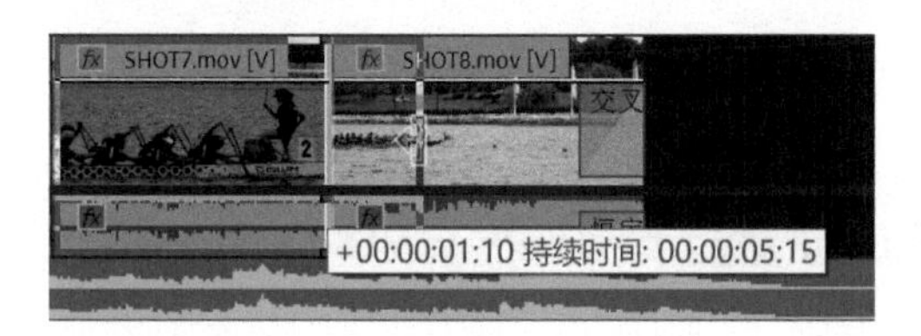

图 8-34

图 8-35

提示 按住【Command】键（macOS）或【Ctrl】键（Windows），可以临时把【选择工具】变为【波纹编辑工具】。请注意确保单击的是剪辑的一端，避免执行滚动编辑。

❺ 释放鼠标，完成编辑。

经过修剪，SHOT7 剪辑的持续时间变长，而且其后的剪辑也一起向右移动。播放序列，查看剪辑的前后衔接是否平滑。

❻ 把 SHOT7 剪辑延长到 2 秒，播放新增加的部分。

修剪后，画面中出现了轻微的摄像机晃动问题，下面对此进行处理。

使用键盘快捷键执行波纹编辑

修剪剪辑时，使用【波纹编辑工具】( ) 可以更好地控制修剪过程。此外，Premiere Pro 还提供了两个有用的键盘快捷键来执行同样的修剪调整，它们都是基于【时间轴】面板中播放滑块的位置的。

这些快捷键要正常工作，必须开启【时间轴】面板中相应的轨道指示器。只有开启了轨道指示器的轨道才能执行修剪操作。

在【时间轴】面板中，把播放滑块移动到某个剪辑（或剪辑的多个图层）上，然后按以下快捷键之一。

- 【Q】键：对剪辑执行波纹修剪，修剪范围是从剪辑的开头到播放滑块所在的位置。
- 【W】键：对剪辑执行波纹修剪，修剪范围是从剪辑的末尾到播放滑块所在的位置。

这种剪辑修剪方式速度很快，适合用在视频的早期编辑中，尤其是只想删除剪辑的头尾部分时。

8.7.2 执行滚动编辑

使用【波纹编辑工具】( ) 修剪会改变序列的总长度。这是因为当延长或缩短一个剪辑时，序列中的其他剪辑会一起向延长或缩短的方向移动，从而增加或缩短整个序列的长度。

还有另外一种方法——滚动编辑（有时称为双滚动修剪）用来修剪序列。使用该方法会改变序列中剪辑的时间设置，但不会改变序列的总长度。因为在使用滚动编辑延长或缩短一个剪辑时，其相邻剪辑会同时减少或增加相同的帧数。例如，当使用【滚动编辑工具】( ) 把一个剪辑延长 2 秒时，其相邻剪辑会相应地缩短 2 秒。

提示 【滚动编辑】的键盘快捷键是【N】。

1. 继续使用 11 Ripple Edit 序列。
2. 在【工具】面板中把鼠标指针移动到【波纹编辑工具】( ) 上，按住鼠标左键，然后选择【滚动编辑工具】( )。
3. 把鼠标指针移动到 SHOT7 和 SHOT8 剪辑之间的编辑点上，拖曳编辑点，同时查看【节目监视器】中的画面，找到衔接这两个剪辑的最佳位置，同时确保删除了摄像机的抖动画面，如图 8-36 所示。

图 8-36

在这个过程中，可以把【时间轴】面板放大，以便做更精确的调整。

提示 在【选择工具】处于选中状态时，按住【Command】键（macOS）或【Ctrl】键（Windows），可以临时将其变为【波纹编辑工具】或【滚动编辑工具】，把鼠标指针放到编辑点之前或之后，执行波纹编辑，把鼠标指针放到编辑点上，执行滚动编辑。

注意 修剪剪辑时，你可以把一个剪辑的持续时间修剪为 0，即将其从时间轴上删除。

把编辑点向左拖曳 1 秒 19 帧。可以参照【节目监视器】中的时间码或【时间轴】面板中提示信息的时间码找到目标位置，如果预先在目标位置放置了播放滑块，向左拖曳时会自动对齐到播放滑块所在的位置 [前提是开启了【对齐】按钮 ( )]。

8.7.3 执行外滑编辑

使用外滑编辑会以相同的改变量同时改变序列中剪辑的入点和出点，从而使相应内容移动到适当的位置。

因为外滑编辑对剪辑的入点与出点的改变量相同，所以它不会改变序列的持续时间。就这一点来说，它与前面讲解的滚动编辑是相同的。

外滑编辑只修剪选择的剪辑，其前后的相邻剪辑不会受到影响。使用【外滑工具】( ) 调整剪辑有点类似移动传送带：时间轴上剪辑中的可见内容发生了变化，但是剪辑的长度和序列的长度都不变。

❶ 继续使用 11 Ripple Edit 序列。

❷ 选择【外滑工具】( )。

> 提示 【外滑工具】的键盘快捷键为【Y】。

❸ 向左和右拖曳 SHOT5 剪辑，调整剪辑的入点与出点。

❹ 一边执行外滑编辑，一边观察【节目监视器】中的画面，如图 8-37 所示。

图 8-37

在图 8-37 中，SHOT4 剪辑（SHOT5 剪辑的前一个剪辑）的出点和 SHOT6 剪辑（SHOT5 剪辑的后一个剪辑）的入点不会受到影响；SHOT5 剪辑（当前剪辑）的入点和出点发生了变化。

通常情况下，一个剪辑开头或末尾的动作时间安排很关键，在切换动作时可以使用【外滑工具】( ) 来快速调整时间。

8.7.4 执行内滑编辑

使用【内滑工具】( ) 不会改变剪辑的持续时间，但是会以相同的改变量沿相反方向改变上一个剪辑的出点和下一个剪辑的入点。使用它执行的是另外一种形式的双滚动编辑，从某种意义上说，是外滑编辑的相反操作。

由于【内滑工具】( ) 会以相同的帧数改变当前剪辑的前一个或后一个剪辑的持续时间，因此序列的总长度不会发生变化。

❶ 继续使用 11 Ripple Edit 序列。

❷ 在【工具】面板中，把鼠标指针移动到【外滑工具】( ) 上，按住鼠标左键，然后选择【内滑工具】( )。

> 提示 【内滑工具】的键盘快捷键为【U】键。

3 把鼠标指针移动到序列中第二个剪辑（SHOT2 剪辑）的中间位置。

4 向左或右拖曳剪辑。

5 执行滑动编辑，同时查看【节目监视器】，如图 8-38 所示。

图 8-38

在图 8-38 中，SHOT2 剪辑（当前拖曳的剪辑）的入点和出点没有发生变化，因为没改动 SHOT2 剪辑中选择的部分；【SHOT1 剪辑（SHOT2 剪辑的前面一个剪辑）的出点和 SHOT3 剪辑（SHOT2 剪辑的后面一个剪辑）】的入点都发生了变化。

8.8 在【节目监视器】中修剪

如果想进行更细致的修剪，可以使用【节目监视器】的修剪模式。在该模式下，可以同时看到修剪的转入帧和转出帧，并且有专门的按钮用来执行精确调整。按空格键会循环播放编辑点周围的部分，可以不断进行调整，并随时查看调整结果。

在【节目监视器】的修剪模式下，可以做以下 3 种修剪。

- 常规修剪：用于移动所选剪辑的一个编辑点，只修剪编辑点的一侧，把所选编辑点沿着序列向前或向后移动，但不会移动其他任何一个剪辑。
- 波纹修剪：类似常规修剪，用于向前或向后移动所选剪辑的一个编辑点，只修剪编辑点的一侧，编辑点后面的剪辑会随之移动以便填充封闭间隙或者增加剪辑的长度。
- 滚动修剪：用于移动一个剪辑的尾部（末尾）及其相邻剪辑的头部（开头）；允许调整编辑点的时间安排（前提是有手柄），不会留下间隙，序列的持续时间也不会发生变化。

8.8.1 在【节目监视器】中使用修剪模式

在修剪模式下，【节目监视器】的某些控件会发生改变，以便专注于修剪操作。选择两个剪辑之间的编辑点以激活它，可使用以下方法中的一种进入修剪模式。

- 使用【选择工具】（ ）或修剪工具，双击时间轴上的编辑点。
- 在目标轨道指示器处于启用状态时，按【Shift】+【T】组合键，Premiere Pro 会把播放滑块移动到最近的编辑点。
- 使用【波纹编辑工具】（ ）或【滚动编辑工具】（ ）框选一个或多个编辑点，此时【节目监视器】会进入修剪模式。

提示 此外，你还可以按住【Command】键（macOS）或【Ctrl】键（Windows），使用【选择工具】框选编辑点，此时【节目监视器】也会进入修剪模式。

进入修剪模式后，会在【节目监视器】中看到两个视频剪辑的画面，其中左侧显示的是转出剪辑的画面（也叫作 A 边），右侧显示的是转入剪辑的画面（也叫作 B 边）。在两个视频画面下有 5 个按钮和两个指示器，如图 8-39 所示。

图 8-39

按钮及指示器的介绍如下。

A【出点变换】：显示 A 边出点有多少帧发生变化。

B【大幅向后修剪】：执行向后修剪操作，每单击一次把 A 边向前调整 5 帧。

C【向后修剪】：执行向后修剪操作，每单击一次向左调整一帧。

D【应用默认过渡到选择项】：向所选编辑点应用默认过渡效果。

E【向前修剪】：类似于【向后修剪】，但每单击一次把编辑点向右移动一帧。

F【大幅向前修剪】：类似于【大幅向后修剪】，但每单击一次把编辑点向右调整 5 帧。

G【入点变换】：显示 B 边入点有多少帧发生变化。

提示 默认设置下，【大幅向后修剪】和【大幅向前修剪】按钮会修剪 5 帧。具体修剪帧数，可在【首选项】>【修剪】>【大修剪偏移】中设置。

8.8.2 在【节目监视器】中选择修剪方法

前面介绍了 3 种修剪方法（常规修剪、滚动修剪、波纹修剪）。使用【节目监视器】的修剪模式可以让修剪变得更简单，因为在其中能立刻看到修剪结果。在【节目监视器】的修剪模式下，无论【时间轴】面板的视图如何缩放，都能对剪辑进行精确的控制：即使【时间轴】面板的视图缩放到很小，仍然能够在【节目监视器】的修剪模式下通过拖曳做精确到帧级别的修剪。下面我们一起试一下。

❶ 打开 12 Trim View 序列。播放序列，熟悉序列内容。

❷ 按住【Option】键（macOS）或【Alt】键（Windows），使用【选择工具】(键盘快捷键【V】)双击序列中第一个视频剪辑和第二个视频剪辑之间的编辑点。同时按住【Option】键（macOS）或【Alt】键（Windows），可忽略【链接选择项】，只选择视频编辑点，而不改动音频轨道。

❸ 在【节目监视器】中，把鼠标指针移动到剪辑的图像上，但不要单击。

在从左到右移动鼠标指针时，可以看到鼠标指针从修剪出点（左）变到滚动修剪（中）再到修剪入点（右）。

❹ 在【节目监视器】中的两个剪辑之间拖曳，执行滚动编辑。

不断拖曳，直到【节目监视器】中左下角显示的 A 边源剪辑时间码为 01:54:08:13，B 边剪辑时间码为 01:26:59:01，如图 8-40 所示。

注意 单击 A 边或 B 边可以切换当前修剪的边。在中间单击会切换为滚动编辑。

❺ 按 3 次【↓】键，跳转到第三个剪辑和第四个剪辑之间的编辑点。

第一个镜头太长，演员往下坐的动作在下一个镜头中重复出现，下面对其进行修剪。

当在【节目监视器】中执行拖曳修剪时，鼠标指针的颜色指示你要执行的是哪种修剪。红色代表常规修剪，黄色代表波纹修剪。

按住【Command】键（macOS）或【Ctrl】键（Windows），在【节目监视器】中单击其中一个画面，可以快速更改修剪类型。单击后，你需要移动鼠标，才能更新鼠标指针的颜色。

❻ 按住【Command】键（macOS）或【Ctrl】键（Windows），在【节目监视器】中单击其中一个画面，当鼠标指针的图标变为黄色，表示选择了【波纹编辑工具】（ ）。

❼ 在转出剪辑（位于【节目监视器】左侧）上向左拖曳，缩短剪辑长度。

确保左侧画面中显示的时间码是 01:54:12:18，如图 8-41 所示。

图 8-40

图 8-41

❽ 按空格键播放序列。当【节目监视器】处在修剪模式下时，播放会循环进行，以便仔细查看效果。

修饰键

你可以使用多个修饰键来调整修剪选择。

- 选择剪辑时，同时按住【Option】键（macOS）或【Alt】键（Windows）会临时断开序列中视频剪辑和音频剪辑之间的链接，即忽略【链接选择项】功能[当然，你也可以在【时间轴】面板中单击【链接选择项】按钮（ ），将其关闭]。
- 按住【Shift】键选择多个编辑点。你可以同时修剪多个轨道或剪辑。只要有修剪手柄的地方，你就可以进行修剪调整。
- 组合使用这两种修饰键，可以进行更高级的修剪操作。

8.8.3 执行动态修剪

大多数修剪工作调整的是剪辑的节奏。从某些方面来说，为一个切换镜头设置一个最佳时间点是使视频编辑上升为一门艺术的关键。

在修剪模式下，按空格键可以循环播放序列，便于调整修剪的时间点。此外，还可以使用键盘快捷键或按钮在序列播放时进行修剪。

❶ 继续使用 12 Trim View 序列。

❷ 按【↓】键，将播放滑块移动到下一个编辑点，即位于第四个和第五个视频剪辑之间的编辑点，如图 8-42 所示。在【节目监视器】中央的两帧之间单击，把修剪类型设置为滚动修剪。

在【时间轴】面板中，修剪手柄发生了变化，指示在做滚动编辑。

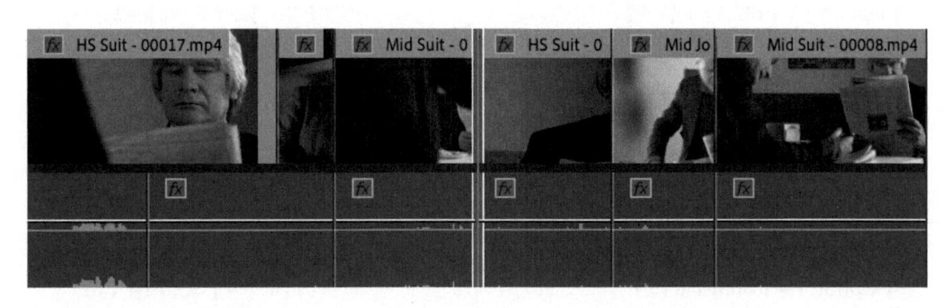

图 8-42

❸ 按空格键循环播放序列。

循环播放会持续几秒，而且在切换前（预卷）和切换后（过卷）都有镜头呈现。这有助于了解编辑的内容。

> 注意 若要控制【预卷】(pre-roll) 和【过卷】(post-roll) 的持续时间，可从 Premiere Pro 的【首选项】菜单中选择【回放】，在【预卷】和【过卷】中设置持续时间（单位：秒）。

❹ 循环播放期间，可以尝试使用前面学过的方法调整修剪结果。

【节目监视器】中的【向前修剪】按钮（+1）与【向后修剪】按钮（-1）用起来非常方便。播放剪辑期间，可以使用它们对修剪结果进行调整。

❺ 按【停止】按钮或空格键，停止循环播放序列。下面尝试使用键盘进行动态控制。控制播放时使用的【J】【K】【L】键同样可以用来控制修剪，但前提是【节目监视器】处于修剪模式。

❻ 按【L】键，向右修剪。

按一次【L】键可以进行实时修剪。按多次【L】键，可以加快修剪。

下面尝试执行更精确的修剪。

❼ 按【K】键，停止修剪。

> 注意 当按【K】键停止修剪时，【时间轴】面板中剪辑片段会随之更新。

❽ 按住【K】键后，按【J】键缓慢向左修剪。

❾ 释放两个键，停止修剪。

❿ 在【时间轴】面板中，单击空白轨道，退出修剪模式。

8.8.4 使用键盘快捷键修剪

修剪常用的键盘快捷键如表 8-1 所示。

表 8-1　修剪常用的键盘快捷键

macOS	Windows
向后修剪:【Option】+【←】	向后修剪:【Ctrl】+【←】
大幅向后修剪:【Option】+【Shift】+【←】	大幅向后修剪:【Ctrl】+【Shift】+【←】
向前修剪:【Option】+【→】	向前修剪:【Ctrl】+【→】
大幅向前修剪: 【Option】+【Shift】+【→】	大幅向前修剪: 【Ctrl】+【Shift】+【→】
将剪辑选择项向左内滑 5 帧: 【Option】+【Shift】+【,】	将剪辑选择项向左内滑 5 帧: 【Alt】+【Shift】+【,】
将剪辑选择项向左内滑 1 帧: 【Option】+【,】	将剪辑选择项向左内滑 1 帧: 【Alt】+【,】
将剪辑选择项向右内滑 5 帧: 【Option】+【Shift】+【.】	将剪辑选择项向右内滑 5 帧: 【Alt】+【Shift】+【.】
将剪辑选择项向右内滑 1 帧: 【Option】+【.】	将剪辑选择项向右内滑 1 帧: 【Alt】+【.】
将剪辑选择项向左外滑 5 帧: 【Command】+【Option】+【Shift】+【←】	将剪辑选择项向左外滑 5 帧: 【Ctrl】+【Alt】+【Shift】+【←】
将剪辑选择项向左外滑 1 帧: 【Command】+【Option】+【←】	将剪辑选择项向左外滑 1 帧: 【Ctrl】+【Alt】+【←】
将剪辑选择项向右外滑 5 帧: 【Command】+【Option】+【Shift】+【→】	将剪辑选择项向右外滑 5 帧: 【Ctrl】+【Alt】+【Shift】+【→】
将剪辑选择项向右外滑 1 帧: 【Command】+【Option】+【→】	将剪辑选择项向右外滑 1 帧: 【Ctrl】+【Alt】+【→】

8.9 复习题

1. 在【剪辑速度 / 持续时间】对话框中，把剪辑的播放速度更改为 50%，会对剪辑的持续时间有什么影响？
2. 哪种工具可以用来拉伸序列剪辑，以改变它的播放速度？
3. 内滑编辑和外滑编辑有何不同？
4. 替换剪辑和替换素材有何不同？

8.10 答案

1. 剪辑的持续时间是原来的两倍。降低剪辑的播放速度将使剪辑变长，除非在【剪辑速度 / 持续时间】对话框中断开了速度和持续时间之间的链接，或者剪辑被另外一个剪辑遮挡了。
2. 可以使用【比率拉伸工具】调整剪辑播放速度，就像在修剪剪辑一样。当需要填充序列中一小段时间或稍微缩短一下剪辑时，该工具非常有用。
3. 在相邻剪辑上对一个剪辑执行内滑操作时，Premiere Pro 会保留所选剪辑的源入点和出点。在相邻剪辑上对一个剪辑执行外滑操作（或者像传送带一样滚动内容）时，所选剪辑的入点和出点会发生变化。
4. 替换序列剪辑时，Premiere Pro 会使用【项目】面板中的一个新剪辑替换掉序列中剪辑的副本。替换素材时，Premiere Pro 会使用新的源剪辑替换【项目】面板中的剪辑，并且项目中所有用到该剪辑副本的序列都会被更新。在这两种情况下，应用到被替换剪辑的效果都会被保留。

第 9 课

让剪辑动起来

课程概览

本课学习如下内容：

- 调整剪辑的运动效果
- 调整锚点以改善旋转效果
- 使用阴影增强运动效果
- 更改剪辑尺寸、添加旋转效果
- 使用关键帧插值

学完本课大约需要 75 分钟

请先准备好本课要用到的课程文件，并把它们存放到本地计算机中方便取用的位置。

运动效果控件可以用来为视频剪辑添加运动效果，即让图形动起来或者动态调整视频剪辑的尺寸和位置。在 Premiere Pro 中，可以使用关键帧动态改变对象的位置，并通过控制关键帧的解释方式来增强运动效果。

9.1 课程准备

视频通常都是面向动态图形的，常见的复杂合成都是由多个镜头组合而成的，而且它们通常都是动态的。例如，多个视频剪辑在浮动的盒子中流动，或者一个视频剪辑缩小后停在主持人旁边。在 Premiere Pro 中，可以使用【效果控件】面板中的【运动】设置或大量支持运动设置的剪辑效果来创建这些（及其他）效果。

借助运动效果控件，你可以控制剪辑的位置、旋转、大小。有些调整可以直接在【节目监视器】中进行。【效果控件】面板中的控件用来调整选择的剪辑，该剪辑可以是序列中的一个剪辑片段，也可以是在【源监视器】中打开的剪辑。

可以使用关键帧为效果设置动画。关键帧是一种特殊的标记，用于把设置保存在特定时间点上。如果使用两个或多个有不同设置的关键帧，Premiere Pro 会自动对这些帧之间的各帧的设置进行动态调整。例如，可以添加位置动画，使图形移动；可以使用不同类型的关键帧对动画的时间安排进行细微调整。

大多数视觉效果都支持添加关键帧，即支持使用关键帧来制作动画。

9.2 调整运动效果

在 Premiere Pro 中，序列中的每个视频剪辑片段都自动应用了许多效果，这些效果称为“固有效果”（有时也叫作“内在效果”）。运动效果就是其中之一。

> **提示** 如果展开或折叠固定效果的设置，则所有剪辑的设置都会进入展开或折叠状态。

在为一个剪辑调整运动效果之前，需要先在序列中选中它，然后才能在【效果控件】面板中看到运动效果的各个属性。

通过运动效果可以调整剪辑的位置、缩放、旋转。下面一起了解如何使用运动效果来调整序列中剪辑的位置。

❶ 打开 Lesson 09 文件夹中的 Lesson 09.prproj 项目文件。

❷ 把项目文件另存为 Lesson 09 Working.prproj。

> **提示** 处理项目时，实际操作的文件是使用新名称保存在项目文件中的，原有项目文件不会受到影响，因此，如果想返回项目的最初状态，只需再次复制原始项目文件并打开。

❸ 从菜单栏中，依次选择【窗口】>【工作区】>【效果】，打开【效果】工作区，然后重置【效果】工作区。

❹ 打开 01 Floating 序列。这个序列很简单，里面只包含一个剪辑（Gull.mp4）。

提示 在【项目】面板中，单击名称列，可按字母表顺序排列面板中的各个项。

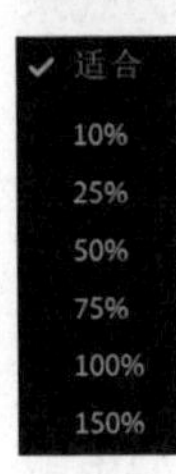

图 9-1

⑤ 从【节目监视器】的【选择缩放级别】下拉列表中，选择【适合】，确保设置视觉效果时可以看到整个合成。

使用【选择缩放级别】下拉列表中的选项不会改变序列内容，只是改变了内容的呈现方式。在查看图像细节或设置效果时，【选择缩放级别】下拉列表中的选项会非常有用，但一般来说，选择【适合】即可，如图 9-1 所示。

⑥ 播放序列。

9.2.1 了解【运动】效果的属性

【效果控件】面板的【运动】效果下虽然有很多运动控制属性，但如果不设置它们，就不会产生运动效果。默认设置下，剪辑会以原始尺寸显示在【节目监视器】的中央。先在序列中选择剪辑，然后在【效果控件】面板的【视频效果】下，单击【运动】左侧的箭头按钮（>），将其展开，如图 9-2 所示。

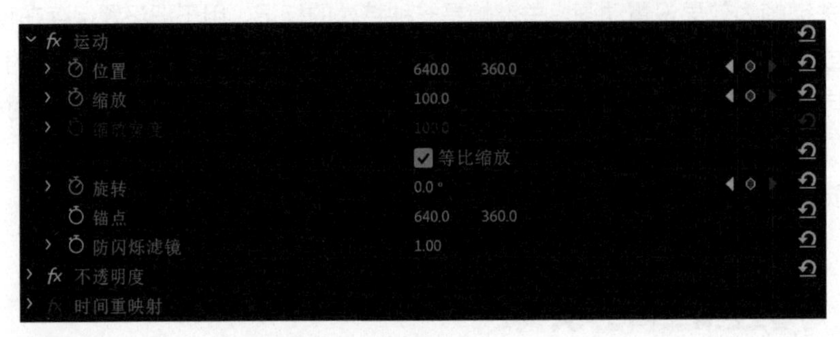

图 9-2

以下是各个属性的说明。

- 位置：沿着 x 轴（水平方向）和 y 轴（垂直方向）放置剪辑。【位置】值指的是锚点（默认位于画面中央）到画面左上角的距离，因此，对于一个 1280 像素 ×720 像素的剪辑来说，其默认【位置】值是 (640,360)，有关锚点的内容将在后文讲解。
- 缩放（取消勾选【等比缩放】复选框时，显示的是【缩放高度】和【缩放宽度】）：默认设置下，剪辑的【缩放】值为 100%；若【缩放】值小于 100%，可缩小剪辑。虽然可以把【缩放】值设置为 10000%，但是这样会让画面变得模糊不清。
- 缩放宽度：取消勾选【等比缩放】复选框时，【缩放宽度】才可用，可以单独修改剪辑的宽度和高度。
- 旋转：用于实现绕着 z 轴旋转图像——平面旋转。可以输入旋转的度数或旋转数，例如，450° 和 1×90（1 代表 1 圈，即 360°，×90 表示再加上 90°）的含义是相同的，正数表示沿顺时针方向旋转，负数表示沿逆时针方向旋转。

提示 像其他运动控制选项一样，我们可以为锚点位置制作动画，以便实现更复杂的运动。

注意 如果包含【效果控件】面板的面板组太窄，有些控件就会重叠在一起，使得我们很难与它们进行交互。若遇到这种情况，在使用【效果控件】面板之前，请先把面板组拓宽一些。

• 锚点：旋转、位置、缩放的调整都是基于锚点的，默认设置下，锚点位于剪辑的中心；可以把任意一个点设置为锚点，包括剪辑四个角点，以及剪辑之外的点；例如，可以把剪辑的一个角对应的点设置成锚点，旋转时，剪辑将绕着该点而非剪辑的中心点旋转；改变剪辑的锚点后，必须重新调整剪辑的位置以适应所做的调整。

• 防闪烁滤镜：对于隔行扫描视频剪辑和包含丰富细节（比如细线、锐利边缘、产生摩尔纹的平行线）的图像很有用；包含丰富细节的图像有时在运动期间会发生闪烁，此时，可以把【防闪烁滤镜】值设置为 1，向图像中添加模糊效果，以减少闪烁。

下面继续使用 01 Floating 序列，了解一下【运动】效果的各个属性。

❶ 在【时间轴】面板中单击剪辑，使其处于选中状态。

❷ 打开【效果控件】面板，它应该与【源监视器】在同一个面板组中。

❸【效果控件】面板右上角有一个小箭头按钮（ ），用来显示时间轴视图。检查时间轴视图是否打开。若没有，可以单击该按钮使时间轴视图显示出来。

【效果控件】面板中的时间轴中有关键帧，如图 9-3 所示。

图 9-3

❹ 单击【转到上一关键帧】按钮（ ）或【转到下一关键帧】按钮（ ），如图 9-4 所示，可在各个关键帧之间跳转。

图 9-4

每个效果和每个属性后都有一个重置按钮（ ）。若单击该按钮重置整个效果，则 Premiere Pro 会在当前播放滑块所在的时间点上把各个属性全部恢复成默认状态。若在某个属性上添加了动画，单击该按钮，则 Premiere Pro 会在当前时间点添加一个带有默认设置的关键帧（现有关键帧不会被删除）。

注意 把播放滑块移动到指定关键帧处并不容易。使用【上一个关键帧】/【下一个关键帧】按钮可以防止意外添加关键帧。

❺ 在【效果控件】面板的时间轴中，向前与向后拖曳播放滑块，查看关键帧标记的位置是如何与动画关联在一起的。

下面把剪辑重置。

❻ 每个属性左侧都有一个名为【切换动画】的按钮（），用来打开或关闭关键帧动画。当该按钮显示为蓝色（）时，表明该属性设置了关键帧动画。单击【位置】属性左侧的【切换动画】按钮（），关闭关键帧动画。

注意 当【切换动画】按钮处于开启状态时，单击【重置参数】按钮不会改变现有关键帧，而是使用默认设置添加一个新的关键帧。为了避免出现这个问题，在重置效果之前，请先关闭动画。

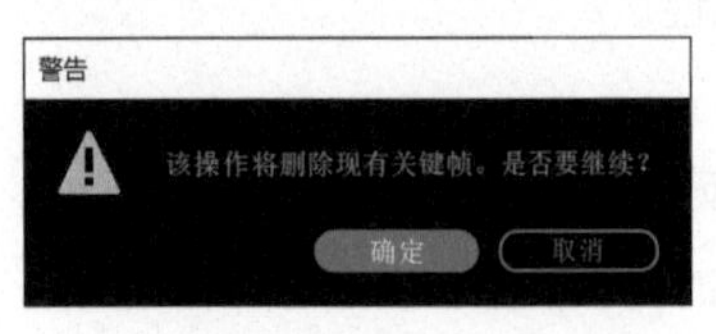

图 9-5

❼ 因为【位置】属性有关键帧，所以 Premiere Pro 会弹出【警告】对话框，询问是否要删除现有关键帧。单击【确定】按钮，删除现有关键帧，如图 9-5 所示。

❽ 使用同样的方法，删除【缩放】和【旋转】属性的关键帧。

❾ 在【效果控件】面板中单击【运动】右侧的【重置效果】按钮（），如图 9-6 所示。

图 9-6

现在,【运动】效果的所有属性都恢复成默认值，剪辑中不再有动画。

9.2.2 调整【运动】效果的属性

【位置】【缩放】【旋转】属性都是空间属性，当这些属性改变时，能很容易看出来，因为这些属性变化时对象的尺寸、位置会发生明显的变化。调整这些属性值时，可以直接输入数值，也可以拖曳数字（即在蓝色数字上拖曳）或变形控件。

提示 你可以先把【节目监视器】面板最大化（双击【节目监视器】名称），这样更方便调整【运动】效果。

❶ 打开 02 Motion 序列。

❷ 在【节目监视器】中，把【选择缩放级别】设置为 25% 或 50%，这样可以很容易看清画面的整体情况。

❸ 在【时间轴】面板中拖曳播放滑块，使其在视频剪辑上移动，同时在【节目监视器】中查看视频内容。

❹ 在序列中单击剪辑将其选中，此时【效果控件】面板中显示出已经应用的视频效果。

❺ 在【效果控件】面板中，单击【运动】效果的名称将其选中。此时,【运动】效果的标题处于灰色高亮状态，如图 9-7 所示。

图 9-7

【节目监视器】中的剪辑周围出现一个边框，该边框上有多个控制点，而且画面中心出现一个十字形图标（），如图 9-8 所示。

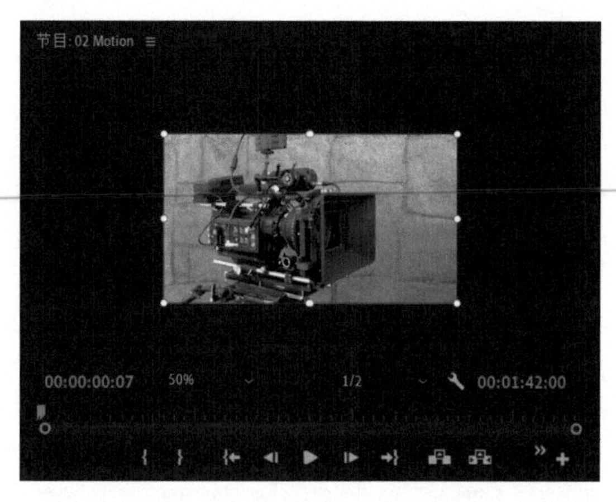

图 9-8

⑥ 在【节目监视器】中单击边框中的任意位置，注意避开中心的十字形图标（⊕）。

此时，【节目监视器】激活，同时启用与之相关的菜单。

⑦ 在菜单栏中，选择【视图】>【在节目监视器中对齐】。

⑧ 按住鼠标左键向右下方拖曳剪辑，使剪辑的一部分超出画面之外，锚点对齐到画面的右下角，如图 9-9 所示。

拖曳时，剪辑边缘与锚点会对齐至画面边缘，同时出现参考线。

拖曳剪辑时，在【效果控件】面板中，剪辑的【位置】值会随之发生变化。

⑨ 移动剪辑，使其中心靠近画面左上角，但不要完全贴合，即让剪辑稍微偏离画面中心，如图 9-10 所示。

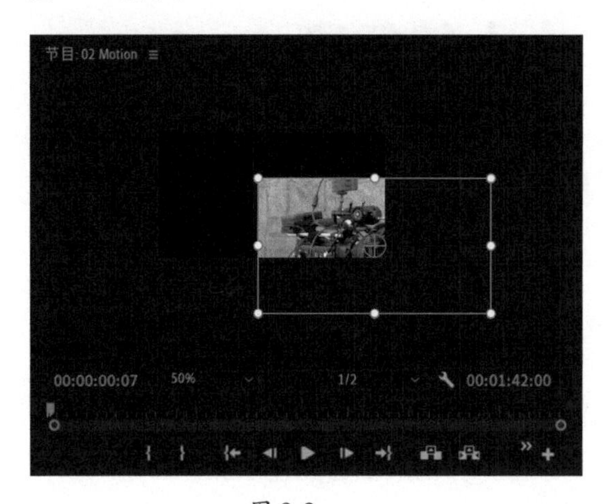

图 9-9

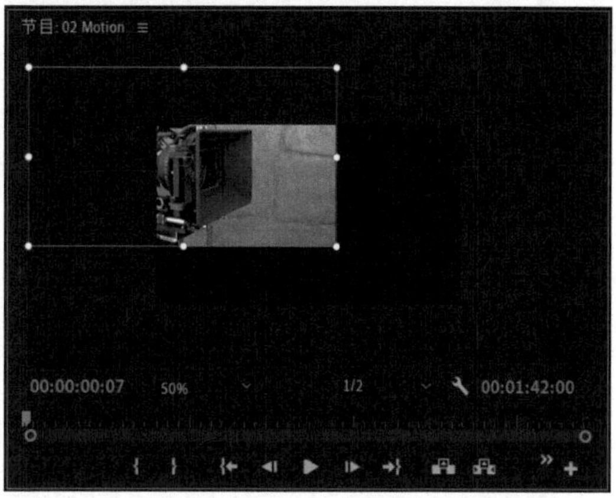

图 9-10

启用【在节目监视器中对齐】功能后，当把剪辑移动到一个边缘附近时，该剪辑会自动对齐到该边缘。

调整剪辑的【位置】【旋转】【缩放】属性时都是基于锚点的。在调整剪辑在画面中的位置时，注意不要单击锚点，否则移动的就是锚点。

注意 画面的左上角为坐标原点 (0,0)，从坐标原点出发，沿水平方向向右为 x 轴正方向，沿垂直方向向下为 y 轴的正方向。所以，在原点左上方的所有 x、y 值为负值，在原点右下方的所有 x、y 值为正值。

注意 有些效果（比如运动效果）允许你在选择效果名称之后直接在【节目监视器】中通过控制框来调整效果的属性。建议使用这种方法，尝试调整边角定位、裁剪、镜像、变换、旋转扭曲等效果。

提示 在【节目监视器】中，按住【Command】键（macOS）或【Ctrl】键（Windows），可临时开启或关闭对齐功能。

此时，【效果控件】面板中的【位置】应该是 (0,0)，或是接近该坐标的值。

【02 Motion】是一个尺寸为 1280 像素 ×720 像素的序列，所以其画面右下角的坐标应该是 (1280,720)，画面中心点的坐标应该是 (640,360)。

提示 拖曳蓝色数字的同时按住【Shift】键，将以 10° 为单位改变旋转角度，每次调整的幅度变得更大。按住【Command】键（macOS）或【Ctrl】键（Windows），每次以 0.1° 为单位改变旋转角度，调整的精度更高。

⑩ 在【效果控件】面板中，单击【运动】效果右侧的【重置效果】按钮（），把剪辑恢复至默认位置。

⑪ 在【效果控件】面板中，把鼠标指针移动到【旋转】属性右侧的蓝色数字上，按住鼠标左键向左或右拖曳，此时在【节目监视器】中可以看到剪辑发生了相应的旋转。

⑫ 在【效果控件】面板中，单击【运动】右侧的【重置效果】按钮（），把剪辑恢复至默认位置。

9.3 更改剪辑的位置、大小和角度

通过运动效果可把多个独立设置的变化组合在一起。下面将幕后花絮制作成一个简单的介绍片段，在制作过程中，为序列中的多个剪辑调整运动效果的属性。

9.3.1 更改位置

使用关键帧为图层位置制作动画。为此，首先要做的是改变剪辑的位置。在该动画中，最初画面在屏幕之外，然后自右向左穿过屏幕。

① 打开 03 Montage 序列。播放序列，熟悉序列内容。

这一序列中包含几个轨道，其中有些目前还用不到，把它们关闭，后面会用到它们。

② 在【时间轴】面板中，把播放滑块拖曳到序列开头。

③ 在【节目监视器】中把【选择缩放级别】设置为【适合】。

④ 单击轨道 V3 上的第一个视频剪辑，将其选中。若把轨道 V3 的宽度增加一些，缩览图能看得更清楚，如图 9-11 所示。

一旦选中剪辑，在【效果控件】面板中就可以看到相应的属性。

⑤ 在【效果控件】面板中单击【位置】左侧的【切换动画】按钮（），打开该属性的关键帧，此时【切换动画】按钮变成蓝色（），Premiere Pro 自动在播放滑块当前所在的位置添加一个关键

帧（◆），可以在【效果控件】面板中看到它。关键帧图标只显示一半（▶），这是因为它位于剪辑的第一帧上。

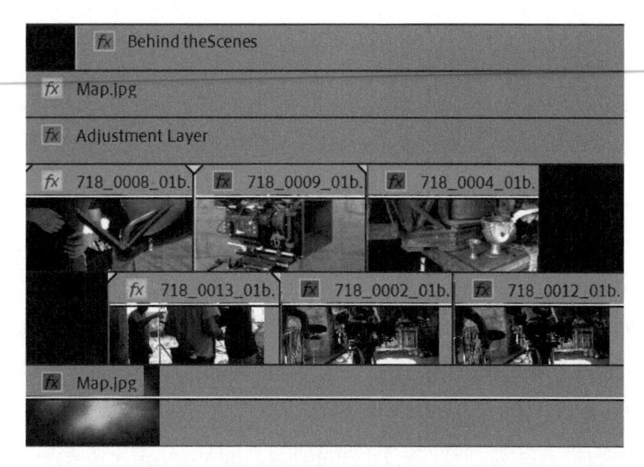

图 9-11

打开【位置】的关键帧动画后，当改变剪辑的位置时，Premiere Pro 会在当前播放滑块所在的位置自动添加（或更新）一个关键帧。

❻【位置】属性有两个值：第一个是 *x* 轴坐标，第二个是 *y* 轴坐标。单击【位置】右侧的第一个蓝色数字，输入 – 640，指定剪辑的起始位置。

此时，剪辑向左移动到画面外，同时 V1 和 V2 轨道上的剪辑显示出来。播放位置的 V2 轨道是空的，轨道 V1 上的 Map 剪辑填满画面，如图 9-12 所示。

图 9-12

❼ 在【时间轴】面板或【效果控件】面板中，把播放滑块拖曳到所选剪辑的最后一帧（00:00:4:23）。

❽ 设置【位置】属性的 *x* 坐标为【1920】，如图 9-13 所示。此时，剪辑右侧超出画面右边缘，同时 Premiere Pro 在【位置】属性中添加一个关键帧。

图 9-13

提示 在【效果控件】面板中，如果一直拖曳播放滑块到时间轴的右边缘，播放滑块将出现在下一个剪辑的第一帧。请一定把播放滑块向后移动一帧，以便与当前剪辑的最后一帧对齐。

⑨ 播放序列，可以看到剪辑从画面左侧进入，而后慢慢向右移动，直到移动到画面右边缘之外。首先是 V2 轨道上的剪辑显示出来，然后 V3 轨道上的第二个剪辑突然显示。下面为这个剪辑和其他文本制作动画。

9.3.2 重用运动效果

前面已经向一个剪辑应用了包含新设置的关键帧，可以把它们重用到其他剪辑上，操作很简单，只需要把它们从一个剪辑复制粘贴到另外一个或多个剪辑上，这样可以大大节省操作时间。下面将把前面制作的从左到右移动的动画效果应用到序列中的其他剪辑上。

重用效果的方法有多种，下面选择其中一种方法尝试。

① 在【时间轴】面板中选择刚刚制作好动画的剪辑，即 V3 轨道上的第一个剪辑。

② 在菜单栏中，依次选择【编辑】>【复制】，或者按【Command】+【C】(macOS)或【Ctrl】+【C】(Windows)组合键。

此时，所选剪辑连同它的效果、设置都被复制到计算机的剪贴板中。

③ 使用【选择工具】( )，按住鼠标左键从右向左拖曳鼠标，把 V2、V3 两个轨道上的其他 5 个剪辑同时选中(可能需要把时间轴放大一些才能看到所有剪辑)。注意，第一个视频剪辑不应该被选中，如图 9-14 所示。

④ 在菜单栏中依次选择【编辑】>【粘贴属性】，打开【粘贴属性】对话框，如图 9-15 所示。

在【粘贴属性】对话框中，可以选择要粘贴剪辑的哪些效果和关键帧。

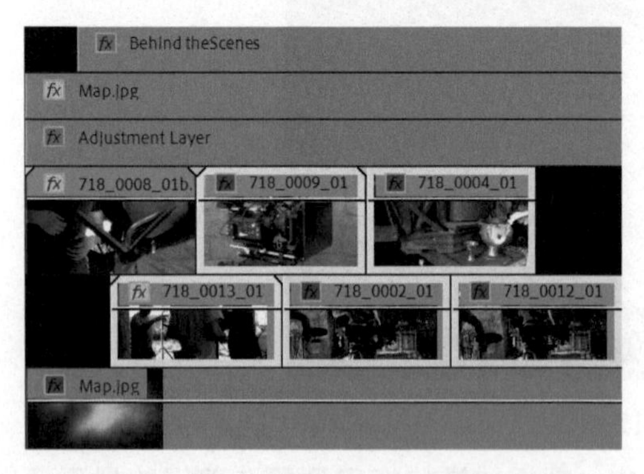

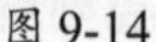
图 9-14

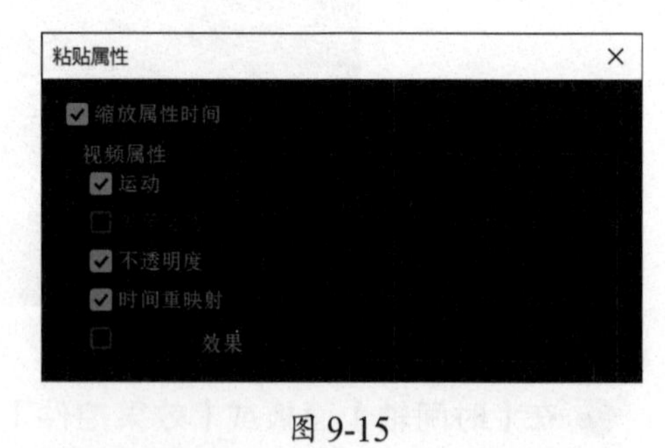

图 9-15

⑤ 出于练习的需要，这里保持默认设置不变，单击【确定】按钮。

从另一个剪辑粘贴的设置会覆盖剪辑已做过的所有调整。通常，在单击【确定】按钮之前，应该先仔细查看【粘贴属性】对话框中的设置。

注意 除在【时间轴】面板中复制整个剪辑外，还可以在【效果控件】面板中单击选择一个或多个效果，若单击的同时按住【Command】键(macOS)或【Ctrl】键(Windows)，可以选择多个不相邻的效果，而后从菜单栏中依次选择【编辑】>【复制】。然后选择另外一个(或多个)剪辑，在菜单栏中依次选择【编辑】>【粘贴】，把当前效果设置粘贴到其他剪辑。

⑥ 播放序列，查看结果。

9.3.3 添加旋转并更改锚点

前面我们已经使用【位置】属性关键帧让剪辑在屏幕上动了起来。接下来，我们将使用其他属性来进一步增强剪辑的动态效果。我们先从【旋转】属性开始。

【旋转】属性可以使一个剪辑围绕着它的锚点旋转。默认设置下，锚点位于图像中心。不过，你可以更改锚点和图像之间的关系，以制作出更有趣的动画。

下面向剪辑添加旋转效果。

① 在【时间轴】面板中单击 V6 轨道上的【切换轨道输出】按钮以启用它。该轨道的剪辑是一个文本图形，包含的文本是 Behind the Scenes。

该文本图形是在 Premiere Pro 中使用基于矢量的设计工具创建的，所以无论如何缩放，它始终是清晰的，并且其中的曲线非常平滑。

② 把播放滑块拖曳到图形剪辑的第一帧（00:00:01:13）。在拖曳播放滑块的同时按住【Shift】键，当播放滑块靠近剪辑的起始位置时会自动对齐到第一帧。

③ 选择序列中的图形剪辑。此时，在【效果控件】面板中可以看到图形剪辑的各个效果，如图 9-16 所示。

图 9-16

针对矢量图形，Premiere Pro 提供了以下两种运动效果。

- 矢量运动效果：使用该效果时把图形内容看作由矢量组成，放大图形时仍然保持清晰的线条，不会出现像素化问题。
- 运动效果：使用该效果时把图形内容看作由像素组成，放大图形时像素尺寸会增加，继而产生锯齿状边缘，并使图形模糊不清。

在 Premiere Pro 中创建的每个图形、文本图层的所有属性都会出现在【效果控件】面板中。图形只有一个图层，可以在【矢量运动】效果下看到它的属性。

④ 在【效果控件】面板中单击【矢量运动】，此时在【节目监视器】中显示画面中心的锚点和边框控件。锚点也在文本的中心。

下面在【效果控件】面板中调整【旋转】属性，并查看调整结果。

⑤ 单击【矢量运动】左侧的箭头按钮（▶），将其中包含的属性展开，设置【旋转】为 90。此时，文本围绕着其中心顺时针旋转 90° 。

⑥ 在菜单栏中依次选择【编辑】>【撤销】，撤销旋转操作。

⑦ 在【效果控件】面板中确保【矢量运动】仍然处于选中状态。

⑧ 在【节目监视器】中，把锚点拖曳到文本中第一个字母 B 的左上角，如图 9-17 所示。

图 9-17

【位置】属性和【锚点】属性的设置方法相似，但是它们是各自独立的，具体如下。

- 【锚点】属性用于控制锚点相对于原始剪辑图像的位置。
- 【位置】属性用于控制锚点在序列帧中的位置。

剪辑图像的位置由锚点位置决定，当移动锚点后，剪辑的位置也会发生相应的改变。

> **注意** 当在【节目监视器】中调整锚点的位置时，位置属性会随之自动更新。若在【效果控件】面板中更改锚点属性，则需要单独调整位置属性。

在移动图像中的锚点后，【效果控件】面板中的【位置】属性和【锚点】属性都会发生变化。

⑨ 在【矢量运动】下，单击【旋转】左侧的【切换动画】按钮，Premiere Pro 在播放滑块所在的位置自动添加一个关键帧。

⑩ 把【旋转】设置为 90，更新刚刚添加的关键帧。

⑪ 向前拖曳播放滑块到 00:00:06:00 处，单击【旋转】属性右侧的【重置参数】按钮（），把【旋转】恢复为 0。此时，Premiere Pro 会自动添加另外一个关键帧，如图 9-18 所示。

图 9-18

⑫ 播放序列，查看动画效果，如图 9-19 所示。

图 9-19

通过精细调整锚点位置（或制作动画），我们可以使用【运动】效果或【矢量运动】效果制作出高级的动画。

9.3.4 更改剪辑尺寸

更改序列中剪辑尺寸的方法有多种。默认设置下，添加到序列中的剪辑都是以原始尺寸显示的。当剪辑图像的尺寸与序列帧的尺寸不一致时，图像有可能会被序列帧的边缘裁切，或者周围出现黑边。

遇到这种情况时，需要调整序列中剪辑的尺寸，主要有以下几种方法。

- 在【效果控件】面板中使用【运动】或【矢量运动】下的【缩放】属性。
- 使用鼠标右键单击序列中的剪辑，从弹出的菜单中选择【设为帧大小】。此时，Premiere Pro 会自动调整【运动】效果的【缩放】属性，使剪辑的帧大小和序列的帧大小保持一致。
- 使用鼠标右键单击序列中的剪辑，在弹出的菜单的中选择【缩放为帧大小】。这样得到的结果与选择【设为帧大小】类似，不同的是 Premiere Pro 会使用新的（通常是较低的）分辨率对图像进行重新采样。此时，使用【运动】>【缩放】缩放图像，无论原始剪辑的分辨率有多高，图像看起来都很模糊。

- 可以选择【Premiere Pro】>【首选项】>【媒体】>【默认媒体缩放】(macOS）或【编辑】>【首选项】>【媒体】>【默认媒体缩放】(Windows），把【默认媒体缩放】设置为【缩放为帧大小】或【设置为帧大小】，当向项目中导入素材时，Premiere Pro 会自动应用该设置，但是已经导入的素材不受影响。

在上面的 4 种方法中，第一种和第二种方法较灵活，可以使用它们根据需要灵活地缩放图像，同时又不会影响图像质量。下面一起试一下。

❶ 打开 04 Scale 序列。

❷ 拖曳播放滑块，浏览序列内容。

位于 V1 轨道上的第二个和第三个剪辑的尺寸比第一个剪辑的尺寸（以及序列帧的尺寸）大一些，画面的边缘有明显的裁剪痕迹，如图 9-20 所示。

图 9-20

提示 在【源监视器】中，把缩放级别设置为【适合】，可查看剪辑的完整内容。

❸ 为了以 100% 的分辨率查看完整的图像帧，把播放滑块拖曳到 V1 轨道的最后一个剪辑上。选择该剪辑，按【F】键，或者从菜单栏中依次选择【序列】>【匹配帧】，在【源监视器】中以原始分辨率打开剪辑，如图 9-21 所示。

图 9-21

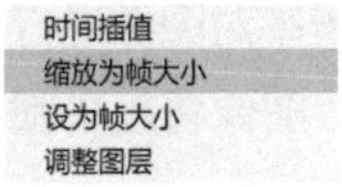

时间插值
缩放为帧大小
设为帧大小
调整图层

图 9-22

在查看序列中某个剪辑时，如果希望准确定位某个帧，使用【匹配帧】命令会非常快捷。

❹ 在【时间轴】面板中，使用鼠标右键单击剪辑，从弹出的菜单中选择【缩放为帧大小】，如图 9-22 所示。

此时，Premiere Pro 根据序列的分辨率对图像进行缩放与重新采样。不过，这里有一个问题：此处使用的剪辑是 DIC 标准全 4K 的，分辨率为 4096 像素 ×2160 像素，长宽比不是标准的 16:9。我们常说的 4K 实际指的是 UHD（超高清），其分辨率为 3840 像素 ×2160 像素，长宽比是 16:9。使用的剪辑与序列的长宽比不匹配，所以可以在画面的顶部和底部看到黑条，这些黑条就是人们常说的“黑边”（letterboxing），如图 9-23 所示。

图 9-23

当使用的剪辑的长宽比与序列不一致时，就会出现“黑边”问题。此时，只能进行手动调整。下面就来进行手动调整。

❺ 使用鼠标右键单击剪辑，从弹出的菜单中选择【设为帧大小】，然后在【效果控件】面板中做进一步调整。此时，Premiere Pro 自动取消选择【缩放为帧大小】。

❻ 在剪辑处于选中状态时打开【效果控件】面板，可以看到【缩放】值变成了 31.3%，以匹配序列帧的大小。

这里将【缩放】设置为约 34% 即可。若有必要，可以调整【位置】属性来重新构图。

当剪辑与序列的长宽比不一致时，可以选择保留黑边，或者保留垂直黑边（两侧的黑边），也可以做剪裁，改变图像的长宽比（需要在【效果控件】面板中取消勾选【等比缩放】复选框）。

注意 在【效果控件】面板中，当某个属性的单位是像素、百分比、度数时，这些单位不会被明确指出来。你可能需要花点时间来适应，等你有了一定经验之后，会发现这样设置其实很有意义。

9.3.5 动态改变剪辑尺寸

下面看另外一个例子。

❶ 在【时间轴】面板中，把播放滑块拖曳到 04 Scale 序列中第二个剪辑的第一帧上，即 00:00:05:00 处，对应的帧画面如图 9-24 所示。

该剪辑的分辨率为 3840 像素 ×2160 像素（UHD），与序列（分辨率为 1280 像素 ×720 像素）

的长宽比（16:9）相同。如果打算在视频制作项目中混合使用各种视频素材，那么 UHD 视频素材用起来会很方便。

❷ 选择剪辑，在【效果控件】面板中把【缩放】设置为 100%。

图 9-24

❸ 在【时间轴】面板中使用鼠标右键单击剪辑，在弹出的菜单中选择【设为帧大小】，效果如图 9-25 所示。

图 9-25

此时，Premiere Pro 根据序列帧的大小把剪辑的【缩放】设置成了 33.3%。若不希望画面边缘出现黑边，剪辑的【缩放】值必须设置在 33.3%—100% 范围内，这样，图像在填满画面的同时还能保持很好的质量。

❹ 在【效果控件】面板中单击【缩放】左侧的【切换动画】按钮（ ），打开关键帧动画。

❺ 把播放滑块拖曳到剪辑的最后一帧上。

❻ 在【效果控件】面板中，单击【缩放】右侧的【重置参数】按钮（ ）。

❼ 拖曳播放滑块，浏览剪辑的缩放效果。

可以看到剪辑中有一个缩放动画，因为剪辑的【缩放】值不超过 100%，所以画面仍然保持着完整的分辨率。

❽ 下面把关键帧的设置反转，把第一个关键帧的【缩放】设置为 100%，把第二个关键帧的【缩

放】设置为 33.3%。要切换设置，可以在【效果控件】面板的时间轴中，把关键帧拖曳到相应位置上，或者在当前位置为每个关键帧修改设置。

9 使用【撤销】命令撤销操作，让剪辑开始时的【缩放】为 33%，然后逐渐变为 100%。在设置时，建议进行多次尝试，若不满意，只要撤销操作即可。

10 单击 V2 轨道的【切换轨道输出】按钮。

V2 轨道上有一个调整图层，通过调整图层可以把效果应用到低层视频轨道的所有素材上。

11 在【时间轴】面板中，选择调整图层剪辑，打开【效果控件】面板，其中显示该剪辑应用的各种效果。

图 9-26

【效果控件】面板中有【亮度】与【对比度】效果，如图 9-26 所示。关于调整图层的更多内容，将在第 12 课“添加视频效果”中学习。

12 播放序列。

你可能需要先渲染序列，然后才能实现平滑播放。因为有些剪辑的分辨率很高，播放时需要占用大量的内存。为了渲染序列，先在【时间轴】面板中选择它，然后从菜单栏中依次选择【序列】>【渲染入点到出点的效果】，或者按【Return】键（macOS）或【Enter】键（Windows）。

9.3.6 使用【过滤属性】按钮

当为一个剪辑应用了大量效果，并且对多个属性做了调整后，【效果控件】面板中会显示很多的属性，这为查找某个属性带来一定困难。【效果控件】面板右下角有一个【过滤属性】按钮（ ），可以用来减少该面板中显示的属性数目，从而大大加快查找某个属性的速度。

【过滤属性】下拉列表中包含以下 3 个选项。

- 显示所有属性：这是默认选项，用于在【效果控件】面板中显示所有效果的属性。
- 仅显示使用关键帧的属性：只显示添加了关键帧的属性。
- 仅显示编辑后的属性：只显示更改了默认值的属性。

9.4 使用关键帧插值

“关键帧”（keyframe）这一术语来自传统动画，在制作传统动画时，艺术总监绘制主要动作（这些动作是最重要或最关键的帧），然后助理动画师绘制关键帧之间的帧，刻画动画。在 Premiere Pro 中制作动画时，你作为艺术总监，负责制作关键帧，关键帧之间的各个帧由计算机通过插值完成。

9.4.1 选择关键帧插值方法

Premiere Pro 提供了 5 种插值方法，采用不同的插值方法会产生不同的动画效果。使用鼠标右键单击关键帧图标（ ），在弹出的菜单中可以看到 5 种可用的插值方法，如图 9-27 所示。

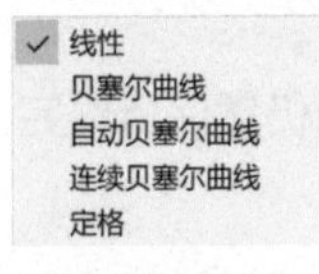

图 9-27

- 线性：这是默认的关键帧插值方法，用于在关键帧之间创建一种匀速变化。变化从第一帧开始，并保持恒定速度到下一帧，在第二帧，变化速度立即变成它和第三帧之间的速度，以此类推。这种方法很有效，但效果比较机械。
- 贝塞尔曲线：这种方法对关键帧插值的可控性最强，贝塞尔关键帧提供了控制手柄，通过控制手柄，可以更改关键帧任意一侧的值图（value graph）形状或运动路径。选中关键帧，拖曳贝塞尔手柄，可以实现平滑或尖锐的运动效果。例如，让一个对象舒缓地从某个方向移动到屏幕的某一个位置，然后快速地朝另外一个方向移动。

提示 如果你熟悉 Illustrator 或 Photoshop，那么对贝塞尔曲线应该不会感到陌生。这些软件中的贝塞尔曲线和 Premiere Pro 中的贝塞尔曲线在工作原理上都是相同的。

- 自动贝塞尔曲线：使用该方法能够让关键帧之间的变化很平滑；当改变相关设置时，它们会自动更新。这是上述【贝塞尔曲线】方法的一个改进版本。
- 连续贝塞尔曲线：该方法与自动贝塞尔曲线类似，但是它支持手动控制。运动或值路径（value path）的过渡总是很平滑，但是可以使用控制手柄调整关键帧两侧的贝塞尔曲线的形状。
- 定格：该方法仅适用于基于时间的属性；在整个持续时间中，定格关键帧的值保持不变，并且无逐渐过渡。在创建不连贯的运动或者某个对象突然消失的效果时，该方法非常有用。使用该方法时，第一个关键帧的值会一直保持不变，直到遇到下一个定格关键帧时，其值会立即发生变化。

时间插值与空间插值

有些属性和效果为关键帧之间的过渡同时提供了时间插值和空间插值方法。在 Premiere Pro 中，所有属性都有与时间有关的控件，有些属性还支持空间插值（涉及空间或运动）。

关于这两种方法，你需要了解以下内容。

时间插值：时间插值处理的是时间上的变化，控制着对象的移动速度。例如，你可以使用贝塞尔关键帧添加加速或减速效果。

空间插值：该方法处理的是一个对象位置上的变化，控制着对象穿过屏幕时的路径形状。该路径称为“运动路径”，它在【节目监视器】中有多种显示方式。通过做空间插值调整，你可以控制一个对象从一个关键帧移动到下一个关键帧时是做硬角弹跳运动，还是做圆角倾斜运动。

9.4.2 添加缓入缓出效果

在 Premiere Pro 中，可以使用关键帧预设快速为剪辑运动添加惯性效果。例如，使用鼠标右键单击关键帧，在弹出的菜单中选择【缓入】或【缓出】，可以创建一种加速效果。当接近关键帧时使用缓入，当远离关键帧时使用缓出效果。

当选择【缓入】或【缓出】时，Premiere Pro 会把一种贝塞尔插值方法应用到关键帧上。有关向关键帧应用插值方法的内容，将在第 12 课“添加视频效果”中讲解。

1. 继续使用 04 Scale 序列。选择该序列中的第二个视频剪辑。
2. 在【效果控件】面板中找到【旋转】和【缩放】属性。
3. 单击【缩放】左侧的箭头按钮（▶），然后单击【缩放】，选择缩放关键帧，在【效果控件】面板的时间轴中显示控制手柄和速率图形，如图 9-28 所示。

图 9-28

可以调整【效果控件】面板的高度，以便显示所有控件。

借助图形，可以更方便地查看关键帧插值的效果。例如，直线表示的是速度恒定不变，没有加速度，也就是说，当前使用的是线性关键帧。

❹ 在【效果控件】面板中单击空白区域，取消选择关键帧，它们会从蓝色变成灰色。然后使用鼠标右键单击第一个缩放关键帧，在弹出的菜单中选择【缓出】。第一个缩放关键帧位于时间轴左侧，并且其图标（◆）只显示一半。

❺ 使用鼠标右键单击第二个缩放关键帧，在弹出的菜单中选择【缓入】，如图 9-29 所示。

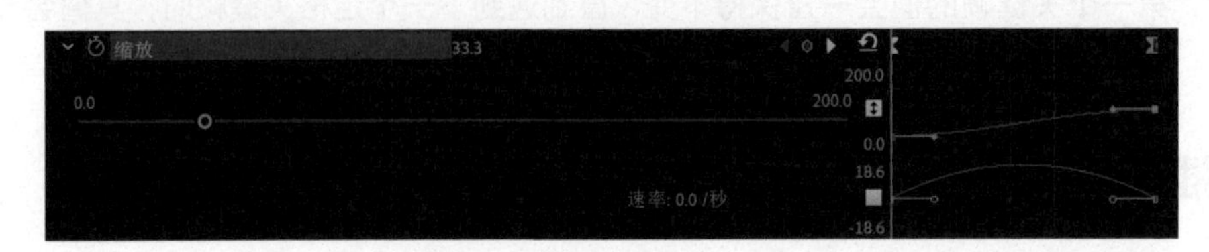

图 9-29

此时，图形呈现一条曲线，代表动画逐渐加速和减速。

❻ 播放序列，查看动画效果。

❼ 在【效果控件】面板中拖曳蓝色的贝塞尔曲线手柄，了解它们对速度快慢的影响。

曲线越陡峭，动画运动的速度增加得越快。尝试后，可以选择【编辑】>【撤销】撤销操作。

9.5 应用【自动重构】效果

以前所有屏幕的长宽比是 4:3，后来又出现了各种各样的长宽比，最终确定为 16:9，这是如今电视节目和在线视频普遍采用的标准长宽比，有时也写为 1.78:1，即宽度是高度的 1.78 倍。

电影院屏幕往往更宽，常用的两种长宽比为 1.85:1 与 2.39:1。

制作电影时，电影公司往往会为同一部电影制作多个版本，这些版本有不同的长宽比和颜色标准，用以满足不同的视频发行标准。不过，最常用的还是 16:9 或 4:3。

随着社交媒体平台的流行与发展，特别是智能手机的发展，人们对视频长宽比的多样化要求逐渐变得强烈起来。

为了改变序列的用途，Premiere Pro 提供了一个自动重构工作流。借助它，你可以轻松地把一个已经制作好的序列从一种长宽比转换为另一种长宽比，而且还可以把这一过程自动化。使用这一工作流时，Premiere Pro 会分析剪辑中的视觉效果，然后为每个剪辑应用和配置【自动重构】效果，以自动保持兴趣点（比如屏幕上的人脸）。

如果想把自己的作品发布到多个平台上，使用自动重构工作流将节省大量时间。下面一起动手试一试。

❶ 打开序列 05 Auto Reframe。

❷ 播放序列，熟悉一下序列内容，如图 9-30 所示。

图 9-30

人物在画面中走来走去。序列中那些与画面尺寸不匹配的剪辑边缘会被裁剪掉。如果想把该序列嵌套在其他序列中，则需要手动添加关键帧来重构内容，而这会花费相当长的时间。

❸ 在【时间轴】面板处于激活状态时，或者在【项目】面板中的 05 Auto Reframe 序列处于选中状态时，从菜单栏中依次选择【序列】>【自动重构序列】，打开【自动重构序列】对话框，如图 9-31 所示。

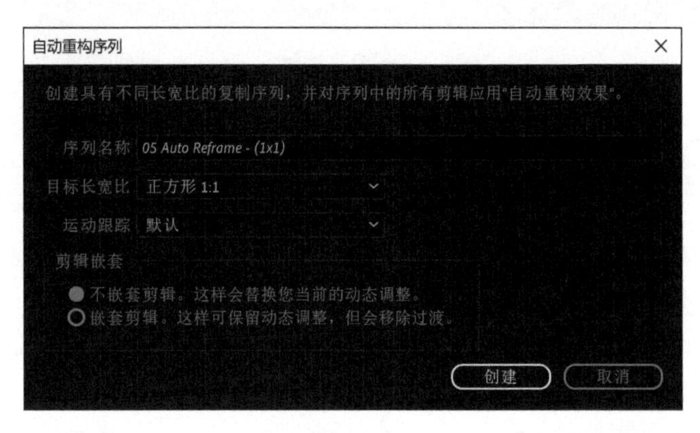

图 9-31

在【自动重构序列】对话框中，单击【创建】按钮，Premiere Pro 会根据设置新建一个序列。原始序列不受影响。【自动重构序列】对话框提供以下选项。

- 序列名称：用于设置新序列的名称。默认名称是在原始序列名称后面添加长宽比描述。
- 目标长宽比：用于指定一个新的长宽比。你可以通过该选项创建具有不同长宽比的多个序列。
- 运动跟踪：用来跟踪序列中运动的关键帧的数目。对于慢速、平滑的运动，可以选择【减慢动作】；对于快速运动，可以选择【加快动作】。
- 剪辑嵌套：用于设置是否嵌套剪辑。每个剪辑只能有一个运动效果，如果剪辑上已经有运动关键帧，它们在新的序列中会被替换，除非选择【嵌套剪辑。这样可保留动态调整，但会移除过渡。】，此时，剪辑间的过渡效果会被移除。

❹ 在【自动重构序列】对话框中保持默认设置不变，单击【创建】按钮，Premiere Pro 会分析序列。

图 9-32

分析完毕后，【项目】面板中会显示新创建的序列，它位于一个名为“自动重构序列”的素材箱中，如图 9-32 所示。Premiere Pro 会在【时间轴】面板中自动打开新创建的序列。

❺ 播放新序列，检查重构结果。

❻ 在【时间轴】面板中选择剪辑，【效果控件】面板中出现【自动重构】效果，而且【运动】效果是禁用的，如图 9-33 所示。

图 9-33

可以使用【自动重构】下的各个属性调整效果，或者勾选【覆盖生成的路径】复选框，在【效果控件】面板的时间轴中显示位置关键帧，然后逐帧进行调整，如图 9-34 所示。

图 9-34

9.6 组合【投影】与【运动】效果

Premiere Pro 提供了大量效果来帮助控制对象的运动。例如【变换】和【基本 3D】效果，可以使用它们更好地控制对象（包括 3D 旋转）。

这些效果特别有用，它们在【效果控件】面板中的显示顺序就是它们应用到剪辑上的顺序，但固有效果（包括【运动】【不透明度】【时间重映射】效果）总是最后才应用到剪辑上。

当应用影响照明的效果或者改变剪辑形状、位置的效果时，操作比较复杂。下面将学习如何组合效果，以得到真实自然的结果。

9.6.1 添加投影

在对象背后添加投影可以增强空间透视感。在分离前景和背景元素，增强场景透视感时，经常使用这种效果。

下面添加投影效果。

❶ 打开 06 Enhance 序列。

❷ 在【节目监视器】中把【选择缩放级别】设置为【适合】。

❸ 在【效果】面板中，打开【效果】>【视频效果】>【透视】文件夹，如图 9-35 所示。

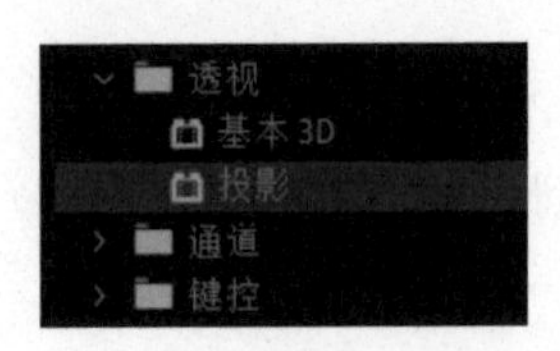

图 9-35

❹ 把【投影】效果拖曳到 Journey to New York 文本剪辑（位于 V3 轨道）上。

❺ 在【效果控件】面板中调整【投影】下的属性。你可能需要向下拖曳面板右侧的滚动条，才能看到【投影】下的各个属性。具体设置如下。

- 把【不透明度】设置为 85%，加深阴影。
- 把【方向】设置为 320°，以便观看阴影角度的变化。
- 设置【距离】为 15，让阴影离文本更远一些。
- 把【柔和度】设置为 25，柔化阴影边缘。一般而言，【距离】的值越大，【柔和度】的值就越大。

❻ 播放序列，查看效果，如图 9-36 所示。

图 9-36

9.6.2 使用【变换】效果

除了运动效果之外，Premiere Pro 还提供了另外一种类似的效果——变换（位于【效果】面板的【视频效果】>【扭曲】分类下）。它们拥有相似的属性，但是两者有以下 3 个重要区别。

- 在与其他效果叠加时，不同于【运动】效果，【变换】效果处理的是剪辑的锚点、位置、缩放、不透明度的变化。
- 【变换】效果包含【倾斜】【倾斜轴】【快门角度】等属性，可以用来为剪辑创建视觉角度变换效果。
- 【变换】效果能够模拟运动模糊，使运动更加真实、自然。

下面通过操作比较两种效果。

❶ 打开 07 Motion and Transform 序列。

❷ 播放序列，了解其内容。

序列包含两个部分，每一部分都有一个画中画（PIP），它在背景剪辑中从左向右移动，同时旋转两周。观察这两部分剪辑中阴影的位置。

- 在第一部分中，阴影出现在 PIP 右下边缘附近，并且当 PIP 旋转时，阴影也随之一起旋转，这显然是不真实的，因为在这一过程中产生阴影的光源并没有移动。

- 在第二部分中，在 PIP 旋转时，阴影始终出现在 PIP 的右下边缘附近，这看起来更真实。

③ 单击 V2 轨道上的第一个剪辑，在【效果控件】面板中查看其应用的【运动】效果和【投影】效果，如图 9-37 所示。

④ 单击 V2 轨道上的第二个剪辑，在【效果控件】面板中，可以看到产生运动的是【变换】效果，产生阴影的仍然是【投影】效果，如图 9-38 所示。

图 9-37

图 9-38

【变换】效果和【运动】效果有许多相同的属性，但【倾斜】【倾斜轴】【快门角度】属性是【变换】效果特有的。相比于【运动】效果，【变换】效果与【投影】效果配合使用能够产生更真实的视觉效果，这是由效果的应用顺序决定的，【运动】效果总是应用在其他效果之后。

注意 应用变换效果时，取消勾选【使用合成的快门角度】复选框，使你能够通过【快门角度】属性创建出非常自然的运动模糊效果。建议把快门角度设置为 180°，与现在大多数摄像机系统保持一致。

9.6.3 使用【基本 3D】效果在 3D 空间中操纵剪辑

在 Premiere Pro 中，还有一种用于创建运动的方法：使用【基本 3D】效果。该效果允许用户在 3D 空间中操控剪辑，比如绕着水平轴或垂直轴旋转图像，或者让它靠近或远离。此外，【基本 3D】效果下还包含一个【镜面高光】属性，通过该属性，图像的旋转表面上可产生反光效果。

下面尝试使用该效果。

① 打开 08 Basic 3D 序列。

② 在【时间轴】面板中拖曳播放滑块，查看序列的内容，如图 9-39 所示。

光线来自人物的上方、后方与左侧。因为光线来自上方，所以当图像向后倾斜并到达反射位置时，才能看到反光效果。这种类型的镜面高光可以用来增强 3D 效果的真实性。

图 9-39

【基本 3D】效果主要有以下 4 种属性。

- 旋转：用于控制围绕 y 轴（垂直轴）的旋转；若旋转超过 90°，可以看到图像背面，它是图像的镜像。
- 倾斜：用于控制围绕 x 轴（水平轴）的旋转；若旋转超过 90°，也能看到图像背面。
- 与图像的距离：沿着 z 轴移动图像模拟深度；该值越大，图像离你越远。
- 镜面高光：用于在旋转图像的表面添加反射光；该属性右侧有一个复选框，用来控制镜面高光的开启和关闭。

③ 尝试调整【基本 3D】效果的各个属性，了解它们的作用。注意，【绘制预览线框】复选框仅在【仅软件】模式下才可用。

勾选【绘制预览线框】复选框后，【节目监视器】中只显示剪辑帧的线框。借助该复选框，可以快速地应用效果，同时计算机又不会渲染图像。如果开启了 GPU 加速，整个图像都会显示出来。

9.7 复习题

1. 哪个固定效果可以让一个剪辑动起来？
2. 如果想让一个剪辑全屏显示几秒，然后旋转着消失，如何让【运动】效果的旋转功能从剪辑中的某个位置启动，而不是从一开始就启动？
3. 如何让一个对象慢慢转起来，然后再慢慢停下来？
4. 向剪辑添加投影时，为什么不使用【运动】效果，而要选择一个其他与运动相关的效果？

9.8 答案

1. 可以使用【运动】效果为剪辑设置新位置。借助关键帧，你可以把该效果做出动画。
2. 把播放滑块放到旋转的起始位置，单击【添加 / 删除关键帧】按钮或者秒表按钮。然后，把播放滑块移动到旋转停止的位置，调整【旋转】参数，此时会出现另外一个关键帧。
3. 使用【缓出】和【缓入】改变关键帧插值，可以让对象慢慢旋转，而不是突然转动。
4. 【运动】效果是最后一个应用到剪辑的效果，它会把它前面应用的所有效果组合成一个整体进行旋转。若想为旋转对象创建真实的投影，可以选用【变换】或【基本 3D】效果，然后在【效果控件】面板中，把【投影】效果放到所选效果下面。

第 10 课

编辑和混合音频

课程概览

本课学习如下内容：

- 使用【音频】工作区
- 调整剪辑音量
- 自动降低音乐电平
- 音频特性
- 调整序列中的音频电平
- 使用【音频剪辑混合器】

学完本课大约需要 100分钟

请先准备好本课要用到的课程文件，并把它们存放到本地计算机中方便取用的位置。

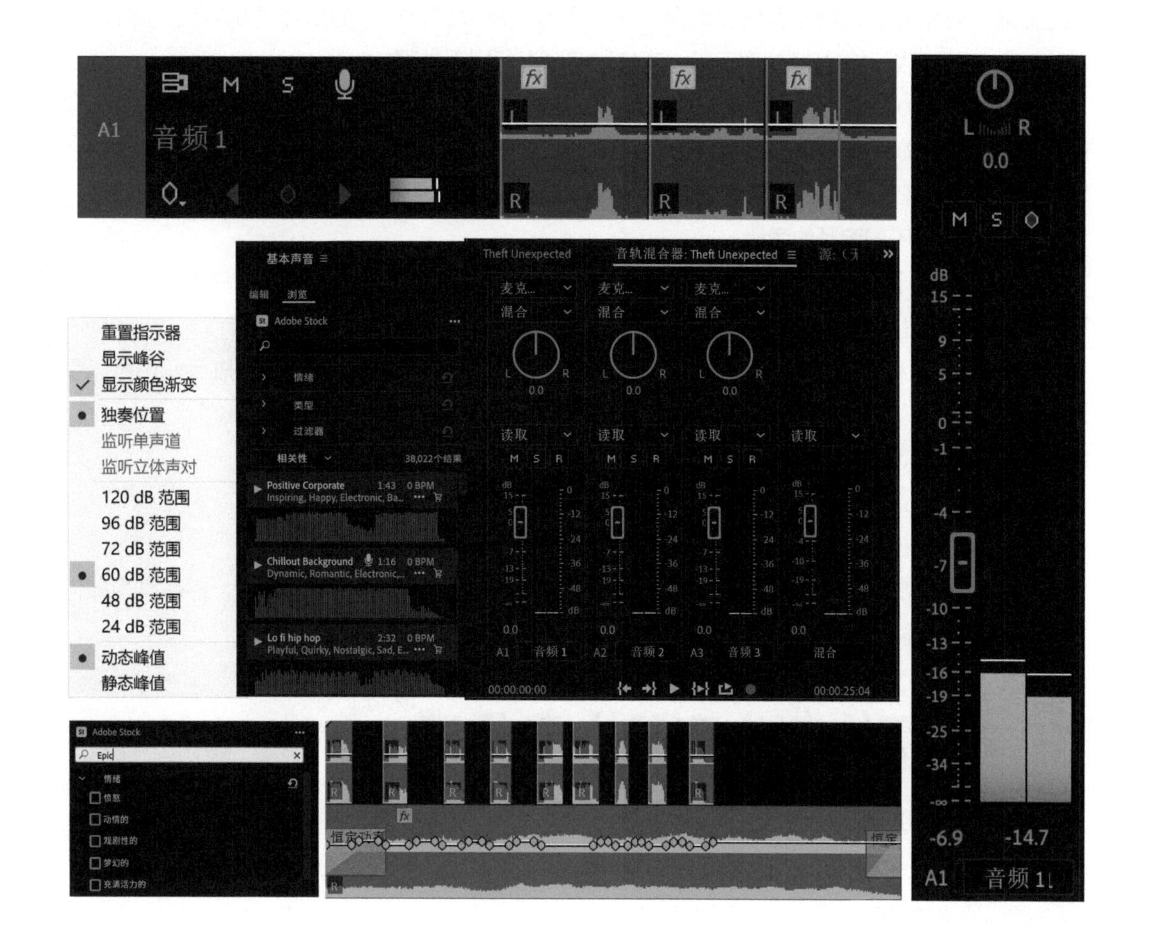

到目前为止，我们一直关注的是对视频画面的处理。毫无疑问，视频画面对于整个视频作品至关重要，但是音频的重要性绝不亚于视频画面，有时甚至更重要。本课将学习一些混音基础知识，并了解 Premiere Pro 提供的强大音频处理工具。

10.1 课程准备

想一想在看恐怖电影时把声音关掉会怎样？可以原本很吓人的场景看起来会有莫名的喜感。

音乐不仅能影响我们的判断能力，还会影响我们的情感。实际上，无论什么样的声音，喜欢的或不喜欢的，我们的身体都会对其做出反应。例如，听音乐时，心率会受到音乐节拍的影响，快节奏的音乐会使心跳加快，而慢节奏的音乐则会使心跳减慢。加载在 Premiere Pro 中的音乐如图 10-1 所示。

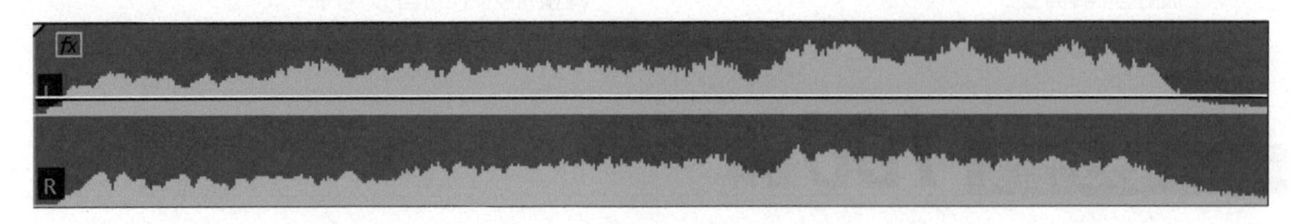

图 10-1

由摄像机录制的音频都或多或少地存在一些问题，需要进行一定的处理才能用在视频作品中。Premiere Pro 提供了强大的音频处理工具，支持对音频进行以下处理。

- Premiere Pro 能以不同于摄像机录制音频时采用的方式来解释录制的音频声道。例如，可以把录制为立体声的音频解释为独立的单声道。
- 清除背景声音。Premiere Pro 提供了强大的处理工具帮助我们清除背景声音。
- 调整剪辑中不同音频的音量。
- 调整【项目】面板中的剪辑或序列中剪辑片段的音量级别。可以根据时间对序列中的剪辑做不同的调整，以便创建复杂的混音效果。
- 在音乐剪辑和对话剪辑之间添加音乐和混音。这可以由 Premiere Pro 自动执行，也可以手动完成。
- 产生单声道、立体声或者 5.1 环绕立体声。
- 添加现场声音效果，比如爆炸声、关门声等。
- 更改音乐剪辑的持续时间。

本课先学习如何使用 Premiere Pro 中的音频处理工具调整剪辑与序列中的音频，然后学习如何使用【音频剪辑混合器】在播放序列时改变音量。

10.2 切换到【音频】工作区

下面把工作区切换到【音频】工作区。

1. 打开 Lessons 文件夹中的 Lesson 10.prproj 项目文件。
2. 把项目文件另存为 Lesson 10 Working.prproj。

❸ 选择【工作区】>【音频】，进入【音频】工作区。然后，选择【工作区】>【重置为已保存的布局】，结果如图 10-2 所示。

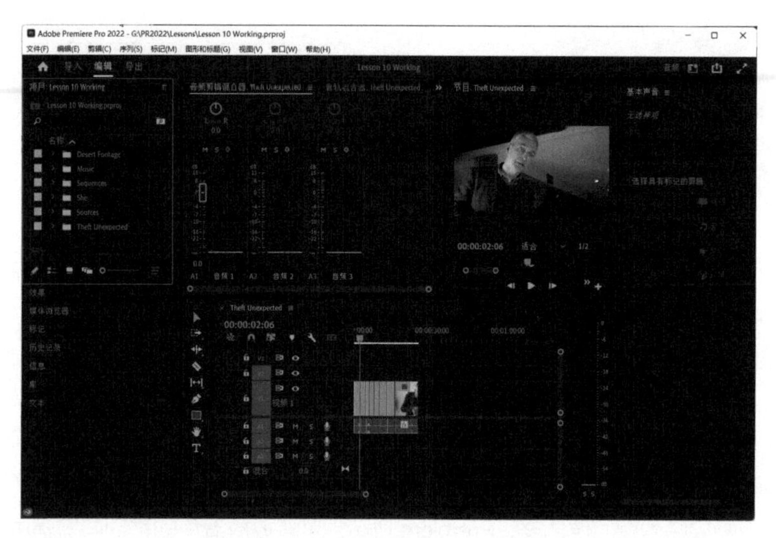

图 10-2

10.2.1 使用【音频】工作区

【音频】工作区中的大部分组件与视频编辑工作区中的一样，但【音频】工作区中默认显示的不是【源监视器】，而是【音频剪辑混合器】。【源监视器】暂时隐藏了起来，且与【音频剪辑混合器】在同一个面板组中。

输出项目时，Premiere Pro 会把基于剪辑和轨道的音频电平的调整合并在一起。例如，把剪辑的音频电平降低 3dB，同时把轨道的音频电平降低 3dB，那么音频电平的总降低量应为 - 6dB。

你可以应用基于剪辑的音频效果，然后在【效果控件】面板中修改它们的属性。事实上，使用【音频剪辑混合器】所做的调整连同其他调整都会显示在【效果控件】面板中。

基于轨道的音频调整只能在【音轨混合器】或【时间轴】面板中进行。

在 Premiere Pro 中，基于剪辑的音频调整和效果会先于基于轨道的调整和效果得到应用。请牢记，调整的应用顺序会对结果产生很大的影响。

在【时间轴】面板中，可以调整音频轨道头，为每个音轨添加一个音频计以及基于轨道的电平和声道控件。这在混合音频时很有用，因为它有助于你查找想调整的音频电平。

下面一起试一下。

提示 或许你已经注意到了，这个项目的素材箱的组织结构有点不一样，采用了不同的组织方式。项目的组织方式不是一成不变的，你可以多做一些尝试，找到适合自己的方式。

❶ 在【项目】面板中，打开 Master Sequences 素材箱中的 Theft Unexpected 序列。

❷ 在【时间轴】面板中，单击【时间轴显示设置】按钮（🔧），从下拉列表中选择【自定义音频头】。此时，弹出【按钮编辑器】，如图 10-3 所示，同时 A1 轨道展开，显示出整个音频头。

❸ 把【轨道计】按钮（▮）拖曳到 A1 轨道头中，单击【确定】按钮。

注意，单击【确定】按钮后，A1 轨道头恢复成原来的大小。双击 A1 轨道头，可能还需要沿垂直方向调整一下 A1 轨道头的尺寸，才能看到新添加的轨道计，如图 10-4 所示。

图 10-3

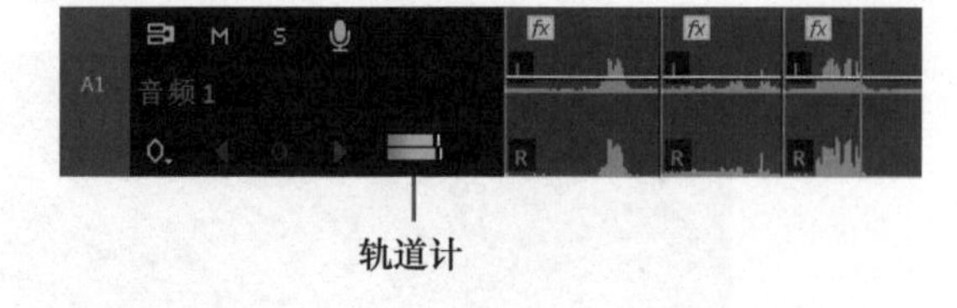

图 10-4

对任意一个轨道头的调整都会应用到其他所有轨道头上。现在，每个音频轨道都有了一个轨道计，如果想找出哪个轨道对整个混音影响最大，轨道计会非常有用。

打开【按钮编辑器】，把某个按钮拖曳出去，单击【确定】按钮即可将其删除。此外，还可以单击【按钮编辑器】中的【重置布局】按钮，把轨道头恢复成默认状态。

Premiere Pro 提供了以下两种音频混合器。

- 音频剪辑混合器：提供用来调整音频电平和移动序列剪辑的控件，如图 10-5（a）所示；使用其中的控件可以在播放序列期间做调整，Premiere Pro 会随着播放滑块的移动向剪辑中添加关键帧。
- 音轨混合器：用来调整轨道上（非剪辑）的音频电平和平移，如图 10-5（b）所示；虽然它的控件和【音频剪辑混合器】类似，但是它提供了更多高级混合选项；若顶部的【效果和发送】区域处于展开状态，需要向下滚动才能看到各种控件。有关混音的更多内容，将在第 11 章“改善声音”中讲解。

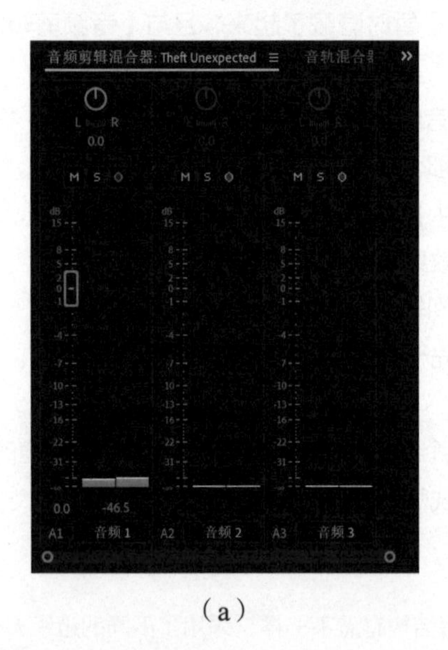

（a）

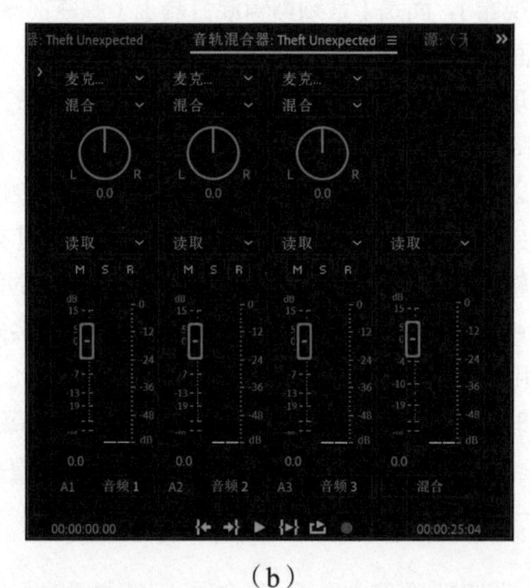

（b）

图 10-5

10.2.2 配置音频混合

音频混合设置用于指定序列输出的声道数量，这类似于为素材文件配置声道，如图 10-6 所示。事实上，导出序列时，若启用了自动匹配序列设置，则序列的音频混合设置就会变成新文件的音频设置。

新建序列时，在【新建序列】对话框【轨道】选项卡中的【音频】下进行音频混合设置。常用选项的介绍如下。

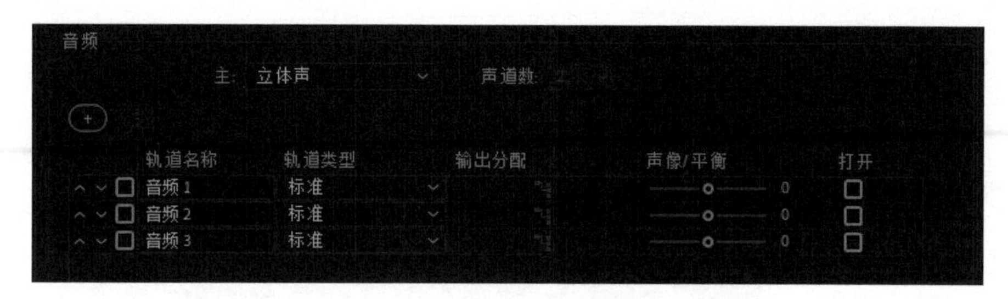

图 10-6

- 【立体声】有两个声道：左声道和右声道。在制作最终交付成品时，通常都会选择该选项。
- 【5.1】有 6 个声道：中央声道、前置左声道、前置右声道、后置左环绕声道、后置右环绕声道、重低音声道（由重低音喇叭放出）。在极低频率下，我们的耳朵无法辨别声音来自哪个方向，所以不需要有两个重低音声道。
- 【多声道】有 1 到 32 个通道可供选择。该选项常用在高级多声道广播电视中，尤其是多语言广播节目中。
- 【单声道】只有一个声道。

大多数序列设置可以更改，但是音频混合设置只能做一次。也就是说，除多声道序列之外，无法随意更改序列输出的声道数。

音轨可以添加或删除，但是音频主设置始终保持不变。如果确实需要更改音频混合设置，可以先从序列中复制剪辑，然后将其粘贴到另外一个拥有不同设置的序列中。

什么是声道?

人们普遍认为，左声道和右声道在某些方面有着本质的不同。但事实上，它们都是单声道，只不过被指定成了左声道或右声道而已。

录制声音时，标准做法是把 Audio Channel 1 设置成左声道，把 Audio Channel 2 设置成右声道。

把 Audio Channel 1 设置成左声道的原因有以下几点。

- 它是由左麦克风负责录制的。
- Premiere Pro 将其解释为左声道。
- 它输出到左侧扬声器。

本质上，它仍然是一个单声道。

同样，使用右麦克风录制的 Audio Channel 2 就是右声道，然后把左右两个声道合起来就得到了立体声。事实上，立体声是由左右两个单声道组成的。

10.2.3 使用音频仪表

在【源监视器】或【项目】面板中预览剪辑时，音频仪表分别显示剪辑中每个音频轨道的音量。

在预览序列时，音频仪表显示每个混合通道的音量。无论序列中有多少个音频轨道，音频仪表显示的都是序列的总混音输出音量。

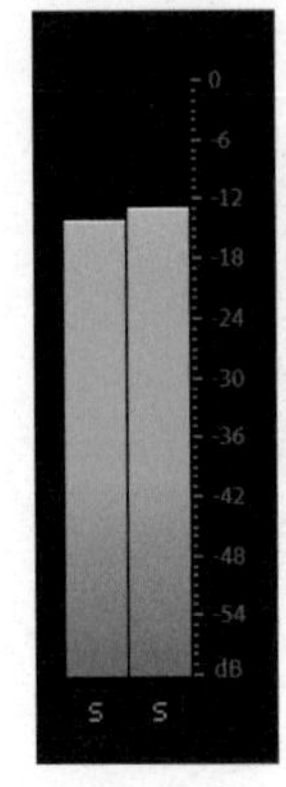

图 10-7

若音频仪表未显示，从菜单栏中依次选择【窗口】>【音频仪表】，将其打开，如图 10-7 所示。

若音频仪表宽度过小，可以调整其尺寸。如果宽度很大，音频仪表将水平显示，如图 10-8 所示。

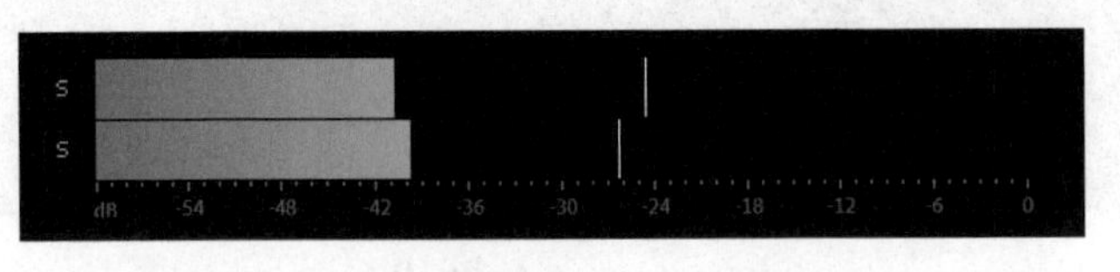

图 10-8

每个音频仪表底部都有一个【独奏轨道】按钮（S），单击它，可以只倾听选中的一个或多个声道。如果【独奏轨道】按钮显示为小圆圈，向左拖曳音频仪表左边缘，略微增加其宽度，此时会显示更大的【独奏轨道】按钮。

使用鼠标右键单击音频仪表，从弹出的菜单中可以选择不同的显示比例，如图 10-9 所示。默认范围是 0dB 到 - 60dB，这足以清晰地显示你想查看的音频电平的主要信息。

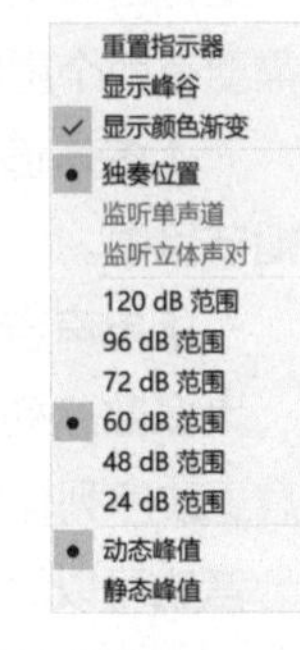

图 10-9

此外，还可以选择【静态峰值】或【动态峰值】。在播放音频的过程中，当你突然听到一个刺耳的声响，想要在音频仪表中查看其音量时，它却已经播放过去了。选择【静态峰值】后，Premiere Pro 会把声音的最高值标记出来，方便你找到最高音量。选择【动态峰值】后，峰值电平会不断更新，需要一直盯着音频仪表，才能知道声音的最高峰值。

注意 在使用单声道音频混合选项时，【独奏轨道】按钮不显示。

音频电平

音频仪表中显示的刻度单位是分贝，用 dB 表示。在分贝刻度上有点反常的是最高音量为 0dB。所有低于最高音量的分贝值都是负数，并且音量越低，分贝值越小，直到变为负无穷。

如果录制的声音很小，则有可能会被背景噪声掩盖。背景噪声有可能来自周围的环境，比如空调设备发出的嗡嗡声，还有可能是系统噪声，比如不播放声音时，你可能会从扬声器中听到轻轻的嘶嘶声。

在增加音频的总音量时，背景噪声也会变大；当降低总音量时，背景噪声也会减小。根据这一特点，我们可以使用高于所需音量的音量（但也不要太高）来录制音频，然后再降低音量，从而删除背景噪声（这样做可以有效地降低背景噪声）。

不同的音频硬件有不同的信噪比（指正常的声音信号与背景噪声信号的差值），有的大一些，有的小一些。信噪比通常用 SNR 表示，单位为分贝（dB）。

10.2.4 查看采样

音频采样率指的是摄像机一秒内对音频源采样的次数。专业摄像机的音频采样率一般为每秒 48000 次。

下面一起了解一下音频采样。

❶ 在【项目】面板中打开 Music 素材箱，双击 Graceful Tenure - Patrick Cannell 剪辑，将其在【源监视器】中打开。

因为该剪辑中不包含视频，所以 Premiere Pro 自动显示两个声道的波形图，如图 10-10 所示。

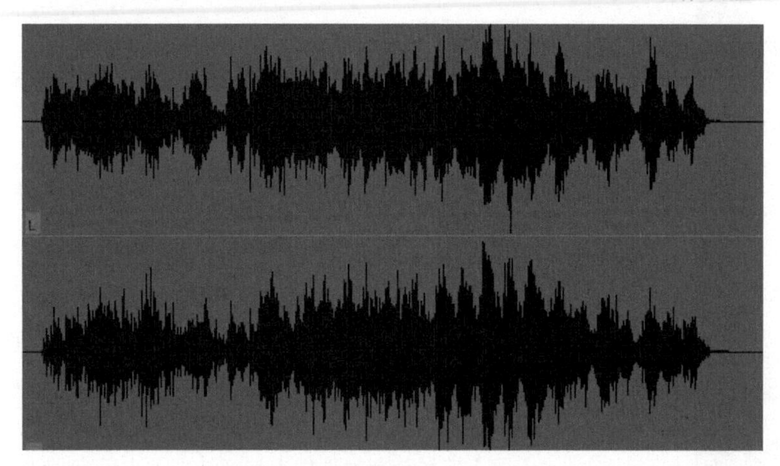

图 10-10

【源监视器】底部有一个时间标尺，其宽度代表该剪辑的总持续时间。

❷ 在【源监视器】中单击【源监视器设置】按钮（🔧），然后选择【时间标尺数字】。此时，时间标尺上显示了时间码，如图 10-11 所示。

图 10-11

使用时间标尺下方的导航器把时间标尺放大，即拖曳导航器的一个端点让两个端点彼此靠近。将时间标尺放大到最大之后，会看到一个个帧，如图 10-12 所示。

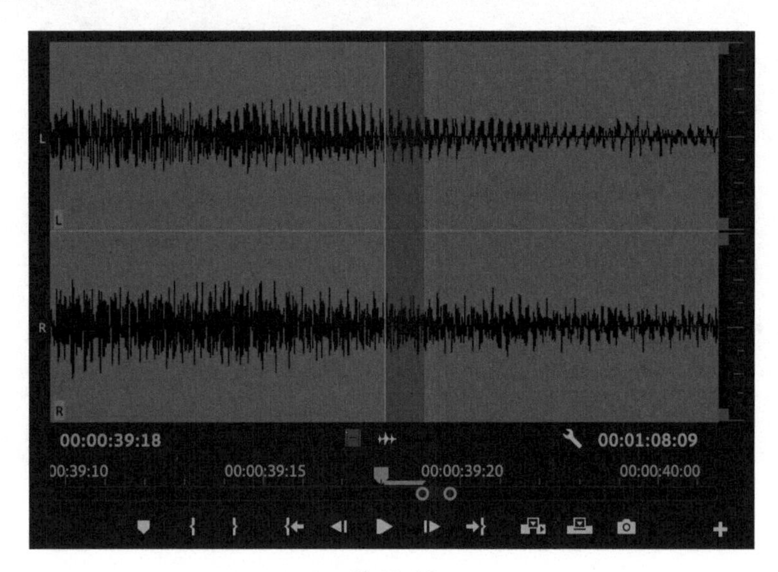

图 10-12

③ 选择【源监视器设置】>【显示音频时间单位】。

此时，可以看到时间标尺上的一个个音频采样。这里一个音频采样的大小是 1/48000 秒，即该音频的采样率。

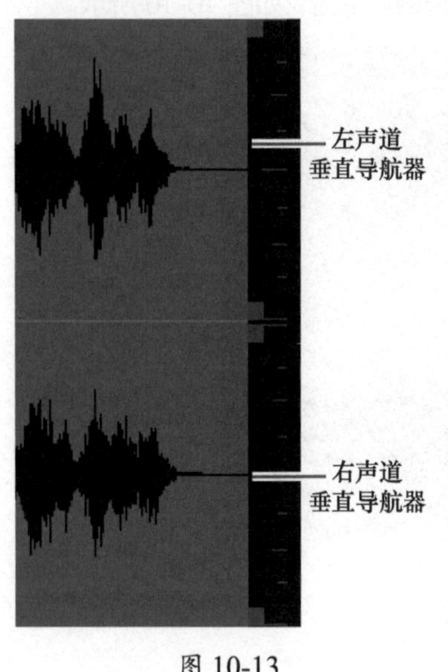

图 10-13

可以在【时间轴】面板的下拉列表中找到同样的选项来查看音频采样。

④ 选择【源监视器设置】>【时间标尺数字】和【源监视器设置】>【显示音频时间单位】。

10.2.5 显示音频波形

在【源监视器】中查看波形图时，每个声道右侧都有导航器。这些导航器与【源监视器】底部的导航器的使用方式类似。可以沿垂直方向调整导航器，放大或缩小波形图，如图 10-13 所示，这在浏览音频时特别有用。

对于任意一个包含音频的剪辑，都可以通过在【源监视器设置】下拉列表中选择【音频波形】来显示它的波形图。

> 注意 当你想查找某段对话，同时又不想观看视频画面时，可以通过波形图来查找。

如果一个剪辑中同时包含视频和音频，默认情况下【源监视器】中显示的是视频。单击【仅拖曳音频】按钮（），可以切换显示音频波形图。

下面看几个波形图。

① 在 Theft Unexpected 素材箱中，双击 HS John 剪辑，将其在【源监视器】中打开。

② 在【源监视器设置】下拉列表中选择【音频波形】，如图 10-14 所示。

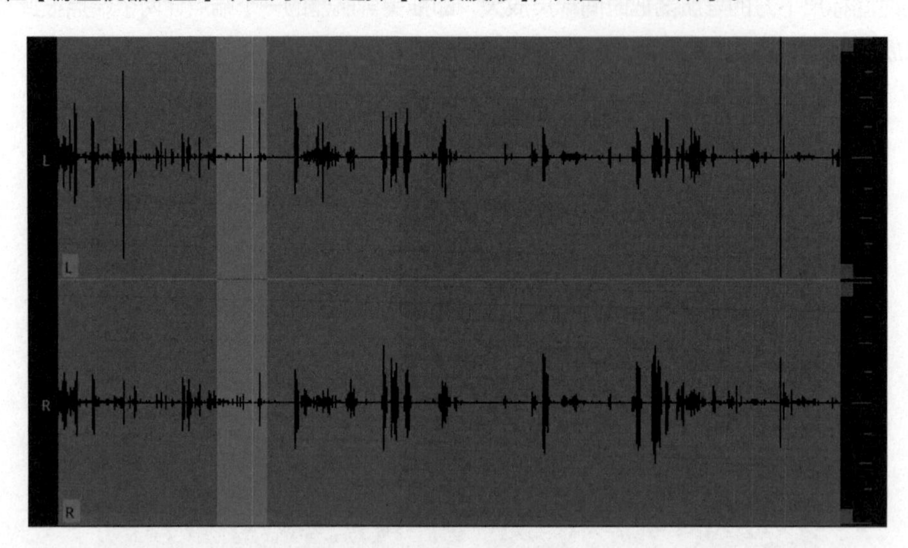

图 10-14

在音频波形中，你可以轻松地找到对话开始和结束的地方。注意剪辑入点与出点之间的部分在波形图中是高亮显示的。还要注意，在波形图中单击，即可把播放滑块移动到单击位置。

③ 使用【源监视器设置】下拉列表中的选项切换回合成视频视图。

还可以在【时间轴】面板中关闭剪辑片段的音频波形图。

④ 当前，Theft Unexpected 序列应该已经在【时间轴】面板中打开。

⑤ 在【时间轴显示设置】下拉列表中确保【显示音频波形】处于启用状态。

⑥ 调整 A1 轨道的高度，确保波形图完全可见，如图 10-15 所示。注意，该序列的每个音频剪辑都有两个声道，即剪辑的音频是立体声。

图 10-15

图 10-15 中剪辑的音频波形图看起来与【源监视器】中的波形图不同，它们是调整后的音频波形图，从中可以更容易地找到低音量音频。

⑦ 打开【时间轴】面板菜单（☰）（注意不是时间轴显示设置菜单），单击【调整的音频波形】，使其处于未启用状态，结果如图 10-16 所示。

此时，【时间轴】面板中的波形图与【源监视器】中的一样。

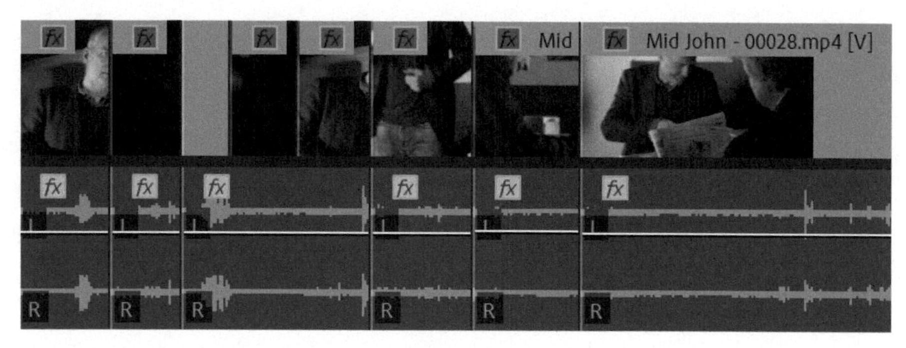

图 10-16

在正常音频波形图中，可以很容易地找到高音量音频部分，但是对于低音量音频来说，在这种波形图中很难观察到音频电平的变化。

⑧ 打开【时间轴】面板菜单，再次选择【调整的音频波形】。

10.2.6 使用标准音轨

在序列中，标准音轨可以同时放置单声道剪辑和立体声剪辑。可以使用【效果控件】面板中的控件、【音频剪辑混合器】和【音轨混合器】来处理这两种类型的素材。

如果项目中同时使用单声道剪辑和立体声剪辑（见图 10-17），相比于单声道轨道，使用标准音轨要方便得多。

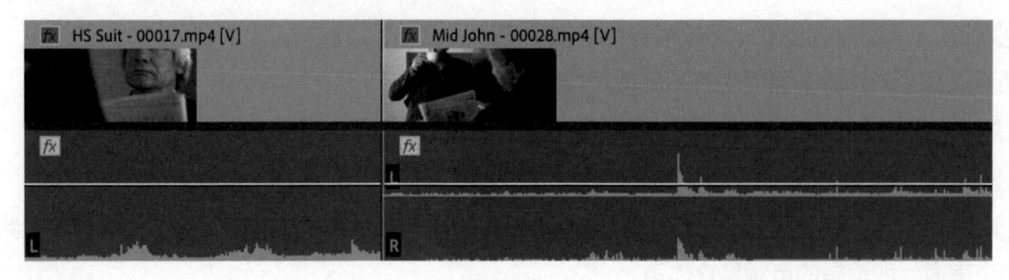

图 10-17

标准音轨支持单声道和立体声，Premiere Pro 会根据剪辑的音频轨道自动显示一个或两个波形图。

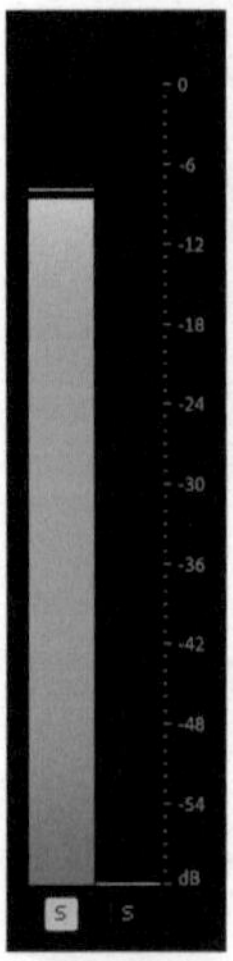

图 10-18

10.2.7 声道选听

在监听音频时，可以选择倾听序列的哪个声道。

下面使用一个序列进行尝试。

❶ 从 Sequences 素材箱中，打开 Desert Montage 序列。

❷ 播放序列，同时单击音频仪表底部的每个【独奏轨道】按钮（S），如图 10-18 所示。

单击【独奏轨道】按钮（S）可以倾听相应的声道。如果有多个声道，可以同时单击几个声道的【独奏轨道】按钮（S），倾听几个声道的混音，但本例中不需要这样做。

如果处理的音频来自不同的麦克风，并且放置在不同轨道上，【独奏轨道】按钮（S）会特别有用。这种情况在专业的录音现场很常见。

> **注意** 音频仪表指示的是【源监视器】中播放剪辑时音频通道的音量，或者在【时间轴】面板中播放序列时的混合通道。要查看单个序列轨道的音量，请使用【音频剪辑混合器】或【音轨混合器】。

预览序列时，你看到的声道数量和【独奏轨道】按钮（S）的数量取决于当前序列音频的音频混合设置。

此外，还可以使用【时间轴】面板中各个音频轨道头中的【静音轨道】按钮（M）或【独奏轨道】按钮（S）来精确控制混音中包含或不包含哪些声道。

10.3 了解音频特性

当你在【源监视器】中打开一个剪辑并查看其波形图时，会发现某个声道的波形越高，其音量就越大。从某种意义上说，它是一个曲线图，显示了气压波强度随时间变化的情况。

有 3 个因素会影响声音传递到耳朵的方式。下面以电视扬声器为例进行讲解。

- 频率：扬声器纸盆振动时产生高低气压的快慢程度。衡量纸盆每秒拍打空气的次数（频率）的单位是赫兹（Hz）。人类听觉范围大约是 20 ～ 20000Hz，有很多因素（比如年龄）会影响人类听觉的频率范围。频率越高，音调就越高。
- 振幅：扬声器纸盆振动的幅度。振动幅度越大，产生的空气压力波越高（这样可以把更多能量 传递到耳朵），声音也就越大。

什么是音频特性？

想象一下扬声器的纸盆拍打空气时的运动情况。纸盆运动时会产生高低压力波，在空气中传播到人耳，就像水波涟漪在池塘中扩散传播一样。

压力波会使人耳中的鼓膜产生振动，随后这种振动会被转换成能量传递给大脑，大脑再把它解释成声音。整个过程极为准确。另外人有两只耳朵，并且大脑能够不可思议地平衡这两种声音信息，最终形成整体听觉效果。

人们倾听声音是主动而不是被动的。也就是说，大脑会不断滤掉它认为不相关的声音，并且从中识别出特定模式，将注意力集中到自己关心的事情（比如说话）上。例如，参加聚会时，你的周围充斥着嘈杂的交谈声，就像是一堵噪声墙，但是当房间另外一侧有人提到你的名字时，你仍然能够准确地听出来。这期间其实你的大脑一直在倾听各种声音，只不过你把注意力放在了倾听眼前人所说的话上。

这一主题大致属于心理声学的范畴，有大批科研人员做了大量相关研究。尽管声音对人心理的影响是个非常有趣的课题，并且值得深入研究，但这里我们只关注声音本身，不会涉及它对人类心理产生的影响。

录音设备没有人耳那样敏锐的辨别能力，这也是我们要戴上耳机听取现场声音的原因之一。只有这样，我们才能获得最棒的录音信号。录制现场声音通常在没有背景噪声的情况下进行。在后期制作中，为了渲染气氛，我们会添加一定量的背景噪声，但添加数量有严格控制，以保证不会影响到主要对话。

- 相位：扬声器纸盆向外与向内运动的精确时间。如果两个扬声器的纸盆同步向外或向内运动，它们就是同相（in phase）的；如果它们的运动不同步，那它们就是异相（out of phase）的，这会导致重现声音时出现问题。一个扬声器降低空气压力，与此同时，另一个扬声器增加空气压力，最终可能导致什么声音都听不到。

扬声器纸盆振动产生声音是声音生成的一个简单例子，但是其中的原理适用于其他所有声源，包括人发出的声音。

10.4 添加 Adobe Stock 音频

在 Premiere Pro 中，除了可以把本地的音乐文件添加到序列中之外，还可以借助【基本声音】面板浏览 Adobe Stock 素材网站中的音乐，并把你心仪的音乐导入项目之中，如图 10-19 所示。

默认设置下，在【基本声音】面板中，可以搜索、浏览、预览 Adobe Stock 素材网站中的音频文件。

【基本声音】面板顶部有一个搜索框，可以根据名称、元数据标签搜索 Adobe Stock 网站中的音频素材，还可以在【情绪】【类型】【过滤器】下勾选相应的复选框来进一步缩小搜索范围，如图 10-20 所示。

在【过滤器】下，还可以指定节拍或持续时间，以及从其他有合作关系的素材网站中选用音频素材，如图 10-21 所示。

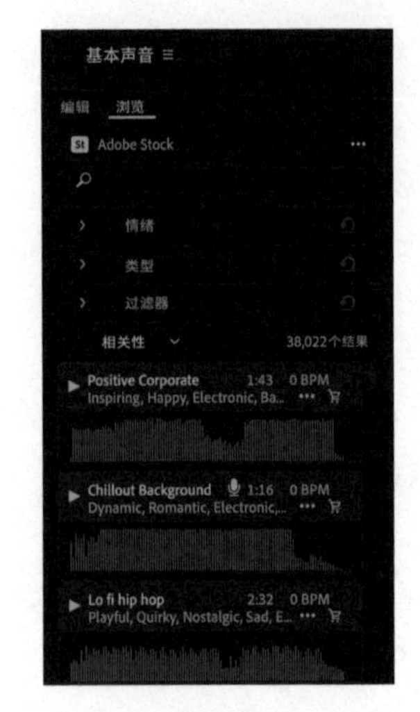

图 10-19

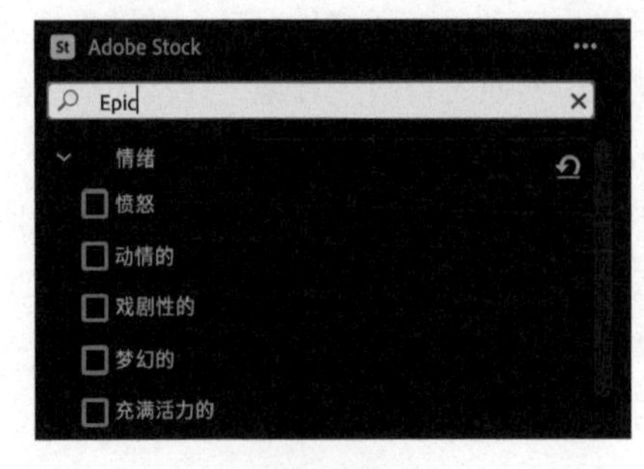

图 10-20

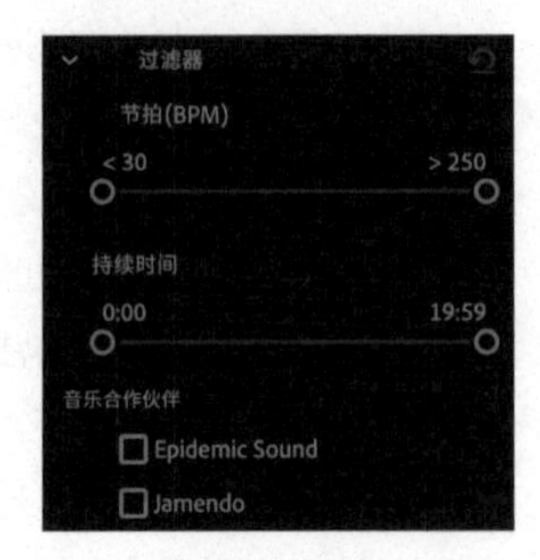

图 10-21

下面尝试把一个来自素材网站的音频剪辑添加到序列中。

❶ 打开 Sequences 素材箱中的 Drone Flight 序列，这个序列很简单，只包含视频画面。把播放滑块拖曳到序列开头。

❷ 若【基本声音】面板中打开的是【编辑】选项卡，单击面板顶部的【浏览】选项卡。

时间轴同步

图 10-22

❸ 在【基本声音】面板底部，勾选【时间轴同步】复选框，如图 10-22 所示。

这样，当在【基本声音】面板中播放音频素材剪辑时，序列会自动跟随播放。Premiere Pro 会把音乐与现有音轨、视频组合在一起，以便在将其添加到序列之前预听不同的音乐剪辑。

Modern Epic Violin 1:34 133 BPM
Inspiring, Powerful, Suspenseful, Emotional,...

图 10-23

❹ 在【基本声音】面板中，单击某个音频剪辑旁边的【播放】按钮（▶）进行预听，如图 10-23 所示。使用这种方法预听其他音频剪辑，找到最适合自己序列的音频。

试听音频剪辑前，若序列中添加了入点，则播放从入点开始。每当预览一个音频素材时，播放滑块都会返回到入点处，方便比较不同音频剪辑的时间。

提示 在音频剪辑波形图的任意位置上单击，Premiere Pro 会从你单击的位置开始播放音频。若勾选了【时间轴同步】复选框，视频播放滑块也会跳到相应的位置上进行播放。

❺ 把选好的音频剪辑从【基本声音】面板拖曳到序列中 A1 轨道的开头，如图 10-24 所示。拖曳音频剪辑时，请拖曳音频剪辑的名称或描述。

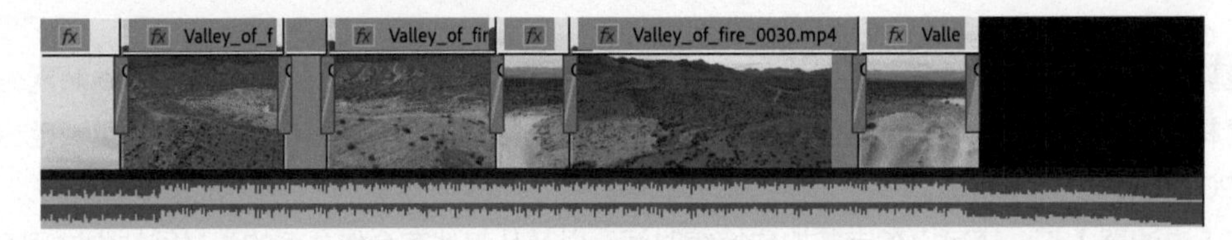

图 10-24

此时，Premiere Pro 会自动把选择的音频剪辑放入【项目】面板的 Stock Audio Media 素材箱中，

图 10-25

如图 10-25 所示。

❻ 预览序列。

默认设置下，从【基本声音】面板添加到序列中的音频剪辑的质量是预览级别的。你可以在【基本声音】面板或【项目】面板中单击音频素材旁边的【授权】按钮（），获取高质量的音频素材。

除了付费音乐之外，Adobe Stock 还提供了大量免版税音乐。有关 Adobe Stock 的更多内容，请访问其官方网站。

10.5 调整音频音量

在 Premiere Pro 中，调整剪辑音量的方法有多种，并且都是非破坏性的，即所做的改动不会影响原始素材文件，所以可以大胆尝试。

10.5.1 使用【效果控件】面板调整音量

在前面已经学习了如何使用【效果控件】面板对序列中剪辑的缩放和位置进行调整，还可以使用【效果控件】面板调整剪辑音量。

❶ 打开 Sequences 素材箱中的 Excuse Me 序列。

该序列很简单，只包含两个剪辑（若看不见第二个剪辑，可以在【时间轴】面板中向右滚动）。其实，该序列中两个剪辑的内容相同，它们来自同一个素材，只是被添加到序列中两次。其中一个剪辑被解释为立体声，另一个被解释为单声道。有关剪辑解释的更多内容，请参考第 4 课“组织素材”。

❷ 单击第一个剪辑将其选中，打开【效果控件】面板。

❸ 在【效果控件】面板中展开【音量】【通道音量】【声像器】控件，如图 10-26 所示。

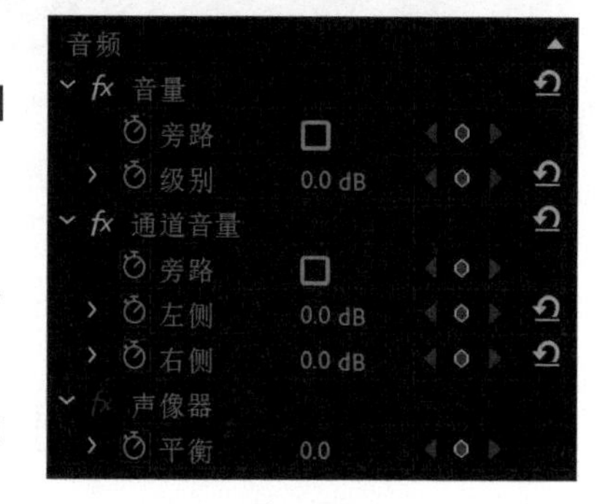

图 10-26

每个控件都提供了适用于所选音频类型的属性。

- 【音量】下的属性用来调整所选剪辑中所有声道的综合音量。
- 【通道音量】下的属性用来调整所选剪辑中各个声道的音量。
- 【声像器】下的属性用来为所选剪辑提供立体声左 / 右输出平衡控制。

注意，此时所有属性左侧的【切换动画】按钮是自动开启的，因此每做一次调整，Premiere Pro 都会添加一个关键帧。

不过，如果为一个设置添加一个关键帧并使用它进行调整，则调整会应用到整个剪辑。

❹ 在【时间轴】面板中，把播放滑块拖曳到第一个剪辑中想要添加关键帧的地方。

❺ 在【时间轴显示设置】下拉列表中确保【显示音频关键帧】处于启用状态。

❻ 增加 A1 轨道的高度，缩小时间轴，以便能够看到音频剪辑波形图，以及用于添加关键帧的白色细线，这条白线通常称为“橡皮筋”，如图 10-27 所示。

❼ 在【效果控件】面板中，向左拖曳设置音量级别的蓝色数字，将其设置为 - 25dB 左右。

在 Premiere Pro 添加一个关键帧后，可以在【效果控件】面板的时间轴上，以及【时间轴】面板中剪辑的“橡皮筋”上看到它，如图 10-28 所示。

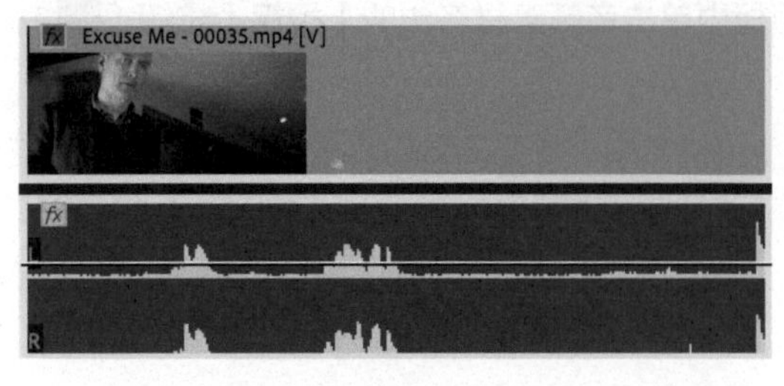

图 10-27　　图 10-28

在【时间轴】面板中，把剪辑上的“橡皮筋”向下移动，会降低音量。

❽ 选择序列中的第二个剪辑，如图 10-29 所示。

在【效果控件】面板中，你会看到与上面类似的控件，但是没有【通道音量】控件。这是因为每个声道都是其剪辑的一部分，都有单独的【音量】控件，如图 10-30 所示。

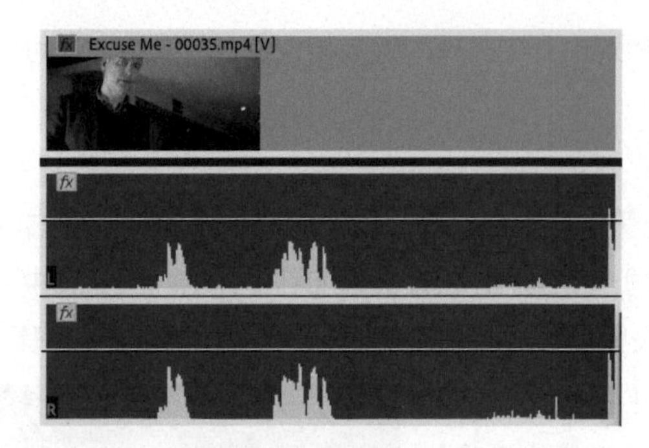

图 10-29

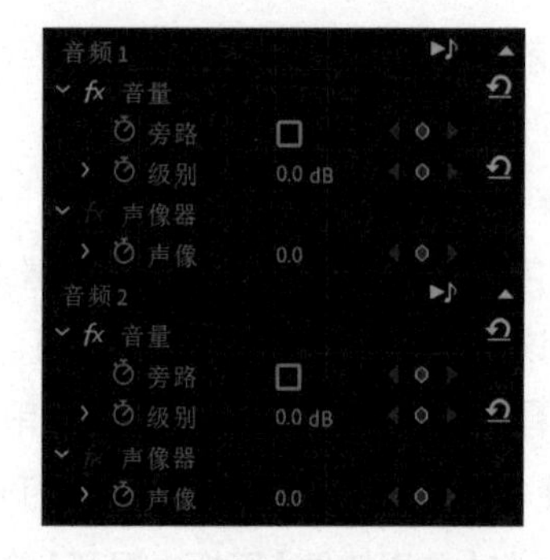

图 10-30

此外，原来的【平衡】属性变成了【声像】属性，它们的用途类似，但是【声像】属性更适合用来调整多个单声道音频。

❾ 尝试为两个独立的剪辑调整音量，并检查结果。

平移和平衡之间的区别

创建立体声或 5.1 音频序列时，单声道和立体声音频剪辑使用不同的【声像器】控件为每个输出设置音量。

- 单声道音频剪辑有一个【平移】控件。在立体声序列中，这使得你可以在混音的左侧或右侧分配单个音频声道。
- 立体声音频剪辑有一个【平衡】控件，用来调整剪辑中左声道和右声道的相对音量。

根据序列音频混合设置和所选剪辑中可用音频的不同，其显示的控件也不一样。

10.5.2　调整音频增益

大多数音乐在制作时都尽可能地把音频信号放到最大，以最大限度地增加信号和背景噪声之间的差异，但这对大部分视频序列来说可能太夸张。为了解决这一问题，可以调整剪辑的音频增益。

该方法适用的对象是【项目】面板中的剪辑，所以当把某个剪辑从【项目】面板添加到序列中时，这个剪辑的各个部分就应该已经调整过了。

另外，还可以在【项目】面板和【时间轴】面板中把音频增益调整一次性应用到多个剪辑上。

❶ 在 Music 素材箱中，双击 Graceful Tenure-Patrick Cannell 剪辑，将其在【源监视器】中打开。你可能需要在【源监视器】中调整缩放级别，才能看到整个波形图，如图 10-31 所示。

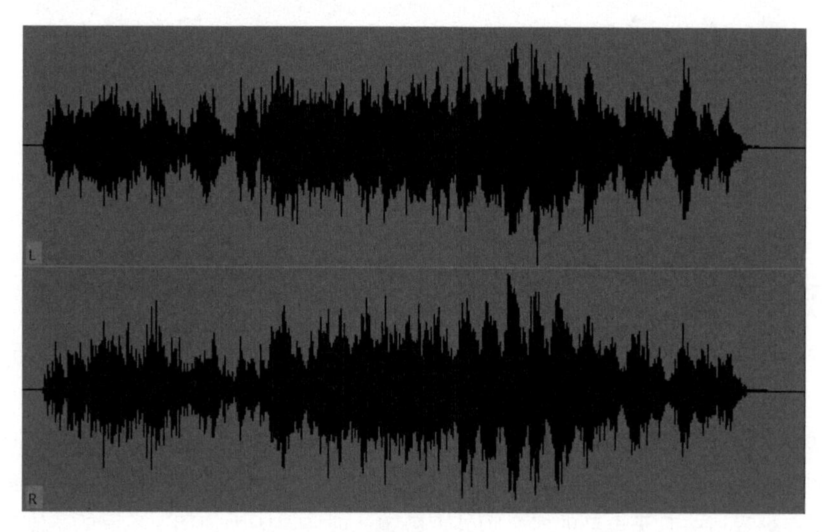

图 10-31

❷ 在【项目】面板中，使用鼠标右键单击剪辑，从弹出的菜单中选择【音频增益】。或者选择剪辑后，按【G】键。在弹出的【音频增益】对话框（见图 10-32）中，有以下两个选项你需要了解。

- 将增益设置为：用于为剪辑指定调整值。
- 调整增益值：用于为剪辑指定调整的增量。

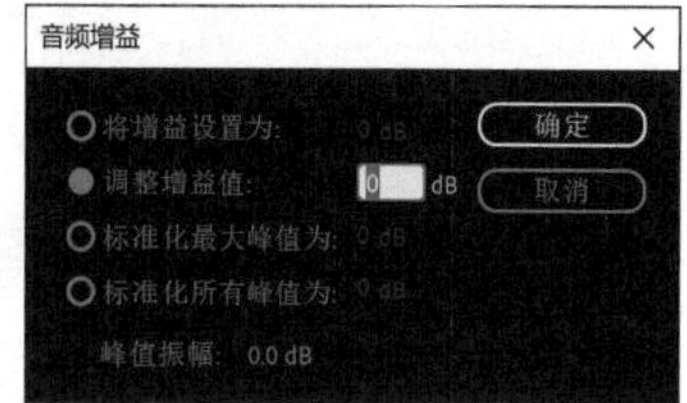

图 10-32

例如，选择【调整增益值】，输入 -3，单击【确定】按钮后,【将增益设置为】会变为 -3dB。再次打开【音频增益】对话框，把【调整增益值】设置为 -3，单击【确定】按钮后，【将增益设置为】将变为 -6dB，以此类推。

注意 你对剪辑增益或音量所做的调整不会影响到原始素材。除了在【效果控件】面板中进行修改之外，你还可以在素材箱、【时间轴】面板中修改总增益，而且所有修改都不会影响到原始素材文件。

❸ 选择【将增益设置为】，输入 -12，单击【确定】按钮。此时能立即在【源监视器】中看到波形的变化，如图 10-33 所示。

这类调整（比如在素材箱中更改音频增益）不会影响已经添加到序列中的剪辑。你可以使用鼠标右键单击序列中的一个或多个剪辑，从弹出的菜单中选择【音频增益】，或者选择剪辑之后按【G】键，然后在【音频增益】对话框进行同样的调整。这么做将只调整序列中的剪辑副本，而不会影响素材箱中的源剪辑。

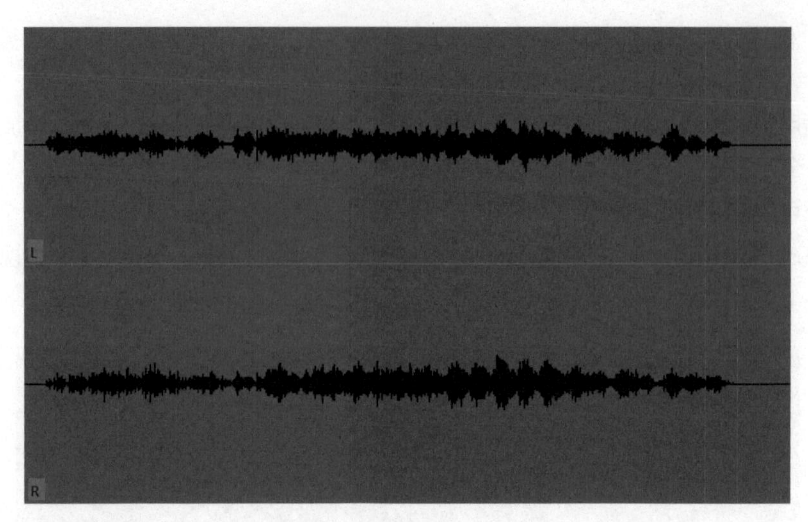

图 10-33

10.5.3 标准化音频

对音频进行标准化与调整增益类似。事实上，标准化的结果就是对剪辑的增益进行调整得到的，两者的不同之处在于，标准化是软件的自动调整，而非手动调整。

在标准化一个剪辑时，Premiere Pro 会先分析音频找出最高峰值，即音频中最洪亮的部分。然后自动调整剪辑的增益，使得最高峰值与指定的级别相同。你可以使用这种方式为多个剪辑调整音量。

假设你正在处理过去几天录制的多个画外音剪辑，或许是因为使用了不同的录制设置、麦克风等，其中有几个剪辑的音量不一样。在这种情况下，可以同时选择多个剪辑，让 Premiere Pro 自动为它们设置一样的音量。这样就不必逐个浏览剪辑并进行调整了，这会大大节省时间。

下面按照如下步骤，尝试对一些剪辑的音量做标准化处理。

❶ 从 Sequences 素材箱中，打开 Journey to New York 序列，如图 10-34 所示。

图 10-34

❷ 播放序列，观察音频仪表。

不同剪辑的音量差别很大，第一个剪辑的音量明显低于第三个和第四个剪辑。

> **注意** 你可能需要拖曳音轨头之间的分隔线增加轨道高度，才能看到音频波形图。

❸ 选择 A1 轨道上所有的画外音剪辑（即音频剪辑）。你既可以框选，也可以逐个选择它们，如图 10-35 所示。

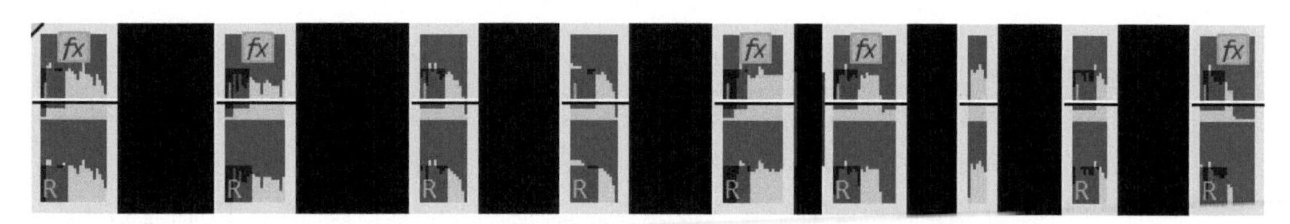

图 10-35

④ 使用鼠标右键单击任意一个选中的剪辑，从弹出的菜单中选择【音频增益】，或者直接按【G】键，打开【音频增益】对话框。

⑤ 根据整体混音要求为音频设置一个峰值电平。这里，选择【标准化所有峰值为】，输入 -8，单击【确定】按钮，如图 10-36 所示。

-8dB 接近 0dB（全音量），但允许有一点余量。音频电平的交付标准各不相同，所以在设置混音电平之前一定要认真检查。

⑥ 试听音频，你会发现人物旁白与背景音乐混在一起，这样很难准确判断人物旁白音量的大小。

⑦ 若只想检查人物旁白的音量大小，可以单击 A1 轨道头中的【独奏轨道】按钮（S）。

⑧ Premiere Pro 对每个选中的剪辑进行了调整，使它们的最大峰值是 -8dB，如图 10-37 所示。

此时，各个剪辑波形的峰值几乎相同。

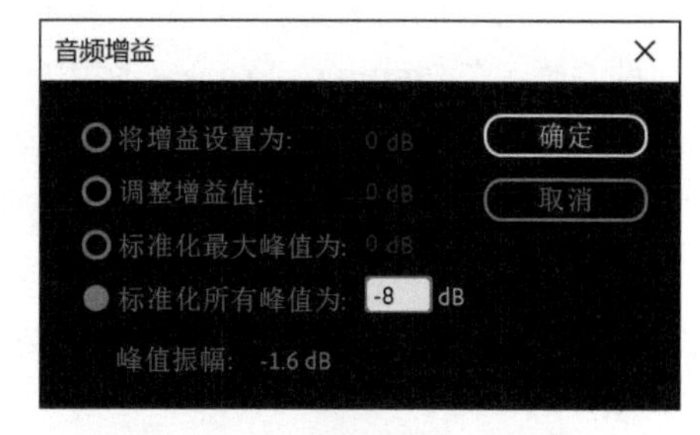

图 10-36

图 10-37

在【音频增益】对话框中，如果选择的是【标准化最大峰值为】，Premiere Pro 将根据所有剪辑组合后的最大峰值调整增益，并将等量调整应用到每一个剪辑，从而使所有剪辑的相对音量保持不变。

⑨ 单击 A1 轨道中的【独奏轨道】按钮（S），把其关闭。

发送音频到 Audition

Premiere Pro 提供了许多高级工具来完成大部分音频编辑工作，但就音频编辑而言，它远比不上 Audition。Audition 是一款专业的音频后期处理软件。

Audition 是 Adobe Creative Cloud 套件的一部分。使用 Premiere Pro 编辑视频时，可以把它无缝地集成到整个编辑流程中。你可以把一个完整的序列发送到 Audition 中，使用所有剪辑和基于序列的视频文件制作伴随画面的混音。Audition 甚至还能打开一个 Premiere Pro 项目文件（.prproj），将序列转换成多声道会话，进一步细调音频。

安装好 Audition 之后，你可以使用如下步骤把一个序列发送给它。

1. 打开要发送到 Audition 中的序列。

2. 从菜单栏中，依次选择【编辑】>【在 Adobe Audition 中编辑】>【序列】。

3. 接下来，Premiere Pro 会为相关素材文件创建副本，这些副本是要在 Audition 中使用的，以保证不改变原始素材。在【在 Adobe Audition 中编辑】对话框中输入文件名称，通过【浏览】按钮找到保存位置，然后根据需要设置其他选项，最后单击【确定】按钮。

4. 在【视频】菜单中，选择【通过 Dynamic Link 发送】，以便在 Audition 中实时查看 Premiere Pro 序列的视频部分。

Audition 提供了许多出色的音频处理工具，比如用来帮助我们识别和删除噪声的光谱显示器、高性能多轨道编辑器、高级音频效果和控件等。

要把处理好的混音从 Audition 发送到 Premiere Pro 中，请选择【多轨道】>【导出到 Adobe Premiere Pro】。选择一个混音选项（通常是立体声），为新文件指定一个保存位置与名称，然后单击【导出】按钮。

你可以很轻松地把一个独立剪辑发送到 Audition 中进行编辑、添加各种效果，以及进行各种调整。在 Premiere Pro 中，使用鼠标右键单击序列中的剪辑，然后从弹出的菜单中选择【在 Adobe Audition 中编辑】，即可把音频剪辑发送到 Audition。

Premiere Pro 复制音频剪辑，并使用副本替换当前序列中的剪辑，然后在 Audition 中打开副本，准备进行处理。

此后，每当在 Audition 中保存对剪辑所做的调整时，这些调整都会自动更新到 Premiere Pro 中。

10.6 自动避开音乐

在制作混音时，最常见的一个操作就是在有人讲话时降低背景音乐的音量。比如，当有人在分享知识时降低音乐的音量，让其成为混音中的次要元素，在分享结束后让音乐成为主导元素。这种处理技术叫作回避（ducking）。

可以通过手动添加音频关键帧来应用回避技术（后面会详细讲解该技术），但是 Premiere Pro 提供了一种自动化的回避手段，也可以通过【基本声音】面板来应用它。

有关【基本声音】面板的更多内容，将在第 11 课“改善声音”中讲解。这里只要知道它是一种快速创建混音的简单方式，能够大大节约时间即可。

❶ 继续使用 Journey to New York 序列。请确保 A1 轨道上的所有画外音剪辑全部处于选中状态。

❷【基本声音】面板下显示出一些与所选剪辑相关的音频类型编辑选项，如图 10-38 所示。

❸ 单击【对话】按钮，这样就可以使用与对话相关的工具了。

此时，Premiere Pro 知道了要执行自动回避操作的音频是对话。

❹ 调整 A2 轨道的尺寸，直到能清晰地看到音乐剪辑的音频波形图。选择 A2 轨道上的音乐剪辑，在【基本声音】面板中单击【音乐】按钮。

❺ 在【基本声音】面板中，勾选【回避】复选框，会显示以下选项。

- 回避依据：音频类型有多种，可以选择其中一种、多种或所有音频类型来触发自动回避，其默认选择为【依据对话剪辑回避】。

- 敏感度：此值越大，触发回避需要的音频音量越低。
- 闪避量：用于设置把音乐音量降低到多少，单位是分贝（dB）。
- 淡化：此值设置得越小，音乐从小变大需要的时间越长。
- 生成关键帧：单击该按钮，应用设置，并添加关键帧至音乐剪辑。
- 淡入淡出位置：调整添加淡入淡出的时间点，可往前或往后生成关键帧，非常适合不同的序列。

图 10-38

❻ 为音频回避设置合适的参数。处理的音频类型不同，设置的参数也不同。这里做如下设置，如图 10-39 所示。

- 回避依据：【依据对话剪辑回避】（这是默认选择）。
- 敏感度：6。
- 闪避量：−8 dB。
- 淡入淡出时间：500 毫秒。
- 淡入淡出位置：0.0 毫秒。

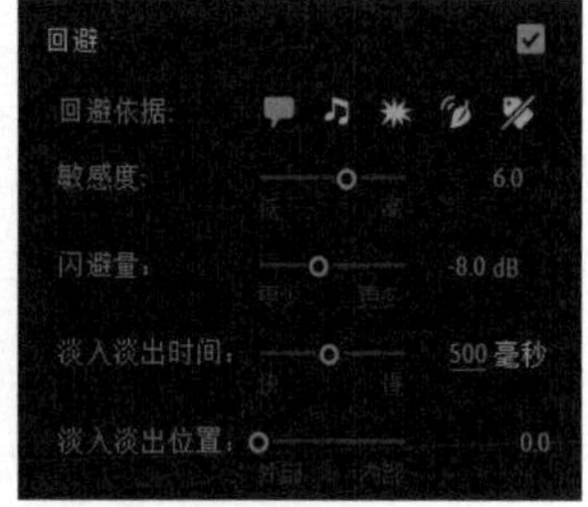

图 10-39

❼ 单击【生成关键帧】按钮，结果如图 10-40 所示。

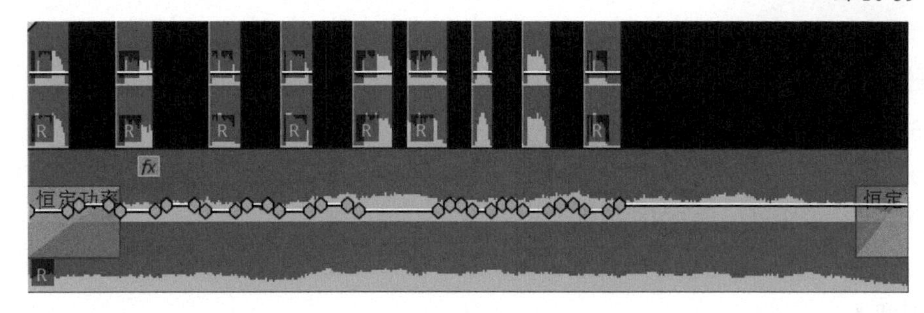

图 10-40

此时，回避关键帧会添加到音乐剪辑中，并出现在【效果控件】面板和【时间轴】面板的【增幅输入】效果中。

❽ 播放序列，检查效果。

你可以反复调整各个自动回避参数，并单击【生成关键帧】按钮替换已有关键帧，直到获得满意的效果。

此外，你还可以手动调整 Premiere Pro 添加的关键帧。

10.7 使用【重新混合工具】调整音乐时长

缺少激动人心的配乐，一部动作片会显得平淡无奇，一段对话加上合适的背景音乐也会变得生动。有时音乐会告诉观众如何感受画面，因此处理并用好音乐在视频剪辑中至关重要。

如果找到了想用的音乐，也获得了在项目中使用它的许可，但是真正使用时却发现音乐长度有问题，该怎么办？

Premiere Pro 专门针对这种情况提供了一个解决方案——重新混合技术。通过这项技术，

Premiere Pro 能够自动分析音乐，智能地编辑音乐，将其持续时间修改成需要的长度。

下面动手试一试。

❶ 在【时间轴】面板中，单击 Drone Flight 序列名称，将其激活。

❷ 选择前面添加的 Adobe Stock 音乐剪辑，将其删除。

❸ 从 Music 素材箱中，把 Ambient Heavens - Patrick Cannell 音乐剪辑拖入 A1 轨道，靠最左侧放置，如图 10-41 所示。

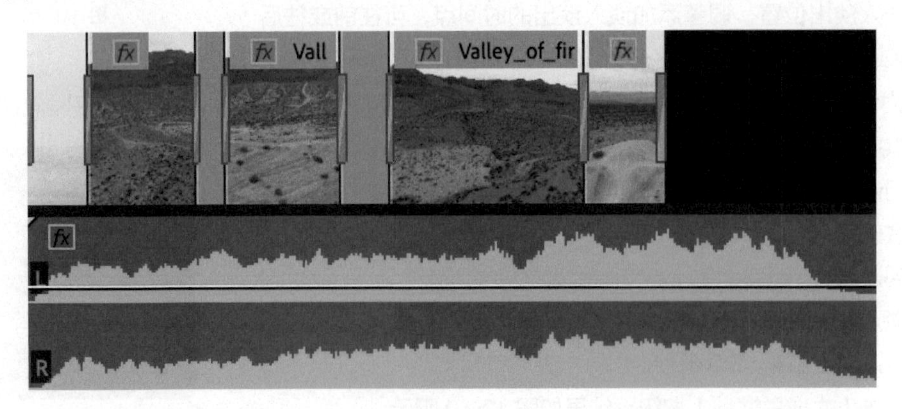

图 10-41

这个音乐剪辑的持续时间比视频剪辑长多了。下面使用【重新混合工具】( ) 调整它。

❹ 把鼠标指针移动到【波纹编辑工具】( ) 上，按住鼠标左键，从弹出的工具列表中，选择【重新混合工具】( )。

❺ 在【时间轴】面板中，单击【在时间轴中对齐】按钮 ( )，然后使用【重新混合工具】( ) 向左拖曳音乐剪辑的末端，当它与视频剪辑末端对齐时，停止拖曳并释放鼠标。

此时，音乐剪辑上显示一个剪辑分析进度条，分析完成后，剪辑持续时间会自动更新，如图 10-42 所示。

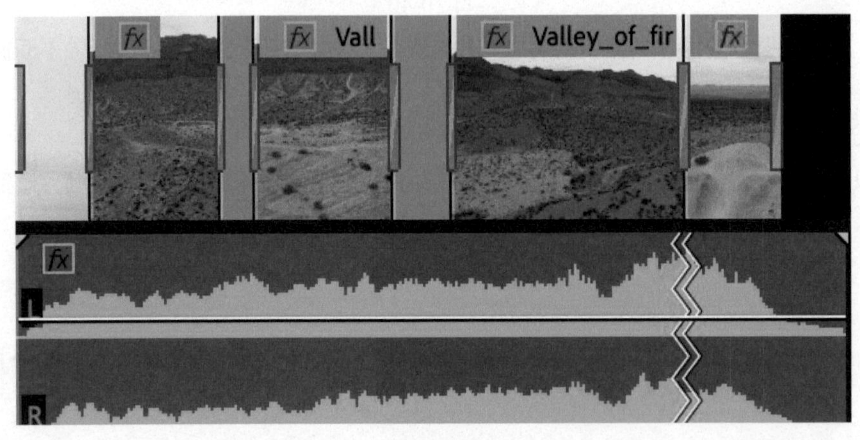

图 10-42

分析完成后，音乐剪辑上会出现白色锯齿线，它用来指示编辑点的位置。播放音乐剪辑，很难发现编辑点处曾经编辑过。

值得注意的是，重新混合之后，音乐剪辑的持续时间与指定的持续时间仍然有差异。重新混合工具 ( ) 会对剪辑做智能评估，并设置一个新的持续时间，以便更好地实现无缝连接。

❻ 删除 Ambient Heavens - Patrick Cannell 剪辑。

❼ 从 Music 素材箱中，把 Ghost Reverie 音乐剪辑拖入 A1 轨道，靠最左侧放置。该音乐剪辑的持续时间比视频剪辑短。

❽ 使用【重新混合工具】( )，向右拖曳音乐剪辑末端，当它与视频剪辑末端对齐时，停止拖曳并释放鼠标。试听音乐剪辑。

如果对混合结果不满意，可以在【基本声音】面板的【持续时间】区域中做调整，如图 10-43 所示。

最后，切换回【选择工具】( )。

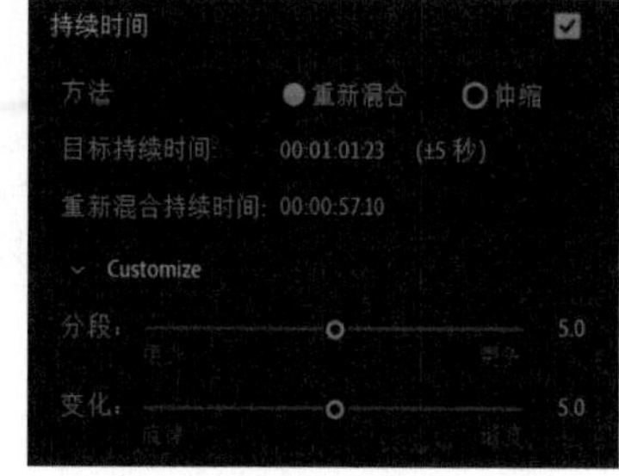

图 10-43

10.8 拆分编辑

拆分编辑是一种简单经典的编辑技术，用来对音频和视频的剪接点进行偏移，这样在播放时，一个剪辑的音频会出现在另一个剪辑的画面中，使人感觉从一个场景进入了另外一个场景。

10.8.1 执行 J 剪接

J 剪接（J-cut）这个名字来源于剪辑剪接时形成的形状，音频剪辑（位于低层轨道上）在视频剪辑（位于高层轨道上）左侧，其形状类似字母 J。

❶ 打开 Sequences 素材箱中的 Theft Unexpected 序列，如图 10-44 所示。

❷ 播放序列的最后两个剪辑，如图 10-45 所示。两个剪辑之间的声音转接非常生硬，下面通过调整音频的编辑点进行改善。

图 10-44

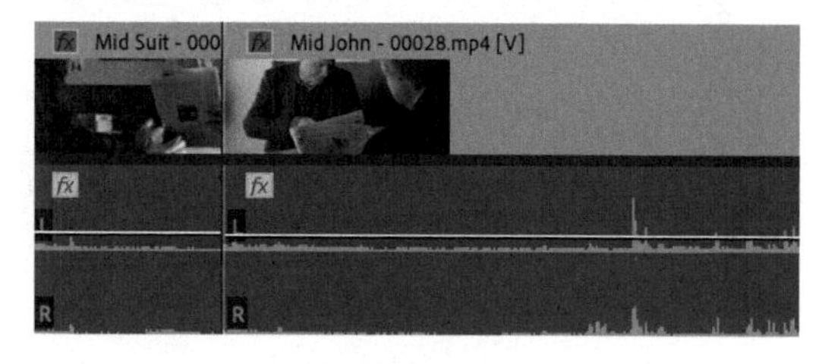

图 10-45

❸ 把鼠标指针移动到【重新混合工具】上，按住鼠标左键，从工具列表中选择【滚动编辑工具】。

> 提示 在 Premiere Pro 默认首选项设置下选择【选择工具】，同时按住【Command】键（macOS）或【Ctrl】键（Windows），可以执行滚动编辑。

❹ 暂时取消视频和音频剪辑之间的链接，按住【Option】键（macOS）或【Alt】键（Windows）把最后两个音频剪辑之间的编辑点稍微向左移动（视频剪辑保持不动），如图 10-46 所示。至此，完成了第一个 J 剪接。

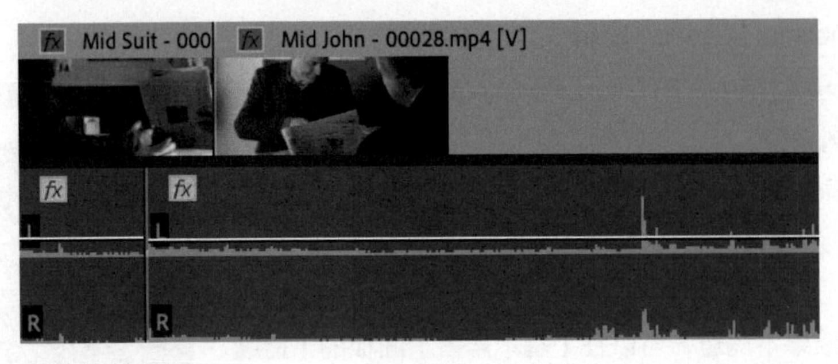

图 10-46

5 播放序列，查看 J 剪接的效果。

可以进一步调整，让转接变得更自然，但这里只使用 J 剪接就可以。

6 把工具切换回【选择工具】( )。

提示 关于键盘快捷键的更多内容，请参考 1.8 节“使用和设置键盘快捷键”的讲解。

10.8.2 执行 L 剪接

执行 L 剪接（L-cut）和 J 剪接的方式类似，只是方向相反。重复 10.8.1 小节的操作步骤，但在按住【Option】键（macOS）或【Alt】键（Windows）时，把音频剪辑稍微向右拖曳。最后播放序列，查看 L 剪接的效果。

10.9 调整剪辑的音频电平

与调整剪辑增益一样，可以使用“橡皮筋”调整剪辑的音量。另外，还可以调整轨道音量，Premiere Pro 会把 3 次音量调整组合起来形成一个总输出电平。

但是使用“橡皮筋”调整音量比调整增益更方便，因为可以随时进行增量调整，并且会立即给出视觉反馈。

使用剪辑上的“橡皮筋”调整音量与使用【效果控件】面板调整音量的最终结果是类似的。实际上，它们是自动同步更新的。

10.9.1 调整剪辑总音量

按照以下步骤，尝试调整剪辑的总音量。

1 打开 Sequences 素材箱中的 Desert Montage 序列，如图 10-47 所示。

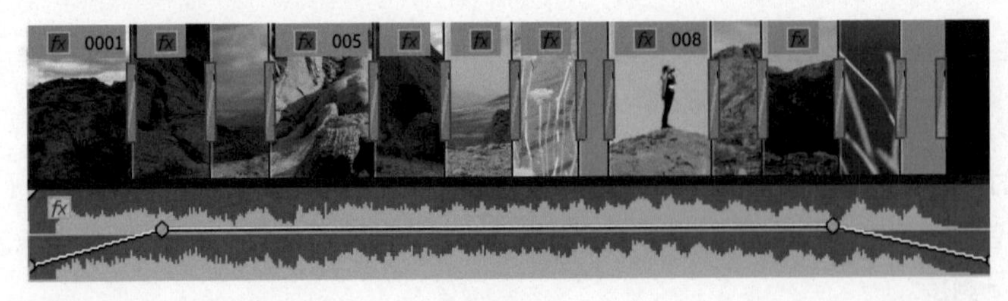

图 10-47

音乐剪辑的开头和结尾已经有了渐强和渐弱效果。下面调整它们之间的音量。

❷ 使用【选择工具】( ) 把 A1 轨道头底部的分隔线向下拖曳，或者按住【Option】键（macOS）或【Alt】键（Windows），把鼠标指针移动到轨道头并滚动鼠标滚轮，增加轨道的高度，方便对音量进行精细调整。

❸ 音乐剪辑中间部分的音量有点高，把“橡皮筋”的中间部分稍微向下拖曳。拖曳过程中，Premiere Pro 会显示相关信息以提示调整量。

❹ 采用这种方式调整后，播放音频查看结果。如果不满意，可以做进一步调整，并查看调整结果，如图 10-48 所示。

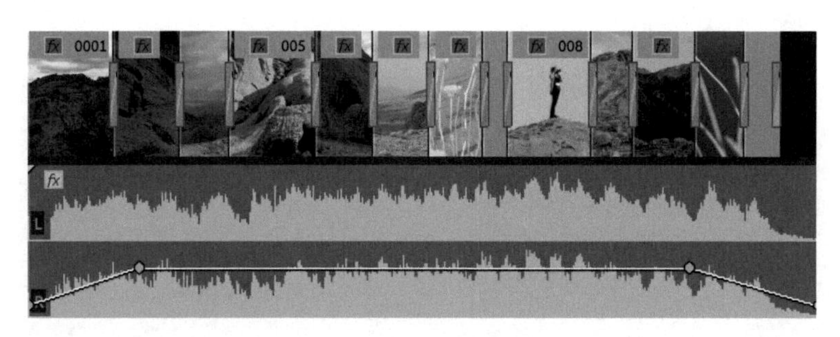

图 10-48

由于拖曳的是“橡皮筋”而不是单个关键帧，因此最终调整的是鼠标指针两侧最近的两个关键帧。如果剪辑没有关键帧，则调整的是整个剪辑的总音量。

使用键盘快捷键调整剪辑音量

在【时间轴】面板中，把播放滑块放到剪辑上后，即可使用键盘快捷键来增加或降低剪辑音量。最终结果和上面是一样的，但是调整过程中看不到有关调整量的提示信息。Premiere Pro 提供了非常方便的键盘快捷键，帮助我们快速、精确地调整音频电平。

- 每按一次【[】键（左方括号键），把剪辑音量降低 1dB。
- 每按一次【]】键（右方括号键），把剪辑音量增加 1dB。
- 每按一次【Shift】+【[】，把剪辑音量降低 6dB。
- 每按一次【Shift】+【]】，把剪辑音量增加 6dB。

如果键盘上没有方括号键，可以依次选择【Premiere Pro】>【键盘快捷键】(macOS) 或【编辑】>【键盘快捷键】(Windows)，设置其他快捷键。

提示 在添加与调整关键帧设置时，可以使用现成的键盘快捷键。当然，也可以在【键盘快捷键】对话框中为它们指定快捷键。

10.9.2 添加音量调整关键帧

提示 调整剪辑音频增益时，Premiere Pro 会把调整和基于关键帧的调整动态结合起来，你可以随时调整其中任意一个。

像调整视频关键帧一样，可以使用【选择工具】（▶）调整添加到剪辑中的音频关键帧。向上拖曳音频关键帧，音量会变大；向下拖曳音频关键帧，音量会变小。

可以使用【钢笔工具】（✎）在“橡皮筋”上添加关键帧，还可以使用它调整已有的关键帧，或者框选多个关键帧一同调整。

添加关键帧不一定非要用【钢笔工具】（✎），比如，按住【Command】键（macOS）或【Ctrl】键（Windows），使用【选择工具】（▶）单击“橡皮筋”，也可以添加关键帧。

在为音频剪辑添加并上下调整关键帧的位置后，“橡皮筋”的形状会发生变化。

现在向音乐剪辑中添加几个关键帧，把音量调整得夸张一些，使调整效果很明显，然后播放序列，检查结果，如图 10-49 所示。

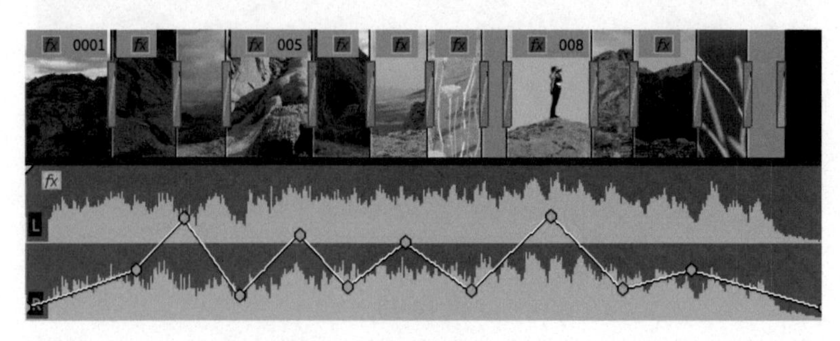

图 10-49

10.9.3 对关键帧之间的音量变化做平滑处理

在进行前面的操作后，可能还需要对前面所做的调整进行平滑处理。

为此，使用鼠标右键单击任意一个关键帧，弹出的菜单中包含多个命令，包括【缓入】、【缓出】、【贝塞尔曲线】和【清除】等。还可以使用【钢笔工具】（✎），一次框选多个关键帧，然后使用鼠标右键单击任意一个关键帧，从弹出的菜单中选择一个命令，应用到所有选中的关键帧上。

如果有不同类型的关键帧，最好先分别选择每种关键帧，然后进行调整，最后查看或倾听调整结果。

10.9.4 使用剪辑关键帧与轨道关键帧

到目前为止，你已经对序列中的剪辑做了关键帧调整。使用【音频剪辑混合器】时，所有调整都是直接针对当前序列中的剪辑的。

对于放置序列剪辑的音频轨道，Premiere Pro 提供了类似的控件。基于轨道的关键帧和基于剪辑的关键帧类似，区别是基于轨道的关键帧不会随着剪辑一起移动。也就是说，可以先使用轨道控件为音频电平设置关键帧，然后向序列中添加不同的音乐剪辑。每次向序列中添加新音乐剪辑后，听到的将是应用轨道调整后的结果。

随着 Premiere Pro 编辑水平的提高，可创建出更复杂的混音，综合运用剪辑关键帧调整和轨道关键帧调整，从而为编辑工作带来很强的灵活性。

10.9.5 使用【音频剪辑混合器】

在【音频剪辑混合器】中，你可以使用其中的控件轻松地调整剪辑音量和平移关键帧。

每个序列的音轨用一组控件表示。虽然控件是按照轨道名组织的，但是进行的调整会应用到剪辑而非轨道上。

在【音频剪辑混合器】中，可以对一个音轨执行静音或独奏操作，有剪辑播放期间，可以拖曳音量控制器或调整平移控件，以此启用向剪辑中写入关键帧的功能。

什么是音量控制器？音量控制器是行业标准控件，用于模拟混音台。向上拖曳音量控制滑块会增大音量，向下拖曳则减小音量，如图 10-50 所示。

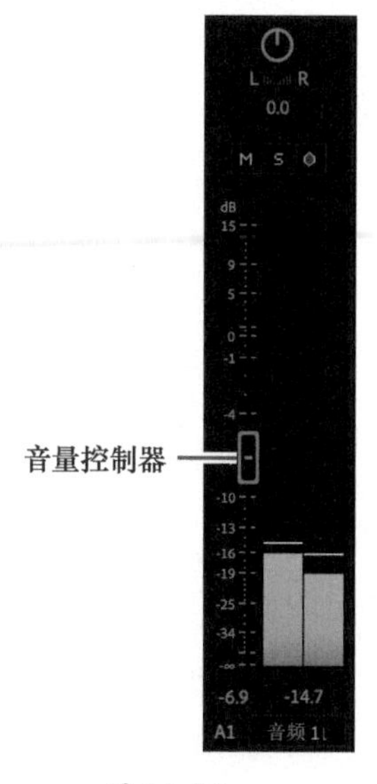

图 10-50

下面一起试一下。

❶ 继续使用 Desert Montage 序列。在【时间轴显示设置】下拉列表中选择【显示音频关键帧】，增加 A1 轨道的高度，以便能够看到该轨道上剪辑的关键帧。

❷ 打开【音频剪辑混合器】，从头开始播放序列。

因为序列中已经添加了关键帧，所以播放期间，【音频剪辑混合器】中的音量控制滑块会随着当前设置的电平上下移动。

❸ 在【时间轴】面板中把播放滑块拖曳到序列开头。在【音频剪辑混合器】中单击 A1 控件顶部的【写关键帧】按钮（ ）。

❹ 播放序列，对 A1 的音量做一些夸张的调整。停止播放后，关键帧才会显示出来，如图 10-51 所示。

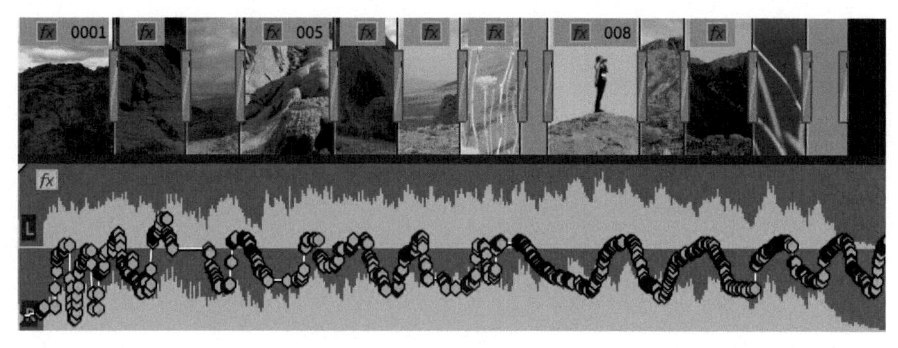

图 10-51

❺ 再次播放序列，音量控制滑块随着现有的关键帧进行移动，但你仍然可以手动调整它。

在使用音量控制器添加关键帧时会添加大量关键帧（同时已有关键帧会被替换）。默认设置下，每拖曳一下音量控制滑块，Premiere Pro 就会添加一个关键帧。不过，你可以为关键帧设置最小时间间隔，以方便管理。

❻ 在菜单栏中依次选择【Premiere Pro】>【首选项】>【音频】（macOS）或【编辑】>【首选项】>【音频】（Windows），勾选【减小最少时间间隔】复选框，把【最小时间】设置为【500】毫秒（半秒相对较慢，但是它能在精确调整和关键帧过多之间做出很好的平衡），单击【确定】按钮。

提示 在【音频剪辑混合器】中，你可以像调整音量一样调整左右声道平衡。具体操作是，先开启【写关键帧】功能，然后播放序列，使用旋钮控件进行调整。

⑦ 把播放滑块拖曳到序列开头，在【音频剪辑混合器】中拖曳音量控制滑块，添加音量关键帧，如图 10-52 所示。

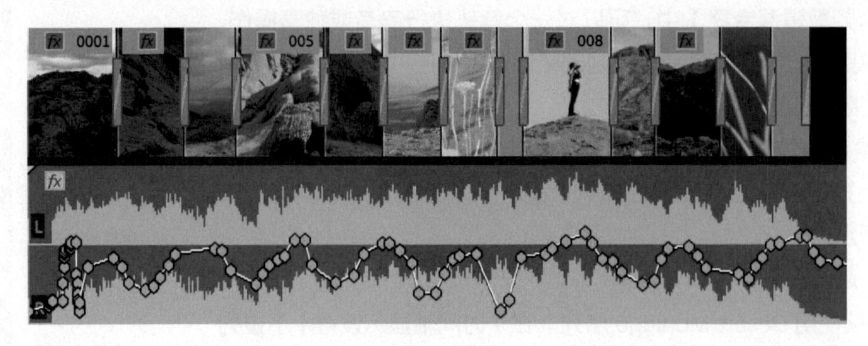

图 10-52

从最后的调整结果看，关键帧排列得整齐有序，关键帧的数量也比较少，很容易进行管理。

关键帧是动画制作的基础，无论是制作视频动画还是音频动画都需要使用关键帧。本课学习了在 Premiere Pro 中添加和调整关键帧的几种方法。注意，这些方法本身没有好坏之分，具体选用哪种方法取决于个人习惯和项目需求。建议多尝试多练习，掌握关键帧的概念与用法，这有助于加深对后期效果制作的理解。

10.10 复习题

1. 如何分离一个序列声道，只听这个声道？
2. 单声道音频和立体声音频有何区别？
3. 在【源监视器】中，如何查看剪辑的音频波形？
4. 标准化和增益之间的区别是什么？
5. J 剪接和 L 剪接之间有什么区别？
6. 播放序列剪辑期间，在【音频剪辑混合器】中，使用音量控制滑块添加关键帧之前，必须先开启哪个功能？

10.11 答案

1. 在音频仪表底部或轨道头中有两个【独奏轨道】按钮，使用它们可以倾听某个特定声道。
2. 立体声音频有两个声道，而单声道音频只有一个。录制立体声音频时，常见的做法是把使用左麦克风录制的声音指定为【声道 1】，把使用右麦克风录制的音频指定为【声道 2】。
3. 在【源监视器】的【设置】菜单中，选择【音频波形】。此外，还可以单击【源监视器】底部的【仅拖曳音频】按钮。在【时间轴】面板中，序列中的剪辑可以显示波形。
4. 标准化时会根据原始峰值振幅自动为剪辑调整增益。你可以通过【增益】设置进行手动调整。
5. 使用 J 剪接得到的效果：当前剪辑的视频画面尚未结束，下一个剪辑的音频就已经开始播放（即由声音引出画面）。使用 L 剪接得到的效果：当前已经在播放第二个剪辑的画面，但音频仍然是第一个剪辑的（即由画面引出声音）。
6. 为每个要添加关键帧的音频轨道开启【写关键帧】功能。

第 11 课

改善声音

课程概览

本课学习如下内容：

- 使用【基本声音】面板
- 提高说话声音
- 去除噪声

学完本课大约需要 75 分钟

请先准备好本课要用到的课程文件，并把它们存放到本地计算机中方便取用的位置。

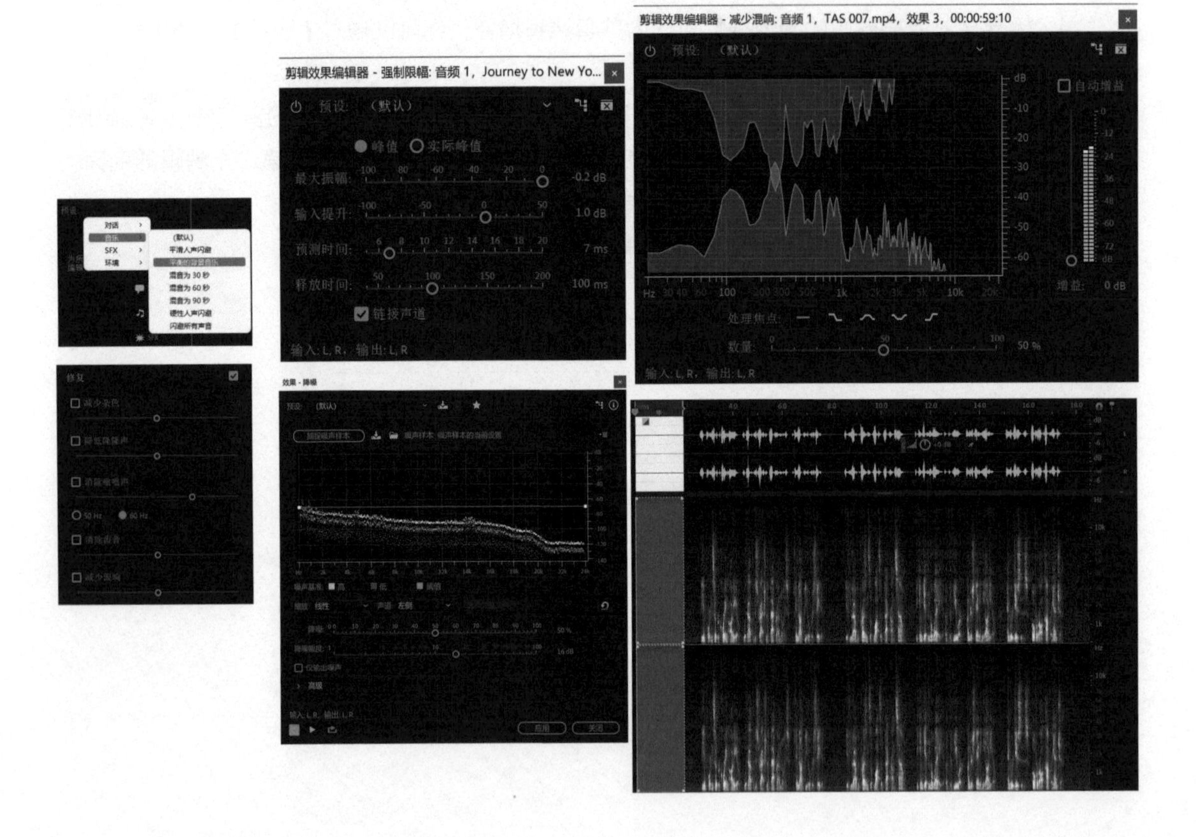

视频编辑过程中，恰当地运用 Premiere Pro 提供的各种音频效果，能够改善项目的听觉体验。如果想进一步提高混音水平，需要在编辑流程中使用 Audition，充分利用其强大的音频处理能力。本课将讲解一些用来提高混音质量的简单快捷的方法。

11.1 课程准备

Premiere Pro 提供了许多音频效果，你可以借助这些效果更改音调、制造回声、添加混响，以及清除磁带噪声。另外，你还可以为这些音频效果设置关键帧，让它们随着时间动态变化。

1. 打开项目文件 Lesson 11.prproj。
2. 把项目文件另存为 Lesson 11 Working.prproj。
3. 选择【工作区】菜单 >【音频】，进入【音频】工作区。然后，选择【工作区】>【重置为已保存的布局】。

11.2 使用【基本声音】面板改善声音

视频拍摄过程中几乎不可能得到完全符合要求的音频。为此，需要在后期制作中使用各种音频效果来解决音频中的一些问题，以此改善音频质量，尤其是嗓音。

同一种声音在不同的音频设备上播放会呈现出不同的效果。例如，在笔记本式计算机和大型扬声器上播放同一段重低音，听起来肯定是不一样的。

在处理音频过程中，听声音时一定要使用高品质的耳机或专业的扬声器，这样才能防止因硬件问题而对音频做不必要的调整。专业的音频监听设备经过仔细调校，可以均匀地播放声音，以保证听众听到的声音和调整时听到的声音是相同的。

检查音频效果时，有时也会用一些质量较差的扬声器播放，这有助于检查声音是否足够清晰，以及低频音是否会导致声音走样。

Premiere Pro 提供了大量有用的音频效果，如图 11-1 所示。你可以在【效果】面板中找到它们，包含但不限于以下几种。

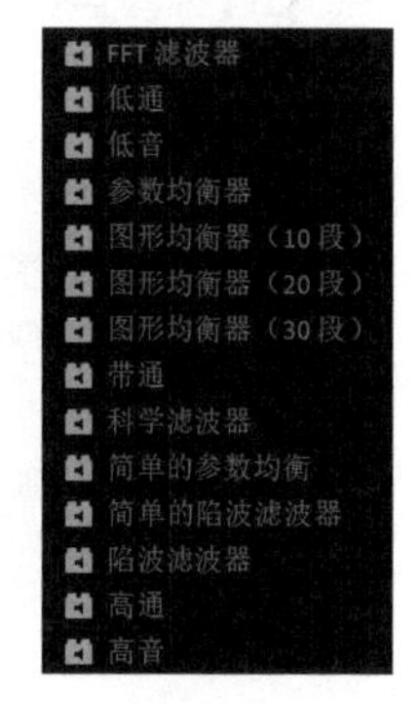

图 11-1

参数均衡器：该效果允许在不同频率下对音频电平进行细致、精确的调整。

室内混响：该效果使用混响增强录制时的“临场效果”，可以用它模拟空荡房间中的声音。

动态处理：该效果允许对音频部分做精确的动态调整，以压缩、扩展或限制电平。

低音：该效果用来调整剪辑的低频部分，非常适合处理旁白，尤其是男声。

高音：该效果用来调整音频剪辑中的高频部分。

注意 在 Premiere Pro 中，多尝试各种音频效果是增长知识的好办法。与视频效果一样，所有音频效果都是非破坏性的，也就是说，应用并调整音频效果不会影响原始音频文件。你可以向一个剪辑添加多种效果，更改效果设置，倾听，然后再删除它们，从头开始。

前面通过拖曳来应用过渡效果，同样在应用音频效果时，只要把它们从【效果】面板中拖曳到目标剪辑上即可。应用某种音频效果后，选择剪辑，然后打开【效果控件】面板，在其中可以看到该音频效果的各种属性。Premiere Pro 提供了许多预设，它们能够帮助我们了解音频效果的使用方式。

在【效果控件】面板中选中某个音频效果，按【Delete】键，可删除所选效果。

下面使用项目中的 01 Effects 序列来尝试各种音频效果。该序列中只包含音频剪辑，方便检查调整后的结果，如图 11-2 所示。

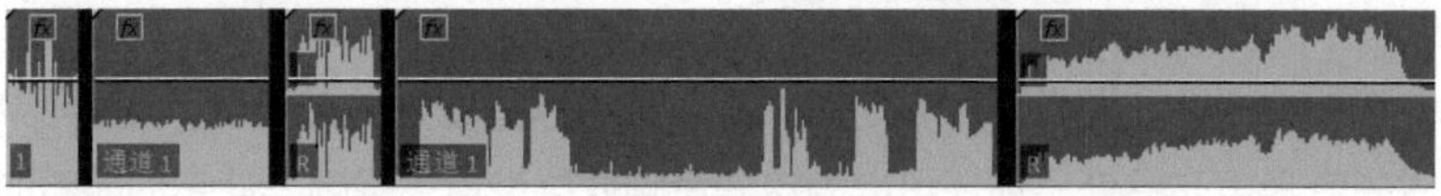

图 11-2

图 11-3

本课重点讲解【基本声音】面板，其中提供了许多易使用的专业级调整工具和效果，它们都是建立在标准媒体类型（比如对话、音乐）的常见工作流程基础上的。

【基本声音】面板中包含许多控制选项，这些选项在清理和改善音频过程中会用到，如图 11-3 所示。

11.3 调整对话音频

【基本声音】面板中包含一整套处理对话音频的工具，如图 11-4 所示。

使用【基本声音】面板时，先要选择序列中的一个或多个剪辑，然后根据剪辑中音频的类型，单击对应的按钮。Premiere Pro 会显示处理相应类型音频的工具。处理对话音频的选项比处理其他类型音频的选项多，因为对话在整个视频项目中可能是最重要的，需要做精心处理，而音乐、特效和环境声这些通常都是事先准备好的，可随时取用。

当在【基本声音】面板中做调整时，Premiere Pro 都会为所选剪辑添加一个或多个效果，并修改这些效果的设置。从某种意义上说，【基本声音】面板提供了一条使用简单控件实现出色效果的捷径。在【基本声音】面板中做出调整后，可以选择剪辑，在【效果控件】面板中进一步设置效果，如图 11-5 所示。

图 11-4

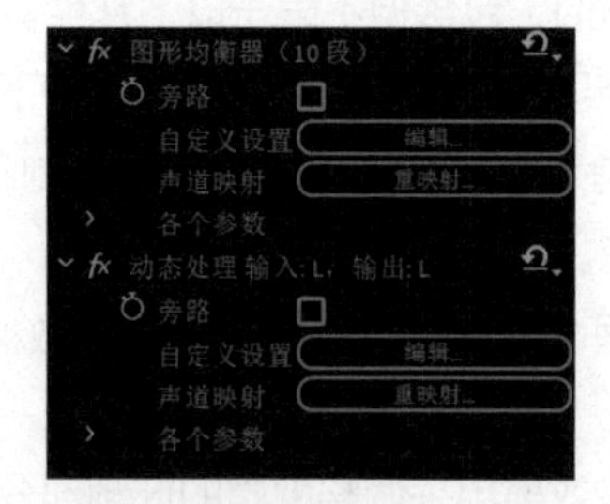

图 11-5

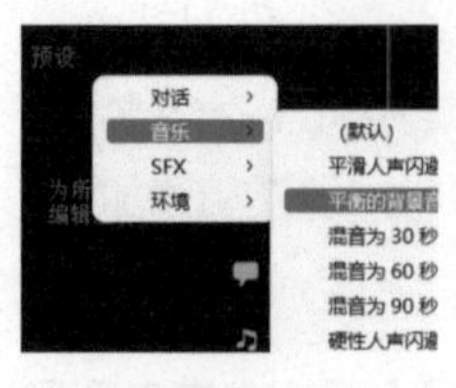

图 11-6

下面尝试用【基本声音】面板中的一些调整选项。在【基本声音】面板中，可以把所做的调整保存成预设。每次使用时，只要在面板顶部的【预设】下拉列表中找到并应用即可。此外，Premiere Pro 本身还自带了许多预设，可以在【预设】下拉列表中轻松找到并应用它们，如图 11-6 所示。

如果项目中有大量剪辑会用到同一设置，那可以考虑把该设置保存成预设。应用预设时，不用先指定音频类型。要创建预设，先在【基本声音】面板中选择一个音频类型，然后做一些设置，最后单击面板顶部的【保存设置为预设】按钮（ ）。

【基本声音】面板中的预设不是固定不变的，也就是说，在应用了某个预设后，可以对它进行进一步调整，甚至还可以在调整后将其保存成一个新预设。

11.3.1 设置响度

使用【基本声音】面板，可以轻松把多个剪辑的音量设置成适合广播电视的音量。

下面进行尝试。

❶ 打开 02 Loudness 序列。

这个序列在前面学习标准化音频时用过。

❷ 增加 A1 轨道的高度，将其放大一些，以便清楚地看到画外音剪辑。

❸ 播放序列，可以听到各段画外音剪辑的音量是不同的。

❹ 全选所有画外音剪辑。最简单的一种全选方法是框选，注意框选时避免同时选中序列中的其他剪辑。

❺ 在【基本声音】面板中，单击【对话】按钮，把所选音频剪辑指定为【对话】音频类型。

❻ 单击【响度】文字，显示其下的选项。这类似于在【效果控件】面板中单击某个效果左侧的箭头按钮，显示或隐藏其下的各个选项。

❼ 单击【自动匹配】按钮，如图 11-7 所示。

Premiere Pro 会分析每个剪辑，并自动调整音频增益，让它们的音量符合广播电视的标准（－23LUFS 标准），如图 11-8 所示。

图 11-7

图 11-8

类似于标准化处理，该调整也会更新剪辑的波形图。

如果制作的视频内容是用来发布在网络上的，则可能需要选择不同的音量。

选择多个剪辑，进行自动匹配后，可以使用【基本声音】面板底部的音量控件同时为多个剪辑调整音量。

❽ 播放序列，检查调整结果。

关于响度

到目前为止，我们一直在使用“分贝”（dB）这个术语来描述音量大小。在视频制作的前期和后期中，分贝都是一个很有用的参考，因为它是人们最常用的音量单位。

峰值电平（剪辑的最大音量）常用来为音量设置限制。虽然峰值电平是一个很有用的参考，但它反映的不是音轨的总能量，它通常会产生一种混音，使音轨的每一部分都比自然声大，例如，在与峰值电平混合之后，耳语有可能变得像喊声一样响亮。只要音频的峰值电平在规定的限制范围内，就可以将其应用到广播电视中。

这就是那么多电视广告听起来声音很大的原因。峰值电平并不比任何其他内容响亮，但在混合后，即便是音轨中比较安静的部分听起来也很响亮。

为了解决这一问题，人们引入了“响度”（loudness）这个术语，它衡量的是随时间变化的总能量。设置响度限制后，虽然声音中包含响亮的部分，但音轨总能量不能超过电平设置。这使得内容创作者不得不把音量调整在合理的范围内。

制作广播电视内容的过程中，在评估混音时使用的几乎都是响度，【基本声音】面板中使用的也是响度。

11.3.2 修复音频

录制现场声音时，录音中难免会夹杂一些背景噪声。

【基本声音】面板中包含许多用来处理背景噪声的工具。单击【修复】两字，展开其下的选项，如图 11-9 所示。

图 11-9

减少杂色：用来降低背景中噪声的音量，比如空调声、衣服的沙沙声、背景的嘶嘶声。

降低隆隆声：用来减少低频声，比如引擎噪声或风噪。

消除嗡嗡声：用来减少电子干扰的嗡嗡声。在北美洲和南美洲，交流电频率为 60Hz，而在欧洲、亚洲、非洲，交流电频率为 50Hz；当麦克风线缆放在电力电缆旁边时，录音中就会出现电子干扰形成的嗡嗡声，此时，使用【消除嗡嗡声】选项可以轻松地消除这种噪声。

消除齿音：用来降低刺耳的高频音，比如录音中常见的嘶嘶声。

减少混响：用来减少回声，让人声听起来更清晰；当录音环境中有大量反射面时，有些声音可能会以回声的形式反射回麦克风。

在处理剪辑中的噪声时，要根据噪声的特点，从众多降噪工具中选择一种或多种使用，更多时候是综合运用多种降噪工具，这样才能获得令人满意的效果。

勾选【修复】复选框，将启用各个降噪工具的默认设置，应用这些默认设置能获得不错的降噪效果。大多数情况下，为了获得较好的降噪效果，建议从 0 开始调整各个降噪工具的数值，播放音频，然后逐渐增加数值，直到获得满意的结果为止，这样可以最大限度地减少失真。

下面尝试使用【消除嗡嗡声】来消除录音中的电噪声。

❶ 打开 03 Noise Reduction 序列，如图 11-10 所示。

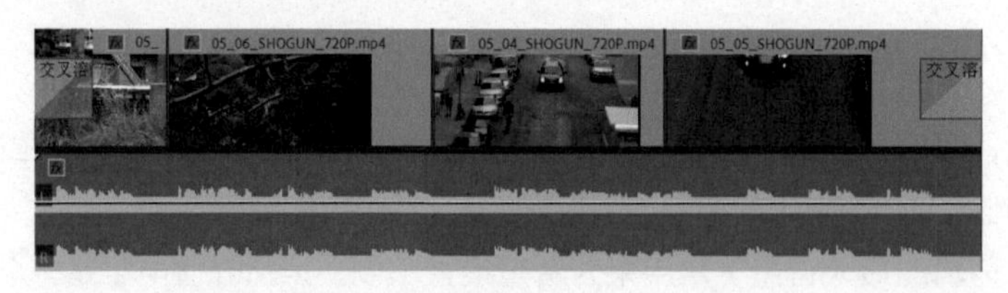

图 11-10

提示 在【时间轴】面板的【时间轴显示设置】中选择相应的命令，可显示或隐藏音频与视频序列剪辑的名称。

❷ 播放序列，试听画外音。

该序列很简单，包含 4 段视频和一段画外音。画外音中有电子干扰形成的电噪声。如果你听不到电噪声，那是因为你的扬声器无法重现低频声音，建议换耳机听。

❸ 选择序列中的画外音剪辑。

在【基本声音】面板中，该剪辑已经被指定为对话音频类型，因此可以直接看到对话音频的相关选项。

❹ 在【基本声音】面板中勾选【修复】复选框，并单击它，展开其下的选项。勾选【消除嗡嗡声】复选框，如图 11-11 所示。

❺ 播放序列，感受一下降噪效果。

降噪效果非常明显。虽然电子干扰的嗡嗡声大，但是频率固定，消除它相对容易。

图 11-11

> **提示** 有时声音中的噪声并不容易去除，只使用 Premiere Pro 中的【修复】功能可能无法获得理想的效果。此时，大家可以尝试使用 Audition 软件，它提供了更高级的降噪工具。

如果【消除嗡嗡声】复选框影响了画外音中的人声，可以尝试拖曳滑块，调整其数值。

该剪辑中嗡嗡声的频率为 60Hz，因此使用默认的 60Hz 进行降噪操作是合适的。如果效果不理想，建议选用 50Hz。

调整【消除嗡嗡声】复选框下方的滑块后，检查剪辑开头部分，可以发现还存在少量的嗡嗡声。为此，可以在剪辑开头部分添加一个简短的交叉淡化将其去除。

11.3.3 降低噪声和混响

除特定类型的背景噪声（比如嗡嗡声、隆隆声）外，Premiere Pro 还提供了更高级的降低噪声和混响的工具。可以在【基本声音】面板中找到简单降噪工具，更高级的降噪工具则显示在【效果控件】面板中。

11.3.3.1 降噪

下面尝试降噪。

❶ 打开 04 Noise and Reverb 序列，如图 11-12 所示。该序列很简单，但录制时现场环境嘈杂，音频中出现了大量背景噪声和混响。播放该序列，可以听到录音中包含大量不需要的背景噪声和混响。

图 11-12

序列中的剪辑已经和【基本声音】面板中的【对话】音频类型链接在一起，并且在【响度】中默认启用了【自动匹配】按钮，如图 11-13 所示。

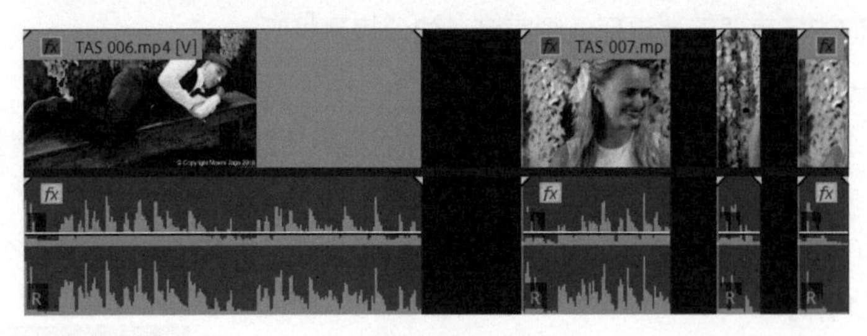

图 11-13

❷ 选择序列中的第一个剪辑。在【基本声音】面板中的【修复】下，勾选【减少杂色】复选框，其默认值为 5。

❸ 再次播放剪辑，检查降噪效果。原来在大约 00:00:10:00 处有很大的隆隆声，现在几乎听不见了。

提示 在【基本声音】面板中，双击控件即可把滑块恢复到默认值。

❹ 要不断尝试，才能找到合适的【减少杂色】值，并获得较理想的降噪效果。如果【减少杂色】值太大，人物说话的声音就会失真；反之，则声音中的许多背景噪声无法去除。尝试完成后，把【减少杂色】值恢复为默认的 5。

处理声音的过程中，有时会遇到一些低频的背景噪声，这些噪声与人的说话声很接近，导致 Premiere Pro 很难自动去除它们。下面尝试使用一些更高级的降噪选项。

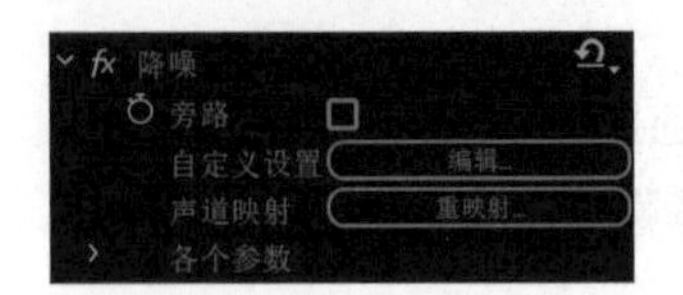

图 11-14

❺ 在【时间轴】面板中，确保第一个剪辑仍然处于选中状态。在【效果控件】面板中单击【编辑】按钮，打开【剪辑效果编辑器 - 降噪】对话框，其中包含了【降噪】效果的高级选项，如图 11-14 所示。当在【基本声音】面板中勾选【减少杂色】复选框时，Premiere Pro 会向所选剪辑应用【降噪】效果。

播放剪辑期间，【剪辑效果编辑器 - 降噪】对话框中同时显示原始音频（底部蓝色）和应用的降噪调整（顶部红色），如图 11-15 所示。当效果控件开启时，仍然可以在【时间轴】面板中设置播放滑块的位置以及播放序列。

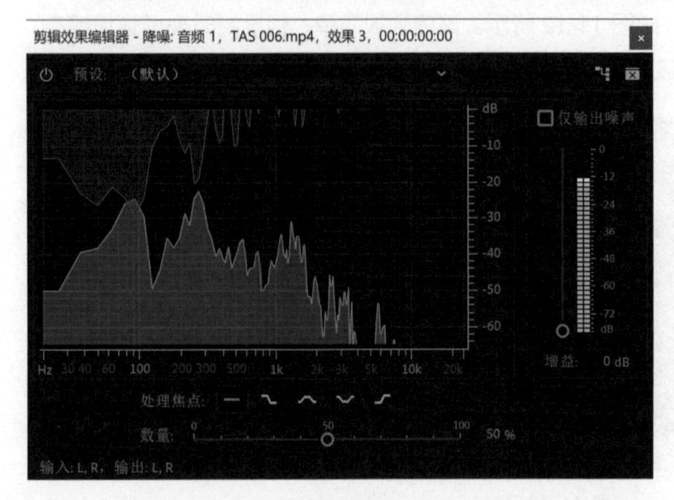

图 11-15

降噪效果图左侧显示的是低频，右侧显示的是高频，如图 11-16 所示。

❻ 再次播放剪辑，要特别注意只有隆隆声时降噪效果图的变化情况。

可以发现，隆隆声是低频音，它位于降噪效果图的左侧。

【剪辑效果编辑器 - 降噪】对话框中的选项如下。

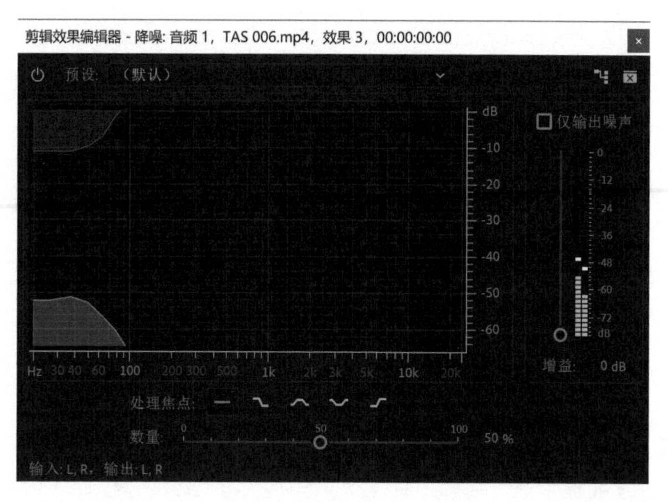

图 11-16

- 预设：【预设】下拉列表中提供了【强降噪】和【弱降噪】两个选项，它们只用于调整降噪的数量。
- 数量：用于调整效果强度。
- 仅输出噪声：勾选该复选框，只能听到要去除的噪声，如果担心音频被删得过多，可以勾选该复选框。
- 增益：降噪时，音频的总电平也会降低，此时，可以调整【增益】值进行补偿。观察效果应用前后的电平表，可以知道调整【增益】值为多少才能把总音频保持在原始水平。

相比之下，【处理焦点】控件比较复杂，如图 11-17 所示。

默认设置下，Premiere Pro 会把【降噪】效果应用到剪辑的所有频率上，也就是说，它会向低频音、中频音、高频音应用同等调整。使用【处理焦点】控件，把效果有选择地应用到指定的频率上。把鼠标指针放到某个按钮上，会显示相应的提示。其实，可以根据按钮形状猜出各个按钮的含义。

❼ 单击【着重于较低频率】按钮（ ），如图 11-18 所示。再次播放剪辑，这次听起来效果不错，接下来，把效果再增强一些。

图 11-17

图 11-18

注意 调整效果设置时，【基本声音】面板中的相应控制项会出现感叹号图标，提醒你相应设置已经被修改。

❽ 拖曳【数量】滑块，将其值增加到 80%，播放序列，如图 11-19 所示。下面把滑块拖至 100%，然后播放序列。

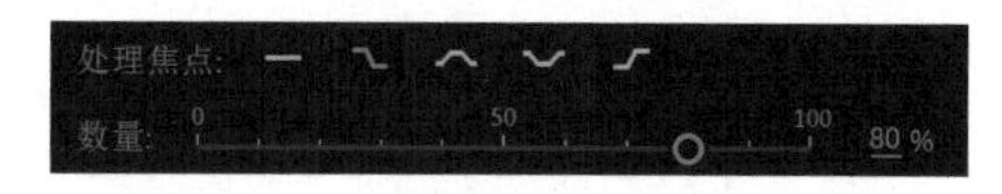

图 11-19

单击【着重于较低频率】按钮（ ）后，即使把效果强度设置成最大，人物对话还是能够听得清，此时隆隆声已经消失不见。不过即使是使用这么高级的工具，也需要多次进行尝试，才能获得理想的结果。

⑨ 现在，把【数量】设置为 80%，关闭【剪辑效果编辑器 - 降噪】对话框。

【基本声音】面板与【效果控件】面板

只要在【基本声音】面板中开启了【减少噪声】选项，Premiere Pro 就会把【降噪】效果应用到所选剪辑上，你可以在【效果控件】面板中看到它。事实上，你在【基本声音】面板中的每个调整要么会应用一个新效果，要么就是对现有效果进行调整，这些效果都显示在【效果控件】面板中。

我们可以把【基本声音】面板看作一个获得理想音频效果的智能捷径，其中包含优化设置，你可以在【效果控制】面板中进行调整。如果【效果控件】面板未显示，你可以在【窗口】菜单中找到并打开它。

11.3.3.2 减少混响

减少混响和减少噪声的方式类似。

下面动手试一试。

❶ 听一下序列中的第二个剪辑，如图 11-20 所示。其音频中包含很强的混响，这是因为录音现场中物体的硬表面会把声音反射进麦克风中。

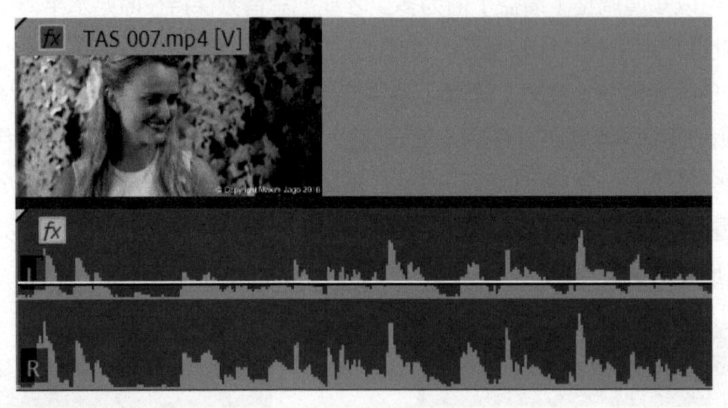

图 11-20

这个剪辑中的背景噪声并不多，但是混响问题十分严重。

❷ 在【时间轴】面板中选择剪辑，然后在【基本声音】中勾选【减少混响】复选框，如图 11-21 所示。

图 11-21

图 11-22

此时音频的变化十分明显。与减少噪声相同，减少混响时也要反复尝试，在保证人物对话足够清晰的前提下，获得最好的去混响效果。

勾选【减少混响】复选框后，Premiere Pro 会向所选剪辑应用【减少混响】效果，可以在【效果控件】面板中打开它，如图 11-22 所示。

❸ 在【效果控件】面板中单击效果的【编辑】按钮，打开【剪辑效果编辑器 – 减少混响】对话框。在【时间轴】面板中播放第二个剪辑，更新【剪辑效果编辑器 – 减少混响】对话框的图形，如图 11-23 所示。

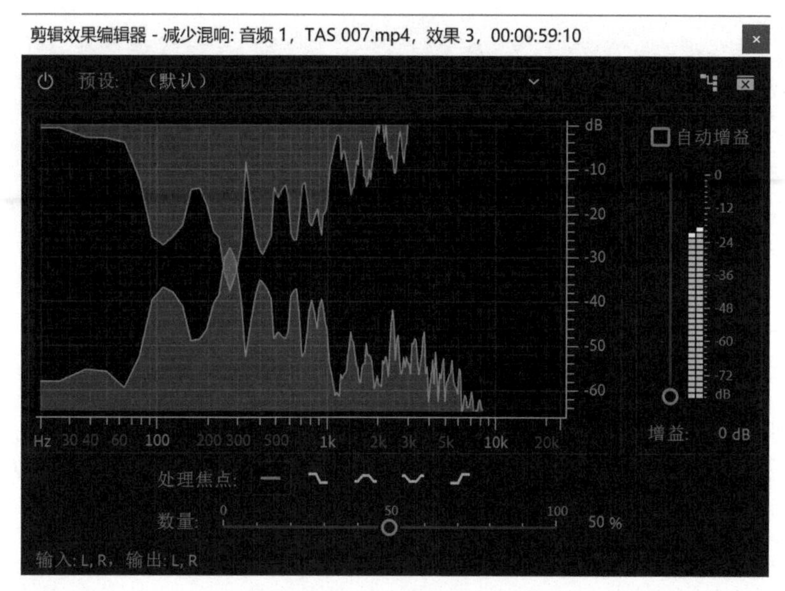

图 11-23

从上图可以看到，【减少混响】效果和【减少噪声】效果的设置几乎完全相同，但在【剪辑效果编辑器 - 减少混响】对话框中噪声图的颜色有点不一样，而且右上角是【自动增益】复选框，而非【仅输出噪声】复选框。

减少混响时，总电平必然会降低，勾选【自动增益】复选框后，Premiere Pro 会自动进行补偿，使得该效果更容易设置。

❹ 确保【自动增益】复选框处于勾选状态，播放剪辑，比较勾选前后的不同。然后，关闭【剪辑效果编辑器 - 减少混响】对话框。

❺ 序列中还有其他两段剪辑供你练习。你还可以尝试把【减少噪声】和【减少混响】两个效果结合起来，以便使用更低的数值获得更好的效果。

11.3.4 提高清晰度

【基本声音】面板中的【透明度】提供了 3 种提高对话质量的快捷方法，如图 11-24 所示。

- 动态：用于增大或减小音频的动态范围，即录音中最低音和最高音之间的音量范围。
- EQ：用于以不同的频率恰当地应用幅度（音量）调整；它提供了一系列预设，帮助我们轻松进行有用的设置。
- 增强语音：用于根据选择的【高音】或【低音】，提高特定频率的清晰度。

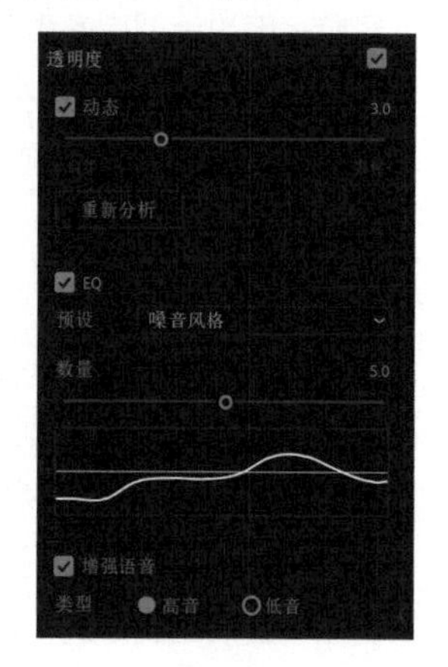

图 11-24

上面 3 种方法值得花时间认真研究，处理不同的对话录音时会经常用到。

下面一起尝试一下。

❶ 打开 05 Clarity 序列，如图 11-25 所示。

该序列和 03 Noise Reduction 序列的内容一样，但其中包含了画外音的两个版本。第一个版本比第二个版本更清晰。

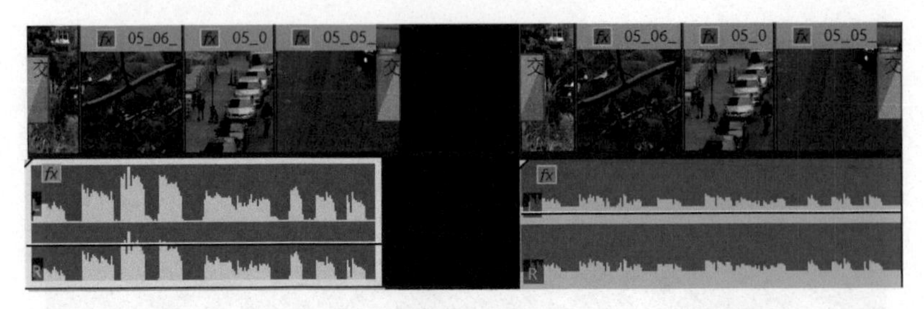

图 11-25

❷ 播放第一个画外音剪辑。

❸ 选择第一个画外音剪辑，在【基本声音】面板中向下滚动到【透明度】，单击【透明度】文字，展开其下的选项。

❹ 勾选【动态】复选框，拖曳其下的滑块，尝试不同调整。你可以边播放序列边在【基本声音】面板进行调整，动态效果会实时应用。尝试几次调整之后，取消勾选【动态】复选框。

❺ 勾选【EQ】复选框，尝试不同的预设，如图 11-26 所示。有些预设（比如【旧电台】）会产生非常棒的效果。

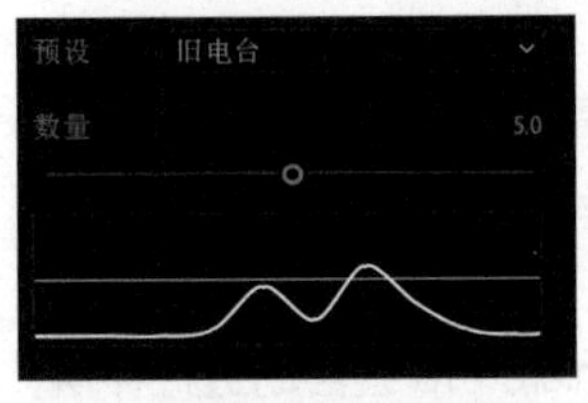

图 11-26

应用不同预设时，Premiere Pro 会显示不同的调整图形，该图形基于【参数均衡器】效果（有关该效果的更多内容，请阅读 11.3.8 小节）。可以拖曳【数量】滑块，增强或减弱该效果。

❻ 选择第二个画外音剪辑，在【基本声音】面板的【透明度】中勾选【增强语音】复选框，选择【高音】。

❼ 播放第二个画外音剪辑。播放期间，尝试勾选与取消勾选【增强语音】复选框。

听起来调整前后的差别好像不明显。可能需要使用耳机或高质量的监听设备才能听出差别。该选项能够提升语音的清晰度，使其更容易理解，在某些情况下，它还会降低低频功率。

11.3.5 创意调整

在【基本声音】面板中，【创意】位于【透明度】下方，如图 11-27 所示。

【创意】中有一个调整项——【混响】复选框。该效果类似于在含有大量反射面的大型房间中录音，但它听上去更不明显。

可使用 05 Clarity 序列中的第一个画外音剪辑尝试一下这个效果。

只需要一点点的混响效果，就能营造出十分真实的现场感。

图 11-27

11.3.6 调整音量

除为【项目】面板中的剪辑调整增益、为序列中的剪辑设置音量，以及自动应用响度调整外，还可以使用【基本声音】面板底部的【剪辑音量】为选定剪辑设置音量。

前面已经学习了很多种调整剪辑音量的方式，Premiere Pro 为什么还要提供这么一个选项呢?

【剪辑音量】有点特殊，无论怎样改变剪辑的音量，音量都不会出现扭曲变形的问题，也就是剪辑音量不会大到变形的程度（音量变得很大时，音频中音量最大的部分将无法播放）。

下面试一下。

❶ 打开 06 Level 序列。

该序列很简单，只包含一段画外音剪辑，这段画外音之前听过，音量大小处于正常水平，如图 11-28 所示。

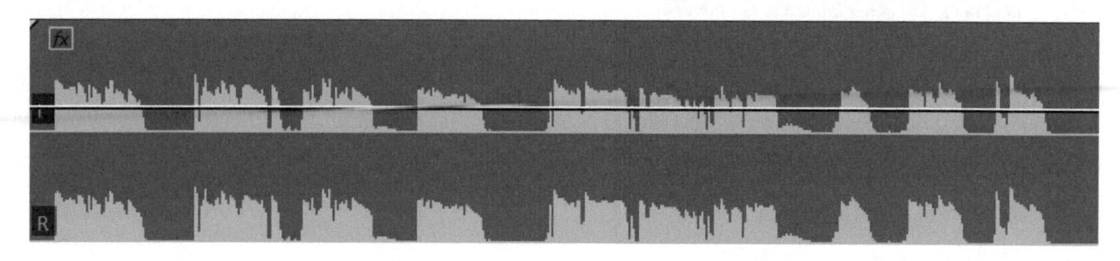

图 11-28

❷ 选择画外音剪辑，播放序列。在播放过程中，拖曳【剪辑音量】下的【级别】滑块来增大或减小剪辑音量。

❸ 把【级别】滑块拖曳到最右侧，使音量达到最大音量 +15dB。

不管把音量调整成多少，声音都不会出现失真变形。即使把一个剪辑的增益和音量（使用“橡 皮筋”）都加大，剪辑的音量也不会出现大问题。

❹ 双击【剪辑音量】下的【级别】滑块，或者取消勾选【级别】复选框，将其恢复成默认值。

注意 做调整之前，我们最好先打开【基本声音】面板，把各个控制选项重置成默认值。双击任意一个控件，即可将其快速恢复成默认值。

11.3.7 使用其他音频效果

本课开头提到，Premiere Pro 提供了大量音频效果，其中大部分效果都集中在【效果】面板中。

到现在为止，通过【基本声音】面板做的大部分调整实际上是 Premiere Pro 自动添加到剪辑上的常规音频效果实现的。

使用这种方式应用效果很快，因为【基本声音】面板中的所有选项就像预设，只要在【基本声音】面板中根据需要做好设置，这些效果就会出现在【基本声音】面板中，并且提供相应参数让你进一步调整。

在序列 06 Level 中的剪辑处于选中状态时打开【效果控件】面板。

当在【基本声音】面板中调整【剪辑音量】下的【级别】时，Premiere Pro 就会向所选剪辑应用【强制限幅】效果，并根据调整该效果的选项，如图 11-29 所示。

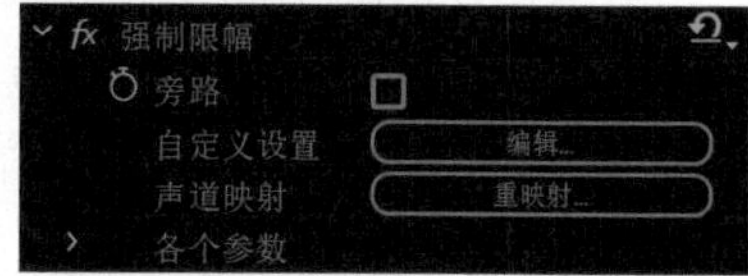

图 11-29

单击【效果控件】面板【强制限幅】效果下的【编辑】按钮，打开【剪辑效果编辑器 - 强制限幅】对话框，如图 11-30 所示。该对话框中包含【强制限幅】效果的各个选项，方便进行调整。当在【基本声音】面板中做出调整后，在【效果控件】面板中，效果的相应参数也会得到同步更新。

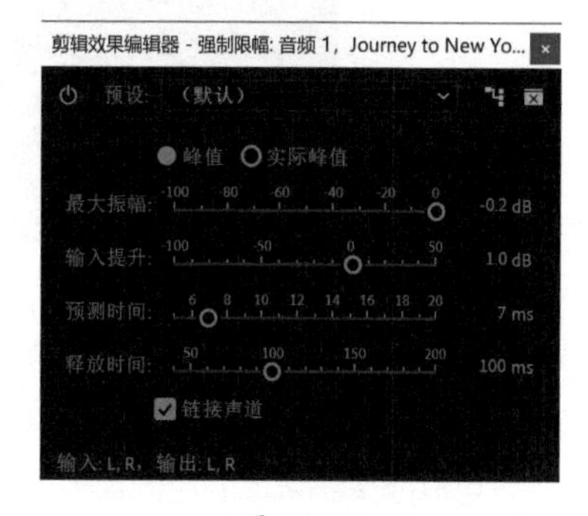

图 11-30

大多数情况下，在【基本声音】面板中做相应调整即可。不过，如果想进一步做更加细致的调整，可以随时打开【效果控件】面板进行调整。

关闭【剪辑效果编辑器 - 强制限幅】对话框。下面介绍其他有用的音频效果。

11.3.8 使用【参数均衡器】效果

【参数均衡器】效果提供了详细直观的调整界面，有助于对不同频率音频的音量进行精确调整。

【参数均衡器】效果编辑器的中间区域中有一条曲线，可以拖曳曲线上的音量调整控制点（这些控制点链接在一起）来得到细腻自然的声音。

下面一起试一试【参数均衡器】效果。

❶ 打开 07 Parametric EQ 序列。该序列包含一个音乐剪辑和一个画外音剪辑，如图 11-31 所示。

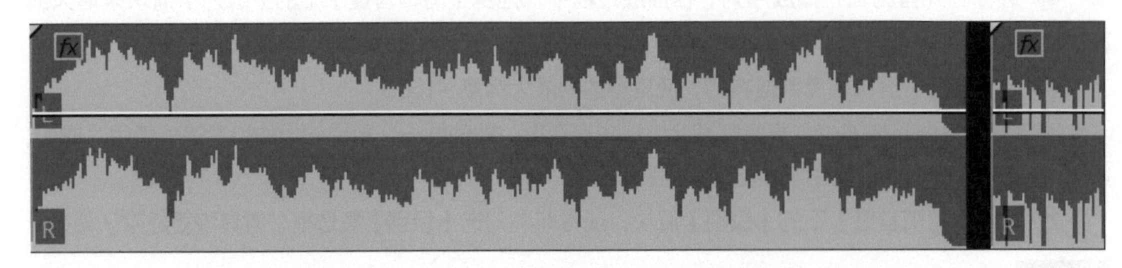

图 11-31

❷ 在【效果】面板中找到【参数均衡器】效果（查找时可用使用面板顶部的搜索框），将其拖曳到第一个剪辑上。

❸ 在第一个剪辑处于选中状态时，打开【效果控件】面板，单击【参数均衡器】效果下的【编辑】按钮，打开【剪辑效果编辑器 - 参数均衡器】对话框，如图 11-32 所示。

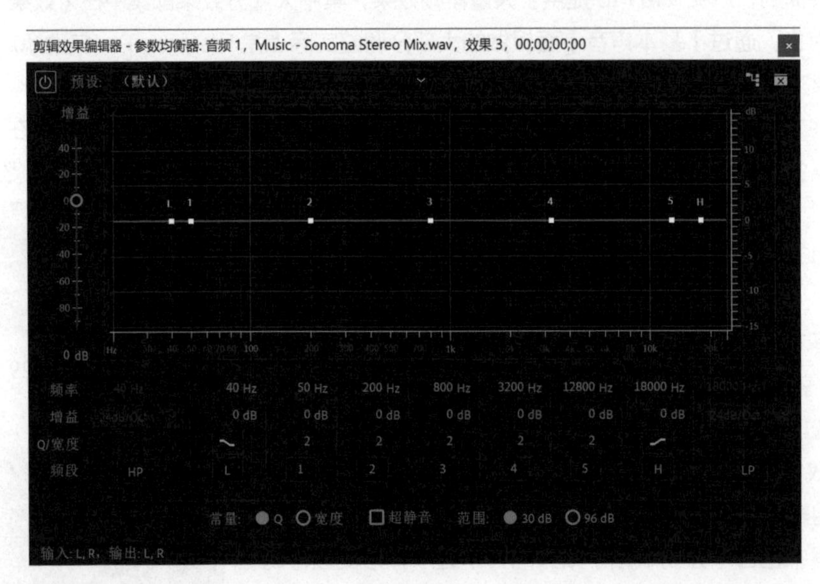

图 11-32

在图形控制区域中，横轴代表频率，纵轴（右侧）代表振幅，位于图形中间的蓝色线条表示做出的调整。调整之后，蓝色线条或高或低，表示在相应频率下对音量进行的调整。

可以拖曳线条上的控制点改变线条形状，包括位于左右两端的【L】（低通）和【H】（高通）控制点，如图 11-33 所示。

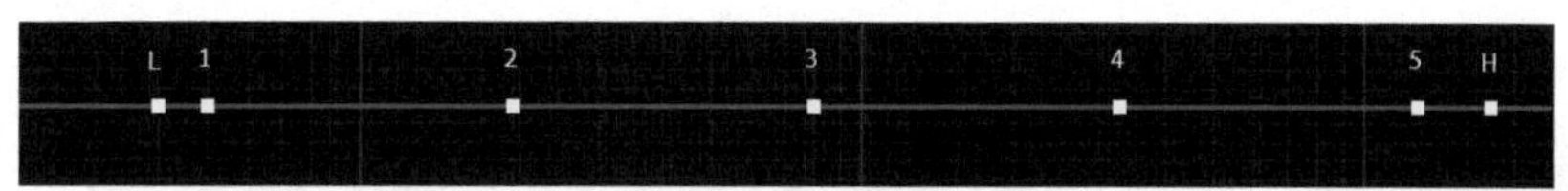

图 11-33

图 11-34

纵轴（左侧）表示整体增益，如果调整导致音频总音量过大或过小，则可以通过调整【增益】进行修正，如图 11-34 所示。

❹ 播放剪辑，听其声音。图形控制区域显示整个频率范围内的音量情况。

对话框底部有一个【范围】选项。默认设置下，【参数均衡器】效果图形允许调整的范围是 -15dB~15dB。把【范围】设置成 96dB，如图 11-35 所示，可调整范围最大为 -48dB ~ 48dB。

图 11-35

❺ 向下大幅拖曳蓝线上第 1 个控制点，减小低频音频的音量，如图 11-36 所示。播放剪辑。

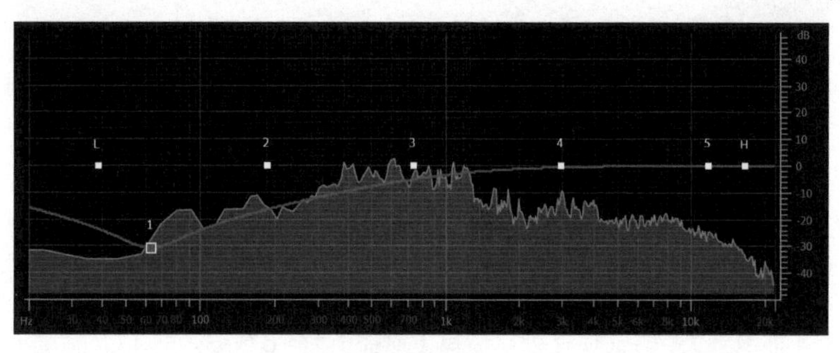

图 11-36

修改特定频率会改变蓝线形状，影响邻近频率的声音，这样产生的效果更自然。

拖曳某个控制点时，其影响范围由【Q/ 宽度】控制。

调整图形区域中的蓝线时，其下方区域中的选项也会发生相应变化。它们是联动的，调整一个另一个也会跟着变化。

【频段】右侧显示的是控制点的编号，单击这些编号，可开启或关闭控制点。

前面例子中，控制点 1 被设置为 50Hz（这是个非常低的频率），其【增益】调整为 -29.8dB（增益降得很大），【Q/ 宽度】调整为 2（对蓝线来说这是一个相当宽的曲线），如图 11-37 所示。

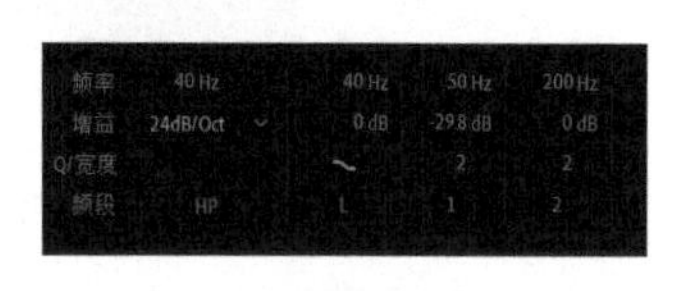

图 11-37

❻ 把第 1 个控制点的【Q/ 宽度】从 2 改为 7。修改时，先单击 2，然后直接输入新值 7 即可，结果如图 11-38 所示。

此时，蓝色线条向下凸出的部分变得非常尖锐，相比之下，所做的调整应用到更少的频率上。

❼ 播放序列，听一下有何变化。

下面进一步改善声音。

❽ 向下拖曳控制点 3，使其【增益】大约为 -20dB，把【Q/ 宽度】设置为 1，使调整宽度变得很大。也可以单击蓝色数字来改变这些值。

提示 另一种使用【参数均衡器】效果的方法是，针对一个特定频率进行提升或削减。你可以使用该效果削减某个特定频率，比如高频噪声或低频嗡嗡声。

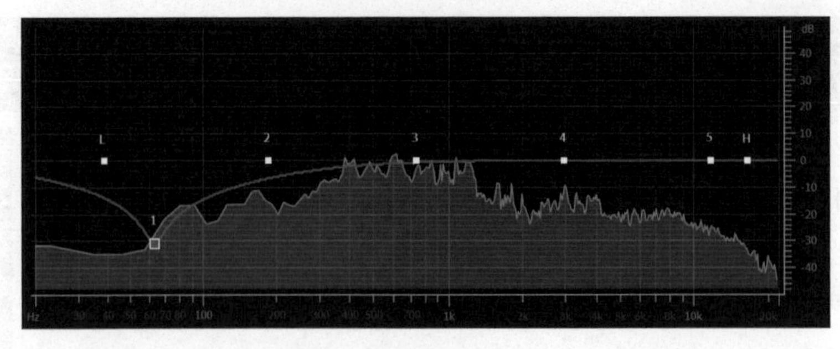

图 11-38

❾ 播放序列，认真听可以发现歌声变得更清晰了，如图 11-39 所示。

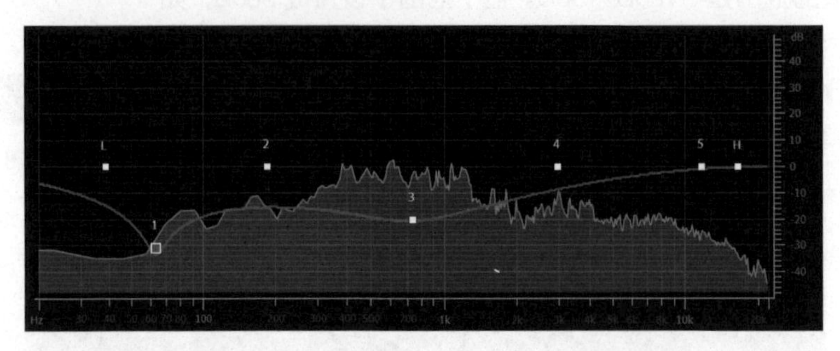

图 11-39

💡 注意 不要把音量调得太高（峰值指示线会变成红色，峰值监视器也会亮起），否则会导致声音变形。

❿ 把控制点 4 拖曳到大约 1500Hz 处，使其【增益】为 +6.0dB。把【Q/ 宽度】设置为 3，提高 EQ 调整的精确度，如图 11-40 所示。

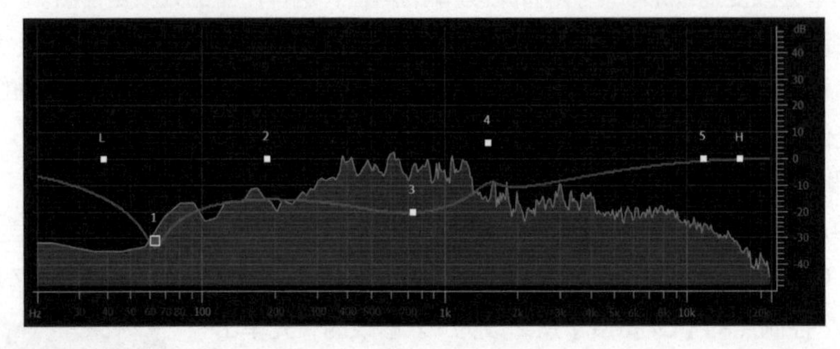

图 11-40

⓫ 播放序列，听一下有何变化。

⓬ 向下拖曳控制点 H，将其【增益】设置为 – 8.0dB 左右，让高频声音变得小一些。

⓭ 使用【增益】调整总音量。可能需要查看音量指示器，才能确定所做的混合调整是否合适。

💡 提示 如果你在软件界面中没有看到音频仪表，可以在菜单栏中依次选择【窗口】>【音频仪表】，将其显示出来。

⓮ 关闭【剪辑效果编辑器 – 参数均衡器】对话框。

⓯ 播放序列，听一下有何变化。

在上面的讲解中，出于演示的需要，所做的调整幅度都比较大，但在实际项目中，调整的幅度通常都是很微小的。

【参数均衡器】效果的一个常见用途是提高人声质量。序列中的第二个剪辑是画外音剪辑，可以试着用【参数均衡器】效果对其进行调整。其实，该剪辑中的声音质量还不错，但是通过应用【参数均衡器】效果并做相应调整，可以让声音更加自然、清晰。

可以在剪辑或序列的播放过程中调整音频和效果，而且可以开启【节目监视器】中的循环播放功能，这样就不必反复单击【播放】按钮（▶）了。

在【节目监视器】中，单击【设置】按钮（🔧），选择【循环】，即可开启循环播放功能。

在节目监视器中，单击【按钮编辑器】按钮（➕），打开【按钮编辑器】面板，其中包含一些与播放相关的按钮。

- 循环播放（⟲）：用于打开或关闭循环播放功能；若设置了入点与出点，播放会在两者之间循环进行。
- 从入点到出点播放视频（{▶}）：若在序列上设置了入点和出点，单击该按钮，则只播放入点和出点之间的内容。

音频插件管理器

在 Premiere Pro 中，安装第三方插件非常简单。在菜单栏中，依次选择【Premiere Pro】>【首选项】>【音频】（macOS）或【编辑】>【首选项】>【音频】（Windows）。然后单击【音频增效工具管理器】按钮，打开【音频增效工具管理器】窗口。

（1）单击【添加】按钮，可添加包含 AU（仅适用于 macOS）或 VST 插件的目录。

（2）单击【扫描增效工具】按钮，可查找所有可用插件。

（3）单击【全部启用】按钮，可激活所有插件；或者选择某些插件，单独激活它们。

（4）单击【确定】按钮，使更改生效。

11.3.9 使用【陷波】效果

陷波效果用来删除指定值附近的频率。该效果会确定一个频率范围，然后删除这一频率范围内的声音，非常适合用来删除无线电干扰的嗡嗡声和其他电子干扰的声音。

❶ 打开 08 Notch Filter 序列。

❷ 播放序列，可听到嗡嗡声。

❸ 在【效果】面板中找到【陷波滤波器】效果，将其拖曳到序列中的剪辑上。此时，Premiere Pro 会自动选中剪辑，并在【效果控件】面板中显示出效果控件。

❹ 在【效果控件】面板中单击【陷波滤波器】效果下的【编辑】按钮，打开【剪辑效果编辑器 - 陷波滤波器】对话框，如图 11-41 所示。

【陷波滤波器】效果看上去与【参数均衡器】效果非常相似，而且功能也类似。但是，【陷波滤波器】效果中并没有用来设置曲线锐利度的【Q/ 宽度】。默认设置下，每一项调整幅度都很大，可以通过【陷波宽度】下拉列表调整曲线。

❺ 播放序列，试用不同预设，比较它们之间的异同。

每个预设中通常都包含多个选项，原因是在多谐波频率中经常会出现信号干扰。

❻ 从【预设】下拉列表中，选择【60Hz 与八度音阶】，然后播放序列，检查调整效果。

❼ 应用【陷波滤波器】效果时，经常需要反复调整反复检查，直到获得满意的效果为止。

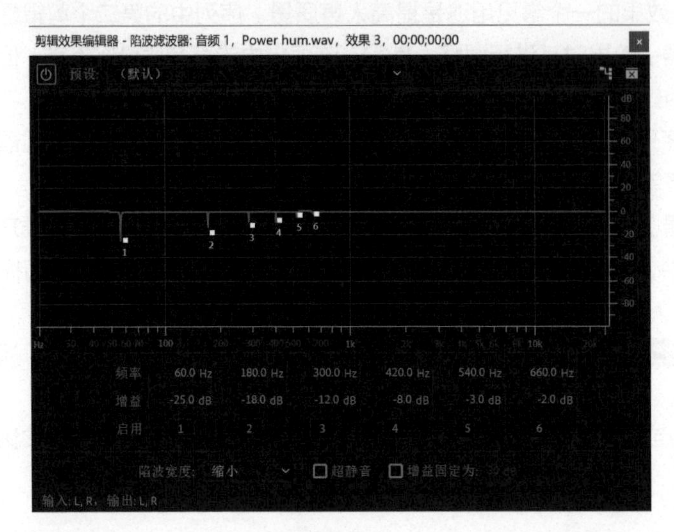

图 11-41

音频中的嗡嗡声频率分别为 60Hz、120Hz、240Hz，它们就是所选预设的处理目标。关闭控制点 4、5、6，如图 11-42 所示。

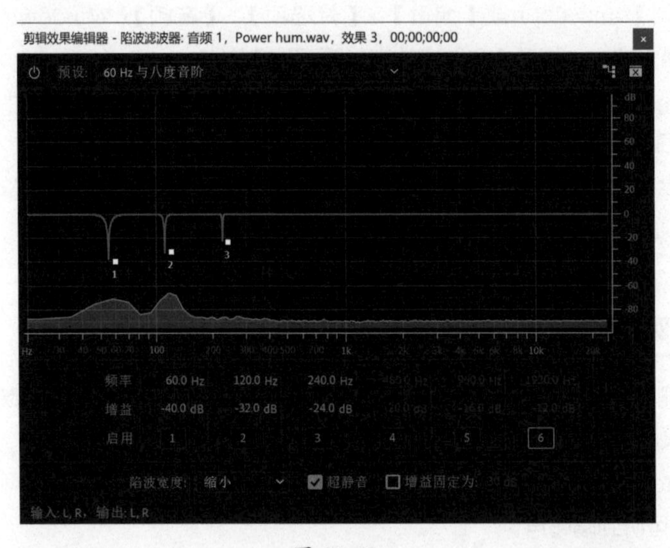

图 11-42

再次播放序列，检查最终效果。干扰声音的频率很精确，在删除干扰声音后，人物的声音听起来就非常清晰了。

❽ 关闭【剪辑效果编辑器 - 陷波滤波器】对话框。

在【基本声音】面板中，勾选【消除嗡嗡声】复选框后，Premiere Pro 会把同样效果应用到剪辑上。

【陷波滤波器】效果中有一些非常高级的控件。当使用【基本声音】面板无法获得想要的结果时，不妨试试这些控件。

从菜单栏中依次选择【文件】>【关闭项目】，关闭项目。若 Premiere Pro 询问是否保存项目，单击【是】按钮。

使用 Audition 去除背景噪声

Audition 提供了高级混音和效果，能够帮助我们进一步改善声音。你可以把整个序列或单个剪辑从 Premiere Pro 直接发送到 Audition 中。

如果你的计算机中安装了 Audition 软件，请尝试以下操作。

（1）在 Premiere Pro 的【项目】面板中，打开 09 Send to Audition 序列。

（2）在【时间轴】面板中，使用鼠标右键单击 Noisy Audio.aif 剪辑，从弹出的菜单中选择【在 Adobe Audition 中编辑剪辑】，如图 11-43 所示。

编辑原始
在 Adobe Audition 中编辑剪辑
许可...
使用 After Effects 合成替换

图 11-43

此时，Premiere Pro 会为音频剪辑新建一个副本，并将其添加到项目中。Audition 软件打开，并显示音频剪辑的副本。

（3）Audition 的【编辑器】面板中显示有立体声剪辑。Audition 为剪辑显示了一个很大的波形。为了使用 Audition 的高级降噪工具，需要在剪辑中找出噪声部分，告知 Audition 要删除的内容。

（4）如果波形下没有【显示频谱】，请单击程序窗口顶部的【显示频谱】按钮（![]），将其显示出来。播放剪辑，只有剪辑的开头部分包含几秒噪声，这很容易选出来。

（5）在工具栏中选择【时间选择工具】（![]），框选波形图开始处的安静区域，面板会高亮显示你刚刚找到的噪声部分，如图 11-44 所示。

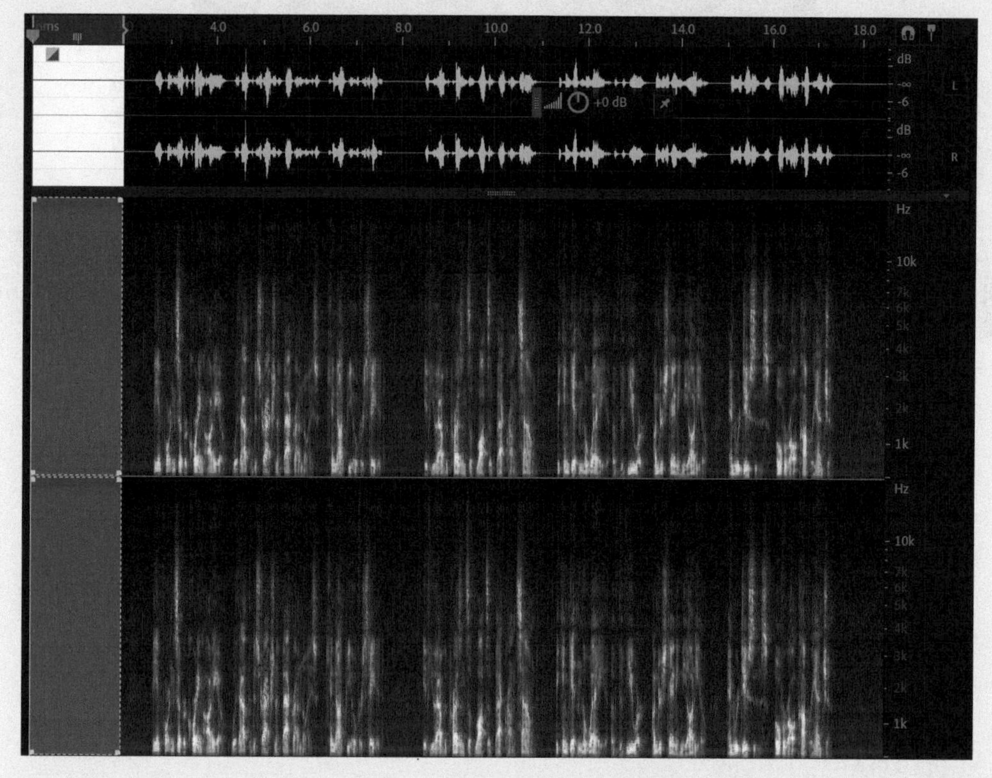

图 11-44

（6）从菜单栏中依次选择【效果】>【降噪 / 恢复】>【捕捉噪声样本】。你也可以使用【Shift】+【P】快捷键。此时，弹出一个对话框，提示你将要捕捉噪声样本，单击【确定】按钮。

（7）从菜单栏中依次选择【效果】>【降噪 / 恢复】>【降噪（处理）】。你还可以按【Shift】+【Command】+【P】（macOS）或【Shift】+【Ctrl】+【P】（Windows）组合键。此时，软件打开【效果 - 降噪】对话框，供你处理噪声，如图 11-45 所示。

（8）单击【选择完整文件】，选择整个剪辑。

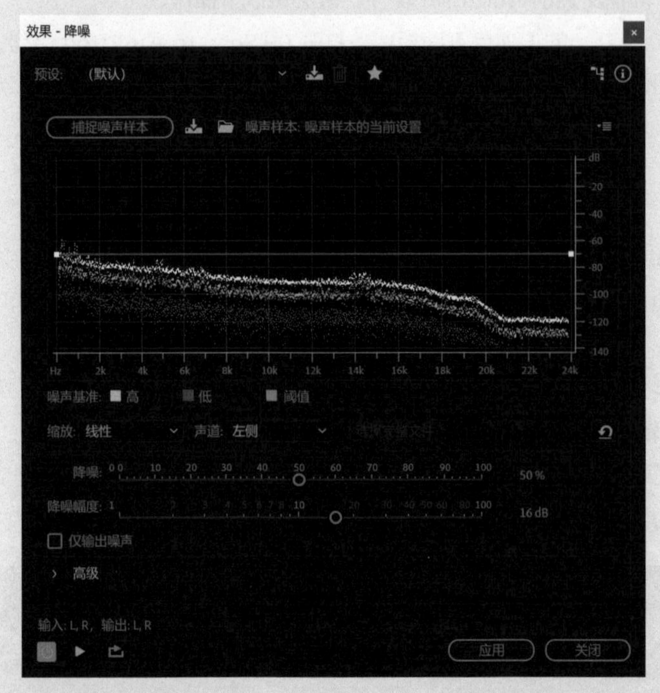

图 11-45

（9）勾选【仅输出噪声】复选框。该复选框允许你只播放要删除的噪声，方便准确选出要删除的噪声，以避免意外删除非噪声音频。

（10）单击对话框底部的【播放】按钮，拖曳滑块调整【降噪】和【降噪幅度】，从剪辑中清除噪声，如图 11-46 所示。注意不要过度调整。

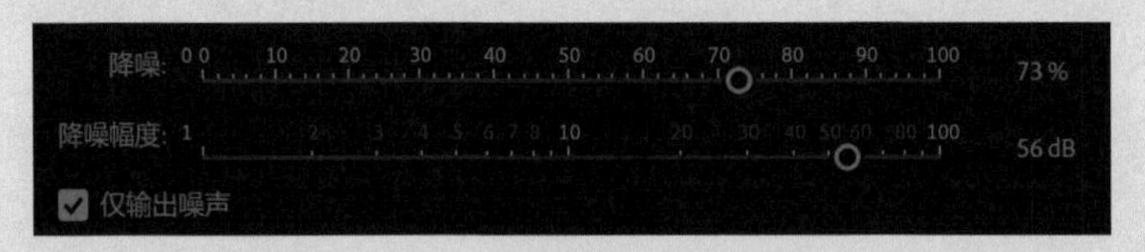

图 11-46

（11）取消勾选【仅输出噪声】复选框，检查清除噪声之后的声音。你可能需要从头开始检查，捕捉噪声样本时，可以反复尝试不同的音频区段，直到获得令人满意的结果。

（12）如果对调整结果满意，单击【应用】按钮应用调整。

（13）从菜单栏中依次选择【文件】>【关闭】，保存更改。

（14）在 Audition 中保存更改之后，这些调整会自动同步到 Premiere Pro 中的剪辑上。返回 Premiere Pro，播放剪辑，检查降噪效果。然后退出 Audition。

11.4 复习题

1. 如何使用【基本声音】面板为广播电视对话剪辑设置一个符合行业标准的音频电平？
2. 从剪辑中消除电子干扰（嗡嗡声）的快捷方法是什么？
3. 在【基本声音】面板中勾选某个选项后，在哪里可以找到该选项的更多控制参数？
4. 如何从 Premiere Pro 的时间轴中把一个剪辑直接发送到 Audition 中？

11.5 答案

1. 选择你想要调整的剪辑。在【基本声音】面板中选择音频类型为【对话】，然后在【响度】区域中单击【自动匹配】按钮。
2. 在【基本声音】面板中，勾选【消除嗡嗡声】复选框，去除电子干扰的嗡嗡声。根据原始素材的来源，选择 60Hz 或 50Hz。在【基本声音】面板中所做的调整都是以效果形式应用到剪辑上的。
3. 首先选择剪辑，然后打开【效果控件】面板，即可看到更多控制参数。
4. 只需使用鼠标右键单击剪辑，从弹出的菜单中选择【在 Adobe Audition 中编辑剪辑】。

第 12 课

添加视频效果

课程概览

本课学习如下内容：

- 使用固定效果
- 应用和删除效果
- 蒙版和跟踪视频效果
- 常用效果
- 渲染效果
- 在【效果】面板中浏览效果
- 使用效果预设
- 使用关键帧效果
- 使用虚拟视频效果

学完本课大约需要 120 分钟

请先准备好本课要用到的课程文件，并把它们存放到本地计算机中方便取用的位置。

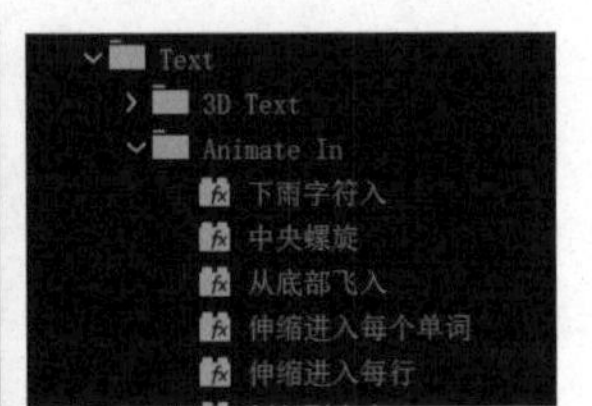

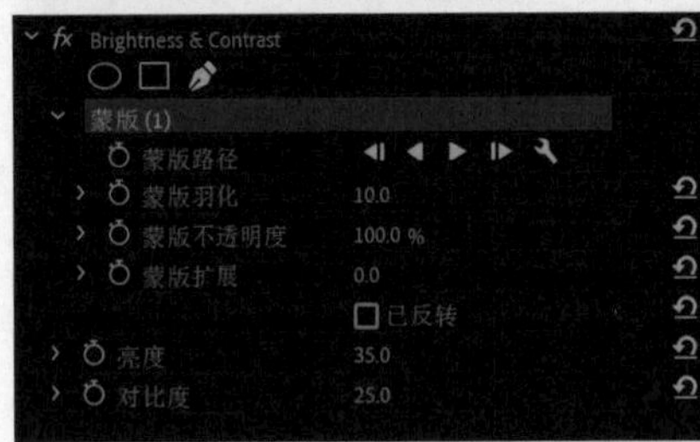

Premiere Pro 本身提供了 80 多种视频效果。在本课中，将学习这些视频效果的使用方法，以及一些高级的工作流程。大部分效果都有一组控件，可以使用关键帧让它们随着时间变化。

12.1 课程准备

视频效果的作用有很多：可以使用它们解决图像质量的问题，比如曝光或颜色平衡；可以借助合成技术（比如色度键）并使用它们创建出复杂的视觉效果；也可以使用它们解决视频拍摄中的一些问题，比如摄像机抖动、色彩平衡不准等；还可以使用效果来创建某种风格，例如改变素材的颜色或使之扭曲变形，以及为剪辑制作动画等。

可以使用椭圆形或多边形蒙版对效果进行约束限制，这些蒙版会自动跟踪素材。例如，使用蒙版对视频中某个人的面部进行模糊处理，以隐藏其身份，当人物走动时，模糊区域也会随着人物面部一起移动。在影视后期制作中，还可以使用相同方法来照亮整个场景。

1. 打开 Lesson 12.prproj 项目文件。
2. 把项目文件另存为 Lesson 12 Working.prproj。
3. 选择【工作区】>【效果】，进入【效果】工作区。
4. 选择【工作区】>【重置为已保存的布局】，重置【效果】工作区。

12.2 应用视频效果

前面已经学过了如何应用音频效果以及调整它们的设置。与音频效果一样，应用视频效果时，既可以直接把视频效果拖曳到剪辑上，也可以先选择一个或多个剪辑，然后在【效果】面板中双击要用的视频效果。在 Premiere Pro 中，可以向同一个剪辑应用多个视频效果，创建出令人赞叹的视频，还可以使用调整图层向一组剪辑添加相同视频效果。

Premiere Pro 提供了大量视频效果，如图 12-1 所示。此外，网络上还有许多第三方厂商制作的视频效果可供免费或付费使用。

图 12-1

尽管视频效果数量繁多，有些视频效果还比较复杂，但是应用、调整、删除各种视频效果的方法都差不多。

12.2.1 调整固定效果

当你把一个剪辑添加到序列之中后，Premiere Pro 会自动为它应用一些效果。这些效果又称“固定效果”或“固有效果”。每个添加到序列中的剪辑都有这些效果，主要用来控制剪辑的不透明度、速度、音频等共有属性。

虽然剪辑中添加了这些固定效果，但是如果不主动更改这些效果的默认设置，它们是不会改变剪辑的外观的。Premiere Pro 提供了如下固定效果。

- 运动：可以使用运动效果让剪辑动起来，对剪辑进行旋转、缩放等操作；还可以使用【防闪烁滤镜】属性，减轻动画对象边缘的闪烁问题。当缩小一个高分辨率素材或交错素材时，Premiere Pro 会对图像进行重采样，此时这个效果就会派上用场。

• 不透明度：该效果用来控制剪辑的不透明度；还可以使用特定混合模式基于图形或视频的多个图层创建视觉效果。更多内容将在第 14 课“了解合成技术”中讲解。

• 时间重映射：该效果用来减慢或加快剪辑的播放速度，或者倒放剪辑，还可以用来冻结帧；可以把它看作【剪辑速度 / 持续时间】的高级版本，它们之间是有关联的。

• 音频效果：当剪辑中包含音频时，Premiere Pro 会显示音频的【音量】【声道音量】【声像器】属性；有关内容请阅读第 10 课“编辑和混合音频”。

可以在【效果控件】面板中调整所有固定效果。

❶ 在【时间轴】面板中，打开 01 Fixed Effects 序列，如图 12-2 所示。拖曳播放滑块，浏览序列内容。

图 12-2

❷ 单击序列中的第一个剪辑，将其选中。在【效果控件】面板中，可以看到应用到该剪辑上的固定效果，如图 12-3 所示。

图 12-3

提示 在【效果控件】面板或【项目】面板中按住【Option】键（macOS）或【Alt】键（Windows），单击箭头按钮，可以展开或折叠所有项目。

❸ 单击某个效果名称或其左侧的箭头按钮，可将其展开，显示其下属性。

❹ 单击序列中的第二个剪辑，将其选中，查看【效果控件】面板，如图 12-4 所示。

在【运动】效果下，【位置】和【缩放】属性有关键帧，这表示这两个属性的值可以随着时间变化。这里，为剪辑应用了缓慢缩放和平移动画，用来模拟数字变焦进行重新构图的效果。

当人们把注意力集中到一个物体上时，往往会产生微妙的“隧道视觉”，导致视野变窄或边缘视觉范围大大减小。缓慢放大动画可以让观众产生同样的感受，有助于集中观众的注意力，增强戏剧性时刻的紧张感。

❺ 以正常速度播放当前序列，比较两个剪辑。

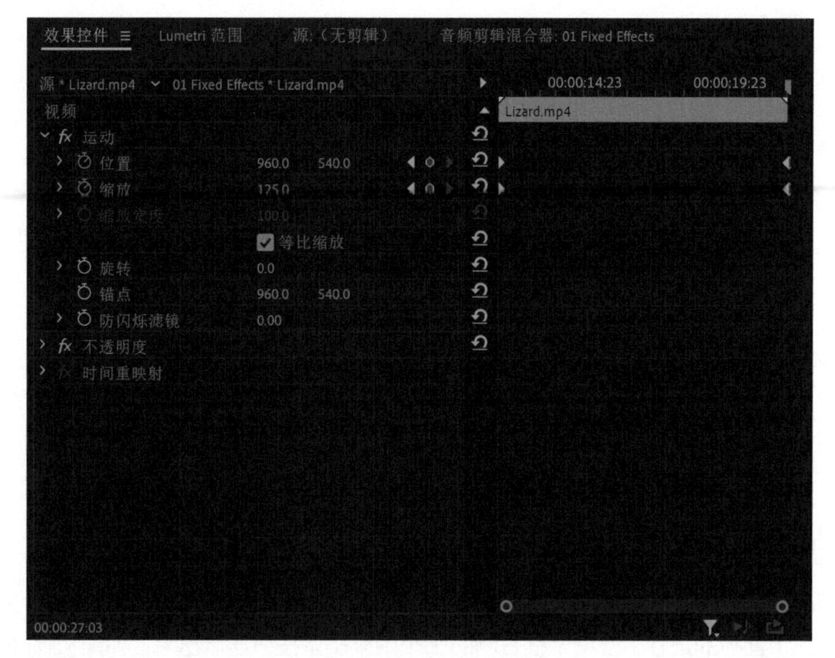

图 12-4

12.2.2 使用【效果】面板

除了固定视频效果外，Premiere Pro 还提供了许多标准视频效果来更改剪辑的外观，如图 12-5 所示。这些效果数量庞大，为了方便查找选用，Premiere Pro 把它们划分成若干类别，比如【扭曲】【键控】【时间】等。如果你还安装了第三方效果，那可选的效果就更多了。

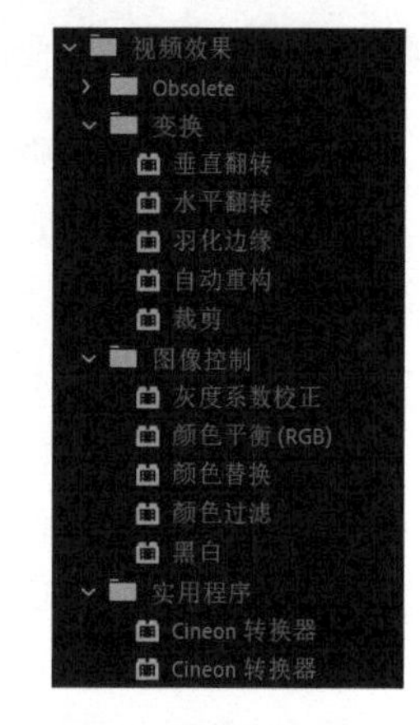

图 12-5

众多视频效果中有一类“Obsolete”效果很特别，如图 12-6 所示。

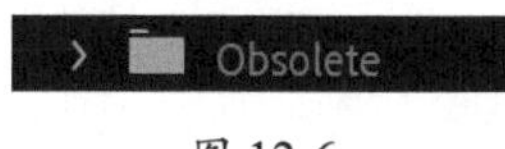

图 12-6

其中的许多效果都已有更新版本，但是 Premiere Pro 仍然把它们保留了下来，以便与旧项目文件兼容。在新项目中，最好不要再用这些过时的效果，免得它们在将来版本中被移除。

在【效果】面板中，每类效果都放在一个单独的素材箱中。类似于【项目】面板，【效果】面板底部有一个【新建自定义素材箱】按钮（ ），你可以新建一个素材箱，把常用效果副本保存在其中，方便日后查找。

❶ 打开【效果】面板，展开【视频效果】文件夹。

❷ 单击【效果】面板底部的【新建自定义素材箱】按钮（ ）。

在【效果】面板中可以找到新创建的素材箱（有时需要向下拖曳面板右侧的滚动条才能看到）。下面为新创建的素材箱重命名。

提示 显示【效果】面板的键盘快捷键是【Shift】+【7】。

❸ 此时，新建素材箱的名称应该被选中，等待重命名。若非如此，单击新建的素材箱，将其选中，然后单击素材箱名称【自定义素材箱 01】，使其处于可编辑状态，如图 12-7 所示。

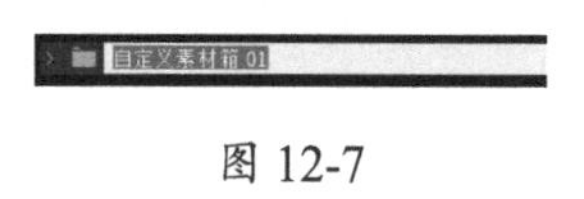

图 12-7

注意 在【效果】面板中，当你把一个效果拖入自定义素材箱中时，添加的其实是该效果的副本，原效果仍然位于原始文件夹中。你可以使用自定义素材箱创建自己的效果组。

4 把素材箱名称修改为 Favorite Effects。

5 从几个视频效果文件夹中把一些效果拖曳至刚刚创建的 Favorite Effects 素材箱中。为了方便拖曳，可调整【效果】面板的尺寸。也可以轻松地把某些效果从素材箱中删除。选择要删除的效果，单击【效果】面板底部的【删除自定义项目】按钮（ ）即可。

提示 视频效果种类繁多，有时很难找到你想要的效果。如果你知道完整效果名称或效果名称的一部分，可以在【效果】面板顶部的搜索框中输入效果名称。Premiere Pro 会立即显示包含你输入的字母的所有效果，这可以大大缩小搜索范围。

12.2.3 效果类型

如果你用的是小屏显示器，Premiere Pro 会在【效果】面板中把一些图标隐藏起来。

调整【效果】面板的尺寸，使搜索框右侧的 3 个效果类型按钮显示出来，如图 12-8 所示。

把【效果】面板拉宽一些，你会发现许多效果名称右侧显示出一些图标，如图 12-9 所示。弄清这些图标的作用有助于快速选出需要的效果。

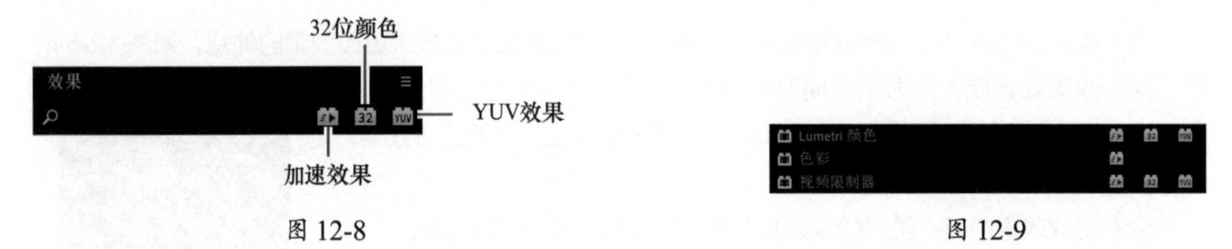

图 12-8　　图 12-9

注意，只有一部分效果右侧同时有这 3 个图标。在【效果】面板顶部的搜索框右侧，单击其中一个按钮，将只显示带有相应图标的效果。

12.2.3.1 加速效果

有【加速效果】图标（ ）的效果可以由 GPU 加速。GPU 可以大大提升 Premiere Pro 的性能。水银回放引擎支持多种显卡，在正确安装显卡后，这些效果通常可以加速或实时显示，并且只在最终导出时渲染，而且渲染时也会由硬件加速。

12.2.3.2 32 位颜色（高位深）效果

Premiere Pro 在处理带有【32 位颜色】图标（ ）的效果时，每个通道都是 32 位的。

注意 在向一个剪辑应用 32 位颜色效果时，为了获得最佳质量，最好保证剪辑上应用的所有效果都是 32 位的。如果同一个剪辑上既应用了 32 位效果也应用了非 32 位效果，那么在非 32 位效果的影响下，Premiere Pro 会把剪辑强制转换到 8 位颜色空间。

在编辑视频时，若未开启 GPU 加速功能，Premiere Pro 默认使用 8 位颜色渲染效果。要使用 32 位颜色效果，需在【序列设置】对话框中勾选【最大位深度】复选框。如果在【项目设置】对话框中选择了硬件加速渲染器，Premiere Pro 会自动以 32 位深度渲染支持的加速效果。

理解位深

对于位深，我们可以把它简单地理解成从尺子的一端到另一端需要的步数。一个典型的例子就是像素的亮度，一个像素的亮度从 0% 变化到 100% 需要多少步呢？

许多视频摄像机在默认设置下录制的都是 8 位视频。你不必深入了解位深是如何计算的，只需要知道：对于 8 位视频，每个颜色通道中像素的亮度从 0% 变化到 100% 需要 256 步，即有 256 个亮度级别。

每增加一位，步数翻倍，所以在一个 10 位视频中，每个像素的亮度都有 1024 个级别。

在 8 位与 10 位视频中，每个像素的亮度级别（从 0 开始）范围如下。

8 位：0 ~ 255。

10 位：0 ~ 1023。

使用 32 位深表示颜色时，它可以表示的颜色数量超过 40 亿种。使用 32 位颜色渲染效果时，最终结果会非常棒，质量几乎不会有任何损失。

12.2.3.3 YUV 效果

若视频中使用带有【YUV 效果】图标（YUV）的效果，Premiere Pro 会以 YUV 颜色模式处理该视频，即把该视频拆解成一个 Y 通道（亮度通道）和两个颜色信息通道，将图像的亮度和颜色分离，这有助于调整图像的对比度和曝光，同时又可以保证颜色不发生漂移。

Premiere Pro 会在计算机的 RGB 颜色空间中处理那些不带【YUV 效果】图标（YUV）的效果，这可能会导致曝光和颜色调整得不准确。

12.2.4 应用效果

当应用了某个视频效果后，可以在【效果控件】面板中看到该效果的所有属性。可以为视频效果的左侧有【切换动画】按钮（⏱）的属性添加关键帧，让属性值随着时间变化。此外，还可以使用关键帧的贝塞尔曲线手柄调整变化的速度和加速度。

❶ 打开 02 Browse 序列，如图 12-10 所示。

❷ 在【效果】面板的搜索框中输入【白】，找到【黑白】视频效果，如图 12-11 所示。

图 12-10

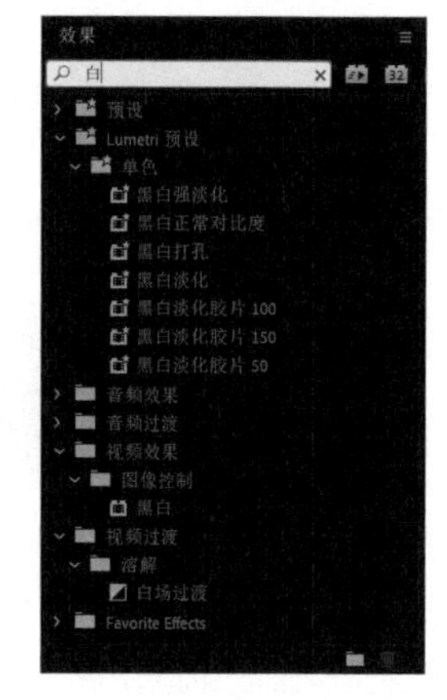

图 12-11

提示 若在【效果】面板的搜索框中输入【黑】，而非【白】，则会看到大量消除镜头畸变的预设，这是因为它们都与名称中包含【黑】字样的摄像机有关。相反，如果输入的是【白】，则显示出的搜索结果会比较少，这样我们能更快地找到所需的效果。

③ 把【黑白】视频效果拖曳到时间轴中的 Run Past 剪辑上，效果如图 12-12 所示。

图 12-12

此时，【黑白】效果把视频画面变成黑白的，更准确地说，是把画面变成灰度图像。

④ 在【时间轴】面板中，确保 Run Past 剪辑处于选中状态，打开【效果控件】面板。

⑤ 在【效果控件】面板中单击效果名称左侧的【切换效果开关】按钮（fx），可关闭【黑白】效果。确保播放滑块位于 Run Past 剪辑上，拖曳播放滑块，查看【黑白】效果。

通过【切换效果开关】按钮（fx）开关某个效果，可以很方便地查看其与其他效果的作用方式。

⑥ 在剪辑处于选中状态时，在【效果控件】面板中单击【黑白】效果的名称，将其选中，按【Delete】键（macOS）或【Backspace】键（Windows）删除它。

⑦ 在【效果】面板的搜索框中输入【方向】，找到【方向模糊】视频效果。

⑧ 在【效果】面板中双击【方向模糊】效果，将其应用到所选剪辑上。

注意 在剪辑处于选中状态时，应用效果有两种方法：在【效果】面板中双击要应用的效果；把效果直接从【效果】面板拖入【效果控件】面板中。

⑨ 在【效果控件】面板中单击【方向模糊】左侧的箭头按钮（>），将其展开。

⑩ 设置【方向】为 75°、【模糊长度】为 45，如图 12-13 所示。

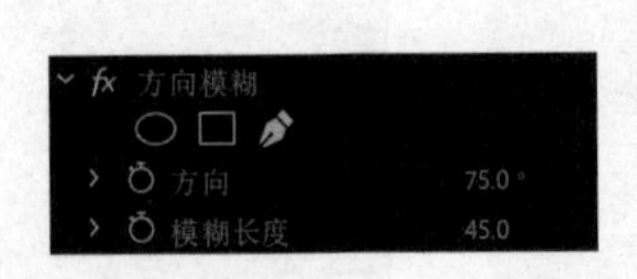

图 12-13

⑪ 这样我们就得到了一个有趣的模糊效果，但是画面模糊得太厉害，以至于看不清画面内容。如果想模拟摄像机的快速摇摄效果，这种程度的模糊效果也许正合适，但这里要降低模糊强度。单击【模糊长度】属性左侧的箭头按钮（>），将其展开，拖曳滑块，降低模糊强度，同时在【节目监视器】

中查看效果，如图 12-14 所示。

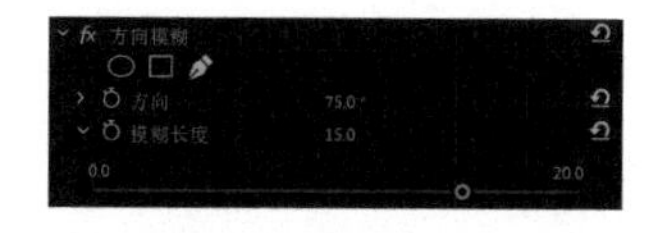

图 12-14

💡提示 使用滑块调整【模糊长度】时，所允许的调整范围为 0 ~ 20，但你可以直接单击蓝色数字，然后输入大于 20 的数值。

💡注意 制作戏剧化效果并非视频效果的唯一目标，有时我们会使用它们来让视频画面看起来自然、真实。

⑫ 打开【效果控件】面板菜单（☰），选择【移除效果】，打开【删除属性】对话框。

⑬ 在【删除属性】对话框中，可选择要删除哪些效果以及要保留哪些效果。默认设置下，所有效果复选框都处于勾选状态。如果想删除所有效果，直接单击【确定】按钮即可。

💡提示 在【时间轴】面板中，使用鼠标右键单击一个或多个选中的剪辑，然后从弹出的菜单中选择【删除属性】，也可以打开【删除属性】对话框。

Premiere Pro 会以特定的顺序处理效果，这可能会导致出现我们不想要的结果，比如不必要的缩放。虽然无法调整固定效果的应用顺序，但可以使用其他类似的效果来代替它们。例如，使用【变换】效果代替【运动】效果，使用【Alpha 调整】效果来代替【不透明度】效果。虽然它们不完全相同，但是功能类似，并且可以随意调整它们在【效果控件】面板中的顺序。

其他应用效果的方法

为了重用已有效果，Premiere Pro 为我们提供了如下多种方法。

- 从【效果控件】面板中选择一个效果名称，从菜单栏中依次选择【编辑】>【复制】，然后在【时间轴】面板中选择目标剪辑（一个或多个），从菜单栏中依次选择【编辑】>【粘贴】。
- 你可以把一个剪辑的所有效果复制粘贴到另外一个剪辑上。在【时间轴】面板中选择源剪辑，从菜单栏中依次选择【编辑】>【复制】，然后选择目标剪辑（一个或多个），再从菜单栏中依次选择【编辑】>【粘贴属性】。
- 你可以创建一个效果预设，将其保存为一个效果（或多个效果），以便以后重用。有关这方面的内容，将在本课后面讲解。

12.2.5 使用调整图层

在视频制作过程中，有时需要把同一效果应用到多个剪辑上。为此，Premiere Pro 提供了调整图层。先创建一个应用有指定效果的调整图层，然后将其放在高层视频轨道中，使之位于其他剪辑之上。这样一来，Premiere Pro 就会把调整图层上的效果应用到其下的所有剪辑上。

与调整图形剪辑一样，你可以轻松调整一个调整图层的持续时间和不透明度，以控制其影响低层轨道上的哪些剪辑。借助调整图层，我们可以更高效地应用效果，因为只需更改调整图层的设置，即可设置其他多个剪辑的效果。

下面向一个序列添加一个调整图层。

① 打开 03 Multiple Effects 序列，如图 12-15 所示。

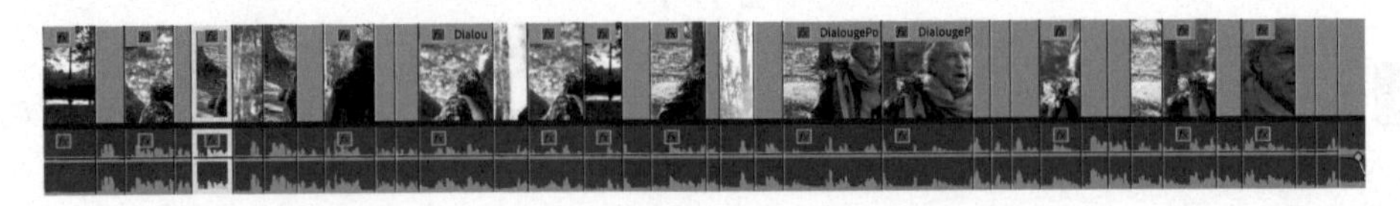

图 12-15

② 单击【项目】面板右下角的【新建项】按钮（ ），从弹出的下拉列表中选择【调整图层】，打开【调整图层】对话框，如图 12-16 所示。

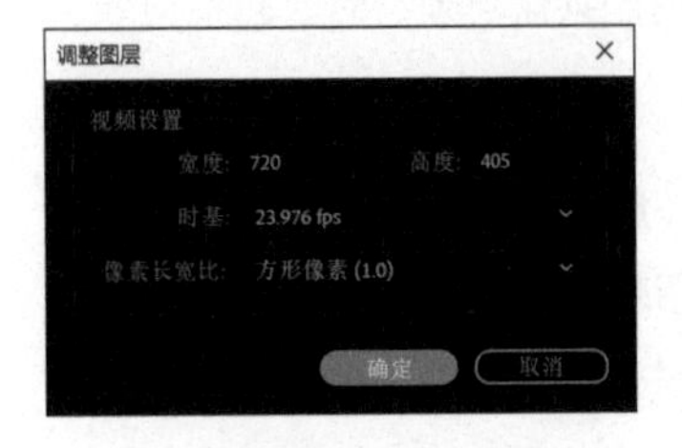

图 12-16

在【调整图层】对话框中，可以为新建的调整图层指定视频设置，默认使用当前序列设置。

③ 单击【确定】按钮。此时，Premiere Pro 在【项目】面板中新添加了一个调整图层，如图 12-17 所示。

图 12-17

④ 把创建好的调整图层从【项目】面板拖曳至【时间轴】面板中，使其位于 V2 轨道的开头，如图 12-18 所示。

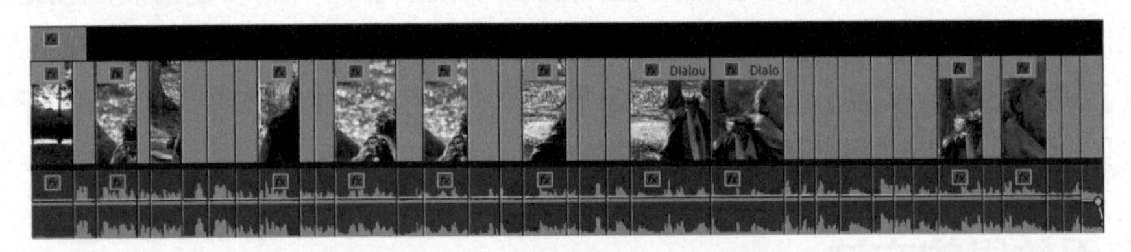

图 12-18

⑤ 在【时间轴】面板中单击调整图层的右边缘，只选中出点，此时在其末尾出现一个红色修剪手柄，如图 12-19 所示。把播放滑块拖曳到序列末尾，使其与最后一个剪辑末端对齐。也可以直接按【End】键快速实现这种效果。

图 12-19

按【E】键，将所选修剪手柄移动到播放滑块所在的位置，如图 12-20 所示。

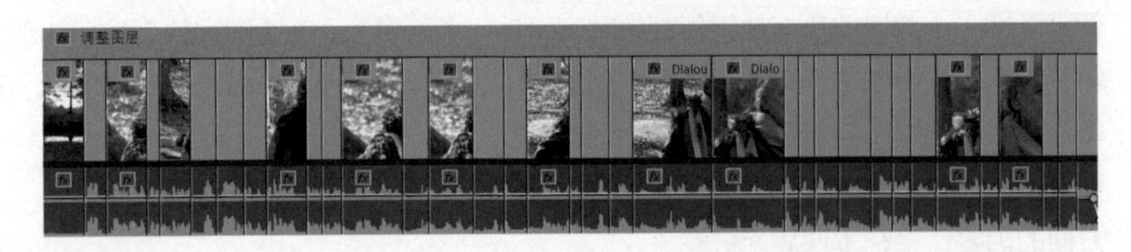

图 12-20

提示 如果你用的是 Mac 键盘，上面没有【End】键，可以按【Fn】+【←】组合键。

下面向调整图层应用一个效果。应用效果后，可以通过更改调整图层的不透明度来改变效果的强度。

❻ 在【效果】面板中，找到【高斯模糊】效果。

❼ 把【高斯模糊】效果拖曳到序列中的调整图层上。

❽ 在【时间轴】面板中，把播放滑块拖曳到 27:00 处。该处是一个特写镜头，我们将依据这个镜头来调整模糊效果，如图 12-21 所示。由于观众会特别关注人物的眼睛，设置效果时，最好选特写镜头作为参考。

❾ 默认设置下，【高斯模糊】效果不起作用。确保调整图层处于选中状态。在【效果控件】面板中把【模糊度】设置为 25 左右，勾选【重复边缘像素】复选框，应用效果如图 12-22 所示。

图 12-21

图 12-22

下面使用一种混合模式将调整图层与其下方的剪辑混合，模拟电影胶片效果。借助混合模式，可以基于两个图层的亮度和颜色值把它们混合在一起。更多相关内容将在第 14 课中讲解。

❿ 在调整图层处于选中状态时，在【效果控件】面板中，单击【不透明度】属性左侧的箭头按钮（▶）。

⓫ 从【混合模式】下拉列表中选择【柔光】，使之与原始画面柔性混合。

⓬ 设置【不透明度】为 75%，如图 12-23 所示，把模糊效果减弱一些。

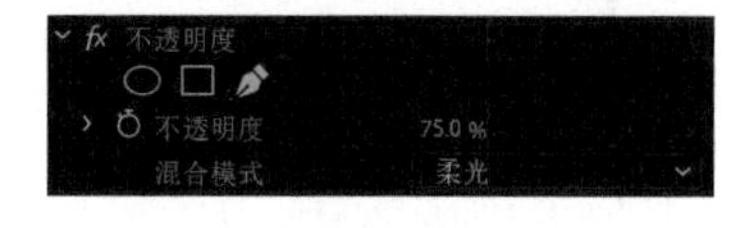

图 12-23

可以在【时间轴】面板中单击 V2 轨道的【切换轨道输出】按钮（👁），让调整图层在显示和隐藏状态之间快速切换，方便比较效果应用前后的不同。

使用调整图层是一种向整个场景统一应用某种效果的好方法。当分别为各个剪辑调整好颜色后，可以添加一个调整图层，使整个场景拥有一种独特的效果。

把剪辑发送到 After Effects 中

如果你的计算机中同时安装了 After Effects，你可以轻松地在 Premiere Pro 和 After Effects 之间来回传送剪辑。Premiere Pro 和 After Effects 关系紧密，相比于其他编辑软件，两者能够轻松实现无缝集成。显而易见，这是一种进一步增强你的编辑流程的有效方式。

虽然不是非得学习 After Effects 才能利用好 Premiere Pro，但是，许多视频编辑人员认为在工作中综合运用这两个应用程序能够极大拓展创意工具集，有助于创建出更出色的视觉作品。

在这两个应用程序之间用来实现剪辑共享的工具叫“动态链接”。借助“动态链接”，你可以在两个程序之间无缝地交换剪辑，而且不需要做不必要的渲染。当把一个剪辑从 Premiere Pro 发送到 After Effects 时，它会被放入一个新合成（After Effects 中的合成类似于 Premiere Pro 中的序列）中。新合成拥有与原始 Premiere Pro 项目相同的序列设置，新合成名称由两部分构成，前一部分是 Premiere Pro 项目名称，后一部分是 Linked Comp。如果你感兴趣，可以按照下面的步骤尝试一下。

要完成 After Effects 安装，至少需要启动一次。安装好 After Effects 后，还需要重启 Premiere Pro，这样它才能识别到安装好的 After Effects。做好这些准备后，按照如下步骤操作。

（1）在 Premiere Pro 中打开 AE Dynamic Link 序列，拖曳播放滑块，浏览序列内容，如图 12-24 所示。

图 12-24

AE Dynamic Link 序列中包含几段火焰谷州立公园（位于内华达州）的航拍镜头，其中字幕放在第二个剪辑上。我们可以在 After Effects 中使用高级文本动画功能为字幕制作动画。

（2）使用鼠标右键单击序列中的 Nevada Desert 剪辑，从弹出的菜单中选择【使用 After Effects 合成替换】。

（3）此时，After Effects 启动，并弹出【另存为】对话框，进入 Lessons 文件夹。新建一个文件夹并进入新建文件夹中，在【文件名】中输入 Lesson12-01.aep，单击【保存】按钮，进行保存。

字幕剪辑在 After Effects 合成中以图层形式存在，这样更容易使用【时间轴】面板中的高级控件。

在 After Effects 中应用效果的方法有很多。为方便起见，这里我们直接使用动画预设（类似于 Premiere Pro 中的效果预设）。

此时，“Lesson 12 Working 已关联合成 01”合成应该已经在【时间轴】面板中打开了。若未打开，请在 After Effects 的【项目】面板中找到并双击它。合成的名称应该是“Lesson 12 Working 已关联合成 01”（如果你之前已经尝试过，数字编号可能会大一些）。该合成中只包含一个名为 Nevada Desert 的图层，其中包含着我们要处理的文本，如图 12-25 所示。

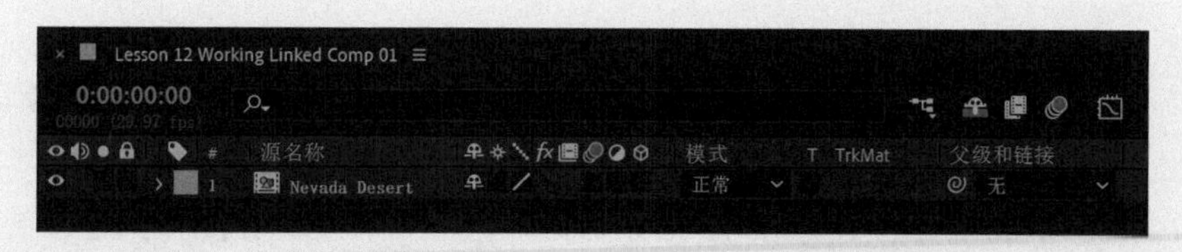

图 12-25

（4）在【源名称】下双击 Nevada Desert 图层，在一个新的【时间轴】面板中将其打开，如图 12-26 所示。

图 12-26

（5）展开【效果和预设】面板（若它未在软件界面中显示出来，可在【窗口】菜单中选择【效果和预设】，将其打开）。单击【* 动画预设】左侧的箭头按钮，将其展开，如图 12-27 所示。若未显示出分类，请在【效果和预设】面板菜单中检查是否启用。

After Effects 中的动画预设使用标准内置效果来获得令人印象深刻的结果。使用它们，我们可以快速制作出具有专业水平的作品。

（6）展开 Text 文件夹中的 Animate In 文件夹，如图 12-27 所示。你可能需要重新调整一下面板大小，才能看到完整的预设名。

（7）把播放滑块移动到合成的起始位置，然后把【解码淡入】拖曳到【时间轴】面板中的 Nevada Desert 图层上。

（8）按空格键，播放动画。这样一段酷炫的文本动画就做好了。

【时间轴】面板顶部有绿色线条，它表示 After Effects 已经创建好了临时预览。时间轴上只有突出显示的部分播放时才是流畅的。

（9）刚刚制作的文本效果看上去很棒，但是把它放到沙漠背景上是什么样子呢？返回 Premiere Pro。在 Premiere Pro 中，字幕剪辑被我们刚刚在 After Effects 中创建的合成替换掉了。播放序列，检查文本动画效果。我们在 After Effects 中所做的所有修改都会自动更新到 Premiere Pro 中，如图 12-28 所示。

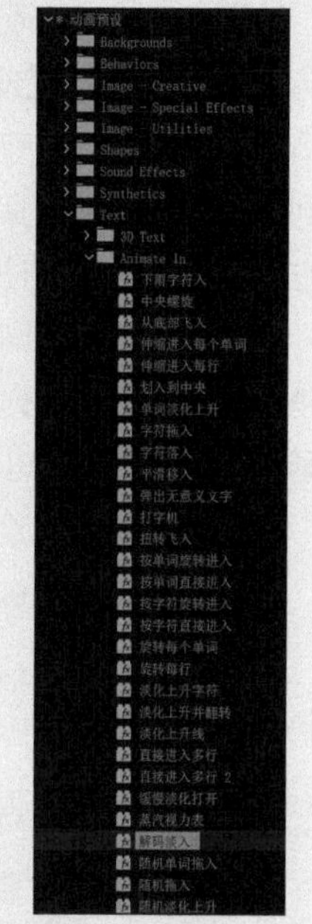

图 12-27

图 12-28

（10）返回 After Effects，从菜单栏中依次选择【文件】>【保存】，然后退出 After Effects。

文本动画会在后台被处理，然后从 After Effects 发送到 Premiere Pro。

（11）在 Premiere Pro 中预览序列。为提高预览播放性能，可以在【时间轴】面板中选择剪辑，然后从菜单栏中依次选择【序列】>【渲染入点到出点的效果】。

我们并不局限于从 Premiere Pro 把单个剪辑发送到新的 After Effects 项目中。当发送一个剪辑时，若当前在 After Effects 中已经有一个打开的项目，则发送的剪辑会以合成的形式添加到现有项目中，而不是新建一个项目。我们还可以一次性选择多个剪辑把它们一起发送到 After Effects 中，这有助于检查合成，创建出更复杂的动画。

12.3 向源剪辑应用效果

在 Premiere Pro 中，可以把效果应用到【项目】面板中的剪辑上。【项目】面板中的剪辑称为“源剪辑”，而应用在它们之上的效果则称为“源剪辑效果”。向源剪辑应用效果后，添加到序列中的源剪辑的所有副本或源剪辑的一部分都会自动继承应用到源剪辑上的效果。还可以先把源剪辑的副本添加到序列中，然后向源剪辑应用效果，此时添加到序列中的源剪辑的所有副本都会自动更新。借助这种方式，可以做到同时修改多个剪辑片段。

例如，你可以向【项目】面板中的某一个剪辑应用颜色调整效果，使之与场景中其他摄像机的视角匹配。每次在序列中使用该剪辑或该剪辑的一部分时，该剪辑的颜色调整效果会一起应用。即使在场景编辑完成后再进行调整，也可以通过源剪辑效果实现快速调整。

下面尝试添加源剪辑效果。

❶ 打开 04 Source Clip Effects 序列，如图 12-29 所示。

该序列中有 5 段剪辑的内容完全相同（全是 Laura_02 剪辑的副本），它们由其他一些短镜头分隔开。

图 12-29

❷ 在【时间轴】面板中，把播放滑块拖曳到 Laura_02 剪辑的第一个副本上。在【源监视器】中打开这个序列剪辑的源剪辑，方便为其应用效果，如图 12-30 所示。不要直接双击序列中的剪辑，因为这样打开的是源剪辑的副本。

先选择剪辑，然后按【F】键，在【源监视器】中打开源剪辑，当前显示的帧与【节目监视器】中显示的帧相同。

【F】键经常用，最好把它记住。在浏览序列过程中想查看源剪辑时，可以使用该快捷键，比如查看剪辑未应用效果的样子。

当前，【源监视器】（源剪辑）和【节目监视器】（序列片段）中同时显示 Laura_02 剪辑。这样，当向源剪辑应用效果时，你就会看到它们是如何影响序列的。

图 12-30

❸ 在【效果】面板的搜索框中输入 100，快速找到名为 Cinespace 100 的 Lumetri 预设。

❹ 把 Cinespace 100 预设拖入【源监视器】中，将其应用到源剪辑上。

注意 在 Premiere Pro 中，“选择”操作至关重要。进入【效果控件】面板之前，必须先单击【源监视器】，将其激活，才能看到正确的效果控制选项。

❺ 单击【源监视器】，使其处于活动状态，打开【效果控件】面板，如图 12-31 所示。

图 12-31

在把效果应用到【源监视器】中的剪辑并激活【源监视器】后，【效果控件】面板中显示的是应用到源剪辑上的效果的相关属性。

这里应用的是一个【Lumetri 颜色】效果。有关该效果的更多内容，将在第 13 课“应用颜色校正和颜色分级”中讲解。

提示 此外，还有两种向源剪辑应用效果的方法：第一种是把效果直接拖曳到【项目】面板中的剪辑上；第二种是先选择序列中的剪辑，然后在【效果控件】面板的左上方单击源剪辑名称，再把效果拖入【效果控件】面板中。

❻ 在把【Lumetri 颜色】效果应用到源剪辑后，其在序列中的每个副本都会自动应用该效果。播

放序列，可以看到 Laura_02 剪辑的每个副本都应用了【Lumetri 颜色】效果。在判断源剪辑效果是否应用到序列中的剪辑上时，可根据序列中的剪辑左上角的 fx 图标（fx）下是否有红色下划线。

【Lumetri 颜色】效果同时显示在【源监视器】和【节目监视器】中，因为序列中的剪辑动态地继承了应用到源剪辑上的效果。这样，每次在序列中使用该剪辑（整体或部分）时，Premiere Pro 都会向其副本应用相同效果。

不过，需要注意的是，虽然在源剪辑上应用了【Lumetri 颜色】效果，而且各个副本也应用了该效果，但是在各个副本的【效果控件】面板中看不到【Lumetri 颜色】效果控件。

⑦ 在【时间轴】面板中，单击序列中 Laura_02 剪辑的任意一个副本，查看【效果控件】面板，其中只显示常见的固定效果，并不显示【Lumetri 颜色】效果，如图 12-32 所示。【效果控件】面板顶部有两个选项卡，左侧选项卡的名称是源剪辑的名称——Source · Laura_02.mp4。右侧选项卡的名称是序列及其所含剪辑的名称——04 Source Clip Effects · Laura_02.mp4，如图 12-33 所示。

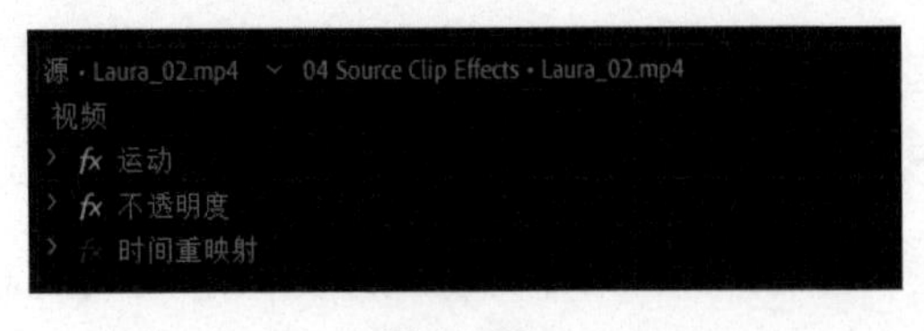

图 12-32

图 12-33

由于当前选中了序列中的一个剪辑，因此右侧选项卡上的文字呈蓝色，表明当前处理的是剪辑副本。之所以【效果控件】面板中不显示【Lumetri 颜色】效果，是因为没有把它拖曳至【时间轴】面板中，没有应用到某个剪辑副本上。

⑧ 在【效果控件】面板中，单击左侧的选项卡，会看到应用到源剪辑上的【Lumetri 颜色】效果。

⑨ 尝试调整【Lumetri 颜色】效果的各个属性，然后播放序列，会看到同样的调整也被应用到源剪辑的所有副本上。

源剪辑效果的功能强大，可能需要多尝试几次，才能利用好它。可以应用到【时间轴】面板中剪辑上的视频效果都可以应用到源剪辑上，应用方法也是一样的，只是规划会有些不一样。

12.4 蒙版和跟踪视频效果

在 Premiere Pro 中，可以对所有标准视频效果的作用范围加以限制，仅将其应用到某个椭圆形、多边形或自定义蒙版内，而且可以使用关键帧为蒙版制作动画。使用 Premiere Pro 还可以跟踪镜头运动，轻松地为创建的蒙版制作位置动画，使特定效果跟着运动。

遮罩和跟踪效果用于隐藏细节，比如对人脸或 Logo 等进行模糊处理，还可以用来应用创意效果，或者调整镜头中的光线。

下面继续使用 04 Source Clip Effects 序列做演示。

① 把播放滑块拖曳到序列中的第二个剪辑（Evening Smile）的第一帧上，效果如图 12-34 所示。

注意 为了演示的需要，这里我们在对效果做调整时力度都比较大。但实际调整时，调整的幅度一般都比较小。

图 12-34

该剪辑中人物面部的光线有点不足。下面把人物面部提亮一些，使其从背景中凸显出来。

❷ 在【效果】面板中查找【Brightness & Contrast】(亮度与对比度)效果。

❸ 向选中的第二个剪辑应用【Brightness & Contrast】效果。

❹ 在【效果控件】面板中，使【Brightness & Contrast】的属性全部显示出来，然后做如下设置(见图 12-35)。

- 亮度：35。
- 对比度：25。

此时，【Brightness & Contrast】效果会影响整个画面。下面把效果限制到一个特定范围内，使其只在指定范围内起作用。

【效果控件】面板的【Brightness & Contrast】下有 3 个按钮，如图 12-36 所示，可用它们为效果添加蒙版。

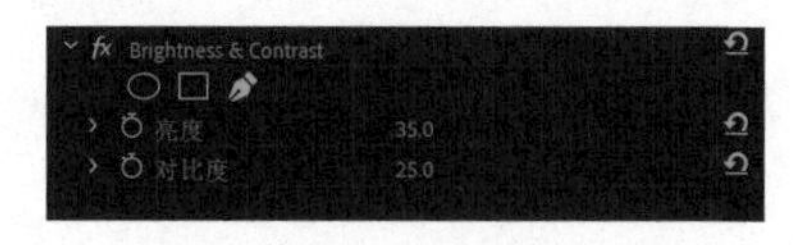

图 12-35

图 12-36

❺ 单击【创建椭圆形蒙版】按钮( )，在画面中添加一个椭圆形蒙版。

此时，【效果控件】面板的【Brightness & Contrast】下出现了一个蒙版，在【节目监视器】中，亮度与对比度效果只应用在蒙版区域内，如图 12-37 所示。

可以为同一个效果添加多个蒙版。在【效果控件】面板中选择一个蒙版，然后在【节目监视器】中单击蒙版，即可调整蒙版形状。

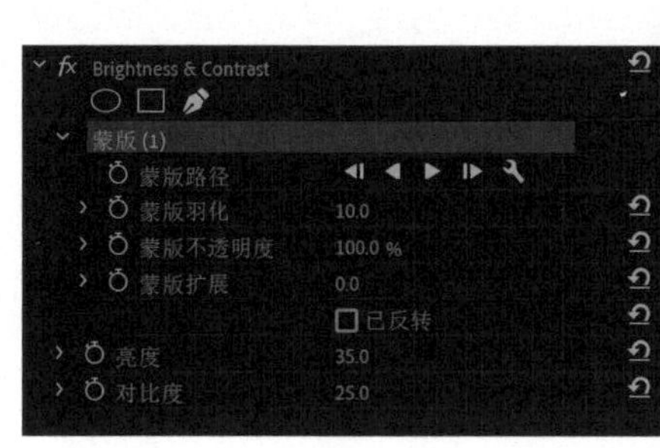

图 12-37

❻ 把播放滑块拖曳到剪辑开头，在【节目监视器】中使用蒙版控制点调整蒙版形状，使人物的面部在蒙版区域内。

取消选择蒙版，控制点就会从【节目监视器】中消失。在【效果控件】面板中单击蒙版名称【蒙版（1）】，蒙版的控制点再次出现，如图 12-38 所示。

图 12-38

❼ 羽化蒙版边缘。在【效果控件】面板中，把【蒙版羽化】设置为 240，效果如图 12-39 所示。

图 12-39

此时，只有人物的面部区域被提亮了，其余部分仍然保持原有亮度不变。下面让蒙版跟随人物面部移动，确保人物面部始终在蒙版区域中。

❽【效果控件】面板的【蒙版路径】右侧有几个蒙版跟踪按钮，如图 12-40 所示。

图 12-40

单击【向前跟踪所选蒙版】按钮（▶），Premiere Pro 会跟踪剪辑内容，同时调整蒙版的位置与尺寸，确保在人物运动时人物的面部仍位于蒙版区域内。

由于人物的动作幅度很小，Premiere Pro 能够很容易地跟踪人物的运动。

❾ 在【效果控件】面板中拖曳播放滑块，检查蒙版的运动是否正常。

❿ 在【效果控件】面板中单击蒙版名称外的地方，或者在【时间轴】面板中单击空轨道，取消选择蒙版。此时，蒙版控制点从【节目监视器】中消失。

Premiere Pro 还可以向后跟踪所选蒙版，这样一来，你可以在一个剪辑的中间选择一个项目，然后沿着两个方向进行跟踪，从而为蒙版创建一条自然的跟踪路径。

本例中只是调整了画面中人物面部的光线，但是几乎所有的视频效果都可以按照同样的方式来应用蒙版。

12.5 为效果添加关键帧

为某个效果添加关键帧，其实是在某个时间点上为某个属性设置特定值。关键帧用来保存属性的设置信息。例如，当为【位置】【缩放】【旋转】属性添加关键帧时，需要用到 3 个独立的关键帧。

把关键帧准确设置到需要特定设置（目标值）的时间点上，Premiere Pro 会自动算出如何从当前值变化到目标值。

> **注意** 应用效果时，一定要把播放滑块移动到当前处理的剪辑上，以便于边调整边观察结果。仅选择剪辑将无法使其在【节目监视器】中显示出来。

12.5.1 添加关键帧

借助关键帧，几乎可以调整所有视频效果的所有属性，使其值随着时间变化。例如，可以让一个剪辑逐渐失焦，修改其颜色，或者增加阴影长度。

❶ 打开 05 Keyframes 序列。

❷ 浏览序列，了解其内容，然后在【时间轴】面板中把播放滑块拖曳到剪辑的第一帧上。

❸ 在【效果】面板中，找到【镜头光晕】效果，将其应用到序列中的所选剪辑上。该效果比较明显，很适合用来演示运动关键帧。

❹ 在【效果控件】面板中，单击【镜头光晕】的名称，将其选中。此时，【节目监视器】中显示出控制手柄。使用控制手柄调整【镜头光晕】效果的位置，使其中心位于瀑布顶部附近，如图 12-41 所示。

❺ 确保【效果控件】面板中的时间轴处于可见状态。若不可见，单击面板右上方的【显示 / 隐藏时间轴视图】按钮（▦），使时间轴显示出来。

图 12-41

⑥ 分别单击【光晕中心】和【光晕亮度】属性左侧的【切换动画】按钮（⏱），打开关键帧动画，并在当前位置以当前设置添加一个关键帧。

⑦ 把播放滑块拖曳到剪辑的最后一帧。

可以直接在【效果控件】面板中拖曳时间轴上的播放滑块。要确保播放滑块位于剪辑的最后一帧上，而非黑场上，如果该剪辑后有其他剪辑，播放滑块应位于后面剪辑的第一帧上。

⑧ 调整【光晕中心】和【光晕亮度】属性，使光晕随着摄像机镜头向上摇动而划过画面，并且增加其亮度。在【效果控件】面板中，选择【镜头光晕】效果，然后在【节目监视器】中，把镜头光晕中心直接拖曳到新位置。具体设置和效果参考图 12-42。

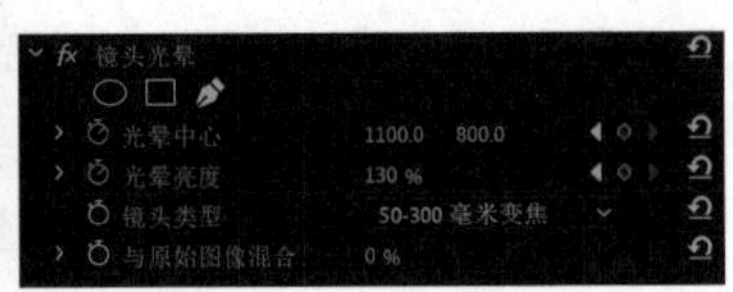

图 12-42

⑨ 取消选择【镜头光晕】效果，播放序列，观看动画。为了实现全帧率播放，需要渲染序列，在菜单栏中依次选择【序列】>【渲染入点到出点的效果】。

> **提示** 请使用【转到下一关键帧】和【转到上一关键帧】按钮在关键帧之间来回切换。这样可以避免意外添加不需要的关键帧。

12.5.2 添加关键帧插值

在关键帧动画中，当从一个关键帧变化到另一个关键帧时，使用关键帧插值方法可以对变化的过程进行控制。默认状态下，属性变化都是线性的，也就是匀速变化的。但在现实世界中，变化往往不是匀速的，比如逐渐加速或减速。

Premiere Pro 提供了两种控制变化的方法：使用关键帧插值和速度曲线。前者比较简单，容易掌握，而后者比较复杂，但是结果更准确。

在【效果控件】面板中，单击某个属性左侧的箭头按钮（▶），将其展开，即可在面板右侧看到相应的速度曲线和关键帧。

① 打开 06 Interpolation 序列。播放该序列，浏览其内容。

序列中的剪辑已经应用了【镜头光晕】效果，而且还添加了动画，但是在摄像机镜头开始运动之前，效果动画就已经开始播放了，看上去十分不自然。

② 把播放滑块拖曳到剪辑的起始位置，并选择剪辑。

③ 在【效果控件】面板中单击效果名称左侧的【切换效果开关】按钮（fx），可以关闭或打开【镜头光晕】效果，方便比较效果应用前后的状态。

④ 在【效果控件】面板的时间轴中使用鼠标右键单击【光晕中心】属性的第一个关键帧，在弹出的菜单中依次选择【临时插值】>【缓出】，如图 12-43 所示。在关键帧中产生一个柔和的过渡，使之与摄像机的运动更加吻合。

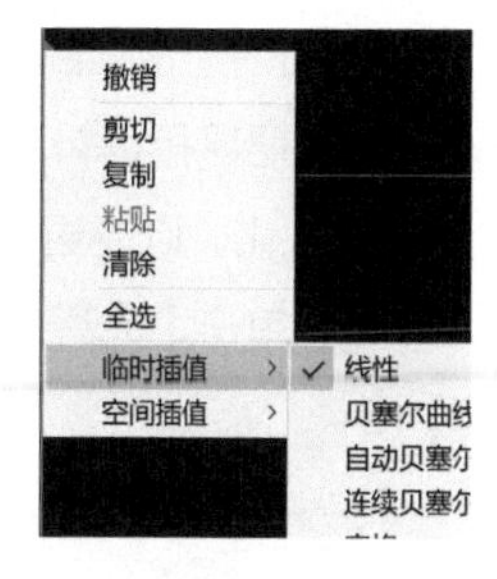

图 12-43

⑤ 使用鼠标右键单击【光晕中心】属性的第二个关键帧，在弹出的菜单中依次选择【临时插值】>【缓入】，在最后一个关键帧的静止位置创建柔和过渡。

注意 在调整与位置相关的属性时，其关键帧上下文菜单中会有两种类型的插值：空间插值（与位置相关）和时间插值（与时间相关）。在【效果控件】面板中选择效果之后，你可以在【节目监视器】和【效果控件】面板中调整位置。而且你可以在【时间轴】面板与【效果控件】面板中对剪辑的时间做调整。有关运动的内容已经在第 9 课“让剪辑动起来”中讲过。

⑥ 调整【光晕亮度】属性。单击【光晕亮度】的第一个关键帧，按住【Shift】键，单击第二个关键帧，把它们同时选中，高亮显示为蓝色，如图 12-44 所示。

此外，还可以单击【光晕亮度】属性名称，选择该属性的所有关键帧。如果只想选择某些特定的关键帧，可使用【Shift】键。

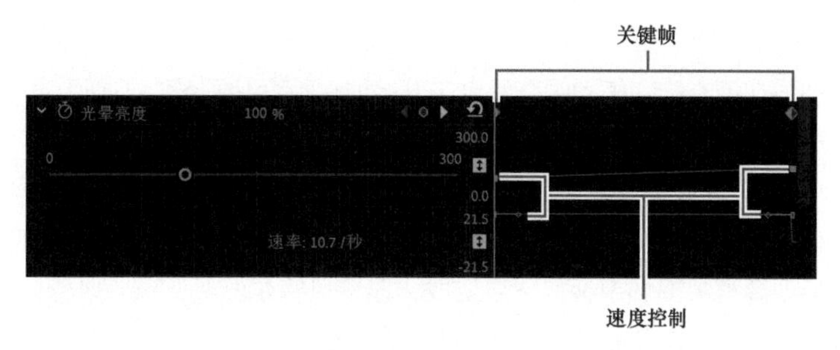

图 12-44

⑦ 使用鼠标右键单击【光晕亮度】关键帧中的任意一个，在弹出的菜单中选择【自动贝塞尔曲线】，在两个关键帧之间创建柔和的动画。由于两个关键帧都被选中，因此它们都发生了改变。

⑧ 播放动画，查看调整效果。

在为【位置】属性制作动画时，剪辑的锚点或效果中心在画面中会形成一条路径，这条路径叫“运动路径”，如图 12-45 所示。

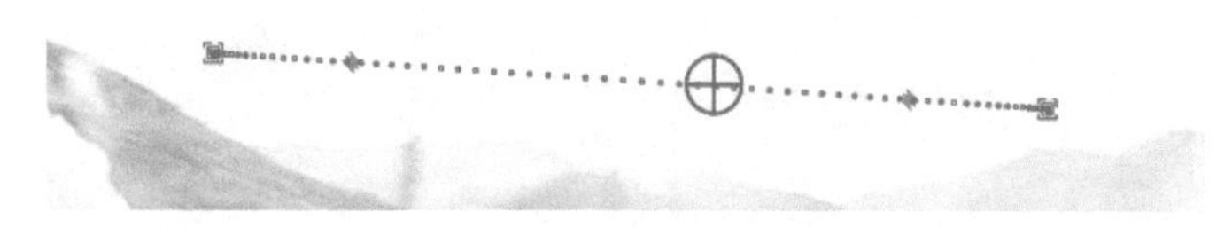

图 12-45

⑨ 在【效果控件】面板中，单击【镜头光晕】效果名称。拖曳播放滑块，会看到效果沿着运动路径移动。

下面使用速度曲线进一步调整关键帧。

⑩ 把鼠标指针移至【效果控件】面板中，然后按【`】键，或者双击面板名称，使【效果控件】面板最大化，以便更清楚地看到关键帧控件。

⑪ 单击【光晕中心】和【光晕亮度】属性左侧的箭头按钮（▶），显示其中可调整的属性，如图 12-46 所示。

图 12-46

速度曲线刻画的是关键帧之间的速度。突然下降或上升代表速度突然发生了变化。点或线离基线越远，表示速度越大。

了解插值方法

Premiere Pro 为我们提供了以下几种关键帧插值方法。

线性：这是默认方法，关键帧之间的变化是匀速变化。

贝塞尔曲线：该方法允许你手动调整关键帧任意一侧的曲线形状。使用该方法可以实现在进出关键帧时突然加速或平滑加速。

连续贝塞尔曲线：该方法会使动画在通过关键帧时保持变化平滑。不同于贝塞尔曲线关键帧，当调整连续贝塞尔曲线关键帧一侧的手柄时，另一侧手柄也会相应移动，以此保证经过关键帧时过渡的平滑性。

自动贝塞尔曲线：即使改变了关键帧的值，这种方法也能让动画在通过关键帧时保持变化平滑。如果你选择手动调整关键帧手柄，它会变成“连续贝塞尔曲线”点，以保证经过关键帧时平滑过渡。使用这种方法有时会产生不想要的运动，因此建议优先使用其他方法。

定格：该方法会把某个设置保持到下一个关键帧。在向一个关键帧应用定格插值后，其后面的曲线是一条水平线。

缓入：该方法会减缓进入关键帧时的数值变化，并将其转换成贝塞尔曲线关键帧。

缓出：该方法会逐渐加快离开关键帧时的数值变化，并将其转换成贝塞尔曲线关键帧。

⑫ 选择一个关键帧，然后调整控制手柄，改变速度曲线的陡峭程度，如图 12-47 所示。

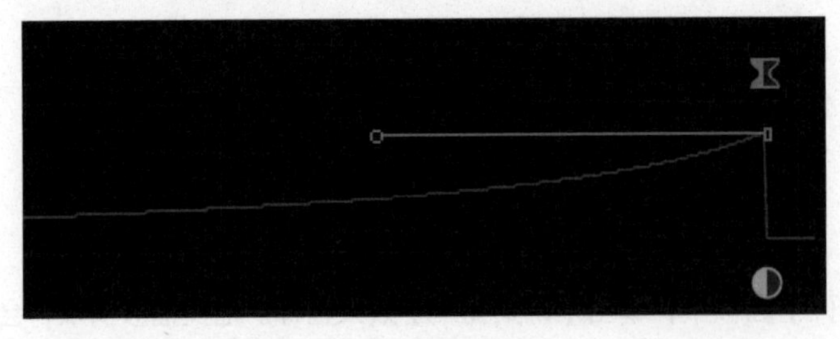

图 12-47

⑬ 按【`】键，或双击面板名称，把【效果控件】面板恢复成原来的大小。播放序列，观察调整之后的变化。多尝试几次，直到掌握关键帧和插值的用法。

前面对【光晕中心】关键帧速度调整的力度不够，导致光晕运动不够自然。可以根据摄像机的运动进一步调整第一个关键帧，并相应地调整速度关键帧，以获得更自然的动画效果。

12.6 使用效果预设

Premiere Pro 提供了很多效果预设，而且 Premiere Pro 还支持自定义效果预设，当你需要反复使用某些效果设置时，就可以把它们定义成预设。一个预设可以包含多个效果，甚至还可以包含多个动画关键帧。

12.6.1 使用内置预设

Premiere Pro 提供了大量内置效果预设，为执行一些常规任务提供了极大便利，这些常规任务包括创建 PIP 效果或风格化过渡等。

❶ 打开 07 Presets 序列，浏览其内容。

该序列只有一个剪辑，是一个慢动作镜头，重点在于表现背景的纹理。下面使用一个预设在镜头开始部分添加一个有趣的视觉效果。

❷ 在【效果】面板中，清空搜索框。在【预设】>【过度曝光】文件夹中选择【过度曝光入点】预设。

❸ 把【过度曝光入点】预设拖曳到序列剪辑上。

❹ 播放序列，查看开场时的过度曝光效果，如图 12-48 所示。

❺ 在【时间轴】面板中选择剪辑，打开【效果控件】面板，其中包括【过度曝光入点】效果。

❻【阈值】属性有两个关键帧，它们的位置比较近。可能需要调整面板底部的导航器，将其放大后，才能同时看到两个关键帧，如图 12-49 所示。

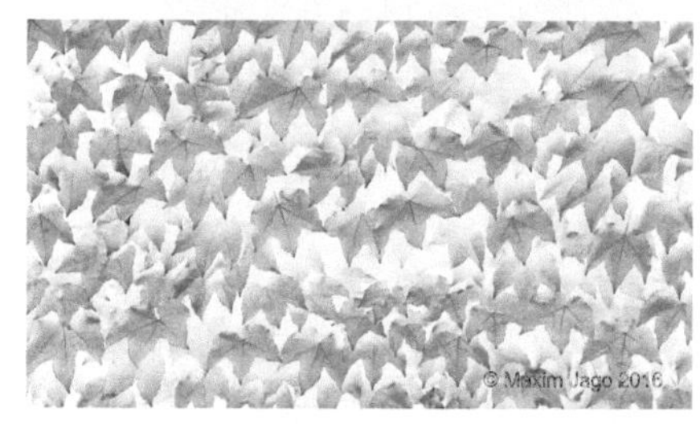

图 12-48

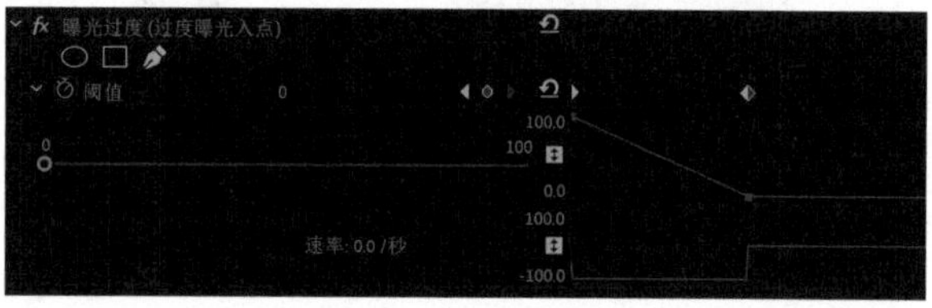

图 12-49

在【效果控件】面板中尝试调整第二个关键帧的位置，对效果进行修改。把效果时间延长一点，创建出更精彩的开场效果。

❼ 删除【过度曝光入点】预设，尝试其他预设，或者组合应用多种预设。

12.6.2 保存效果预设

不仅可以把现成的预设导入 Premiere Pro 中使用，还可以把 Premiere Pro 中定义好的预设导出至其他编辑系统中使用。

❶ 打开 08 Creating Presets 序列，如图 12-50 所示。

该序列包含两个剪辑，每个剪辑在 V2 轨道中都有一个调整图层，标题位于 V3 轨道中。

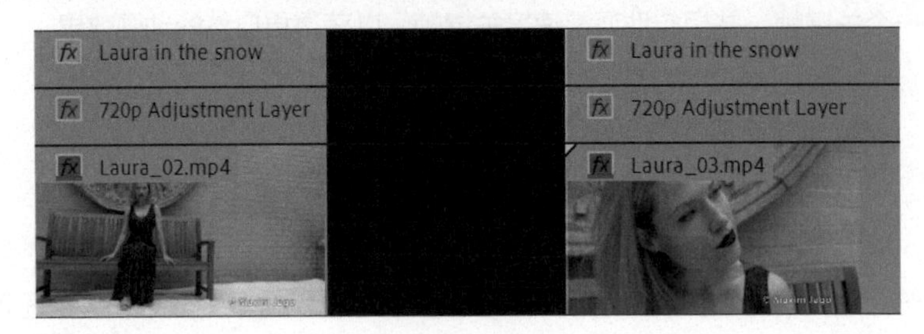

图 12-50

❷ 播放序列，观看开场动画。

❸ 选择位于 V3 轨道的 Laura in the snow 文本剪辑的第一个副本，查看其【效果控件】面板，可以看到画面中的文本应用了【快速模糊】效果，并添加了用于制作动画的关键帧。

❹ 在【效果控件】面板中，单击【矢量运动】效果名称将其选中。然后，按住【Command】键（macOS）或【Ctrl】键（Windows），分别单击【快速模糊】效果和【不透明度】效果的名称。此时，3 个效果同时被选中。

❺ 在【效果控件】面板中，使用鼠标右键单击任意一个效果，从弹出的菜单中选择【保存预设】，如图 12-51 所示。

❻ 在【保存预设】对话框中把预设命名为 Title Animation，在【描述】文本框中输入 Title blurs into view，如图 12-52 所示。

当为一个具有不同时长的剪辑应用动画预设时，Premiere Pro 需要知道如何处理关键帧。处理方式有以下 3 种。

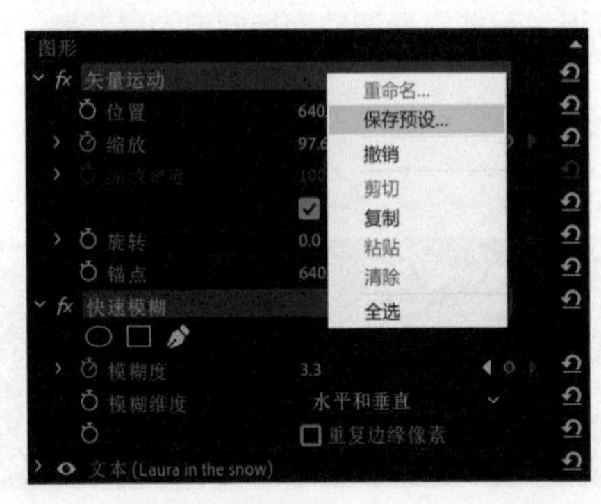

图 12-51

图 12-52

- 缩放：根据新剪辑的时长按比例缩放原预设关键帧。
- 定位到入点：保留第一个关键帧的位置及其与剪辑中其他关键帧的关系（相对于入点）。
- 定位到出点：保留最后一个关键帧的位置及其与剪辑中其他关键帧的关系（相对于出点）。

❼ 这里，选择【定位到入点】，定位到每个应用预设的剪辑的起始位置。

❽ 单击【确定】按钮，把效果和关键帧存储为一个新预设。

❾ 在【效果】面板的【预设】文件夹中，找到刚刚创建的预设 Title Animation，如图 12-53 所示。

把鼠标指针移动到 Title Animation 预设上，显示在【描述】中添加的工具提示。

⑩ 把 Title Animation 预设从【效果】面板中拖曳到 Laura in the snow 文本剪辑的第二个副本上，它位于【时间轴】面板的 V3 轨道中。

⑪ 播放序列，查看文本动画，如图 12-54 所示。

Title Animation

图 12-53

图 12-54

⑫ 在【时间轴】面板中选择 V3 轨道上的第二个文本剪辑，查看【效果控件】面板，可以看到预设中的 3 个效果已经应用到了剪辑上。预设名称出现在各个效果名称后面的括号中，方便我们了解效果是如何配置的，如图 12-55 所示。此外，还可以自由地编辑效果控件，很方便地检查使用的是哪种预设。

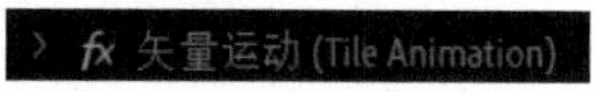

› fx 矢量运动 (Tile Animation)

图 12-55

在【效果】面板中，使用鼠标右键单击预设，在弹出的菜单中选择【预设属性】，或者直接双击预设，在【预设属性】对话框中修改预设设置。双击某个效果（非某个预设）可将其应用到所选剪辑上。

提示 你可以轻松导入与导出效果预设，以便与他人分享。【效果】面板菜单中包含【导入预设】和【导出预设】命令。你可以选择导出某一个预设或者包含多个预设的整个自定义素材箱。

使用多个 GPU

如果你想加快效果渲染以及剪辑导出的速度，可以考虑再增加一个 GPU 卡（内部或外部）。如果使用的是塔式机箱或工作站，它们一般都会提供额外的插槽，方便你添加另外一个图形加速卡。在实时预览效果或显示视频的多个图层时，额外增加 GPU 不会提高播放性能，但是 Premiere Pro 可以充分利用多个 GPU 来加快视频渲染和导出的速度。至于具体支持哪些 GPU 卡，你可以在 Adobe 官方站点找到更详细的说明。

12.7 了解常用效果

本书不会介绍所有效果，但是对于一些常用的效果会进行详细介绍，这些效果非常有用，编辑视频时经常用到。

12.7.1 图像稳定和减少果冻效应

【变形稳定器】效果可以消除由摄像机移动引起的画面抖动问题（这个问题在使用轻型摄像机拍

摄时尤为常见)，还可以消除不稳定的视差类型的运动。

应用【变形稳定器】效果时，Premiere Pro 会把视频帧放大到相应程度，然后在画面范围内自动创建剪辑的位置动画，以此抵消摄像机的抖动。

下面使用这个效果。

❶ 打开 09 Warp Stabilizer 序列。

图 12-56

❷ 播放序列中的第一个剪辑，可以看到视频的画面不太稳定。

❸ 在【效果】面板中找到【变形稳定器】效果，将其应用到第一个剪辑上。

此时，Premiere Pro 开始分析剪辑，同时在视频画面中显示一个横条，告知当前分析到哪个阶段，如图 12-56 所示。在【效果控件】面板中，也会显示一个分析进度提示。整个分析是在后台进行的，在这期间，你可以继续做其他工作。

提示 如果你发现画面中某些部分抖动仍存在，可以使用【高级】选项来做进一步调整。在【高级】选项下勾选【详细分析】，Premiere Pro 会执行更多分析工作来查找跟踪元素。此外，你还可以从【高级】选项下的【果冻效应波纹】中选择【增强减少】。这些选项都会增加运算量，但是能够获得更好的结果。

❹ 一旦分析完成，可以在【效果控件】面板中进行相关设置，以便进一步改善稳定结果。

可以选择【平滑运动】，保留视频中摄像机的正常运动(无论是否稳定)。也可以选择【不运动】，消除视频画面中所有摄像机的运动。这里选择【平滑运动】。

有 4 种方法可供选用，其中【透视】和【子空间变形】会让画面产生明显变形，而且力度很大。在使用效果抵消摄像机运动时，如果你发现使用这两种方法导致画面变形过大，可以选择【位置】或【位置】【缩放】【旋转】试一试。使用这些方法会导致图像被裁剪，但是当处理抖动很严重的素材时，也只能这么做。

【平滑度】用来指定在平滑运动过程中应该保留的原始摄像机的运动程度。该值越大，镜头越平滑。尝试多次修改该值，直至获得满意的稳定效果。

❺ 播放剪辑，可以看到稳定效果已经相当不错了。

❻ 播放并浏览序列的第二个剪辑，如图 12-57 所示。希望摄像机在拍摄时镜头保持静止不动，但是由于是手持拍摄，画面有一些晃动。向序列中的第二个剪辑应用【变形稳定器】效果。这次，在【稳定化结果】中选择【不运动】。

对于这类画面抖动问题，使用【变形稳定器】效果能够获得非常好的稳定效果。

稳定效果是通过移动图像来补偿摄像机的晃动，所以画面中的版权声明的位置发生了移动。正因如此，在选视频素材的时候，不要选带图形或文字标识的。

【变形稳定器】效果会向 Premiere Pro 项目文件中添加大量数据。若有大量剪辑需要进行稳定处理，则需要另建一个项目，然后把经过稳定处理的视频素材导出，用到主项目中。打开与保存大项目文件会耗费较长时间。

图 12-57

12.7.2 使用带【剪辑名称】效果的调整图层

如果你想把一个序列的副本发送给客户或同事审阅，可以把【剪辑名称】效果应用到一个调整图层上，让它为整个序列生成一个可见的剪辑名称。因为这样其他人可以对指定的剪辑给出具体反馈。而且，可以控制剪辑名称的显示位置、大小、不透明度等。

当然，你可以在导出素材时应用时间码叠加来得到类似的效果，但是相比之下使用【剪辑名称】效果有更多的控制自由。

❶ 打开 10 Clip Names 序列。

❷ 单击【项目】面板右下角的【新建项】按钮（ ）（可能需要调整【项目】面板的尺寸才能看到它），从弹出的下拉列表中选择【调整图层】，然后在【调整图层】对话框中，单击【确定】按钮。

此时，Premiere Pro 会在【项目】面板中新建一个设置与当前序列完全相同的调整图层。

> **提示** 如果在一个项目中用到了多个序列，并且它们拥有不同的格式设置，那你最好为调整图层设置恰当的名称，以便轻松辨识它们的分辨率。你可以在【项目】面板中为调整图层重命名，跟你为其他素材命名一样。

❸ 把刚刚创建的调整图层拖曳到当前序列中 V2 轨道的起始位置。

❹ 在【时间轴】面板中，把播放滑块拖曳到序列末尾。单击调整图层的右边缘，将其选中，按【E】键。然后，按【Esc】键，取消选择编辑点，如图 12-58 所示。

【E】键是【将所选编辑点扩展到播放指示器】命令的快捷键，会把所选编辑点移动到播放滑块当前所在的位置。

图 12-58

⑤ 大多数视频效果都可以应用到调整图层上。下面尝试向调整图层添加一些效果。

在【效果】面板中，找到【水平翻转】效果，将其拖曳到调整图层上进行应用。该效果会把视频画面水平翻转，即改变其运动方向。

【水平翻转】效果没有什么控制选项可供调整。但是，你可以创建不同蒙版对效果的作用范围进行限制，进而得到一些有趣的效果。【水平翻转】效果适用于本例中的视频内容，但是对于一些包含文本或可识别图标的视频来说，就不适用了。

下面向调整图层应用【剪辑名称】效果。

⑥ 在【效果】面板中找到【剪辑名称】效果。

⑦ 把【剪辑名称】效果应用到调整图层上，如图 12-59 所示。

图 12-59

默认设置下，会显示应用该效果的剪辑名称，这里是“调整图层”。

⑧ 在【效果控件】面板 >【剪辑名称】>【源轨道】下拉列表中，选择【Video 1】，设置【大小】为 25%，使 V1 轨道上的剪辑名称显示出来，如图 12-60 所示。

图 12-60

提示 在【效果控件】面板中单击【剪辑名称】效果的名称，然后在【节目监视器】中拖曳即可调整剪辑名称在画面中的显示位置。

⑨ 在【效果】面板中清空搜索框。

12.7.3 消除镜头变形

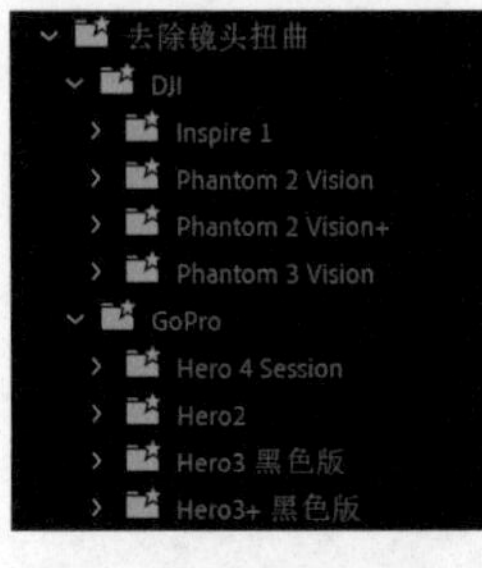

图 12-61

当前，运动相机和 POV 相机（比如 GoPro、DJI Inspire）越来越受欢迎。虽然使用这些相机拍摄的作品令人赞叹，但是广角镜头的使用会产生一些畸变。

在 Premiere Pro 中，可以使用【镜头扭曲】效果校正镜头扭曲问题。Premiere Pro 提供了大量内置预设帮助我们校正镜头扭曲，这些预设支持校正市面上的大多数摄像机。在【效果】面板的【消除镜头扭曲】分类下，可以找到这些预设，如图 12-61 所示。

可以基于任何一个效果来创建预设。也就是说，如果 Premiere Pro 没有为你使用的摄像机提供预设，可以自己创建。

提示 【镜头扭曲】效果还可以作为一种创意手法用来模拟物理镜头的扭曲效果。

12.7.4 渲染所有序列

如果想渲染多个应用效果的序列，可以对它们进行批量渲染，这样就不需要分别打开各个序列进行单独渲染了。

在【项目】面板中选择多个想渲染的序列，然后在菜单栏中，依次选择【序列】>【渲染入点到出点的效果】。所选序列中所有需要渲染的效果都会被渲染。

12.8 渲染和替换

如果使用的计算机系统性能较差而素材的分辨率又很高，当预览素材时会经常出现丢帧问题。另外，在使用动态链接中的 After Effects 合成，或者不支持 GPU 加速的第三方视频效果时，可能也会遇到丢帧问题。

如果选用的素材都是高分辨率素材，可以使用代理工作流，它允许在播放素材时在高分辨率和低分辨率之间自由切换。

不过，如果仅有一两个剪辑较难播放，可以把它们渲染成新的素材文件，然后用它们替换掉序列中的原始剪辑，整个过程简单又快捷。

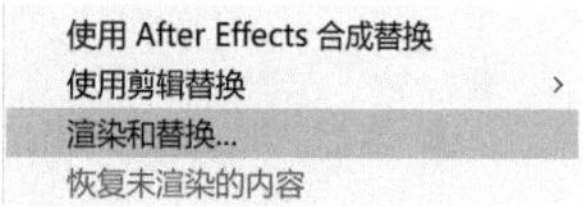

若想使用一个平滑播放的版本替换序列中的某个剪辑，首先使用鼠标右键单击剪辑，然后从弹出的菜单中选择【渲染和替换】，如图 12-62 所示，打开【渲染和替换】对话框。

使用 After Effects 合成替换
使用剪辑替换 ›
渲染和替换...
恢复未渲染的内容

图 12-62

【渲染和替换】对话框包含的主要选项如下。

- 源：选择是否根据序列、原始素材的帧速率、帧大小，或者使用预设新建媒体文件。
- 格式：指定要使用的文件类型。不同格式使用不同编解码器。
- 预设：选择一个预设。你可以使用由 Media Encoder 创建的自定义预设，这里提供了几个，可以从中选用。

注意 CineForm 预设并不支持所有帧尺寸。一般选择 QuickTime ProRes 预设中的一个就好。

在选择以上某个选项时勾选了【包括视频效果】复选框，Premiere Pro 会把效果合并到新文件，此时，就无法在【效果控件】面板中编辑效果了。

在选择一个预设和新文件的位置之后，单击【确定】按钮，替换掉序列中的剪辑。

这样，被渲染和替换的剪辑不再直接链接到原始素材文件，它是一个新的素材文件。此时，对动态链接中的 After Effect 合成所做的任何更改都不会再更新到 Premiere Pro 中。若想把链接恢复为原始素材文件，可使用鼠标右键单击剪辑，从弹出的菜单中选择【恢复未渲染的内容】，如图 12-63 所示。

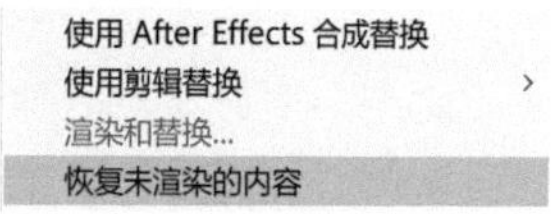

使用 After Effects 合成替换
使用剪辑替换 ›
渲染和替换...
恢复未渲染的内容

图 12-63

选择某个选项时，若同时勾选了【包括视频效果】复选框，则视频效果就会随原始文件一同恢复，而且可以再次编辑。

12.9 复习题

1. 向剪辑应用效果有哪两种方法？
2. 请列出 3 种添加关键帧的方法。
3. 把一个效果拖曳到一个剪辑上，并在【效果控件】面板中打开它的参数，但是却无法在【节目监视器】中看到它，为什么？
4. 如何把一个效果应用到多个剪辑上？
5. 如何把多个效果保存为预设？

12.10 答案

1. 把效果拖曳到剪辑上，或者先选择剪辑，再在【效果】面板中双击效果。
2. 在【效果控件】面板中，把播放滑块移动到你想添加关键帧的位置，单击秒表按钮激活关键帧；移动播放滑块，单击【添加 / 删除关键帧】按钮；激活关键帧后，把播放滑块移动到新位置，然后更改参数。你还可以设置与使用自定义的键盘快捷键。
3. 需要先在【时间轴】面板中，把播放滑块移动到所选剪辑上，然后再在【节目监视器】中查看。选择一个剪辑，并不会把播放滑块移动到剪辑上。另外，许多效果只有在调整相应的设置选项后才会产生明显的效果变化。
4. 可以在想要影响的剪辑上方添加一个调整图层。然后把效果应用到调整图层上，这样其下方所有剪辑都会受到调整图层的影响。此外，你还可以先选择想要应用效果的多个剪辑，然后把效果拖曳到这些剪辑上，或者在【效果】面板中双击要应用的效果。
5. 激活【效果控件】面板，在菜单栏中依次选择【编辑】>【全选】。或者在【效果控件】面板中，按住【Command】键（macOS）或【Ctrl】键（Windows），单击选择多个效果。然后，使用鼠标右键单击所选效果，从弹出的菜单中选择【保存预设】。或者，从面板菜单中选择【保存预设】。

第 13 课

应用颜色校正和颜色分级

课程概览

本课学习如下内容：

- 使用【颜色】工作区
- 使用矢量示波器和波形
- 使用颜色校正效果
- 使用特殊颜色效果
- 使用【Lumetri 颜色】面板
- 比较和匹配剪辑颜色
- 解决曝光和颜色平衡问题
- 调整外观

学完本课大约需要 150 分钟

请先准备好本课要用到的课程文件，并把它们存放到本地计算机中方便取用的位置。

把所有剪辑组织在一起只是视频编辑工作的第一步，接下来还要处理颜色。本课学习一些改善剪辑整体外观的关键技术，借助这些技术，可以让视频具有独特的氛围。

13.1 课程准备

前面组织好了剪辑，创建了序列，还应用了效果。下面该校正视频颜色了，这个过程中会用到前面学过的各种技术。

想一想眼睛、摄像机记录颜色、光线的方式，以及计算机显示器、电视屏幕、投影仪、手机、平板电脑、电影屏幕显示颜色的方式，你会发现有很多因素与视频画面的最终外观密切相关。

Premiere Pro 提供了多种颜色校正工具，使得我们可以轻松地自定义预设。本课中会先学习一些基础的颜色校正技术，介绍一些常用的颜色校正效果，然后演示如何使用它们解决一些校色问题。

1. 打开 Lessons 文件夹中的 Lesson 13.prproj 项目文件。
2. 把项目文件另存为 Lesson 13 Working.prproj。
3. 选择【工作区】>【颜色】，进入【颜色】工作区。
4. 选择【工作区】>【重置为已保存的布局】。

切换到【颜色】工作区，并将其重置为默认布局，可以很方便地使用 Premiere Pro 提供的各种颜色校正工具，尤其是【Lumetri 颜色】面板和【Lumetri 范围】面板。

13.2 了解显示颜色管理

通常，计算机显示器使用的显示系统与电视屏幕、电影放映机不同（有关内容请阅读“关于 8 位视频”）。

如果你制作的视频用来在网络中播放，而且观看者使用的计算机显示器与你的显示器相似，那么你看到的视频颜色和亮度与观看者看到的差不多。如果你制作的视频是用在广播电视或电影中的，那么在制作视频时就应该找到一种方法，使你看到的视频与目标设备中呈现的视频尽量保持一致。

一般专业调色师都配备有多个显示系统，以方便检查调整结果。在为影院制作影片时，他们一般会准备一台和影院相同的放映机（用于把画面投射到银幕上供观众观看），以便在调色过程中随时查看最终效果。

相比于电视屏幕，有些计算机显示器的色彩还原能力更加出色。如果启用了 GPU 加速（相关内容请参考第 2 课“创建项目”），而且使用的是一款拥有出色色彩还原能力的计算机显示器，Premiere Pro 可以调整视频在【源监视器】和【节目监视器】中的显示方式，以匹配电视机显示的颜色。

Premiere Pro 能够自动检测使用的显示器类型是否正确，但需要开启相应功能。具体开启方法为：从菜单栏中，依次选择【Premiere Pro】>【首选项】>【常规】（macOS）或【编辑】>【首选项】>【常规】（Windows），然后勾选【启用显示色彩管理（需要 GPU 加速）】复选框，如图 13-1 所示。

☑ 显示色彩管理（需要 GPU 加速）

图 13-1

有关这个功能的更多内容，请阅读 Jarle Leirpoll（贾勒·莱尔波尔）写的关于颜色显示管理的精彩文章。在这篇文章中，你可以了解到颜色显示的类型、Premiere Pro 调整颜色的方式，以及相关的示例等。

关于 8 位视频

前面提到过，在 8 位视频下，3 个颜色通道的取值范围都为 0 ~ 255 。也就是说，对于 RGB 颜色，每个像素的红、绿、蓝（RGB）3 种颜色值全部介于 0 和 255 之间，这 3 种颜色相互叠加产生千千万万种颜色。如果把 0 ~ 255 对应到 0% ~ 100%，那么一个像素的红色值为 127，就表示它含有 50% 的红色。

广播电视使用的是另外一种颜色系统——YUV，两者类似，但涵盖的范围不同。

YUV 颜色也有 3 个颜色通道，每个通道是 8 位的。8 位 YUV 像素颜色值的取值范围是 16 ~ 235。

电视广播一般使用 YUV 颜色，而不使用 RGB 颜色。但是，我们的计算机显示器使用的是 RGB 颜色。在为广播电视制作视频时，这会产生一些问题，因为视频制作时使用的显示器和最终呈现时使用的显示器不同。只有一种方法可以解决这一问题，那就是直接把电视或广播监视器连接到你的视频编辑系统中，然后通过它们检查制作的视频是否满足要求。

这种差异有点像把你在 Photoshop 软件中看到的照片与打印出的照片做比较。打印机和计算机显示器使用不同的颜色系统，并且从计算机显示器使用的颜色系统到打印机使用的颜色系统的转换并不完美。

有时，有些细节（最亮处与最暗处区域中）能够在 RGB 屏幕（比如计算机显示器）上正常呈现出来，但是在电视屏幕上却无法呈现。这时，我们就得做一些调整，让颜色细节能够在电视屏幕上正常呈现出来。

有些电视提供了多种显示模式，比如 Game Mode、Photo Color Space，你可以选择这些模式以支持 RGB 颜色显示。在选择了这些模式后，电视就能正常显示 RGB 颜色（0 ~ 255）。至于你的电视用的是什么模式，你得检查一下设置才能知道。

在一些计算机显示器上，你可以在 Premiere Pro 中调整视频颜色的显示方式，用以模仿其他类型的屏幕。

13.3 颜色调整流程

切换到【颜色】工作区后，该换种思维方式了。把剪辑放到合适的位置后，就不要再过多关注它们的具体动作了，而要把更多精力用于思考它们放在一起是否符合审美要求，以及怎样让它们看上去更好看。

处理颜色有两个主要阶段。

- 确保每个场景中的剪辑在颜色、亮度、对比度方面保持一致，使所有剪辑看起来像是在同一时间、同一地点使用同一台摄像机拍摄的。
- 为视频内容整体赋予一种外观，也就是一种特定的色调或颜色倾向，如图 13-2 所示。

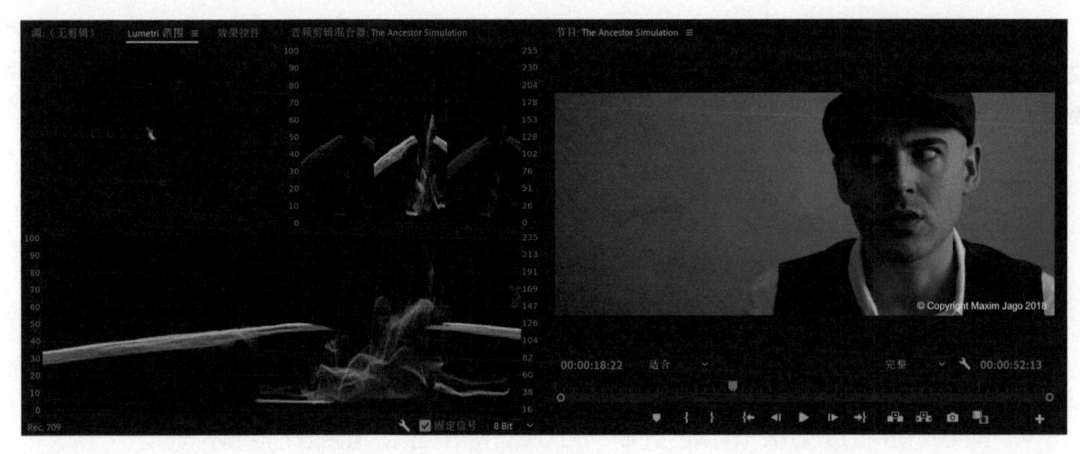

图 13-2

你可以使用同样的工具来完成上面这两个任务，但是通常都是按照上述顺序分别来做的。当同一个场景下两个剪辑的颜色不匹配时，就会导致前后不协调、不一致的问题，进而分散观众的注意力。这种情况或许是有意为之，但大多数时候，还是希望观众把注意力集中到主要故事情节上。

颜色校正和颜色分级

“颜色校正”和“颜色分级”这两个词或许你早已听说过了。但这两个词常让人感到困惑，很少有人能够把它们明确地区分开。事实上，这两种颜色处理工作所使用的工具是一样的，只不过在方法和目标上有所不同。

“颜色校正”的目标是对各个镜头做统一处理，确保它们能够和谐地放在一起，同时改善整体外观，比如加强高光与阴影，或者纠正摄像机色偏等。这是一个“技术活”，不属于艺术处理的范畴。

“颜色分级”的目标在于为视频创建一种具有艺术感的外观，为画面营造某种氛围，以便充分地向观众传递要表达的主题。

“颜色分级”更多的是在做艺术处理，而非技术性调整。当然，关于“颜色校正”与“颜色分级”如何划分，目前还存在一定争议。在非线性编辑过程中，我们时常会在这两个阶段之间来回切换。

13.3.1 了解【颜色】工作区

【颜色】工作区包含【Lumetri 颜色】面板和【Lumetri 范围】面板，其中【Lumetri 颜色】面板中包含大量颜色调整控件，【Lumetri 范围】面板与【源监视器】位于同一个面板组，它包含一系列图像分析工具，如图 13-3 所示。

此外，【颜色】工作区中还有【节目监视器】、【时间轴】面板、【项目】面板、【工具】面板、【音频仪表】等。而且，【时间轴】面板宽度变小了，留出更多空间显示【Lumetri 颜色】面板。

若【Lumetri 范围】面板未显示出来，单击【Lumetri 范围】面板，使其成为活动状态。【Lumetri 范围】面板中有大量显示选项，其数量比默认状态多得多。

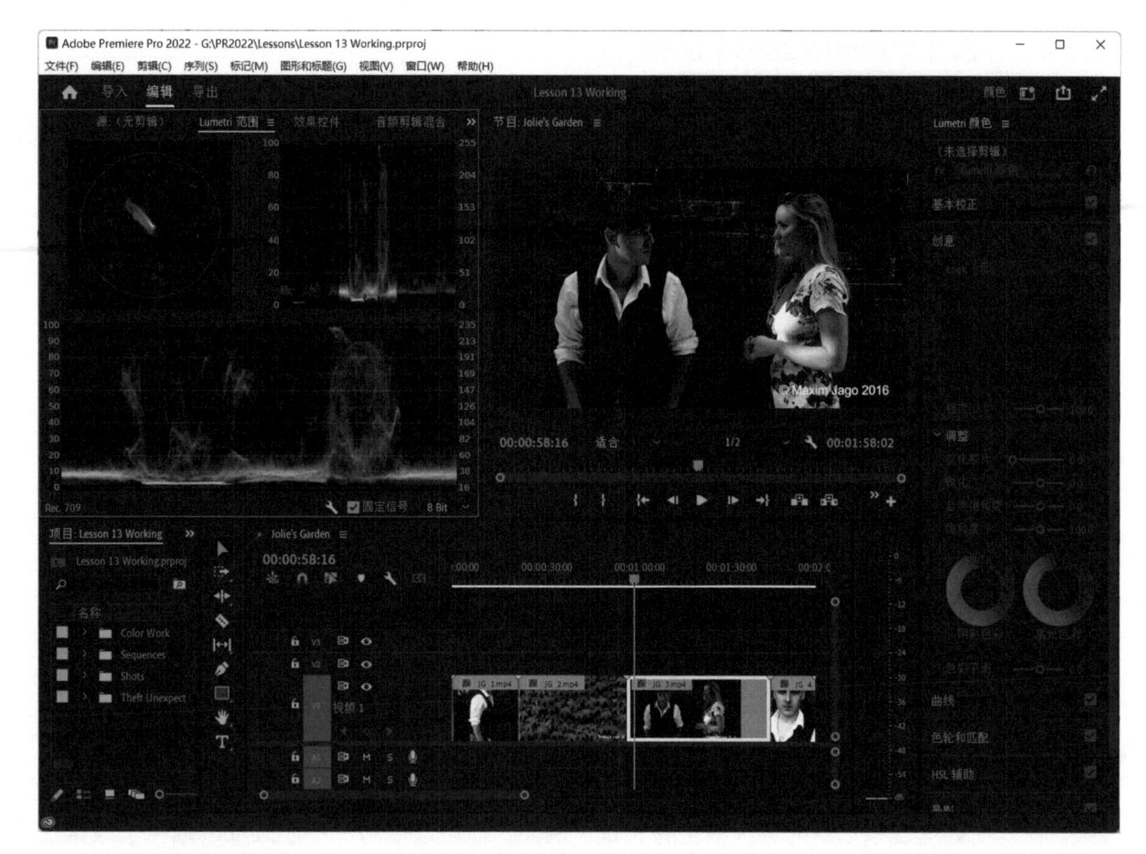

图 13-3

为了显示更多示波器，可使用鼠标右键单击【Lumetri 范围】面板，从弹出的菜单中依次选择【预设】>【矢量示波器 YUV/ 分量 RGB/ 波形 YC】。

在 Premiere Pro 中，可以随时打开或关闭任何面板，但是【颜色】工作区聚焦的是项目的精细调整，而非项目的组织或编辑。

在【Lumetri 颜色】面板处于显示状态时，在【时间轴】面板中拖曳播放滑块，播放滑块经过的剪辑会被自动选中，但是只有开启【目标切换轨道】按钮的轨道上的剪辑才会被选中，如图 13-4 所示。

图 13-4

提示 在播放滑块下，若有多个目标轨道且其中都有剪辑，则最上层目标轨道上的剪辑会被选中。

了解这一点很重要，因为就像其他效果一样，在【Lumetri 颜色】面板中所做的调整只会应用到所选剪辑上。向当前剪辑应用调整后，在【时间轴】面板中把播放滑块移动到下一个剪辑，即可选中它继续处理。

在菜单栏中依次选择【序列】>【选择跟随播放指示器】，可以打开或关闭剪辑自动选择功能。

13.3.2 了解【Lumetri 颜色】面板

在【效果】面板中，有一种叫作“Lumetri 颜色”的效果，其中包含【Lumetri 颜色】面板中的所有控件和选项，如图 13-5 所示。与其他效果一样，可以在【效果控件】面板中找到【Lumetri 颜色】的控件。

第一次使用【Lumetri 颜色】面板调整颜色时，Premiere Pro 会把【Lumetri 颜色】效果应用到所选剪辑上。如果剪辑上已经应用了【Lumetri 颜色】效果，则现有效果设置会随着调整而更新。

从某种意义上说，【Lumetri 颜色】面板是【效果控件】面板中【Lumetri 颜色】效果的一个独立控制面板。与其他效果一样，你可以创建预设，把【Lumetri 颜色】效果从一个剪辑复制到另外一个剪辑，并在【效果控件】面板中修改各种设置，如图 13-6 所示。

图 13-5

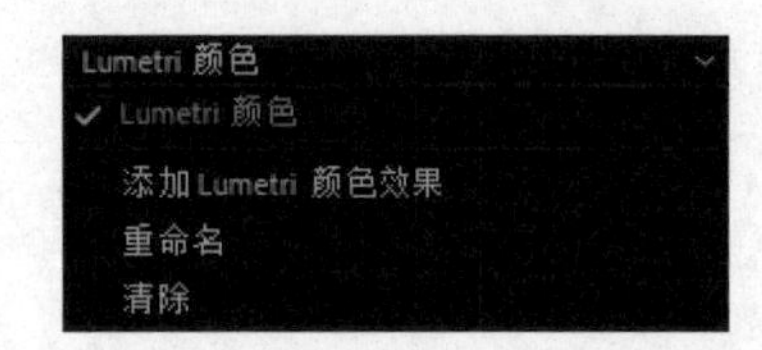

图 13-6

你可以向同一个剪辑应用多个【Lumetri 颜色】效果，并分别进行调整，最终得到一种综合效果。这样在处理复杂项目时会显得更有条理。例如，你可以使用一种【Lumetri 颜色】效果在两个剪辑之间匹配颜色，还可以用来添加特定色调。把这些效果分开，有助于日后做进一步精细调整。

在【Lumetri 颜色】面板顶部，你可以选择当前要处理哪一种【Lumetri 颜色】效果，而且还可以添加新的【Lumetri 颜色】效果。

选择【重命名】后，你可以对当前【Lumetri 颜色】效果重新命名，这样查找起效果来会更快捷。另外，在【效果控件】面板中使用鼠标右键单击效果名，然后从弹出的菜单中选择【重命名】，也可以进行重命名。

【Lumetri 颜色】面板分成 6 个区域（见图 13-7）。

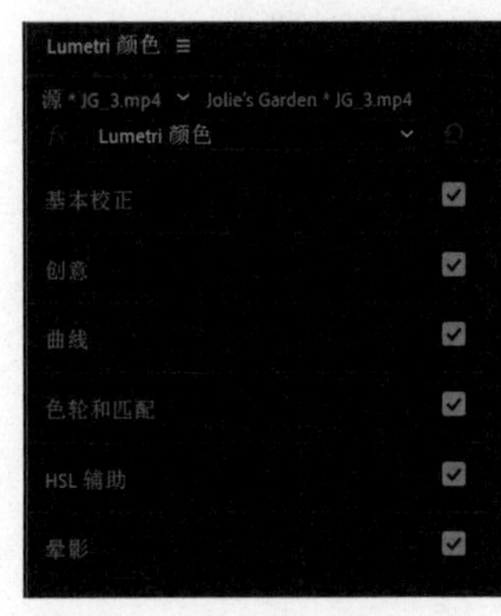

图 13-7

每个区域有一组控件，分别提供不同的调色方法。你可以使用任意一个或所有区域中的控件来得到想要的结果。在【Lumetri 颜色】面板中，单击各个区域的标题，可以展开或收起各个区域。下面一起了解一下各个区域。

13.3.2.1 基本校正

【基本校正】区域提供了一些简单的控件，你可以使用这些控件快速调整剪辑。

【基本校正】区域顶部有一个【输入 LUT】下拉列表，可以从中选择一个预设，如图 13-8 所示，将其应用到视频文件上，对它们进行标准调整，使其看起来不那么普通。

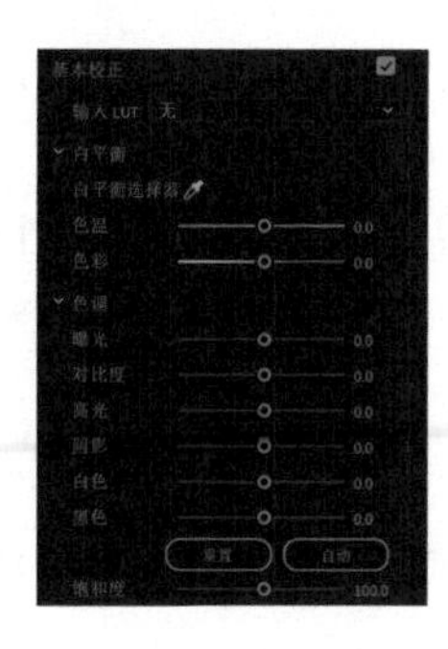

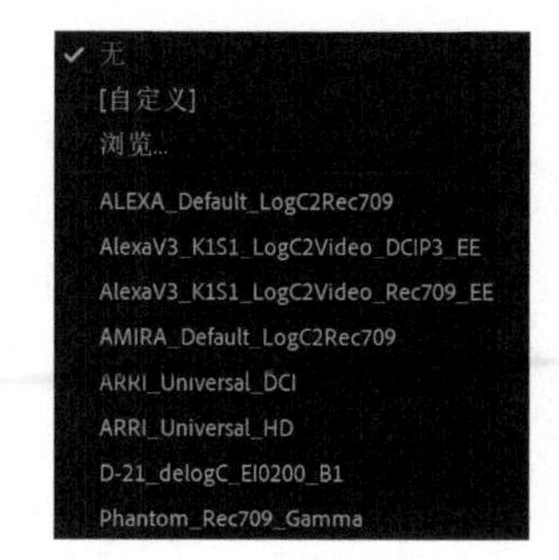

图 13-8

注意 每个区域都对应着一个复选框，用来启用或关闭各个区域。通过勾选或取消勾选复选框，我们可以很方便地观察效果应用前后视频画面的变化情况。

LUT 其实是一个文件，主要用来调整剪辑外观，类似于效果预设。可以导入或导出 LUT 文件，把它们用在高级协作的颜色分级工作流程中。

如果你熟悉 Photoshop、Lightroom，那么也应该非常熟悉【基本校正】区域中的这些常用控件。可以使用各个控件对视频进行调整，提升视频画面的视觉外观，也可以单击【自动】按钮让 Premiere Pro 自动进行调整。

13.3.2.2 创意

在【创意】区域中，可以对视频外观做进一步调整，使视频画面与众不同，如图 13-9 所示。

图 13-9

Premiere Pro 提供了大量创意外观，并提供了一个基于当前剪辑的效果预览窗口。单击预览窗口左右两侧的箭头，可以浏览不同外观，单击预览画面可以把当前外观应用到剪辑上。

预览窗口下有一个【强度】选项，拖曳滑块，可以控制外观应用到剪辑上的强弱。此外，Premiere Pro 还在该区域中提供了两个色轮，分别用来调整画面中阴影区域（暗部）和高光区域（亮部）的色彩。

13.3.2.3 曲线

在【曲线】区域中，可以使用各种曲线工具精确地调整视频，如图 13-10 所示，而且这些曲线用起来非常简单，只需要单击几下，就能得到非常自然的结果。【曲线】区域中还提供了一些比较高级的控件，可以使用这些控件对视频画面的亮度、红色、绿色、蓝色进行精细调整。

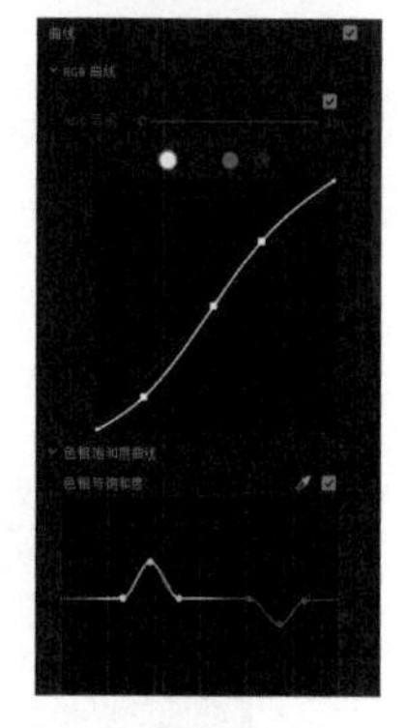

图 13-10

调整方法与调整【参数均衡器】效果的曲线或音频的“橡皮筋”相同。曲线的位置变化代表所做的调整。

提示 在【Lumetri 颜色】面板中，只要双击控件即可重置大部分控件。

除传统的 RGB 曲线外，【曲线】区域中还包含多种控件用来调整色相、饱和度和亮度曲线。每种曲线都可以用来准确控制一种特定的调整。

例如，在色相与饱和度曲线上，你可以通过添加（单击曲线）或移动（拖曳）控制点来增加或减少特定颜色的饱和度。

图 13-11

在色相与色相曲线上，你可以把一种色相改成另一种色相。

13.3.2.4 色轮和匹配

借助【色轮和匹配】区域中的工具，可以准确地控制视频画面中的阴影、中间调和高光。调整时，只需把控制器从色轮中心向边缘拖曳即可。

每个色轮左侧还有一个亮度控制滑块，拖曳滑块可以对画面亮度进行简单调整，还可以通过适当调整各个滑块来改变视频画面的对比度，如图 13-11 所示。

【色轮和匹配】区域中有一个【比较视图】按钮，用来打开【节目监视器】的比较视图，还有一个【应用匹配】按钮，用来自动匹配颜色到剪辑。

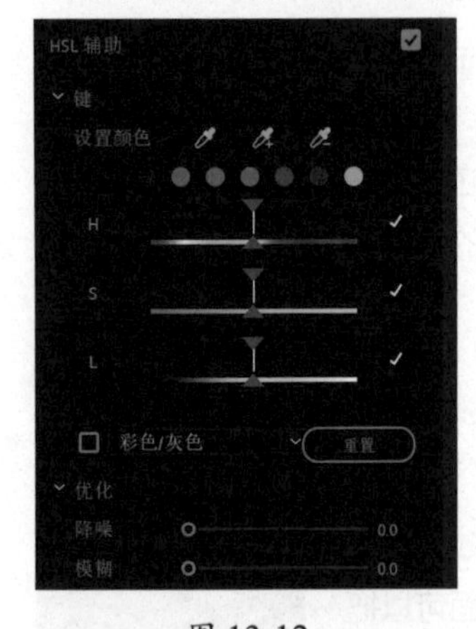

图 13-12

13.3.2.5 HSL 辅助

你可以使用【HSL 辅助】区域中提供的各种工具精确调整画面特定区域中的颜色，该特定区域由色相、饱和度、亮度范围定义，如图 13-12 所示。

在【Lumetri 颜色】面板的这一区域中，你可以有选择性地让蓝天变得更蓝，或者让草地变得更绿，同时又不会影响画面中的其他部分。

色相与饱和度曲线（位于【Lumetri 颜色】面板的【曲线】区域中）也提供了类似功能，你可以根据个人偏好选择要使用的工具或方法。

13.3.2.6 晕影

一个简单的晕影效果就能为视频画面带来让人惊叹的变化。

晕影是指画面边缘变暗的现象，最初是由摄像机镜头引起的，但是现代镜头比老镜头质量好得多，很少会出现这个问题。

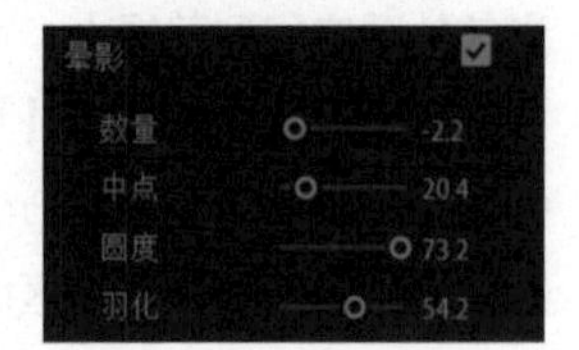

图 13-13

现在，晕影已经成为一种制造画面焦点的手段，它能够把观众视线有效地集中到画面的中心区域。如图 13-13 所示，Premiere Pro 提供了专门的晕影制作工具。即使调整得很轻微，在创建画面焦点方面，晕影效果也很不错，如图 13-14 所示。

图 13-14

在 Premiere Pro 中使用【Lumetri 颜色】面板进行调整时，这些调整将作为一个普通的效果添加到所选剪辑上。你可以在【效果控件】面板中开启或关闭这一效果，或创建一个效果预设。

下面尝试应用一些预置外观。

❶ 打开 Sequences 素材箱中的 Jolie’s Garden 序列（见图 13-15）。该序列很简单，由一系列剪辑组成，并且其色彩和对比度也不错。

❷ 在【时间轴】面板中，把播放滑块拖曳到序列的第一个剪辑上。此时，第一个剪辑应该会被自动选中。

❸ 在【Lumetri 颜色】面板中单击【创意】，将其下的选项展开。

❹ 单击预览窗口左侧与右侧的箭头，浏览预置外观。找到喜欢的外观后，直接单击预览画面（见图 13-16），即可应用它。

图 13-15

图 13-16

❺ 尝试拖曳【强度】滑块，改变其数值。

可以多尝试【Lumetri 颜色】面板中的其他选项。有些选项初次尝试就能立即掌握，而有些选项则需要花一些时间才能掌握。你可以将这一序列中的剪辑作为例子，通过不断尝试来了解【Lumetri 颜色】面板，把各个选项从一个极端拖曳到另外一个极端，观察应用前后的变化。本课后面还会详细讲解这些选项。

13.3.3 了解 Lumetri 范围

你可能已经注意到了，Premiere Pro 界面是深灰色的，为什么要这样？原因在于人类的视觉是主观的，而且容易受到其他因素的影响。

例如，在观看两种相近的颜色时，其中一种颜色的观感会受到另外一种颜色的影响。为防止 Premiere Pro 界面影响人们对颜色的感受，Adobe 公司设计出了近乎全灰的用户界面。一般调色师在对影片与电视节目做最后调整时都会选择在一个专门做颜色分级的房间中进行，这种房间的大部分都是灰色的。有时，调色师还会准备一张尺寸很大的灰卡或一堵灰色的墙，开始调色前，他们往往都会先看灰卡或灰色墙面几分钟，这样可以“重置”他们的视觉。

除视觉具有主观性外，计算机显示器或电视屏幕在显示颜色与明暗时也会有偏差，这使得我们迫切需要一种客观的测量方法。

视频示波器正是为此而生。视频示波器在整个媒体行业有着广泛的应用，一旦学会了使用方法，就可以在任何场合下使用它们。

图 13-17

❶ 打开 Lady Walking 序列，如图 13-17 所示。

❷ 在【时间轴】面板中，把播放滑块拖曳到序列中的剪辑上。

❸ 当前,【Lumetri 范围】面板应该与【源监视器】

在同一个面板组中。单击【Lumetri 范围】面板，或者选择【窗口】>【Lumetri 范围】，将其激活。

❹ 单击【Lumetri 范围】面板中的【设置】按钮（🔧），从弹出的下拉列表中依次选择【预设】>【Premiere 4 Scope YUV（浮点，未固定）】，结果如图 13-18 所示。

此时，你应该能够在【节目监视器】中看到一位女士在街上走，同时画面也在【Lumetri 范围】面板中显示出来。

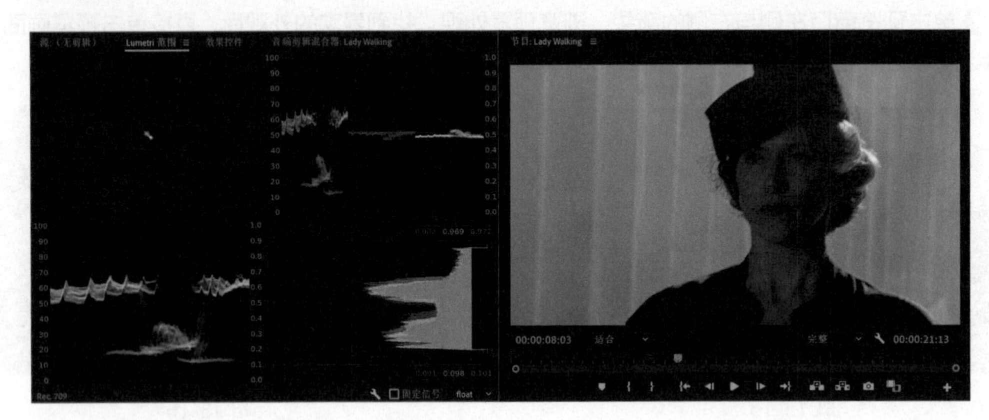

图 13-18

13.3.4 使用【Lumetri 范围】面板

【Lumetri 范围】面板中包含一系列行业中常用的标准仪器，借助这些仪器，可以更加客观、准确地评估视频。

默认设置下，【Lumetri 范围】面板中同时显示了 4 种仪器，而且它们位于一个面板中，各个仪器都显示得比较小，这可能会让人有点不知所措。此时，打开面板的【设置】下拉列表，从中选择某一个仪器，可以将其关闭或打开。

提示 在【Lumetri 范围】面板中，使用鼠标右键单击面板中任意一个地方，也可以打开面板的【设置】下拉列表。

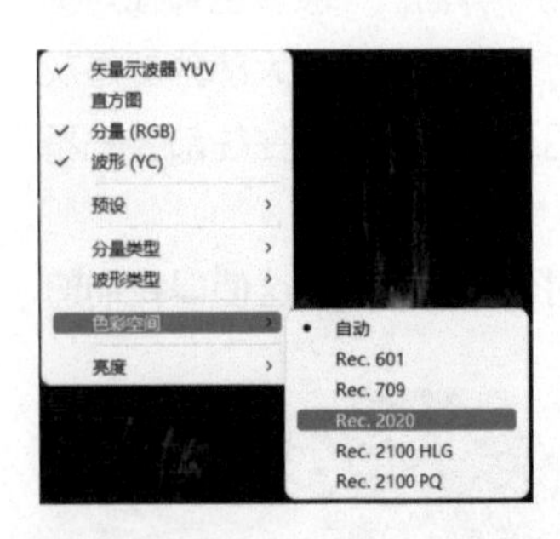

图 13-19

图 13-20　图 13-21

在【设置】下拉列表中，你可以选择要使用的色彩空间：Rec.601、Rec.709、Rec. 2020、Rec.2100 HLa、Rec. 2100 PQ。如果制作的视频要用在广播电视中，肯定会用到这些标准中的一个。如果不确定选哪个，选择【自动】就好，如图 13-19 所示。

在【Lumetri 范围】面板右下方，你可以选择以 8 位、10 位、浮点型（32 位浮点颜色）、HDR 来显示示波器，如图 13-20 所示。

你所做的选择不会改变剪辑以及效果渲染方式，但是会改变信息在示波器中的显示方式。应该根据当前使用的色彩空间做相应选择。

HDR 是 High Dynamic Range（高动态范围）的缩写，其在图像中最亮的点和最暗的点之间存在的灰度等级数量要比 SDR（标准动态范围）更多。有关 HDR 的内容已经超出了本书的讨论范围，但是它是一项非常重要的技术，现在越来越多摄像机、显示器对其提供了支持。

【固定信号】选项（见图 13-21）把范围限制到符合广播电视的标

准法律层面上。注意，这不会影响图像或效果的结果，只是一种个人偏好，通过这种方式限制示波器的范围可以更清晰地观察视频。

下面简化面板视图，一起了解【Lumetri 范围】面板中的两个主要组件。

取消选择【Lumetri 范围】面板中的【设置】下拉列表中的各个选中项，使它们不显示在面板中，只显示【波形（YC）】。

13.3.4.1 波形

使用鼠标右键在面板中单击，从弹出的菜单中依次选择【波形类型】>【RGB】。

第一次接触波形图，可能会觉得它们看上去有些奇怪（见图 13-22），但其实很简单，它们显示的是图像的亮度和颜色强度。

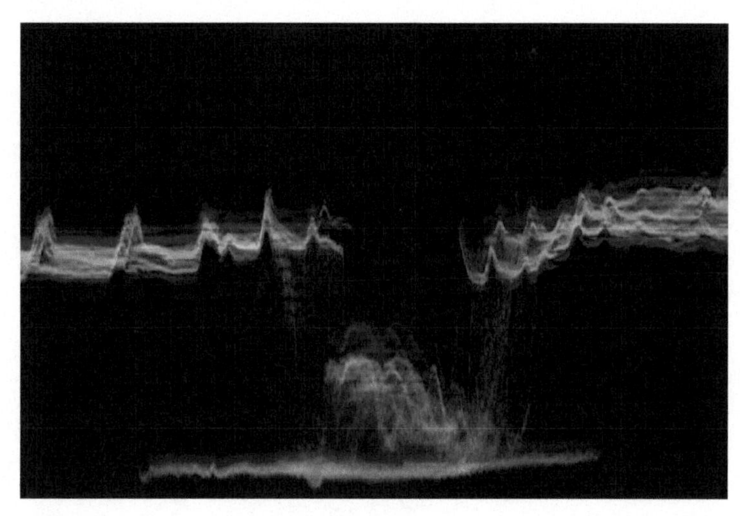

图 13-22

当前画面中的每个像素都会显示在波形图中。像素越亮，其在图中的位置越高。在波形图中，水平位置对应于像素在图像中的水平位置（也就是说，画面中间的像素会显示在波形图中间），但是其垂直位置表示的并不是像素在图像中的垂直位置。

在波形图中，垂直位置代表的是亮度或颜色强度。亮度波形和颜色强度波形使用不同颜色一同显示在波形图中。

- 0 位于底部，表示完全没有亮度，或者没有颜色强度。
- 100 位于顶部，表示像素全白。在 8 位的 RGB 模式中，全白对应的是 255（如果把【Lumetri 范围】设成 8 位的，该刻度显示在波形图的右侧）。

这些内容听上去很难，但其实挺简单的。波形图中显示有一些水平线，用来把左侧的 0 ~ 100 与右侧的 0 ~ 255 对应起来，底部的水平线代表【无亮度】，顶部的水平线代表【全白】。选择不同设置，波形图边缘的数字可能不一样，但是基本用法是一样的。

波形图的展现方式有好多种。在【Lumetri 范围】面板中选择【设置】>【波形类型】，其中可以选择如下展现方式。

- RGB：分别显示像素的 Red（红）、Green（绿）、Blue（蓝）3 个颜色分量的亮度值。
- 亮度：显示像素的亮度值，刻度范围是 -20 ~ 120（IRE）。它有助于准确分析画面中的亮度和对比度。
- YC：用绿色显示图像亮度（明度），用蓝色显示色度（颜色强度）。

- YC 无色度：只显示亮度，不显示色度。

YC 是什么?

在 YC 中，字母 C 代表的是“色度”(chrominance)，这很容易理解；而字母 Y 代表的是“亮度”(luminance)，需要稍微解释一下：它来自一种使用 x、y、z 轴测量颜色信息的方式，其最初的想法是创建一种记录颜色的简单系统，并使用 Y 表示明度或亮度。

下面尝试使用这些波形显示方式。

❶ 继续使用 Lady Walking 序列。在【时间轴】面板中，把播放滑块拖曳至 00:00:07:00 处，画面中有一位女士身处烟雾中，如图 13-23 所示。

图 13-23

❷ 把【波形类型】设置为【YC 无色度】。此时，波形图中只显示亮度（绿色）。

画面中烟雾的对比度很小，体现在波形图中就是一条相对平坦的线。女士的头部和肩部比烟雾暗得多，并且都处在画面中间，因此显示在波形图的中间区域，如图 13-24 所示。

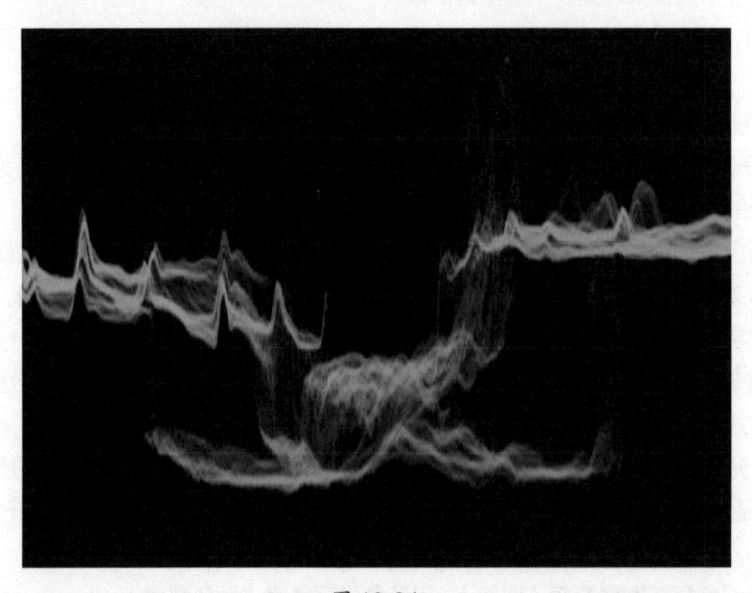

图 13-24

❸ 在【Lumetri 颜色】面板中展开【基本校正】下的选项。

❹ 尝试调整曝光、对比度、高光、阴影、白色、黑色控件，如图 13-25（a）所示。一边调整这些控件，一边在波形图中观察这些调整产生的影响。

对画面做出调整，然后等待几秒，你的眼睛就会适应调整后的画面，而且不会觉得有什么问题。再做一次调整，等待几秒后再看，也觉得新画面很正常。那到底哪个画面是正常的呢？

归根结底，这个问题的答案取决于你自己的感觉。如果你喜欢当前的画面，那它就是对的。相比于感觉，波形图提供的画面中像素的明暗程度、包含的颜色数量等信息都是客观的，这些信息在根据交付标准调整视频画面时会非常有用。

提示 有时你会觉得波形图与整个画面是对应的。但请注意，画面中像素的垂直位置并没有在波形图中体现出来。

当拖曳播放滑块或者播放序列时，你会看到波形图也会跟着一起变化。

通过波形图，你可以了解视频画面的对比度（即画面中明暗区域的差异），检查处理的视频是否合乎客户要求（比如，视频的最小和最大亮度或颜色饱和度是否符合广播公司标准）。一般广播公司都有自己的一套标准，因此你需要搞清楚所制作的视频要在什么地方播出。

从波形图中可以发现整个画面的对比度不够，同时有一些强烈的阴影，但是高光很少，从波形图的顶部区域可以知道这一点，如图 13-25（b）所示。当波形图中显示的是平坦的水平线时，就意味着画面中缺少细节。在图 13-25（b）中，阴影非常深，因此你可以在波形图底部看到平直的水平线。

只有勾选【固定信号】复选框把波形图限制在输出的可见区域中，才能看到波形平直化的情况。

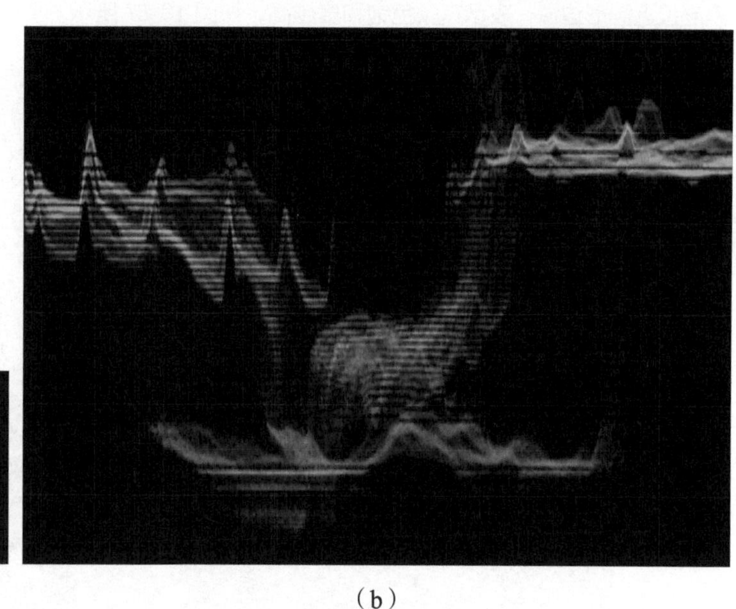

（a）　　　　（b）

图 13-25

当然，这样的结果不一定全是坏事，或许它正是你想要的戏剧性效果。但有一点很重要，那就是一定要知道调整到什么程度会导致细节丢失。

【Lumetri 颜色】面板右上角有一个【重置效果】按钮（），单击它，可重置【Lumetri 颜色】面板中的所有设置。

13.3.4.2 YUV 矢量示波器

【亮度】波形图显示的是图像的亮度，不同亮度的像素在波形图中显示在不同位置上，较亮的像素显示在波形图顶部，较暗的像素显示在底部。而矢量示波器只显示颜色。

❶ 打开 Skyline 序列，如图 13-26 所示。

图 13-26

❷ 在【Lumetri 范围】面板中，单击【设置】按钮（），从弹出的下拉列表中选择【矢量示波器 YUV】，然后选择【设置】>【波形（YC 无色度）】，将其取消显示。

此时，视频画面中的像素在矢量示波器中显示出来。位于圆形中心的像素的颜色饱和度为 0，一个像素越接近圆形边缘，表示其颜色饱和度越高，如图 13-27 所示。

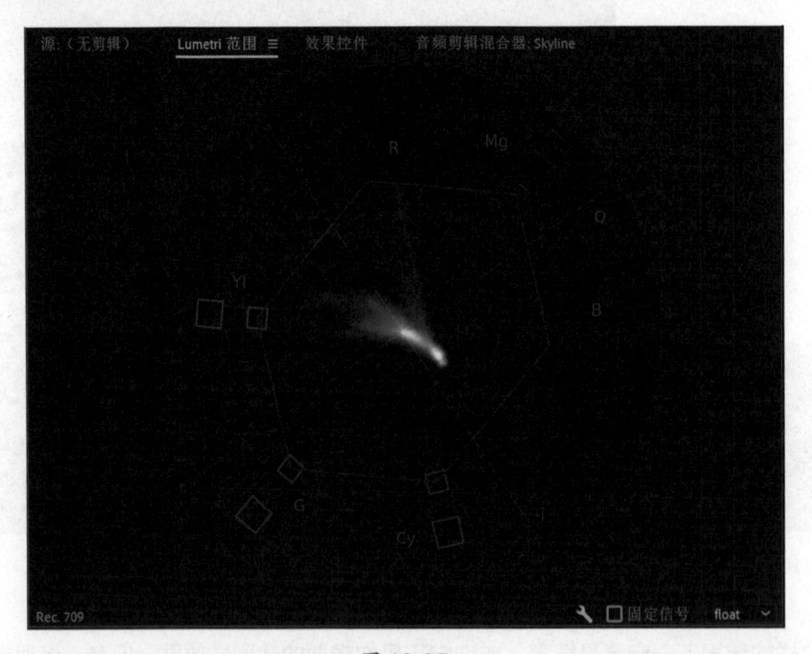

图 13-27

仔细观察矢量示波器，你会发现其中有一些代表三原色（基色）的字母，如下所示。

- R = 红色（见图 13-28），G = 绿色，B = 蓝色。

每种颜色有两个方框，较小的内框表示 75% 饱和度，代表的是 YUV 颜色空间；较大的外框表示

100% 饱和度，代表的是 RGB 颜色空间。RGB 颜色的饱和度高于 YUV 颜色。内框之间的连线构成了 YUV 色域（即 YUV 颜色空间），如图 13-28 所示。

除了 RGB 三原色外，还可以看到表示 3 种混合色的字母。

- Yl = 黄色（见图 13-29），Cy = 青色，Mg = 洋红色。

一个像素越靠近某种颜色，其包含的这种颜色就越多。前面提到，波形图能够把每个像素在画面中的水平位置表示出来，但是矢量示波器中不包含像素的任何位置信息。

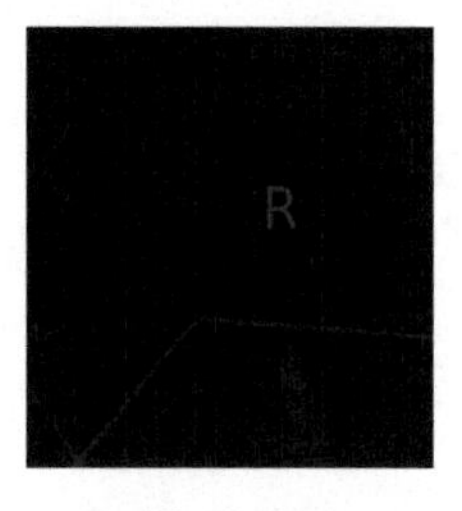

图 13-28

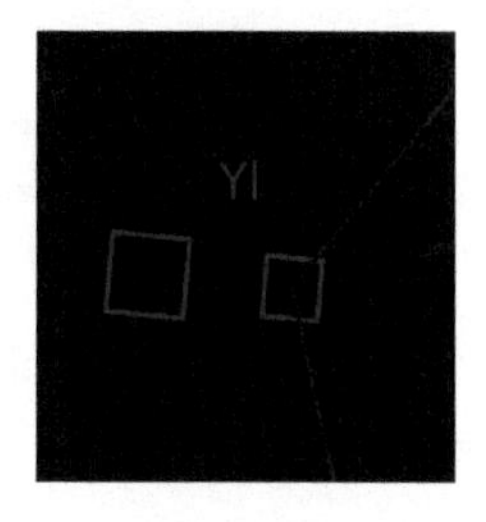

图 13-29

在视频画面中，可以清楚地看到画面中都有什么颜色，其中包含大量蓝色和少量的红色、黄色。矢量示波器中有一些峰纹伸向字母 R，这表示画面中有少量红色。

矢量示波器非常有用，它能够客观地提供序列中的颜色信息。拍摄时，如果没有正确校正摄像机，视频画面中就会出现色偏，这从矢量示波器中可以明显地看出来。可以使用【Lumetri 颜色】面板中的控件从视频画面中轻松消除那些不想要的颜色或添加更多补色。

有些校色控件与矢量示波器有相同的色轮，因此可以很容易地知道要做什么。

原色与混合色

计算机显示器和电视屏幕使用加色法显示颜色，即通过把不同颜色的光按不同比例混合相加生成其他颜色。

一张白纸会反射所有色光，所以我们看到它是白色的。当你在白纸上添加上一种颜料后，这种颜料只能反射一部分波长的光线，而吸收掉其他波长的光线，例如，红色的颜料反射红色的光线，是因为除红色外的其余光线都被颜料吸收，所以我们只看到红色。这叫作“减色法”。

红色、绿色、蓝色是色光三原色，它们在显示系统中很常见，比如电视屏幕、计算机显示器，这 3 种原色按照不同比例混合形成了我们看到的各种颜色。把红色、绿色、蓝色 3 种色光等比例混合会得到白色。

标准色轮是完美对称的，本质上，矢量示波器显示的就是色轮。

任意两种原色等比例混合会产生一种混合色，并且这种混合色（黄色、青色、品红色）与第三种原色是互补色。

例如，红色和绿色两种原色等比例混合会产生黄色，而黄色与蓝色（第三种原色）是互补色。

使用加色法把 3 种原色（红色、绿色、蓝色）两两等比例混合即可得到减色法中的 3 种原色（黄色、青色、品红色）。它们之间形成一种优雅的对称关系。

下面做些调整，然后在矢量示波器中观察调整的结果。

❶ 继续使用 Skyline 序列。在【时间轴】面板中把播放滑块拖曳到 00:00:01:00 处，该处的颜色比剪辑末尾更鲜艳。

提示 在【源监视器】【节目监视器】【时间轴】面板中单击时间码，输入“1.”（数字“1”后面有一个句点），然后按【Return】键（macOS）或【Enter】键（Windows），可以直接跳到 00:00:01:00 处。每个句点（.）表示添加一对零。

❷ 在【Lumetri 颜色】面板中展开【基本校正】区域。

❸ 把【色温】滑块从一端拖曳到另一端，同时观察矢量示波器中的变化。先把滑块拖曳到左端（蓝色端），如图 13-30 所示。

图 13-30

拖曳滑块时，可以看到矢量示波器中的像素在橙色和蓝色区域之间移动，如图 13-31 所示。向左拖曳滑块，画面中蓝色更多，画面变冷。

图 13-31

❹ 下面把滑块拖曳到右端（橙色端），如图 13-32 所示。

图 13-32

向右拖曳滑块，画面中橙色更多，画面变暖，显得更自然，如图 13-33 所示。

图 13-33

⑤ 双击【色温】滑块，将其重置为默认值。

⑥ 在【Lumetri颜色】面板中把【色彩】滑块从一端拖曳到另一端，同时观察矢量示波器中的变化。拖曳滑块时，可以看到矢量示波器中的像素在绿色和洋红色区域之间移动。

⑦ 双击【色彩】滑块，将其重置为默认值。

边拖曳滑块边观察矢量示波器，这样可以对所做的调整有个客观的判断。

13.3.4.3 RGB 分量

在【Lumetri 颜色】面板中单击【设置】按钮（ ），从弹出的下拉列表中依次选择【预设】>【分量 RGB】。

RGB 分量是另外一种波形展现形式。但不同的是，红色、绿色、蓝色是分别显示的。为了把 3 个颜色分量同时显示出来，Premiere Pro 把【Lumetri 颜色】面板的显示区域沿水平方向等分成 3 部分，如图 13-34 所示。

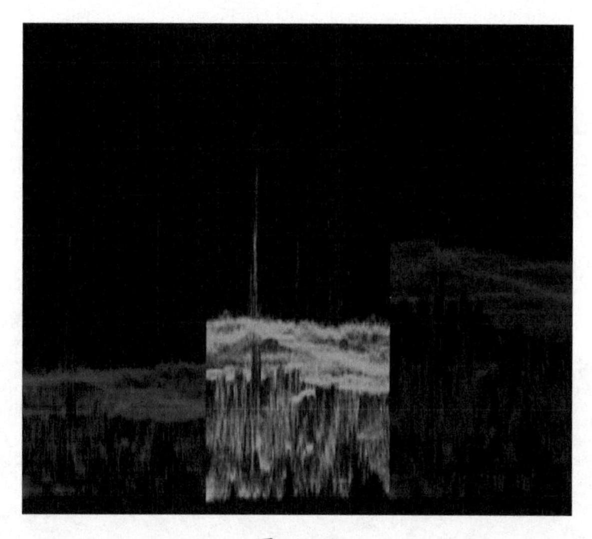

图 13-34

在【Lumetri 颜色】面板中单击【设置】按钮（ ），或者使用鼠标右键单击面板空白区域，然后从【分量类型】中选择要显示哪种分量，如图 13-35 所示。

RGB
YUV
RGB 白色
YUV 白色

图 13-35

3 种颜色分量显示的图形类似，尤其是在有白色或灰色像素的地方，因为这些地方含有等量的红色、绿色和蓝色。在颜色校正过程中，RGB 分量是常用的工具，因为它可以清晰地显示原色通道之间的关系。

为了观察调色对 RGB 分量的影响，在【Lumetri 颜色】面板中展开【基本校正】区域，尝试调整【白平衡】下的【色温】和【色彩】控件。尝试结束后，双击各个控件，把它们恢复成默认状态。

13.4 使用比较视图

前面提到，调色主要分成以下两个阶段。

- 颜色校正：颜色校正的目标是纠正视频画面中的色偏和亮度问题，调整序列中的各个剪辑，让它们看起来就像是在同一时间同一地点拍摄的同一个内容的不同部分，或者让它们符合某个内部交付标准。

• 颜色分级：为各个镜头、场景，或整个序列建立一致外观。

做颜色校正时，对两个剪辑做比较有助于对它们进行匹配，特别是当这两个剪辑来自不同的拍摄场景时，尤为有用，因为在不同场景下拍摄的剪辑即便整体色调类似，它们之间总还是会有一些颜色偏差。

图 13-36

可以把当前序列从【项目】面板拖曳至【源监视器】中，方便并排比较。但是，Premiere Pro 提供了一种更简单的方式，即把【节目监视器】切换到【比较视图】。

下面尝试使用【比较视图】。

❶ 打开 Jolie’s Garden 序列，在【时间轴】面板中把播放滑块拖曳到序列的最后一个剪辑上，如图 13-36 所示。

❷ 在【节目监视器】中，单击【比较视图】按钮（ ）。

注意 在尺寸较小的显示器上，【比较视图】按钮有可能不显示。此时，在【节目监视器】中单击右下角的双箭头，然后从弹出的菜单中选择【比较视图】即可。另外，你还可以从【节目监视器】的【设置】菜单中选择【比较视图】，将其显示出来。

下面看一下比较视图中的一些新控件（见图 13-37）。

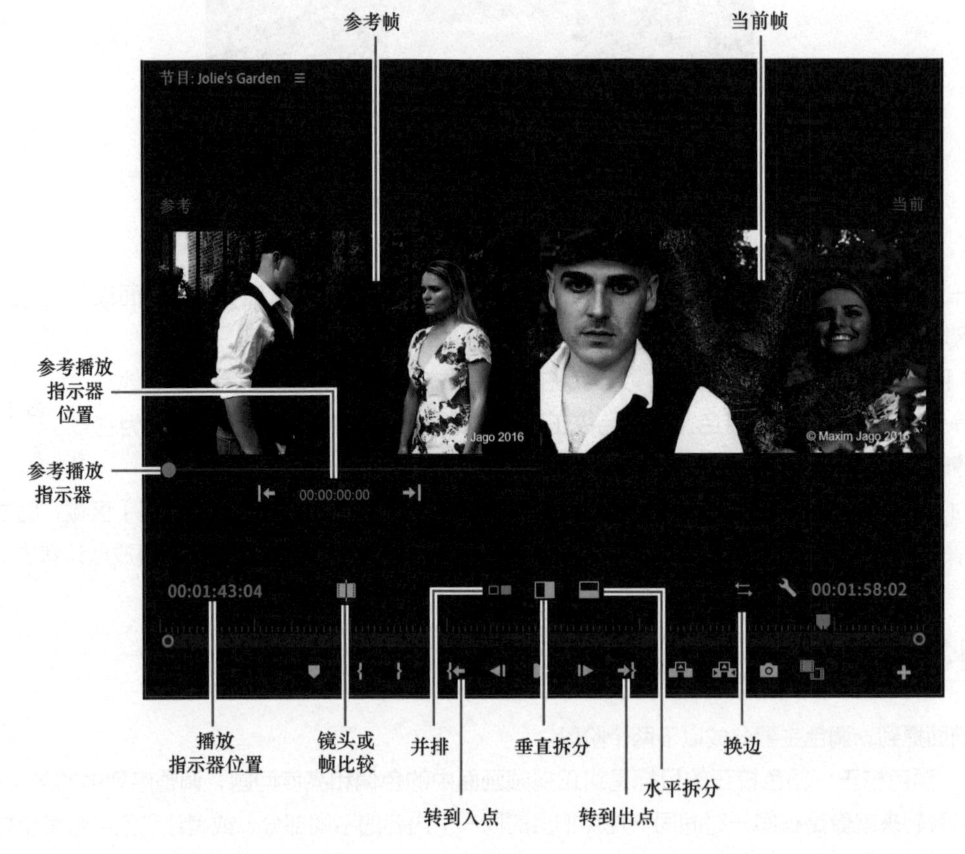

图 13-37

- 参考帧：当前序列中选作参考或颜色匹配的帧。
- 参考位置：参考帧的时间码。
- 播放指示器位置：当前帧的时间码。
- 镜头或帧比较：把另一个帧或当前帧的当前状态用作比较参考；应用效果时，后一个选项会非常有用，因为它提供了效果应用前后的视图，方便观察效果在应用前后的变化。
- 并排：并排查看两个独立画面。
- 垂直拆分：把画面沿垂直方向一分为二，可以拖曳中间分隔线，调整它的位置。
- 水平拆分：沿水平方向把画面一分为二，可以拖曳水平分隔线，改变它的位置。
- 换边：互换左右两个画面。
- 当前帧：当前正在处理的帧。

> **提示** 单击【Lumetri 颜色】面板中的【比较视图】按钮（位于【色轮和匹配】区域下），也可以进入【比较视图】下。它与【节目监视器】中的【比较视图】按钮的作用是一样的。

③ 确保序列中最后一个剪辑处于选中状态，在【Lumetri 颜色】面板中，展开【色轮和匹配】区域。

④ 使用如下方式之一，尝试改变参考帧。

- 把参考帧下面的迷你播放滑块拖曳到新位置。
- 单击参数位置的时间码，输入新时间，或者在时间码上拖曳选择另外一个时间。
- 单击【参考位置】时间码两侧的【转到上一个编辑点】（⇤）或【转到下一个编辑点】按钮（⇥），在剪辑之间跳转，如图 13-38 所示。

图 13-38

⑤ 尝试切换不同的拆分视图，并拖曳拆分视图上的分隔线。

【比较视图】下出现了许多新按钮，需要了解学习。可以综合使用这些按钮精确控制两个正在比较的剪辑，控制它们的显示方式。

使用【比较视图】查看序列的两部分非常有用，它也是在【Lumetri 颜色】面板中进行自动颜色调整的起点。

熟悉了【比较视图】后，接下来继续使用这些剪辑，学习有关颜色匹配的内容。

13.5 匹配颜色

【Lumetri 颜色】面板提供了许多强大的功能，其中之一就是在两个剪辑之间自动匹配颜色。

使用这个功能之前，先在【节目监视器】中切换到【比较视图】，选择参考帧和当前帧，然后在【Lumetri 颜色】面板的【色轮和匹配】区域中，单击【应用匹配】按钮。

有时匹配结果不尽如人意，可能需要多次尝试选择不同的参考帧和当前帧才能得到理想的结果。尽管如此，Premiere Pro 提供的自动颜色匹配功能还是相当不错的，你可以在自动调整的基础做进一步调整。Premiere Pro 自动帮我们做完了 80% 的工作，这大大节省了时间。

下面使用当前序列尝试匹配颜色功能。

① 接上一个练习，把【参考帧】设置成 00:00:01:00，如图 13-39 所示。

图 13-39

② 在【时间轴】面板中，把播放滑块拖曳到序列中最后一个剪辑的开

头，把【比较视图】设置为【并排】，如图 13-40 所示。

图 13-40

❸ 这些剪辑来自同一部电影的不同场景，它们的颜色不必完全相同，但是如果不同剪辑中的人物肤色协调一致，画面效果会更好。在【Lumetri 颜色】面板中勾选【人脸检测】复选框，这样 Premiere Pro 会自动检测镜头中的人脸，并优先进行匹配。

❹ 在【Lumetri 颜色】面板中单击【应用匹配】按钮，向所选剪辑应用颜色调整，如图 13-41 所示。

图 13-41

❺ 画面变化相当明显。为了更清楚地观察画面的变化，可以不断勾选和取消勾选【色轮和匹配】复选框（见图 13-42）。

图 13-42

❻ 在【节目监视器】中单击【比较视图】按钮（ ），切换到正常的播放视图。

【Lumetri 颜色】面板中提供的自动颜色匹配功能不可能把颜色匹配得完全相同，部分原因是眼睛对颜色的感知是十分主观的，而且容易受到其他因素的影响。不过，在 Premiere Pro 中，所有调整都是可以再次编辑的，可以对不满意的调整再次修改，直到获得满意的结果。

13.6　了解调色效果

提示　【效果】面板顶部有一个搜索框，你可以通过在该搜索框中输入效果名称来查找效果。学习如何使用一个效果的最佳方式是把它应用到一个拥有良好色彩、高光、阴影的剪辑上，然后调整效果的各个设置并查看结果。

在 Premiere Pro 中，除使用【Lumetri 颜色】面板调整颜色外，还可以使用大量调色效果来调整颜色，这些调色效果都值得我们好好了解一下。而且与其他效果一样，可以使用关键帧为调色效果的各个属性制作动画。事实上，【Lumetri 颜色】效果也一样，只要在相应【效果控件】面板中做调整就行。

随着对 Premiere Pro 越来越熟悉，你会发现 Premiere Pro 中有很多效果能够产生相同结果，这导致你在实际使用时不知道该选哪种效果好。Premiere Pro 中经常有多种方法能够得到相同结果，选择哪种方法取决于个人喜好。

建议你多尝试一下不同效果，了解各个效果都有哪些选项可用。尝试时，多选一些在颜色、高光、阴影方面有明显差异的素材，方便观察把效果应用到不同类型内容上的结果。

提示 在【颜色】工作区下，【效果】面板不容易找到。此时，你可以从【窗口】菜单中选择【效果】打开【效果】面板。任何一个面板都可以在【窗口】菜单中打开。

13.6.1 使用【视频限制器】效果

除了创意效果之外，Premiere Pro 的颜色校正功能还包含了一些用于制作专业视频的效果。

制作视频时，一般都对视频的最大亮度、最小亮度、颜色饱和度有特定限制要求。虽然可以手动调整各个控件把视频调整到允许的限制范围内，但在这个过程中我们很容易遗漏序列中某些需要调整的部分。为此，Premiere Pro 专门提供了【视频限制器】效果。

在【效果】面板的【视频效果】>【颜色校正】下找到【视频限制器】效果（见图 13-43），将其应用到剪辑上，此时它会把限制自动应用到所选剪辑上，确保剪辑符合指定标准。

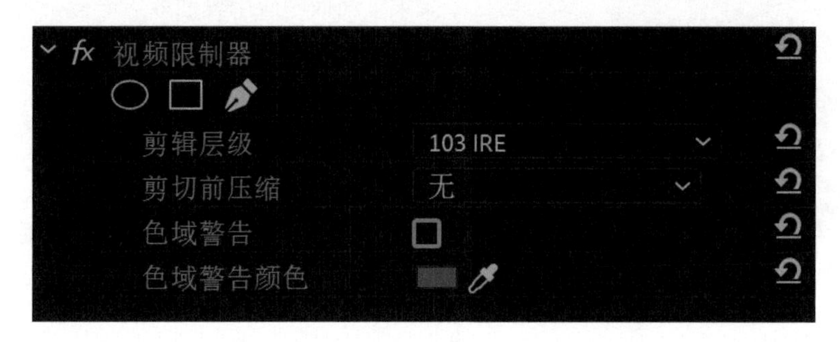

图 13-43

在【效果控件】面板中调整【视频限制器】效果的【剪辑层级】前，需要先了解广播公司提出的限制要求。所有超过剪辑层级的信号都会被剪切掉。

下面选择一个合适的【剪切前压缩】的数量。设置该选项后，Premiere Pro 不会直接把高于【剪辑层级】设置的信号剪切掉，而是先做适当压缩再进行剪切，这样能够得到更自然的结果。

剪切前，可以把【剪切前压缩】设置成 3%、5%、10%、20% 几个值。

勾选【色域警告】复选框后，那些高于【剪辑层级】设置的像素将使用【色域警告颜色】中指定的颜色进行显示。在浏览序列时，这个功能非常有用。但是，在导出序列之前，必须关闭【色域警告】选项，否则高亮显示的颜色会出现在导出文件中。

提示 通常，我们会把【视频限制器】效果应用到整个序列上，具体方法是将其应用到一个调整图层上，或者导出时再开启它（参考第 16 课“导出帧、剪辑和序列”）。

13.6.2 使用【效果】面板中的【Lumetri 颜色】预设

除了【Lumetri 颜色】面板中的控件外，在【效果】面板中还有大量的【Lumetri 颜色】预设。做高级调色时，你可以从这些预设开始。这些预设带有各种设置，应用预设后，可以根据需要继续调整各个设置，直到获得想要的结果。增加【效果】面板宽度，可以预览 Premiere Pro 内置的预设效果，如图 13-44 所示。

图 13-44

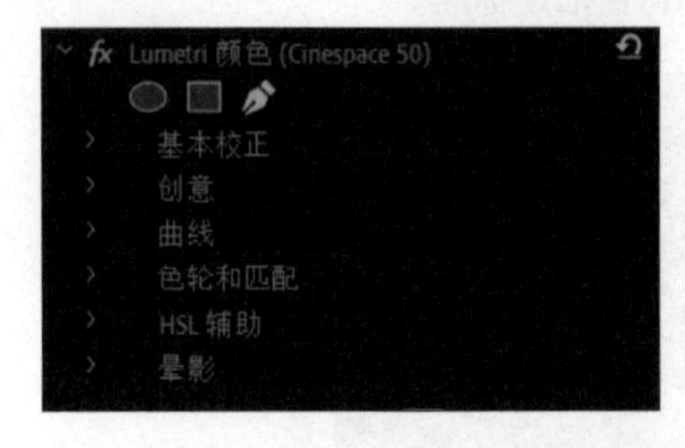

图 13-45

与在【效果】面板中应用其他效果一样，可以使用同样的方式来应用【Lumetri 颜色】预设效果，如图 13-45 所示。

【Lumetri 颜色】预设其实就是一些【Lumetri 颜色】效果，只不过它们或者在【基本校正】中应用了某个【输入 LUT】，或者在【创意】中应用了某个外观。

你可以在【效果控件】面板或【Lumetri 颜色】面板中开关或删除它们。

13.7 修复曝光问题

下面找一些存在曝光问题的剪辑，然后使用【Lumetri 颜色】面板尝试修复它们。

❶ 确保当前处在【颜色】工作区，必要时将其重置为已保存的布局。

❷ 打开 Color Work 序列。

❸ 在【Lumetri 范围】面板中单击鼠标右键，或者单击【设置】按钮（🔧），依次选择【预设】>【波形 RGB】，快速关闭其他示波器，只显示波形 RGB 示波器。

❹ 在【Lumetri 范围】面板中单击鼠标右键，或者单击【设置】按钮（🔧），依次选择【波形类型】>【YC 无色度】，这样显示的波形就在标准广播电视范围内，对大多数视频项目来说，这非常有用。

❺ 在【时间轴】面板中，把播放滑块拖曳到序列的第一个剪辑上。第一个剪辑是一位女士在街道上行走的场景，如图 13-46 所示。下面增加这个剪辑的对比度。

图 13-46

观察视频画面，可以看到人物周围的环境雾蒙蒙的。100 IRE（波形图左侧最大刻度）表示完全过曝，0 IRE（波形图左侧最小刻度）表示无曝光。整个视频画面既无过曝又无死黑，你的眼睛很快适应画面，因此你会觉得整个画面看上去还不错，但是画面对比度其实是有点低的，从波形图可以看到这一点。

下面我们尝试做一些调整，看看能否让画面变得更生动一些。

⑥ 在【Lumetri 颜色】面板中单击【基本校正】，将其下的选项展开。

⑦ 调整【曝光】和【对比度】的值，同时观察波形图，不要让画面中出现太暗或太亮的区域。

调整前，先从剪辑中找出最好的一帧作为参考画面，这样调整时可有的放矢，更容易得到满意的视觉效果。00:00:07:19 处的一帧画面非常清晰，选它作为参考画面。

把【曝光】设置为 0.6、【对比度】设置为 60，如图 13-47 所示。

图 13-47

提示 你可以指定一个键盘快捷键来暂时关闭【Lumetri 颜色】效果的所有实例。在【键盘快捷键】对话框中，为【绕过 Lumetri 颜色效果】命令指定一个键盘快捷键。有关设置键盘快捷键的内容，请参考第 1 课“了解 Premiere Pro”。

⑧ 反复勾选或取消勾选【基本校正】复选框，比较调整前后画面的变化。

经过上面这些细微调整，画面的空间感更足了，画面中的高光和阴影也更明显了。可以反复打开与关闭效果，同时在【Lumetri 范围】面板中观察波形图的变化。仔细观察画面，你会发现画面中没有太亮的高光，这十分正常，因为画面中的颜色以中间调居多，而且还雾蒙蒙的。

13.7.1 修复曝光不足问题

下面解决剪辑曝光不足问题。

❶ 切换到【效果】工作区。

❷ 在【时间轴】面板中，把播放滑块拖曳到 Color Work 序列的第二个剪辑上。这个剪辑看上去还不错，高光合适，细节也挺丰富，尤其是人物的面部很清晰。但是有些暗部区域太黑，丢失了细节。

❸ 打开【Lumetri 范围】面板，观察当前所选剪辑的波形图。波形图底部存在不少暗像素，有些几乎接触到了 0 IRE 线，如图 13-48 所示。

图 13-48

💡提示 【Lumetri 范围】面板不是【颜色】工作区独有的，你可以随时从【窗口】菜单中打开它。任何一个面板都可以通过【窗口】菜单打开。

从视频画面看，这些暗像素大多集中在人物的右肩位置（画面左侧），使得人物右肩区域丢失细节。对于这样的暗像素集中区域来说，增加亮度只会使深色的阴影变为灰色，并不能恢复丢失的细节。

❹ 在【效果】面板中查找【Brightness & Contrast】效果，为选中的第二个剪辑应用【Brightness & Contrast】效果。

❺ 向右下方拖曳【Lumetri 范围】面板，将其移动到【节目监视器】左侧的一个新面板组中，如图 13-49 所示。

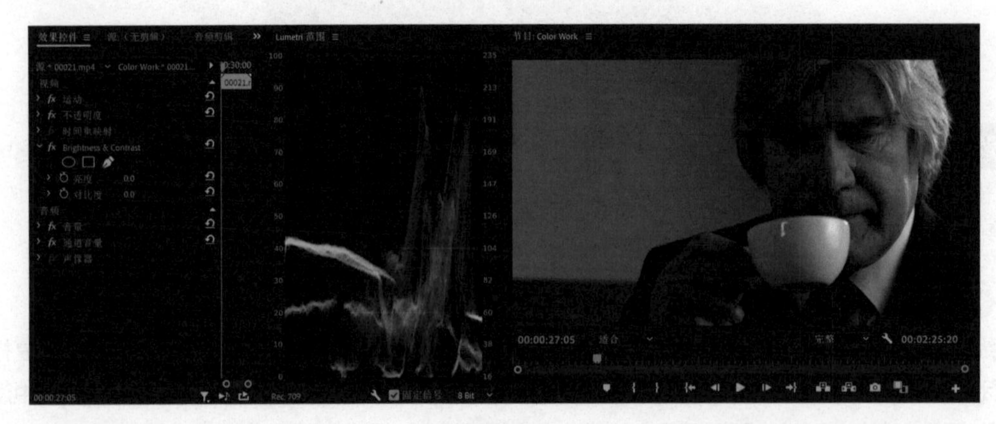

图 13-49

这样可以同时看到【效果控件】面板、【节目监视器】面板，以及【Lumetri 范围】面板。

❻ 在【效果控件】面板中向右拖曳【亮度】滑块，增加【亮度】值。改变亮度时，不要直接输入数值，而要采用拖曳滑块的方式，这样做的好处是可以一边拖曳【亮度】滑块一边观察画面的变化。

在不断向右拖曳【亮度】滑块的过程中，视频画面亮度不断增加，波形图整体上移，整个画面虽然变亮了，但是阴影部分仍然是一条平坦的线，也就是说，增加画面亮度只是把黑色阴影变成了灰色阴影，如图 13-50 所示。如果把【亮度】滑块拖曳到右端（100），剪切掉一部分高光，会看到整个视频画面变得又亮又灰。

图 13-50

> 注意 使用【Brightness & Contrast】效果能够快速修复画面的亮度和对比度，但一不小心就会把黑色（暗）或白色（亮）像素剪切掉，导致丢失细节。

❼ 从【效果控件】面板中删除【Brightness & Contrast】效果。

❽ 切换回【颜色】工作区。在【Lumetri 颜色】面板的【曲线】区域中，尝试使用 RGB 曲线进行调整，图 13-51 所示是使用 RGB 曲线增加画面亮度后的样子。

❾ 使用 RGB 曲线调整序列的第三个剪辑。

从上面的调整中可以认识到，所谓的后期调整不是万能的，它只能在一定程度上改善视频画面的质量，而无法解决视频本身存在的一些缺陷。当然，这并不是说后期调整毫无必要，它对于增强视频画面的视觉感染力至关重要，例如可以根据创作需要向视频应用一些艺术感很强的效果，为视频创建出一种独特的外观，以此增强视频画面的视觉冲击力和艺术感染力。

❿ 修复序列的第四个剪辑。这是一个沙漠的航拍镜头，整个视频画面曝光不足。向右拖曳

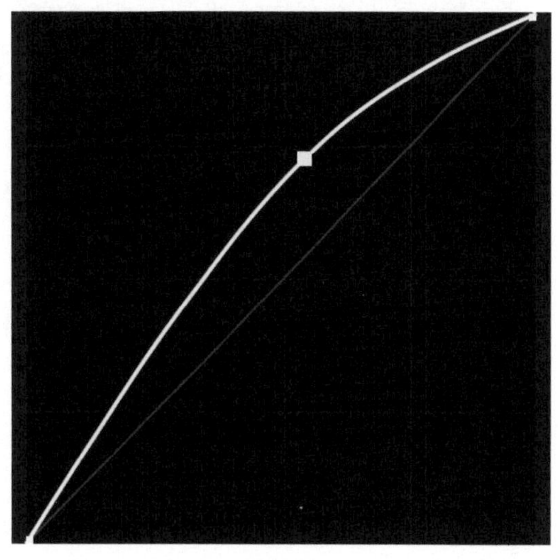

图 13-51

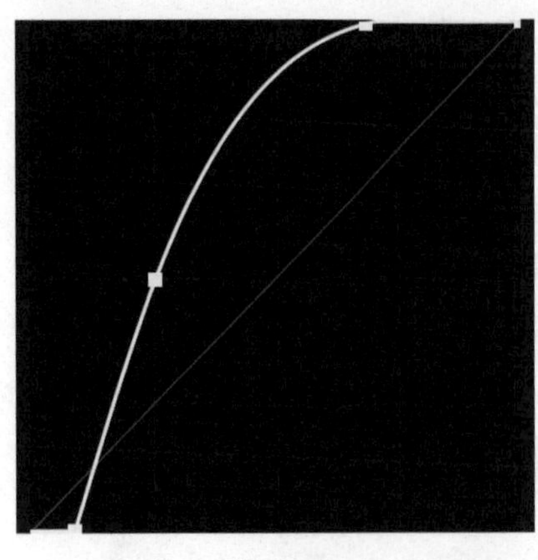

图 13-52

RGB 曲线底部的控制点，直到【Lumetri 范围】面板中最暗的像素触到底部，使阴影变暗。

⓫ 向左拖曳 RGB 曲线顶部的控制点，直到波形图中最亮的像素触碰到顶部，使高光变亮。

画面中的阴影变暗、高光变亮会增加画面的整体对比度。

⓬ 单击 RGB 曲线的中间部分，添加一个控制点，向上或向下拖曳，直到获得令人满意的效果为止，此时视频画面有了明显的改善，如图 13-52 所示。

13.7.2 修复曝光过度问题

下面尝试解决曝光过度问题，视频画面如图 13-53 所示。

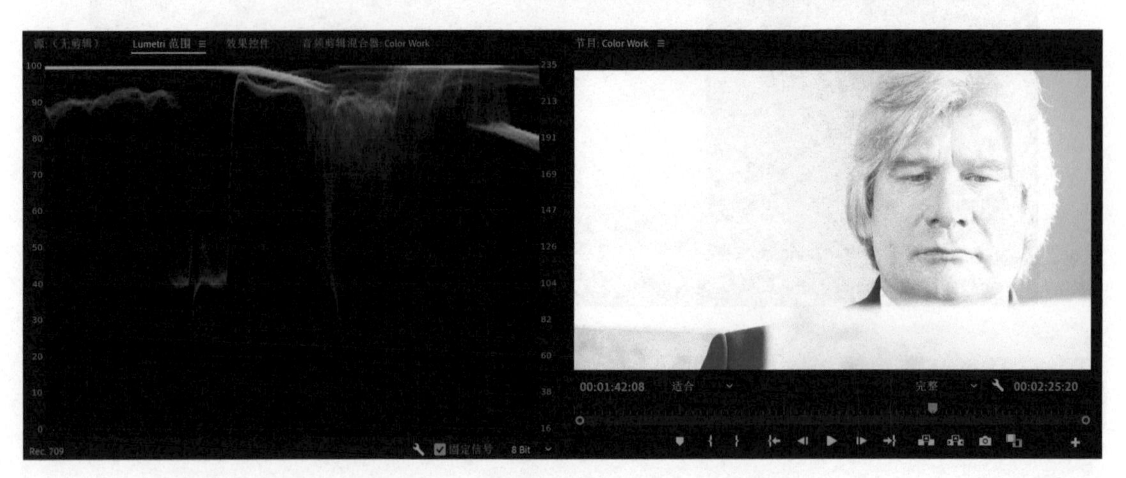

图 13-53

❶ 在【时间轴】面板中，把播放滑块拖曳到序列的第五个剪辑上，视频画面出现了严重的曝光过度问题。与序列的第二个剪辑中的阴影区域类似，画面的曝光过度区域中没有任何细节。也就是说，降低画面亮度只会让人物的皮肤、头发变灰，而无法恢复细节。

❷ 从波形图看，视频画面中的阴影区域并没有接触到波形图的底部，即视频画面缺失暗部，这导致整个画面的对比度不够。

❸ 使用【Lumetri 颜色】面板，改善画面对比度。经过一系列调整，尽管视频画面看上去有明显的后期加工痕迹，但最终结果还是可以接受的。

上面这段视频素材是 8 位的，所以调整时，可以恢复的细节并不多。倘若视频素材是 10 位或 16 位的，那么经过一系列调整之后，还是能够得到令人满意的结果。

13.8 纠正偏色问题

人的眼睛会自动调整以补偿周围环境光线颜色的变化。这是一种非凡的能力，它使得你把白色物体还原为白色，比如白色物体在钨丝灯的照射下呈现橙黄色，但你的眼睛仍然会把它还原成白色。

类似于人眼，摄像机也可以自动调整它们的白平衡以补偿光线颜色的变化。正确校正白平衡后，无论是室内拍摄（在橙色钨丝灯照射下），还是室外拍摄（在偏蓝的日光照射下），白色物体拍出来就是白色的。

但是，摄像机毕竟是机器，它的自动白平衡功能的准确性并不稳定。为了确保白平衡准确，一般专业摄像师都喜欢手动校正白平衡。当然，白平衡不准并非都是坏事，有时可以故意把它调得不准，借以实现一些有趣的效果。剪辑出现偏色问题最常见的原因就是没有准确校正摄像机的白平衡。

关于颜色校正标准

视频调色是个非常主观的事。尽管调色时会受到图像格式和广播技术要求方面的限制，但是是让图像亮一些还是暗一些，偏蓝还是偏绿，最终都是调色者个人的主观选择。虽然 Premiere Pro 提供了【Lumetri 范围】面板等非常好用的参考工具，但是最后要调整到什么程度还是要由视频编辑者决定。

如果你制作的视频将用在广播电视中，那么调色之前应该先将一台电视机连接到 Premiere Pro 编辑系统中，方便查看调色之后的结果，这一点非常重要。通常，电视屏幕显示的颜色与计算机显示器不同，而且有时电视屏幕还支持用来更改视频外观的特殊颜色模式。编辑视频时，为了做出具有专业水准的广播电视效果，编辑人员应该准备一台经过准确校正的显示器连接到编辑系统中。虽然可以使用【显示颜色管理】功能来模拟电视上显示的颜色，但相比之下，还是使用经过严格校正的显示器更可靠。

若制作的视频要在数字影院、超高清电视、高动态范围电视上播放，上述规则也适用。想知道视频最终呈现出来的效果，唯一的途径就是直接在目标播放设备上进行查看。如果视频的最终播放设备是计算机，这段视频或许是一段 Web 视频，或许是软件界面的一部分，你就不需要再寻找其他显示设备了，因为编辑视频时用的就是计算机。

13.8.1 使用 Lumetri 色轮校色

下面使用【Lumetri 颜色】面板中的色轮工具为序列中的最后一个剪辑校色。

❶ 确保当前处在【颜色】工作区，必要时将其重置为已保存的布局。

❷ 在【时间轴】面板中，把播放滑块拖曳到【Color Work】序列的最后一个剪辑上。

❸ 在【Lumetri 颜色】面板中展开【基本校正】区域，单击【自动】按钮，自动调整色阶，如图 13-54 所示。

Premiere Pro 会自动调整【颜色】和【灯光】的值，对画面中的亮度级别和色彩平衡做补偿。可以看到视频画面有所改善，但仍有比较强烈的蓝色调。

用这种方式做自动调整一般都能获得比较理想的结果，但是由于拍摄现场环境中的光源纷杂，Premiere Pro 无法知道哪种色温是正确的。

❹ 若【Lumetri 范围】面板当前未处于活动状态，单击它，使其成为活动面板。

❺ 在【Lumetri 范围】面板内单击鼠标右键，从弹出的菜单中依次选择【预设】>【矢量示波器 YUV】，如图 13-55 所示。

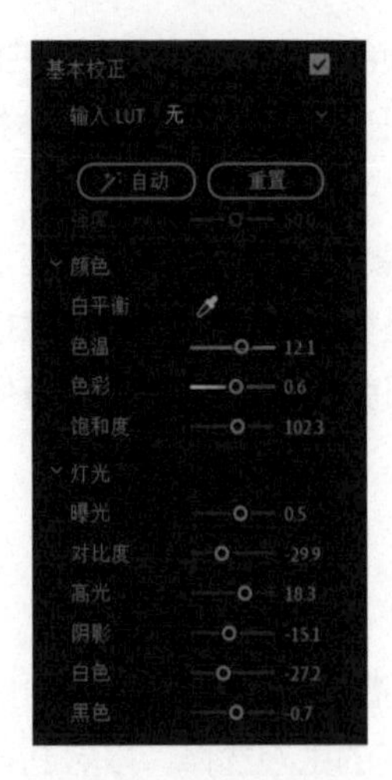

图 13-54

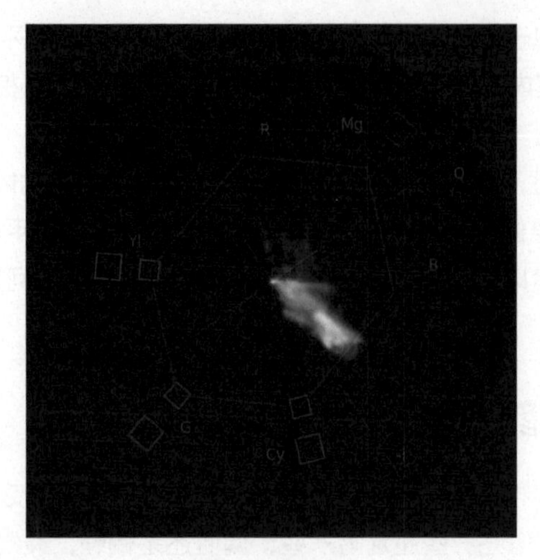

图 13-55

很明显，剪辑的颜色范围没有问题，但是画面严重偏蓝。当时拍摄现场的光线比较乱，从窗户透进来的偏蓝光线压制住了从屋内钨丝灯射出来的暖色光线。

❻ 在【Lumetri 颜色】面板的【基本校正】区域中，把【色温】滑块向橙色方向拖曳。可能需要把【色温】滑块拖曳到右端，才能看到画面效果，因为画面中蓝色偏色太重。

调整之后，画面看上去还不错。

画面中暗部区域受室内钨丝灯的照射偏暖，而亮部区域受室外日光的照射偏蓝。对此，可以使用色轮针对画面的不同区域进行调整，这样画面更加真实、自然。

❼ 在【Lumetri 颜色】面板中展开【色轮和匹配】区域。为了强调不同光源，在阴影色轮上把颜色拖向橙色，在中间调色轮上把颜色拖向红色，在高光色轮上把颜色拖向蓝色，如图 13-56（a）所示。

❽ 经过调整后，观察视频画面，你会发现画面中的阴影、中间调区域变暖，高光区域变冷。再次调整中间调色轮，以获得更自然的画面效果，如图 13-56（b）所示。

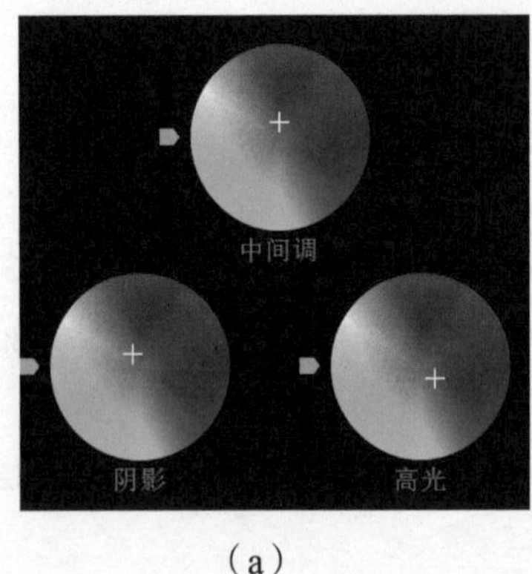

（a）

（b）

图 13-56

可以在【Lumetri 颜色】面板中继续调整其他选项，看是否能够进一步改善画面的视觉效果。

为了更精确地调整图像，可以添加两个 Lumetri 效果，并使用【效果控件】面板为它们添加蒙版。把一种效果限制在图像的左侧，另一种效果限制在图像的右侧，以自然的方式分别对室内和室外的场景进行调整。

13.8.2 使用 HSL 辅助调色工具

借助【Lumetri 颜色】面板中的 HSL 辅助工具，可以只针对画面中某个特定范围内的色相、饱和度和亮度进行调整。

如果想把人物的眼睛变成蓝色，或者加强花朵的颜色，则 HSL 辅助工具会非常有用。下面动手试一试。

❶ 打开 Yellow Flower 序列，在【时间轴】面板中把播放滑块拖曳到第一个剪辑上，如图 13-57 所示。该序列中包含两个剪辑，各个剪辑画面中的颜色区别非常明显。

❷ 在【Lumetri 颜色】面板中展开【HSL 辅助】区域。

❸ 单击【设置颜色】中的第一个吸管工具，将其选中，然后单击花朵的黄色花瓣，拾取颜色，如图 13-58 所示。

图 13-57

图 13-58

单击的同时按住【Command】键（macOS）或【Ctrl】键（Windows），Premiere Pro 会基于 5 像素 ×5 像素进行平均采样。

注意 如果你用的是 macOS，系统会询问你是否允许 Premiere Pro 录制你的计算机屏幕。单击【打开系统首选项】，输入管理员密码，解锁【安全与隐私】首选项，然后退出 Premiere Pro，再次启动后更改生效。

【色相】【饱和度】【明度】会根据单击的区域（花瓣）做出相应变化。

❹ 拖曳 H、S、L 颜色范围选择控件，扩展选择范围，如图 13-59 所示。最初你可能只选择了几个像素，因为花瓣的黄色变化很丰富。

对于每个控件，上方的三角形代表选区的硬边缘，下方三角形通过柔化硬边缘来扩展选区，如图 13-60 所示。

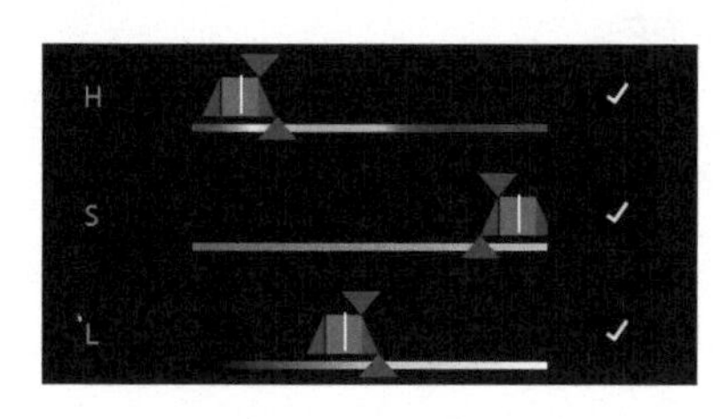

图 13-59

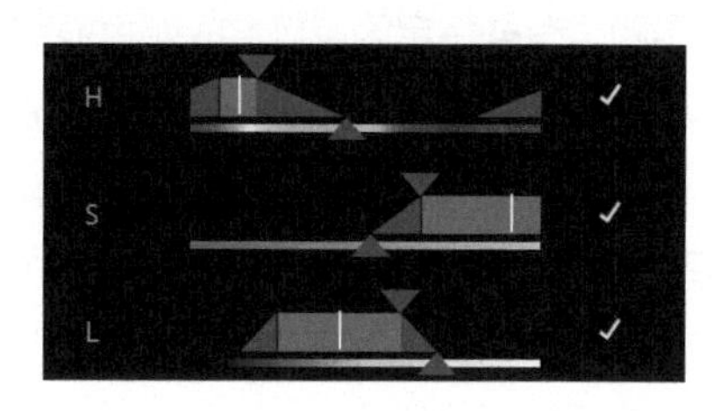

图 13-60

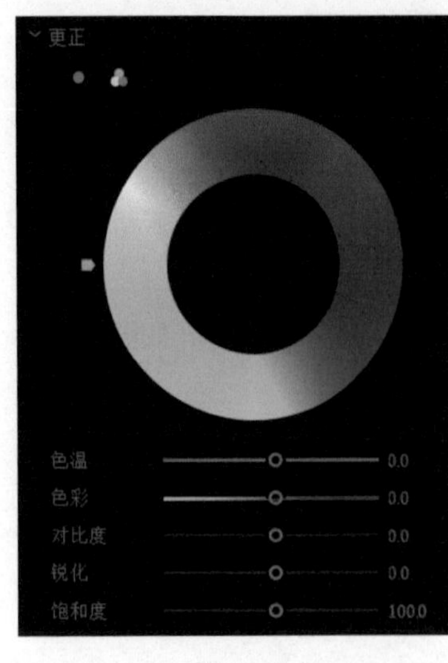

图 13-61

当你按住鼠标左键拖曳控件时，画面中未被选择的像素呈现为灰色。当松开鼠标时，图像恢复成原样。

❺ 在【优化】区域下尝试【降噪】和【模糊】两个控件，它们会影响选区，只对选区做平滑处理，而非整个图像内容。

❻ 当准确选择了黄色花瓣后，调整【更正】下的【色温】与【色彩】控件，如图 13-61 所示。

所做的调整只会影响选区中的像素。

❼ 掌握这些控件后，尝试调整序列中的第二个剪辑。选择蓝色天空中的像素，然后增加颜色饱和度，向选区添加蓝色调。

13.8.3 使用曲线调整

【Lumetri 颜色】面板的【曲线】区域中有一系列色相饱和度曲线，在调整色相与亮度时，可以使用它们进行更精确的控制。

每个控件各不相同，它们分别适用于某一种特定类型的选区和调整，但是它们的基本工作方式都相同。通过调整曲线形状，可以把调整结果应用到所选像素上。你可能会觉得这与调整【参数均衡器】音频效果差不多，的确如此。

曲线调整结果与使用 HSL 辅助调色工具得到的结果类似，但是操作起来更简单、更快捷。

曲线刚开始时是一条直线，单击添加控制点后，它会变成曲线。拖曳控制点的位置，可以改变曲线形状，从而对图像做出相应调整。

曲线名称的前半部分是水平轴，后半部分是垂直轴。

每条曲线的功能如下。

- 色相与饱和度：基于指定色相选择像素，并修改饱和度水平。
- 色相与色相：基于指定色相选择像素，并改变所选像素的色相。
- 色相与亮度：基于指定色相选择像素，并改变所选像素的亮度。
- 亮度与饱和度：基于指定亮度选择像素，并改变所选像素的颜色饱和度。
- 饱和度与饱和度：基于指定的饱和度选择像素，并改变所选像素的颜色饱和度。你可以使用该工具降低图像中的高饱和度区域，同时保持图像的其他区域不变。

与其他许多效果相同，要了解这些曲线的功能，最快的办法是找一些剪辑来把这些曲线全都试一遍，做一些极端的调整，然后观察前后变化。

下面来试一试。

❶ 打开 The Ancestor Simulation 序列。播放序列，熟悉序列内容。序列中各个剪辑画面的颜色都比较柔和，有些特定区域包含的颜色很明显，比如桌子上的花。

❷ 在【Lumetri 颜色】面板中展开【曲线】区域。在【时间轴】面板中，把播放滑块拖曳到序列的第二个剪辑上的 00:00:06:00 处，如图 13-62 所示。

每条色相饱和度曲线的右上方都有一个吸管工具（）。使用它单击图像中的某个位置，Premiere Pro 会在曲线上添加 3 个控制点：中间一个对应在图像上点击的位置，另外两个把你要进行调整的部分与曲线的其余部分分开。

图 13-62

❸ 单击色相与饱和度曲线的吸管工具，然后单击桌子上最靠近摄像机的淡红色花瓣吸取颜色。

❹ 使用吸管做好的选区正好位于色相曲线边缘。拖曳曲线底下的滚动条，把控制点显示在中间区域，如图 13-63 所示。

❺ 向上大幅拖曳位于中间的控制点，提升花朵的饱和度，如图 13-64 所示。

这里建议降低调整的强度，以便获得更自然的效果。

❻ 在时间轴上，把播放滑块拖曳到序列开头第一帧的位置上。使用饱和度与饱和度曲线的吸管工具，选择沙发上的淡米色。这样选出的像素几乎没有饱和度。向上拖曳左侧控制点，使其处于非常高的位置，给沙发和画面灰白区域中加点颜色，如图 13-65 所示。

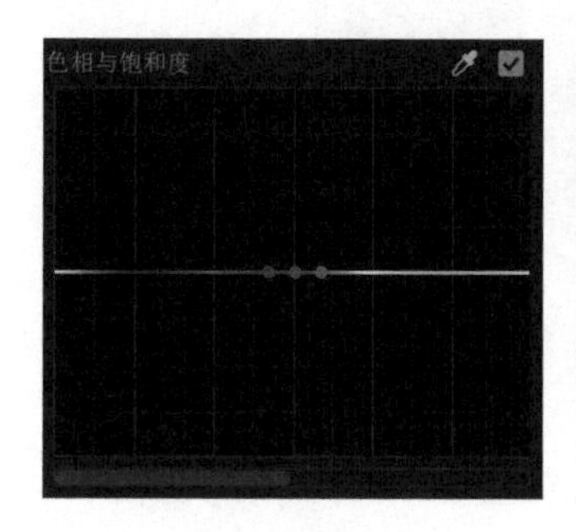

图 13-63

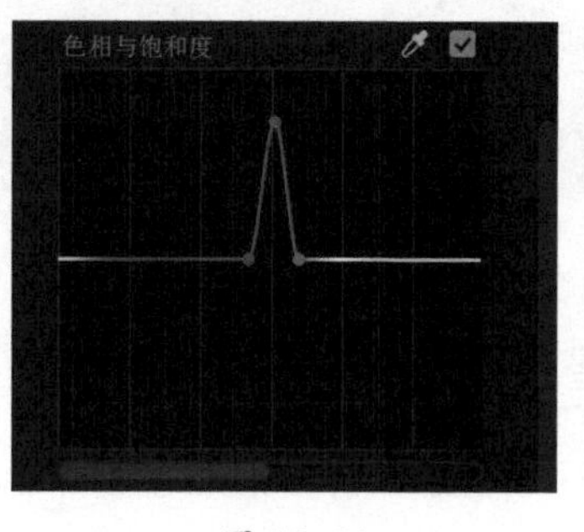

图 13-64

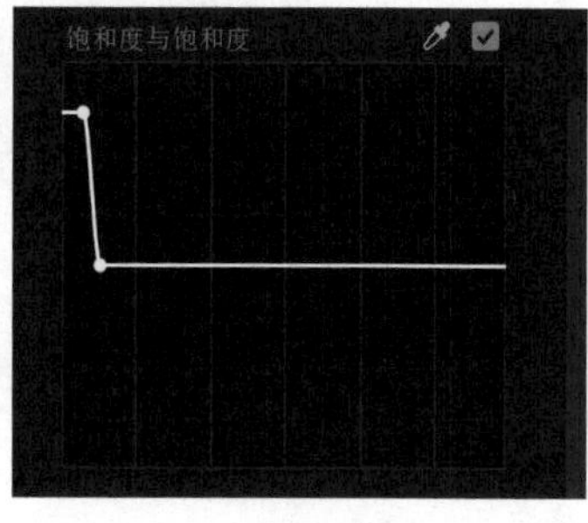

图 13-65

因为只选了颜色饱和度较低的像素，所以画面中其他具有较高饱和度的区域不受影响。这样，调整出来的结果看上去会更自然。

注意 示例视频剪辑的分辨率较低，而且经过了压缩（保持较小尺寸）。所以，处理原始素材文件时，最终呈现的边缘要比你想的还要柔和。

❼ 尝试调整序列中的其他剪辑。例如，在序列的第六个剪辑中，可以看到有城堡、树等景物，先使用色相与饱和度曲线提高绿树的饱和度，再使用色相与亮度曲线把树叶的亮度降低。这会增加画面的视觉趣味性和对比度，同时又不必修改整个剪辑。

13.9 使用特殊颜色效果

在【效果】面板中，Premiere Pro 提供了一些用于调整剪辑颜色的效果，帮助我们生成更具创意的画面。

13.9.1 使用【高斯模糊】

严格来说，高斯模糊不是一种调色效果，但是向画面适度加一点模糊可以起到很好的柔化作用，从而让画面看起来更加自然、真实。Premiere Pro 为我们提供了大量模糊效果，其中最常用的一种是【高斯模糊】，使用它可以在画面上形成一种自然、平滑的效果。

13.9.2 使用风格化效果

风格化效果分类中包含一些戏剧化的效果（比如马赛克效果），使用这些效果并结合使用效果蒙版，可以对视频画面局部做一些特殊化处理，比如隐藏某个人的面部。

调整画面颜色时，使用【曝光过度】效果能够为画面带来强烈的过曝感觉，很适合用来为图形或开场序列创建个性十足的背景，如图 13-66 所示。

图 13-66

13.9.3 从文件添加颜色调整

【Lumetri 颜色】面板中包含一系列内置外观，我们在前面都尝试过。此外，【效果】面板中也包含了大量 Lumetri 颜色预设，即查即用非常方便。

事实上，这些效果使用的都是【Lumetri 颜色】效果。

除使用内置预设外，【Lumetri 颜色】效果还允许浏览已有的 LOOK、LUT 或 CUBE 文件，并使用这些文件对素材颜色进行精细调整。

最开始调整颜色时，你可能会拿到一个 LOOK 或 LUT 文件作为调色的起点。目前，越来越多的摄像机和拍摄监视器开始采用这种颜色参考文件。这样，在后期处理素材的过程中，就有了一样的参考文件。

要应用某个现成的 LOOK、LUT 或 CUBE 文件，请在【Lumetri 颜色】面板的【基本校正】区域中打开【输入 LUT】下拉列表，然后从中选择需要的文件，如图 13-67 所示。

图 13-67

13.10 创建独特外观

在 Premiere Pro 中花时间学习了各种颜色校正效果后，你应该了解可以进行哪些调整，以及这些调整对素材的整体外观和氛围的影响。

可以使用效果预设为剪辑创建独特外观，还可以把效果应用到一个调整图层上，为整个序列或序列的一部分添加整体外观。

下面借助调整图层向序列应用颜色调整效果。

❶ 打开 Theft Unexpected 序列。

❷ 单击【项目】面板，将其激活，然后从菜单栏中，依次选择【文件】>【新建】>【调整图层】。在【调整图层】对话框中保持各个视频设置不变，单击【确定】按钮。

❸ 把刚创建的调整图层拖曳到序列的 V2 轨道上，使其靠左端对齐。若【时间轴】面板中的【对齐】按钮（）处于开启状态，调整图层会自动对齐到序列左端。若【对齐】按钮（）处于关闭状态，先按【S】键，将其打开，再拖曳剪辑。

调整图层的默认持续时间与静态图像一样，相对于序列来说太短。

❹ 向右拖曳调整图层的右边缘，使其持续时间与序列相同，如图 13-68 所示。

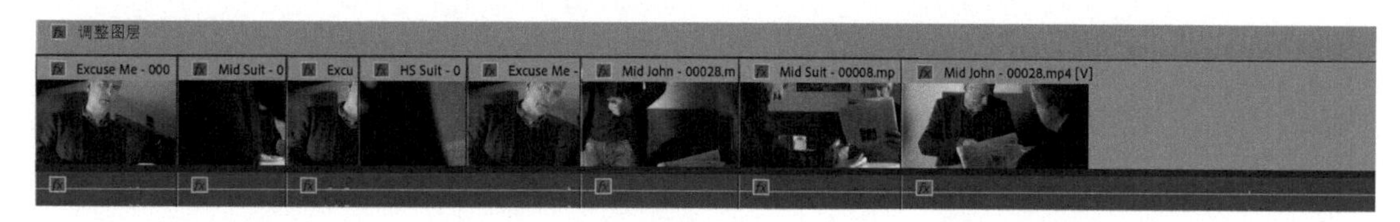

图 13-68

❺ 在【效果】面板中，在【Lumetri 预设】的【SpeedLooks】下找到【Universal】效果组，从中任选一种预设应用到调整图层上。这里，选用【SL 热金 (Universal)】预设，如图 13-69 所示。

图 13-69

注意 如果序列中除了视频图层之外还包含图形或字幕图层，则需要把调整图层放到图形图层（或字幕图层）和视频图层之间的轨道上。否则，对调整图层所做的调整也会影响到图形图层或字幕图层。

提示【效果】面板的【SpeedLooks】中包含大量效果预设，它们的应用方法与普通效果相同，也可以组合使用，只需直接应用另一个即可。

此时，所选外观会应用到序列的所有剪辑上（见图 13-68），而且可以使用【效果控件】面板或【Lumetri 颜色】面板中的控件调整它。

可以采用这种方式应用其他任何一种标准视觉效果，使用多个调整图层向不同场景应用不同外观。

还可以使用【Lumetri 颜色】面板中的各种控件调整在面板顶部选中的【Lumetri 颜色】效果。

上面对颜色调整做了简单的介绍，还有大量内容值得探讨。建议花些时间熟悉【Lumetri 颜色】面板中的高级控件。Premiere Pro 提供了大量视觉效果，可以使用它们为素材添加细微或显著的外观。在 Premiere Pro 学习和后期视频处理过程中，多尝试、多实践才是掌握 Premiere Pro 以及实现创意的关键。

13.11 复习题

1. 如何在【Lumetri 范围】面板中更改显示类型？
2. 若【Lumetri 范围】面板未在颜色工作区中显示出来，该如何把它显示出来？
3. 调色时，为什么要使用矢量示波器，而不靠人眼？
4. 如何向整个序列应用外观？
5. 为什么需要限制视频的亮度和颜色级别？

13.12 答案

1. 在【Lumetri 范围】面板中单击右键或者打开【设置】菜单，从弹出的菜单中选择想要的显示类型。
2. 可以在【窗口】菜单中选择【Lumetri 范围】，将其显示出来。
3. 颜色感知是一种主观、相对的行为。新看到的颜色会受之前看到的颜色的影响。矢量示波器可以为你提供一种客观的参考。
4. 可以使用【效果】面板中的效果预设，把同样的颜色调整应用到多个剪辑上，或者添加一个调整图层，把效果应用到调整图层上。在调整图层下的所有剪辑都会受到调整图层的影响。
5. 如果你制作的视频要用于广播电视或者线上发布，那么需要确保视频满足最大与最小亮度与颜色级别的要求。一般你服务的广播公司会主动告诉你这些要求。

第 14 课

了解合成技术

课程概览

本课学习如下内容：

- 使用 Alpha 通道
- 使用不透明度
- 使用蒙版
- 使用合成技术
- 使用绿幕

学完本课大约需要 

请先准备好本课要用到的课程文件，并把它们存放到本地计算机中方便取用的位置。

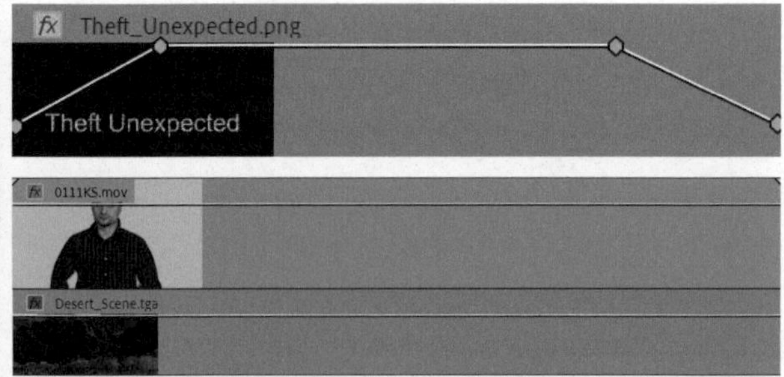

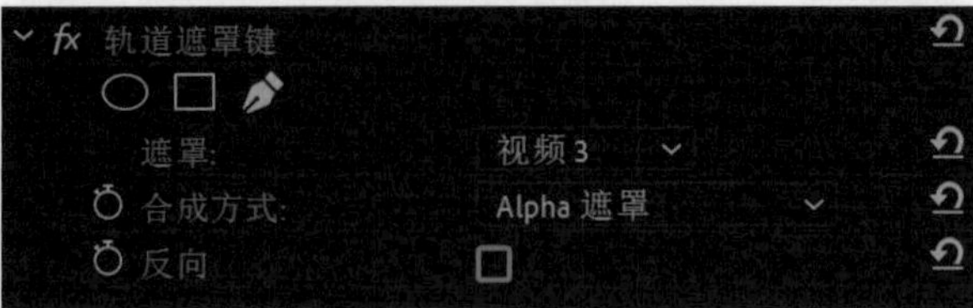

任何把两个图像组合在一起的处理过程都叫合成，包括混合、分层、抠像、蒙版、裁剪。Premiere Pro 提供了强大的合成工具，借助这些工具，可以轻松地把序列中的视频、照片、图形、字幕层合成在一起。本课主要学习合成有关内容，包括如何做合成前的准备，以及合成具体如何操作等。

14.1 课程准备

前面主要处理的是单独的全帧图像。我们创建编辑点，在编辑点上添加过渡，从一幅图像过渡到另一幅图像，或者把编辑过的剪辑放到上层视频轨道上，使其在低层视频轨道剪辑前面显示出来，如图 14-1 所示。

本课将学习组合视频图层的方法。学习过程中，我们仍然会使用高低层轨道上的视频剪辑，只是它们变成了合成中的前景元素和背景元素。

图像的组合有可能来自前景图像的裁剪部分，也有可能来自蒙版或抠像（选择特定颜色的像素，使其透明），但是无论使用哪种方法，把剪辑添加到序列中的方法都是一样的。

图 14-1

下面来了解一个重要概念——Alpha 通道（解释像素的显示方式），然后学习几种合成技术。

1. 打开 Lesson 14 文件夹中的 Lesson 14.prproj 项目文件。
2. 把项目文件另存为 Lesson 14 Working.prproj。
3. 选择【工作区】>【效果】，进入【效果】工作区。
4. 选择【工作区】>【重置为已保存的布局】，重置【效果】工作区。

14.2 什么是 Alpha 通道

摄像机使用单独的颜色通道分别保存光谱中的红色、绿色与蓝色。因为每个通道只保存一种颜色信息，所以通常也把它们称为“单色通道”。

Premiere Pro 使用这 3 种单色通道来保存 3 种原色。把 3 种原色通过加色法混合在一起，形成绚丽多彩的 RGB（R 代表红色、G 代表绿色、B 代表蓝色）图像。我们看到的彩色图像都是由这 3 种通道混合而成的。

这种混合多个单色形成其他颜色的方法类似于把两个单声道组合起来生成立体音。

除了 R、G、B 这 3 种单色通道之外，另外还有一种单色通道——Alpha 通道，它不保存任何颜色信息，只记录每个像素的不透明度。像素不透明度与其颜色无关，因为 Alpha 通道与颜色通道是分开的。Alpha 通道还有几种不同的叫法，比如可见性、透明度、混合器、不透明度等。叫什么不重要，关键是你要能知道在哪设置它。

可以通过颜色校正对剪辑中红色的数量进行调整，同样，也可以使用【不透明度】控件调整 Alpha 值的大小。默认设置下，剪辑的 Alpha 通道（或不透明度）为 100%（完全可见），在 8 位（0 ~ 255）视频中，对应于 255。不是所有素材都包含 Alpha 通道，比如一般视频摄像机不会记录 Alpha 通道。事实上，大多数编解码器（保存图像和声音信息的方法）也不会保存 Alpha 通道。

动画剪辑、字幕标题、图形中通常包含 Alpha 通道，用来指定图像中哪部分透明哪部分不透明。

可以设置【源监视器】与【节目监视器】，把它们的黑色背景换成棋盘格背景，就像在 Photoshop 中那样，这样做有助于识别透明像素。下面我们做一下比较。

图 14-2

❶ 在 Graphics 素材箱中双击 Theft_Unexpected.png 剪辑（确保打开的是 PNG 剪辑），将其在【源监视器】中打开，如图 14-2 所示。

❷ 单击【源监视器】的【设置】按钮（ ），确保【透明网格】选项处于未选中状态。

图片看起来好像有一个黑色背景，但是它其实是【源监视器】的背景。使用不支持 Alpha 通道的编解码器导出该图片时，导出图像中将会带有一个黑色背景。

❸ 从【源监视器】的【设置】下拉列表中选择【透明网格】，将其打开，如图 14-3 所示。

图 14-3

此时，可以清晰地看到哪些像素是透明的。不过，对于某些类型的素材来说，使用透明网格可能并不合适。例如，本例中开启【透明网格】后，受网格影响，你将难以看清文本边缘。

❹ 从【源监视器】的【设置】下拉列表中再次选择【透明网格】，取消显示透明网格。

提示 本课学习过程中，若遇到不熟悉的术语，请查阅 14.3.2“了解基本术语”。

由不支持 Alpha 通道的编解码器创建的素材文件总是带有一个黑色背景而非透明区域。

在【源监视器】和【节目监视器】中，还可以把 Alpha 通道显示为灰度图像。在【源监视器】或【节目监视器】的【设置】下拉列表中选择【Alpha】，可以打开或关闭灰度图像模式。

14.3 在项目中做合成

使用合成效果和控件能够把后期制作工作提升到一个全新的水平。一旦开始在 Premiere Pro 中使用合成效果，你就会发现一些新的拍摄方法和编辑组织方法，运用这些方法，图像混合将会变得更轻松、容易。

做合成时，综合运用前期规划、拍摄技术、精确设置效果，才能得到最好的结果。你可以把静态的环境图像与复杂、有趣的图案组合起来，这样能够生成质感很棒的画面。或者，你可以删除图像中不合适的部分，并使用其他内容代替。

在 Premiere Pro 中，合成是非线性编辑中最具创意、灵活性最高的部分。

14.3.1 带着合成的想法去拍摄

要想获得最好的合成结果，应该从项目规划之初就开始考虑合成问题。从一开始，就要考虑如何帮助 Premiere Pro 识别出图像中要变透明的部分，有很多方法可以实现这一点。比如色度键（chromakey），它是一种标准的特效，许多电影制作中都使用它来完成一些特技动作，这些动作一般出现在危险环境下或者物理不可达的地方（比如火山内部）。

实际拍摄时，演员会在一个绿幕前进行表演，如图 14-4 所示。绿色用来标识画面中的透明像素。演员的视频图像用来做合成的前景，其中包含一些可见像素（演员）与一些透明像素（绿色背景）。

下面把前景（见图 14-4）的视频图像放到另外一个背景（见图 14-5）图像上，最终结果如图 14-6 所示。在动作电影中，背景可以是真实世界中的某个地方，也可以是视觉艺术家创建的合成场景，总之，这些都可以实现。

图 14-4

图 14-5

图 14-6

经过多次合成，最终会得到想要的结果。

提前做好规划有助于提升合成质量。为了让绿幕效果正常发挥作用，背景的颜色需要保持一致。而且这种颜色不能出现在拍摄主体上。例如，在应用色度键效果时，绿色珠宝也有可能会变成透明的。

拍摄绿幕素材时，拍摄方式也会对最终结果产生很大影响。拍摄者应尽量让拍摄主体的光照布局与替换背景的光照保持一致，尤其要注意阴影的方向。

拍摄绿幕背景时，使用的光线要柔和、均匀，并避免出现溢出，发生溢出时，光线会从绿幕反射到拍摄对象上。如果出现这种情况，拍摄对象会很难抠出来，而且拍摄对象的一部分也会变透明，因为它与要移除的背景一样也是绿色的。

注意 与高端摄像机生成的 RAW 文件或低压缩文件（如 ProRes 4：4：4：4）相比，使用高压缩文件一般无法得到高质量结果。

对素材做预处理

理想情况下，每个绿幕剪辑的绿色背景都是完美无瑕的，而且前景元素的边缘清晰、完好。但实际上，由于各种原因，最终你拿到的素材的“品相”可能没这么好。

拍摄视频时，光线不足会导致许多潜在的问题。此外，许多摄像机存储图像信息的方式也会引起一些问题。

我们的眼睛在记录颜色信息时不像记录亮度信息那么准确，因此摄像机通常会减少保存的颜色信息的数量。这样可以节省存储空间，人眼几乎察觉不出来。

不同摄像机系统记录颜色的方式不同。有时是隔一个像素记录一次，有时是隔一行隔一个像素记录一次。这样做有助于减小文件尺寸，否则会占用相当大的存储空间。但这同时也会增加抠像的难度，因为颜色细节不够。

如果你发现素材抠得不好，可尝试如下操作。

- 抠像前，先应用一个轻微的模糊效果。这会混合像素细节，柔化边缘，并产生更平滑的结果。当模糊数量很小时，它不会造成图像质量的显著下降。我们可以先把模糊效果应用到剪辑，调整设置，然后在上方应用色度键效果。
- 抠像前，先做颜色校正。如果前景和背景之间的对比度不够，可以先使用【Lumetri 颜色】面板调整画面，增强对比度，然后再做抠像。

14.3.2 了解基本术语

在本课中，你可能会遇到一些新术语。下面我们介绍几个重要的术语。

Alpha/alpha 通道：像素的第四个信息通道，用来记录像素的透明度。它是一个独立的通道，其创建、调整与图像内容完全无关。在 Premiere Pro 中，无论原始素材是否包含 Alpha 通道，你都可以在序列中使用它。

- 蒙版：可以是一个图像、形状或视频剪辑，用来标识图像中透明或半透明区域。Premiere Pro 支持多种类型的蒙版，稍后会使用它们。可以使用一个图像、视频剪辑或视觉效果（比如色度键）根据像素颜色动态生成蒙版。

在第 13 课“应用颜色校正和颜色分级”中进行混合色调整时，Premiere Pro 根据选择生成了一个蒙版应用颜色调整。这限制了颜色调整所影响的像素范围，色度键效果会把蒙版应用到 Alpha 通道，有选择地将某些像素变透明。

- 不透明度：在 Premiere Pro 中，不透明度用来描述序列剪辑中整体 Alpha 通道值。不透明度的值越大，剪辑越不透明（与透明度相反）。你可以使用关键帧为剪辑制作不透明度动画，就像上一课中调节音频电平一样。

- 混合模式：这项技术起源于 Photoshop，它不是简单地把前景图像放在背景图像前，可以从多种混合模式中选择某一种让前景和背景相互作用，只显示前景中那些比背景亮的像素，或者只把颜色信息从前景剪辑应用到背景。在第 12 课“添加视频效果”中就用到了一种混合模式。想了解混合模式，最好的方法就是试一下，可以在【效果控件】面板中的【不透明度】效果下找到它们，如图 14-7 所示。

✔ 正常
溶解
变暗
相乘
颜色加深
线性加深
深色

图 14-7

- 抠像：根据像素的颜色或亮度，有选择性地把某些像素变透明。色度键效果会参考颜色生成透明（即改变 Alpha 通道），亮度键（luma key）效果使用亮度生成透明。
- 绿幕：绿幕指的是一个纯绿色的背景幕布，先在绿幕前拍摄主体对象，然后使用特效把绿色像素变透明，再把剪辑与另一个背景图像合成在一起。绿幕就算是一种色度键效果。

14.4 使用【不透明度】效果

可以在【时间轴】面板或【效果控件】面板中使用关键帧调整一个剪辑的整体不透明度。

❶ 在【时间轴】面板中打开 Desert Jacket 序列。在该序列中，前景图像是一个穿夹克的男人，背景图像是一个戈壁。这个合成就是使用【超级键】效果创建的。关于如何使用【超级键】效果，本课稍后讲解。

❷ 把 V2 轨道高度增加一点。在轨道头区域（位于【时间轴】面板最左侧），向上拖曳 V2 和 V3 之间的分隔线，把 V2 轨道的高度增加一点。此外，你还可以把鼠标指针放到 V2 轨道头上，按住【Option】键（macOS）或【Alt】键（Windows），滚动鼠标滚轮。

❸ 打开【时间轴显示设置】下拉列表，选择【显示视频关键帧】，如图 14-8 所示。

图 14-8

此时，剪辑上会显示一条“橡皮筋”（一条白色的细水平线），你可以使用它调整设置和关键帧效果。每个剪辑只有一条“橡皮筋”，一次只允许调整一个控件。

默认设置下，“橡皮筋”控制的是剪辑的【不透明度】。前面提到过，“橡皮筋”在控制音频剪辑时默认控制的是音量。

剪辑左上角有一个小小的 fx 图标（fx），如果有效果应用到剪辑上，或者调整了剪辑的固定效果，则 fx 图标的颜色就会发生变化（fx）。序列中前景剪辑的 fx 图标是紫色的，因为其上已经应用了【超级键】效果（非固有效果）。

若想使用“橡皮筋”调整其他效果参数，请使用鼠标右键单击 fx 图标，然后从弹出的菜单中选择要使用调整的效果与参数。

提示 拖曳“橡皮筋”时，同时按住【Command】键（macOS）或【Ctrl】键（Windows）可以做更精细的调整。但请注意，一定要先按下鼠标左键，再按修饰键（【Command】键或【Ctrl】键），否则将添加一个关键帧。

❹ 在 V2 轨道的剪辑上，使用【选择工具】上下拖曳“橡皮筋”。尝试将其调整到 50% 左右，如图 14-9 所示。剪辑的 fx 图标变绿（fx），表示我们已经把非固定效果和固定效果组合在了一起。

图 14-9

拖曳的同时按住【Command】键（macOS）或【Ctrl】键（Windows），可以进行更精确的调整。

在以这种方式使用【选择工具】拖曳整个“橡皮筋”时，Premiere Pro 不会添加额外的关键帧。

fx 图标颜色

在【时间轴】面板中，剪辑的 fx 图标有好几种颜色，它们代表的含义如下。

（fx）灰色：未应用效果（默认颜色）。

（fx）紫色：应用了非固有效果（比如颜色校正、模糊）。

（fx）黄色：调整了固有效果（比如运动、不透明度）。

（fx）绿色：修改了固有效果并应用了附加效果。

（fx）红色下划线：应用了源剪辑效果。

14.4.1 为不透明度添加关键帧

在【时间轴】面板中，为不透明度添加关键帧与为音量添加关键帧的方法类似。你可以使用同样的工具、键盘快捷键，结果也跟你预想的一样：“橡皮筋”越高，剪辑的可见性越强（越不透明）。

❶ 从 Sequences 素材箱中打开 Theft Unexpected 序列。拖曳播放滑块，浏览序列内容。

该序列的 V2 轨道上有一个文本，位于前景中。视频制作中，经常需要在画面中添加一些文字淡入淡出动画。你可以使用过渡效果实现文字淡入淡出动画，就像向视频剪辑添加过渡一样。当然，你还可以使用关键帧调整不透明度来实现这个效果，而且使用关键帧可以进行更多控制。

❷ 增加 V2 轨道高度，确保能看到 Theft_Unexpected.png 剪辑上的“橡皮筋”，而且放大一些能对“橡皮筋”做精确调整，如图 14-10 所示。

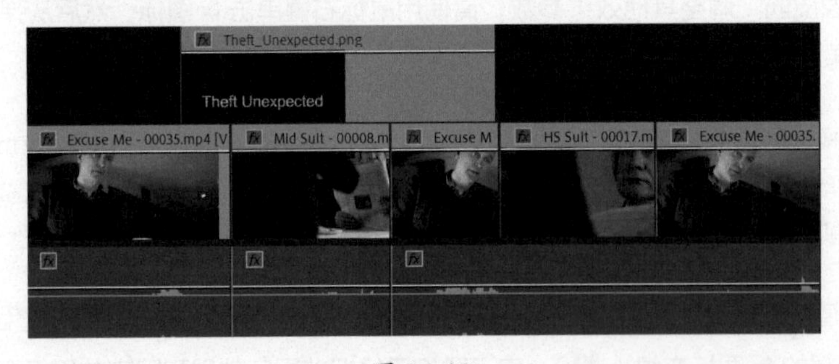

图 14-10

💡提示 首先在“橡皮筋”指定的时间点上添加好关键帧，然后上下拖曳进行调整，这样操作起来会更容易。

③ 按住【Command】键（macOS）或【Ctrl】键（Windows），在“橡皮筋”上单击 4 次，添加 4 个关键帧，其中两个关键帧加在开头附近，另外两个关键帧加在末尾附近，如图 14-11 所示。关键帧的添加位置不必太准确，稍后我们还会调整。

图 14-11

💡提示 按住【Command】键（macOS）或【Ctrl】键（Windows），单击“橡皮筋”添加关键帧之后，释放【Command】键（macOS）或【Ctrl】键（Windows），使用鼠标指针拖曳关键帧，设置关键帧的位置。

④ 与调整音频关键帧一样，拖曳关键帧，调整“橡皮筋”形状，创建淡入淡出效果，如图 14-12 所示。

图 14-12

⑤ 播放序列，观察文本淡入淡出效果。

此外，还可以在【效果控件】面板中向剪辑的不透明度添加关键帧。在【时间轴】面板中选择文本剪辑，在【效果控件】面板中也会看到刚刚添加的不透明度关键帧，如图 14-13 所示。

图 14-13

14.4.2 使用混合模式实现轨道混合

混合模式用来指定前景像素（指上层轨道剪辑中的像素）与背景像素（指下层轨道剪辑中的像素）的混合方式。每种混合模式对应一种算法，Premiere Pro 会使用这些算法把前景中的红色、绿色、蓝色、Alpha（RGBA）值与背景中的 RGBA 值进行混合。前景中的每个像素与背景中对应的像素直接进行混合运算。

默认混合模式是【正常】。这种模式下，前景图像在整个画面图像中具有统一的 Alpha 通道值。前景图像的不透明度越高，其显示得就越实。

了解混合模式工作原理的最好方法就是用一下试试。

① 使用 Graphics 素材箱中的 Theft_Unexpected_Layered.psd（其中包含更复杂的文本）代替

Theft Unexpected 序列中的 Theft_Unexpected.png（当前显示的文本）。

按住【Option】键（macOS）或【Alt】键（Windows），把 Theft_Unexpected_Layered.psd 拖曳到 Theft_Unexpected.png 上，即可实现替换。请注意，使用这种方式进行替换后，之前添加的序列剪辑关键帧仍然保留，如图 14-14 所示。

图 14-14

❷ 选择替换后的文本，观察其【效果控件】面板。

图 14-15

❸ 在【效果控件】面板中展开【不透明度】控件，打开【混合模式】下拉列表，查看混合模式，如图 14-15 所示。

❹ 当前默认混合模式为【正常】。尝试选择另外一种混合模式，然后观察应用结果。每种混合模式使用不同方式计算前景像素和背景像素之间的关系。有关混合模式的介绍，请查阅 Premiere Pro 帮助。

把鼠标指针放到【混合模式】下拉列表框上，不要单击，直接滚动鼠标滚轮或触控板即可快速查看各种混合模式。

试一下【变亮】混合模式。在这种模式下，Premiere Pro 只显示前景图像中那些比背景像素更亮的像素，如图 14-16 所示。

图 14-16

❺ 尝试后，选择【正常】混合模式。

14.5 选择 Alpha 通道的解释方式

许多媒体素材都有 Alpha 通道，而且不同区域像素的 Alpha 值也不一样。比如，在一个文本图形中，在有文本的地方，像素的不透明度为 100%；在没有文本的地方，像素的不透明度为 0%，而文本周围的投影等元素的不透明度通常介于 0% 和 100% 之间。为投影添加一点透明度，可以让投影看起来更真实。

在 Premiere Pro 中，像素的 Alpha 值越大，其可见性越高。这也是最常见的 Alpha 通道解释方式，但有时你可能会遇到一些采用相反解释方式的媒体素材。此时，你会立刻发现这个问题，因为你会看到一个原本黑色图像中出现了镂空。这个问题在 Premiere Pro 中很容易解决，你可以为 Alpha 通道选择不同的解释方式，就像为剪辑的声道指定解释方式一样。

下面使用 Theft Unexpected 序列中的 Theft_Unexpected_Layered.psd 作为示例讲解。

❶ 在【项目】面板中，找到 Theft_Unexpected_Layered.psd 文件。

❷ 使用鼠标右键单击该文件，然后从弹出的菜单中依次选择【修改】>【解释素材】。在【修改剪辑】对话框的下半部分中，有一些【Alpha 通道】解释选项，如图 14-17 所示。

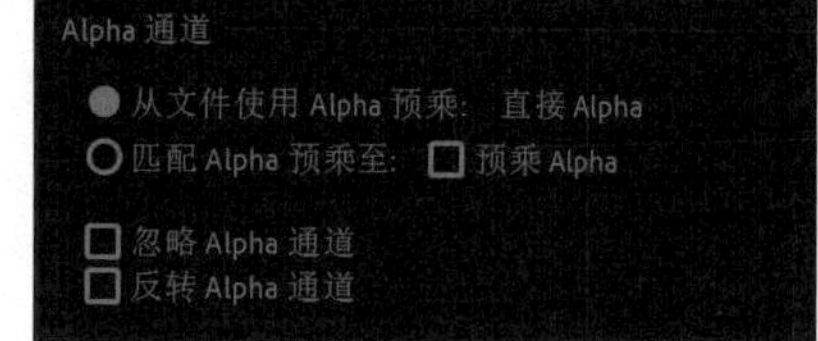

图 14-17

- 预乘 Alpha：该选项控制半透明区域的解释方式。如果发现图像中柔和的半透明区域呈现块状或渲染质量差，可选择【预乘 Alpha】试一试。
- 忽略 Alpha 通道：把所有像素的 Alpha 值视为 100%（不带透明度）。如果你不打算在序列中使用背景剪辑，而希望使用黑色像素，请勾选该复选框。
- 反转 Alpha 通道：为剪辑中的每个像素反转 Alpha 通道。这样一来，原本不透明的像素会变成透明像素，原本透明的像素会变成不透明像素。

注意 改变 Alpha 通道的解释方式后，混合模式仍然起作用。例如，反转 Alpha 通道之后使用【变亮】混合模式，黑色背景将不可见。

❸ 先尝试勾选【忽略 Alpha 通道】复选框，单击【确定】按钮，然后再次打开【修改剪辑】对话框，取消勾选【忽略 Alpha 通道】复选框，勾选【反转 Alpha 通道】复选框，在【节目监视器】中观察结果有何不同，如图 14-18 所示。

图 14-18

❹ 尝试后，把【Alpha通道】改为【从文件使用 Alpha预乘】，取消勾选【反转Alpha通道】复选框。此外，你也可以使用撤销命令恢复剪辑的解释方式。

14.6 绿幕抠像

使用“橡皮筋”或【效果控件】面板改变剪辑的不透明度时，图像中所有像素的 Alpha 值变化量都相同。其实，在 Premiere Pro 中，还可以基于像素在屏幕上的位置、亮度、颜色，有选择性地调整像素的 Alpha 值。

色度键效果会根据所选像素的亮度、色相、饱和度值来调整像素的不透明度。

原理很简单：选择一种或多种颜色，一个像素与所选颜色越接近，它就越透明。也就是说，一个像素越接近所选颜色，其 Alpha 值越低，直到完全透明。

下面我们一起做一下抠像合成。

❶ 可能需要重新调整【项目】面板的大小才能看到【新建项】按钮。在【项目】面板中，把 Timekeeping.mp4 剪辑从 Greenscreen 素材箱中拖曳到面板底部的【新建项】按钮上，新建一个序列。Premiere Pro 会把 Timekeeping.mov 剪辑添加到 V1 轨道上，如图 14-19 所示。

图 14-19

提示 在【项目】面板中使用鼠标右键单击剪辑，从弹出的菜单中选择【从剪辑新建序列】，也可使用所选剪辑的设置新建一个序列。这也适用于同时选择多个剪辑的情况。当你选择了不同格式的多个剪辑时，Premiere Pro 会根据第一个被选择的剪辑设置创建新序列。

❷ 在序列中，把 Timekeeping.mp4 剪辑向上拖曳到 V2 轨道上，用来充当前景，如图 14-18 所示。这个过程中，你可能需要调整 V2 轨道的高度，才能看到剪辑的缩览图。当然，双击轨道头区域也可以快速实现同样的效果。

❸ 把 Seattle_Skyline_Still.tga 剪辑从 Shots 素材箱拖曳到 V1 轨道上，使其位于 Timekeeping.mp4 剪辑下。

Seattle_Skyline_Still.tga 剪辑是单帧图形，默认持续时间太短了。

❹ 向右拖曳 Seattle_Skyline_Still.tga 剪辑的右边缘，使其持续时间与 V2 轨道上的前景剪辑一样长，如图 14-20 所示。

有一个快速延长背景剪辑的方法：把播放滑块移动到 Timekeeping.mp4 剪辑末尾，选择 Seattle_Skyline_Still.tga 剪辑的出点，按【E】键。

图 14-20

❺ 在【项目】面板中，上面创建的序列是依据 Timekeeping.mp4 剪辑的名称命名的，它们都保存在 Greenscreen 素材箱中。把序列重命名为 Seattle Skyline，并将其拖入 Sequences 素材箱中。

随时整理素材非常有必要，这有助于你掌控整个项目。

现在有了前景剪辑和背景剪辑。接下来要做的就是让前景中的绿色像素变透明。

提示 拍摄含绿幕的视频素材时，不要过多使用摄像机内置的锐化功能，否则在使用【超级键】效果抠像时很难得到干净的边缘。

使用【超级键】效果

Premiere Pro 提供了一个强大、高效、直观的键控效果——超级键（ultra key）。它的使用方法很简单：先选择一种想使其变为透明的颜色，然后调整设置改善颜色的选取。

类似于其他绿幕键控，【超级键】效果会基于所选颜色动态生成一个蒙版（指定哪些像素是透明的）。你可以在【效果控件】面板中使用详细设置来调整蒙版。下面尝试向 Timekeeping 剪辑应用【超级键】效果。

❶ 把【超级键】效果应用到 Seattle Skyline 序列中的 Timekeeping.mp4 剪辑上。在【效果】面板的搜索框中输入“超级”二字，即可轻松查找到【超级键】效果，如图 14-20 所示。

❷ 在【效果控件】面板中单击【主要颜色】右侧的吸管工具，将其选中，如图 14-21 所示。注意请不要单击吸管左侧的色板。

注意 如果你用的是 macOS，系统会询问你是否允许 Premiere Pro 录制你的计算机屏幕。单击【打开系统首选项】，输入管理员密码，解锁【安全与隐私】首选项，然后退出 Premiere Pro，再次启动后更改生效。

❸ 按住【Command】键（macOS）或【Ctrl】键（Windows），使用吸管工具在【节目监视器】中单击绿色区域，如图 14-22 所示。剪辑背景中的绿色是一致的，所以无论单击哪个地方都可以。对于其他素材，你可能需要多次尝试才能找到正确的取色点。

使用吸管工具单击时，同时按住【Command】键（macOS）或【Ctrl】键（Windows），Premiere Pro 会基于 5 像素 ×5 像素做平均采样，而不是对单个像素采样。这样可以得到更好的抠像颜色。

图 14-21

图 14-22

【超级键】效果能够识别出带有所选绿色的所有像素，并把它们的 Alpha 值设置为 0%，如图 14-23 所示。

❹ 在【效果控件】面板中把【超级键】效果的【输出】更改为【Alpha 通道】。在这种模式下，【超级键】效果把 Alpha 通道显示成灰度图像，其中黑色像素代表透明，白色像素代表不透明，如图 14-24 所示。

图 14-23

图 14-24

从灰度图像看，抠像效果非常不错，但有些区域还是呈现为灰色，这些区域中的像素是半透明的，有些不是我们想要的，有些则是头发、衣服柔和的边缘等，这些地方应该带有一点灰色，这样才能自然地呈现出来半透明细节。图像的左侧与右侧没有任何绿色，所以不会有像素抠出来。稍后会处理这个问题。不过，当前在 Alpha 通道的主区域中，应该是纯黑色或纯白色。

❺ 从【效果控件】面板中的【超级键】效果的【设置】下拉列表中选择【强效】，稍微清理一下选区。拖曳播放滑块，检查黑色和白色区域是否得到了清理。如果图像中还保留了一些不该出现的灰色像素，这些区域将在画面中呈现为半透明状态。图像区域应该是半透明的，这就是所需要的结果。设置【超级键】效果时，我们会经常在复合图像和 Alpha 通道之间来回切换。

❻ 从【超级键】效果下的【输出】下拉列表中，选择【合成】，查看结果，如图 14-25 所示。

图 14-25

对于本示例剪辑来说，使用【强效】模式会更好。默认、弱效、强效模式用来对【遮罩生成】【遮罩清除】【溢出抑制】进行调整。针对更复杂的素材，还可以采用手工方式进行调整，以得到更好的抠像效果。

• 遮罩生成：一旦选好了【主要颜色】，就可以使用【遮罩生成】中的控件来改变它的解释方式。处理更复杂的素材时，综合调整各个控件可以得到更好的结果。

在示例中可以看到存在一些问题，特别是主体人物的边缘。这些问题在快速运动时更为明显，比如夹克快速运动时。参考图 14-26 进行设置。

调整设置时，先尝试把每个控件拖到极限位置，然后再往中间位置拖动，来回拖动，最终找到最合适的值。在做精细调整时，我们通常会反复调整各个参数。

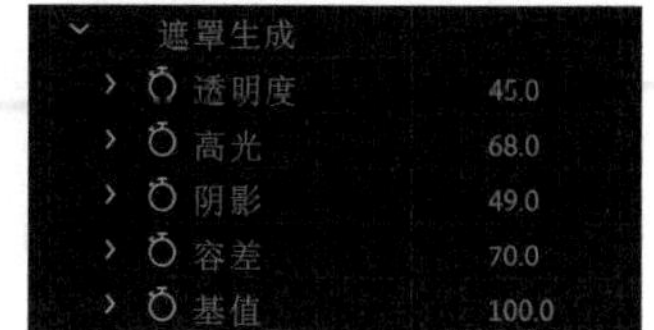

图 14-26

• 遮罩清除：一旦定义好遮罩，即可使用【遮罩清除】下的各个控件调整遮罩。

抑制：收缩遮罩，如果抠像丢失了一些边缘，可以用它找回来。请不要把遮罩收缩太多，否则前景图像会丢失边缘细节，在视觉效果行业中，这叫应用“数字修剪”（digital haircut）。

柔化：向遮罩应用模糊，可以改善前景与背景图像的混合效果，获得更好的合成结果。

对比度：加大 Alpha 通道的对比度，让黑白图像的对比更强烈、清晰，方便抠像。通过增加对比度，通常可以获得更干净的抠像结果，但有可能会产生不想要的硬边。

中间点：一种对比度的锚点，用来指定对比度调整的起始级别。根据不同级别调整对比度可以实现更精细的控制。

• 溢出抑制：对绿色背景反射到主体对象上的颜色进行补偿。采用这种方式时，绿色背景组合和主体本身的颜色通常区别很大，不会引起部分主体变透明。不过，当主体对象的边缘是绿色时视觉效果较差。

【溢出抑制】会进行自动补偿，向前景元素边缘添加颜色。例如，做绿幕抠像时，【溢出抑制】会添加洋红色；做蓝屏抠像时，添加的是黄色。这会中和溢出的颜色，与纠正色偏使用的方法一样。

注意 本例中使用的是带有绿色背景的素材。当然，还可以使用带有蓝色背景的素材进行抠像，抠像方法一模一样。

• 颜色校正：使用内置颜色控件，可以轻松快速地调整前景视频的外观，以便与背景更自然地融合在一起，如图 14-27 所示。【Lumetri 颜色】面板中包含更多颜色调整控件。

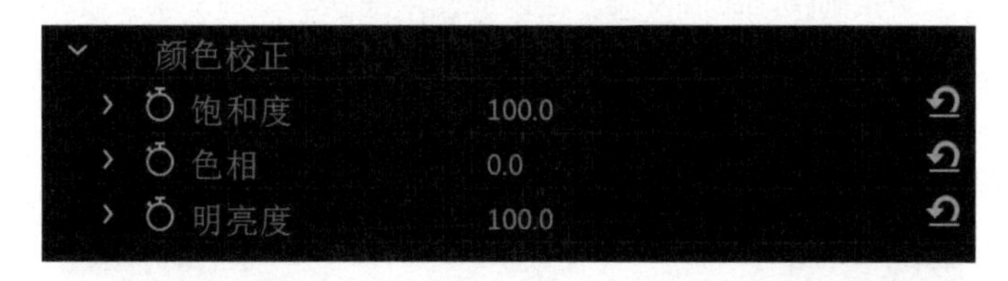

图 14-27

大多数情况下，使用这 3 种颜色调整控件能够产生很好的结果。注意，这些调整要在抠像之后进行，所以使用这些控件调整颜色不会造成抠像问题。在 Premiere Pro 中，可以使用任意颜色调整工具进行调整，包括【Lumetri 颜色】面板。

14.7 自定义抠像蒙版

使用【超级键】效果抠像时，Premiere Pro 会根据剪辑中的颜色动态生成蒙版。此外，还可以自定义蒙版形状，或者把另外一个剪辑当作蒙版使用。

前面使用一个蒙版把某个效果的作用范围限制在图像的某个区域内。类似地，我们也可以把【不透明度】效果与蒙版结合起来使用，这样可以精确地把图像的某些区域设置为透明。

下面创建一个蒙版，用来从 Timekeeping.mp4 剪辑移除不需要的边缘。

❶ 返回 Seattle Skyline 序列。

在该序列的前景剪辑中，有一个演员站在绿幕前面，但是绿幕并不大，它未占满整个画面。以这种方式拍摄的绿幕素材很常见，尤其是拍摄现场缺少齐全的设备时。

❷ 在【效果控件】面板中单击【超级键】效果左侧的【切换效果开关】按钮（fx），把效果暂时取消选择（fx），而非删除。这样，你可以再次看到画面中的绿色背景。

❸ 在【效果控件】面板中展开【不透明度】控件，单击【创建 4 点多边形蒙版】按钮（■）。此时，Premiere Pro 会把一个蒙版应用到剪辑的【不透明度】属性上，使得大部分图像变成透明的，如图 14-28 所示。

图 14-28

提示 取消选择蒙版后，显示在【节目监视器】中的控制点会消失。在【效果控件】面板中选择蒙版，可以重新激活它们。

❹ 调整蒙版尺寸，显示剪辑的中间区域，但不要露出两侧的黑色区域。这个过程中，需要把【节目监视器】的缩放级别降低到 50% 或 25%，以便看到图像边缘之外的部分，如图 14-29 所示。

图 14-29

提示 这种用来移除图像中不想要的元素的粗略蒙版常被称为“垃圾蒙版”（garbage matte）。

在【效果控件】面板中，只要蒙版处于选中状态，就可以直接在【节目监视器】中通过单击来改变蒙版的边角控制点。请不要担心是否精确对齐到帧的边缘，而要关注选择对象进入画面的区域。

5 把【节目监视器】的缩放级别设置为【适合】。

提示 单击蒙版轮廓，可以添加更多控制点，实现对形状更精确的控制。单击控制点时，按住【Command】键（macOS）或【Ctrl】键（Windows），可以将其删除。

6 在【效果控件】面板中再次打开【超级键】效果，取消选择剪辑，移除可见的蒙版控制点，如图 14-30 所示。

图 14-30

抠这个素材很具挑战性，因为原始摄像机的录制中包含对主体边缘的调整，并且使用了颜色压缩系统来降低色彩的逼真度。调整的时候需要耐心一点，尽量保持精确，这样就能得到一个不错的结果。

使用【轨道遮罩键】效果

在【效果控件】面板中，向【不透明度】效果添加蒙版可以设定用户定义的可见或透明区域。Premiere Pro 也可以使用另一个序列剪辑（位于受影响的剪辑上方）来生成自定义蒙版。

【轨道遮罩键】效果使用一个轨道上任意剪辑的亮度信息或 Alpha 通道信息为另一个轨道上的所选剪辑定义一个透明蒙版。稍微动点心思、做点准备，使用这个简单的效果就能产生出色的结果，因为可以使用任意剪辑作为参考，甚至还可以应用效果更改最终蒙版。

下面使用【轨道遮罩键】效果向 Seattle Skyline 序列中添加一个分层文本。

1 把 Seattle_Skyline_Still.tga 剪辑修剪得长一些，以便将其用作另外一个前景剪辑的背景。修剪剪辑，将其持续时间修改为 50 秒左右，如图 14-31 所示。

图 14-31

❷ 把 Laura_06.mp4 剪辑从 Shots 素材箱拖曳到 V2 轨道上，使其末端与背景剪辑的末端对齐，如图 14-32 所示。

图 14-32

❸ 把 SEATTLE 图形剪辑从 Graphics 素材箱拖曳到 V3 轨道上，就放在 Laura_06.mp4 剪辑上，并且让它们的左端对齐。该剪辑包含了一个 Alpha 通道，用来把图像的非文字部分定义成透明的，以便于看到背景。

❹ 向右拖曳 SEATTLE 图形剪辑的右边缘，使其持续时间与 Laura_06.mp4 剪辑一样长，如图 14-33 所示。

图 14-33

❺ 在【效果】面板中查找【轨道遮罩键】效果，将其应用到 V2 轨道的 Laura_06.mp4 剪辑上。Premiere Pro 会把效果应用到你想更改的剪辑（不是那些用作效果参考的剪辑）上。

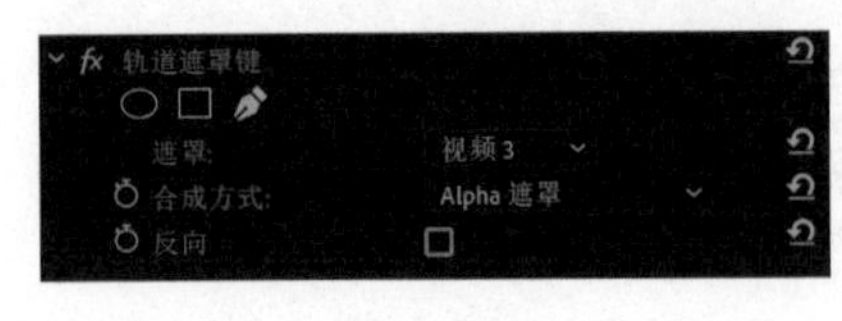

图 14-34

❻ 确保 Laura_06.mp4 剪辑处于选中状态。在【效果控件】面板【轨道遮罩键】效果的【遮罩】菜单中，选择【视频 3】，如图 14-34 所示。所选轨道上的所有剪辑都会成为新建遮罩的参考。

❼ 沿着序列拖曳播放滑块，观看结果，可以看到 V3 轨道上的白色文本消失不见了。Premiere Pro 使用文本作为参考来定义 V2 轨道上剪辑的可见与透明区域，如图 14-35 所示。

图 14-35

提示 本例使用了一幅静态图像作为【轨道遮罩键】效果的参考。

默认设置下，【轨道遮罩键】效果使用所选轨道上剪辑的 Alpha 通道来抠像。若参考剪辑不使用 Alpha 通道，可把【合成方式】设置为【亮度遮罩】，此时【轨道遮罩键】效果会使用参考剪辑的亮度来抠像。

【轨道遮罩键】效果不同寻常，其他大部分效果只改变应用它们的剪辑，而【轨道遮罩键】效果能够同时改变应用它的剪辑和用作参考的剪辑，在效果持续期间，参考剪辑变透明。

在蓝色背景上，Laura_06.mp4 剪辑中的颜色看上去很不错，但你可以把它们调整得更鲜艳。为此，你可以使用各种调色工具，让红色更强烈、更明亮，从而使合成更引人注目。

你还可以为 SEATTLE 文本制作动画，让它在画面中移动，或者尺寸逐渐变大。

此外，你还可以向 Laura_06.mp4 剪辑添加模糊效果，调整播放速度，让纹理变得更柔和，变化也更平滑。

其实，你可以使用任意类型的剪辑作为参考，包括视频剪辑。

14.8 复习题

1. RGB 通道和 Alpha 通道有何区别？
2. 如何向剪辑应用混合模式？
3. 如何为剪辑的不透明度添加关键帧？
4. 如何更改素材文件 Alpha 通道的解释方式？
5. 什么是抠像？
6. 【轨道遮罩键】效果可使用的参考剪辑的类型有什么限制？

14.9 答案

1. RGB 通道记录的是颜色信息，Alpha 通道记录的是不透明度信息。
2. 在【效果控件】面板【不透明度】效果下的【混合模式】下拉列表中，选择一种混合模式。
3. 在时间轴或【效果控件】面板中，调整剪辑不透明度的方法和调整剪辑音量是相同的。为了在【时间轴】面板中进行调整，先把要调整的剪辑的不透明度“橡皮筋”显示出来，再使用【选择工具】进行拖曳调整。单击的同时按住【Command】键（macOS）或【Ctrl】键（Windows），即可添加关键帧。此外，你还可以使用【钢笔工具】以更高级的方式添加关键帧。
4. 在【项目】面板中使用鼠标右键单击文件，从弹出的菜单中依次选择【修改】>【解释素材】。
5. 抠像是一种特殊效果，它使用像素的颜色或亮度来定义图像的透明和可见区域。
6. 【轨道遮罩键】效果几乎可以使用任何类型的剪辑作为参考剪辑，只要参考剪辑所在的轨道位于应用【轨道遮罩键】效果的剪辑上。你可以向参考剪辑应用特效，这些效果的结果会反映在蒙版中。你甚至还可以使用多个剪辑，因为设置是基于轨道的，而非特定剪辑。

第 15 课

创建文本与图形

课程概览

本课学习如下内容：

- 使用【基本图形】面板
- 创建图形
- 制作形状和 Logo
- 使用图形模板
- 使用视频版式
- 创建字幕
- 创建滚动字幕

学完本课大约需要 90 分钟

请先准备好本课要用到的课程文件，并把它们保存到计算机中方便取用的位置。

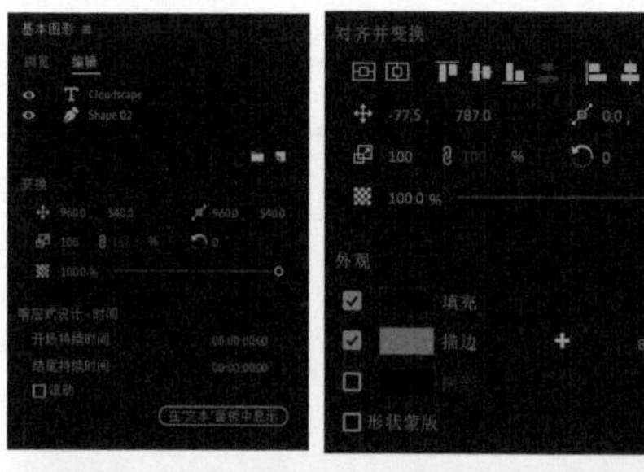

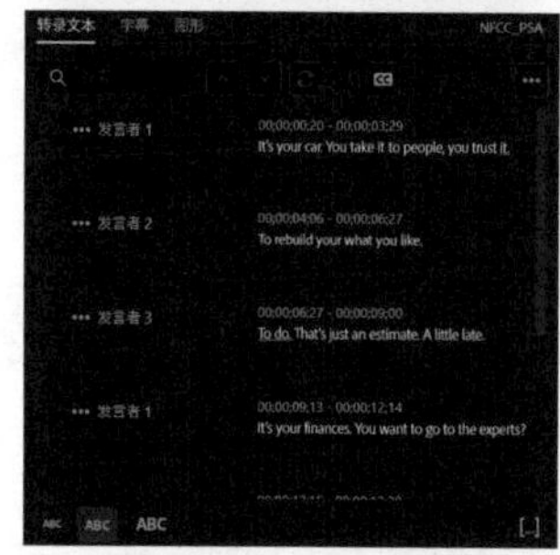

虽然创建序列时主要使用的是音频和视频素材，但是在项目制作过程中我们还是经常需要向画面中添加文字与图形。Premiere Pro 提供了强大的文字和图形创建工具，可以直接在【节目监视器】中使用它们，或者在【基本图形】面板中浏览可编辑模板并选用。

15.1 课程准备

文本是一种把信息快速传递给观众的有效手段。例如，在访谈节目中，可以在视频画面中添加被采访者的名字，让观众了解采访对象的有关信息（位于画面的下方三分之一处）。还可以使用文本把一个长视频划分成几个片段（通常称为保险杠），或者列出演职人员的名字。

相比于声音解说，恰当地使用文本可以把信息更清晰地传达给观众，并且这可以在对话过程中实现。文本可以用来强调关键信息。

【节目监视器】、【基本图形】面板与【工具】面板中包含一系列文本编辑和形状创建工具，可以用它们来设计图形。还可以使用已经安装在计算机中的字体（Adobe Fonts 提供了大量字体，但需要有 Adobe Creative Cloud 会员资格才能使用）。

还可以控制文本的不透明度、颜色，插入图形元素或图标等。

本课中将学习一些向视频画面中添加文本和图形的方法。

1. 打开 Lessons 文件夹中的 Lesson 15.prproj 项目文件。
2. 把项目文件另存为 Lesson 15 Working.prproj。
3. 选择【工作区】>【字幕和图形】，或者从菜单栏中依次选择【窗口】>【工作区】>【字幕和图形】，切换到【字幕和图形】工作区。
4. 选择【工作区】>【重置为已保存的布局】，或者从菜单栏中依次选择【窗口】>【工作区】>【重置为已保存的布局】，重置工作区。

在【字幕和图形】工作区中显示【基本图形】面板，并把【工具】面板放在【节目监视器】左侧，方便快速使用文本与形状工具。

15.2 了解【基本图形】面板

【基本图形】面板有以下两个选项卡。

浏览：用于选择内置或导入的字幕与运动图形模板，其中很多模板包含动画（见图 15-1）。

编辑：用于调整序列中的字幕与图形（见图 15-2）。

在【浏览】选项卡中，可以在【我的模板】中查找已有模板，或者切换到 Adobe Stock 网站进行搜索。Adobe Stock 网站中有许多免费和付费的模板。本课中主要使用【我的模板】中已有的模板。

除使用可编辑的内置模板外，还可以在【节目监视器】中使用【文字工具】（T）、【钢笔工具】（ ）、【矩形工具】（ ）、【椭圆工具】（ ）、【多边形工具】（ ）新建图形。在选择任意一种工具前，需要确保没有剪辑处于选中状态，否则，新建的图形会添加到选中的剪辑中。

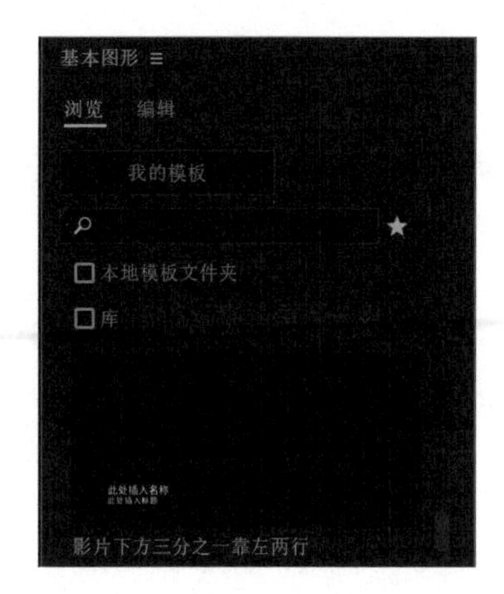

图 15-1

图 15-2

在【文字工具】（ ）上按住鼠标左键不动，弹出下层菜单，从中选择【垂直文字工具】（见图 15-3），使用该工具沿着垂直方向输入文本。

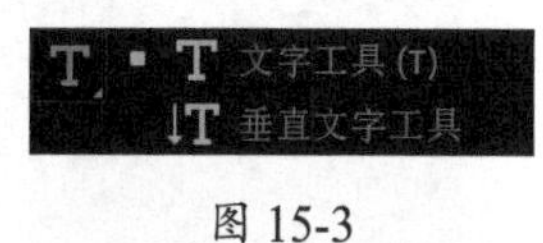

图 15-3

此外，还可以直接在【节目监视器】中使用【钢笔工具】（ ）创建作为字幕图形元素使用的形状。

在【矩形工具】（ ）上按住鼠标左键不动，可显示【椭圆工具】和【多边形工具】（见图 15-4）。

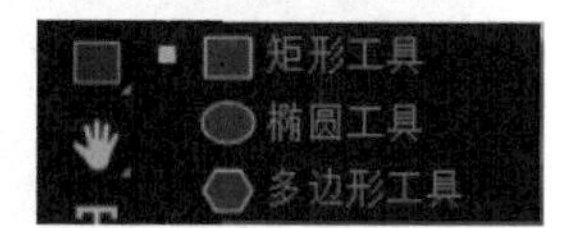

图 15-4

创建好图形和文本元素后，可以使用【选择工具】（ ）选中它们，重新调整其位置和大小。

可以直接在【节目监视器】中做各种创意工作。只要单击添加文本或形状，Premiere Pro 就会在【时间轴】面板中新建一个剪辑，然后在【基本图形】面板中应用调整。

下面打开一个带有格式的文本，然后调整它。这是了解【基本图形】面板强大功能的最好方法。

❶ 若序列 01 Clouds 当前未打开，请先将其打开。

❷ 把播放滑块拖曳到 V2 轨道的 Cloudscape 字幕上，并将其选中，如图 15-5 所示。

图 15-5

❸ 若【基本图形】面板处于打开状态，在【时间轴】面板中选择字幕剪辑，Premiere Pro 将自

动切换到【编辑】选项卡，如图 15-6 所示。若没有，请单击【基本图形】面板顶部的【编辑】选项卡。

类似于【效果控件】面板，【基本图形】面板的【编辑】选项卡中有【时间轴】面板中所选剪辑的相关选项。此外，与【效果控件】面板一样，【基本图形】面板中每次只显示一个剪辑的相关选项。

类似于【Lumetri 颜色】面板，在【基本图形】面板中所做的更改会以效果的形式显示在【效果控件】面板中，并包含大量选项，如创建效果预设和为图形元素制作关键帧动画的选项。

图形与字幕使用的是【矢量运动】效果，该效果与【运动】效果的工作方式相同，但是能够让字体与形状有更清晰的边缘。

可以发现，【基本图形】面板顶部有 Cloudscape 和 Shape 02 两项，如图 15-7 所示。

图 15-6

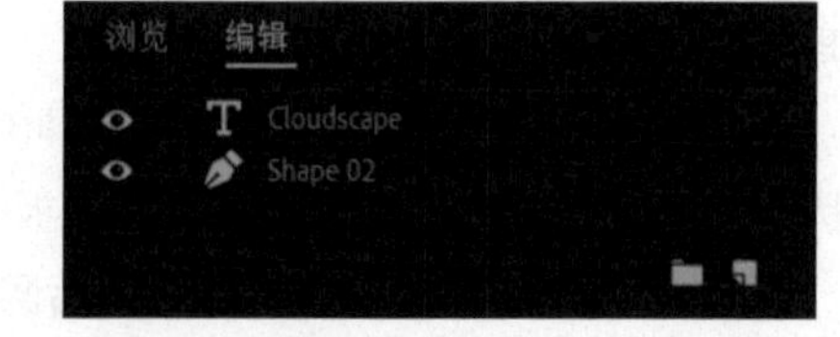

图 15-7

如果熟悉 Photoshop，你就会知道它们其实是图层。在【基本图形】面板中各个元素是以图层形式显示的，类似于【时间轴】面板中的轨道。

上方图层位于下方图层的前面，并且可以拖曳各个图层调整它们的顺序。

此外，各个图层左侧都有一个眼睛按钮（ ），用来显示或隐藏图层。

若【基本图形】面板中没有图层处于选中状态，【节目监视器】中也没有选择任何图形或文本，则在这些图层下会显示整个图形的【变换】控件和【响应式设计】控件。你可以使用这些控件指定图形剪辑的【开场持续时间】和【结尾持续时间】，在改变序列中剪辑的持续时间时，这两个时间不会受到影响，有助于保护图形起点与终点动画关键帧的时间安排。

④ 在【基本图形】面板的顶部，选择 Shape 02 图层。这是一条横穿屏幕的红色带。

此时，【基本图形】面板中显示红色带的对齐、变换、外观控件，如图 15-8 所示。

可以把鼠标指针移动到某个控件上，此时，可以看到一个工具提示，其中包括控件的描述。

如果在【效果控件】面板中用过【运动】效果，那其中很多控件想必你已经非常熟悉了。

在【外观】中，可以使用控件为形状填充、描边、为阴影指定颜色（更多内容请阅读 15.5 节“文本样式”）。

⑤ 单击【填充】色板。

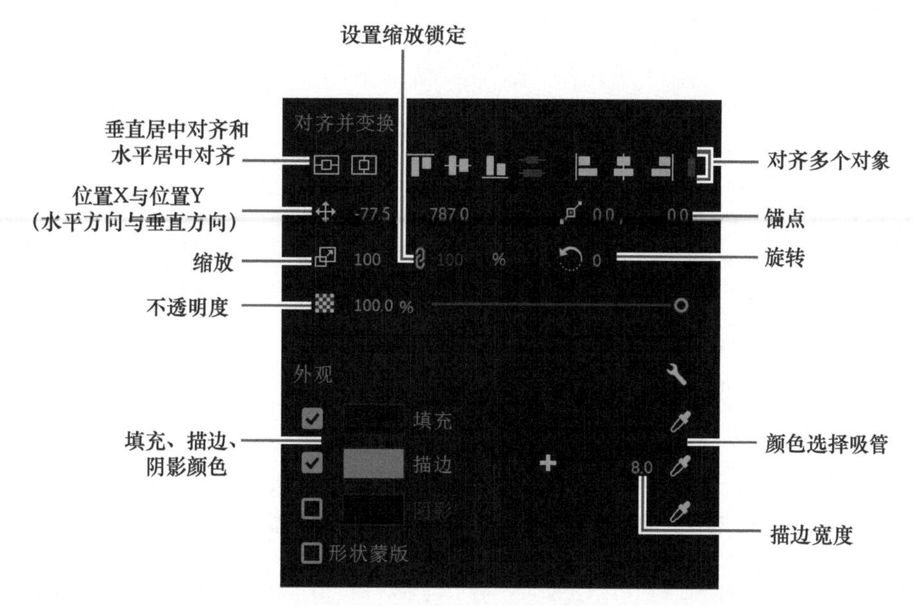

图 15-8

在弹出的【拾色器】对话框中，可以准确地选择某一种颜色，如图 15-9 所示。【拾色器】对话框提供了多种颜色模式，可以把鼠标指针放到目标颜色上直接单击选择颜色。

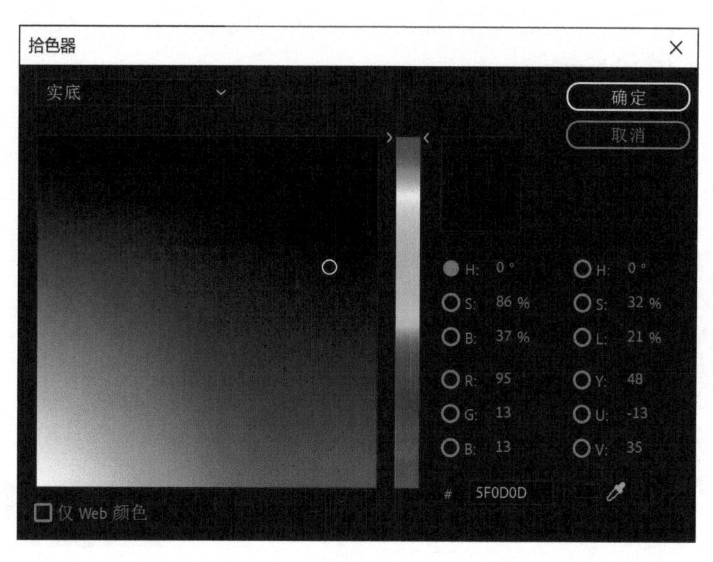

图 15-9

❻ 单击【取消】按钮，关闭【拾色器】对话框。然后，单击【填充】右侧的颜色选择吸管工具（ ）。

可以使用吸管工具从画面的任意位置拾取颜色，还可以从计算机屏幕上的任意位置拾取颜色。当一组颜色（比如图标颜色、品牌颜色）要反复用时，使用吸管工具拾取颜色特别方便。

❼ 在【节目监视器】中，单击云朵之间的淡蓝色天空，形状立刻填充为淡蓝色，如图 15-10 所示。

❽ 在【工具】面板中选择【选择工具】（ ），在【基本图形】面板中确保 Shape 02 图层仍处于选中状态。

在【节目监视器】中，可以看到形状上的控制点（见图 15-11），可以使用【选择工具】（ ）直接调整形状。

图 15-10

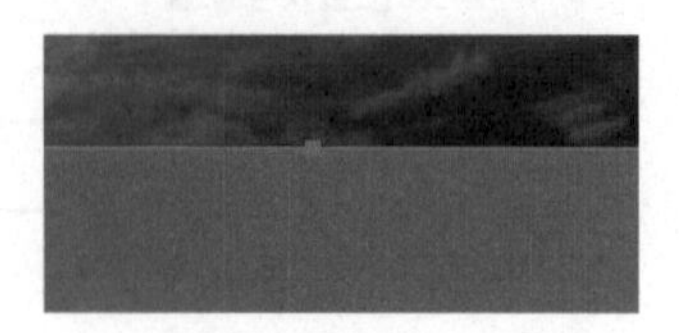

图 15-11

下面使用【选择工具】( ) 选择字幕中的另外一个图层。

要在【节目监视器】中选择一个图层，需要先取消选择当前选中的所有图层。为此，可以在【节目监视器】中单击空白区域，或者在【时间轴】面板中取消选择文本剪辑。

提示 在单击和测试过程中，可以发现图层很容易被意外地取消选择。如果发现文本或形状周围带手柄的控制框消失，可以使用【选择工具】再次选中它们。

⑨ 使用【选择工具】( ) 在【节目监视器】中单击单词 Cloudscape。

此时，【基本图形】面板中仍然显示控制对齐与变换、外观的控件，除此之外，还有用来调整文本外观的控件，如图 15-12 所示。

注意 先展开【基本图形】面板，或拖曳面板上的滚动条，才能显示其中包含的所有控制项。

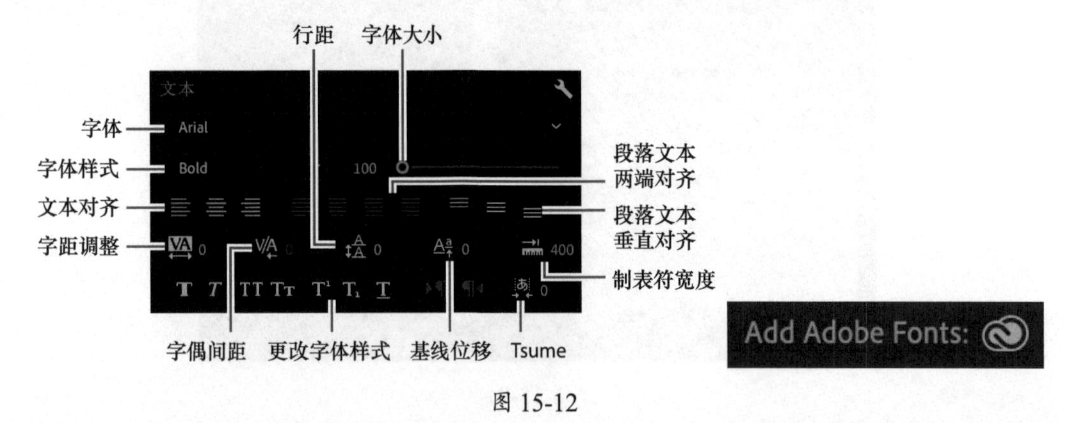

图 15-12

⑩ 尝试几种字体和字体样式。可以直接拖曳蓝色数字，改变它们的值。此外，还可以单击蓝色数字将其选中，然后使用【↑】或【↓】键，一点点改变它们的值。使用【↑】或【↓】键时，同时按住【Shift】键，可以以 10 为步长更改数值。

尝试做极端调整，看看会有什么结果，然后撤销操作。

Adobe Creative Cloud 会员可以访问 Adobe Fonts 网站来获取更多字体。

要添加更多字体，可单击【从 Adobe Fonts 添加字体】按钮（添加 Adobe Fonts: ），或者从菜单栏中依次选择【图形和标题】>【从 Adobe Fonts 添加字体】。此时，Premiere Pro 会在默认浏览器中打开 Adobe Fonts 网站，其中包含大量可用字体。

提示 如果你不知道某个控件的用途，可以把鼠标指针放到控件上面，此时会显示一个工具提示控件的名称。

注意 使用CJK（中文、日语、韩语）字体时，【比例间距】调整的是字符周围的间距，而不是字符的垂直或水平缩放比例。

注意 在Premiere Pro中，字幕文本会被保存到项目文件中，并非作为独立文件保存在硬盘中。

15.3 视频文字版式基础

在为视频设计文字时，遵循一些约定成俗的版式惯例很有好处。在把文字添加到一个色彩丰富的视频背景中时，需要多花一些时间和精力把文字设计得醒目一些。

做文字排版时，要在易读性和样式之间找到一个平衡点，确保视频画面中有足够多的文字信息，同时又不会显得拥挤。画面中文字越多，文字的可读性就越差，尤其是移动的文字。

15.3.1 选择字体

当你的计算机中安装了大量字体时，从中选择一种合适的字体就变成了一件耗时且困难的事。此时，可以从如下几个方面考虑。

- 可读性。确定选择的字体及字号是否方便阅读，所有字符是否都可读。迅速浏览，然后闭上眼睛，是否能回忆起刚才看到的文本？
- 样式。只用形容词如何描述所选的字体？选择的字体能否正确传达情感？字体有点像衣服或发型，选择合适的字体是整个设计成功与否的关键。
- 灵活性。所选字体与其他字体匹配吗？该字体是否有多种样式（比如粗体、斜体、半粗体）供选择，以帮助我们更轻松地传达意思？能否创建一个信息层次结构，以传达不同类型的信息，比如位于画面下方三分之一处的说话者的名字、头衔？
- 语言的兼容性。字体是否包含所用语言需要的全部字符？

弄清这些问题的答案有助于设计出更好的标题。选择字体时，可能需要不断尝试才能找到合适的。幸运的是，在Premiere Pro中你可以轻松地修改现有标题，复制它并修改副本以便进行比较。

在向视频画面中添加文字时，经常会遇到画面中包含多种颜色的情况，这使得文字与背景画面很难形成有效的对比，导致文字的可读性差。为了解决这个问题，可以向文字添加描边或投影，用以增加文字边缘的对比度。有关添加描边和阴影的内容，请阅读15.5节“文本样式”。

15.3.2 选择颜色

你可以轻松创建出多种颜色组合，但是从中选出适合设计的颜色绝非易事。这是因为只有少数几种颜色适合文字，同时又能保证观者清晰地看到。如果制作的视频要用在广播电视中，那颜色选起来会更困难，因为还得保证文字在频繁移动的背景上也有较强的可读性。

在向视频添加文本时常见的配色是黑色和白色。选用彩色时，往往会在文字上添加一些或轻或重的阴影，或者给文字添加一个醒目的描边。

注意 你可以使用 Adobe Color 服务为自己的设计项目选择和谐且吸引人的颜色组合。更多相关信息，请访问 Adobe 官网。

选择颜色时，必须保证文字与背景有较高的对比度。也就是说，必须不断对颜色进行评估，既要考虑品牌的需要，也要考虑整体配色的一致性。

可以在深色背景上使用浅色文本，这样能够有效增强文本的可读性，如图 15-13 所示。

图 15-13

如果在深色背景上使用深色文本（文本颜色和天空颜色相似），如图 15-14 所示，会导致文本的可读性减弱。

图 15-14

15.3.3 调整字偶间距

做文字排版时，经常需要调整文本中两个字符的间距，借以改善文本外观，使之与背景更好地融合在一起。这个过程叫调整字偶间距（kerning）。选用的字体越大，需要花越多的时间来调整文本，因为如果大号文本的字偶间距不合适，会表现得更明显。调整字偶间距的目的是改善文本外观，增强文本的可读性，以及创建视觉流。

多看看海报、杂志等设计精美的资料，可以学到许多有关调整字偶间距的知识。字偶间距是逐个字母应用的，可以创造性地运用字偶间距来增强文字排列的美感与可读性。

注意 调整字偶间距的一个常见例子是调整首大写字母和后续小写字母之间的间距，尤其是字母具有非常小的底部时，比如字母 T，会给人带来底部空间过多的错觉。

下面尝试调整字偶间距。

❶ 在 Assets 素材箱中找到 White Cloudscape 剪辑。

❷ 把 White Cloudscape 文本剪辑添加到 01 Clouds 序列中，将其放到 V2 轨道中，且使其位于第一个文本剪辑后，如图 15-15 所示。

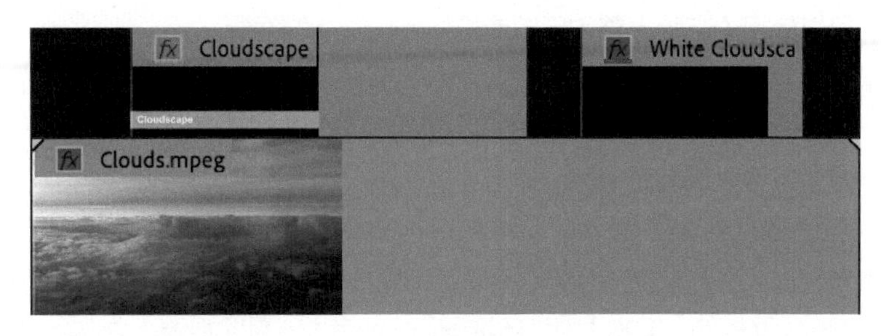

图 15-15

把文本剪辑放置在背景视频剪辑的上方，方便将其作为定位的参考。

❸ 选择【文字工具】(T)，在单词 CLOUDSCAPE 的字母 D 和 S 之间单击，设置插入点。

❹ 在【基本图形】面板的【编辑】选项卡中的【文本】中，把【字偶间距】设置为 300，如图 15-16 所示。

图 15-16

只有选中单个字母，或者鼠标指针处于两个字母之间时，【字偶间距】选项才可用。调整效果如图 15-17 所示。

CLOUD SCAPE

图 15-17

❺ 对于其他字母，重复上述操作，调整每一对字母的字偶间距。

> **注意** 在用完一个工具之后，最好切换回【选择工具】，这样可以防止意外添加新文本，或者对序列做出意外修改。

❻ 在【基本图形】面板的【对齐并变换】中单击【水平居中对齐】按钮 ( )，重设文本位置。然后在【时间轴】面板中单击空白轨道，选取文本剪辑。调整效果如图 15-18 所示。

图 15-18

⑦ 选择【选择工具】(▶)，准备学习下一节内容。

15.3.4 设置字距

另外一个比较重要的文本属性是【字距】(tracing)。它与【字偶间距】类似，用于从整体上控制多个字母的间距。可以使用【字距】整体压缩或拉伸所选文字的间距。

下面几个场景中经常会用到【字距】属性。

紧凑的字距：若一行文本太长，可以通过缩小字距来缩短文本的长度；这样做一方面可以保持字体大小不变，另一方面也可以在指定空间中添加更多文本。

松散的字距：当使用的字母全部是大写或复杂的字体时，可以把字距调整得大一些，以增强文字的可读性；当文本尺寸很大，或把文本用作设计、运动图形元素时，通常都会把字距调得大一些。

可以在【基本图形】面板的【文本】中为所选图层(或者【节目监视器】中选择的元素)调整字距。下面动手试一试。

① 把 Cloudscape Tracking 剪辑从 Assets 素材箱拖曳到 01 Clouds 序列中的 White Cloudscape 剪辑上，覆盖它。

若【时间轴】面板中的【对齐】按钮(🧲)处于开启状态，新剪辑会自动对齐到 White Cloudscape 剪辑的开始位置。新旧剪辑的持续时间相同，因此新剪辑可以完全替代旧剪辑。

② 确保新添加的剪辑处于选中状态，使用【选择工具】(▶)选择文本。

③ 在【基本图形】面板的【编辑】选项卡中尝试调整【字距】。随着【字距】值的增大，字母开始偏离锚点，向右伸展。

④ 把【字距】设置为 530。

⑤ 在【基本图形】面板的【文本】中，单击【居中对齐文本】按钮(☰)，根据其锚点居中对齐文本对象，把文本对象移动到最左侧。

⑥ 在【对齐并变换】中单击【水平居中对齐】按钮(⊡)，把文本对象的锚点移动到画面中间，文本对象在画面中水平居中对齐。

⑦ 在把文本居中对齐后，尝试把字距调整为 700。注意，此时文本仍然是水平居中对齐的。

相比于单独调整【字偶间距】，调整【字距】会让文本看上去更整洁，排版意图更明确，如图 15-19 所示。

图 15-19

❽ 把【字距】改为 530。

15.3.5 调整行距

【字偶间距】和【字距】控制的是字符的水平间距，而【行距】控制的是文本行的垂直间距。行距（leading）这一名称来源于印刷机上用来在文本行之间创建间距的铅条。

可以在【基本图形】面板的【编辑】选项卡中的【文本】中调整行距。

❶ 继续使用 01 Clouds 序列中的 Cloudscape Tracking 剪辑。

❷ 在 Cloudscape Tracking 剪辑处于选中状态时，使用【选择工具】( ) 在【节目监视器】中双击 CLOUDSCAPE 文本，高亮显示该文本，使其处于待编辑状态，如图 15-20 所示。在【工具】面板中选择【文字工具】( )。

图 15-20

❸ 按【→】键，把光标移动到文本末尾。

❹ 按【Return】键（macOS）或【Enter】键（Windows），把光标移动到第二行，输入 A NEW LAND。

❺ 3 次单击第二行文本，选择整行文本。把【字号】设置为 48，【字距】设置为 1000、【行距】设置为 40，如图 15-21 所示。

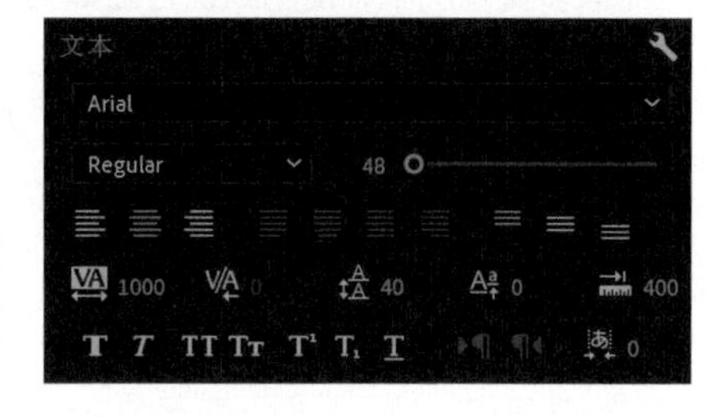

图 15-21

❻ 在【时间轴】面板中，单击空白轨道，取消选择文本，如图 15-22 所示。

图 15-22

增加行距有助于把两个文本行分开，但是文本的可读性仍然较差，因为它与背景的区分度不高。

⑦ 使用【选择工具】（▶）选择【节目监视器】中的文本。这是一种快速访问图形中特定元素的方式。

在【基本图形】面板顶部，CLOUDSCAPE A NEW LAND 文本图层处于选中状态（图层中的文本成为图层名称）。

在文本图层处于选中状态时，把【行距】设置为 140。

⑧ 在【时间轴】面板中，单击空白轨道，取消选择剪辑，如图 15-23 所示。

图 15-23

大多数情况下，使用默认行距即可。调整行距会对文本产生很大影响。不要把行距设置得太小，否则上一行文本中的某些字母（比如 j、p、q、g）和下一行文本中的某些字母（比如 b、d、k、l）交错在一起，进一步降低文本的可读性，尤其在动态背景上更加明显。

15.3.6 设置文本对齐方式

虽然大部分人已经习惯了左对齐的文本排列方式，但视频画面中的文本对齐方式却不一定非得如此。一般来说，位于画面下方三分之一处的文本都是左对齐或右对齐的。

你会经常在滚动字幕或片段分隔画面中设置文本居中对齐方式。【基本图形】面板中有许多用来对齐文本的工具（见图 15-24）。可以使用它们把所选文本（相对于文本锚点）进行左对齐、居中对齐和右对齐。

图 15-24

使用【文字工具】（T）在【节目监视器】中拖曳，可以创建文本框。

对于文本框中的文本，可以使用两端对齐按钮（☰）让文本拉伸到整个文本框的宽度，如图 15-25 所示。

图 15-25

还可以使用垂直对齐按钮，让文本在文本框的顶部、居中、底部对齐，如图 15-26 所示。

图 15-26

可以使用各种对齐按钮尝试各种文本对齐效果。若不满意，使用【撤销】命令撤销即可。

选中文本，单击某个对齐按钮后，所选文本在画面中的位置会发生变化。此时，可以手动调整文本的位置，或者单击【垂直居中】按钮（⊡）或【水平居中】按钮（⊡），把文本设置到画面中间。

15.3.7 设置安全边距

添加文本时，可使用参考线来帮助放置文本和图形元素。

为此，可以在【节目监视器】中单击【设置】按钮（ ），然后选择【安全边距】，如图 15-27 所示。

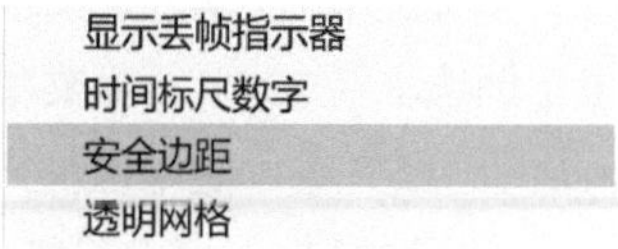

显示丢帧指示器
时间标尺数字
安全边距
透明网格

图 15-27

默认设置下，外框内部区域占整个画面的 90%，叫作【动作安全区域】。当在电视中播放视频时，该区域之外的部分可能会被剪切掉。因此，必须确保所有重要元素（比如图标）位于该区域内。

内框内部区域占整个画面的 80%，称为【字幕安全区域】。与书页周边留有空白区域防止文本离页面边缘太近同理，应尽量把重要文本放到画面的【字幕安全区域】中，方便观众阅读其中信息，如图 15-28 所示。

图 15-28

如果文本超出了【字幕安全区域】，有些部分可能会在未经校准的显示器上丢失。

随着显示器技术的发展，现在【动作安全区域】已经占到整个屏幕的 97%，【字幕安全区域】占到整个屏幕的 95%，如图 15-29 所示。

在【源监视器】或【节目监视器】中选择【设置】>【叠加设置】>【设置】，在【动作与安全区域】中修改设置。

图 15-29

15.4 创建文本

创建文本时，需要选择文本的显示方式。Premiere Pro 提供了两种创建文本的方法，每一种都提供了创建水平文本和垂直文本的选项，具体如下。

- 点文本：使用这种方法输入文本时会创建一个文本框；输入文本时，若不按【Return】键（macOS）或【Enter】键（Windows），输入的文本位于同一行中；改变文本框的形状和大小会引起【基本图形】与【效果控件】面板中【缩放】属性的变化。
- 段落（区域）文本：在输入文本前，先设置文本框的大小和形状；改变文本框的大小只影响显示文本的多少，而不会改变文本大小。

若在【节目监视器】中使用【文字工具】(T)，先要选择添加哪种类型的文本。

- 单击并输入，添加点文本。
- 拖曳以创建文本框，然后向文本框中输入段落文本。【基本图形】面板中的大部分选项同时适用于上面两种文本。

15.4.1 添加点文本

下面一起创建一个文本。

这里创建文本以宣传一处旅游景点。

❶ 打开 02 Cliff 序列。

❷ 在【时间轴】面板中，把播放滑块拖曳到序列开头。从【工具】面板中选择【文字工具】(T)。

❸ 在【节目监视器】中单击，输入文本 The Dead Sea。

此时在【时间轴】面板中，在 02 Cliff 序列的下一个视频轨道（这里是 V2 轨道）中添加了一个新文本剪辑，如图 15-30 所示。

图 15-30

新建文本时，Premiere Pro 会自动应用上一次使用的设置。

输入文本之前，如果单击了背景图像中的白云，那么创建的文本很可能难以分辨。

❹ 在【时间轴】面板中，拖曳播放滑块，尝试更改背景视频帧。添加文本时，一定要认真选择背景帧。因为视频在播放时是动态变化的，你可能会发现剪辑开头的文本显示正常，但剪辑末尾的文本无法正常显示。

❺ 在【工具】面板中选择【选择工具】(▶)。注意，不能使用【选择工具】(▶) 的键盘快捷键，因为当前正在向文本框中输入内容。此时文本框周围出现控制点，如图 15-31（a）所示。

在【基本图形】面板中做如下设置，效果如图 15-31（b）所示。

字体：Arial Bold。 字体大小：83。
字距：0。 字偶间距：0。
行距：0。 填充颜色：白色。

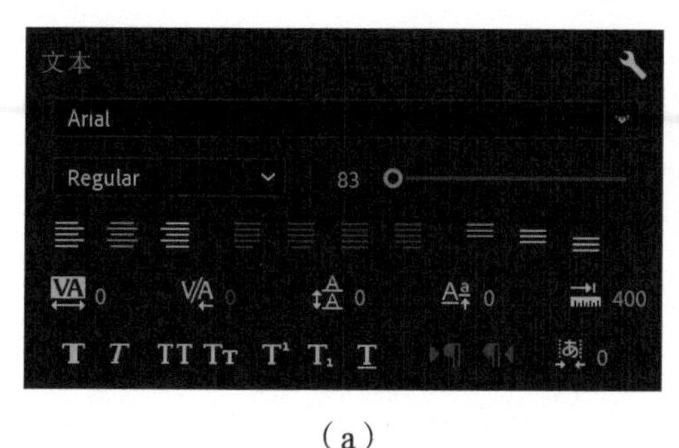

（a）

（b）

图 15-31

在【外观】中仅勾选【填充】复选框。

❻ 使用【选择工具】( ) 拖曳文本框的边。注意，文本的字号、宽度、高度保持不变，仅在【对齐并变换】中调整【缩放】。

默认设置下，文本的高度和宽度会保持相同的缩放比例。通过【设置缩放锁定】按钮（ ）可以分别调整高度和宽度。

把【缩放】恢复成 100%，开启【设置缩放锁定】按钮（ ）。

❼ 把鼠标指针放到文本框的顶点外，此时鼠标指针变成一个弯曲的双箭头。此时，可以旋转文本框。按住鼠标左键并拖曳，旋转文本框，如图 15-32 所示。

图 15-32

旋转对象时以锚点为中心，使用位置控件设置位置时也以锚点为参考点。调整位置时，位置会专门应用于锚点，锚点本身在对象上有一个位置。对于许多视觉元素而言，锚点就是对象的中心，这一点很重要。

但文本对象不这样，左对齐文本的默认锚点位置在文本（非文本框）的左下角。当旋转文本时，旋转是围绕着文本左下角而非文本中心进行的。

❽ 在【选择工具】( ) 处于选中状态时，在【基本图形】面板中单击代表旋转角度的蓝色数字，输入 45，按【Enter】键，把旋转角度手动设置为 45° 。

❾ 在文本框中单击任意位置，拖曳文本到画面的右上角。

❿ 在【时间轴】面板中单击 V1 轨道左侧的【切换轨道输出】按钮（ ），禁用 V1 轨道的输出。

⓫ 在【节目监视器】选择【设置】>【透明网格】，开启透明网格，如图 15-33 所示。

图 15-33

此时，可以发现文本位于一个透明的棋盘格上，但是辨识性很差，几乎看不出来。

⓬ 在文本处于选中状态时，在【基本图形】面板的【外观】中，勾选【描边】复选框，为字母添加轮廓线。把描边颜色设置为黑色、【描边宽度】设置为 7。

此时，文本在透明棋盘格上清晰地显示出来，而且有较高的可读性，如图 15-34 所示。有关向文本添加描边或阴影的更多内容，请阅读“文本样式”一节。

在【文本】面板中，可以直接访问序列中图形的内容。

图 15-34

❶ 打开【文本】面板。

❷ 选择【图形】选项卡。

在【图形】选项卡中，只显示一个图形的缩览图，因为所有添加的文本都是图形剪辑的一部分。

❸ 双击缩览图右侧文本，可直接编辑它。尝试改动文本，可以看到【节目监视器】中的文本也同步发生了改变。

❹ 使用【撤销】命令，把文本恢复成原始模样。

15.4.2　添加段落文本

虽然点文本非常灵活，但使用段落文本可以更好地控制文字的布局。使用段落文本，当输入的文本到达文本框边缘时，Premiere Pro 会自动换行。

继续使用上一小节的例子。

> **注意** 在某个文本剪辑处于选中状态时，添加新文本或形状时，新文本或形状会被添加到所选剪辑上。若【时间轴】面板中没有剪辑处于选中状态，则 Premiere Pro 会在下一个可用轨道上新建一个剪辑，并把新文件或形状添加到新建剪辑中。

❶ 选择【文字工具】（ ），在【时间轴】面板中确保文本剪辑处于选中状态。

❷ 在【节目监视器】中画面的左下角（离画面的左边缘有一定的距离），按住鼠标左键并拖曳，

创建一个文本框。

③ 输入参加旅游的人名。输入时，可以输入示例中的人名，也可以添加其他人名，每输入一个人名后，按一下【Return】键（macOS）或【Enter】键（Windows）进行换行。

尝试输入一个很长的人名，使字母超出文本框右边缘，而且不按【Return】键（macOS）或【Enter】键（Windows）换行。与点文本不同，段落文本仍然保留在指定的文本框之内，当字母超出文本框右边缘时会自动换行。如果向文本框中添加了大量文本，超出了文本框的容量，则超出文本框的文本会被隐藏起来。

提示 避免发生拼写错误的一个好办法是直接从客户或制作者审核过的脚本或邮件中复制文本。

④ 使用【选择工具】（▶），更改文本框的大小和形状，显示所有文本，如图 15-35 所示。

当调整文本框的大小时，文本的字号保持不变，但在文本框中的位置发生了变化。

【基本图形】面板中有两个图层，两部分文本分别占用一个图层，并且拥有独立的控件，如图 15-36 所示。

图 15-35

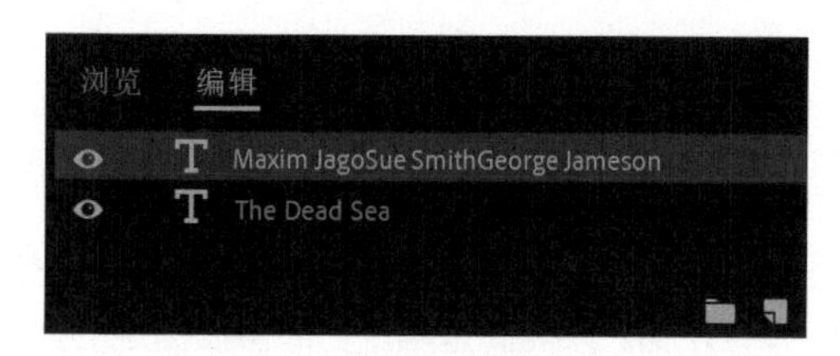

图 15-36

15.5 文本样式

除了设置字体、位置、不透明度外，在【基本图形】面板中，还可以向文本或形状设置描边或阴影。

15.5.1 更改文本外观

在【基本图形】面板的【外观】中，主要有 3 个选项可以用来提高文本的可读性。

描边：描边是添加到文本上的轮廓线，有助于让文本在动态图像或复杂背景中保持良好的可读性。

背景：设置文本背景，包括背景颜色、不透明度、大小等。

阴影：为视频文本添加阴影，可以提高文本的可读性，而且不会造成干扰；添加阴影时，一定要调整文本的模糊度，而且确保项目中所有文本的倾斜角度保持一致；相关选项如图 15-37 所示。

与文本填充一样，可以把任意颜色应用到描边、背景、阴影上。

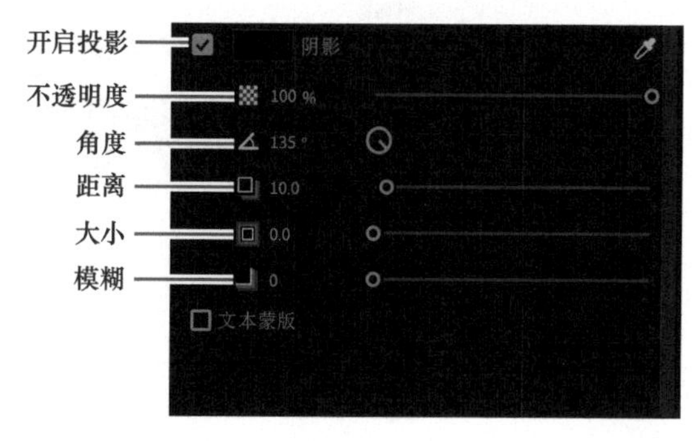

图 15-37

❶ 单击 V1 轨道的【切换轨道输出】按钮。

❷ 在【基本图形】面板中，尝试调整各项设置，提高文本的可读性，并添加更多颜色到合成中。

❸ 选择右上方的点文本，使用【填充】颜色选择吸管工具（），吸取岩石的橙黄色，把点文本设置为橙黄色。

图 15-38

❹ 选择左下方的段落文本，使用【填充】颜色选择吸管工具（），吸取天空中的淡蓝色，把段落文本设置为淡蓝色。

如果对岩石和天空的颜色不满意，可以先使用吸管工具（）吸取一种颜色，然后打开填充颜色的【拾色器】对话框，进一步对所选的颜色进行调整。不断使用吸管工具（）在图像中吸取颜色，直到找到你喜欢的颜色。

请尽量按照图 15-38 中的颜色为文本配色。

15.5.2　保存样式

在创建一个喜欢的文本样式后，可以将其保存起来，以便在项目中重用。样式描述的是文本的颜色、字体、外观。只需简单操作，即可把指定的样式应用到文本上，文本的所有属性都会根据预设进行更新，从而改变文本外观。

下面使用 15.5.1 小节中调整的文本来创建一个样式。

❶ 使用【选择工具】（）选择左下角的段落文本。

❷ 在【基本图形】面板中选择【样式】>【创建样式】，如图 15-39 所示。

图 15-39

打开【新建文本样式】对话框。

❸ 在【新建文本样式】对话框中，输入样式名称【Blue Bold Text】，单击【确定】按钮，如图 15-40（a）所示。

此时，定义的样式就会出现在【基本图形】面板中的【样式】下拉列表中。同时，还可以在【项目】面板中看到刚刚创建的样式，如图 15-40（b）所示。

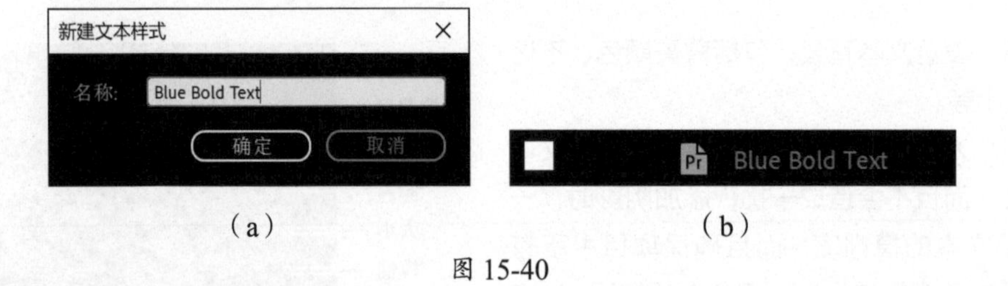

（a）　　（b）

图 15-40

提示 你还可以从一个打开的项目中把样式复制到另外一个项目中。

❹ 选择右上角的另外一个文本，然后在【样式】下拉列表中选择【Blue Bold Text】样式，如

图 15-41 所示。

图 15-41

【项目】面板中的所有样式都会出现在【基本图形】面板中的【样式】下拉列表中。在【项目】面板中删除某个样式，即可将其从【样式】下拉列表中移除。

15.5.3 保存源图形

到目前为止，使用的文本有的是序列中事先创建好的，有的是从【项目】面板中添加的，有的是新创建的。

大多数情况下，Premiere Pro 要求序列中的每个组成要素同时存在于【项目】面板中。但是，在 Premiere Pro 中创建的图形除外。

前面把 Cloudscape Tracking 剪辑（见图 15-42）添加到了 01 Clouds 序列中。打开 01 Clouds 序列，从【项目】面板中，把该文本的一个副本添加到 V2 轨道中。可能需要移动 V2 轨道中已有的文本副本，为新添加的文本副本留出空间。

图 15-42

对比文本剪辑的两个副本，对序列文本所做的改动也会应用到【项目】面板中的源剪辑上，这是因为该文本是一个源图形。

在【时间轴】面板中选择任意一个图形剪辑，然后选择【图形和标题】>【升级为源图】，即可将其转换成源图形。

把一个新的图形剪辑添加到【项目】面板中后，即可轻松地将其在多个序列和多个项目之间进行共享。

所有基于源图形创建的图形剪辑（包括用来升级的那个图形剪辑）都是彼此的副本。在任意一个源图形的副本中对文本、样式、内容所做的更改会体现到源图形的其他所有副本中。

当你希望在一个项目中多次使用同样的图形元素时，源图形非常有用。例如，一个由多个片段组成的项目，其中包含标准开放字幕；或者是一个纪录片，其中包含低三分之一字幕，作为每个片段的标题。

如果对某一项进行调整之后能够做到统一更新，这无疑会大大节省处理时间，提高工作效率。

注意 字幕文本的默认持续时间是在首选项中设置的，与其他静帧素材相同。

15.6 创建形状和图标

在为视频制作字幕时，不只会用到文字，还可能用到一些形状、图形等元素。为此，Premiere Pro 提供了创建矢量图形的工具。许多文本属性也适用于形状。除了手动创建外，还可以直接导入已经制作好的图形（比如图标）作为新图形剪辑中的一个图层使用。

在 Photoshop 创建图形或文本

你可以在 Photoshop 中创建要在 Premiere Pro 中使用的文本或图形。虽然 Photoshop 是修改照片的首选工具，但它提供的强大功能完全可以用来为视频项目创建字幕文本或图标，这些功能包括一些高级选项，比如高级格式化工具（如科学记数法）、灵活的图层样式、拼写检查工具等。

在 Premiere Pro 中新建 Photoshop 文档，请按照如下步骤操作。

1. 从菜单栏中依次选择【文件】>【新建】>【Photoshop 文件】。
2. 在【新建 Photoshop 文件】对话框中，根据当前序列进行设置，单击【确定】按钮。
3. 在【将 Photoshop 文件另存为】对话框中，为新 PSD 文件选择保存位置，输入名称，单击【保存】按钮。

此时，文件在 Photoshop 中打开，等待编辑。文件中包含画板参考线，用来标识动作安全区和字幕安全区（在 Photoshop 中打开它们才能看到）。这些参考线不会出现在最终图像中。

提示 如果在 Photoshop 的【视图】选项中禁用了画布参考线，可以依次选择【视图】>【显示】>【参考线】重新启用参考线。

4. 按【T】键，选择【横排文字工具】。
5. 你可以在文档中单击创建点文本，或者拖曳创建段落文本。与 Premiere Pro 相同，在 Photoshop 中使用段落文本可以更好地控制文本布局。

6. 输入文本。
7. 使用工具栏中的控制选项设置文本的字体、颜色、字号。
8. 单击工具栏中的【提交】按钮（☑），退出文本编辑状态。
9. 在菜单栏中依次选择【图层】>【图层样式】>【投影】，调整各个控制选项，为文本添加阴影。

在 Photoshop 中编辑完成后，保存并关闭文件。此时，你可以在 Premiere Pro 的【项目】面板中看到它，可以将其添加到序列中。

如果你想再次在 Photoshop 中编辑文本，首先在项目或【时间轴】面板中选择它，然后依次选择【编辑】>【在 Adobe Photoshop 中编辑】，即可在 Photoshop 中打开。在 Photoshop 中保存更改后，对文本所做的改动会自动更新到 Premiere Pro 中。

15.6.1 创建形状

如果在 Photoshop、Illustrator 等图形编辑软件中创建过形状，你会发现在 Premiere Pro 中创建几何对象的方法也是类似的。

首先从【工具】面板中选择【钢笔工具】( )，然后在【节目监视器】中多次单击，即可创建一个形状。

还可以使用【矩形工具】( )、【椭圆工具】( )或【多边形工具】( )，在【节目监视器】中拖曳，新建形状。

按照如下步骤，创建一些形状并调整设置。

❶ 打开 03 Shapes 序列。

❷ 选择【钢笔工具】( )，在【节目监视器】中多次单击，即可创建一个形状。每次单击，Premiere Pro 都会添加一个控制点。在画面左下角创建一个形状，如图 15-43 所示。

形状绘制完成后，单击第一个控制点，把形状封闭起来。选择【选择工具】( )。

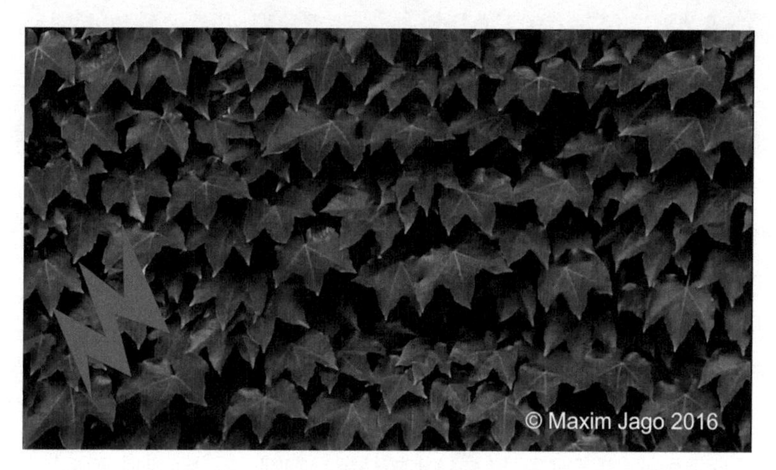

图 15-43

❸ 选中绘制好的形状，更改形状的填充颜色，添加描边，并修改描边颜色，如图 15-44 所示。

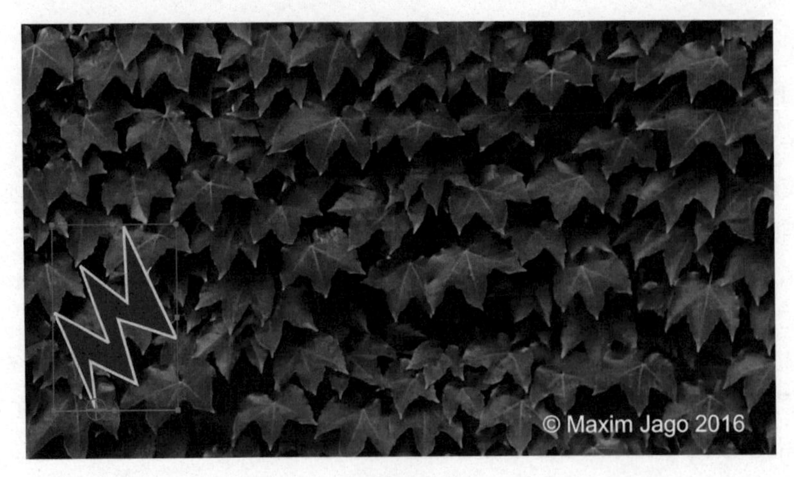

图 15-44

注意 创建新形状时使用的是你在【基本图形】面板中最近一次选择的外观。你可以在【基本图形】面板中调整各个控制选项轻松更改形状外观。新建标题文本时所使用的是你在【基本图形】面板中最近一次为某个标题选择的外观。

4 再次使用【钢笔工具】( ) 在右下角新建一个形状。这次不要只是单击，而是在每次单击时进行拖曳，如图 15-45 所示。

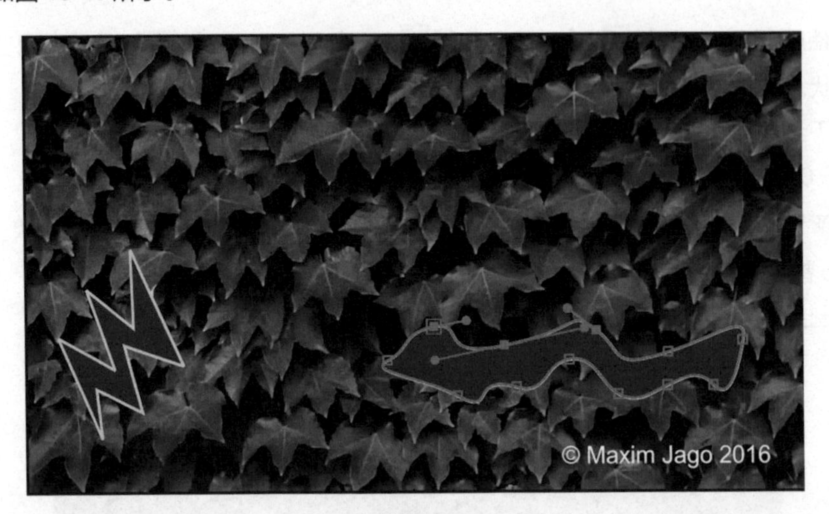

图 15-45

单击后拖曳创建的控制点带有贝塞尔手柄，这些手柄和设置关键帧时用到的手柄一样。借助贝塞尔手柄，可以更准确地控制创建的形状，设计出更优美的形状。

5 选择【矩形工具】( )。

6 在【节目监视器】中使用【矩形工具】( )，拖曳创建矩形。在拖曳的同时按住【Shift】键，可以创建正方形。

7 在【工具】面板中的【矩形工具】( ) 上按住鼠标左键，选择【椭圆工具】，拖曳绘制椭圆形。在拖曳的同时按住【Shift】键，可以绘制圆形，如图 15-46 所示。

8 在【工具】面板中的【椭圆工具】( ) 上按住鼠标左键，选择【多边形工具】，绘制一个多边形，如图 15-46 所示。

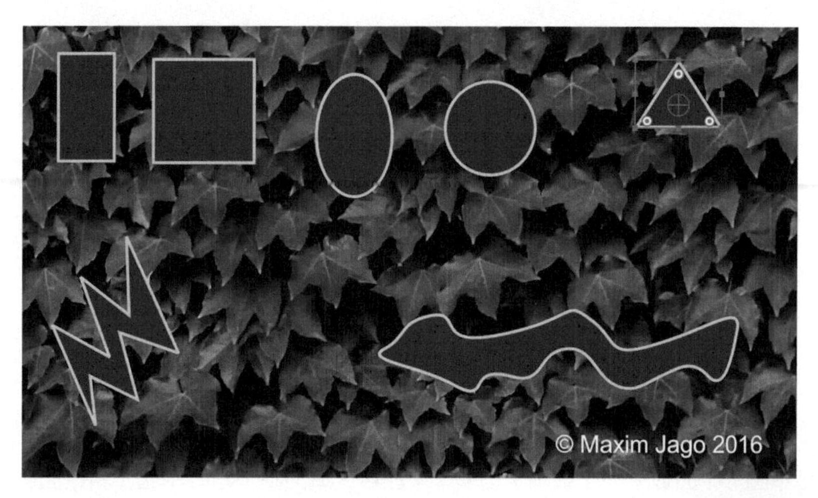

图 15-46

图 15-47

在多边形处于选中状态时，在【基本图形】面板的【对齐并变换】中，调整【角半径】【边数】，可改变多边形的外观，如图 15-47 所示。

任何一个形状的【角半径】都是可以改变的。在【节目监视器】中，拖曳形状内部的小圆圈（ ），可直接调整【角半径】。按住【Option】键（macOS）或【Alt】键（Windows），分别调整各个角。

通过绘制这些简单形状可以掌握创建复杂图形的基础工具和操作方法。

对于任意一个选中的形状，都可以使用【钢笔工具】（ ）调整它。甚至可以单击为更复杂的形状添加控制点。尝试使用【钢笔工具】（ ），改变所选的形状。

提示 如果你的 Mac 键盘上没有【Forward Delete】键，请按【Fn】+【Delete】组合键。

⑨ 按【Command】+【A】（macOS）或【Ctrl】+【A】（Windows）组合键，全选所有形状，然后按【Fn】+【Delete】组合键（macOS）或【Delete】键（Windows），删除所有形状。还可以在【基本图形】面板中选中所有图层，把它们全部删除。这里留下一些形状，供以后使用。

⑩ 尝试调整形状，把它们重叠在一起，设置不同颜色、不同透明度。

在【基本图形】面板中，图层的顺序决定对象显示的前后顺序，就像【时间轴】面板中的轨道一样。可以尝试拖曳对象，调整其顺序。

15.6.2 导入图像

制作字幕时，可以把外部的图像文件导入字幕设计中，支持的常见文件格式有矢量图（AI、EPS）、静态图（PSD、PNG、JPEG）。

下面尝试导入图像。

① 打开 04 Logo 序列。

这是一个简单的序列，如图 15-48 所示。

图 15-48

❷ 使用【选择工具】( )，选择序列中的 Add a logo 剪辑。

❸ 在【基本图形】面板中的【编辑】选项卡中图层区域的右下方，单击【新建图层】按钮( )，然后选择【来自文件】。

❹ 在【导入】对话框中，进入 Lessons\Assets\Graphics 文件夹，找到 logo.ai 文件，单击【导入】按钮(macOS)或【打开】按钮(Windows)。

❺ 选择【选择工具】( )，把图标拖曳到标题文本右侧。然后调整其大小、不透明度、旋转角度和缩放值，如图 15-49 所示。

图 15-49

注意 在重新调整导入素材的尺寸时，当缩放比例大于 100% 时，其质量会明显下降，因为最终显示的图像是基于像素而非矢量的。

15.6.3 使用文本蒙版

【基本图形】面板中还有一个【文本蒙版】选项值得好好讲讲。

下面结合一个例子进行讲解。

❶ 打开 05 Mask 序列。这一序列很简单，背景是一段缓慢移动的视频，前景是一张常春藤图片，如图 15-50 所示。背景视频调整了颜色，应用了模糊效果，以便将其与前景图片区分开。

❷ 在【时间轴】面板中，把播放滑块拖曳到序列开头。选择 Graphic 剪辑，从【工具】面板中

选择【文字工具】(T)。在【节目监视器】中单击，输入文本 IVY。

③ 切换到【选择工具】(▶)。在【基本图形】面板中调整各个选项，尽量让文本 IVY 填满整个常春藤图片。使用【选择工具】(▶) 移动文本位置，使其位于图 15-51 所示的位置上。

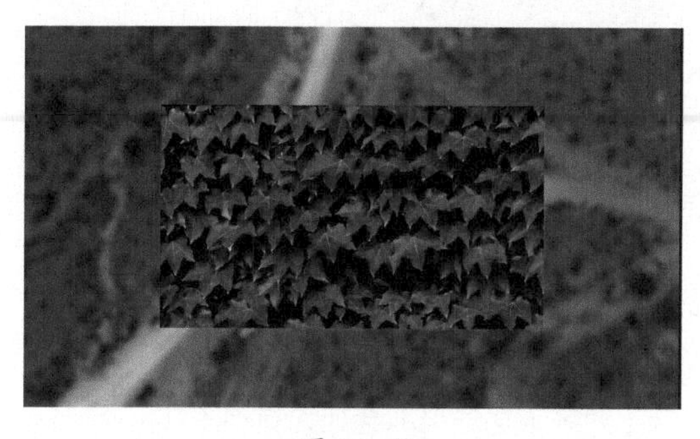

图 15-50

图 15-51

不要在意填充颜色和描边颜色，下一步会将其忽略掉。

④ 在文本处于选中状态时，向下滚动【基本图形】面板，找到【文本蒙版】复选框，然后勾选它。

勾选【文本蒙版】复选框后，文本会成为蒙版，常春藤图片透过文本显露出来（见图 15-52），这类似于前面讲解的【轨道遮罩键】效果。两者的不同之处在于，【轨道遮罩键】效果只局限于当前图形内容。

图 15-52

15.6.4 使用标尺与参考线

在【节目监视器】中排列与对齐元素的方法有很多。默认设置下，可以在画面中自由地移动各个元素，也有一些与【时间轴】面板中的【对齐】功能类似的方法，让你可以在【节目监视器】中把指定元素对齐到指定位置。

① 打开前面处理过的 03 Shapes 序列。

② 使用【选择工具】(▶)，尝试随意移动各个形状。可以自由地移动形状，当重叠时，各个形状会依据其在【基本图形】面板中的堆叠顺序显示。

③ 在【节目监视器】处于活动的状态时，从菜单栏中依次选择【视图】>【在节目监视器中对齐】。这样，当在【节目监视器】中拖曳某个元素时，就会出现一些参考线（见图 15-53），协助观察当前元素与其他元素、【节目监视器】中心或边缘的对齐情况，以便于准确地设置指定元素的位置。

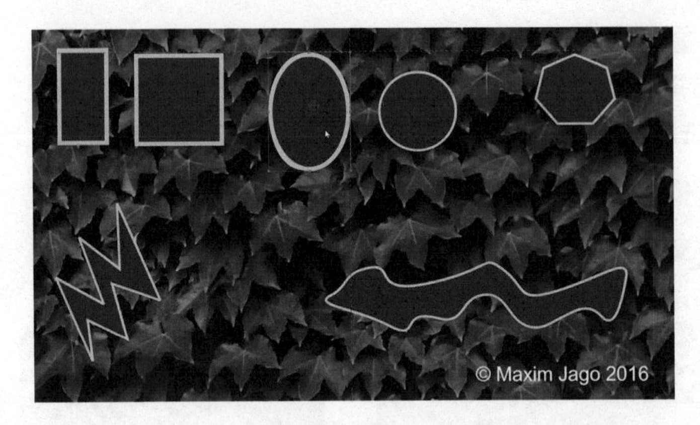

图 15-53

在复杂的图形中，当画面中的元素非常多时，开启【对齐】功能可能会让人有点不知所措，因为参考线实在太多了。

❹ 序列末尾的画面是空白的，新建一个只包含一个形状的图形。尝试在画面中到处拖曳，把图形放到合适的位置上。

❺ 确保【节目监视器】处于激活状态，从菜单栏中依次选择【视图】>【显示标尺】。标尺不是交互式的，只能为下一步操作提供参考。

提示 如果你发现菜单中某个命令不可用，请检查一下当前激活的面板以及所选择的目标是不是对的。

❻ 在【节目监视器】顶部的标尺上按住鼠标左键并向下拖曳，在画面中创建一条参考线，用来对齐元素（见图 15-54）。在拖曳过程中会显示像素位置。可以从标尺上多次拖曳，创建多条参考线。

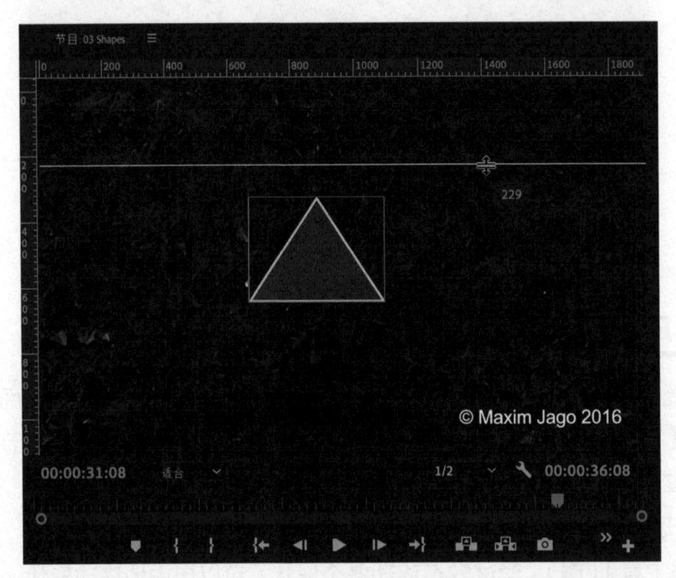

图 15-54

还可以使用鼠标右键单击参考线，从【编辑参考线】对话框中选择一种颜色，指定准确位置。

注意 如果要长时间地使用某些参考线，请从菜单栏中依次选择【视图】>【锁定参考线】，把它们锁定在某个位置上。再次选择【锁定参考线】，可解除参考线锁定。

可以使用【视图】菜单中的相应命令（见图 15-55），把标尺与参考线显示或隐藏起来。参考线位置可以一直保持不变，当把隐藏的参考线再次显示出来时，它们会在原来的位置上显示出来。

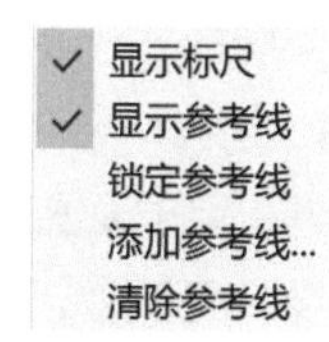

图 15-55

此外，还可以使用【视图】>【清除参考线】，清除添加的所有参考线。

在【节目监视器】中，使用【按钮编辑器】按钮（▣），可选择或取消选择这些选项。

15.7 创建滚动字幕

可以为开场和闭幕创建滚动字幕。其实，滚动动画不仅可以应用于文字，还可以应用于其他所有图形。

❶ 打开 04 Logo 序列。在【节目监视器】中，选择【设置】>【透明网格】。

❷ 在【时间轴】面板中，把播放滑块拖曳到序列末尾，即 V1 轨道中剪辑的末尾。

❸ 使用【文字工具】（T），单击【节目监视器】添加点文本。

❹ 输入几行文本，用作滚动文本，每输入一行，按一次【Return】键（macOS）或【Enter】键（Windows）。

本练习中，单词拼写正确与否不重要。

添加多行文本时需要不断重新确定位置，这样很麻烦。通常先在文档中准备好文本，然后把它们复制粘贴到 Premiere Pro 中。

❺ 输入几行文本后，使用【基本图形】面板根据需要对文本进行格式化处理，如图 15-56 所示。

❻ 使用【选择工具】（▶），单击【节目监视器】的空白区域，取消选择文本图层。此时，【基本图形】面板的【编辑】选项卡中显示整个图形的属性，而不仅是输入文本的属性。

❼ 在【基本图形】面板中勾选【滚动】复选框，使文本滚动起来。

此时，【节目监视器】右侧会显示一个滚动条。当播放剪辑时，字幕会从屏幕底部滚入，然后从屏幕顶部滚出。

出现滚动条之后，添加更多文本行，以及浏览较长的文本会更容易。

滚动效果有如下控制选项，如图 15-57 所示。

图 15-56

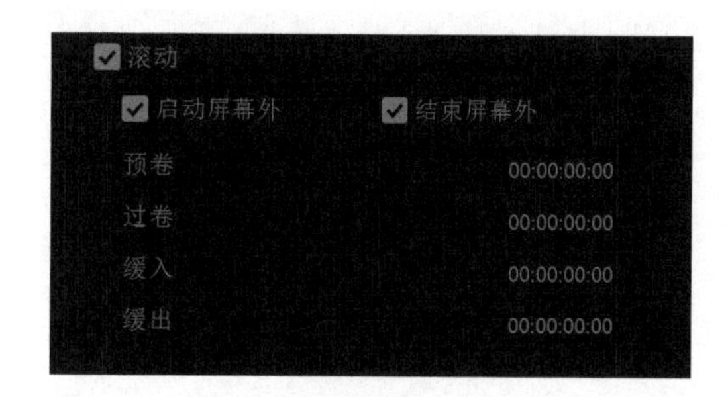

图 15-57

- 启动屏幕外：该选项用来控制滚动的起始位置，勾选该复选框，表示从屏幕外开始滚动，取消勾选该复选框，表示字幕从【节目监视器】中的创建位置开始滚动；结合【交叉溶解】效果，可使文本先向上淡入屏幕中，然后滚动到屏幕之外。

- 结束屏幕外：该选项用来控制字幕在持续时间内完全滚出屏幕之外，还是在持续时间结束时突然从屏幕上消失；结合【交叉溶解】效果，可让文本先滚动到屏幕中，然后淡出到屏幕之外。
- 预卷：用于设置经过多长时间，字幕才开始滚动。
- 过卷：用于指定滚动结束后还要播放多长时间。
- 缓入：用于指定把滚动速度从 0 逐渐增加到最大速度需要的帧数。
- 缓出：用于指定把滚动速度降为 0 需要的帧数。

若文本从屏幕之外开始滚动，或者滚动到屏幕之外，则【预卷】【过卷】【缓入】【缓出】选项不会有什么作用，毕竟文本在屏幕之外。

调整字幕长度时，需要考虑它与播放速度的关系，字幕长度决定了播放速度。字幕越短，滚动速度越快。因为无论怎样，所有文本都会在剪辑的持续时间内显示出来。

⑧ 播放序列，观看字幕滚动效果。

> **注意** 前面提到的响应式设计选项针对的是具有精确定时的开场和结尾的运动图形。使用这些时间控件可以防止在重新调整动画的起点与终点时剪辑的持续时间发生变化。

15.8 使用运动图形模板

【基本图形】面板的【浏览】选项卡中包含许多内置的图形模板，可以把它们添加到序列中使用。这些模板都是可定制的。许多模板中都包含动画，通常把这样的模板称为【动态图形模板】。

可以在 Premiere Pro 或 After Effects 中创建动态图形模板，使用它们创建的模板有如下不同。

- 在使用 Premiere Pro 创建的动态图形模板中，图形是完全可编辑的。
- 使用 Adobe After Effects 创建动态图形模板时，可以添加更高级的设计和复杂动画。创建动态图形模板时，设计师往往会加入一些控件，在保护原始设计的同时增强灵活性。

内置模板是按类别组织的。把模板直接拖入一个序列中，即可添加它。

有些模板带有黄色字体警告图标（![icon]），这表示模板中用到的字体在当前计算机系统中未安装。

如果使用的模板中包含的字体可以在 Adobe Fonts 网站中找到，并且当前处于联网状态，Premiere Pro 就会自动下载并安装它们。此外，还可以在【基本图形】面板中使用鼠标右键单击模板，然后从弹出的菜单中选择【同步缺失的字体】。

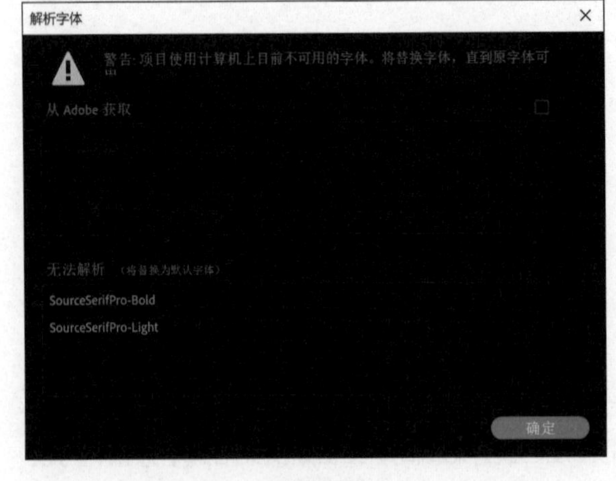

图 15-58

若无法自动安装缺失字体，Premiere Pro 就会显示一条警告信息提示无法下载缺失字体，而且会弹出【解析字体】对话框显示缺失什么字体，如图 15-58 所示。

最简单的一种解决缺少字体的方法是联网然后重新添加模板。若无法实现，则可以在【基本图形】面板中另选一种字体。此外，还可以在 Premiere Pro【首选项】对话框的【图形】选项卡中设置默认的替换字体。

自定义图形模板

可以把自己创建的图形添加到【基本图形】面板的【浏览】选项卡中。在序列中选择图形剪辑，从菜单栏中选择【图形和标题】>【导出为动态图形模板】。

在【导出为动态图形模板】对话框中，为新图形模板输入名称，并从【目标】下拉列表中选择一个保存位置（见图 15-59）。还可以在【关键字】中添加相关的关键字，以便通过输入关键字快速找到模板。

> **提示** 你可以快速添加多个关键字，不同关键字之间使用逗号分隔。

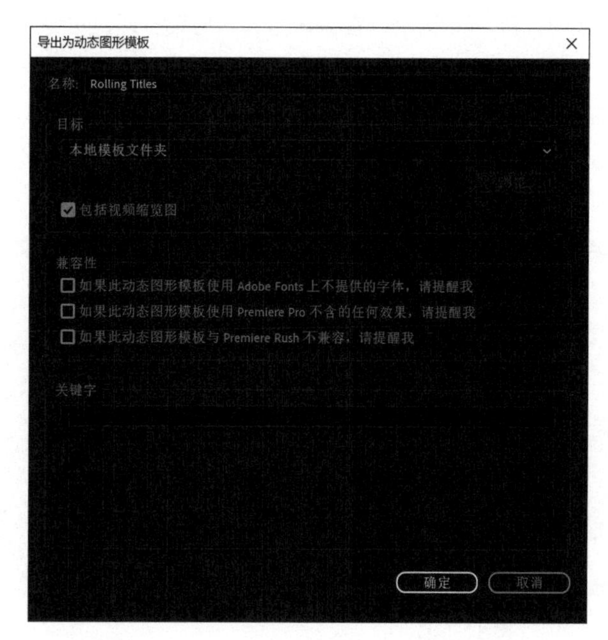

图 15-59

做好设置后，单击【确定】按钮。

此外，还可以把存储在硬盘上的动态图形模板导入项目中，具体做法是在菜单栏中依次选择【图形和标题】>【安装动态图形模板】，或者在【基本图形】面板的【浏览】选项卡中，单击右下角的【安装动态图形模板】按钮（）。

15.9 添加字幕

制作电视广播等节目时，通常会遇到两种类型的字幕：隐藏式字幕和开放式字幕。

隐藏式字幕内嵌于视频流之中，由视频观看者自行开启或关闭，而开放式字幕则总是显示在屏幕上。

在 Premiere Pro 中，可以采用相同方式来使用这两种字幕。而且，还可以把一种字幕文件转换成另一种字幕文件（但要受到字幕交付标准的一些限制）。

相比于开放式字幕，隐藏式字幕在颜色、设计方面有更多限制。因为它们是由观看者的电视、机顶盒、在线播放软件生成和显示的，所以隐藏式字幕的显示控件是固定不变的。

15.9.1 使用隐藏式字幕

人们越来越喜欢观看视频，这要求大多数广播电视台添加能够被电视机解码的隐藏式字幕信息，把可见字幕插入视频文件，并借助支持的格式传送到指定播放设备。

添加隐藏式字幕相对容易。既可以使用现成的字幕文件，也可以在 Premiere Pro 中生成新字幕。下面演示如何使用现成文件向序列中添加字幕。

❶ 在当前项目处于打开状态时，从菜单栏中依次选择【文件】>【打开项目】，在【打开项目】对话框中，进入 Lessons 文件夹，打开 Lesson 15_02.prproj 项目文件。

❷ 单击【项目】面板，将其激活，然后将该项目文件另存为 15_02 Working.prproj。

❸ 在【时间轴】面板中，若 NFCC_PSA 序列未打开，将其打开，如图 15-60 所示。

❹ 从菜单栏中依次选择【文件】>【导入】，转到 Lessons\Assets\Closed Captions 文件夹中，导入 NFCC_PSA.scc。Premiere Pro 支持 DFXP、MCC、SCC、SRT、STL、XML 等格式的字幕文件。

此时，Premiere Pro 会把字幕文件添加到素材箱中，就像添加一个普通的视频剪辑一样，而且它拥有帧速率和持续时间。

❺ 把字幕文件拖曳到【时间轴】面板中，弹出【新字幕轨道】对话框，如图 15-61 所示。

图 15-60

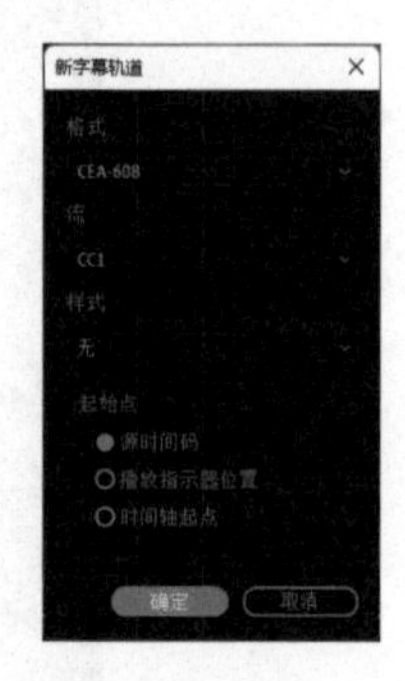

图 15-61

不同的电视系统支持不同的字幕类型，部分字幕类型如下。

- 【澳大利亚 OP-47】是澳大利亚隐藏字幕标准，专用于澳大利亚广播电视网络。
- 【CEA-608】（又叫 Line 21）是美国与加拿大模拟广播电视最常用的标准之一。
- 【CEA-708】是美国与加拿大采用的数字广播电视标准。
- 【EBU 字幕】是一种较旧但流行的字幕类型，具有很强的兼容性。
- 【副标题】是一种较新的字幕类型。
- 【图文电视】有时用在使用 PAL 制式的国家。

每种类型的字幕可能包含多种流，比如一种流是英语的，另一种流是法语的。在这里，默认设置符合要求，直接单击【确定】按钮。

此时，Premiere Pro 在序列中添加一个新字幕轨道，字幕的每个部分都是一个独立的剪辑，如图 15-62 所示。

图 15-62

❻ 在 Premiere Pro 中，一个序列可以添加多个字幕轨道。单击字幕轨道左侧的【切换活动字幕轨道】按钮（👁），可以关闭字幕显示。

尝试打开与关闭字幕轨道。

❼ 播放序列，观看字幕，如图 15-63 所示。

图 15-63

可以修剪字幕剪辑，调整它们的时间，就像调整序列中的视频剪辑一样。

选择序列中的一个或多个字幕剪辑后，可以在【基本图形】面板中修改相应设置来改变它们的外观。

此外，还可以直接在【节目监视器】中双击字幕来编辑它们。

❽ 下一小节会用到更多字幕空间，为此，使用鼠标右键单击【608-1】字幕轨道的轨道头，从弹出的菜单中选择【删除单个轨道】，将其删除。

15.9.2 新建字幕

在 Premiere Pro 中，可以自己创建隐藏式字幕。下面试一试。

❶ 打开【文本】面板，单击【字幕】选项卡，将其激活，如图 15-64 所示。

❷ 单击【转录序列】按钮，打开【创建转录文本】对话框，如图 15-65 所示。

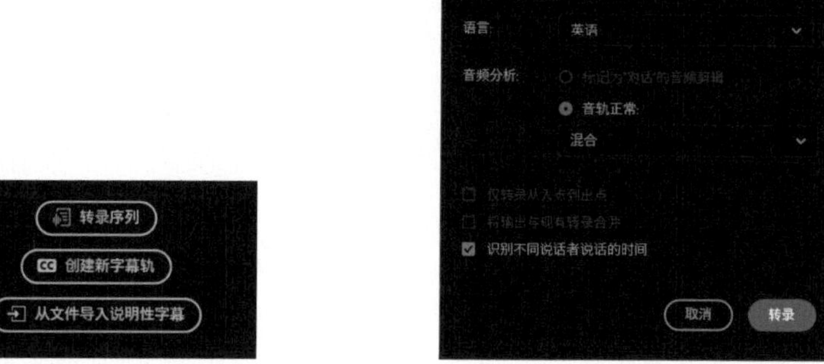

图 15-64　　图 15-65

❸ 当前默认设置符合要求，直接单击【转录】按钮，Premiere Pro 开始分析当前序列的音频。

转录完成后，在【转录文本】选项卡中，双击某个转录文本，可以编辑它或纠正其中的错误，如图 15-66 所示。

❹ 在【转录文本】选项卡顶部，单击【创建说明性字幕】按钮（ CC ），打开【创建字幕】对话框，如图 15-67 所示。可能需要调整面板尺寸，才能看到上面的按钮。

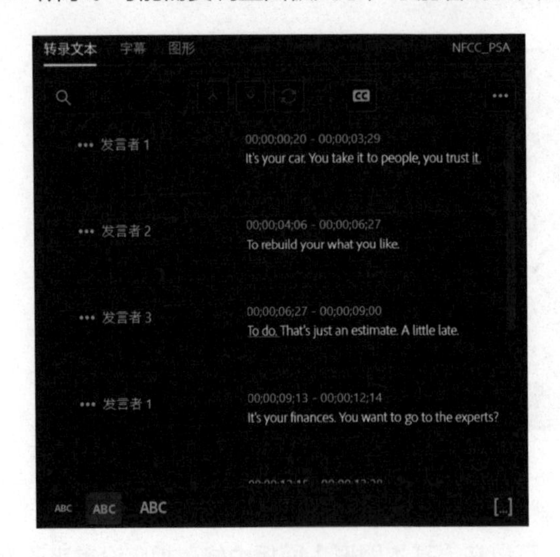

图 15-66

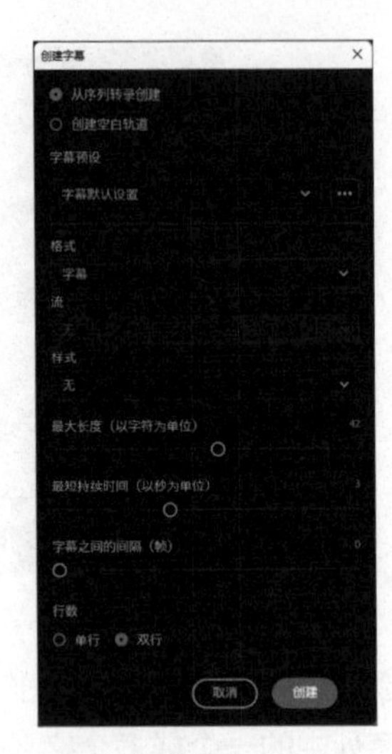

图 15-67

【创建字幕】对话框中有几个选项可用来配置字幕的显示方式。保持默认设置不变，单击【创建】按钮。

字幕创建完成后，Premiere Pro 会向序列中添加一个字幕轨道，就像前面导入字幕文件时创建的轨道一样。

❺ 播放序列。随着序列的播放，当前音频的内容会在【文本】面板中显示出来。

15.10 关闭多个项目

当前同时打开了两个项目，从菜单栏中，依次选择【文件】>【关闭所有项目】，可以把它们全部关闭，若 Premiere Pro 询问是否保存更改，单击【是】按钮。

15.11 复习题

1. 点文本与段落（区域）文本有何区别？
2. 为什么要显示字幕安全区域？
3. 如何使用【矩形工具】绘制正方形？
4. 如何应用描边或阴影？
5. 调整字偶间距与字距有什么不同？

15.12 答案

1. 在【节目监视器】中，单击【文字工具】即可创建点文本。点文本的文本框会随着你输入的内容自动进行扩展。在【节目监视器】中使用【文字工具】拖曳，可以定义一个边界框，你输入的文本会限制在该边界框内，调整边界框的形状可以显示更多或更少文本。
2. 有些电视会裁切掉画面边缘，裁切量随电视设备的不同而不同。把重要文本放到字幕安全区域内，可以保证这些文本不被裁剪掉，从而确保观众能够看到它们。这个问题在新式电视上并不严重，对于在线视频来说也不重要，但是把重要文本放入字幕安全区是个好习惯。
3. 使用【矩形工具】绘制的同时按住【Shift】键，可以绘制出完美的正方形。同样，在使用【椭圆工具】绘制的同时按住【Shift】键，可以绘制出圆形。
4. 要应用描边或阴影，首先选择要编辑的文本或对象，然后在【基本图形】面板中勾选【描边】或【阴影】复选框即可。
5. 【字偶间距】控制的是两个字符之间的间隔。【字距】控制的是多个所选字符之间的间距。

第 16 课

导出帧、剪辑和序列

课程概览

本课学习如下内容：

- 选择导出选项
- 创建影片、图像序列、音频文件
- 上传视频到社交网络与 Adobe Stock
- 导出单帧
- 使用 Media Encoder
- 使用 EDL 分享项目

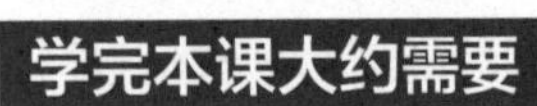

请先准备好本课要用到的课程文件，并把它们保存到计算机中方便取用的位置。

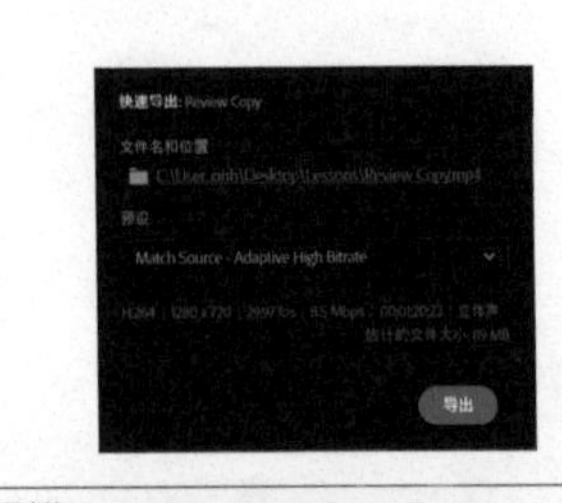
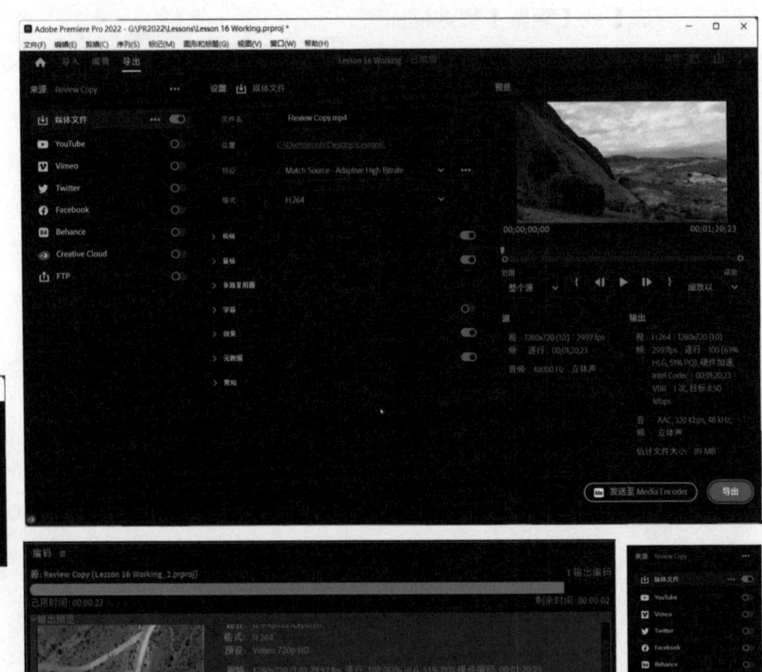
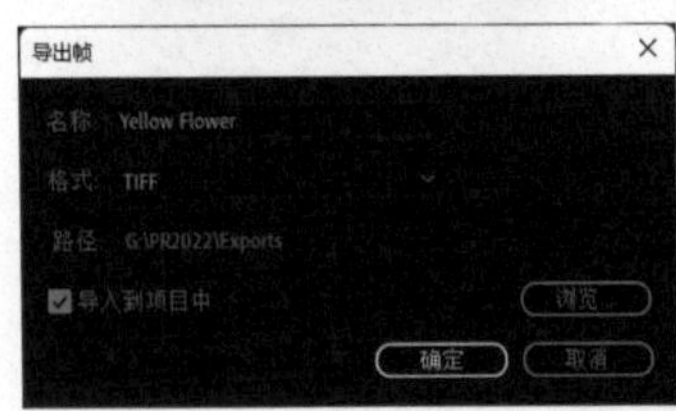

制作视频最令人难忘的就是把自己的作品分享出去的那份喜悦。Premiere Pro 提供了许多导出工具。通过简单的快速导出预设，可以使用多种高级输出格式导出视频，甚至还可以使用 Media Encoder 进行批量导出。

注意 本书假定 Premiere Pro 使用的是默认设置。若想把程序首选项重置成默认设置，请先退出 Premiere Pro，然后按住【Option】键（macOS）或【Alt】键（Windows），重新启动程序。出现确认对话框时，松开按键，单击【确定】按钮。启动 Media Encoder 的同时按住【Shift】键，可把首选项恢复成默认值。

16.1 课程准备

发行视频最常用的方式是使用数字文件。无论最终视频是在电视、电影院，还是在计算机上播放，在交付最终视频文件时都要符合特定的要求。

视频可以直接在 Premiere Pro 中导出，也可以使用 Media Encoder 进行导出。Media Encoder 是一个独立的应用程序（包含在 Adobe Creative Cloud 中），专门用来处理文件的批量导出，借助它，可以同时以多种格式导出文件，而且这些导出操作是在后台进行的，不会影响其他程序（比如 Premiere Pro 和 After Effects）中的处理工作。

16.2 快速导出

Premiere Pro 提供了一种快速导出方法，当希望用适合当前序列或剪辑的设置导出一个视频文件时，选用这种导出方法，只需简单地单击几下即可。默认设置下，使用快速导出方法最终会得到 H.264 MP4 格式的视频文件，这种视频文件非常适合上传到社交网络或流媒体服务器中。可以添加其他导出选项以满足专业媒体文件交付的要求。

下面一起试一下快速导出功能。

1. 打开 Lessons 文件夹中的 Lesson 16.prproj 文件。
2. 把项目文件另存为 Lesson 16 Working.prproj。
3. 切换到【编辑】工作区，并将其重置为已保存的布局。
4. 若当前 Review Copy 序列未打开，将其打开。
5. 单击软件界面右上角的【快速导出】按钮（），打开【快速导出】对话框，如图 16-1 所示。
6. 在【快速导出】对话框中，蓝色文字是文件名与位置，它其实是一个按钮，单击它可打开【另存为】对话框。在 Media Encoder 中也有许多类似的文本按钮。单击【文件名和位置】下的蓝色文字，打开【另存为】对话框，进入 Lessons 文件夹，新建一个名为 Exports 的文件夹，进入 Exports 文件夹，在【文件名】文本框中输入 Review Copy.mp4。
7. 从【预设】下拉列表中选择【Match Source - Adaptive High Bitrate】，如图 16-2 所示。相关设置会自动匹配序列（或者选择的剪辑）格式。

【预设】下拉列表中还包括多种其他预设，借助这些预设，可以轻松地把视频导出成指定的交付格式。

选择的设置会显示在对话框底部，如图 16-3 所示。

图 16-1

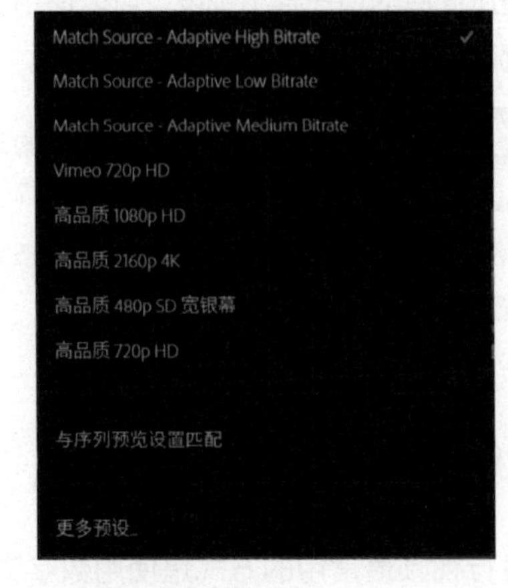

图 16-2

H.264 | 1280 x 720 | 29.97 fps | 8.5 Mbps | 00;01;20;23 | 立体声
估计的文件大小: 89 MB

图 16-3

注意 打开【预设】下拉列表，选择【更多预设】，可查看完整的预设列表。

8 单击【导出】按钮，启动导出任务。

导出完成后，会弹出一个通知。

16.3 了解导出选项

无论是想导出制作好的项目，还是分享制作中的项目，都会有大量导出选项需要设置。

- 根据交付要求，选择合适的文件类型、格式、编码器进行导出。
- 可以导出单个帧或一系列静帧。
- 可以选择只输出音频、只输出视频，或者同时输出音频和视频。
- 可以选择把字幕一同导出，或内嵌在输出文件中，或存储在单独文件中。
- 导出的剪辑或静态图像可以再次导入项目中，方便重用。

除选择导出格式（帧大小、帧速率等）外，还可以设置一些其他重要的导出选项。

- 可以选择与原始素材类似的格式、视觉质量和数据速率创建文件，或者把它们压缩到更小尺寸，以方便分发。
- 可以把素材从一种格式转码到另外一种格式，方便与其他合作者交换文件。
- 如果现有预设无法满足要求，可以自定义帧大小、帧速率、数据速率，以及音视频压缩方法。

注意 导出时，不管你选的是什么，包括剪辑、序列，以及剪辑或序列的一部分，Premiere Pro 都会把它们作为导出源进行导出。

- 可以应用一个颜色查找表来指定外观。也可以应用视频限幅器、HDR 转 SDR、音量标准化等。
- 可以在画面中叠加时间码、名称和图像等。
- 可以把导出后的文件直接上传到社交平台、FTP 服务器、Adobe Stock，或者 Creative Cloud Files 文件夹中。

16.4 导出单帧

在编辑过程中，你可能想导出一个静态帧，以便将其发送给团队成员或客户审阅。此外，你可能需要导出一幅图像，以便在把视频推送到网络时作为缩览图使用。

在【源监视器】中导出单个帧时，Premiere Pro 会根据源视频文件的分辨率创建一幅静态图像。

在【节目监视器】中导出单个帧时，Premiere Pro 会根据序列的分辨率创建一幅静态图像。

下面一起试一试。

❶ 继续使用 Review Copy 序列。在【时间轴】面板中，把播放滑块拖曳到需要导出的那一帧上，如图 16-4 所示。

图 16-4

注意 如果没有看到【导出帧】按钮，可能需要调整一下【节目监视器】的尺寸。还有可能是因为你对【节目监视器】中的按钮做过自定义。你可以选择【节目监视器】或【时间轴】面板，然后按【Shift】+【E】(macOS) 或【Shift】+【Ctrl】+【E】(Windows) 组合键来导出一个帧。

❷ 在【节目监视器】中单击右下角的【导出帧】按钮（📷）。若看不见该按钮，请调整【节目监视器】。

❸ 在【导出帧】对话框中输入文件名称。

❹ 从【格式】下拉列表中选择一种静态图像格式。

- JPEG、PNG、BMP（Windows 专用）格式较常用，其中 JPEG、PNG 图片格式常用于网站设计中。
- TIFF、Targa、PNG 格式适用于印刷和动画。

- DPX 格式通常用于数字电影或颜色分级（精细调色）。
- OpenEXR 格式用于保存高动态范围图像信息。

注意 如果视频使用的不是方形像素，则最终导出的图像文件可能会有不同的长宽比。这是因为静态图像用的是方形像素。此时，可以使用 Photoshop 重新调整图像的水平尺寸，将其恢复成原来的长宽比。

图 16-5

❺ 单击【浏览】按钮，选择前面创建的 Exports 文件夹。

❻ 勾选【导入到项目中】复选框，把新的静态图像添加到最近项目中，单击【确定】按钮，如图 16-5 所示。

Premiere Pro 会新建静态图像，并把一个链接到该静态图像的剪辑添加到【项目】面板中。

注意 在 Windows 系统中，支持导出为 BMP、DPX、GIF、JPEG、OpenEXR、PNG、TGA、TIFF 格式图像。

注意 当在 Premiere Pro 中选择以 TIFF 格式导出静帧时，文件的扩展名是 .tif 而不是 .tiff。这两个扩展名都是合法的，而且可以交换使用。

16.5 导出高品质媒体文件

为项目制作一个高质量数字副本是非常有必要的，可以把它存档，供日后使用。这个数字副本是一个独立的、经过渲染的输出文件，拥有合适的分辨率、最佳质量。一旦创建完成，即可把这种文件作为源文件来生成其他压缩的输出格式，而且无须在 Premiere Pro 中打开原始项目。

从技术上说，基于源文件制作的副本在画质上都会有一些损失，但与获得的便利性和节省的时间相比，这点损失几乎可以忽略不计，所以，这是一桩很划算的“买卖”。

下面会讲解导出新文件时要进行的设置。Premiere Pro 可以把制作好的作品自动推送到社交平台、云空间、FTP 服务器中。稍后会讲解如何把作品上传到社交平台。

一旦正确配置好输出设置，导出视频文件就会变成一件既简单又快捷的事，只需要点几个按钮就行了。

16.5.1 匹配序列设置

导出高质量视频时，其帧大小、帧速率和编解码器最好与源序列保持一致。为此，新建导出文件时，需要考虑许多设置。为了简化这个过程，Premiere Pro 提供了【与序列预览设置匹配】选项。

❶ 继续使用 Review Copy 序列。

❷ 在【项目】面板中选择该序列，或者在【时间轴】面板中将其打开，保持面板处于激活状态，然后单击软件界面左上角的【导出】选项卡，或者从菜单栏中依次选择【文件】>【导出】>【媒体】，进入导出界面中。此外，还可以按【Command】+【M】(macOS) 或【Ctrl】+【M】(Windows) 组合键，进入导出界面，如图 16-6 所示。

图 16-6

❸ 此时，Premiere Pro 切换到【导出】模式。稍后会详细介绍这个模式。当前，只需要从【预设】下拉列表中选择【与序列预览设置匹配】就好，如图 16-7 所示。

图 16-7

注意 某些情况下，使用【与序列预览设置匹配】选项生成的视频也无法做到与原始摄像机素材完全匹配。例如，XDCAM EX 会把视频写入一个 MPEG2 文件中。大多数情况下，最终生成的文件与源素材文件拥有相同的格式，数据速率也相当接近。

❹ 在【文件名】文本框中，输入 Review Copy - Match Previews（不用加文件扩展名，Premiere Pro 会自动添加）。

❺ 单击【位置】右侧的蓝色文字，打开【另存为】对话框。进入前面创建的 Exports 文件夹，如图 16-8 所示。

图 16-8

❻ 查看摘要信息，检查输出格式是否与序列设置匹配，如图 16-9 所示。在本示例中，使用的是 DNxHD 格式（MXF 文件），帧速率为每秒 29.97 帧。通过检查摘要信息，可以避免一些可能引起严重后果的错误。若【源】与【输出】设置匹配，能够最大限度地减少转换，这有助于保证最终输出结果的质量。

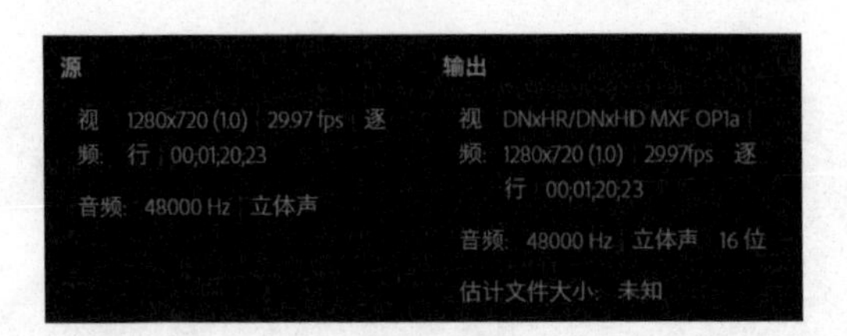

图 16-9

导出序列时，导出界面中所谓的【源】是指序列本身，并非序列中的剪辑，因为它们已经与序列设置保持一致了。

❼ 单击【导出】按钮，Premiere Pro 会根据序列创建一个媒体文件。

导出完成后，Premiere Pro 切换到【编辑】模式。在 Premiere Pro 中，可以随意在【导入】【编辑】【导出】3 种模式之间来回切换。

注意【输出】摘要中括号里的数字指的是像素长宽比。

16.5.2 选择【源范围】

有时并不需要导出整个序列，只需要导出序列的某一个片段，用来发给其他人审查或上传到社交平台展示。

单击【时间轴】面板，将其激活，然后单击软件界面左上角的【导出】选项卡，进入导出界面中。在右侧【输出】上方的【预览】窗口中包含一些用来做局部选择的控件。

如果源序列或剪辑中包含入点与出点，Premiere Pro 会自动使用它们指定要导出的片段。同时，入点与出点也会在【预览】窗口的时间标尺上显示出来。从【范围】下拉列表中选择【整个源】，可覆盖现有的入点与出点，如图 16-10 所示。

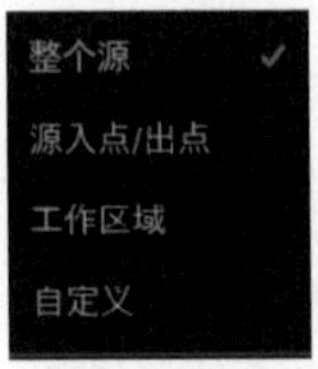

整个源 ✓
源入点/出点
工作区域
自定义

图 16-10

拖曳【预览】窗口下方的播放滑块到目标位置，然后单击【设置入点】(❴)与【设置出点】按钮(❵)或者按【I】键和【O】键，添加新的入点与出点。

当设置了新的入点与出点后，【范围】下拉列表中会显示【自定义】，如图 16-11 所示。

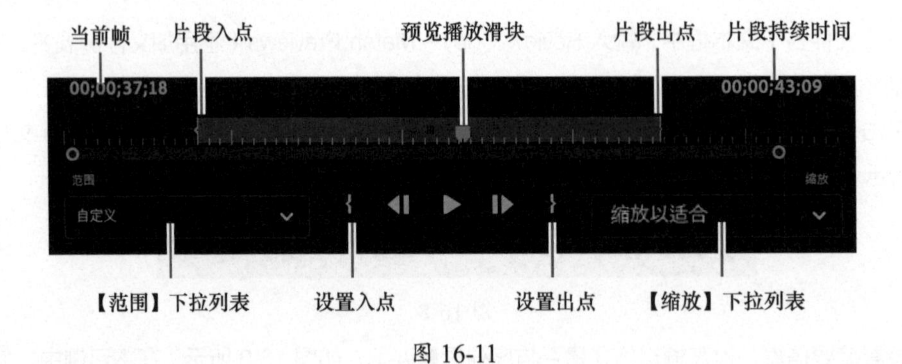

图 16-11

16.5.3 缩放视频画面

有时在导出视频时，需要视频画面的长宽比与源序列或源剪辑不一样。例如，需要把一个 2.39:1

（宽银幕电影的长宽比）的视频画面导出成 16:9 的宽屏 HD 或 UHD 视频画面。又比如，为了把制作好的视频上传到社交平台上，需要把宽屏视频画面导出为方形视频画面。在这两种情况下，需要根据目标长宽比对现有视频画面进行裁剪、拉伸或缩放处理。具体选择裁剪、拉伸，还是缩放，要看具体创意和技术方面的要求。当明确了这两方面的要求后，选择起来就比较容易了。

为此，Premiere Pro 专门提供了【缩放】下拉列表，从这个下拉列表中，可以选择采用哪种方式来处理视频画面，相关选项如下。

- 缩放以适合：选择该选项，Premiere Pro 会保持视频画面的原始长宽比，整体缩小画面，使其在目标长宽比中完全显示出来。这会导致在新画面的顶部与底部，或者两侧出现黑边，也就是黑色区域。

- 缩放以填充：选择该选项，Premiere Pro 会缩放当前视频画面，确保其填满新画面，且四周不存在黑边。这会导致原始视频画面被裁剪。

- 拉伸以填充：选择该选项，Premiere Pro 会拉伸当前视频画面，改变其长宽比，确保其符合目标长宽比，而且保证画面没有黑边和剪裁。

导出一个视频文件时，若视频画面上下或左右有黑边，则导出之后，这些黑边会变成画面的一部分。有时需要画面中有这些黑边，因为它们可以确保最终视频能够按照正确的长宽比显示。

16.5.4 选择编解码器

导出视频时，Premiere Pro 提供了许多相关选项，帮助指定输出文件的格式、编解码器、音频编码、元数据、效果等。这些选项非常多，乍一看会让人不知所措。但是，一般都可以根据客户提供的交付要求轻松完成设置。

大多数情况下，都会先选择一种与交付要求最接近的预设，然后再根据实际情况做一些调整，最后单击【导出】按钮进行导出。

在这些选项中，最重要的是要确定输出文件时使用哪种编解码器。有些摄像机的录制格式（比如 DSLR 摄像机生成的 H.264 MP4 文件）本身已经进行了高度压缩，以便节省存储空间。使用高质量的编解码器有助于保证视频的输出质量。

> **提示** 即使源素材是 8 位的，编辑时也可以使用更高质量的效果。相比于 8 位文件，使用 10 位文件能够更好地捕捉细微动作。

首先选择格式和预设，然后通过相应选项来指定是单独导出音频或视频，还是两者都导出，最后根据需要调整设置。单击某个设置组的标题，可展开该设置组中的所有选项。

❶ 在【时间轴】面板处于激活状态时，按【Command】+【M】（macOS）或【Ctrl】+【M】（Windows）组合键，进入导出界面中。

❷ 打开【预设】下拉列表，选择【更多预设】，打开【预设管理器】对话框，如图 16-12 所示。

【预设管理器】对话框中列出了许多预设，可以从中选择一种预设作为起点来配置导出设置。找到要用的预设，将其选中后，单击【确定】按钮，即可应用它。这里，单击【取消】按钮，关闭【预设管理器】对话框。

❸ 在【预设】下拉列表中，选择【Match Source - Adaptive High Bitrate】。打开【格式】下拉列表，选择【QuickTime】。

图 16-12

在右侧输出摘要中，可以看到使用该预设会生成一个 Apple QuickTime 文件，其采用的是 ProRes 422 HQ 压缩。当交付专业媒体项目时，通常都会选择这个预设。

❹ 输入文件名 Review Copy Qt，并把输出位置设置成 Exports 文件夹。

在【格式】下拉列表下方，还有好几个选项组，其中包含一系列重要的选项。单击某个选项组名称，可将其展开，显示其中包含的选项。

各个选项组的说明如下。

- 视频：在【视频】选项组中，可以设置视频编解码器、帧大小、帧速率、场序和配置文件。选择的预设不同，可用选项也不一样。
- 音频：在【音频】选项组中，可以调整音频的比特率以及某些格式的编解码器。默认设置基于选择的预设。
- 字幕：当序列中包含字幕时，可以在此指定是忽略字幕、把字幕永久烧录到视频中，还是导出为一个单独的文件（SIDECAR 文件）。
- 效果：输出视频时，可以在此处添加许多有用的效果和叠加（参见 16.5.5 小节“导出期间应用效果”）。
- 元数据：用于指定与序列或源剪辑相关的元数据的处理方式，以及新媒体文件的开始时间码。
- 常规：用于选取是否把新媒体文件导入项目中，以及是否使用序列预览或代理文件作为输出源。

> **注意** 根据你选择的格式不同，各选项组中显示的设置也不同。

❺ 单击【视频】选项组，将其展开。在【视频编解码器】下拉列表中，浏览有哪些编解码器可用。

浏览结束后，选择 Apple ProRes 422 HQ。使用该编解码器能够生成高质量文件，很多视频制作人员在最终交付作品时都会选择它。

❻ 在【基本视频设置】底部，单击【更多】按钮。

❼ 在【深度】下拉列表中，选择【16-bpc】。

若选择【8-bpc】(默认选择)，Premiere Pro 在渲染视频文件时，每个通道只有 8 位。把【深度】设置成 16-bpc，Premiere Pro 会使用 ProRes 422 HQ 编解码器的最高质量渲染视频文件。

注意 ProRes 422 是一款专业的编解码器，得到了 Adobe Creative Cloud 应用程序的原生支持。与其他所有编解码器相同，不支持该编解码器的程序无法播放这种格式的文件。

⑧ 单击展开【音频】选项组。在【基本音频设置】中，从【采样率】下拉列表中选择【48000Hz】，从【样本大小】下拉列表中选择【16 位】，单击【更多】按钮，在【音频通道配置】中，从【输出声道】下拉列表中选择【立体声】。

这些音频选项是交付专业视频时的通用标准。

⑨ 单击右下角的【导出】按钮，导出序列，将其转码成新媒体文件。

交付专业视频时，一般都选择 Apple ProRes 422 HQ，这样能够生成高质量的视频文件，但生成的文件尺寸比较大。

目前，较为流行的编解码器和交付格式分别是 H.264 编解码器及其生成的 MP4 (.mp4) 文件。这些媒体文件尺寸比 Apple ProRes 422 HQ 小，上传至网站时速度快，而且质量满足大多数在线视频的要求。在【预设管理器】中，你会看到 Premiere Pro 内置了一些 YouTube、Vimeo 专用的预设。

注意 如果你选择的是 MXF OP1a、DNxHD MXF OP1a、QuickTime 等专业格式，那么导出音频时你最多可以导出 32 个通道。为此，你必须配置原始序列，使其使用带有相应轨道数量的多通道混合轨道。

16.5.5 导出期间应用效果

导出时，可以向输出文件应用多种视觉效果，添加信息叠加和进行自动调整。

在【效果】选项组中，各个选项如下。

- Lumetri Look/LUT：可以从大量内置的 Lumetri 外观中进行选择，或者浏览自定义的外观，将其快速应用到输出文件上，对输出文件的外观做细致调整；这在检阅每天的拍摄成果时常用。
- SDR 遵从情况：如果序列使用了高动态范围，那么可以创建一个标准动态范围版本。
- 图像叠加：用于添加公司图标、网络标识等图形，并将其放在屏幕上；Premiere Pro 会把图形融合（“烧录”）到图像画面中。
- 名称叠加：用于向视频图像添加文本叠加效果；如果想向视频中添加水印保护自己的成果，或者添加区分不同版本的标志，可以使用这一选项。
- 时间码叠加：用于在最终视频文件上显示时间码，让观看者不必使用专门的编辑软件就能看到参考时间，方便评论。
- 时间调谐器：用于指定一个新的持续时间或播放速度，范围为 −10% ~ 10%；这是通过细调【目标持续时间】或【持续时间更改】实现的(不包括声道)；使用的素材不同，其最终结果也不同，因此需要测试不同速度并比较最后结果；不间断的音乐声道有可能会影响时间调谐器。
- 视频限幅器：除了在序列中设置视频级别外，也可以在此使用视频限幅器来确保视频作品符合广播电视的要求。

- 响度标准化：用于在输出文件中使用响度标度对音频电平做标准化处理，使其符合广播电视要求；与视频一样，最好在序列中调整响度级别，但也可以在导出期间对响度级别做限制，这相当于多了一层安全保障。

16.6 使用 Media Encoder

Media Encoder 是一个独立的应用程序，可以单独启动，也可以从 Premiere Pro 中启动。使用 Media Encoder 的一个优点是，可以把一个编码任务直接从 Premiere Pro 发送给 Media Encoder，在 Media Encoder 执行编码任务期间，可以继续在 Premiere Pro 中做其他视频编辑工作。如果客户想中途查看工作进展情况，可以使用 Media Encoder 在后台生成一个预览文件，而且这不会影响到正常工作流程。

默认设置下，在 Premiere Pro 中播放视频时，Media Encoder 会暂停编码，以尽量提升播放性能。也可以在 Premiere Pro 的【首选项】对话框中的【回放】选项卡中取消勾选【回放期间暂停 Media Encoder 队列】复选框。

16.6.1 选择导出格式

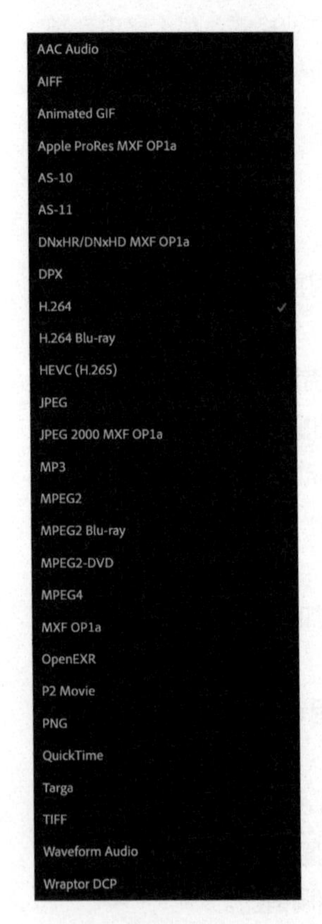

图 16-13

视频项目制作完成后，再思考交付格式的问题会比较麻烦。归根结底，选择交付格式是一个“反向规划”的过程：先确定好文件的呈现方式，然后就能很容易地确定用于该呈现方式的最佳文件格式。通常，客户都会给出一个交付要求，制作视频项目时，依据这些要求能够轻松地进行合适的编码设置。

Premiere Pro 和 Media Encoder 支持多种文件导出格式，如图 16-13 所示。事实上，Premiere Pro 与 Media Encoder 能够共享选项。

下面只介绍一些常见场景中使用的典型输出格式。虽然不是非得使用这些格式，但是使用它们一般都会得到正确的输出结果。

此外，在输出完整的文件之前，最好先使用影片的一个小片段做一下测试，这样就可以在尽可能短的时间内找到更好的设置。

- 上传到视频网站：在这种情况下，最好选用 H.264 格式输出文件，H.264 格式包含 YouTube、Vimeo、Facebook、Twitter、SD、HD、4K 预设。
- 生成供院线放映的 DCP 文件：如果制作的影片要在影院放映，可以选择 Wraptor DCP 格式，帧速率为每秒 24 帧或 25 帧。如果序列的帧速率是每秒 30 帧，输出成 DCP 文件时可以选择每秒 24 帧。选择 Wraptor DCP 格式时，一些设置会受到限制，这样是为了兼容标准的电影放映系统。

Premiere Pro 提供了丰富的预设，这些预设几乎能满足我们的所有需求。

对于大多数 Premiere Pro 预设来说，使用默认设置一般都能得到不错的结果，贸然修改这些设置不一定能得到更好的结果。

16.6.2 导出设置

要把文件从 Premiere Pro 导出到 Media Encoder 中，需要先把导出任务放入队列中。可使用【导出】模式，对要导出的文件做一些设置。

❶ 继续使用 Review Copy 序列。在【项目】面板中选中它，或者将其在【时间轴】面板中打开，并使面板处于活动状态。

❷ 在菜单栏中依次选择【文件】>【导出】>【媒体】，或者按【Command】+【M】(macOS) 或【Ctrl】+【M】(Windows) 组合键，进入导出界面。

❸ 打开【预设】下拉列表，选择【更多预设】，打开【预设管理器】对话框。在搜索框中输入 Vimeo，然后选择【Vimeo 720p Hd】预设，单击【确定】按钮。

该预设会根据 Vimeo 网站的要求调整序列的帧大小、帧速率等。

❹ 在【文件名】文本框中，输入一个新名称——Social Media。当前，输出文件的保存位置应该是 Exports 文件夹。若不是，请设置成 Exports 文件夹。

❺ 查看输出摘要信息，检查设置是否正确。

16.6.3 添加到 Adobe Media Encoder 队列

导出视频前，还有一些高级选项需要好好考虑。可以在【导出】模式下找到这些高级选项。导出某个特定序列时，你可能不想使用这些选项，或者这些选项在你的工作流程中非常重要。不管哪种情况，这些高级选项都值得我们花些时间好好研究。

无论是在 Premiere Pro 中导出，还是添加到 Media Encoder 队列中导出，这些选项都能发挥作用。

- 视频 > 使用最高渲染质量：当把图像从较大尺寸缩小到较小尺寸时，应该考虑启用该选项，这样才能产生高质量的输出结果；开启该选项会增加内存消耗，延缓导出速度；只有在没有开启 GPU 加速（仅软件模式下），或者使用不需要 GPU 加速的效果时，才启用该选项。
- 常规 > 使用预览：在渲染效果时，Premiere Pro 会生成预览文件，预览文件看起来像是原始素材和效果结合的结果；启用该选项后，Premiere Pro 会将预览文件用作导出源；这可以避免再次渲染效果，从而节省大量时间。最终呈现结果的质量可能比较差，这取决于序列预览文件的格式（请参考第 2 课的 2.2 节“创建项目”）。如果把序列预览设置为高质量，并且已经渲染了所有效果，则在导出时勾选该复选框将节省大量时间，至少快 10 倍。
- 常规 > 使用代理：有时为了加快预览速度，会为素材创建或应用代理，不过 Premiere Pro 在执行导出操作时一般都会使用原始素材文件；不过，如果勾选了【使用代理】复选框，Premiere Pro 将使用代理进行导出，这会大大加快导出速度，类似于【使用预览】复选框。而且，如果使用的代理文件质量很高，那么最终输出结果的质量也不会差。
- 常规 > 导入项目中：勾选该复选框后，Premiere Pro 会把新创建的媒体文件导入当前项目中，便于检查，或者把它用作新的源素材。
- 元数据 > 设置开始时间码：勾选该复选框后，Premiere Pro 允许为新建文件指定一个不同于 00:00:00:00 的开始时间码；在制作广播电视节目视频时，一般交付要求都会指定一个特定的开始时间码，此时即可使用该选项。
- 视频 > 更多 > 仅渲染 Alpha 通道：有些后期制作中需要使用一个独立的灰度文件来表示 Alpha

通道（用来记录不透明度），开启该选项，即可产生该灰度文件。

- 视频 > 更多 > 时间插值：如果导入的文件与当前序列或源剪辑的帧速率不同，可以使用该选项指定帧速率更改的渲染方式；这些选项与更改序列中剪辑播放速度时所应用的选项相同。

图 16-14

最后，无论导出哪类的媒体文件，都要考虑以下选项。

- 发送至 Media Encoder：单击【发送至 Media Encoder】按钮，如图 16-14 所示，Premiere Pro 会把要导出的文件发送到 Media Encoder，然后启动 Media Encoder 进行导出，导出期间，可以继续在 Premiere Pro 中处理其他视频项目。
- 导出：单击【导出】按钮，Premiere Pro 不会把文件发送到 Media Encoder 队列，而是直接从【导出设置】对话框中导出文件。这样导出流程更简单，导出速度也更快。但是在导出文件期间，无法继续在 Premiere Pro 中做其他视频编辑工作。

❶ 这里，单击【发送至 Media Encoder】按钮，把待导出的文件发送到 Media Encoder，如图 16-15 所示。

图 16-15

❷ 此时，Media Encoder 不会自行进行编码。要进行编码，需要单击右上角的【启动队列】按钮（▶），如图 16-16 所示。

图 16-16

❸ 要向队列中添加另外一个导出项目，需在 Premiere Pro 中选择导出设置，然后单击【发送至 Media Encoder】按钮。Media Encoder 会根据队列中的顺序依次进行导出。

16.6.4 了解 Media Encoder 更多选项

注意 Media Encoder 不是非得要从 Premiere Pro 中启动使用。你可以先启动 Media Encoder，然后再浏览 Premiere Pro 项目，选择要进行编码的项目启动编码。

使用 Media Encoder 编码有许多好处。在 Premiere Pro 的导出界面中单击【导出】按钮可直接导出文件，相比之下，使用 Media Encoder 导出文件的步骤要多一些，但这些多出的步骤能带来更多好处。

下面列出了 Media Encoder 中一些非常有用的功能。

- 添加待编码的文件：从菜单栏中依次选择【文件】>【添加源】，可以把文件添加到 Media Encoder 中；还可以直接把文件从访达（macOS）或文件资源管理器（Windows）拖曳到 Media Encoder 中；可以使用【媒体浏览器】面板查找要导出的项目，如同在 Premiere Pro 中查找文件。
- 直接导入 Premiere Pro 序列：从菜单栏中依次选择【文件】>【添加 Premiere Pro 序列】，选择一个 Premiere Pro 项目文件，并选择要编码的序列（这并不需要启动 Premiere Pro）。
- 直接渲染 After Effects 合成：从菜单栏中依次选择【文件】>【添加 After Effects 合成图像】，可以从 After Effects 中导入并编码合成图像；而且，这一过程中完全不需要打开 After Effects。
- 使用监视文件夹：如果希望 Media Encoder 自动处理编码任务，则可以使用监视文件夹。创建监视文件夹时，首先从菜单栏中依次选择【文件】>【添加监视文件夹】，然后把一个预设指定给监视文件夹。在访达（macOS）或文件资源管理器（Windows）中，监视文件夹和普通文件夹没有区别。Media Encoder 运行时，放入监视文件夹中的媒体文件会被自动编码成预设指定的格式。
- 修改队列：可以使用队列上方的按钮添加、复制、移除任何编码任务，如图 16-17 所示。
- 修改导出设置：一旦把编码任务添加到队列中，更改编码格式、预设等就变得非常简单，只要单击每个编码任务下的【格式】或【预览】条目（蓝字），然后在弹出的【导出设置】对话框中修改设置即可。

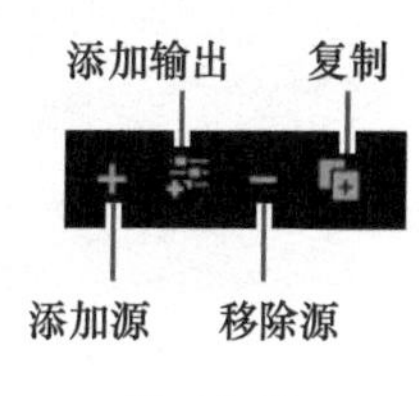

图 16-17

编码完成后，退出 Media Encoder。

16.7 上传到社交平台

编码完成后，就该发布视频了。在【导出】模式下，可以配置发布选项，以便在编码完成后自动上传视频。

导出界面左侧显示了多个输出选项。

默认设置下，只有【媒体文件】选项处于启用状态，其具体设置显示在界面中间区域中。

其他几个输出选项可以随时打开或关闭，包括【YouTube】【Vimeo】【Twitter】【Facebook】等，如图 16-18 所示。

可以登录到各个社交平台，配置好媒体编码和元数据，让 Premiere Pro 在创建好输出文件后自动上传到这些平台中。

做完配置后，Premiere Pro 会把它们保存起来，方便日后使用。这个强大的功能特别有用：它允许我们预先配置好各个社交平台的上传设置，需要上传到某个社交平台时，只需要开启相应的输出选项，Premiere Pro 就会把对应设置应用到待输出的文件上。

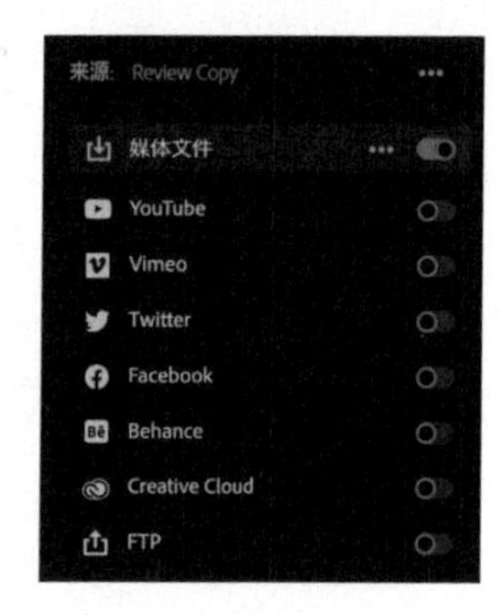

图 16-18

> **提示** Media Encoder 也提供了帮助我们把作品上传到社交平台的设置选项，只是界面有点不一样。你可以在 Media Encoder 内部编辑编码格式或预设来访问这些设置选项。

单击输出选项上方的 3 个点按钮（…），选择【添加媒体文件目标】。多次选择【添加媒体文件目标】，可添加多个媒体文件目标，每个媒体文件可以有不同的编码设置。

单击【导出】按钮后，Premiere Pro 会根据开启的输出选项导出文件。也就是说，可以根据不同用途把同一个项目导出成多个版本，比如高质量版本、低分辨率小尺寸版本（用于快速共享和审查），然后上传到不同的社交平台。

❶ 单击【编辑】选项卡，返回【编辑】模式。

❷ 在【时间轴】面板处于激活状态时，单击软件界面左上角的【导出】选项卡。

❸ 在非激活状态下，单击某个社交媒体输出选项，可浏览其下选项。此时所有选项都是不可用的。

❹ 只有启用某个输出选项后，其下的选项才可以编辑。在社交媒体输出选项下，有登录相应社交平台的选项，还有一些设置上传文件方式的选项。例如，在【YouTube】输出选项中，可以指定一个特定的频道与播放列表，如图 16-19 所示。Premiere Pro 会根据登录的账户自动填充菜单。

图 16-19

❺ 准备好后，单击【编辑】选项卡，返回【编辑】模式。

每个社交平台支持的视频格式各不相同，但大多数情况下，都可以提交高质量的视频文件，平台会根据提交的文件自动生成高压缩版本。例如，Adobe Stock 支持多种视频格式和编解码器，可以上传高质量的 UHD（3840 像素 ×2160 像素）文件，其余工作交给平台服务器处理即可。

16.8 与其他编辑工具交换文件

视频后期制作中，合作往往必不可少。Premiere Pro 与市面上许多高级编辑工具和色彩分级工具兼容，它能够读取和生成这些工具支持的项目文件和素材文件。这大大方便了用户之间交换文件，即便大家用的是不同的编辑系统。

Premiere Pro 支持的导入导出文件格式有 EDL（剪辑决策表）、OMF（公开媒体框架）、AAF（高级制作格式）、ALE（Avid 日志交换）、XML（可扩展标记语言）。

如果对方使用的是 Avid Media Composer，可以使用 AAF 作为媒介来交换剪辑信息、编辑的序列和特定数量的效果。

如果对方使用的是 Apple Final Cut Pro，那么可以使用 XML 作为媒介来交换工作内容。

在 Premiere Pro 中导出 AAF 或 XML 文件非常简单，首先选择想要导出的序列，然后从菜单栏中依次选择【文件】>【导出】>【AAF】或者【文件】>【导出】>【Final Cut Pro XML】。

导出为 OMF

OMF 是一种在不同系统之间交换音频信息的行业标准文件类型，通常用于音频混合。导出 OMF 文件时，常用的办法是创建一个独立文件，它包含序列中的所有音频文件，这些音频文件以剪辑的形式放在音频轨道中。在使用兼容的工具打开 OMF 文件时，可以看到轨道中的剪辑，并且与 Premiere Pro 中的序列相同。

创建 OMF 文件的操作步骤如下。

❶ 选择一个序列，在菜单栏中依次选择【文件】>【导出】>【OMF】，打开【OMF 导出设置】对话框。

❷ 在【OMF 字幕】文本框中输入文件名称，如图 16-20 所示。

❸ 检查【采样率】和【每采样位数】是否与素材一致。常用的设置是 48000Hz 和 16 位。

❹ 从【文件】下拉列表中，选择以下的某一项。

- 嵌入音频：选择该选项，Premiere Pro 会导出一个包含项目元数据和所选序列所有音频文件的 OMF 文件。

- 分离音频：选择该选项，Premiere Pro 会把所有音频文件（包括立体声）分离到多个单声道音频文件中，这些文件都会被导出到一个名为 omfiMediaFiles 的文件夹中；这是使用高级音频混合工作流的音频工程师们最常用的一种方式。

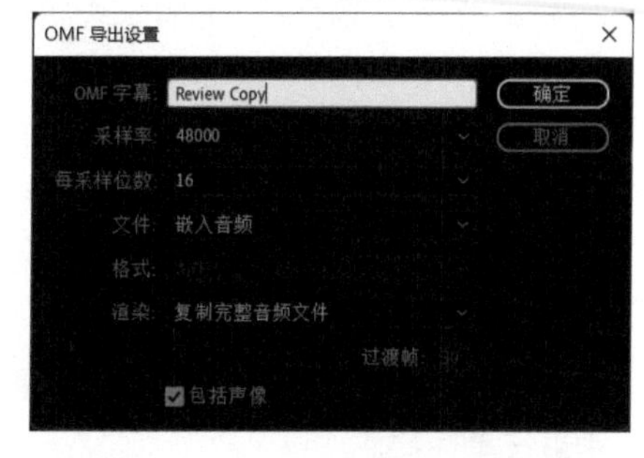

图 16-20

❺ 若选择【分离音频】，请在【格式】下拉列表中选择【AIFF】或【广播波形】。这两种格式的质量都非常高，具体选择哪一种，可根据目标编辑系统而定。一般来说，AIFF 文件兼容性最好。

❻ 从【渲染】下拉列表中选择【复制完整音频文件】或【修剪音频文件】来减小文件尺寸。修改剪辑时，可以添加手柄（额外的帧）来增强灵活性。

注意 OMF 文件最大尺寸限制为 2GB。如果要处理的序列很长，可能需要先把它分成两个或多个部分，然后再分别导出它们。

❼ 单击【确定】按钮，生成 OMF 文件。

❽ 选择一个目标存储位置，单击【保存】按钮可以把它保存到相应文件夹中。这里，选择 Exports 文件夹。

导出完成后，会弹出一个【OMF 导出信息】对话框，显示导出相关信息，以及导出过程中出现的错误。

使用 EDL

EDL（剪辑决策表）是一个简单的文本文档，其中包含一系列实现编辑任务自动化的指令。EDL 格式遵守特定标准，这使得许多系统都可以正常读取它。

很少有人要求你提供 EDL。不过，你仍然可以把序列导出为最常用的 CMX3600 EDL。

要创建一个 CMX3600 EDL，需要先在【项目】面板中选择序列，或者在时间轴面板中打开它，然后从菜单栏中依次选择【文件】>【导出】>【EDL】。

EDL 的要求通常都会比较具体、详细，在创建 EDL 之前，建议先获取 EDL 规格表。幸运的是，EDL 文件通常都比较小，如果不确定要选择什么设置，你可以创建多个版本，然后进行比较，选择最合适的一个。

16.9 练习项目

到这里，已经学完了关于 Premiere Pro 的所有内容，包括导入媒体、组织项目、创建序列、

添加 / 修改 / 删除效果、混合音频、使用图形和文字，以及输出作品与他人分享等。

本书学完后，你可能还想做一些练习来巩固前面学过的知识。为了方便练习，我们把一些素材放入了一个单独的项目文件 Final Practice.prproj 中，你可以使用该项目文件温习前面所学的内容。

事先声明，这些素材文件仅供个人学习使用，禁止以任何形式向外传播，包括上传到 YouTube 等在线视频网站。请不要上传任何剪辑或者使用这些素材创作的作品。再次强调，这些素材不是用来分享的，它们仅供你练习本书所学内容。

Final Practice.prproj 文件中包含如下素材文件夹，其中包含大量原始剪辑，供你练习使用。

- Andrea Sweeney NYC: 其中包含若干城市景观拍摄片段。你可以使用画外音作为指导，练习如何在单个序列中组合 4K 和 HD 素材。如果选择 HD 序列设置，可以尝试在 4K 素材中进行平移和扫描。
- Bike Race Multi-Camera: 这是一个简单的多摄像机拍摄的素材，可以用来尝试在多机位项目中进行实时编辑。
- Boston Snow: 以 3 种分辨率拍摄的波士顿公园雪景。这些素材可以用来练习使用【缩放到帧大小】、【设置为帧大小】或关键帧控件进行缩放。尝试使用变形稳定器效果来稳定其中一个高分辨率剪辑，然后按比例放大，创建从一边到另一边的镜头平移效果。
- City Views: 包含一系列从空中与地面拍摄的城市素材。这些素材可以用来学习图像稳定、颜色调整和视觉效果方面的内容。
- Desert: 包含一系列戈壁素材。这些素材可以用来练习颜色调整工具的用法，以及与音乐结合产生蒙太奇效果的方法。
- Jolie’s Garden: 为一个社交媒体宣传活动拍摄的故事片，包含以 96 帧 / 秒的速率拍摄而以 24 帧 / 秒的速率播放的舞台场景。你可以用来学习使用【Lumetri 颜色】面板和速度调整效果。
- Laura in the Snow: 这是一个商业影片，以 96 帧 / 秒的速率拍摄，播放速率是 24 帧 / 秒。这些素材可以用来练习颜色校正和颜色分级，尝试延缓动作并对视频和应用的效果进行蒙版处理。
- Music: 可以使用这些音乐剪辑练习创建混音，并为音乐添加效果。
- She: 包括一系列风格化的慢动作剪辑，可以用来练习更改播放速度和添加视觉效果的方法。
- TAS: 这些素材来自短片 *The Ancestor Simulation*（《先人模拟》），可以用来练习颜色分级。另外，这些素材使用两种长宽比拍摄，可以用来进行混合和匹配练习。
- Theft Unexpected: 这些素材来自 Maxim Jago（马克西姆 · 亚戈）导演和剪辑的一个获奖短片。这些素材可以用来学习修剪技巧，练习在简单对话中调整时间安排，实现不同的喜剧和戏剧效果，以及改变演员的表演效果。
- Valley of Fire: 这些素材可以用来练习调色，营造视觉兴趣点；使用变速改变飞跃沙漠的体验；使用关键帧旋转视图，补偿抖动，得到稳定的画面。

16.10 复习题

1. 如果想创建一个适合在大多数设备上播放的数字视频，有什么快速导出方法？
2. Media Encoder 中提供了哪些适用于导出互联网视频的选项？
3. 如果你想导出一个高质量视频，应该使用哪种编码格式？
4. 只有等 Media Encoder 处理完队列中的所有编码任务后，才能在 Premiere Pro 中编辑新项目吗？

16.11 答案

1. 在 Premiere Pro 中单击软件界面右上角的【快速导出】按钮。
2. Premiere Pro 内置了针对 Vimeo、YouTube、Twitter、Facebook 的预设。
3. 使用支持高质量编解码器的格式。常见的选择有 QuickTime，它支持 ProRes 编解码器。还可以选择 DNxHR/DNxHD。导出之前，一定要检查是否满足指定的规范要求。
4. 不需要。Media Encoder 是一个独立的程序。在 Media Encoder 执行编码任务期间，你可以正常使用其他应用程序，包括在 Premiere Pro 中处理新项目。

术 语 表

本书在讲视频、音频技术，特别是非线性后期制作技术时，使用了一些专业术语。其中有些你可能已经熟悉，还有一些你可能是第一次遇到。

学习本书内容时，会遇到下面这些术语。建议把这些术语做成书签，在阅读本书期间遇到某个不懂的术语时，可以随时把书签拿出来看看。

- Alpha 通道：一种保存像素不透明度信息的不可见通道；Alpha 通道的存储方式与 3 种可见颜色通道类似，调整方式多样，既可以采用手动调整，也可以使用视频效果等方式调整；例如，在创建绿幕效果时，Premiere Pro 会调整所选像素的 Alpha 通道级别，使背景可见。
- 长宽比：用来指定视频画面的长度和宽度比例；1:1 表示画面是正方形，大多数视频都采用 16:9 的长宽比；无论屏幕大小或图像的分辨率如何，帧都有特定的长宽比；序列有长宽比，像素也有；大多数时候，像素长宽比是 1:1（正方形），但有些特殊格式的视频使用的是非正方形像素。
- 素材箱：从外观与功能看，素材箱与访达（macOS）或文件资源管理器（Windows）下的文件夹类似；不过，它们只存在于 Premiere Pro 项目文件中。
- 位深度：指从全黑到全白有多少个灰度级别，由媒体素材的位深度设定；用来描述位深度的数字实际上是用来记录信息的比特数（0 和 1）；位深度产生的标度是 2 的倍数，每增加一位就加倍。大多数视频是 8 位的，也就是从全黑到全白有 256 个等级。10 位视频比 8 位视频多两位，有 1024 个等级（即 256 的 4 倍）。16 位视频能够表达 65536 种颜色，数量十分惊人。这些范围都是从 0 开始的，实际范围是 0 ~ 255、0 ~ 1023 和 0 ~ 65535。视频的位深度越大，使用颜色校正技术调整色阶时更容易保持高质量的视觉效果，并避免图像的色调分离，防止产生可见的色带。
- 剪辑：一个指向素材文件（比如视频、图形、音频等）的链接，可以把它想象成某个素材文件的别名或快捷方式；从外观与行为来看，剪辑与它们指向的素材文件没有区别，包含所指文件的相关信息，比如图像尺寸、帧速率等。
- 编解码器：这是编码器与解码器的合称；它是一种把数字信息（比如视频和音频）存储成较小文件的方式；类似于速记，它占用的空间更少，但是读写会更耗时；大多数视频拍摄时都会选用一个编解码器来减小文件尺寸，但是摄像机系统以 RAW 格式记录数据时不会对数据进行处理。
- 压缩：这个词有两个不同的含义，一是通过编解码器存储信息来减小视频和音频文件的尺寸，使用编解码器生成的文件在尺寸上比非压缩的原始文件要小一些；二是缩小音频最响亮与最安静部分之间的差异，使音量整体更大。
- 切入：在序列中是指一个剪辑结束另一个剪辑开始的瞬间；该术语来自传统影片编辑，当时编辑影片时使用的工具是剪刀；从技术上看，切入是一种过渡形式，也是最常见的一种。
- 效果：这是一种改善图像外观，提升音频质量的手段；可以使用视频与音频效果改变图像形状，使画面变亮或变暗，为图像在屏幕上的位置制作动画，使声音变大或变小，或者进行其他调整。
- 导出：在把剪辑添加到序列中后，可以把自己的创意作品导出为一个文件，与其他人分享；导出时，可以指定导出文件的格式、编解码器、设置等。

- 素材：该术语原本用来表示录制时长，因为最初影片长度是使用英寸计算的；现在，人们使用这一术语代指原始视频素材，其时长按小时、分钟计算，而非文件大小。
- 格式：有时用来指素材文件类型（比如 AVI、MOV、MP4 等），但严格地说，它指具体的帧大小（图像尺寸）、帧形状、像素形状、帧速率（单位是帧 / 秒）。
- 帧：指的是整个静态图像；视频由一系列静态帧组成，这些静态帧按一定速度连续播放便形成了视频；每秒播放的帧数称为帧速率，单位是帧 / 秒。
- 高动态范围：屏幕亮度可以用几种方式表示，最常用的一种亮度单位是尼特；从历史上看，普通家用电视屏幕的最大亮度为 200 尼特左右，而电影院的屏幕可能只有 100 尼特；一般来说，动态范围指的是图像中最暗区域（仍能看出细节）与最亮区域之间的范围；事实上，200 尼特左右就是标准动态范围，简称 SDR；随着屏幕亮度越来越高，出现了一个新的术语——高动态范围（HDR），它描述了一系列用于摄像机、编辑系统、交付标准和屏幕的技术，最高显示亮度可达 10000 尼特；举个例子，大多数 HDR 家用电视的动态为 1000 尼特左右，在这样的电视上，你可以看到某个夜间场景中的阴影细节，还能看清天空中烟花的颜色和图像细节。
- 导入：导入素材时，并不是把它移动到项目文件中；Premiere Pro 会为每个导入的素材文件创建链接（称为“剪辑”），其中包含原始素材文件的相关信息，编辑时使用的其实是这些链接。
- 关键帧：标记了时间轴上一些特殊的时间点，在这些时间点上，可指定某个属性值，比如空间位置、不透明度、音量；要让某个属性值随时间变化，必须至少设置两个关键帧，其中一个关键帧记录着属性的初值，另一个关键帧记录着属性的终值，Premiere Pro 会自动在两个关键帧之间插入一些过渡帧，使属性值随着时间发生变化，这一过程叫插值。
- 媒体：指的是原始素材内容和新创建的内容，比如视频文件、图形、照片、动画、音乐、画外音、音效（刀剑碰撞、爆炸）等。
- 元数据：关于信息的信息；元数据有许多形式，它们总是包含一些关键信息；例如，在视频文件的元数据中，可以找到拍摄时使用的摄像机型号或拍摄者的名字。
- 像素：这是一个单点或光点；像素有颜色，通常由红色、绿色、蓝色叠加而成。
- 项目：一个包含所有剪辑、序列的容器；Premiere Pro 会把项目保存为一个文件，其中包含着你进行过的所有处理工作。
- RGB 颜色：彩色视频画面是由 3 种颜色通道叠加形成的；虽然有多种颜色可以叠加使用，但较常见的还是红色、绿色和蓝色；当把 3 种颜色叠加在一起时，这 3 种单色通道就形成了呈现彩色图像所需的色彩范围（即色域）。
- 序列：由一系列剪辑按照特定顺序组成，往往包含多个图层；Premiere Pro 中的大部分创意工作都是基于序列或序列中的剪辑进行的。
- 时间码：时间码系统用于在一段录制的视频中以小时、分钟、秒和帧（不同视频的每秒帧数不同）的形式对特定时刻进行标记；专业的视频录制系统总是为每个帧记录时间码，这是非线性编辑系统中用来记录时间的主要系统。NTSC 广播电视使用一个从时间码中丢帧的系统来补偿广播过程中的慢放，这样的时间码称为丢帧时间码，在 Premiere Pro 中以分号作为分隔符；如果制作的视频将来要在广播电视上播放，则应该优先使用 NTSC 帧速率（比如 29.97 帧 / 秒），而不是非丢帧时间码帧速率（比如 30 帧 / 秒）；丢帧时间码为 00;15;07;19，非丢帧时间码为 00:15:07:19，两者的差别不太明显，但很重要。
- 时间轴：Premiere Pro 中有一个【时间轴】面板，可以在其中浏览与编辑序列。编辑人员经常混用时间轴和序列两个术语。例如，“在时间轴上”和“在序列中”是一回事，有时说“时间轴”其实也是指“序列”。本书中，一般使用“【时间轴】面板”和“序列”两个术语以区分。

- 过渡：在序列中，当一个剪辑结束，另一个剪辑开始时，前后两个剪辑之间的过渡常称为切入；Premiere Pro 提供了许多过渡效果，使用这些效果可以增强视频画面的视觉趣味性和故事性，例如，使用【黑场过渡】效果告诉观众已经过了一段时间。过渡是电影语言的一部分，观众对这种语言能比较好地理解。

- 基于矢量的图形：图像通常都是由大量像素组成的，图像包含的像素越多（分辨率越高），就越清晰。基于像素的图像称为栅格图或位图，栅格图放大时像素变大，这可能会在有机形状和曲线上产生柔化甚至锯齿状的边缘；基于矢量的图形不是由像素组成，它使用数学方法描述图像，可以在任意分辨率（任意尺寸）下显示矢量图形，这些图形总是非常清晰，因为每次都是重新绘制的。例如，一个圆形不管在什么分辨率下都是圆形，不会变成块状；在 Premiere Pro 中创建的图形都是基于矢量的，但是在导入矢量图形时，Premiere Pro 会对其做栅格化处理。

- VR 视频：一个 360° 的视频摄像系统会生成一个可以从内部观看的球形视频；通过 VR 头盔，观众可以在 360° 范围内转向任何方向观看，但这种类型的视频从技术上看不是真正的 VR，因为需要一个 VR 头盔来观看这种视频，所以许多电影制作人将其简单地称为 VR 视频；针对 VR 视频，Premiere Pro 提供了一个观看模式和一些专门的视觉效果；此外，还可以通过 VR 头盔编辑 VR 视频，这样可以更快、更轻松地查看视频内容。